U0270684

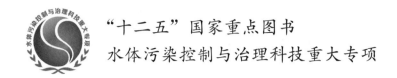

"十二五"国家重点图书

水体污染控制与治理科技重大专项

典型村镇饮用水安全保障适用技术

梅旭荣　朱昌雄　主编

中国建筑工业出版社

图书在版编目(CIP)数据

典型村镇饮用水安全保障适用技术/梅旭荣,朱昌雄
主编. —北京:中国建筑工业出版社,2017.6
"十二五"国家重点图书. 水体污染控制与治理科技
重大专项
ISBN 978-7-112-20331-4

Ⅰ. ①典… Ⅱ. ①梅… ②朱… Ⅲ. ①农村给水-
饮用水-给水工程-安全技术-中国 Ⅳ. ①S277.7

中国版本图书馆 CIP 数据核字(2017)第 013800 号

本书针对我国村镇饮用水水质达标率低、有毒有害有机物污染趋势日益加重、净水工艺技术相对落后、供水设施水平参差不齐、相关管理与政策体系不配套等问题,以国家新颁布的饮用水水质标准为基础,以村镇分散式地表水、地下水和集雨水等饮用水类型为对象,重点研究水源地面源污染控制、水质净化处理和安全供水等关键技术,目的是强化村镇饮用水环境管理与安全保障的科学与工程基础,建立完善分散式村镇饮用水安全保障技术体系、村镇饮用水质监测与控制管理体系,支撑水环境质量改善和饮用水水质达标,促进农村社会经济的可持续发展。

责任编辑:俞辉群 石枫华
责任校对:王宇枢 刘梦然

"十二五"国家重点图书

水体污染控制与治理科技重大专项

典型村镇饮用水安全保障适用技术

梅旭荣 朱昌雄 主编

*

中国建筑工业出版社出版、发行(北京海淀三里河路 9 号)
各地新华书店、建筑书店经销
北京红光制版公司制版
北京中科印刷有限公司印刷

*

开本:787×1092毫米 1/16 印张:35½ 字数:818千字
2018年4月第一版 2018年4月第一次印刷
定价:136.00 元
ISBN 978-7-112-20331-4
(29740)

本书编写组

主　　　编：梅旭荣　朱昌雄

主要编写人员：安景文　程东升　陈晋端　曹俊明　邓春生　邓慧萍

丁文明　耿　兵　郭华明　郭　萍　高　青　高新昊

胡婧逸　胡启春　何音腩　胡艳玲　江丽华　江　增

刘　波　刘国强　梁浩亮　林海涛　蓝　俊　蓝江林

李军幸　刘玲花　刘来胜　李　平　刘　苹　刘书明

梨　园　李玉中　陆志波　刘兆辉　孟凡琳　梅旭荣

毛欣炜　乔冬梅　齐学斌　史　俊　石　璟　邵卫云

邵　煜　孙占祥　谭德水　吴佳鹏　吴雷祥　吴　敏

王文国　吴　雪　徐春英　许　娟　邢美燕　徐　钰

叶　婧　尤晓明　俞晓芸　钟卫权　朱昌雄　赵海洋

张同军　张　旭　张　鑫　周永潮　赵永坤　张燕荣

张玉先　周志军

本书执笔主编：朱昌雄

本书责任审核：周长青

前　言

　　我国广大农村主要以塘坝、溪河、库泊地表水和地下水等自然水体作为饮用水的水源。随着国民经济的飞速发展，农村现代化水平不断提高，污染问题日益凸显以及农村生活污水的任意排放，造成了严重的农村水环境污染。据 2007 年报道，中国农村有近 4 亿人喝不上卫生安全的水，其中超过 60% 是由于非自然因素导致的饮用水源水质不达标。为此 2008 年国家"水体污染控制与治理"重大科技专项饮用水主题设立了"典型村镇饮用水安全保障适用技术研究与示范"项目（2008ZX07425）。

　　该项目针对我国村镇饮用水水质达标率低，有毒有害有机物污染趋势日益加重，净水工艺技术相对落后，供水设施水平参差不齐，相关管理与政策体系不配套等问题，以国家新颁布的饮用水水质标准为基础，以村镇分散式地表水、地下水和集雨水等饮用水类型为对象，重点研究水源地面源污染控制、水质净化处理和安全供水等关键技术，目的是强化村镇饮用水环境管理与安全保障的科学与工程基础，建立完善分散式村镇饮用水安全保障技术体系、村镇饮用水质监测与控制管理体系，支撑水环境质量改善和饮用水水质达标，促进农村社会经济的可持续发展。

　　该项目（2008～2011）设立 8 个任务（课题），分别是：①华北村镇地下饮用水安全保障适用技术研究与示范（中国农业科学院农业环境与可持续发展研究所李玉中研究员主持）；②华南村镇塘坝地表饮用水安全保障适用技术研究与示范（中国农业科学院农业环境与可持续发展研究所郭萍副研究员主持）；③西南村镇库泊地表饮用水安全保障适用技术研究与示范（中国农业科学院沼气科学研究所胡启春研究员主持）；④东北村镇地下饮用水安全保障适用技术研究与示范（中国农业科学院农田灌溉研究所齐学斌研究员主持）；⑤西北村镇集雨饮用水安全保障适用技术研究与示范（中国水利水电科学研究院刘玲花研究员主持）；⑥华北县镇地下水联片供水与除氟适用技术研究与示范（清华大学刘书明副教授主持）；⑦华东河网地区县镇饮用水安全保障技术研究与示范（同济大学邓惠萍教授主持）；⑧沿海岛屿饮用水安全保障适用技术研究与工程示范（浙江大学邵卫云副教授主持）。

　　本书是在 8 个课题 4 年的研究工作基础上，总结它们的成果编写完成的，希望该书对未来农村饮用水安全保障工作有良好的促进作用，同时，对本书中存在的不足之处，敬请读者批评指正。

编　者

2013 年 9 月

目　　录

第1章 绪 论

1.1 村镇饮用水安全保障适用技术现状

1.1.1 村镇饮用水源地污染现状

中国农村地区幅员辽阔，南北纵跨热带、亚热带、温带三大气候带，地形变化复杂。因此水文地质条件差异性很大，从而决定了饮用水水源类型多种多样。中国村镇饮用水源类型，主要有溪河水、库泊水、坑塘集雨水、井水、泉水、塘坝水6种类型。其中地面水超标率为40.44%，地下水超标率为45.94%。

目前，我国农村饮用水源受农民生活和生产所引起的污染影响严重，同时高氟、苦咸、硝酸盐等劣质水问题突出。据调查，2008年全国农村有5085万人饮用水含氟量超过生活饮用水卫生标准。高砷水主要存在内蒙古、山西、新疆、宁夏和吉林等省市的局部地区，受影响人口达几百万人。苦咸水主要分布在北方部分地区和东部沿海地区，农村饮用苦咸水的人口达3855万人。此外农村水污染问题突出，随着污染从城市向农村的扩散和农村农药、化肥用量的不断增加，许多农村饮用水源受到污染，又缺乏必要的水源保护意识，很多水源邻近畜牧场、厕所、垃圾堆放场以及工厂旁边，水中污染物含量严重超标。农村居民饮水质量和卫生状况难以保障，导致疾病流行，暴发传染病等危害。

1.1.2 村镇饮用水供水现状及发展趋势

1.1.2.1 供水现状与趋势

到2008年底，全国还有1/3的乡镇缺乏符合标准的供水设施，到2010年底，按新的饮用水标准，全国规划内农村饮水不安全人口为3亿左右，占农村人口的37%。其中饮水水质不安全的占全国农村饮水不安全人口的75%，其他25%为水量、方便程度或保证率不达标人口。2009年6月，环保部发布《2008年中国环境状况公报》，称农村环境问题日益突出，生活污染加剧，面源污染加重，工矿污染凸显，饮水安全存在隐患，呈现出污染从城市向农村转移的态势。不同地区农村饮用水问题差异较大。南方地表水严重富营养化，有机有毒污染加重，水质恶化，导致农村地表可饮用水源越来越少，而北方地下水源地硝酸盐严重超标。我国村镇供水的安全保障方面也存在较多问题，如对水资源缺乏科学合理的利用和保护，水质净化和监测技术力量薄弱，不重视管网系统的安全输配，在供水管理和联合调度等方面严重不足。由于农村饮用水水质不断恶化，导致农村疾病如克山病、氟骨症增多，劳动能力丧失、早亡，给农村经济带来巨大损失。

　　按照水源类型分类，村镇饮用地表水人口占 25.13%，饮用地下水的人口占 74.87%。按照供水方式分类，2010 年的调查数据显示，尽管我国农村集中式供水覆盖率达到 54%，但分散式供水模式在农村饮用水中仍然占据相当大的比例。目前农村饮用分散式水源供水的人口比例为 46%。

　　按水质分指标分析，农村饮用水超标的主要因素仍为微生物问题，饮水中由细菌总数和总大肠菌群所引起的水质超标占 25.92%；集中式供水中有消毒设备的仅占 29.18%，分散式供水均直接采用原水。在饮用非集中式供水的农村家庭中，对饮用水进行水处理的比例更低，只有 5.11%。农村饮用水消毒率低是导致饮用水微生物指标超标的主要原因。

　　近些年来，我国村镇级供水行业发展较快。据统计，全国有供水设施的建制镇和集镇，由 1990 年的 15489 个增加到 2008 年的 28343 个，增长了 83%，拥有供水设施的乡镇数占总乡镇数的比例由 31% 增加到 61%。乡镇日供水能力由 1496 万 m^3 增加到 3652 万 m^3，增长了 144%，年供水量也由 35.21 亿 m^3 增加到 89.97 亿 m^3，增长了 155.5%。目前全国县级市、县、建制镇、乡的总日供水能力（含自建设施供水能力）已达 10043 万 m^3，年供水量达 210.17 亿 m^3。

　　但是根据中国城市化发展战略，今后大部分人口还将生活在村镇。发展村镇，给水应先行。中国村镇给水系统建设整体水平不高，给水工程设施普遍滞后。村镇由于缺乏城镇总体规划和相应规范，导致给水系统建设无序，工程失误时有发生。中国村镇数量多，分布广，规模小，个体差异大，发展不平衡。因此，加快村镇供水系统建设是村镇基础设施建设的重要任务。

1.1.2.2　村镇供水存在问题

　　目前我国村镇供水的安全保障方面存在较多的问题，如对水资源缺乏科学合理的利用和保护，水质净化和监测技术力量薄弱，不重视管网系统的安全输配，在供水管理和联合调度等方面严重不足，导致村镇供水在水质、水量方面的安全性均较低，应急能力很差，严重威胁当地社会经济发展和居民身体健康。除了与城市一样存在化学污染的问题以外，由于缺乏可靠、有效的消毒保障，致病微生物对农村饮用水的威胁比较突出。

　　目前，我国农村地区还没有形成一个行之有效的供水模式和技术，农村饮用水安全保障存在着诸多问题。农村主要以就近的井水、河水、池塘水为水源，基本上不采取净化措施就直接饮用或烧开饮用。据 2010 年有关部门调查资料显示，全国仍有 3 亿多规划内的农村人口饮水安全尚未解决。主要存在的问题是高氟、高砷、苦咸、水质污染等问题。高氟水主要分布在华北、西北、东北和黄淮海平原地区。高砷水主要分布在内蒙古、山西、新疆、宁夏和吉林等省市的局部地区，受影响人口达几百万人。苦咸水主要分布在北方部分地区和东部沿海地区，农村饮用苦咸水的人口达 4000 多万人。此外农村水污染问题突出，随着污染从城市向农村转移和扩散，以及农村农药、化肥用量的不断增加，许多农村饮用水源受到污染，又缺乏必要的水源保护意识，很多水源邻近建设畜牧场、厕所、垃圾堆放场以及乡镇工业，水中污染物含量严重超标。

在东北、华北和南方河网地区，由于水源特点、气候特点、经济发展水平和管理水平等存在差异，因此在供水安全方面的问题具有各自的特点。针对村镇饮用水源开展的科研工作较少，没有对饮用水源进行过系统全面的调查与评价，缺乏针对村镇饮用水安全供水方面的系统研究，技术积累比较薄弱。尤其是对村镇供水的供水水源、供水模式及日常维护等方面的实用性和灵活性把握不足。

1.1.3 "十二五"村镇饮用水安全问题发展趋势分析

我国不同地区因不同地理位置、农业产业结构、水系等，其村镇取水方式和水源来源各村镇间千差万别，因此不同区域的村镇饮用水安全问题也呈现不同的发展趋势。

1.1.3.1 地下水水源安全问题发展趋势分析

我国村镇饮用地下水的人口占农村人口的74.87%，主要集中在北方地区。不同地下水因其水源及环境和受到污染情况不同，主要特征污染物的表现不一样；南方地区和东北地区的地下水主要是浅层地下水，因地下水与地表水的交换比较频繁，其地下水的污染情况及特征污染物与地表水的比较一致，主要表现为有机污染、微生物和氮污染；而华北地区地下水的交换很少，主要通过大量的土壤淋溶而积累，污染物主要表现为硝酸盐污染。所以不同地区地下水的安全问题表现和发展趋势也不同。

造成村镇地下水硝酸盐污染的主要原因是集约化种植：①种植过程中，化肥的过量与不合理投入，以及投入后的不合理管理措施；②缺乏相关的氮肥使用技术规范与标准；③没有健全的农业化肥使用与监管的法律法规。中国农科院和山东省农科院的研究结果表明，在粮田，氮肥的当季利用率大约在30%～45%之间，而对于集约化设施菜地，例如寿光设施菜地，化肥年施用量平均高达2000kg/hm²，导致大范围地下水硝酸盐污染，采样点地下水硝酸盐超标率高达60%。氮肥的当季利用率不足20%，甚至低至10%的水平。超过45%的化肥损失在环境之中，对大气和地下水水体造成污染，这种污染如不采取措施将会继续加剧。

我国许多地区的地下水已在不同程度上受到了硝态氮的污染，一些地区甚至已到了较为严重的程度。项目组在山东省2009年调查的548眼水井硝态氮平均含量为17.64mg/L，变化范围在0.03～150.0mg/L，超过20mg/L的占31.93%，达不到我国《地下水质量标准》（GB/T 1484—93）的Ⅲ类水质。饮用水井一般分为2类、一类为农户个人自打专用井，包括家用小机井和手压井，深度在4～30m；另一类为集体公用饮用机井，深度一般为70～300m。本调查共取饮用水井样本263个，平均硝态氮含量为17.19mg/L，超过世界卫生组织（WHO）饮用水硝态氮含量的最大允许值，超标率为49.43%。其中，农户个人专用井调查样本86个，平均硝态氮含量为17.98mg/L；公共饮用机井调查样本177个，平均硝态氮含量为16.80mg/L，污染程度稍低于农户个人专用井。由以上数据可以看出，山东省的大部分正在饮用的地下水遭受到硝酸盐污染，应尽早采取防治措施，这充分说明了山东省地下水硝酸盐污染的严重性和治理的迫切性。

此外，地下水源地水位埋藏较浅，极易受农业上过量使用化肥等的影响，应该采取何种保护技术与措施，才能保证地下水水质不受农业污染物的影响？干旱少雨季节，地下水位下降，地下水供水量减少，但村镇用水需求量却增长较大，地下水源供不应求，应该采取何种水量调控措施，才能保证供水的长期稳定？

地下水一旦污染，治理起来绝非易事。这是因为进入地下水的硝酸盐污染物相当稳定，这种化学物质可以在浅层地下水中保留数十年，且地下水连片相互交换，很难治理。2004 年，一位日本专家估计，全日本地下水污染重点场地达 40 万处之多，如果全部进行处理，需要 1000 万日元以上，从经济角度考虑，这样做的可能性基本没有。目前，我国集约化种植和养殖规模不断扩大，地下水硝酸盐的污染也将愈来愈严重，需要引起国家的高度重视。硝酸盐的污染来源主要是化肥、粪肥、生活污水等，项目组在"十一五"期间基本摸清了华北地区地下水硝酸盐污染背景，集成了一些源头控制和治理的关键技术，但是由于我国地形地貌、农业种植结构、集约化种植作物/蔬菜品种、土地类型以及污染现状的多样性和差异，这些技术不足以实现使地下水硝酸盐污染全面达标的目标，因此"十二五"一方面应加大水源地保护，防止未污染的水受到污染，防止已污染水的继续污染，另一方面应修复与治理已污染水，实现已污染水的安全饮用和再利用。只有将水源地保护与修复并重，源头控制与末端治理并重，技术研究与技术示范相结合，才能全面实现地下水硝酸盐含量达标，实现水源稳定、水质达标，实现农业生产与农村生活的可持续发展。

1.1.3.2　地表水水源安全问题发展趋势分析

我国农村将地表水作为饮用水水源的主要有塘坝水、库泊水、溪坝水、溪流水等，不同地表饮用水水源因不同地区、不同位置，受到的污染情况也不同，其安全问题发展趋势也不同。华南地区主要受到养殖污染，包括畜禽和水产养殖，西南地区主要受到生活污水的污染。

我们在"十一五"期间对华南地区农村水源状况进行了详细的调查，结果显示，大部分华南地区农村的供水模式为集中式供水和手摇井分散式供水结合的模式，供水管网不标准，供水水质缺乏监测；取水水源地基本为池塘或小溪，即大部分村庄在塘边或溪边打井取水，水源距离村庄或养殖区域很近，经常受到水产养殖废水、畜禽养殖污水和生活废水的污染，村民饮水安全受到严重威胁。如对广东龙川、和平、连平、东源、河源、紫金、惠东、惠城、龙门、博罗、增城，共 11 个区、县、市内的 72 个村镇进行了水源水质调查，调查结果表明大部分地区村镇居民生活饮用水主要来源于井水和山泉水，而井水水源地周边的卫生环境相对较差，主要分布于水稻田、山坡和鱼塘等周边；且 90% 以上的村镇均不具备饮用水过滤及净化设施。对饮用水水样进行分析检测，结果表明：水样 pH 偏低，呈微酸性；总大肠菌群和菌落总数两项微生物指标超标现象严重，超标率均高达 80% 以上；特别是靠近养殖区比较近的饮用水样还存在砷和硝酸盐的含量超标现象。对福建霍童溪流域水质进行了 18 次检测结果显示，在九都到八都流域受污染程度较为严重，主要是因该区域有个 3 万头的猪场，猪场排放口与溪水流域交界附近水体主要污染物超标项目有：氨氮（NH_4^+-N）2.65mg/L，总磷（TP）1.32mg/L，总氮（TN）3.37mg/L，五日生化需氧量（BOD_5）150mg/L 等。

西南地区地形多为丘陵和山区，农民居住分散，自然村落规模小，农村主要以库泊、河渠、沟塘地表水等自然水体作为饮用水水源。地表水源最容易受当地农民生产和生活污染。西南库泊地表饮用水源一般规模较小，人居混杂，很难严格建立界限明显的水源保护区。

近30年来，随着经济的发展和社会分工的细化，集约化养殖、种植和城镇化速度的加快，污染也不断加大。虽然国家对水源区有规定不能养殖也不能有大规模的种植和生活，但是因农村饮用水水源分散，种植业、养殖业和生活对水源的污染无法根本避免。还有因养殖业的环境污染问题，经济发达地区对养殖业的限制主要采取关闭或搬迁至欠发达地区的措施，特别是将养殖业搬迁到山区里，使养殖业对水体的污染从水源末端上移到了源头，尤其是对饮用地表饮用水水源地（溪坝和库泊地表水）的农村居民影响最大，如何通过水体污染防治，帮助农村解决这个问题，解决饮用水安全问题，是饮用水工作者，也是水体污染防治工作的新课题。

地表水源受自然气候影响明显，季节性短缺问题突出。如四川和重庆农村自然环境受亚热带季风性气候影响，相当多的农村水资源季节性短缺或者污染问题十分突出。2010年上半年的干旱和下半年的水灾都对当地农民饮用水供给造成严重影响。但是，对于饮用水源季节性短缺的成因、发生规律、时空分布，以及对水源水量和水质的影响程度缺乏足够的研究，也没有深入分析评估已有应急管理法规（预案、办法）的缺陷，改进应急保障措施和技术。

1.1.3.3 集雨水水源安全问题发展趋势分析

集雨水是解决缺水地区饮水困难的有效途径。在我国西北、华北半干旱缺水山区，西南石灰岩溶地区和石山区以及海岛和沿海地区，由于地表水、地下水缺乏或水资源调蓄能力差，受地形、地貌、地质和经济条件的限制，很难修建骨干水利工程，区域性、季节性干旱缺水问题十分严重，广大群众不得不通过兴建水窖、水柜（池）等微型水利工程，集蓄天然雨水，解决农村人畜饮水困难。据统计，截至2009年，约有1500多万农村人口饮用集雨水。随着极端气候变化，干旱性或季节性缺水面积越来越大，利用雨水解决饮水困难的农村人数还在急剧增加，2010年西南地区发生了严重干旱，当地政府正通过各种渠道筹集资金，建设集雨水柜（池）。

目前的集雨工程仅仅解决了用水量问题，雨水在收集的过程中受到固态废物碎屑（垃圾、动物粪便等）、空气沉降物、化肥、农药、车辆排放物以及其他由人类活动带来的污染，此外，雨水在窖中长期储存，导致水变质、变味，直接饮用会对人畜产生极大危害。"十一五"调查结果表明，西北集雨水窖水带有腥味，水中悬浮物、微生物、有机物、色度和浊度等经常超标，水量上缓解了，水质上的安全卫生问题又突出出来，成为这些地区的新问题。

西南地区采用水柜（池）水作为饮用水，但存在水柜渗漏问题，严重影响了水柜的蓄水能力，同时，部分材料可能会析出某些污染物，从而影响水质。不少地方群众生活用水都是直接从水柜取用，缺乏水处理设施，人畜饮水的水质安全问题受到威胁。水柜主要受到悬浮物、微生物等污染。水柜中的水大都为弱碱性，pH 值超过饮用水水质标准（标准限值 6.5～8.5），尤其是储存时间较长的水。连续监测显示，水柜在无补给的连续蓄水过程中，pH、总硬度和固形物显著升高，溶解氧（DO）则被完全消耗，Ca、Mg 等有升高趋势；同时也伴随着微生物的快速繁殖，在第 3～6 天，微生物经过一个短暂的适应之后便快速生长繁殖。

随着近几年气候变化，干旱、高温、少雨，农村饮水困难的人数还在急剧增加。通过集雨解决干旱地区、海岛地区饮用水问题显得越来越重要，通过水专项工作研究和推广解决集雨水污染问题的技术和方法，是解决村镇饮用水的一个发展方向。

1.1.3.4　乡镇安全供水保障技术缺乏，影响居民安全饮水

如我国东北村镇水源基本是就近取水，地表水和地下水是两种主要的水源。地表水中来自石油、化工、矿业等难降解有机污染物污染严重，地下水中铁、锰严重超标；突发性工业污染时有发生，严重影响居民的健康。华北地区村镇供水水源以地下水为主，地表水为辅；地下水源普遍存在硝酸盐污染，乡镇又缺乏经济有效的净化技术与工程运行经验，难以解决水质型缺水的问题；华东地区的饮用水大多就近取自当地的自然水体（地表水或地下水），缺乏相应的保护措施。近年来，频繁发生的有毒有害污染物泄漏事故，以及农村大量使用农药、化肥所造成的面源污染，而又缺乏足够的应急备用水源，使饮用水的安全性受到巨大威胁。

海岛村镇由于其特殊的地理条件，是典型的资源性缺水地区。据统计，我国面积大于 500m² 的沿海岛屿有 6500 多个，大多数因缺乏淡水水源而无法居住和开发，有常住居民的有 400 多个，但有相当数量的居民饮水困难或饮用水达不到安全卫生标准，主要表现为：靠天吃水，淡水资源匮乏；水资源多渠道开发利用技术和供水规划滞后；集中供水普及率低，净水工艺落后，供水管网老化，二次污染严重；分散供水多以井水、雨水、溪沟、山塘水甚至地下苦咸水、滩涂亚海水、河口咸水为饮用水源，缺乏有效适用的净水工艺；干旱时有发生，应急供水（输水）和净水技术没有安全保障。另一方面，随着近年来海岛经济社会的发展和工业的持续壮大，水污染现象日益加剧，海岛水质性缺水问题也日趋严重，集中供水水源水质得不到有效保护。针对此问题，水专项海岛课题经过"十一五"阶段的研究，已经研发出海岛村镇屋顶集水供水系统、经济适用的坑道井净水设备与苦咸水淡化设备以及海岛饮水应急净水技术。然而，新问题又随之出现：众多海底管线泄漏的即时定位与修复，自给型海岛水资源不能自给自足且电力不稳定，联岛供水工程水源水质水量参差不齐等问题，不同程度地影响了海岛饮用水供水安全与饮水安全。

1.1.4　存在的主要问题与原因分析

1.1.4.1　村镇供水水源系统存在的主要问题及其原因

经历了"十一五"的阶段性研究之后，暴露出我国村镇饮用水安全保障方面存在的突出问题是：①农业面源对水源的污染加大；②不同类型的水源存在不同的水质问题，村镇地表水水源存在 NH_4^+-N、有机物、特别是微生物污染的问题，地下水除了由于地质或地

理源的砷、氟污染外，主要问题是有机物、NH_4^+-N、硝酸盐和病原型微生物污染；③水源水质的污染，在较长时期内给农村分散式饮用水处理乃至安全保障带来严峻的挑战，造成农村分散式饮用水源地不可持续利用以及水质水量供应的不稳定。

主要原因是：

（1）农村分散式饮用水源水质经常受到污染，其中来自农业面源的比重最大。

"十二五"期间，在农村可以作为水源的河流、库泊也在逐渐减少，特别是随着农村城镇化进程加快，土地开发强度高的地区，水源水质污染问题更为突出。"十一五"期间虽然各级政府在水源保护管理方面投入越来越多的力量，包括"十一五"水专项的投入，但是近期内使已经污染的水源水质得到显著改善的可能性不大。

（2）农村分散式水源的水质净化关键技术系统集成性不够，难以在保障农村水源水质的情况下持续供水。

"十一五"水体污染控制专项开始关注农村分散式饮用水安全保障的系统性研究，对于推动我国村镇饮用水安全保障技术的进步发挥了重要作用。但多以单项技术的研发为主，缺乏代表性、集成性和系统性，还不足以带动全国典型村镇饮用水的安全保障工作，特别是针对不同区域、不同地理位置以及不同水源类型，如何保证新技术的适用性、集成性应用，突发性污染事件的应急处理技术以及保障水质水量的长期稳定供应等方面存在严重不足。

1.1.4.2　村镇供水系统存在的主要问题及其原因

目前我国村镇供水系统的安全保障方面存在较多的问题，主要表现：①供水水质很难达到国家规定的农村分散式与集中式供水的标准要求，其中微生物超标现象普遍；②个别地区因其特殊原因供水基本无法满足安全供水要求。

主要原因可以归纳为：①村镇级别基本没有水厂，大部分靠就地打井取水或简单从溪流、库泊接管取水直供，缺乏净水与消毒设备。②供水管网建设时间长、管材差，导致配水管网陈旧老化，管道内卫生状况下降，主要表现在铁、锰、色度、浊度、细菌总数等在水中的含量增加，甚至超过国家标准；另一方面较高的供水压力，往往会造成管道的爆裂。③缺乏供水水质定期检测制度，同时不具备水质检测技术。④村镇水厂或供水站缺乏明确的安全管理制度与手段，严重缺乏供水管理和联合调度等方面的经验。以上问题导致村镇供水在水质、水量方面的安全性均较低，应急能力很差，严重威胁村镇社会经济发展和居民身体健康。当前村镇供水以及输配过程除了与城市一样存在化学污染的问题以外，由于缺乏可靠、有效的消毒保障，致病微生物对农村饮用水的威胁比较突出。据调查，饮用水引起的传染病要占全国传染病 80% 左右。

1.1.4.3　村镇饮用水安全管理技术存在的主要问题及其原因

经过"十一五"水专项的项目实施，针对我国典型区域典型村镇的水源特点的水质调查、污染特征和风险评价工作已经完成，初步明确了我国不同区域村镇水源水质的主要污染物及其风险，也研究出了一些控制方法和净化技术，但是我国幅员辽阔，农村水源污染相对严重，类型千差万别，地区差异巨大。如何从水源污染控制、水源水质净化到安全供水方面加强管理，保障我国村镇供水的安全方面还存在较多的问题，主要表现在：①对水资源缺乏科学合理的规划与利用；②水质净化和检测技术力量薄弱；③不重视管网系统的安全输配；④不重视已建水厂和水处理系统或设施的运行管理，无法保障村镇安全供水的持续稳定。造成这些问题的主要原因是现有的农村政策与体制机制不够协调，投入不足，导致村镇供水在水质、水量方面的安全性均较低，应急能力很差，严重威胁当地社会经济发展和居民身体健康。

1.2　村镇饮用水安全保障适用技术研究意义

1.2.1　研究的必要性和紧迫性

1.2.1.1　村镇饮用水安全是关系社会发展的战略问题

构建和谐社会是我国当前社会经济发展的核心理念，而到 2020 年，我国的目标是要实现全面的小康社会，因此，当前我国社会经济的发展已经由比较片面地追求量的增长转变到追求社会的全面进步和人民生活的全面改善。饮用水安全直接关系到人民群众的健康和经济社会的可持续发展，做好饮用水安全保障工作是落实科学发展观的基本要求和构建和谐社会的重要组成部分。

目前，我国村镇地表水水源超标率为 40.44%，地下水超标率为 45.94%；据不完全统计，我国农村还有 3 亿多人饮水不安全，其中有 1.9 亿人饮用水有害物质含量超标。而且，饮用水源水质还呈现逐年下降的趋势。不少饮用水源中检出苯、四氯化碳、苯并（a）芘、多氯联苯等数十种有机污染物，许多有机污染物具有致癌、致畸、致突变性，对人体健康存在长期潜在危害。村镇饮用水安全形势不容乐观。

1.2.1.2　村镇饮用水安全问题复杂，地域与经济发展特征差异明显，技术需因地制宜

由于我国幅员广阔，地理地貌、气候水温特征迥异，同时经济社会条件和水资源及水生态存在的区域差异，导致不同区域不同水源面临的水质问题又各有特点，使得我国村镇饮水安全问题变得更加复杂。如我国村镇溪流、库泊地表饮用水水源受分散型养殖和农村生活污染，村镇地下饮用水水源受集约化种植、畜禽养殖和农村生活污染，村镇集雨水受干旱、微生物、地表径流氮磷污染，村镇海岛饮用水受集雨坑道、苦咸水等的污染，在水源水质，饮用水处理工艺，供水输配、管理和信息化水平，丰枯水期变化与水源的切换，全球气候变化带来的影响等方面都具有各自的特征，为达到村镇饮用水安全保障的目标，需针对各自区域的特点及经济发展过程开发适用的饮用水安全保障技术。

村镇供水问题连同原有的区域水质或者地域特征问题，随着科技的发展需要大力发展相关供水技术，解决水质安全问题。例如村镇地区拥有有限的饮用水基础设施，供水发展起点低，基础差，总体水平不高，整体上缺乏适于村镇的经济有效的净化技术与设备以及针对村镇供水输配特点的水质保障技术支撑体系，不能适应村镇全面建设小康社会的需求，直接影响到全面小康社会和社会主义新农村的建设。

综上所述，我国的村镇饮用水安全保障问题需要根据不同村镇饮用水源的类型、地域特征、供水现状，在"十一五"针对性的技术研发基础上，因地制宜、科学合理地开展研究和推广应用相关技术体系，全面改善和提升我国各区域及村镇的饮用水安全保障水平。

1.2.1.3　村镇饮用水安全保障关键技术亟待提升

基于前期"十一五"水专项的工作，我国在村镇饮用水安全保障关键技术上还需从以下几方面进一步开展工作，提升管理水平和技术研发应用能力：①切实可行的水源地管理保护体系；②合理、健全的水质监管评价体系；③针对饮用水输配过程中的漏损控制、消毒剂与消毒副产物浓度监控、管网腐蚀控制等问题的系统技术研发；④应对不同区域不同水质的净化设备与安全供水技术和管理体系。

综上所述，我国现有的村镇饮用水安全保障技术还需在现有基础上作进一步提升，以大幅提高我国村镇饮用水安全保障的能力和水平。为实现这一目标，需要针对我国各个地区的饮用水问题和特征，从水源保护、水质监管评价、水质净化、安全输配、供水标准化等各个环节进行研究，并通过技术集成与工程示范，建立我国村镇饮用水安全保障的完整技术支撑体系。

1.2.1.4　饮用水安全问题造成的损失与危害严重

"十一五"以前国家对饮用水安全保障的工程实施主要集中于大型城市，中小型城市投资少，同时因水源管理及水处理工艺条件落后等因素，其饮用水水质安全保障存在着很大风险。

根据有关部门的调查统计，按1985年的《生活饮用水卫生标准》的35项指标评价，目前全国有3亿农村人口和近1亿城市人口的饮水不合格。如果按照2006年颁布的新的《生活饮用水卫生标准》，不合格饮用水的影响人数将可能增加一倍。

近年来，在我国中小城市供水水质事故时有发生，不仅造成了难以计数的经济损失，而且影响了居民的正常生活、工作和社会的和谐稳定，对有关地区的经济社会发展环境造成不良影响。特别是一些比较严重的饮用水水质安全问题，如饮用水中的致癌、致畸、致突变污染物，将会对我国的国家安全构成重大威胁。

1.2.2　村镇饮用水安全保障支撑技术需求

1.2.2.1　国家需求

饮用水安全保障是国家落实科学发展观、构建和谐社会和全面实现小康社会的基本要求和重要任务，而全面提升我国饮用水安全保障的程度迫切需要相关的符合我国国情的技术、标准和管理的科技支持。

"十一五"期间，按照《中华人民共和国国民经济和社会发展第十一个五年规划纲要》中关于科学划定饮用水源保护区，强化对主要河流和湖泊排污的管制，坚决取缔饮用水源地的直接排污口的要求和节能减排削减污染物总量10%的目标，在加大污染源整治力度的努力下，水污染主要污染物排放总量出现了下降，对缓解饮用水安全矛盾起到了积极的作用。"十一五"水专项的开展和取得的成果，也为我国构建完善饮用水安全保障体系奠定了良好的基础，在关键技术和重点地区方面提供了科学支持、决策依据和应用示范，但是，我国的水污染控制和饮用水安全保障是一项长期而艰巨的任务。

《国务院关于落实科学发展观加强环境保护的决定》明确要求以饮用水安全和重点流域治理为重点，加强水污染防治。要科学划定和调整饮用水水源保护区，切实加强饮用水水源保护，建设好城市备用水源，解决好农村饮用水安全问题，坚决取缔水源保护区内的直接排污口，严防养殖业污染水源，禁止有毒有害物质进入饮用水水源保护区，强化水污染事故的预防和应急处理，确保群众饮用水安全。

2007 年 10 月经国务院同意印发的《全国城市饮用水安全保障规划（2006—2020年)》，提出了至 2020 年全面改善设市城市和县级城镇的饮用水安全状况的目标，明确部署了加强饮用水源地治理和保护，加强净水工艺和供水管网改造，健全国家城市供水水质监测网，增强应对突发事故的应急供水能力等项具体任务。

按照《国家中长期科学和技术发展规划纲要（2006—2020 年)》的部署，"水体污染控制与治理"作为 16 个重大专项之一，将用 3 个"五年计划"的时间，建立我国完善水污染控制与治理的综合技术与管理体系。在"十一五"饮用水主题研究与示范的成果和经验的基础上，"十二五"期间将在管理技术、监控预警、重点流域和地区、典型城市和村镇、产业化等方面继续进行研究与示范，将饮用水安全保障的相关研究推向深入和系统，同时根据发展趋势和新出现的问题，拓展研究的领域，并加强对饮用水安全保障相关技术产业化的研发和培育，是顺利实施我国饮用水安全保障规划和全面实现小康社会的重要科技基础和保障条件。

1.2.2.2　地方需求

各地方政府已经充分认识到做好环境保护和饮用水安全保障工作的重要性，以农业生产、农民增收和保护环境为主要目标，分别制定了相应的农业污染源控制与削减规划、水环境改善规划和水环境综合整治规划。这些规划的实施迫切需要国家提供切实可行的技术支持。因此，为了实现"十二五"水环境保护目标、污染物总量减排目标，国家和地方各省市纷纷制定农村饮用水安全工程与实施计划。

1.2.2.3　重大规划、工程的科技需求

1. 社会主义新农村建设的要求

近年来我国提出了新农村建设的理念，要求改善农村的生存环境，显著提高农村的生活质量，其中保障农村饮用水的安全是一项非常重要而且具体的目标。但是，我国至今为止还没有建立起一套行之有效的针对村镇居民的饮用水供给模式和安全保障技术体系，村镇的饮用水安全保障任务更为艰巨。

2. 农村饮用水安全保障目标需求

目前全国有近 3 亿农村人口饮水不安全。即使在已解决饮水困难的人口中，也只是基本解决了有水喝的问题，若从饮水质量、数量和饮水安全上，特别是按照新的饮用水标准以及全面实现小康社会目标衡量，问题依然存在。在农村饮水困难问题基本解决的基础上，今后的工作重点将着力解决农村居民饮水安全问题。目前农村饮水安全工作目标已确

定："十一五"期间重点解决高氟水、高砷水、苦咸水、污染水等饮用水水质不达标地区以及饮用水供应严重不足地区 6000~8000 万人的饮水安全问题；2015 年目标是将饮水不安全人口比例减半，全国将有 42 万个村 4 亿人享用自来水，自来水普及率达 57%，年用水量为 101.5 亿 m³。引导农民建设排水设施，逐步改善农村居住区的水环境。到 2020 年基本解决我国农村的饮水安全问题，争取让 3 亿多农村人口喝上放心水。

3. 村镇水污染监控技术体系和执法技术体系需求

近些年来，国家重视环境法制建设，加强了环境管理。但是，环境保护中有法不依、执法不严、违法不究的现象还比较普遍，特别是在村镇一级。虽然经过"十一五"对落实"国家监察、地方监管、单位负责"的环境管理制度有所重视，但仍然未形成村镇级的"污染源—入河排污口—水环境质量"的总量监控体系，不能够对污染物排放实施有效的监督管理。在村镇，由于污染源监控手段落后或基本没有，监督执法依据不充分，给个别企业偷排提供了机会，加剧了村镇水环境的压力，使村镇区域水环境质量很难得到改善。

4. 村镇水污染控制技术与设备水平低，集成创新不足

经过"十一五"的努力，我国虽然形成一批行之有效的水处理技术与设备，对我国村镇水污染控制发挥了重要的作用，但有很多处理技术成本高，不适应我国村镇的现实要求；同时，缺乏在村镇饮用水处理的技术创新和单项技术基础上的集成创新，难以解决目前复杂的农业、农村水环境污染问题。

5. 对村镇水环境标准体系及其支撑技术研究不足

水环境标准是水环境管理的主要依据。由于缺乏村镇流域水环境标准体系的系统研究，我国农村水污染排放标准、环境质量标准体系不完善，水环境基准更是空白，现行的环境质量标准与水污染物排放标准脱节，水污染物排放标准与生产工艺、废水治理技术脱节，不少污染物控制技术缺乏技术经济可行性，标准的科学性和可操作性成为环境管理工作的难点。由于缺乏与村镇流域整体系统相结合的主要污染物总量控制——排污许可证技术体系，污染物总量控制在水质标准、功能区划、污染控制技术措施、水环境生态修复技术、水环境信息共享等环节及规范可操作性方面存在不足，严重制约村镇水环境保护管理工作。

因此，迫切需要通过重大科技专项的实施，特别是针对不同水源及污染类型、不同供水模式、不同发展阶段需求进行精心设计与组织，实现关键技术的突破与技术的集成创新，形成针对性强、技术可靠、经济适用的饮用水安全保障关键技术、技术集成体系与优化运行方案，探寻配套的技术政策、相关标准、监控预警平台，并通过不同规模、不同类型、不同形式的示范工程和应用示范，建立适合我国特点的饮用水安全保障技术体系，为实现国家在饮用水安全保障方面的战略目标提供切实有效的技术支撑。

第2章 村镇饮用水水源污染控制与修复

2.1 受农田种植影响的饮用水源污染控制技术

2.1.1 地下水源硝酸盐污染源头控制技术

地下水中的硝酸盐主要来自土壤氮的淋失，因此，要控制地下水硝酸盐污染首先是要从源头控制做起，降低土壤氮向地下水的淋溶。

2.1.1.1 不同生态位作物搭配淋溶阻控技术研究

章丘大葱是章丘市的名牌产品，也是山东省优势农产品之一，已有460多年的栽培历史，被誉为"世界葱王"，栽培面积达到15万亩。章丘大葱目前的主导作物种植模式为大葱—小麦轮作，大葱的连年种植及化肥等农用化学品的大量投入使得大葱产地环境逐年恶化、大葱品质明显降低，对优势农产品的生产与出口构成威胁。项目组于2008年、2009在章丘市宁家埠镇试验基地进行了不同大葱品种对土壤剖面硝态氮累积影响的研究，并在章丘市枣园镇庆元庄建立3种大葱搭配种植模式，研究不同种植模式下大葱的产量与品质及土壤中硝态氮向下运移变化规律，以期通过不同作物搭配种植模式的建立减少土壤硝态氮向下运移。

2008年大葱品种试验中设2个处理，分别为大梧桐、日本葱霸，6次重复，小区面积30.6m²，除大葱栽培品种不同外，一切农事操作均保持一致，其中施肥处理为大葱季基施有机肥3t/hm²基础上，大葱季施用化肥（N：P_2O_5：$K_2O=1$：0.43：0.80）；2009年大葱品种试验设4个处理，分别为大梧桐、气煞风、二九系与日本葱，施肥处理同2008年；模式试验中共建立3种作物搭配种植模式，2周年的栽培制度下分别为：模式1为大葱—小麦—大葱—小麦轮作，模式2为大葱—小麦—玉米—小麦轮作，模式3为大葱—西瓜—玉米—小麦轮作。

2008年不同品种对大葱产量及210cm内土壤硝态氮累积量的影响见表2-1。由表可见，葱霸与大梧桐产量分别达到42.03t/hm²与41.77t/hm²，但两个品种间差异不显著，0～210cm土层内硝态氮累积量分别为372.67kg/hm²、350.48kg/hm²，不同处理间同样未达到显著差异。

不同品种对作物产量及土壤硝态氮累积量的影响　　　　　　　　　　　　　表 2-1

品　种	产量（t/hm²）	硝态氮累积量（kg/hm²）
葱　霸	42.03a	372.67a
大梧桐	41.77a	350.48a

2009 年不同品种对作物产量及 210cm 土层内硝态氮累积量的影响见表 2-2。由表可见，日本葱的产量显著低于当地品种，当地品种中以气煞风产量最高，达到 49.30t/hm²，显著高于大梧桐与二九系；由于日本葱较低的生物量影响了对氮素营养的吸收，该处理下土壤 0～210cm 土层硝态氮累积量最高，达到 566.62kg/hm²，并显著高于其他处理，其余 3 个处理间以二九系处理下土壤硝态氮累积量最低，但处理间差异不显著。

不同品种对作物产量及土壤硝态氮累积量的影响　　　　　　　　　　表 2-2

品　种	产量（t/hm²）	硝态氮累积量（kg/hm²）
日本葱	9.38	566.62
大梧桐	40.83	464.58
气煞风	49.30	460.19
二九系	40.80	410.72

不同搭配种植模式下土壤剖面中硝态氮含量见图 2-1。模式 1、模式 2 下土壤硝态氮累积曲线均在 90～120cm 土层出现拐点，在 120cm 土层以下出现明显的硝态氮累积，并且模式 2 的累积量高于模式 1。模式 3 下硝态氮累积曲线拐点出现在 150～180cm 土层，在 180cm 土层下表现出累积趋势，30～90cm 土层中土壤硝态氮含量明显高于其他两种模式，而在 120cm 土层以下硝态氮含量低于其他模式。

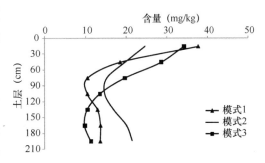

图 2-1　不同模式下土壤剖面中硝态氮含量状况分析

3 种栽培模式下不同作物 0～210cm 土层中硝态氮累积量状况见图 2-2。受不同种植模式下作物栽培过程中施肥状况的影响，3 种模式下各茬口作物收获后土壤硝态氮累积量表现不一，基本随氮肥投入量的增加而增加，4 季作物收获后硝态氮平均积累量以模式 2 最低，达到 311.2kg/hm²，较模式 1 降低 8.7%，模式 1 与模式 3 相差不大，分别为 340.7kg/hm² 与 348.0kg/hm²。不同种植模式下的作物产量与氮肥投入量见表 2-3。

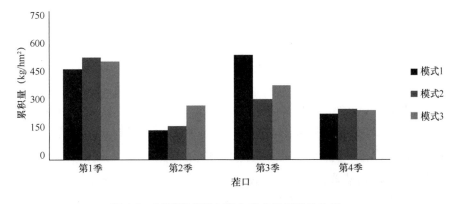

图 2-2　不同模式下土壤中硝态氮累积量分析

不同模式下作物产量与氮肥投入量比较（单位：kg/亩）　　　　表 2-3

模式	第 1 季		第 2 季		第 3 季		第 4 季	
	产量	氮肥	产量	氮肥	产量	氮肥	产量	氮肥
模式 1	3825.44	25.5	348.76	11.5	3831.98	28.6	466.46	10.5
模式 2	3175.88	22.2	312.57	13.8	514.10	12.0	493.58	8.7
模式 3	3871.22	23.8	3745.31	19.7	670.10	7.5	529.65	11.5

不同栽培模式对作物经济产出的影响见表 2-4。3 种作物搭配种植下，经济效益以大葱—西瓜—玉米—小麦最高，达到 13.4 万元/hm²，较农民传统种植模式（大葱—小麦—大葱—小麦）增加 27.6%，产投比提高 8.1%，硝态氮累积量差别不大；大葱—小麦—玉米—小麦种植模式下经济效益相对最低，但产投比较农民传统种植模式提高 0.3%，而硝态氮累积量降低 8.7%。

不同模式对作物经济产出的影响（元/hm²）　　　　表 2-4

模式	第 1 季	第 2 季	第 3 季	第 4 季	合计
模式 1	57381.62	5231.37	34487.82	7696.66	104797.47
模式 2	47638.19	4688.62	8482.65	8144.07	68953.52
模式 3	58068.24	56179.65	11056.65	8739.18	134043.72

2.1.1.2　氮肥调控技术对土壤硝态氮累积的影响

1. 试验设计

在地下饮用水源地，选择土壤肥沃、施肥量较大、污染相对重的地块，选择有代表性的玉米品种，通过玉米削减地下饮用水源地污染负荷的长期定位监测系统，对主要农作物地块的污染指标进行监测。试验设 7 个处理 3 次重复，小区面积 66.55 m²。试验处理见表 2-5 所列。

典型地块不同施肥处理试验设计　　　　表 2-5

处理编号	施肥量（kg/hm²）	施肥方式	种植作物
对照 Ck	N0，P0，K0		
MN-1	N200，P45，K45	N45 底肥，N155 追肥；磷钾肥作底肥	先玉 335
MN-2	N200，P45，K45	N45 底肥，N155 追肥；磷钾肥作底肥	辽单 28
LN-2	N120，P60，K60	N40 底肥，N80 追肥；磷钾肥作底肥	辽单 28
HN-2	N240，P60，K60	N80 底肥，N160 追肥；磷钾肥作底肥	辽单 28
LN-1	N120，P60，K60	N40 底肥，N80 追肥；磷钾肥作底肥	先玉 335
HN-1	N240，P60，K60	N80 底肥，N1600 追肥；磷钾肥作底肥	先玉 335

2. 监测项目

分别于播种前、大喇叭口期、成熟期分层采集土壤样品，土层深度分别为 0～20cm、20～40cm、40～60cm、60～80cm 和 80～100cm，测定土壤的铵态氮（NH_4^+-N）、硝态氮（NO_3^--N）的含量，并于秋后测定产量；氮肥分底肥和追肥施入，磷肥和钾肥为底肥 1 次施入；播种前安装淋溶装置，并定期接收渗滤液，分别测定铵态氮、硝态氮的含量，同时记录渗出水量，备用于计算渗滤累积量。铵态氮采用纳氏试剂比色法（GB 7479—87）测定，硝态氮采用酚二磺酸分光光度法（GB 7480—87）测定。

3. 结果分析

1）不同生育阶段对土壤硝态氮残留累积影响

从图 2-3 可以看出，玉米拔节期，土壤硝态氮主要集中在 0～40cm 的土壤耕层，高氮处理土壤硝态氮含量均显著高于低氮和中氮处理。这说明玉米营养生长前期植株小，对氮肥需求量也较小，过多施用的氮肥远远超过玉米植株的营养生长需要，因此富余氮肥积累在土壤表层；40～100cm 土层，各处理土壤硝态氮含量差异并不明显，这表明表层土壤残留硝态氮还未向下淋溶进入 40cm 以下土层。

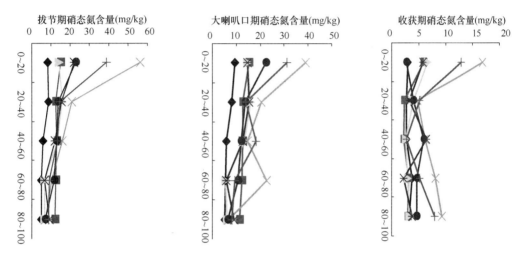

图 2-3　玉米不同生育期土壤 0～100cm 土层硝态氮含量

玉米大喇叭口期，各处理在土壤表层 0～20cm 耕层含量比拔节期有所降低，但高氮处理土壤硝态氮含量均显著高于其他处理。高氮处理 HN-2 土壤硝态氮的累积峰值在 60～80cm 土层，而高氮处理 HN-1 的土壤硝态氮的积累峰值在 40～60cm 土层。表层土壤硝态氮含量降低，主要是因为玉米吸收及硝态氮向下层土壤淋溶，从而减低了氮素在表层土壤中的残留，同时，高氮处理下层土壤硝态氮含量明显增加。

当玉米进入成熟期，各处理 0～60cm 土层土壤硝态氮含量均明显降低，但追肥处理明显高于未施氮处理 CK。高氮处理 80～100cm 土层土壤硝态氮含量较玉米种植前显著增加。

2）不同施氮水平对土壤硝态氮残留累积影响

由表 2-6 可以看出，高氮处理 HN-2 在拔节期、大喇叭口期和收获期土壤硝态氮累积量分别是对照的 1.93 倍、1.86 倍和 2.34 倍，在玉米 3 个生育时期，所有的增施氮肥处理在 0～100cm 土层土壤硝态氮累积量均显著高于 CK 对照。玉米拔节期、大喇叭口期和收获期，低氮处理和中氮处理在 0～40cm、40～60cm 和 0～100cm 土层的硝态氮累积量均无显著差异，而高氮处理的土壤硝态氮累积量在各个土层均显著高于其他处理。这表明土壤硝态氮在土壤中累积量随着氮肥用量增加而显著升高，在土壤施氮量大于 $200kg/hm^2$ 时，会显著增加土壤硝态氮的累积量。

两个玉米品种相比，高氮处理 HN-2 土壤硝态氮的累积量要显著高于高氮处理 HN-1，这表明先玉 335 玉米品种显著降低了硝态氮在土壤中的累积。

施氮量对玉米不同生育时期土壤硝态氮累积量的影响[单位：kg/hm² (以 N 计)]　表 2-6

处理	拔节期			大喇叭口期			收获期		
	0~40cm	40~100cm	0~100cm	0~40cm	40~100cm	0~100cm	0~40cm	40~100cm	0~100cm
CK	67.60d	35.24c	102.84e	60.20e	36.95d	107.15e	12.62d	21.31c	33.93d
LN-1	60.43d	62.07ab	122.50d	60.89d	59.95c	120.85d	18.31cd	18.07c	36.38cd
MN-1	66.13d	58.84b	124.97d	67.13cd	55.00c	122.13d	23.64c	19.17c	42.81c
HN-1	168.85a	72.39a	241.25a	130.96a	97.04a	228.00a	47.86a	52.12a	99.98a
LN-2	82.52c	61.42ab	143.94c	65.80cd	60.94c	126.74d	19.88cd	27.13bc	47.01c
MN-2	80.45c	68.93a	149.37c	79.26c	64.50c	143.76c	14.69d	33.31b	48.00c
HN-2	117.79b	67.89a	185.68b	99.04b	79.40b	178.44b	39.37b	35.10b	74.47b

注：同一列数字无相同字母间差异达 5% 显著水平。

3）不同施氮水平对玉米地上部分生物量及产量的影响

不同施氮水平辽单 28 和先玉 335 的地上部分生物量及籽粒产量如图 2-4 所示。与低氮处理相比，中氮和高氮处理辽单 28 籽粒产量分别增加了 20.6% 和 19.1%，与低氮处理相比，中氮和高氮处理先玉 335 的产量分别增加了 26.2% 和 25.5%，但中氮处理和高氮处理玉米产量并无显著性差异。

不同品种玉米，秸秆生物量随氮肥施用量升高表现为先增加后降低的趋势，辽单 28、先玉 335 秸秆生物量最大施肥处理均为中氮处理，这就表明，过量施肥并不利于玉米生物量及产量的形成。

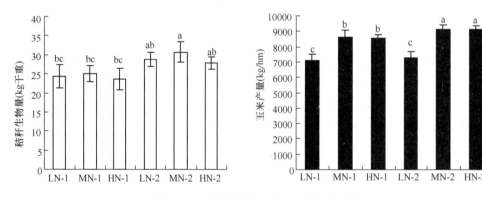

图 2-4　玉米产量及地上部分秸秆生物量

4）不同施氮水平对玉米氮素利用效率的影响

从表 2-7 可以看出，随着施氮量的增加，两种玉米植株总吸氮量均表现出增加的趋势。辽单 28 玉米植株中氮处理和高氮处理总吸氮量比低氮处理分别增加了 22.3% 和 24.9%，而先玉 335 则分别增加了 27.6% 和 28.2%。中氮和高氮处理植株吸氮量显著高于低氮处理，但中氮和高氮处理的植株吸氮量无显著差异。

两个玉米品种的中氮处理氮收获指数均显著高于相应的低氮和高氮处理。氮肥利用效率和氮肥农学利用率表现出了相似的规律，不同施氮水平氮肥利用率变化范围为 28.38%~

35.33％，低氮与中氮处理氮肥利用效率均显著高于高氮处理。研究表明，中氮处理的氮肥施用剂量可充分满足作物生长发育需要，过多施用的氮肥增加了土壤无机氮残留累积。

施氮量对氮素利用率的影响　　　　　　　　　　　　　　　　　表 2-7

处理	总吸氮量（kg/hm²）	氮收获指数（％）	氮肥利用效率（％）	氮肥农学利用率（％）
LN-1	161.48a	60.54a	32.15b	7.96ab
MN-1	197.03b	66.38c	35.27b	8.25a
HN-1	201.54b	61.91ab	28.38a	6.19c
LN-2	177.80a	61.73ab	34.46b	8.06ab
MN-2	226.33c	67.19c	35.33b	8.34a
HN-2	227.28c	63.22b	29.09a	7.63b

注：同一列数字无相同字母间差异达 5％显著水平。

4. 主要结论

中氮处理水平基本能够满足作物生长对肥料的需求，综合产量、氮肥利用效率和土壤硝态氮累积情况，合理施氮量应控制在 $180\sim200kg/hm^2$。

2.1.1.3 氮肥调控技术对土壤氮素淋失的影响

1. 试验设计

玉米最佳养分管理技术模式研究：试验共设 6 个处理，3 次重复，小区随机排列，小区面积 $30m^2$。处理 1：常规施肥 N 240、P_2O_5 45、K_2O 45kg/hm²；处理 2：N 216、P_2O_5 45、K_2O 45kg/hm²（N 减少 10％）；处理 3：N 192、P_2O_5 45、K_2O 45kg/hm²（N 减少 20％）；处理 4：N 168、P_2O_5 45、K_2O 45kg/hm²（N 减少 30％）；处理 5：N 192、P_2O_5 45、K_2O 45kg/hm²，一次性施肥；处理 6：2 次追肥 N 192、P_2O_5 45、K_2O 45kg/hm²，其中 N 45、P_2O_5 45、K_2O 45kg/hm² 作底肥，N 87kg/hm² 在玉米拔节期追肥，N60kg/hm² 在玉米抽穗期追肥。

玉米品种：辽单 28。肥料品种：普通尿素（46-0-0）、磷酸二铵（18-46-0）、氯化钾（0-0-60）。

水稻水肥一体化技术研究：试验共设 5 个处理，每个处理 3 次重复，小区随机排列，小区面积 $30m^2$。处理 1：无肥对照；处理 2：水稻 OPT（最佳养分管理）施肥（N 210、P_2O_5 75、K_2O 90kg/hm²）；处理 3：OPT-N（N 180、P_2O_5 75、K_2O 90kg/hm²）；处理 4：OPT＋N（N 240、P_2O_5 75、K_2O 90kg/hm²）；处理 2-4，N 60、P_2O_5 75、K_2O 90kg/hm² 作底肥，剩余氮在分蘖期一次追肥；处理 5：水稻 OPT 施肥（N 210、P_2O_5 75、K_2O 90kg/hm²）；磷、钾全部作底肥，氮肥 30％底肥，插秧后 5～7d 追氮 30％，再 10d 后追氮 30％作分蘖肥，6 月 25 日前后追氮 10％作调整肥。

供试作物：水稻吉粳 86。供试肥料：尿素（46-0-0）、磷酸二铵（18-46-0）、硫酸钾（0-0-50）、复合肥（14-16-15）。

2. 监测项目

玉米植株监测项目：拔节期和抽穗期，用 SPAD-502 叶绿素仪测定玉米植株叶绿素含量；测产考种（穗长、穗粒数、百粒重、穗粒重）；收获后植株和籽粒中氮、磷和钾含量测定；成熟期分别测定生物产量和籽粒产量。

玉米地土壤监测项目：分别于播种前、追肥后 10d 和收获期取 0～20cm、20～40cm、40～60cm、60～80cm、80～100cm 的土壤样品，测定土壤硝态氮、铵态氮含量，其中 0～20cm 土壤测速效磷、速效钾。每个土壤样品需 6 个点的混合样。

水稻植株监测项目：产量，收获后植株和籽粒中氮、磷和钾含量。

水稻田土壤监测项目：晒田期和收获期取 0～20cm、20～40cm、40～60cm、60～80cm、80～100cm 的土壤样品，测定土壤硝态氮、铵态氮含量，其中 0～20cm 土壤测速效磷、速效钾。取样方法同玉米地土壤监测。

3. 结果分析

1）不同养分管理模式对玉米产量和氮素利用效率的影响

从表 2-8 可以看出，氮肥处理显著提高了玉米产量，但氮肥减量 10％ 和 20％ 玉米产量与全氮处理相比并无显著性差异，当氮肥减量达 30％ 时，玉米产量才有所下降。这表明，氮肥减量 20％（即氮肥用量 192kg/hm²）已经足够玉米植株生长发育需要。在氮肥减量 20％ 条件下，不同基追比例的 3 个处理相比，一次性施肥处理产量最低仅为 7792.2kg/hm²，氮肥减量后移处理产量最高，比一次性施肥产量增加了 12.97％。这说明氮肥减量后移有助于玉米产量增加。

与全氮处理相比，氮肥减量 10％、20％ 和 30％ 处理显著提高了玉米的氮收获指数，氮肥利用效率和氮肥农学利用率也显著提高，氮肥减量 30％ 氮肥利用效率最高，达到 38.1％。这表明，氮肥减量化可以促进植株对氮肥的吸收和利用。在相同施氮量条件下，基追比例为 1∶0 的 N192B 处理氮肥利用效率与氮肥农学利用率最低，分别为 30.1％ 和 5.25％，显著低于基追比例 1∶3∶1 的 N192C 与基追比例 1∶2 的 N192A 处理。氮收获指数也表现出相似的规律。基追比例 1∶3∶1 的 N192C 处理氮收获指数达到 60.38％。因此，随追肥量的增加氮收获指数显著提高，说明植株更多的氮素转移到玉米籽粒中。氮肥减量后移显著提高了氮肥的利用效率，氮肥的农学利用率提高得更为明显。

玉米产量及氮素利用率　　　　　　　　　　　　　　表 2-8

处　理	产量（kg/hm²）	氮收获指数（％）	氮肥利用效率（％）	氮肥农学利用率（％）
对照	6784.9c	55.14c	—	—
处理 1	8870.2a	55.37c	27.6d	8.69c
处理 2	8911.1a	57.19b	33.3b	9.84ab
处理 3	8616.7a	58.52b	37.0a	9.54b
处理 4	7819.5b	55.98c	38.1a	9.16b
处理 5	7792.2b	54.99c	30.1c	5.25d
处理 6	8802.8a	60.38a	37.3a	10.51a

注：同一列数字无相同字母间差异达 5％ 显著水平。

2）不同养分管理模式对玉米土壤硝态氮残留影响

从图 2-5 可以看出，拔节期，处理 1、处理 2、处理 3、处理 4、处理 5 和处理 6，0～

40cm 土层土壤硝态氮含量显著大于对照处理，施氮量对表层土壤硝态氮含量影响显著，而 40～100cm 土层硝态氮含量在处理间无显著差异。这说明由于前期玉米植株营养体很小，植株生长需氮量少，基肥过剩，多余氮肥积累在 0～40cm 表层土壤，尚未向下迁移。

大喇叭口期 0～20cm 土层土壤硝态氮含量显著降低，说明随着玉米植株生长，土壤中硝态氮被大量消耗，各处理间表层土壤硝态氮含量差异变小。基追比例为 1：0 的氮肥减量 20% 处理（N192B）在 40～60cm 土层出现硝态氮累积高峰，这表明一次性施氮处理底肥多余的硝态氮向下迁移，氮素淋溶对浅层地下水污染风险增加。

玉米成熟期 0～20cm 土层土壤硝态氮含量比拔节期显著降低，这是由于玉米植株后期生长大量消耗土壤中氮素，各处理在 0～60cm 土层硝态氮含量差异不显著。在 60～80cm 土层，常规施氮（N240）处理、氮肥减量 10% N216 和氮肥减量 20%（N192B，基追比例 1：0）处理均出现硝态氮的累积高峰，这表明多余硝态氮已经进入深层土壤，增加了氮素对浅层地下水污染风险。

因此，随着玉米生育期的推移，土壤硝态氮向下淋溶的趋势明显，氮肥减量化处理可显著降低土壤硝态氮含量。在同一施氮水平下，追肥后移处理土壤 0～100cm 没有出现硝态氮的明显累积现象，这就表明氮肥减量后移可以降低硝态氮对浅层地下水污染的风险。

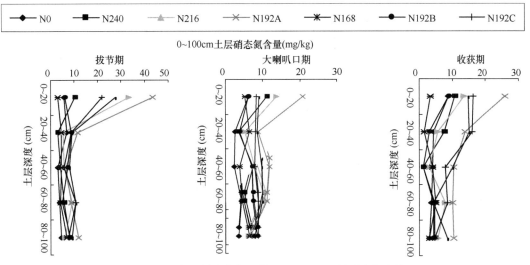

图 2-5　玉米不同生育期土壤 0～100cm 土层硝态氮含量

3）不同养分管理模式对玉米—土壤系统氮素平衡

玉米全生育期，玉米—土壤系统土壤氮素动态详见表 2-9。氮输入包括本底矿质氮、施氮量和净矿化氮 3 部分；氮输出包括玉米吸收、残留矿质氮和表观损失 3 部分，其中表观损失是氮输入总量与玉米吸收和残留无机氮两项输入之差，指相对于对照各不同处理肥料氮的损失量。

由表 2-9 看出，玉米全生育期各处理氮素表观损失随施氮量的减少而显著降低，施氮量 N240 处理氮素损失最多，达 85.9kg/hm²；在相同施氮量条件下，基追比例为 1：0 的 N192B 处理氮素表观损失量最大，其次为基追比例 1：2 的 N192A 处理，基追比例 1：3：1

的 N192C 氮素表观损失量最小，仅为 45.7kg/hm²，显著低于其他处理。这表明氮肥减量后移能显著降低氮素表观损失，提高玉米植株氮肥利用效率。

玉米不同生育阶段氮素平衡（单位：kg/hm²） 表 2-9

处 理	氮输入			氮输出		氮表观损失量
	施氮量	本底矿质氮	净矿化	吸氮量	残留矿质氮	
N0	0	173.3	79.4	124.3c	128.5c	0.0e
N240	240	173.3	79.4	190.6ab	216.3a	85.9a
N216	216	173.3	79.4	196.3a	209.3ab	63.1b
N192A	192	173.3	79.4	197.3a	198.9b	48.6c
N168	168	173.3	79.4	181.6b	190.3b	48.9c
N192B	192	173.3	79.4	180.0b	201.4b	63.4b
N192C	192	173.3	79.4	198.9a	200.2b	45.7d

4）不同养分管理方式对水稻产量影响

从图 2-6 可以看出，处理 1 为无肥处理产量最低，处理 2 产量最高，为 10767.91kg/hm²；处理 3 产量 9620.05kg/hm²，与处理 2 相比，差异不明显。

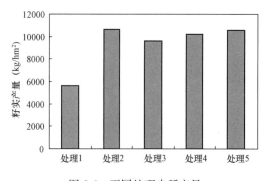

图 2-6 不同处理水稻产量

5）不同养分管理方式稻田土壤氮素残留累积

图 2-7 为不同处理土壤硝态氮、铵态氮含量随土层深度的变化。图 2-7（a），晒田期 0～100cm 土壤中不同处理土壤硝态氮含量差异不大；图 2-7（b），收获期 0～40cm 土层中硝态氮含量各处理无明显变化，而处理 4 在 50cm 以下土层有增加的趋势，说明高氮处理导致氮素向下层土壤迁移。

图 2-7（c），0～100cm 土壤中施肥各处理的土壤铵态氮含量均高于无肥对照。图 2-7（d），收获期 0～40cm 表层土壤的铵态氮含量明显低于晒田期。

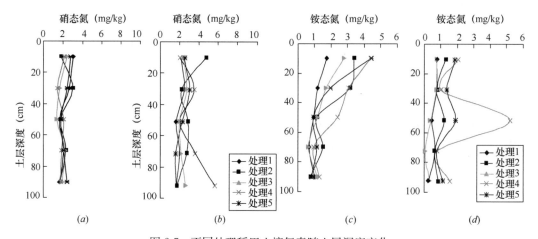

图 2-7 不同处理稻田土壤氮素随土层深度变化

(a) 晒田期；(b) 收获期；(c) 晒田期；(d) 收获期

因此，在推荐施肥量下无论是一次追肥还是两次追肥，对土壤中硝态氮、铵态氮都有一定的减控作用。

6）不同养分管理方式对稻田进出口水质影响

采样点 1～5 是小区处理 1-5 进水口，6、7、8 采集点分别是当地水田、试验田进水、试验田出水。不同处理试验小区进水口、出水口和当地农民自家水稻田进行了水样的采集。图 2-8（a）中可以看出，4、6、7、8 号采样点 NO_3^--N 含量较高。处理 4 为高氮量施肥，这主要是因为，插秧到采样时间间隔短，肥料还未全部利用和吸收，导致水体中肥料残留过多，处理 4 及现状施肥方式均可能造成地下水体污染。处理 5 及无肥对照处理出水口 NO_3^--N 含量较低。

图 2-8（b）中可以看出，采样点 4 和 8 的 NH_4^+-N 含量较高，说明过量的施用氮肥，导致水体中 NH_4^+-N 含量的增加。处理 2 的 NH_4^+-N 含量最低，说明最佳施肥量氮素在水体中的残留较少，降低了施肥对地下水体污染风险。

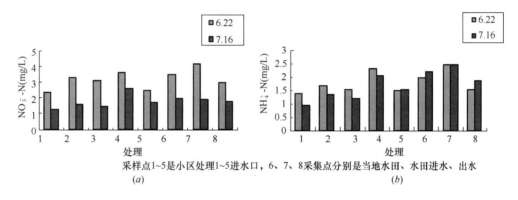

采样点1～5是小区处理1～5进水口，6、7、8采集点分别是当地水田、水田进水、出水

图 2-8　不同处理进出口水质采样点氮素含量

玉米不同养分管理模式研究表明：几种不同施肥模式中，缓控释肥（N 192kg/hm²）处理与常规施肥相比，0～100cm 土层中硝态氮积累量分别下降了 48%，大大降低了农田硝态氮淋溶污染浅层地下水的风险。与当地农民习惯施氮量 240kg/hm² 相比，氮肥减量 10% 和 20% 玉米产量无显著性差异而土壤硝态氮含量却显著降低，氮肥减量 20% 追肥后移对于引用水源地氮污染负荷削减达到了 32.2%。

对于水稻来说，一次追肥条件下在常规施肥基础上减量 12.5%（N 210kg/hm²）不影响水稻产量；减量 25%（N 180kg/hm²），虽然土壤硝态氮累积量低但水稻产量下降 10.66%。水稻最佳养分管理模式处理（N 210kg/hm²、P_2O_5 75kg/hm²、K_2O 90kg/hm²）在保证产量的同时对于地下饮用水源地氮污染负荷削减达到了 17.9%。

2.1.2　水源地污染负荷削减优势作物品种筛选

密植型玉米新春 18 和水稻通育 239，整个生育期均表现出对氮素的较强吸收能力，能够降低土壤氮素残留。特别是水稻通育 239，地下饮用水源地氮污染负荷削减达到 15.3%～21.2%。

2.1.2.1　地下饮用水源地污染负荷削减优势玉米品种筛选

1. 试验设计

选择不同类型的玉米新品种 6 个，进行筛选试验。试验采用大区试验，每区 $99m^2$，不设重复，施肥量均为施氮 $180kg/hm^2$，施磷 $60kg/hm^2$，施钾 $60kg/hm^2$，玉米品种为 6606、新春 18、丹玉 69、先玉 335、农大 84、辽单 28。

2. 监测项目

拔节期、大喇叭口期、成熟期分层测定（0～20cm、20～40cm、40～60cm、60～80cm、80～100cm）土壤的铵态氮、硝态氮的含量。收获后测产。

3. 结果分析

1）不同处理对玉米产量及构成因素的影响

由表 2-10 可知，平展型玉米株高及穗长和千粒重都显著高于密植型玉米，丹玉 69 千粒重比密植型玉米高 13.1％～15.2％，密植型玉米 6606、新春 18 及先玉 335 三个玉米品种产量较高，其中新春 18 的产量最高，达到 11177.36 kg/hm^2，分别比平展型玉米三个品种丹玉 69、农大 84 和辽单 28 高出 23.2％、12.6％和 29.3％。

氮肥对不同玉米品种产量及其构成因素的影响　　　　　　　　　　　表 2-10

处理	株高 （cm）	穗长 （cm）	穗行数 （行）	行粒数 （粒）	千粒重 （g）	产量 （kg/hm²）
6606	262.8b	14.9b	15.1a	31.4b	346.8b	10655.4ab
新春 18	278.3b	15.4b	15.9a	30.9b	350.1b	11177.36a
先玉 335	276.0	18.5b	15.8a	31.2b	343.7b	9930.2b
丹玉 69	300.4a	23.5a	16.8a	31.9b	395.4a	9067.6c
农大 84	270.3b	23.4a	16.9a	39.7a	388.3a	8644.4d
辽单 28	277.9b	22.8a	16.0a	32.4b	380.7a	8863.9cd

注：同一列数字无相同字母间差异达 5％显著水平，下同。

2）不同处理对玉米地上及植株氮素残留累积影响

对不同玉米品种地上部生长发育和氮素累积动态监测表明，从播种到苗期玉米地上部的生物量仅为全生育期的 2％左右，拔节期以后玉米生长迅速，吐丝期地上部生物量达到总生物量的 42.8％～69.4％，灌浆期 89.7％以上，随后玉米干物质量缓慢增加至成熟期达到最高。如图 2-9 所示，玉米生育前期，平展型玉米生物量增加显著高于密植型玉米，随着玉米生育期推进，平展型玉米生物量增加趋于缓慢，而密植型玉米生物量在吐丝期以后急剧增加，到玉米成熟期生物总量显著高于平展型玉米。玉米地上部氮素积累趋势与生物量动态基本一致，如图 2-10 所示。玉米拔节期前平展型玉米氮素累积量高于紧凑型玉米，拔节期后则相反，密植型玉米氮素累积量逐渐增加，显著高于平展型玉米，以先玉 335 植株氮素累积量最高。

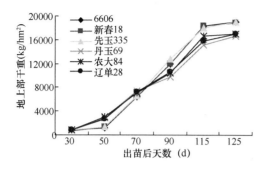

图 2-9 玉米地上部干物质积累动态

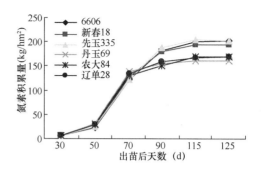

图 2-10 玉米地上部氮素积累动态

3）不同处理对土壤硝态氮残留累积影响

由表 2-11 可以看出，不同玉米品种，0～100cm 土层土壤硝态氮积累量差异显著，其中新春 18 玉米收获期土壤硝态氮残留量显著低于其他处理。在玉米拔节期，密植型品种土壤硝态氮积累量略高于平展型玉米，大喇叭口时期，密植型玉米品种土壤硝态氮含量显著低于平展型玉米，收获期密植型玉米新春 18 品种 0～100cm 土层土壤硝态氮含量最低，比平展型玉米丹玉 69、农大 84 和辽单 28 分别减少 26.9％、46.1％和 48.7％。这可能由于玉米生长前期玉米植株营养体小，对氮素吸收利用较少，因此 0～100cm 土层土壤硝态氮累积较多，到玉米生长中后期，玉米植株生长旺盛对氮肥需求量急剧增加，土壤氮素消耗以供应玉米植株生长的需要，因此在收获期土壤硝态氮含量比前期显著降低。密植型玉米前期植株生长缓慢，对土壤氮素吸收与平展型玉米差别不大，但是随着生育期推进，密植型玉米对氮肥吸收量显著高于平展型玉米，因此密植型玉米的 3 个品种 6606、新春 18 和先玉 335 土壤硝态氮含量显著低于平展型玉米。这表明，密植型与平展型玉米相比，更利于吸收氮素，减少氮素在土壤中的残留。

施氮量对玉米不同生育时期土壤硝态氮累积量的影响（单位：kg/hm²）　　表 2-11

处理	拔节期			大喇叭口期			收获期		
	0～40	40～100	0～100	0～40	40～100	0～100	0～40	40～100	0～100
6606	80.55a	72.31a	152.86a	75.86b	69.93b	145.79c	23.39b	25.07c	48.46c
新春 18	79.63a	75.84a	155.47a	71.13bc	61.33c	132.46d	23.64b	19.17d	42.81c
先玉 335	72.52a	78.11a	150.63ab	65.84c	65.94bc	131.78d	19.88c	27.13bc	47.01c
丹玉 69	69.45a	77.93a	147.38ab	91.26a	74.50ab	165.76b	24.69b	33.88b	58.57b
农大 84	77.79a	71.84a	149.63ab	99.04a	79.40a	178.44a	39.37a	40.10a	79.47a
辽单 28	73.85a	70.39a	144.24b	95.69a	77.04a	172.73ab	34.36a	39.18a	73.54a

4）不同处理氮素在玉米器官中分布

玉米各器官氮含量见表 2-12，紧凑型玉米 6606、新春 18 和先玉 335 在茎秆、穗轴和籽粒中氮含量略高于平展型玉米，籽粒中氮含量差异最为显著。籽粒中氮含量以新春 18 最高，比丹玉 69、农大 84 和辽单 28 分别高出 30.1％、22.9％和 19.3％。氮收获指数也表现出相似规律，密植型玉米氮收获指数显著高于平展型玉米，这表明氮素从营养器官中转移至籽粒中的比重增大。密植型玉米植株对氮素的吸收能力决定了其对氮的积累量也相

23

对较高，0～100cm 土层土壤硝态氮含量也随之减少。

不同品种玉米各器官氮含量　　　　　　　　　表 2-12

处理	茎秆（mg/g）	叶片（mg/g）	穗轴（mg/g）	籽粒（mg/g）	氮收获指数（%）
6606	3.93b	13.11a	2.63a	10.42b	62.2bc
新春 18	4.14a	11.70a	2.56a	12.95a	69.5a
先玉 335	4.22a	11.42a	2.44ab	11.77ab	64.3b
丹玉 69	3.85b	12.44a	2.19b	9.06c	58.9c
农大 84	3.92b	11.85a	2.22b	9.98c	60.7c
辽单 28	3.71b	11.79a	2.67a	10.45b	61.9bc

4. 主要结论

相同施肥水平，密植型玉米新春 18 的产量最高，达到 11177.36kg/hm²，比平展型玉米高出 12.6%～29.3%，同时，密植型玉米土壤氮素残留量较平展型玉米下降了 26.9%。这表明密植型玉米较平展型玉米提高土壤氮素利用效率，降低土壤氮素残留。

2.1.2.2　污染负荷削减优势水稻品种筛选

1. 试验设计

选择不同类型的水稻新品种 5 个，进行筛选试验。试验采用大区试验，每区 60m²，不设重复，施肥量均为施氮 240kg/hm²，施磷 90kg/hm²，施钾 90kg/hm²，水稻品种为袁粳 338、改良 307、富粳 2103、通育 239、吉粳 88。

2. 监测项目

拔节烤田期、成熟期分层测定（0～20cm、20～40cm、40～60cm、60～80cm、80～100cm）土壤的铵态氮、硝态氮的含量。收获后测产。

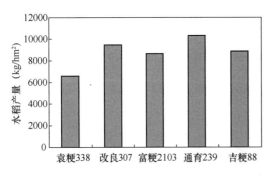

图 2-11　不同处理水稻收获后产量

3. 结果分析

1）不同处理水稻品种产量分析

图 2-11 为不同处理水稻品种收获后产量。不同处理水稻收获后测产结果表明，以通育 239 的产量为最高，达到 10350.05kg/hm²，其次为改良 307 和吉粳 88。

2）不同处理土壤硝态氮残留累积分析

图 2-12 为不同水稻品种在晒田期和收获期的土壤硝态氮含量变化。0～100cm 土壤中硝态氮的含量，通育 239 不同土层土壤中硝态氮含量降幅最大，这就表明通育 239 在生长期对土壤氮素的吸收能力较强，能够有效地降低氮肥在土壤中的残留累积。

表 2-13 显示不同水稻品种的晒田期与收获期土壤中氮的残留累积量，从表中可以看出，除了处理 4 即通育 239，其他水稻品种 0～100cm 土壤中氮的残留累积量都有所增加，这说明水稻品种通育 239 能够较好地吸收利用土壤中的氮素，有效地减少土壤氮素向地下水的渗漏。

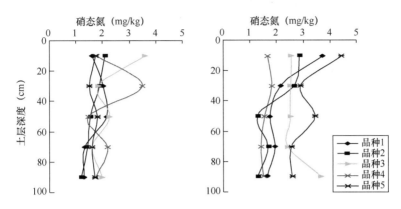

图 2-12 不同水稻品种土壤硝态氮随土层深度变化

不同水稻品种土壤硝态氮的残留累积（单位：kg/hm²）　　表 2-13

生育期	土层深度（cm）	1	2	3	4	5
	0~40	0.95	1.03	1.41	1.37	0.84
晒田期	40~100	1.34	1.16	1.64	1.52	1.44
	0~100	2.29	2.19	3.05	2.89	2.29
	0~40	1.53	1.44	1.33	0.91	1.91
收获期	40~100	1.49	1.19	2.42	1.26	2.41
	0~100	3.03	2.63	3.75	2.17	4.32

4. 主要结论

与袁粳 338、富粳 2103、吉粳 88 相比，通育 239 在整个生育期均表现出对氮素的较强吸收能力，与水稻其他品种相比栽培通育 239 地下饮用水源地氮污染负荷削减达到 15.3%~21.2%。

以上研究结果表明，密植型玉米新春 18 和水稻通育 239，整个生育期均表现出对氮素的较强吸收能力，能够降低土壤氮素残留，特别是通育 239，与其他水稻主栽品种相比，地下饮用水源地氮污染负荷削减达到 15.3%~21.2%。

2.1.3　基于氮素污染负荷削减作物种植结构模式

地下饮用水源地污染负荷削减的作物优化结构模式为，坡耕地采取玉米：牧草：小灌木为 4:1:1 的种植模式能够有效地控制水土流失，减少氮素对地下饮用水的污染负荷达到 25.6%~27.5%。

1. 试验设计

利用等高线种植、牧草、保护性耕作措施及小灌木等措施拦截田间悬浮态污染物质及降低水蚀、风蚀等造成的水体污染负荷的研究。每试验小区设 60m²，各试验区施肥数量保持一致，试验区周围用砖墙围住，并在下坡处修径流池，并定期测定径流池中水的浊度、NH_4^+-N、NO_3^--N 的含量。本试验设 6 个处理，各处理见表 2-14。

不同作物结构布局及种植模式试验处理　　　　　　表 2-14

处理	种植方式	种植比例	种植作物
1. 对照	按当地习惯清种玉米		先玉 335
2. 等高线种植	按当地习惯清种玉米		先玉 335
3. 秸秆覆盖	按当地习惯清种玉米		先玉 335
4. 玉米—牧草	玉米、牧草按当地习惯	4∶1	先玉 335 木犀
5. 玉米—小灌木	玉米、小灌木按当地习惯	4∶1	先玉 335 和水蜡
6. 玉米—牧草—小灌木	玉米、牧草、小灌木按当地习惯	4∶1∶1	先玉 335、木犀和水蜡

2. 监测项目

土壤监测：采集土壤剖面 $0 \sim 20cm$、$20 \sim 40cm$、$40 \sim 60cm$、$60 \sim 80cm$、$80 \sim 100cm$，分 5 层采于农田，分别测定土壤的铵态氮、硝态氮的含量。

作物监测：成熟期分别测定生物产量和籽粒产量，测定玉米植株及籽粒的含氮量，分别计算玉米从土壤和肥料中吸走的氮量。通过土壤不同深度的铵态氮、硝态氮的含量变化及玉米吸氮量来计算秸秆还田对土壤氮和肥料氮的吸附。

水质监测：浊度、$NH_4^+\text{-}N$、$NO_3^-\text{-}N$ 的含量。浊度用浊度仪测定，磷用钼锑抗分光光度法测定，$NH_4^+\text{-}N$、$NO_3^-\text{-}N$ 的含量测定如上。

3. 结果分析

从图 2-13 中 $NO_3^-\text{-}N$、$NH_4^+\text{-}N$ 监测的结果可以看出，2 次采样，1 次为春播前，1 次是种植期间，从两次采样化验的结果可以看出，无论 $NO_3^-\text{-}N$ 还是 $NH_4^+\text{-}N$ 种植期间监测结果均高于播种前，说明氮素随着雨水的冲刷被迁移，施肥对坡耕地地表径流水 $NO_3^+\text{-}N$、$NH_4^+\text{-}N$ 的含量影响较大。

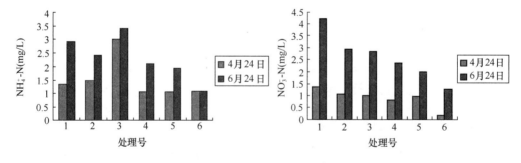

图 2-13　不同耕作措施 $NO_3^-\text{-}N$、$NH_4^+\text{-}N$ 浓度变化

从 $NO_3^-\text{-}N$ 的监测结果看出，处理 1 高于其他处理，说明当地习惯种植方式不合理，不能够有效地阻控氮素的流失。而处理 6 的种植模式能最大化地阻控氮素的流失，更加高效、有效地控制水土流失，减少土壤肥料对水体的污染。

铵态氮的浓度依次呈降低的趋势，玉米∶牧草∶小灌木 4∶1∶1 的种植模式对氮素具有很强的截留和吸收效果，能有效降低水体污染。

通过以上试验，结论如下：试验区地下饮用水源地污染负荷削减的作物优化结构模式为，旱田种植密植型玉米，水田选择通育 239 较其他品种产量高，吸肥能力强，对地下水氮的渗漏有一定的控制作用，减少地下饮用水源地污染负荷；坡耕地采取玉米：牧草：小灌木 4：1：1 的种植模式能够有效地控制水土流失，减少氮素对地下饮用水的污染负荷。

4. 主要结论

以上研究结果表明，试验区地下饮用水源地污染负荷削减的作物优化结构模式为，坡耕地采取玉米：牧草：小灌木 4：1：1 的种植模式能够有效地控制水土流失，减少氮素对地下饮用水的污染负荷达到 25.6%～27.5%。

2.2　受养殖影响的饮用水源污染控制技术

安全卫生的饮用水是人类健康的基本保障。据有关资料介绍，世界上中等发达国家农村安全饮水普及率为 70% 以上，发达国家在 90% 以上。我国的安全饮水普及率水平大致为东部 70%，中部 40%，西部不到 40%，与世界中等发达国家相比尚存在明显的差距。由于我国农村人口众多，水资源相对紧缺且时空分布不均，加之广大农村地区经济社会发展相对落后，自然地理条件复杂，长期以来许多农村地区饮水安全问题突出，影响人民群众的生活和身体健康。根据 2010 年水利部发布的《中国农村饮水安全工程管理实践与探索》报告，截至 2005 年年底，全国 60 多万个行政村，250 多万个自然村，居住着 2 亿多农户，近 8 亿人口，仍有 3.23 亿人的饮用水处于不安全状态，其中 9084 万人受到水污染的影响。《中华人民共和国国民经济和社会发展第十一个五年规划纲要》提出，农村饮用水安全是新农村建设的重点工程之一。目标是解决 1 亿农村居民饮用高氟水、高砷水、苦咸水、污染水和血吸虫病区、微生物超标等水质不达标及局部地区严重缺水问题。其中广东省列入《全国农村饮用水安全工程"十一五"规划》范围的饮用水不安全人数为 1645.5 万人，约占全国规划人数的 5%，占广东省农村人口（截至 2007 年 6 月）的 26.3%。2006～2010 年间，中国政府通过实施农村饮水安全工程建设，已解决 2.2 亿农村人口的饮水安全问题。

解决农村饮用水安全问题，是全面建设小康社会的重要组成部分，是各级政府贯彻落实党中央、国务院提出的战略目标的重要措施，关系到提高农村群众的生活质量、农村群众的生命健康、整个社会的稳定和可持续发展。饮用水的安全保障要从农村饮用水安全存在问题的成因出发，针对农村与城市之间存在的差异，饮用水水源地的保护、监测、应急政策，饮用水水源地的资源替代以及建立并完善供水工程管理机制、合理水价形成机制及社会化服务体系等方面出发，提出相应的政策和技术保障策略。

从技术层面我国制定了农村饮用水安全卫生评价指标体系，该体系将农村饮用水安全分为安全和基本安全两个档次，由水质、水量、方便程度和保证率 4 项指标组成。4 项指标中只要有一项低于安全或基本安全最低值，就不能定为饮用水安全或基本安全。水质符合国家《生活饮用水卫生标准》要求的为安全；符合《农村实施〈生活饮用水卫生标准〉准则》要求的为基本安全。低于《农村实施〈生活饮用水卫生标准〉准则》要求的为不安全。目前，我国对于农村饮用水不安全主要从氟超标、砷超标、苦咸水、污染水等几个方面来判断。

我国广大华南农村地区，大部分地区以地表水和浅层地下水作为饮用水源，由于水资源相对比较丰富，以集约养殖为核心的立体养殖业和畜牧业都非常发达。立体养殖是在传统养殖模式的基础上发展起来的，可以看作多种传统养殖模式的一种高效结合，它充分利用环境各部分的不同属性和所涉及畜牧养殖与水产养殖生存所需要的特定环境，将其有机地结合在一起，完整地利用了环境的各个不同的部分，在相同面积的土地上发挥最大效益。虽然立体养殖取得了良好的经济效益，但对农村水源地尤其是分散式水源地的污染也是显而易见的。

2007 年国务院审议通过的《全国农村饮用水安全工程"十一五"规划》中广东省农村饮用水不安全人数为 1645.5 万人，约占全国规划人数的 5%，占广东省农村人口（截至 2007 年 6 月）的 26.3%，其中饮用污染水人数 743.5792 万人。

课题组在"十一五"期间，对广东省的典型村镇惠州惠城区潼桥镇、潼湖镇、小金口镇以及河源市大埔镇、河源古竹镇、博罗潼湖镇、龙川、和平、连平、东源、河源、紫金、惠东、惠城、龙门、博罗、增城等 11 个区县市内的 72 个村镇的饮用水模式和卫生质量现状进行了调查。

河源调研地区的 46 个村镇中，22 个村镇饮用水主要来源于浅层井水，20 个村镇的居民饮用水主要来源于山涧水，另有 3 个村镇的生活饮用水同时以当地山泉水和井水为主要饮用水来源，仅 1 个村镇的居民使用自来水作为饮用水。本地区作为居民生活饮用水主要来源的山涧水和井水周边的水源环境相对较差，主要分布于水稻田、山坡和鱼塘等周边，除 2 个村镇具有饮用水过滤设施外，其他村镇均不具备饮用水过滤及净化设施。从居民饮用水取用方式来看，当地居民大多采用自行打井，利用手摇方式获得井水或通过自行安装管道直接引附近山涧水进行饮用。

惠州地区抽检的 24 个村镇中，有 15 个村镇的居民生活饮用水主要来源于井水，5 个村镇的居民以当地山涧水为主要饮用水来源，仅 4 个村镇的生活饮用水为自来水。山涧水和井水水源地周边的环境主要为水稻田和山坡地，且在调研的 24 个村镇中居民饮用的山涧水和井水均无净化设施，主要通过自行打井，手摇方式获得井水及安装水管直接引山涧水进行饮用。增城 2 个村镇的居民均以井水作为主要饮用水来源，通过自行打井，手摇方式获取井水，没有相应的水质过滤和净化设备。

总体上看，河源、惠州和增城地区的村镇居民生活饮用水源主要是井水和山涧水，水源地周边环境相对较差，严重受到了养殖业的污染。大部分手摇井与池塘或水塘的距离都不超过 150m。取水模式主要是手摇井水和自装管引的山涧水，且均不具备相应的水质净化设施，即使有些村庄采用小型集中供水的方式，也没有相应的净水设备或者净水设备达不到净水的目的。因此水源水质对饮用水的影响就更为直接和严重，水源水质的保护和净化在农村饮用水中显得尤为重要和紧迫。因此，养殖业污染控制技术的研发对于保障我国农村水源地和饮用水的水质安全具有重要的现实意义。

2.2.1 立体养殖对池塘型水源的污染控制和修复技术

针对广东农村分散水源地周边"猪—鱼"立体养殖业发达，水源地受到养殖业废水污染，氮、磷、微生物严重超标的问题，研究了"猪—微—鱼—植"废水内循环的源头污染控制技术。该技术通过养猪粪尿的发酵安全排入鱼塘，减少了猪粪尿直接排入鱼塘的污染，鱼塘废水再经过植物沟渠净化回用，通过生态链的逐级净化，减少了水源地的养殖业污染。

2.2.1.1 技术模式与原理

以集约养殖为核心的"猪—鱼"立体养殖业是在传统养殖模式的基础上发展起来的，通过食物链的有机结合，减少了饲料投入，增加养殖产量。"猪—鱼"模式将猪粪尿作为鱼塘的替代饲料和肥料，一方面通过猪粪尿直接养分的排入减少鱼塘养殖的饲料投入，另一方通过无机养分丰富鱼塘的生物多样性，增加了鱼类的饵料繁殖降低饲料投入，同时由于生物多样的增加减少了病害发生的选择压力。虽然立体养殖取得了良好的经济效益，但是粪尿中存在的病原微生物和过量的无机养分，就会导致鱼塘存在一定的污染和富营养化风险，由此带来的立体养殖废水排放造成的农村水源地污染也在所难免了。因为"猪—鱼"模式是将新鲜的超劣V类粪尿废水直接排入鱼塘，在带入了大量的富营养化氮、磷成分同时，还带入了大量未分解完全的有机质，导致了塘水的 NH_4^+-N、TP、化学需氧量（COD）值始终处在异常高的水平，而且大肠菌群等有害微生物的含量也非常高，池塘水体由于 DO 降低，COD 物质含量较高，整个水体发黑，鱼病和蓝藻时常暴发，养殖户对付这一问题的常用做法就是加大抗生素投入量，并增加鱼塘的换水频率，因此，猪粪水排放的鱼塘水质严重威胁了农村的水源地。

针对"猪—鱼"模式应用存在的环境问题，研究了以降低猪粪尿富营养化成分和 COD 为目标的微生物发酵技术、鱼塘水质调节和植物净化废水循环的"猪—微—鱼—植"模式，该模式是基于"猪—鱼"传统模式上发展的新的水环境安全模式。该模式通过以益生菌为主的微生物发酵菌剂的应用，主要降低了导致池塘水腐败的 COD 值以及鱼免疫力下降和病害发生的病原体数量，同时降低了地表水之主要的营养指标 NH_4^+-N 和 TN 的含量，防止了蓝藻过度繁殖导致的水体富营养化。鱼塘水质有了明显的改善和提高，鱼塘养分与鱼塘的各种生物群体维持在一定的平衡状态，各养分参数值均维持在安全水平，各种藻类生长平衡，塘水的色泽呈现健康色。在以上提高池塘水质减少废水外排量和污染指标的基础上，废水不再直接排入周边的水源地，而是通过植物净化沟净化后回用池塘。

2.2.1.2 技术方案

1. 微生物发酵菌剂开发

筛选猪肠道内的生长益生菌和粪水水质指标改善的降解菌，并研究其高效的发酵工艺，研发出可用于生产实践的产品。

1）益生菌菌剂的开发

益生菌菌剂的开发流程如图 2-14 所示。

质量检测

斜面菌种 —→ 摇瓶 —→ 种子罐 —→ 发酵罐 —→ 喷雾干燥 —→ 干燥菌剂 —→ 产品 —→ 包装出厂

图 2-14 益生菌菌剂的开发流程

2) 粪尿快速发酵菌剂的开发

粪尿快速发酵微生物菌剂的生产工艺如图 2-15 所示。

斜面菌种摇瓶 —→ 固体拌种 —→ 分割堆垛 —→ 保温发酵 —→ 粉碎 —→ 低温干燥 —→ 产品 —→ 包装出厂

质量检测

图 2-15 粪尿快速发酵微生物菌剂的生产工艺

2. 口服益生菌的饲喂

按生产的口服益生菌产品（含菌量 $>10^9$ 个/g），每吨饲料加 500g 或者 250g 益生菌，干喂或者将饲料调成糊状 3h 后进行饲喂。50kg 以下小猪每天喂 3 次，50kg 以上猪每天喂 2 次。或者自动给食。

3. 粪尿的快速发酵

建设粪尿发酵池，收集冲洗的猪粪尿，当池体收集猪粪尿达到 1/5 时，加入快速发酵微生物菌剂，使粪水中加入的微生物菌量达到 10^5 个/mL；当池体收集猪粪尿达到 1/3 时，再加入快速发酵微生物菌剂，使粪水中加入的微生物菌量也达到 10^5 个/mL；当池体收集猪粪尿达到 2/3 时，再加入快速发酵微生物菌剂，使粪水中加入的微生物菌量达到 10^5 个/mL。当气温达到 20℃ 以上时，发酵时间为 4～7d，当气温达到 10℃ 以上时，发酵时间为 7～10d；发酵是否完成看发酵池液体表面是否形成渣皮以及液体发黑的程度，有结皮现象以及液体乌黑就表示发酵完成，发酵的猪粪尿就可以排入鱼塘。

2.2.1.3 技术效果

通过立体养殖污染控制技术各工艺的应用，排放废水的水质污染指标逐步降低。植物净化沟的水质达到了地表 Ⅳ～Ⅴ 类的水质标准，而"猪—鱼"模式的池塘水质仍然在劣 Ⅴ 类水质。

1. 技术实施后水质相关数据结果分析

1) 发酵过程中不同时间段废水的表观特征变化

猪场废水在接入发酵微生物后，表观症状有了明显的变化，具体见表 2-15。

猪场废水发酵表观特征的变化 　　　　　　　　　　　　　　表 2-15

参数	新鲜废水（第 1 天）	第 2 天	第 3 天	第 4 天	第 5 天	第 6 天	第 7 天	第 8 天
DO(mg/L)	2.6	1.2	1.4	0.8	0.45	0.11	0	0.2
pH 值	7.2～8.5	7.2～8.5	7.2～8.5	7.2～8.5	7.2～8.5	7.2～8.5	7.2～8.5	7.2～8.5
温度（℃）	28～30	28～30	28～30	28～30	28～30	28～30	28～30	28～30

参数	新鲜废水 （第1天）	第2天	第3天	第4天	第5天	第6天	第7天	第8天
表观特征	褐黄色 混浊 静置后有 黄色沉淀	褐色 混浊 静置后有 黄色沉淀	黑色 混浊 静置后有 黑色沉淀	黑色 混浊 静置后有 黑色沉淀	黑色 静置后有 黑色沉淀 上层液体较澄清，下层有较厚的 形成一层黑色膜	静置后分层状态 稳定，上层为墨 绿色，较澄清； 黑色沉淀	同第6天 情况	同第6天 情况

注：1. DO值为发酵池液面下20～30cm处测定值，其他值均是取样瓶上层水样的测定结果。

2. 分层状态稳定指将其上下颠倒混匀后静置5min左右又恢复分层。

3. 试验进行的8d里，没有降水。

2）猪场废水发酵过程中重铬酸盐指数（COD_{Cr}）和NH_4^+-N浓度的变化

猪场废水发酵过程中COD_{Cr}和NH_4^+-N浓度的变化趋势很明显，如图2-16所示。COD_{Cr}在前6d里持续下降，从1845mg/L逐渐降至500mg/L左右，第6天后COD_{Cr}基本维持在500mg/L，总体去除率为70%～75%。NH_4^+-N浓度变化与COD_{Cr}明显不同，其总体呈上升趋势，只是前4d的浓度变化较小，基本维持在530～550mg/L，第4天后NH_4^+-N浓度迅速增加，从540mg/L上升到636mg/L，增加约18%。

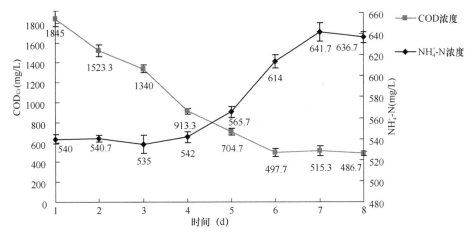

图2-16 发酵过程中废水的COD_{Cr}和NH_4^+-N浓度随时间的变化

猪场废水浊度高，可生化性（C/N）好，废水排入发酵池后，体系中的微生物群不断分解有机质，使得发酵6d里COD_{Cr}浓度一直呈下降趋势。第6天后随着消解液的可生化性降低，COD_{Cr}浓度的变化也逐渐减小。另外，经微生物快速腐解有机质后，猪场废水中的胶体部分明显减少，废水由淡黄色转变为黑色，废水中颗粒度增加，产生的各种小分子化合物及较小的有机颗粒和杂质则悬浮到上层水样中，一般发酵4～6d后的废水在取样瓶中就可呈现明显的分层现象。

NH_4^+-N浓度的变化在发酵的前4d里较平稳，主要是由于前期有机胺的分解和NH_4^+-N的挥发处于一种平衡状态。后期由于COD的快速下降证明了有机质（包括有机胺）的分级速度明显增加，快速增加的有机胺分解使得NH_4^+-N浓度得以显著增加。

发酵池液面上的膜考虑是因为腐解时池中尤其是池底会产生大量的 CH_4、H_2S、NH_3 和 CO_2 等气体，气体不断释放到空气中，一些气体在上浮时形成气泡，将小分子粪渣顶起，粪渣和气泡在液面上不断聚集而形成。池面的渣皮会进一步加剧发酵液的厌氧环境，促进厌氧腐解。

由以上结果可知，猪场废水经好氧厌氧发酵后，可生化性的有机物量减少，降低了废水进入水体后继续被腐解的风险，而且废水的有机颗粒和小分子 NH_4^+-N 增加了，增强了发酵废液作为鱼饲料和肥塘的功能。

3）猪场废水发酵过程中 TP 和可溶性磷酸盐浓度的变化

废水发酵过程中 TP 和可溶性磷酸盐的浓度变化如图 2-17 所示。TP 浓度在前 5d 里持续下降，从 83.3mg/L 降至 57.7mg/L，减少率约为 30.7%，第 5 天后基本维持在 55～60mg/L。可溶性磷酸盐浓度总体表现上升趋势，第 1 天里增幅较大，增加约 26.3%，第 2 天到第 8 天增加平稳，发酵前后总体增加率约为 35.5%。第 5 天后可溶性磷酸盐和 TP 的浓度一直维持较小的差值。

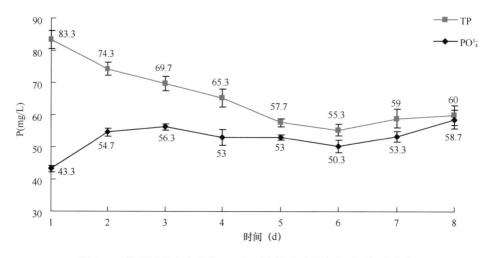

图 2-17　发酵过程中废水的 TP 和可溶性磷酸盐浓度随时间的变化

发酵的前 4～5d 里由于沉降和微生物高效分解有机质，使得混浊粪液逐渐分层，上层溶液中含有的可溶性磷酸盐增加，但含有更多磷元素的不溶性有机颗粒沉降，使得上层溶液中的 TP 含量降低。

可溶性磷酸盐的增加是微生物作用的结果，其一方面分解有机磷，生成包括可溶性磷酸盐在内的各种小分子磷化物；另一方面溶解不溶性磷酸盐将其转化为可溶性磷酸盐。废水腐解稳定后，上层溶液中的 TP 逐渐以可溶性磷酸盐占主体，所以第 5 天后测得的可溶性磷酸盐浓度和 TP 浓度很接近。

微生物把大分子的磷分解成小分子磷后，除供自身需要外，还有大量剩余在液相内，因此厌氧发酵增加了粪液中速效磷的含量。

4）猪场废水发酵过程中粪大肠菌群数及可培养微生物总数的变化

经稀释平板法培养发现猪场废水中的微生物以细菌为主，其次是霉菌，放线菌和酵母很少出现。随着废水厌氧程度的增加，可培养细菌的种类也逐渐减少，但其总数变化不大，只是第 1 天从 6.01×10^6 CFU/mL 降至 8.25×10^5 CFU/mL，此后一直维持在 $10^5 \sim 10^6$ CFU/mL。新鲜废水中的粪大肠菌群数为 10^7 MPN/L，发酵 1d 后升至 10^8 MPN/L，随后一直降至 1.67×10^5 MPN/L，经过 8d 发酵粪大肠菌群数减少了 $2 \sim 3$ 个数量级，如图 2-18 所示。

虽然粪大肠菌群有一定程度的减少，但是其初始值很高（约为 10^7 MPN/L），这使得废水消解后的粪大肠菌群虽然有所降低。

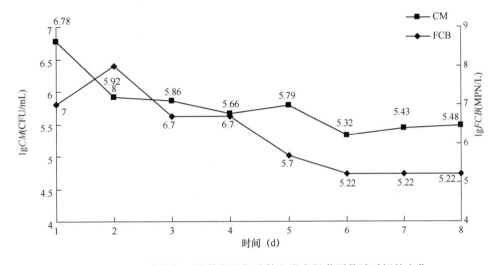

图 2-18 发酵废水的可培养微生物总数和粪大肠菌群数随时间的变化

发酵后猪场废水排入鱼塘后，与未处理的猪场废水排入鱼塘相比，水质明显改善。

5）鱼塘水质监测结果

发酵后的粪尿废水一次性（$200m^3$）排入鱼塘（80 亩水量约 $80000m^3$）后，开始计时监测鱼塘水质（4 月 29 日至 8 月 30 日），4 个月里完成 13 次测定。实验中观察塘水的颜色为深绿色至油绿色，透明度维持在 $18 \sim 25cm$。鱼塘水质各参数的监测结果见表 2-16、图 2-19～图 2-22。

"猪-微-鱼"塘水质的部分监测结果　　　　　　　　　　　　　　　表 2-16

日期	4.29	5.2	5.5	5.8	5.11	5.14	5.17	6.15	6.20	6.25	8.20	8.25	8.30
天气	晴	晴	雨	晴	雨	晴	雨	晴	晴	晴	晴	晴	云
色度	80	97	110	73	89	67	64	77	85	71	68	69	76
DO	6.2	5.5	5.2	6.1	5.5	6.2	4.6	5.8	5.8	6.4	6.3	6.6	5.2
pH 值	7.5	7.26	7.2	7.4	7.7	8.1	7.2	7.7	8.1	7.6	7.2	7.4	7.6
CM (10^4CFU/mL)	1.95	2.47	1.08	2.5	6.15	5.17	5.66	5.02	4.21	4.95	5.87	5.49	6.03
FCB (10^4MPN/L)	2.5	1.67	2.5	1	1.67	1.67	1	1	1	1	1	1	1

亚硝酸盐氮（$NO_2^- \text{-N}$）是养殖水体中的含氮有机物降解及 $NH_4^+ \text{-N}$ 转化的主要中间

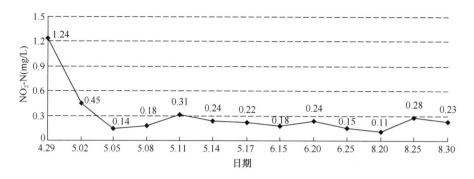

图 2-19　"猪-微-鱼"塘水中 NO$_2^-$-N 浓度的变化

产物，其含量是鱼塘水质安全的重要评价指标。一般情况下，鱼塘水中的 NO$_2^-$-N 浓度要控制在 0.1mg/L 以下，但据有关文献，亚硝酸盐的毒性依鱼虾的种类和个体的不同而不同，如鲢鱼、罗非鱼的耐受浓度达 2mg/L 左右。根据养殖户经验，鱼塘水中的 NO$_2^-$-N 浓度一般控制在 0.3mg/L 以下。

由图 2-18 可以看出，除了 4 月 29 日、5 月 2 日由于消解液（约 250t）一次性排入鱼塘中导致的 NO$_2^-$-N 浓度异常升高（1.24mg/L、0.45mg/L）外，其他时间在该取样点处的 NO$_2^-$-N 浓度基本在安全范围内。并且由于该取样点位于距猪场废水排入口约 50m 的拐角，容易受到水流和风向的影响，使得此处测定值偏高，推测鱼塘其他水域的 NO$_2^-$-N 含量要更低。

发酵 8d 的废水一次性排入鱼塘导致塘水过肥，但由于天气晴好，及时开启充氧机和播撒快速微生物发酵剂于鱼塘中，经过 7d 的塘水稀释和鱼塘生物系统的代谢，5 月 5 日后 NO$_2^-$-N 浓度基本恢复正常，从 4 月 29 日到 5 月 5 日鱼塘无死鱼发生。

NH$_4^+$-N、TP、COD$_{Cr}$ 含量是水体富营养化评价的重要参数。本部分在考察发酵粪液对"猪-微-鱼"塘水质影响的同时，还选择了"猪-鱼"塘作对比，同期监测二者的 NH$_4^+$-N、TP 和 COD$_{Cr}$ 浓度的变化情况。"猪-微-鱼"塘 80 亩，一次性排入约 200t 的发酵废水，7d 后继续每天排入 30～40t 发酵粪液；"猪-鱼"塘 30 亩，每天排入 10～15t 新鲜废水，两鱼塘（鱼品种都以罗非鱼为主）单位面积负荷的猪场废水量基本相当。

NH$_4^+$-N、TP、COD$_{Cr}$ 各参数浓度的变化分别见图 2-18、图 2-19 和图 2-20。由于发酵猪粪尿废水一次性排入"猪-微-鱼"塘，使得水中的 NH$_4^+$-N、TP、COD$_{Cr}$ 在当天就分别急速上升至 4.01mg/L、1.63mg/L、125mg/L。但同 NO$_2^-$-N 浓度变化相似，经过 7d 的塘水稀释和鱼塘中的生态体系的降解转化，各参数浓度陆续回落，NH$_4^+$-N（1.86mg/L）、COD$_{Cr}$（98.8mg/L）仍然略高外，TP（0.69mg/L）已恢复到正常水平，5 月 8 日以后"猪-微-鱼"塘的 NH$_4^+$-N、TP、COD$_{Cr}$ 值基本稳定在安全范围内，依次为 0.9～1.3mg/L、0.6～0.9mg/L、70～90mg/L。

"猪-鱼"塘水质较平稳，NH$_4^+$-N、TP、COD$_{Cr}$ 浓度始终维持在 2.5～3.0mg/L、3.0～3.7mg/L、130～150mg/L，各项参数浓度明显高于"猪-微-鱼"塘水，分别高出 2.5 倍、3.5 倍和 2 倍左右。

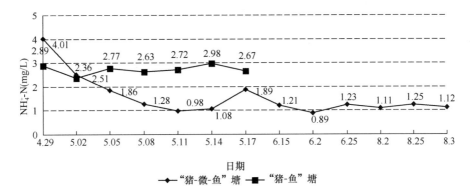

图 2-20 "猪-微-鱼"塘和"猪-鱼"塘水中 NH_4^+-N 浓度的变化

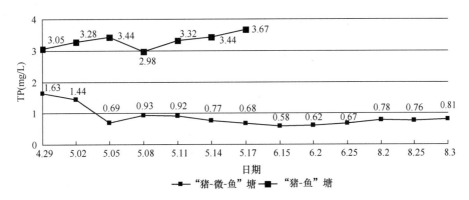

图 2-21 "猪-微-鱼"塘和"猪-鱼"塘水中 TP 浓度的变化

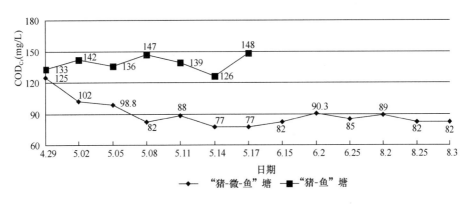

图 2-22 "猪-微-鱼"塘和"猪-鱼"塘水中 COD_{Cr} 浓度的变化

鱼塘水排入植物净化沟后,经过植物净化,水质得到了进一步的改善。

6) 植物氧化沟水质监测结果

植物氧化沟的水主要来自降雨和鱼塘水,水沟中生长的植物、藻类及存在的微生态体系使其发挥着生态塘的功能。从表 2-17 可以看出其 NH_4^+-N 基本在 $0.9\sim1.3mg/L$,NO_2^--N 含量小于 $0.2mg/L$,TP 小于 $0.2mg/L$,细菌总数在 $10^3\sim10^4CFU/mL$,粪大肠菌群数为 $6667\sim16667MPN/L$。

植物氧化沟水质的监测结果 表 2-17

日期	天气	色度	DO (mg/L)	COD_Cr (mg/L)	NH₄⁺-N (mg/L)	NO₂-N (mg/L)	TP (mg/L)	细菌总数 (10⁴CFU/mL)	粪大肠菌群数 (MPN/L)
5.2	晴	85	7.5	12	0.9	0.08	0.17	2.95	16667
5.15	多云	44	4.0	43	1.32	0.09	0.14	1.05	10000
8.18	雨后	52	4.8	11	1.23	0.02	0.19	0.89	6667
9.8	晴	62	5.6	38	1.22	0.19	0.15	4.95	10000

植物氧化沟虽然 NH_4^+-N、粪大肠菌群数和"猪-微-鱼"塘水相近,但其 NO_2^--N、TP 及 COD_{Cr} 浓度明显低于后者。这说明植物氧化沟可以有效地处理鱼塘养殖废水,净化后的水回灌入鱼塘养鱼,可进一步改良鱼塘水质。

2. 技术效果总结与结论

立体养殖污染控制技术方案应用于立体养殖业,明显改善了各阶段的水质指标,而且猪场废水的感官指标也有了明显的改善:

1)猪场废水的感官指标

经饲喂口服益生菌的猪粪尿明显不臭,在粪尿发酵池边上也不会感觉到明显的臭气。

2)猪场废水监测

快速发酵微生物菌剂活化液以 0.1% 的比例接入发酵池,经 7～8d 发酵,猪场废水的 COD_{Cr} 总体去除率为 70%～75%,NH_4^+-N 增加约 18%,TP 减少约 28%,可溶性磷酸盐增加 35.5%,可培养微生物总数基本维持在 10^5 CFU/mL 左右,粪大肠菌群数减少了约 2～3 个数量级。

3)"猪-微-鱼"塘水质监测结果

塘水的颜色为深绿色至油绿色,透明度 18～25cm,监测点处 pH 值为 7.2～8.1,DO 为 4.6～6.6mg/L,可培养微生物总数为 10^4 CFU/mL 左右,粪大肠菌群为 10000～25000MPN/L。除了发酵后粪尿液一次性排入鱼塘导致的 NO_2^--N、NH_4^+-N、TP、COD_{Cr} 浓度异常升高外,经过塘水 7～10d 的自净消纳后,其他时间点的测定值基本维持在安全范围内:NO_2^--N 为 0.1～0.3mg/L,NH_4^+-N 为 0.9～1.3mg/L,TP 为 0.6～0.9mg/L,COD_{Cr} 为 70～90mg/L。

"猪-微-鱼"塘水质稳定,除了 COD_{Cr} 和 TP 浓度属于劣 V 类外,NH_4^+-N 浓度达到 IV 类水标准,粪大肠菌群数达到 III 类水标准,基本可维持鱼塘的安全运行。

4)"猪-鱼"塘水质监测结果

各参数浓度较稳定,NH_4^+-N 为 2.5～3.0 mg/L,TP 为 3.0～3.7 mg/L,COD_{Cr} 为 130～150mg/L。各参数测定值均高于"猪-微-鱼"塘水,皆为超劣 V 类水。

5)"猪-微-鱼"塘和"猪-鱼"塘对比

(1)"猪-微-鱼"塘前期发酵废水一次性排入(1∶400),使得各参数浓度异常升高,但经过 7d 左右的塘水稀释和生态体系的转化平衡,各参数值均回落至安全水平,并且中间无死鱼发生。由此可见,该鱼塘具有一定的高肥度发酵废水的负荷容量。

(2)"猪-微-鱼"塘经常用快速发酵微生物制剂作为保养水质的辅助措施,使得塘水的色泽健康（油绿色），各参数值均能维持在安全水平。而"猪-鱼"模式中新鲜废水直接进入鱼塘，不仅带入了氮、磷还带入了大量未分解完全的有机质，使得塘水的 NH_4^+-N、TP、COD_{Cr} 值始终在异常高的水平；水体发黑，蓝藻时常暴发，富营养化水体的风险远大于"猪-微-鱼"塘，养殖水体存在极大的安全隐患。

（3）2008 年初南方发生罕见的冻害，水温低于 8℃，"猪-微-鱼"塘 300 亩没有一条罗非鱼死亡，而其他"猪-鱼"塘或"鸭-鱼"塘的罗非鱼 98% 都死亡。这点充分证明了"猪微鱼"塘的水质以及水体的调节能力和所养的鱼的抗逆能力都好于其他模式。

6）植物氧化沟水的监测结果

DO 较高，可达到 7mg/L，COD_{Cr} 浓度为 10～40mg/L，NH_4^+-N 浓度大致在为 0.9～1.3mg/L，NO_2^--N 浓度大致为 0.02～0.2mg/L，TP 浓度低于 0.2mg/L，可培养微生物总数为 10^3～10^4 CFU/mL 左右，粪大肠菌群为 10^3～10^4 MPN/L。植物氧化沟的 COD_{Cr} 浓度达到 Ⅴ 类水标准，NH_4^+-N 浓度达到 Ⅳ 类水标准，TP 浓度和粪大肠菌群数达到 Ⅲ 类水标准。氧水沟水质明显好于"猪-微-鱼"塘水，说明塘水排入氧化沟后能得到有效净化，沟水回排有利于鱼塘水的改良。

7）各阶段处理后的排放废水水质

将"猪-微-鱼"塘水、植物氧化沟水、"猪-鱼"塘水与地表水环境质量标准作比较，结果见表 2-18。

"猪-微-鱼"塘水、"猪-鱼"塘水、植物氧化沟水与地表水环境质量标准比较　　　表 2-18

项目	Ⅱ类	Ⅲ类	Ⅳ类	Ⅴ类	"猪-微-鱼"塘水	"猪-鱼"塘水	植物氧化沟水
pH 值	6～9	6～9	6～9	6～9	7.6	6.69	6.9
DO (mg/L) ≥	6	5	3	2	5.2	1.8	5.6
COD (mg/L) ≤	15	20	30	40	82	148	38
NH_4^+-N (mg/L) ≤	0.5	1.0	1.5	2.0	1.12	2.67	1.22
TP（以 P 计）(mg/L) ≤	0.1	0.2	0.3	0.4	0.81	3.67	0.15
粪大肠菌群（MPN/L）	2000	10000	20000	40000	10000	100000	10000

从表 2-18 结果比较，总结如下：

（1）"猪-微-鱼"塘水的 COD_{Cr} 和 TP 浓度超过地表水标准的 Ⅴ 类水标准，但 NH_4^+-N 浓度达到 Ⅳ 类水标准，粪大肠菌群数达到 Ⅲ 类水标准。

（2）植物氧化沟水的 COD_{Cr} 浓度达到 Ⅴ 类水标准，NH_4^+-N 浓度达到 Ⅳ 类水标准，TP 浓度和粪大肠菌群数达到 Ⅲ 类水标准。

（3）"猪-鱼"塘水的 COD_{Cr}、NH_4^+-N 和 TP 浓度以及粪大肠菌群数均大幅度超过 Ⅴ 类水标准，为超劣 Ⅴ 类水。

（4）水质总体优劣顺序为植物氧化沟水＞"猪-微-鱼"塘水＞"猪-鱼"塘水。

2.2.2　畜禽养殖对溪涧型水源污染控制技术

针对福建农村溪涧水源地周边分布的养猪场粪尿冲排对水源地造成的污染问题，研究了微生物发酵床垫料养猪技术。该技术通过发酵床垫料对猪粪尿的吸收分解，进一步作为有机肥循环利用，达到了养猪废弃物对外无排放，水源零污染的效果。

目前，中国每年畜禽粪便产生量已达 19 亿 t，超过了工业固体废弃物排放量的 2 倍多，并对当地土地、水域等造成严重的威胁。集约化、规模化畜禽养殖场和养殖区污染物问题提到重要的议事日程。目前我国的养猪模式主要有养猪达标排放模式、种养平衡模式、沼气生态模式等几种模式，这几种饲养模式存在的主要问题在于投资较大，运行费用高，对操作人员技术要求高，需要配套大面积的土地以消纳猪粪水，且粪肥施用受农时、作物品种、粪肥用量限制。畜禽养殖业的健康可持续发展应兼顾环境效益和经济效益，提高项目的投资收益率，以较低成本解决环境污染，促进养殖业、环境与人类的和谐。发酵床养猪技术，作为一种新兴的环保生态养殖技术受到人们的广泛重视。

针对福建农村溪涧水源地周边分布的养猪场粪尿冲排对水源地造成的污染问题，研究了微生物发酵床垫料养猪技术。该技术通过发酵床垫料对猪粪尿的吸收分解，进一步作为有机肥循环利用，达到了养猪废弃物对外无排放，水源零污染的效果。

2.2.2.1　技术原理

发酵床养猪技术是一种以发酵床为基础的粪尿免清理的新兴环保养猪技术，起源于日本，发展于中国。它的核心是猪排泄的粪尿被发酵床中的微生物分解转化，无臭味，对环境无污染。发酵床垫料主要由微生物发酵剂及锯末谷壳等农业有机废弃物组成，厚度一般为 60～90cm。将垫料各组分按比例混匀，堆积发酵至 60～70℃，然后将垫料摊开，即可发挥发酵床的粪尿消纳功能。发酵床垫料的温度一般保持在 40～50℃。发酵床垫料可使用 1 年左右，废弃的垫料可进行资源转化，用于生产肥料、蘑菇基质等农业产品。同我国传统养猪方法比较，其最大的优势主要体现在"零排放"，即猪排泄的粪尿经过垫料中的微生物分解、发酵，转变为微生物蛋白，猪场内外无臭味。该技术将传统集约化养猪粪便污染处理问题提前在养殖环节进行消纳，可实现污染物零排放的目的，最终从源头上防控粪尿对环境的污染。应用发酵床养猪技术，可节约建造沼气池成本及改善猪场的环境，生产无公害放心猪肉，因而是一种环保效益和经济效益俱佳的养猪模式。

2.2.2.2　技术方案

1. 发酵床猪舍建设

1）发酵床猪场的选址和设计

（1）场地选择

A. 地理位置。新建猪场，要确定场址的位置，尽量接近饲料产地，有相对好的运输条件。要远离生猪批发市场、屠宰加工企业、风景名胜地和交通要道等。一般要求距离畜产品加工厂至少 1km 以上；距离主要公路 300m 以上，距离一般公路 100m 以上，可设置专用猪场通道与交通要道相联结；且距离最近的村庄最好不少于 2km；高压线不得在仔猪舍和保育舍上面通过。完全采用发酵床养殖的猪场，由于不对外排污，与水源地的距离可不作要求。

B. 地势与地形。要求地势较高、干燥、平缓、向阳。场址至少高出当地历史洪水水位线以上，其地下水位应在 2m 以下，这样可以避免洪水的威胁，减少因土壤毛细管水位上升而造成地面潮湿。

C. 土质。要有一定的承载能力，还应透气透水性强，毛细管作用弱，吸湿性和导热性小，质地均匀的土壤。

D. 猪舍朝向。猪舍朝向主要考虑两个方面的因素：①日照条件——合理利用太阳辐射热量；②通风条件——合理利用主导风向。

E. 猪舍间距。猪舍的间距主要考虑日照间距、通风间距、防疫间距和防火间距。

（2）猪场设计

猪舍建筑是一门深奥的科学，需要不断地总结完善。对于发酵床养猪的猪舍建筑，需要结合传统猪舍设计的优秀成果，但同时不要用传统思维模式来限制我们的设计思路，需要用创造性的思维去指导和不断创新猪舍设计。

A. 猪舍设计的基本理念。科学的生态发酵床养猪猪舍是尽最大可能利用自然资源，如阳光、空气、气流、风向等免费自然元素，尽可能少地使用如水、电、煤等现代能源或物质；尽可能大地利用生物性、物理性转化，尽可能少地使用化学性转化。

B. 猪舍设计的指导思想。①有利于发挥作用、节约劳力、提高效率。②有利于节省占地面积，控制猪只适度密度。③有利于各类猪只生长发育，尽量改善舍内的气候环境。④控制适宜的建筑成本。

C. 猪舍设计的基本原则。发酵床养猪猪舍设计，也需要事先考虑如下原则，这些原则都需要生产体制和栏圈来予以保证。①"零"混群原则：不允许不同来源的猪只混群，这就需要考虑隔离舍的准备。②最佳存栏原则：始终保持栏圈的利用，这就需要均衡生产体系的确定。③按同龄猪分群原则：不同阶段的猪只不能在一起，这是全出全进的体系基础。

D. 舍内外环境对猪舍设计的要求。猪舍的环境，主要指温度、湿度、气体、光照以及其他一些影响环境的卫生条件等，是影响猪只生长发育的重要因素。猪的集体与环境之间，随时都在进行着物质与能量的交换，在正常环境下，猪体能与环境保持平衡，形成良性循环，可以促使猪只发挥其生长潜力。因此，为保证猪群正常的生活与生产，必须人为地创造一个适合猪生理需要的气候条件。

发酵床生态建筑设计同传统集约化猪场场址无多大差异，比传统猪舍更趋灵活，主要应综合考虑分析地理位置、地势与地形、土质、水、电以及占地面积等问题。

E. 发酵床猪舍总体布局的原则。

利于生产：猪场的总体布局首先满足生产工艺流程的要求，按照生产过程的顺序性和连续性来规划和布置建筑物，有利于生产，便于科学管理，从而提高劳动生产率。

利于防疫：规模猪场猪群数量大，饲养密度高。要保证正常的生产，必须将卫生防疫工作提高到首要位置。一方面在整体布局上应着重考虑猪场的性质、猪只本身的抵抗能力、地形条件、主导风向等几个方面，合理布置建筑物，满足其防疫距离的要求；另一方面当然还要采取一些行之有效的防疫措施。生态养猪法应尽量多地利用生物性、物理性措施来改善防疫环境。

利于运输：猪场日常的饲料、猪及生产和生活用品的运输任务非常繁忙，在建筑物和道路布局上应考虑生产流程的内部联系和对外联系的连续性，尽量使运输路线方便、简洁、不重复、不迂回。

利于生活管理：猪场在总体布局上应使生产区和生活区做到既分隔又联系，位置要适中，环境要相对安静。要为职工创造一个舒适的工作环境，同时又便于生活、管理。

2）发酵床猪舍的设计

发酵床猪舍有不同的类型，从布局上可分为单列式和双列式猪舍；根据发酵槽的结构，可分为地上式、半地上半地下及地下式猪舍；根据猪床是否分离，可分为室内发酵床猪舍及室外发酵床猪舍。

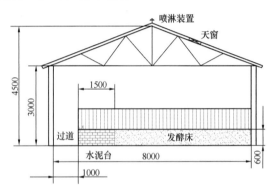

图 2-23　单列式室内发酵床猪舍剖面
示意图（单位：mm）

（1）根据猪舍的布局，发酵床猪舍可分为单列式和双列式猪舍，一般采用单列式（图 2-23～图 2-25）

猪舍内部构造：单列式分布，猪舍跨度一般为 8m，最好不要超过 9m（过宽投资成本会大幅增加），猪舍长度根据实际情况而定，一般为 20m 左右，但不要超过 50m（过长不利机械通风）；猪舍人行道宽 1.0m，靠北方向；便于猪群管理，一般每 7～8m 隔栏，可饲养猪只 40 头左右。

猪舍整体构造：规范的发酵床猪舍一般要求通风采光良好，呈东西走向，坐北朝南，单列式，南北可以敞开，采光充分，通风良好。南方地区南北墙可通透带卷帘，东西墙为实墙，分别设置水帘和风机；冬季寒冷地带猪舍北面墙体厚度为 24cm（另外加保温层）或 37cm（中间加珍珠岩）。一般猪舍墙高 3m，屋脊高 4.5m。屋顶设喷淋装置。

（2）根据发酵槽的结构，发酵床猪舍可分为地上式、半地上半地下式及地下式猪舍

根据地下水位的高低及建造成本，猪舍的发酵槽可分为地上式发酵槽、地下式发酵槽

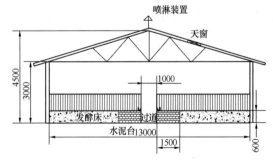

图 2-24　双列式室内发酵床猪舍剖面
示意图（单位：mm）

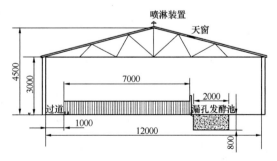

图 2-25　单列式室外发酵床猪床分离模式猪舍剖面
示意图（单位：mm）

及半地上半地下式发酵槽（图 2-26）。

（3）根据猪床是否分离，发酵床猪舍可分室内发酵床猪舍和室外发酵床猪舍

利用发酵床养殖技术养猪，由于哺乳期及保育期的仔猪粪尿产生量少，发酵床垫料易消纳，建议采用室内发酵床养殖的模式进行生态养殖；而妊娠母猪、空怀母猪、种公猪及育肥期仔猪的粪污产生量大，发酵床垫料不易消纳，进出垫料周期短，操作不便，建议采用猪床分离的模式进行饲养，其剖面示意图如图 2-27 所示。猪床分离模式就是利用人工推粪的方式，通过漏孔将猪粪转移到发酵池中，然后利用发酵池中的垫料对粪污进行分解转化，发酵池的规格一般为宽 2m，深 80～100cm，发酵池一侧留出 2m 过道，便于垫料进出及翻耙等机械操作。

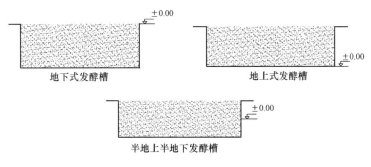

图 2-26　猪舍发酵槽结构

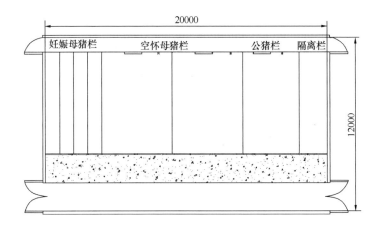

图 2-27　种猪舍及妊娠母猪舍猪床分离模式平面示意图（单位：mm）

A. 种猪舍及妊娠母猪舍猪床分离模式。妊娠母猪、空怀母猪及种公猪采用猪床分离模式饲养，其中妊娠母猪采用限位栏进行饲养，限位栏的宽度一般为 1m，空怀母猪栏及公猪栏以 7m×5m 规格猪舍进行分栏，并且猪舍留出必要的隔离栏对病猪进行隔离治疗（图 2-27）。

B. 分娩哺乳及保育猪舍室内发酵床模式。分娩哺乳舍规格为 7m×2m，其中，哺乳母猪采用限位栏，限位栏的规格为 2m×0.6m，保温箱的规格为 1m×0.6m，这种方式中母猪的粪尿也是排放到发酵床中，在哺乳期注意及时让乳猪吃上初乳，注意尽早把母猪排

出的粪便掩埋分散到垫料中，断奶后注意驱虫。断奶后仔猪转入保育猪舍，保育猪舍的规格一般以 7m×5m 规格进行分栏，保育猪的养殖密度为 0.8~1.2m²/只，并且猪舍留出必要的隔离栏对病猪进行隔离治疗（图 2-28、图 2-29）。

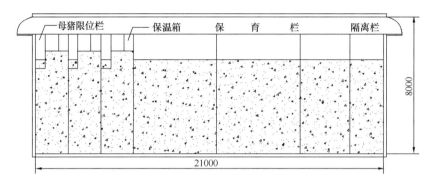

图 2-28　分娩哺乳及保育猪舍室内发酵床模式平面示意图（单位：mm）

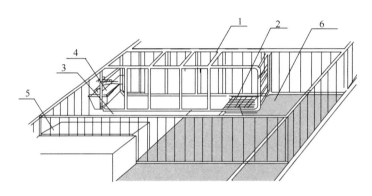

图 2-29　母猪分娩及哺乳期发酵床效果图

1—母猪限位栏；2—母猪粪尿地漏；3—白色部分为水泥地面；4—母猪食槽及

饮水器；5—乳猪保温箱；6—灰色为发酵床垫料

C. 育肥猪舍。育肥猪舍采用猪床分离模式进行饲养，一般以 7m×5m 规格进行分栏，育肥猪只的养殖密度为 1.2~1.5m²/只，同时，猪舍留出必要的隔离栏对病猪进行隔离治疗（图 2-30）。

3）生物发酵床养猪常用机械与设备

（1）通风换气设施

主要有风机、湿帘、排气扇等。通风换气是调节猪舍环境最重要、最经常的手段。其主要目的是排出舍内的 CO_2、NH_3 等，为猪提供新鲜空气；排出舍内多余的水汽，使湿度保持在适宜的范围内；排出舍内多余的热量（夏季降温）。

A. 无动力屋顶通风器。对于跨度小于 12m 的猪舍，每隔 6~9m 安装 1 个排风口直径 50mm 的无动力屋顶通风器即可（图 2-31）。冬季常采用自然通风。

B. 风机。夏季为了加强热的散失，常采取强制通风措施。最好采用负压纵向通风方式。负压通风系统中通常选用轴流风机作为通风机械（图 2-32）。通风降温一般可使舍内温度降低1～3℃。

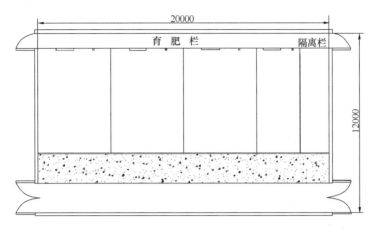

图2-30 育肥猪舍猪床分离模式平面示意图（单位：mm）

图2-31 无动力屋顶通风器

图2-32 风机

C. 湿帘风机降温系统。当舍外环境温度大于舍内时，单靠通风不能达到为猪舍降温的目的，需要采用湿帘风机降温系统（图2-33～图2-35），可使舍温降低3～7℃。该系统具有设备简单、成本低廉、能耗低、空气清新、降温均衡、产冷量大、运行可靠、安装方便等优点，并且可以通过气流带入药剂以达到杀菌的效果。设备费用仅相当于空调设备的1/7，运行费用仅相当于空调的1/10。

（2）隔离设备

主要为栅栏或活动挡板。猪栏是用来限制猪活动范围，并起防护作用的设备，是猪场的

图2-33 水帘

基本生产单位。栅栏式猪栏便于观察猪，通风好，发酵床养殖普遍采用。另外，猪栏的焊接要牢固，焊合处要打磨光滑、无毛刺、无虚焊，猪栏表面要进行喷漆或镀锌等防腐

处理。

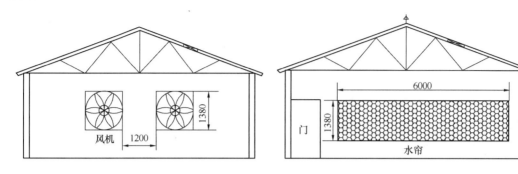

图 2-34　湿帘风机系统——风机（单位：mm）　　图 2-35　湿帘风机系统——水帘（单位：mm）

（3）垫料翻挖设备

主要有直叉子、便携式犁耕机或小型铲车（图 2-36）。发酵床养猪，需要经常翻挖垫料，提高垫料中的 O_2 含量，提高发酵微生物分解能力。便携式犁耕机翻挖垫料深度 $20\sim25cm$。

翻动机　　　　　　小型铲车　　　　　　手工叉

图 2-36　垫料翻挖设备

（4）食槽

一般采用钢板自动落料食槽（图 2-37），这种食槽不仅能保证饲料清洁卫生，而且还可以减少饲料浪费，满足猪的自由采食。

图 2-37　自动落料食槽

（5）饮水设备

供水饮水设备是猪场不可缺少的设备。一般规模化猪场多采用自动饮水器，可以日夜供水，减少劳动量，且清洁卫生。猪用自动饮水器的种类多，有鸭嘴式、乳头式、杯式等，当前猪场采普遍应用的是鸭嘴式自动饮水器（图 2-38）。为防治猪只饮水溅湿垫料，常在饲喂通道一侧或中间挖一浅排水沟，便于污水排泄。

另外，发酵床猪舍还应配备水银温度计和干湿球温度计，用于垫料的及猪舍环境温度湿度的检测。垫料检测常用红色水银温度计。猪舍环境温度、湿度检测常用温湿表。

2. 生物发酵床的制作

1) 发酵床垫料的筛选原则

发酵床的垫料准备是"发酵床式生态养猪技术体系"中另外一个重要的生产环节。垫料

图 2-38　鸭嘴式自动饮水器

可以是锯末屑、完整或粉碎玉米秸秆、稻草粉碎物、玉米加工副产物、稻壳等。根据试验研究和生产经验表明，锯末屑是最好的发酵垫料。虽然对于垫料的要求不是很严格，但要保证其透气良好。由于在发酵过程中主要考虑微生物对猪粪便和尿水的分解作用，垫料起到培养基的作用。同时，根据发酵过程中的优势菌种生物学特点可知，发酵床的发酵过程主要以有氧发酵为主。

因此，垫料要考虑如下要求筛选：①可溶性糖含量低；②粗纤维含量高，且木质化程度越高越好；③铺设的垫床能形成较高的孔隙度；④廉价易得，不与其他产业竞争原料；⑤谷类作物副产物要避免霉菌的污染和霉菌毒素的富集。

一般，发酵床垫料的组成为"锯末＋稻壳"、"锯末＋玉米秸秆"模式，若当地原材料紧张，可以寻找其他物料进行替代，例如小麦秸秆、甘蔗渣、食用菌菌渣及其他农业有机废弃物。

室内发酵床垫料的组成一般为"锯末＋稻壳"、"锯末＋玉米秸秆"模式，这种垫料使用时间为 1～2 年，时间长，减少替换垫料的成本；室外发酵床最好使用易腐解的原料，诸如稻草、蔗渣及菌渣等，这种垫料发酵易操作，腐解快，出料快，有利于加快废弃物资源转化。

北方发酵床垫料原料一般为锯末、玉米秸秆、小麦秸秆、玉米屑、菌渣等，南方发酵床垫料原料一般为锯末、谷壳、蔗渣、菌渣、稻草及椰壳纤维等。

2) 发酵床菌种的选择

发酵床菌种的质量是发酵床制作的核心，建议养殖户选择质量优良的微生物产品。目前市场上主要存在 3 种发酵床微生物，一种是已知的芽孢杆菌，一种是土著菌，另一种是 EM 或其他菌。对于芽孢杆菌，因为菌种属性明确，质量较为安全，因此可以推广使用。对于土著菌，须经微生物培养，主要存在菌种属性不明确，没有菌种安全鉴定报告，未取得相关生产许可资质等问题，所以不适合推广。利用 EM 或其他菌种制作发酵床是否可行还值得探讨，发酵床适宜的微生物菌种，有待进一步研究。

发酵床菌种的选择，可以从以下几个方面考虑：粪污分解性能，即微生物分解粪污的能力；耐热性能，即微生物菌种在发酵床垫料中的耐热情况。发酵床垫料在堆积发酵、杀

灭病原菌的过程中的温度一般为 60℃以上，有时可达 70～80℃，因此要求发酵床菌种耐热性能极强。一般乳酸菌、酵母菌在 60℃以上的高温时即灭活，不适合用于发酵床。另外，发酵床菌种应安全、稳定、生长优势强。研究结果表明，发酵床微生物的功能菌主要是分解粪污能力强的芽孢杆菌。各地养殖户在购买发酵床菌种时，可到科研单位、专业生产机构或技术力量雄厚的企业购买。

在发酵床养猪的过程中，使用的微生物发酵剂和饲用益生菌等产品须出具菌种安全鉴定报告，取得相应的生产许可资质，直接在发酵床上饲养的室内发酵床养猪模式对此要求更加严格。同时，微生物菌种要本地化，发挥微生物的功能，才有利于大面积的推广应用。

3）发酵床的制作步骤

（1）材料用量的计算

以"锯末＋谷壳"模式为例，表 2-19 简要列出了各垫料用量的大致比例。

垫料配方表　　　　　　　　　　　　　　　　　　　　　　表 2-19

原料	锯末	谷壳（或玉米秸秆）	米糠（或麦麸）	垫料发酵剂
用量	1.8～1.2m³	1.2～1.8m³	5kg	500g

一般，锯末、谷壳各占 50％为宜。如果其中一样缺少，可以按 4：6 调整锯末和谷壳之间的比例。

（2）垫料厚度的确定

发酵床垫料层高度一般为 60～90cm。

（3）垫料发酵的操作步骤（以 3m³ 垫床为例）

垫床垫料的发酵一般在发酵槽内直接操作（即原位发酵），也可在空旷场地发酵（即异位发酵），但是会增加劳动强度，通常不采用；垫料发酵的目的是创造一个有益微生物生长繁殖的良好条件，如水分、营养等，使其迅速大量增殖，释放出热能，使垫床温度达到 60～70℃，从而有效杀灭病原菌及虫卵，如病毒、有害细菌、霉菌、寄生虫卵及蝇蛆等。

A. 发酵剂的调制。将一瓶规格为 500g 的发酵剂以 10 倍的关系与 5kg 米糠（麦麸或玉米粉）混合均匀，制成菌糠粉。

B. 干垫料的混合。将 1.5m³ 锯末、1.5m³ 谷壳及调制好的菌糠粉分别铺开，然后混合均匀，若有结块的物料，应该尽量拍散（有条件的地方可以加入 1％鲜猪粪加速发酵）。

C. 加水混合。把混合均匀的垫料逐渐加入井水（或不含氯的自来水）混合。水分一般掌握在 45％～50％之间，其鉴定方法就是手握成团，松手即散，指缝间无水滴漏。物料的混合应该根据配比采取少量多次的混合原则，有条件的地方可以采用小型铲车、混合机等机械设备进行混合；垫料混合的均匀度和水分含量是关系到是否发酵成功和今后垫料发挥猪粪尿分解作用的关键，务必注意！

D. 垫料的堆制。将加水混合好的垫料铺平，厚度与垫料池深度持平（异位发酵即舍外发酵要建成堆高约为 1.2～1.5m 的梯形截面条堆），用厚草帘或编织袋覆盖，有条件的地区可再加盖一层塑料薄膜，以达到保温保湿。

E. 监测和记录。发酵期间，每天测量发酵温度，并做好记录（图 2-39）。从第 2 天开始在不同角度的 3 个点，约 30cm 深处测量温度，温度可上升到 40～50℃（注：第 2 天看垫料的初始温度是否上升到 40～50℃，若未达到要查找原因，即查一查垫料是否加入防腐剂、杀虫剂，水分是否过高或其他不足造成的）。垫料经发酵，温度达 60～70℃时，保持 3d 以上（室内发酵床为了避免垫料的辐射热，需待垫料中温度平稳后方可放猪饲养），当垫料摊开，气味清爽，没有酸败味或粪臭味时即发酵成功。发酵时间夏天 7～8d，冬天 10～15d 即可（有发酵的香味和蒸汽散出）。发酵一周后，如果温度还有上升，有臭味，这是因为水分过多，可再次调整水分，加入部分菌种发酵直至成功。

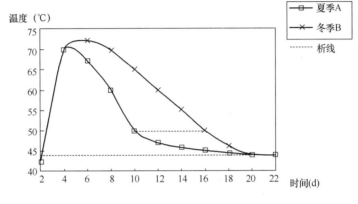

图 2-39　垫料发酵温度变化曲线

F. 垫料池的铺设。将发酵成熟的垫料，铺在发酵池中，表面耙平，即可发挥猪粪粪尿的腐解功能（图 2-40）。

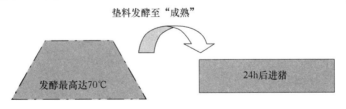

图 2-40　发酵床养猪垫料发酵成熟示意图

4）发酵床垫料的维护及管理

发酵床维护的目的主要是 2 方面：①保持发酵床正常微生态平衡，使有益微生物菌群始终处于优势地位，抑制病原微生物的繁殖和病害的发生；②确保发酵床对猪粪尿的消化分解能力始终维持在较高水平。无论是室内发酵床还是室外发酵床，垫料的维护主要涉及垫料的通透性管理、水分调节、疏粪管理、垫料补充与更新等多个环节。

（1）垫料通透性管理

长期保持垫料适当的通透性，即垫料中的含氧量始终维持在正常水平，是发酵床保持较高粪尿分解能力的关键因素之一，同时也是抑制病原微生物繁殖，减少疾病发生的重要手段。

（2）水分调节

由于发酵床中垫料水分的自然挥发，垫料水分含量会逐渐降低，但垫料水分降到一定水平后，微生物的繁殖就会受阻或者停止，定期或视垫料水分状况适时地补充水分，是保持垫料微生物正常繁殖，维持垫料对粪尿分解能力的另一关键因素，垫料合适的水分含量通常为 40% 左右，因季节或空气湿度的不同而略有差异，常规补水方式可以采用喷雾补水。

（3）猪粪管理

由于生猪具有集中定点排泄粪尿的特性，所以室内发酵床上会出现粪尿分布不匀，粪尿集中的地方湿度大，消化分解速度慢，只有将粪尿分散布撒在垫料上，并与垫料混合均匀，才能保持发酵床水分的均匀一致，并能在较短的时间内将粪尿消化分解干净。而室外发酵床，由于采取人工或机械的方式把猪粪尿转移到室外发酵床上，就需要把猪粪撒匀，并通过翻堆设备将猪粪与垫料混匀，才利于猪粪尿的分解转化。

（4）垫料补充与更新

室内发酵床在消化分解粪尿的同时，垫料也会逐步损耗，及时补充垫料是保持发酵床性能稳定的重要措施。通常垫料减少量达到 10% 后就要及时补充，补充的新料要与发酵床上的垫料混合均匀，并调节好水分；室外发酵床根据垫料的腐熟程度及时更新垫料，防止因腐熟功能降低而造成"死床"现象，影响发酵床的使用。

5）发酵床垫料使用年限及消纳的污染负荷估算

从碳元素、氮元素转化成微生物机体组织以及有机肥最适宜的碳氮比 20：1～30：1 的关系，我们选择碳氮比 25：1 为垫料最终的碳氮比。据此，我们提出垫料理想使用期的概念，即指垫料原料中多余的碳素和氮素均转化为微生物蛋白，且能保证生产过程不影响微生物的生长和繁殖，达到最终碳氮比 25：1 情况下的使用期限。

我们因此建立理想生产模型：假设全期所有垫料原料，其总碳含量为 $MC_{原料}$，总氮含量为 $QN_{原料}$；也假设每天产生的猪粪尿恒定，其每天可提供碳量和氮量分别为 $C_{粪尿}$ 和 $N_{粪尿}$；多余的碳素和氮素均转化为微生物蛋白，最终碳氮比达到 25：1。则垫料的理想使用期限（用 D 表示）公式模型如下：

$$(MC_{原料} + D \times C_{粪尿})/(QN_{原料} + D \times N_{粪尿}) = 25$$

即：
$$D = (25QN_{原料} - MC_{原料})/(C_{粪尿} - 25N_{粪尿})$$

设定碳氮比用 CN 表示，因为，$MC_{原料} = CN_{垫料} \times QN_{原料}$

也即：
$$D = [(25 - CN_{垫料})QN_{原料}]/[(CN_{粪尿} - 25)N_{粪尿}]$$

所以，垫料理想使用天数 = [（25－垫料碳氮比）×垫料总氮量]/[（粪尿碳氮比－25）日产粪尿含氮量]

即：垫料理想使用天数 = [（25－垫料碳氮比）×垫料总量×垫料含氮率]/[（粪尿碳氮比－25)日产粪量×粪含氮率＋日产尿量×尿含氮率]

例如：假设育肥猪均匀生产，1 头育肥猪每天固定产猪粪 3kg，尿 4kg，其中猪粪碳氮比 7：1，含氮 0.56%；尿有机质含量 2.5%，含氮 0.12%，有机质的含碳量平均为

58％；那么总共提供 1t 碳氮比 230：1、含氮量 0.26％的某种符合要求的垫料给这头育肥猪的情况下，不考虑其他因素，其理想饲养期限计算如下：

解：$CN_{垫料}=230$；$QN_{原料}=1000\times0.26\%=2.6$；$CN_{粪尿}=(7\times3\times0.56\%+4\times2.5\%\times58\%)/(3\times0.56\%+4\times0.12\%)=(11.76+5.8)/(1.68+0.48)=17.56/2.16=8.13$；

$$N_{粪尿}=3\times0.56\%+4\times0.12\%=2.16\%$$

$$D=(25-230)\times2.6/[(8.13-25)\times2.16\%]=533/0.36=1481(d)\approx4.06(年)$$

所以，1t 上述全锯末垫料（约 3.3 个 m^3），经过微生物发酵垫料饲养育肥猪，达到理想制作有机肥的效果，其饲养期约 4.06 年。由于生猪生产是动态变化的过程，粪尿并不是均衡生产，而且生产中垫料发酵效率受管理、天气状况、微生物菌种活力等多种因素影响，故垫料的实际使用年限要小于公式计算的理想使用天数。根据实际使用情况看，一般"锯末＋稻壳"、"锯末＋玉米秸秆"作为垫料原料组合，其使用年限在 1～2 年。

发酵床养猪垫料，一般选择易腐解的物料，便于出料，垫料的使用年限一般为 1 年，可以养 3 茬猪。一头猪与发酵床的配比面积为 $1.2m^3$，发酵床的高度一般为 0.6m，则需要 $1.2m^3\times0.6m=0.72m^3$ 垫料消纳猪只的排泄污染物。根据畜禽养殖排污系数表（表 2-20、表 2-21），可以计算出，$0.72m^3$ 垫料消纳 1194kg 粪，1970.1kg 尿，那么，$1m^3$ 垫料消纳 1659kg 粪，2736kg 尿，换算为污染负荷，则分别为消纳 COD 111kg，NH_4^+-N 8.97kg，TP 7.08kg，以及 TN 18.78kg。

畜禽粪便排泄系数 表 2-20

项目	单位	牛	猪	鸡	鸭
粪	kg/d	20.0	2.0	0.12	0.13
	kg/a	7300.0	398.0	25.2	27.3
尿	kg/d	10.0	3.3	—	—
	kg/a	3650.0	656.7	—	—
饲养周期	d	365	199	210	210

畜禽粪便中污染物平均含量（单位：kg/t） 表 2-21

项目	COD	BOD	NH_4^+-N	TP	TN
牛粪	31.0	24.53	1.7	1.18	4.37
牛尿	6.0	4.0	3.5	0.40	8.0
猪粪	52.0	57.03	3.1	3.41	5.88
猪尿	9.0	5.0	1.4	0.52	3.3
鸡粪	45.0	47.9	4.78	5.37	9.84
鸭粪	46.3	30.0	0.8	6.20	11.0

3. 发酵床猪场免疫及驱虫程序

发酵床养猪场免疫及驱虫程序和传统的规模化养猪场免疫及驱虫程序基本相同。

1）猪场免疫程序

猪的免疫程序的制定应根据每个猪场各自的实际情况、疾病的发生史以及猪群当前的抗体水平制定自己的免疫程序。免疫的重点是多发性疾病和危害严重的疾病，对未发生或危害较轻的疾病可酌情免疫，免疫程序仅供参考。

（1）一般常见猪病的推荐免疫程序见表 2-22。

猪病的推荐疫苗程序表

表 2-22

猪只类别及日龄		免疫内容
仔猪	吃初乳前 1～2h	猪瘟弱毒疫苗超前免疫
	初生乳猪	猪伪狂犬病弱毒疫苗
	7～15d 龄	猪喘气病灭活菌苗、传染性萎缩性鼻炎灭活菌苗
	25～30d 龄	猪繁殖与呼吸综合征（PRRS）弱毒疫苗、仔猪副伤寒弱毒菌苗、伪狂犬病弱毒疫苗、猪瘟弱毒疫苗（超前免疫猪不免）、猪链球菌苗、猪流感灭活疫苗
	30～35d 龄	猪传染性萎缩性鼻炎、猪喘气病灭活菌苗
	60～65d 龄	猪瘟弱毒疫苗、猪丹毒、猪肺疫弱毒菌苗、伪狂犬病弱毒疫苗
初产母猪	配种前 10 周、8 周	猪繁殖与呼吸综合征（PRRS）弱毒疫苗
	配种前 1 个月	猪细小病毒弱毒疫苗、猪伪狂犬病弱毒疫苗
	配种前 3 周	猪瘟弱毒疫苗
	产前 5 周、2 周	仔猪黄白痢菌苗
	产前 4 周	猪流行性腹泻-传染性胃肠炎-轮状病毒三联疫苗
经产母猪	配种前 2 周	猪细小病毒病弱毒疫苗（初产前未经免疫的）
	怀孕 60d	猪喘气病灭活菌苗
	产前 6 周	猪流行性腹泻-传染性胃肠炎-轮状病毒三联疫苗
	产前 4 周	猪传染性萎缩性鼻炎灭活菌苗
	产前 5 周、2 周	仔猪黄白痢菌苗
	每年 3～4 次	猪伪狂犬病弱毒疫苗
	产前 10d	猪流行性腹泻-传染性胃肠炎-轮状病毒三联疫苗
	断奶前 7d	猪瘟弱毒疫苗、猪丹毒弱毒菌苗、猪肺疫弱毒菌苗
青年公猪	配种前 10 周、8 周	猪繁殖与呼吸综合征（PRRS）弱毒疫苗
	配种 1 个月	猪细小病毒病弱毒疫苗、猪丹毒弱毒菌苗、猪肺疫弱毒菌苗、猪瘟弱毒疫苗
	配种前 2 周	猪伪狂犬病弱毒疫苗
成年公猪	每半年 1 次	猪细小病毒弱毒疫苗、猪瘟弱毒疫苗、传染性萎缩性鼻炎、猪丹毒弱毒菌苗、猪肺疫弱毒菌苗、猪喘气病灭活菌苗
各类猪群	3～4 月份	乙型脑炎弱毒疫苗
	每半年 1 次	猪瘟弱毒疫苗、猪丹毒弱毒菌苗、猪肺疫弱毒菌苗、猪口蹄疫灭活疫苗、猪喘气病灭活菌苗

注意事项：

1. 猪瘟弱毒疫苗常规免疫剂量：一般初生乳猪 1 头份/只，其他猪可用到 4～6 头份/只。未能做超前免疫的，仔猪可在 21～25d 龄首免，40d 龄、60d 龄各免 1 次，4 头份/（只·次）。

2. 有些地区猪传染性胸膜肺炎、副猪嗜血杆菌病的发病率比较高，需要作相应的免疫。

3. 将病毒苗与弱毒菌苗混合使用时，若病毒苗中加有抗生素则可杀死弱毒菌苗，导致弱毒菌苗的免疫失败。在使用活菌制剂（包括猪丹毒、猪肺疫、仔猪副伤寒弱毒苗）前 10d 和后 10d，应避免在饲料、饮水中添加或给猪只肌肉注射对活菌制剂敏感的抗菌药物。

（2）新引进猪进场的免疫程序：

一般新引进猪进场均应按常规程序进行免疫，最佳的免疫时间是进场后的第5天。

A. 育肥猪免疫程序。第5天，猪瘟苗2头份，口蹄疫灭活苗1～2mL；第12天，链球菌苗2mL/头；第19天，猪瘟苗2头份，口蹄疫灭活苗2mL；第26天，高致病性蓝耳病苗2mL/头；第33天，驱虫。

B. 种猪免疫程序。第5天，猪瘟苗2头份，口蹄疫灭活苗2mL；第12天，链球菌苗2mL/头；第19天，猪瘟苗2头份，口蹄疫灭活苗2mL；第26天，高致病性蓝耳病苗1mL/头；第33天，驱虫；第40天，伪狂犬疫苗1mL/头；第47天，高致病性蓝耳病苗2mL/头；第54天，细小病毒苗2mL/头。

免疫程序不是通用的、一成不变的，地区不同，流行病情况不同，猪场防疫环境不同，猪群健康情况不同，则相应的免疫程序也不同。但免疫程序一旦确定，就要在1～2年内相对稳定，要严格执行。大规模猪场不提倡季节性免疫，而是按生产流程分猪群、分阶段、分批次地规律性免疫。

2）猪场的驱虫程序

寄生虫分为体内寄生虫（如蛔虫、结节虫、鞭虫等）和体外寄生虫（如疥螨、血虱等），猪群感染寄生虫后不仅使体重下降，饲料转化效率低，严重时可导致猪只死亡，引起很大的经济损失，因此猪场必须驱除体内外寄生虫，一般的驱虫程序为：

后备猪：从外引猪进场后第2周躯体内外寄生虫1次，配种前躯体内外寄生虫1次。

成年公猪：每半年躯体内外寄生虫1次。

成年母猪：在临产前2周躯体内外寄生虫1次。

新购仔猪在进场后第2周躯体内外寄生虫1次。

生长育成猪：9周龄和6月龄各躯体内外寄生虫1次。

引进种猪：使用前躯体内外寄生虫1次。

猪舍与猪群驱虫：每月对种公母猪及后备猪喷雾躯体外寄生虫1次；产房进猪前空舍驱虫一次，临产母猪上产床前躯体外寄生虫一次。

驱虫药物视猪群情况、药物性能、用药对象等灵活掌握。

同时躯体内外寄生虫时一般采用帝诺玢、伊维菌素、阿维菌素等混饲连喂一周的方法；只躯体外寄生虫时一般采用杀螨灵、虱螨净、敌百虫等体外喷雾的方法。

采用一餐式混饲躯体内外寄生虫的方法，要隔7d再用1次。

4. 猪场常见疾病的预防、诊断和治疗

1）猪场预防用药及保健

（1）初生仔猪（0～6d龄）

目的：预防母源性感染（如脐带、产道、哺乳等感染），主要针对大肠杆菌、链球菌等。

推荐药物：①强力霉素、阿莫西林：每吨母猪料各加200g连喂7d。②慢呼清（新霉素＋强力霉素）饮水，每公斤水添加2g，或母猪拌料1周。③呼肠舒：每吨母猪料加1kg

连喂 7d。④长效土霉素母猪产前肌注 5mL。⑤仔猪吃初乳前口服庆大霉素、氟哌酸 1～2mL 或土霉素半片。⑥2～3d 龄补铁、补硒。

（2）5～10d 龄开食前后仔猪

目的：控制仔猪开食时发生感染及应激。

推荐药物：①恩诺沙星、诺氟沙星、氧氟沙星及环丙沙星：饮水，每公斤水加 50mg；拌料，每公斤饲料加 100mg。②新霉素，每公斤饲料添加 110mg，母仔共喂 3d。③强力霉素、阿莫西林：每吨仔猪料各加 300g 连喂 7d。④呼肠舒：每吨仔猪料加 2kg 连喂 7d。⑤上述方案中都添加 V_c 或多种维生素、盐类抗应激添加剂。

（3）21～28d 龄断奶前后仔猪

目的：预防气喘病和大肠杆菌病等。

推荐药物：①普鲁卡因青霉素＋金霉素＋磺胺甲氧嘧啶，拌喂 1 周。②慢呼清（新霉素＋强力霉素），拌料 1 周。③饲用枯草芽孢杆菌，每 500g 兑 0.5t 饲料，使用前先用适量井水或不含氯的自来水将该菌剂稀释成菌液。6～12h 后，将稀释菌液在饲料中混合均匀即可，也可直接添加到饲料中制粒使用。④呼诺玢每吨料加 2kg 连喂 7d。⑤土霉素碱粉或氟甲砜霉素，每公斤饲料拌 100mg，拌料 1 周。⑥上述方案中都添加 V_c 或多种维生素、盐类抗应激添加剂。

（4）60～70d 龄小猪

目的：预防喘气病及胸膜肺炎、大肠杆菌病和寄生虫。

推荐药物：①呼诺玢或支原净或泰乐菌素或土霉素钙预混剂，拌料 1 周。②饲用枯草芽孢杆菌，每 500g 兑 0.5t 饲料，使用前先用适量井水或不含氯的自来水将该菌剂稀释成菌液。6～12h 后，将稀释菌液在饲料中混合均匀即可，也可直接添加到饲料中制粒使用。③喹乙醇拌料。④选用伊维菌素、阿维菌素或帝诺玢、净乐芬等驱虫药物进行驱虫，可采用混饲或肌注。

（5）育肥或后备猪

目的：预防寄生虫和促进生长。

推荐药物：①呼诺玢或支原净或泰乐菌素或土霉素钙预混剂，拌料 1 周。②促生长剂，可添加速大肥和黄霉素等。③饲用枯草芽孢杆菌，大猪 75～125kg，每 500g 兑 2t 饲料，中猪 25～75kg，每 500g 兑 1t 饲料，使用前先用适量井水或不含氯的自来水将该菌剂稀释成菌液。6～12h 后，将稀释菌液在饲料中混合均匀即可，也可直接添加到饲料中制粒使用。育肥猪每批需连续使用至出栏。④驱虫用药，帝诺玢、净乐芬等驱虫药物拌料驱虫。

（6）成年猪（公猪、母猪）

目的：①后备、空怀猪和种公猪：驱虫、预防喘气病及胸膜肺炎。②怀孕母猪、哺乳母猪：驱虫、预防喘气病、预防子宫炎。

推荐药物：呼诺玢、支原净或泰乐菌素，拌料，脉冲式给药；帝诺玢、净乐芬等驱虫药物拌料驱虫 1 周，半年 1 次；可在分娩前 7d 到分娩后 7d，慢呼清、强力霉素或土霉素钙拌饲 1 周；可在分娩当天肌注青霉素 1～2 万单位/kg 体重，链霉素 100mg/kg 体重，或肌注氨苄青霉素 20mg/kg 体重，或肌注庆大霉素 2～4mg/kg 体重，或德力先、长效土霉素 5mL。

2）猪常见病的诊断

病猪主要症状所涉及的疾病见表 2-23。

病猪主要症状所涉及的疾病表 表 2-23

主要症状	可能涉及的疾病
仔猪下痢	红痢、黄痢、白痢、传染性胃肠炎、流行性腹泻、轮状病毒病感染、猪痢疾、副伤寒、空肠弯曲菌病、腺病毒感染、鞭虫病、胃肠炎、球虫病
呼吸困难	气喘病、猪肺疫、流感、接触传染性胸膜肺炎、传染性萎缩性鼻炎
神经症状	猪水肿病、乙型脑炎、李氏杆菌病、伪狂犬病、仔猪先天性震颤、神经型猪瘟、链球菌病、传染性脑脊髓炎，食物、药物或农药中毒
流产或死胎	猪细小病毒感染、乙型脑炎、猪瘟、布氏杆菌病、伪狂犬病、猪繁殖与呼吸综合征、弓形体病、引起妊娠母猪体温升高的疾病及非传染病因素（包括高温、营养、中毒、机械损伤、应激、遗传等）

病猪尸体外部病理变化可能涉及的疾病见表 2-24。

病猪尸体外部病理变化涉及的疾病表 表 2-24

器官	病理变化	可能涉及的疾病
眼	眼角有泪痕或眼屎	流感、猪瘟
	眼结膜充血、苍白、黄染	热性传染病、贫血、黄疸
	眼睑水肿	猪水肿病
口鼻	鼻孔有炎性渗出物流出	流感、气喘病、萎缩性鼻炎
	鼻歪斜、颜面部变形	萎缩性鼻炎
	上唇吻突及鼻孔有水泡、糜烂	水泡病
	齿龈、口角有点状出血	猪瘟
	唇、齿龈、颊部黏膜溃疡	猪瘟
	齿龈水肿	猪水肿病
皮肤	胸、腹和四肢内侧皮肤有大小不一的出血斑点	猪瘟、湿疹
	方形、菱形红色疹块	猪丹毒
	耳尖、鼻端、四蹄呈紫色	沙门氏菌病
	下腹和四肢内侧有痘疹	住痘
	蹄部皮肤出现水泡、糜烂、溃疡	口蹄疫、水疱病等
	咽喉部明显肿大	链球菌病、猪肺疫等
肛门	肛门周围和尾部有粪污染	腹泻性疾病

3）猪常见病的预防和治疗

（1）肢蹄病

A. 关节肿。

预防：保持猪舍清洁、干燥，尽量减少各种应激及猪群剧烈运动、打架等引起的外伤，伤口及时用紫药水或碘酊涂擦；做好剪牙、断尾、去势的无菌操作与消毒。剪牙不要剪得太低，以免伤及牙根；做好链球菌疫苗的免疫工作，仔猪最好选用多价灭活苗。

治疗：肌注磺胺间甲氧嘧啶钠，每次 10mL，每天 2 次，连用 2～3d；或用撒痛风 8mL＋青霉素 320 万单位，每天 1 次，连用 2～3d。在关节肿病例较多时，应在饲料中添加磺胺或阿莫西林类药物预防。

B. 跛行。

预防：方法与预防关节肿相同。

治疗：肌注安痛定 10mL＋青霉素 320 万单位，每天 1 次，连用 2～3d；或用撒痛风 8mL＋青霉素 320 万单位，每天 1 次，连用 2～3d；或用普鲁卡因 8mL＋青霉素 320 万单位，每天 1 次，连用 2～3d。

（2）消化系统疾病

A. 出血性拉稀：由胃溃疡、痢疾、增生性肠炎等引起。

预防：保持猪舍清洁、干燥；禁止饲喂发霉变质饲料，饲喂定时；做好日常消毒工作，种猪群应用二甲硝咪唑或喹乙醇或泰农、支原净定期净化；同时做好灭鼠工作。

治疗：用氟哌酸或庆大霉素 10mL＋痢菌净 10mL 分 2 针注射，每天 1 次，连用 2～3d。如果是由猪痢疾或增生性肠炎引起的拉稀，用药后基本上能控制。如果注射 2～3d 后不见好转，可能为胃溃疡，作淘汰处理。如果猪只拉血痢现象进一步蔓延，可考虑使用二甲硝咪唑。

B. 消化不良性拉稀：粪便一般呈黄色，可以看到未消化的饲料，有时伴随呕吐现象。

预防：禁止饲喂发霉变质饲料，饲喂定时。

治疗：肌注容大胆素 10mL＋青霉素 320 万单位。呕吐一时难以控制的，可用阿托品 6～8mL 进行治疗，用药时间长短视病情而异。

（3）呼吸系统疾病

A. 萎缩性鼻炎：眼睑四周有泪斑，有时潮红，严重时鼻孔流血，鼻端歪斜、萎缩。

预防：保持清洁、通风、干燥，做好消毒工作，使用磺胺六甲＋TMP 进行净化。对流鼻血、鼻甲骨萎缩的猪要及时淘汰。萎鼻严重时，母猪怀孕期间应注射疫苗。

治疗：肌注硫酸卡那霉素 10mL＋青霉素 320 万单位，连用 2～3d。或用丁胺卡那 8mL＋阿莫西林 2 支，每天 1 次，连用 2～3d，也可用磺胺药对鼻腔进行喷雾治疗。

B. 一般性咳嗽。

预防：保持猪舍清洁、干燥、通风，做好消毒工作，并使用土霉素或强力霉素进行净化。

治疗：肌注硫酸卡那霉素 10mL＋青霉素 320 万单位，用药时间长短视病情而异。

（4）急性病

A. 突然呼吸困难症状：张口急促呼吸，腹式呼吸为主，有时伴有口吐白沫。主要为猪肺疫、胸膜肺炎及支原体混合感染所引起。

预防：保持猪舍清洁、干燥、通风，尽量减少应激，做好消毒工作。如果猪群呼吸道病严重，应采取药物净化措施，并注意伪狂犬、蓝耳病的免疫。

治疗：如果体温升至 41℃ 以上，可用安乃近 10～20mL 降温，并且用丁胺卡那 20mL＋阿莫西林 4 支。

B. 突然性抽搐等症状：运动性失调，间歇性抽搐，昏厥并伴有呼吸困难，可能与链球菌、魏氏梭菌等引起猝死症有关。

预防：方法与预防突然呼吸困难症状相同。

治疗：如果体温 41℃ 以上，可用安乃近 10～20mL＋青霉素 320 万单位降温，并用 30～40mL 复合磺胺静脉推注，有心力衰竭的可以肌注樟脑磺胺钠。

5. 发酵床养猪场的消毒程序

预防消毒：进出场区、猪舍的门口常年设消毒槽（池），用 3%～5% 的火碱水溶液消毒。场区至少每半年用药物消毒 1 次。舍内走廊每周消毒 2 次。

空舍消毒：按清扫、药物消毒（火焰或熏蒸消毒）方法消毒，火焰消毒时间每平方米喷射 60s。垫料进行建堆发酵消毒。

带猪消毒：可用消毒液进行常规消毒，但注意尽量不要直接在垫料上消毒。许多养猪户一直不敢使用常规消毒药对垫床进行消毒，生怕影响微生物降解能力而造成死床，就此问题有关部门专门进行了相关实验：分别采用二氧化氯、威特消毒王两种消毒药对其消毒后，垫床 0cm、−5cm、−15cm 上的细菌数量随着消毒后时间的增加，细菌数量呈现一个先下降后上升过程。下降的过程说明是消毒剂起作用杀灭细菌的过程，上升过程说明，随着消毒后时间的延长，消毒剂的作用降低，细菌开始复苏。不同取样层细菌数量在消毒后 48h 分别恢复到了 70% 以上，普通的消毒对 30cm 以下的垫料的细菌数量几乎没有影响。从理论上来讲，垫床本身就有生物热消毒功能（故有"消毒床"一名），中间层 50℃ 左右的温度可杀灭绝大多数病原菌和虫卵，通过定期翻撬将表层垫料翻入中间层进行高温消毒，所以床体表面一般无需再用化学制剂消毒。

6. 发酵床养猪饲料配合

目前，饲料中不合理添加抗生素、激素及重金属的现象非常普遍。从饲料加工到人类动物源性食品生产及储运的整个链系，有些企业为了追求最大利益，抗生素、激素及重金属等添加剂被滥用，导致了在动物源性食品中的残留及富集，直接危害到人类的饮食安全。因此，对于发酵床养猪来说，要配合使用生态饲料，避免肉制食品和发酵床垫料中药物残留和重金属污染。

生态饲料又名环保饲料，它是指围绕解决畜产品公害和减轻畜禽粪便对环境的污染问题，从饲料原料的选购、配方设计、加工饲喂等过程，进行严格质量控制和实施动物营养系统调控，以改变、控制可能发生的畜产品公害和环境污染，使饲料达到低成本、高效益、低污染的效果的饲料。就现实情况而言，我们在实际的日粮配合中必须放弃常规的配合模式而尽可能降低日粮蛋白质和磷的用量以解决环境恶化问题。同时要添加商品氨基酸、酶制剂和微生物制剂，可通过营养、饲养办法来降低氮、磷和微量元素的排泄量，采用消化率高、营养平衡、排泄物少的饲料配方技术。

生态饲料具有以下优点：强调最佳饲料利用率——提高饲料资源利用率、减少排泄；强调最佳动物生产性能——追求饲养效果和经济性；强调安全性——尽可能减少且合理地使用抗生素和其他药物添加剂，不使用激素或违禁药物添加剂，不滥用可能对环境造成污染或危害的非药物添加剂；强调饲料的适口性和易消化性；强调采用非抗生素和非化学合成添加剂，特别是天然有机提取物来改变饲料的品质和利用效率；强调改善动物产品的营养品质和风味；提倡使用有助于动物排泄物分解和驱除不良气味的安全性饲料添加剂，强调促进生态和谐；提倡采用合理的饲料添加工艺提高饲料利用率，减少药物的交叉污染。

目前，国内生态饲料主要是 3 种。①原料型生态饲料，其特点是所选购的原料消化率高，营养变异小，有害成分低，安全性高，同时，饲料成本低，如秸秆饲料、酸贮饲料、畜禽粪便饲料、绿肥饲料等。当然，以上的饲料并不能单方面起到净化生态环境的功效，它需要与一定量的酶制剂、微生态制剂配伍和采用有效的饲料配方技术，才能起到生态饲料的作用。②微生态型生态饲料，在饲料中添加一定量的酶制剂、益生素，能调节胃肠道微生物菌落，促进有益菌的生长繁殖，提高饲料的消化率，具有明显降低污染的能力。如在饲料中添加一定量的植酶酸、蛋白酶、聚精酶等酶制剂能有效控制氮、磷的污染。③综合型生态饲料，这种饲料综合考虑了影响环境污染的各种因素，能全面有效地控制各种生态环境污染，但这种饲料往往成本高。

7. 发酵床废弃垫料的应用

发酵床废弃垫料中富含腐殖酸、有益微生物，氮磷钾的含量不低于 7%，是一种具有潜在价值的有机废弃物资源。废弃垫料资源化利用的原则就是"因地制宜，因量选型"，根据室内发酵床和室外发酵床中垫料物料来源的不同，其资源化利用途径不同。

室内发酵床物料一般采用锯末、谷壳、秸秆、椰壳纤维、蔗渣等，纤维化程度高，垫料的使用周期长，吸附粪尿的量大，因此，废弃的垫料可资源化利用的形式多种多样。其资源化利用的方式有：①作为食用菌培养基的主料；②生产水产养殖培水剂；③经简单粉碎加工作有机肥直接销售；④经规范化工艺制作成生物有机药肥、含腐殖酸缓控释肥及有机无机复混肥等。

室外发酵床物料来源比室内发酵床广泛，大部分利用易腐解的原料，诸如稻草、蔗渣、干牛粪、蚯蚓基质、枯枝败叶及食用菌渣等，这种垫料发酵易操作，腐解快，出料快，有利于加快废弃物资源转化。这种模式的废弃垫料一般用于生产肥料。

综上所述，微生物发酵床养殖技术体系能够有效防控猪粪尿污染，实现污染物"零排放"，同时能够实现废弃物的资源化利用。它能够模拟自然生态系统"生产者—消费者—分解者"的循环途径，实现物质闭路循环和梯级利用；通过建立产业系统的"产业链"形成工业共生网络，实现对资源的最优利用，最终建立可持续的经济系统。这也就是生态农业工业园建设的基本要求。

以发酵床生态养殖为核心的生态农业工业园建设，是以"垫料换肥料"的经营理念建设菌肥生产基地，实现农业有机废弃物的资源化最大利用，其基本模式如图 2-41 所示。

生态农业工业园建设，围绕发酵床生态养殖基地建设，构建农业循环产业链，在产业

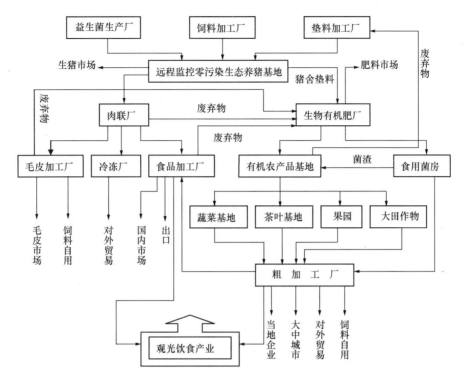

图 2-41 生态农业工业园模式

链上游，大力发展微生态产业，研究无公害生态环保饲料，降低重金属污染，同时，利用多来源废弃物资源，用于生产加工发酵床垫料，进行垫料替代化研究，解决有机废弃物难处置的问题。在产业链下游，构建生猪屠宰及深加工产业，实现并建立市场销售网络体系，提高产品附加值，增强市场竞争力。废弃垫料资源化生产高品质生物有机肥，变废为宝，并利用产业体系内的种植基地来生产无公害绿色食品。同时，循环产业链体系的完善，可以作为样板对外示范，带动农业观光旅游业的发展。

2.2.2.3 技术效果

华南村镇塘坝地表饮用水安全保障适用技术研究与示范课题拥有自主研发成套养殖技术，并针对无害化微生物发酵床养殖技术申请了专利：一种微生物菌剂及其制备方法和该微生物菌剂在处理畜禽粪便中的应用，以"无害化养猪微生物发酵床工程化技术的研究与应用"为题通过了福建省农业厅的科技成果鉴定并获奖。在福建宁德示范基地水源地利用无害化微生物发酵床养殖技术成功改造了一栋猪舍，能够从源头阻断和防控畜禽养殖业产生的养殖污水对周边地表水水源地的污染；课题还针对华南地区集约化畜禽养殖及农业有机废弃物对农业面源污染的负荷加剧的问题，在福建省宁德市筹划建设一座生产有机肥的工厂，用来生产系列有机肥，消纳当地的有机废弃物资源，将具有潜在污染的有机废弃物肥料化，变废为宝，降低农业面源污染对环境带来的压力。

1. 宁德示范基地水源地生态猪场的改造

课题供水工程示范基地在宁德市九都镇扶摇村，村民饮用水直接取自塘坝积水，但是塘坝水源受到附近一栋小型猪场的污染，水质状况不容乐观，涉及人口 5000 多人（图 2-42）。课题利用无害化微生物发酵床养猪技术对这栋存栏 1200 头规模的猪场进行了生态改造，达到了污染物的零排放，从源头上解除了其对基地水源地的污染威胁。

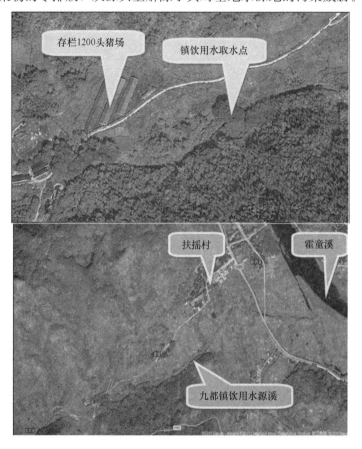

图 2-42　宁德供水工程示范基地水源地卫星图

　　猪场在改造前，空气质量状况非常差，臭气熏天，污水横流，严重威胁到水源地取水安全，并对下游霍童溪水质构成威胁，改造之后猪场环境质量状况得到大幅度改善，污水零排放，猪只生长福利得到很大改善（图 2-43）。

　　示范点猪场的生态改造实现污染物零排放，水源地水质得到很大改善，通过改造前后

示范前猪场　　　　　　　　　示范后猪场

图 2-43　猪场改造前后对比

水质状况的对比，可以说明问题（表2-25）。

福建宁德示范点猪场环境改善对比结果   表 2-25

监测时间	采样点位	TP	COD	BOD	NH$_4^+$-N	pH	大肠杆菌
改建造前养猪 （2008 年）	养殖场排污口 （1200 头）	9.6	530	240	105	6.24	≥24000 （个/100mL）
执行标准（集约化养殖排放标准）		8.0	400	150	80	6～9	1000 （个/100mL）
改建造前养猪 （2008 年）	养殖场排污口南边小溪 （1200 头）	2.92	65.2	25.2	9.68	6.98	16000 （个/L）
改建造后养猪 （2010 年）	养殖场排污口南边小溪 （1200 头）	0.03	15	1.1	0.21	6.71	5400 （个/L）
执行标准（地表Ⅱ类水）		0.1	15	3	0.5	6～9	2000（个/L）

从示范点猪场环境改善对比结果来看，改造之前，养殖场排污口 TP、COD、BOD、NH$_4^+$-N、大肠杆菌等污染指标均超过集约化养殖排放标准规定的标准极限；改造之后，猪场排污口南边小溪水质得到很大改善，水质从地表劣Ⅴ类提升到地表Ⅱ类水平。

2. 宁德示范基地有机肥厂建设

课题针对华南地区集约化畜禽养殖及农业有机废弃物对农业面源污染的负荷加剧的问题，在福建省宁德市筹划建设一座生产有机肥的工厂，用来生产系列有机肥，消纳当地的有机废弃物资源，将具有潜在污染的有机废弃物肥料化，变废为宝，降低农业面源污染对环境带来的压力。规模为年产 1 万 t 的有机肥生产厂厂区由生产车间、库房（成品库、原料库、材料库），空场地（堆放场、晒场、道路）和办公区组成。每个生产车间为 1 条有机肥生产线，占地 300m^2，机械设备主要有搅拌机、自动翻堆机和分装机等（图2-44），年生产生物有机肥 5000t，需 2 条生产线，2 个生产车间；库房和空场地用于堆放产品和原料，面积应为 1200m^2；办公区及生活区根据具体情况而定。

使用 2 年的废弃旧垫料，其有机质含量≥50%，N＋P$_2$O$_5$＋K$_2$O 含量在 7% 左右，重金属砷、铅、铬、镉检测值远低于生物有机肥 NY-884-2004 和有机肥 NY-525-2012 标准的最高限值，可以作为生物有机肥或有机肥生产的物料。年产 1 万 t 生物有机肥，可实现经济效益 150 万元（1000t×1500 元/t＝1500000 元），垫料肥料化的工艺路线设计如图 2-45 所示。

2.2.3 农村分散养殖对库泊水源污染的沼气综合控制技术

2.2.3.1 概述

水库和石河堰是川渝地区主要的农村地表饮用水源形式，两种类型的水源既有一定的共性，也有一定的区别（表2-26）。

水库型水源一般由拦截一条或几条河流形成，集雨区包括河流的上游地区和水库周边

小型铲车　　　　　　　翻堆机　　　　　　　SF型高速粉碎机

厂房　　　　　　　　　挤压造粒机

搅拌混合机

图 2-44　有机肥生产所需的厂建及设备

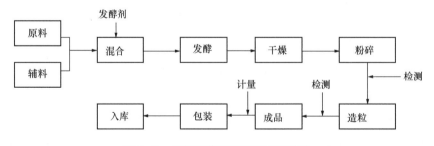

图 2-45　垫料制作有机肥的工艺路线

地区，所以水量一般较大，水深也较深。以水库为水源的水厂的规模也较大，一般大于 $200m^3/d$。在人口密度方面，在水库库区周围的人口密度较小，农田面积也相对较小，一般以退耕还林林地和荒地为主。污染物来源主要来自于水库周围的小部分的农业种植、农村生活和畜禽养殖污染。

石河堰是在一些小型河流上拦截径流的堵水工程。石河堰型水源是以石河堰拦截河流形成的小堰塘为水源，不同于典型的河流型或湖库型水源，石河堰拦截河流形成的小堰塘是一个两端开放的水体系统，水的交换介于典型的河流和库泊之间。所以，石河堰型水源地兼具有一定的河流型水源地和水库水源地的特点。

两种类型水源地的基本特征

表 2-26

水源类型	水厂供水规模 (m^3/d)	集雨区面积 (km^2)	库容量 (万 m^3)	水深 (m)	周边农业状况	周围人口密度	交通情况
石河堰	<200	3～20	0.5～10 (回水区)	1～8	以耕地为主	大	河道一岸或两岸有道路
水库	>100	5～100	50～1400	5～15	以退耕还林林地和草地为主	小	大坝以下一般有道路，大坝以上水库周围无道路或有便道

在西南农村的库泊地表饮用水源区，农民沿水源区而居，很难将居民与水源保护区截然分开。大多数的石河堰不是专一性的饮用水水源地，一般是以农田灌溉为目的改为兼顾饮用水水源和农田灌溉，所以大部分的石河堰位于农耕区，水体受农业面源污染的影响较为严重。另一方面，丘陵地区的农村居民大都是沿河而居，河道两边的人口密度较大，农村地区生活垃圾、生活污水和畜禽养殖的粪便、废水处理能力较差，污染物随地表径流进入河道，导致水体 COD、氮、磷和大肠杆菌等指数超标。

总体来说，水库型水源较石河堰型水源而言水量较大，氮磷等污染的含量相对较低，周围污染物来源相对较小。而石河堰水源地周围人口和农业种植较多，受农业面源污染和农村生活污染影响较大，污染物和泥砂含量较大，水源地治理难度相对于水库更大。课题组对四川省乐至县五墩桥石河堰的入河污染物来源分析表明，畜禽养殖污水最主要的污染源，其中 COD 和 TN 的污染贡献率达到 50% 左右，TP 高达 70% 以上。

如图 2-46 所示，在课题示范区对水源周边面源污染控制主要采用以沼气技术为主的综合消解模式。

地表水源周边农民畜禽养殖主要以小型养殖场和单户饲养为主，畜禽养殖对于饮用水源污染程度非常明显。在课题示范工程实施期间，对示范区域影响地表饮用水源的小型鸭场和猪场进行了污染综合治理和修复；对农户散养的猪粪和生活污水通过修建户用沼气池和改厨、改厕、改圈进行综合处置，以及沼液还田利用，取得了明显成果。

2.2.3.2 户用型沼气池控污技术

在我国南方温暖地区，对农村禽畜养殖粪便处理主要采用沼气池厌氧消化技术。农村地区推广应用沼气池的效益是多方面的，既杀灭了病原菌，在很大程度上减少了人、畜、禽病原菌的交叉传染过程，减少了人畜传染病的发生，同时还净化了庭院环境，能有效解决畜禽粪便对地表水、地下水的污染问题。沼气池对 COD 的去除率在 50% 以上，但是对 TN 和 TP 去除率较低，仅为 10% 左右。禽畜粪便经沼气池厌氧发酵后的氮磷主要存在于沼液和沼渣中，沼液和沼渣可以作为有机肥料用于农田。

目前我国户用沼气技术已经非常成熟，于 2002 年国家颁布了国家标准。如图 2-47 所示为我国国标户用水压式沼气池的代表性池型，特点是圆、小、浅，圆即呈圆拱形，小即容积不大，在 4～10m^3 范围，浅指装置的地埋深度较浅，在 3m 左右。

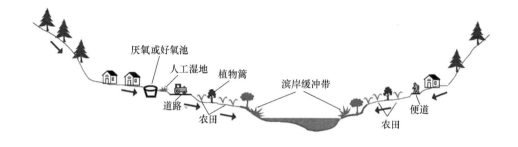

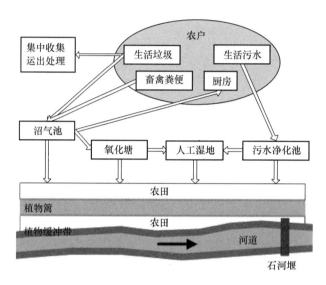

图 2-46 河流型取水水源地污染削减模式

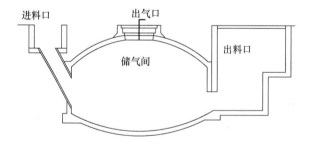

图 2-47 典型户用水压式沼气池

2.2.3.3 联户型沼气池控污技术

养殖联户型沼气装置的容积在 $10\sim100m^3$ 范围，这类装置的设计既不是农村户用沼气技术的简单放大也有别于大中型沼气工程，概括有如下特点：常温发酵、半连续发酵工艺或者推流式工艺；设置储气浮罩，但是尽量不用或少用输送和搅拌机械，无自动控制装置，操作运行简便；无前后处理措施，经过无害化处理后沼液主要用作肥料还田，符合相关灌溉标准要求；以用户燃料需求作为装置设计大小的主要依据。

主要设计参数：

水力滞留时间大于等于 20d，容积产气率（平均）大于等于 $0.25m^3/(m^3 \cdot d)$，储气柜容积按日产气量的 50% 计，人均沼气装置容积（估算）$V = 1 \sim 2m^3$，农户户均人口 3.5 人。

1. 联户型沼气装置的池型特点

各地养殖联户型沼气池池型主要包括：①户用水压式沼气池放大型，进一步细分为设水压间（宁海池型）和不设水压间（双流池型）两种；②串联池，包括串联发酵储气浮罩一体化沼气池、串联分离储气浮罩沼气池和串联水压储气型池 3 种类型。

1）户用水压式沼气池放大型

（1）浙江宁海池型（设有水压间）

以下沼气装置用于处理奶牛粪污，这是浙江宁波地区的一种代表池型，容积在 $30 \sim 80m^3$。按照农村户用水压式沼气池设计原理和结构特点进行容积适度放大，采用地下砖混结构和现浇混凝土，施工简单，结构安全，管理简便，便于农村沼气生产工建筑施工。为了节约土地，将水压间设置在池顶人孔的周围，半环状，类似于在江西等地流行的顶返水沼气池，如图 2-48 所示。

（2）四川双流池型（无水压间，有储液池）

图 2-48　浙江宁海养殖专业户沼气装置示意图

这种池目前在四川省各地发展很普遍，单池容积 $18 \sim 100m^3$，最早从双流县开始建设的装置运行时间已经有十多年以上，一直运行良好。这种沼气装置的特点为：①不设水压间，采用排水储气法，设置有容积较大的沼液储存池。②适合在丘陵地区建设，沼气装置依坡形布置，沼液储存池建在地势较低位置。③池型为蛋壳型结构，主要采取飘砖建造，受力部分加钢丝网混凝土，从而造价较低。装置示意图见图 2-49。

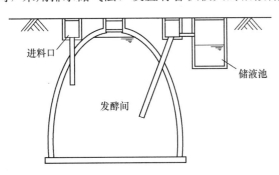

图 2-49　四川双流养殖专业户沼气装置示意图

2）串联沼气池

即将数个发酵单池串接起来形成一个沼气处理系统。这类池设计最早由农业部沼气科学研究所提出，从 2002 年在四川和浙江示范推广以来，已经在全国各地建设了许多这类沼气池。

（1）串联发酵储气浮罩一体化联户沼气池

如图 2-50 所示，该示范装置容积有 $50m^3$，由 4 个沼气发酵单元连接而成，用于处理四川某养殖场的 50 余头生猪猪粪，以及少量鸡粪羊粪和厨余物，沼气用作十户农户的炊事燃料。

设计上该装置有如下特点：①单池之间通过管道柔性连接，使装置适应不同地形、不同平面要求，同时克服由于地基不均匀沉降而引起的问题；②地埋式、自流进料、逐级沼气发酵，最后一级单池设置了储气浮罩，使最后一级沼气发酵与整个装置的沼气储气结合为一体，这样可以有效地节约土地和投资。

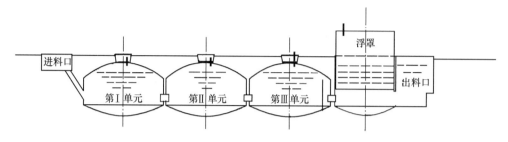

图 2-50　串联发酵储气浮罩一体化联户沼气装置

（2）串联分离储气浮罩联户沼气装置

该装置在四川和浙江也有多处示范。在串联池设计上将储气浮罩与主池作了分离，但造价要高一些，如图 2-51 所示，有 2 个发酵池（共 30m³）和 1 个 8m³ 分离式储气柜。

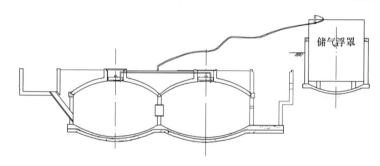

图 2-51　温江专业户规模沼气装置

2. 联户沼气装置的运行管理和处理效果

联户型沼气装置的运行管理与农村户用沼气池管理类似，一般确定一人兼职管理即可。为了便于料液循环和出料，需购置 1 台小型潜污泵。

从获取燃料和提高出水卫生效果的角度讲，要适当增加发酵料液的水力滞留时间。由于是自然温度发酵，这些沼气装置的产气效果与户用沼气池差不多，夏季，池容产气率在 0.20～0.4m³/m³ 范围，冬季在 0.1 m³/m³ 左右。沼液是很好的农家肥，通常用于周边菜园、果园或粮田施肥。四川双流的沼气装置周围的菜地还安装了沼液自动喷灌设施，通过一台 400W 的潜污泵即可驱动。这种联户型沼气装置主要处理畜禽粪便，进料浓度一般较高（大于 4％TS），通过 20 余天的自然温度发酵处理后，通常还达不到《畜禽养殖业污染物排放标准》（GB 18596—2001）中的 COD、NH_4^+-N 等指标。我们曾经多次对成都华阳串联发酵储气浮罩一体化沼气池的出料沼液进行了分析测试，COD 浓度均大于 800mg/L。因此，这些装置所产的沼液最好是还田利用，如果要排放到水源区，需要作进一步后处理。

概括地讲，适用于小型养殖场的联户沼气装置有如下特点：

（1）联户型沼气装置处置养殖粪污主要有资源化和无害化两个目的，以用户燃料需求作为装置设计大小的主要依据；

（2）这类装置设计不是户用沼气池的简单放大，单池容积一般不要超过 $50m^3$，同时要注意水压间结构的相应变化；

（3）有别于大中型沼气工程，尽量不用或少用输送和搅拌机械，操作运行力求简便；

（4）地埋式，自流进料，发酵液浓度（TS）低于 10%；

（5）常温发酵，水力滞留时间必须大于 20d，一般不设后处理措施、沼液主要用作肥料还田。

2.2.3.4 巴南成功桥水库小型鸭场污染控制与修复工程

综合治理的思路是通过污染源头控制、过程拦截与生态修复结合，最大限度地削减水库污染负荷。

1. 工程建设内容

在示范点成功桥水库的集雨区范围内，曾经有 5 家小规模的养殖场，其余水库的直线距离多数不超过 200m，该水库始建于 20 世纪 70 年代末，功能定位于灌溉，期间还发展过肥水养鱼；随着城市化与经济的发展，水库功能发生彻底变化，由灌溉功能向村镇居民饮用水源地转变，这样当年政府提倡和鼓励发展的农村养殖就由合法养殖变成了违法养殖，近年由于养殖效益滑坡，多数养殖场关停，只有上高坎德冯正华和烂巴湾的孟治均一支在养，其中孟治均鸭场的养殖规模较大，一般每次养殖数量 1000～1500 只（5～6 次/年），地处于水库集雨区，直接影响水库水质。针对这一问题，课题选定规模较大的孟治均养殖场进行养殖污染的控制与修复示范工程。

通过对养殖场周边自然地理状况的勘察，按照工程设计原则，整个工程建设内容包括沼气池、植物篱、径流池、径流污染控制、湿地氧化塘、多级农田生态湿地和梯级人工湿地 7 个方面，见图 2-52。

图 2-52 鸭场污染治理与修复工程图片

（1）沼气池。通过对畜禽养殖粪水最大限度收集，减少污染源；采用沼气发酵实现消毒杀菌，提供清洁能源和速效优质肥料从而达到养殖废弃物的资源化利用，沼气池容积大小 $15m^3$。

（2）植物篱。通过种植天竺葵等植物篱以拦截和消纳氮磷等污染，工程完成后运行状况良好。

（3）径流池。鸭场左右两边各修建一个径流池及其配套的 35m 径流管道（砖混），通过对养殖场周边两个山凹汇集的径流进行导引，可有效避免汇集径流直接冲刷养殖场和湿地氧化塘，造成养殖废弃物被带入示范点水体。

（4）径流污染控制。通过对养殖场周边道路的硬化整治，减少径流对道路和畜禽粪便的冲刷而引起的水体污染，硬化道路长度 140m，宽 70cm，厚度 5cm。

（5）湿地氧化塘。通过氧化塘的沉降、曝气和氧化及种植湿地菖蒲、再力花和大藻（充分考虑效果并兼顾生态安全）拦截和消纳氮磷等污染。

（6）多级农田生态湿地。根据养殖场的位置，在紧邻湿地氧化塘下部设置三级农田生态湿地，通过农作物拦截和吸收富集氮磷等污染，并通过采收农作物取走氮磷。

（7）梯级人工湿地。充分考虑效果并兼顾生态安全的前提下，在紧邻农田生态湿地水稻田的下部，通过种植伞草、水生芦竹以拦截和消纳氮磷等污染，利用植物大藻对水体中氮磷的富集吸收以达到修复水体的目的。目前通过定期捞取部分大藻，直接取走富集氮磷；捞取的大藻进行资源化利用，作为沼气发酵和堆肥原材料，也可以部分用作养殖饲料。

2. 工程运行效果

（1）沼气池。工程于 2011 年 1 月竣工，气密性等质量检验合格后，与 3 月初投料后 3 月下旬开始产气，前期由于原料以鸭粪为主，碳氮比较低不合适，产生的气无法燃烧；后期通过添加马粪，调整碳氮比，现在可以燃烧使用。

（2）植物篱。栽种的植株成活率达到 95%，不但部分拦截和消纳了部分氮磷等污染，而且也较好地美化了鸭场周边景观。

（3）径流池。充分发挥了径流池的多用途：①在径流池内设置高低大小不同 2 个排水孔，通常下部（直径 50mm）打开，清洗鸭场粪水经过径流池的沉降汇入湿地氧化塘，养殖场产生的废水除小部分进入沼气池外，其余的废水全部通过径流池收集进湿地氧化塘中，同时沉降分离部分固体，随时清掏，降低污染负荷，也保证径流池的畅通；②雨天禁止鸭场冲洗，关闭下孔，应用上部大孔（直径 250mm）排泄径流，导引径流越过湿地氧化塘，很好地避免了径流对湿地塘的直接冲刷，降低了污染直接排放。

（4）径流污染控制。通过对养殖场周边道路的硬化整治，减少径流对道路和畜禽粪便的冲刷而引起的水体污染，以往污水横流的现象不复存在，也极大地方便了周围居民的出行。

（5）湿地氧化塘。目前通过定期捞取部分大藻，直接取走富集的氮磷；捞取的大藻资源化利用，作为沼气发酵和堆肥的原材料，也可部分用作养殖饲料。

（6）农田生态湿地。不施肥的前提下，通过种植作物水稻拦截和消纳氮磷等污染。

（7）梯级人工湿地。

通过工程完工后的运行，污水在经过各级工程后逐渐变清亮干净了，水库感官面貌有明显改善，如图 2-53 所示。

图 2-53 水库区综合治理前后对比照片

2011 年 7 月 11 日，课题组按照项目的要求，委托第三方检测机构对工程的各级水样进行了现场的抽样，结果表明通过多级处理，流入库水质已经达到《污水综合排放标准》（GB 8978—1996）一级标准，基本达到《地表水环境质量标准》（GB 3838—2002）Ⅲ类水标准。同时根据第三方检测机构对水库取水水源在 2011 年 3～8 月的监测表明，水源水质基本达到《地表水环境质量标准》（GB 3838—2002）Ⅲ类水标准。

2.3 傍河取水水源水质修复技术

2.3.1 傍河取水水源地水质污染机理

2.3.1.1 水源地地表水—土壤水—地下水交换特征

1. 典型区概况

示范基地位于辽宁省清原县北三家乡押虎沟流域，流域面积 4.4km²。示范区域 0～100cm 土层土壤有机质含量为 26.4g/kg，全氮 1.23g/kg，全磷 0.72g/kg，全钾 8.6g/kg，pH5.2，速效氮 71mg/kg，速效磷 5.2mg/kg，速效钾 21mg/kg，试验地土样为砂壤土，土壤容重为 1.45g/cm³。

2. 试验布置

依据《地下水监测站建设技术规范》（SL360—2006）、《地下水监测规范》（SL 183—2005）中站网规划与布设要求及示范基地地形地貌、河流发育等情况，在示范基地布置地下水监测井 9 眼（表 2-27），同时，分别在 2 号、3 号监测井上游选择典型地块布设土壤淋溶监测点Ⅰ和Ⅱ，在土壤淋溶监测点Ⅰ和Ⅱ分别分层埋设土壤负压计及土壤溶液提取器。地下水监测井及土壤淋溶监测点的布置详见图 2-54、图 2-55。

地下水监测井井台高程及地理位置一览表 表 2-27

编号	经度	纬度	井台高程（m）	初始埋深（m）
大口井	E124.720927	N42.060652	251.40	0.65
2	E124.721582	N42.061417	253.70	1.77
3	E124.721732	N42.061178	256.60	3.58

编号	经度	纬度	井台高程（m）	初始埋深（m）
4	E124.721916	N42.061003	260.40	6.32
5	E124.721389	N42.062333	261.50	4.44
6	E124.721925	N42.062174	258.90	1.27
7	E124.722633	N42.062022	265.00	2.99
8	E124.722483	N42.063074	263.30	2.10
9	E124.723492	N42.063337	269.10	3.79

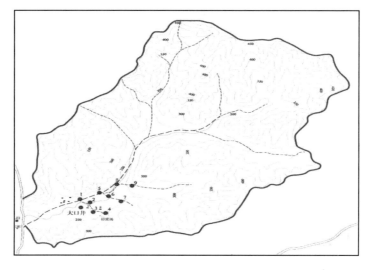

图 2-54　典型示范区地下水监测井布置图

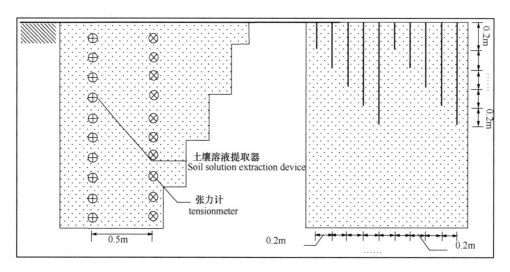

图 2-55　典型示范区土壤淋溶监测点布置图

3. 监测内容及方法

土壤水分特征曲线测定：根据实际土壤分层钻取土样，土壤淋溶监测点 I 土层分布为 0～30cm，土壤淋溶监测点 II 土层分布为 0～20cm、20～50cm。土壤水分特征曲线测定采用高速离心机进行测定，土壤含水率与土壤负压的相关关系通过 RETC 软件拟合。

土壤水分特征曲线 $\theta(h)$ 采用 Van Genuchten（1980）模式拟合，土壤水分特征曲线的 VG 形式详见式（2-1）：

$$\theta = \theta_r + (\theta_s - \theta_r)\left[1 + (\alpha S)^n\right]^{-m} \tag{2-1}$$

式中　　　　　θ——体积含水率，%；

　　　　　　　θ_r——残余含水率，%；

　　　　　　　θ_s——饱和含水率，%；

　　　　　　　S——土壤水吸力，cm；

　　　　　　　α——土壤进气值的倒数，cm^{-1}；

θ_r，θ_s，α，m，n——拟合常数，其中 $m = 1 - 1/n$，θ_r，θ_s，α，m，n 的拟合值详见表 2-28。土壤水分特征曲线的实测值与模拟值见图 2-56~图 2-58。

供水水源地典型土壤理化性质测定结果表明，项目区土壤为砂土，土壤类型为棕壤土，土壤饱和含水率（$v\%/v\%$）介于 0.36~0.38，土壤渗透系数介于 5.57~35.02m/d，土壤通气性好，渗透系数较大。

土壤水分特征曲线参数拟合结果　　　　　　　　　　　　　　　表 2-28

土层深度（cm）	θ_r	θ_s	α	n	k_s	R^2
0~30	0.04847	0.38568	0.02390	1.35085	24.96	0.9975
0~20	0.03912	0.38243	0.02334	1.32859	24.96	0.9972
20~50	0.02016	0.36488	0.03570	1.29293	24.96	0.9981

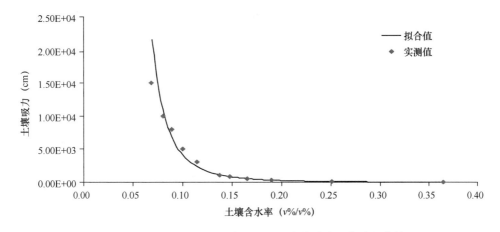

图 2-56　监测点Ⅰ0~30cm 典型土层土壤水分特征曲线拟合结果

土壤水分及硝态氮含量测定：土壤水分测定时间间隔为 1d，土壤氮素含量监测时间间隔为 7d，降雨后加测。土壤水分测定采用负压计测定，土壤硝态氮含量采用流动分析仪测定。

地下水水位及硝态氮浓度测定：地下水位监测采用地下水自动监测仪［mini-diver，D1502，Eijkelkamp（Van Essen），荷兰产］，监测时间间隔为 2h；地下水硝态氮监测时间间隔为 7d，测定方法同土壤硝态氮。

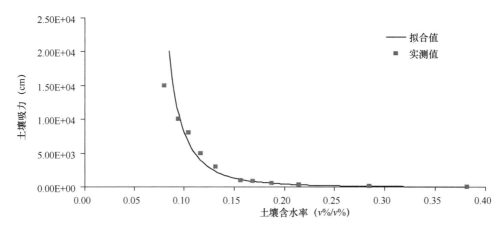

图 2-57　监测点Ⅱ 0～20cm 土层土壤水分特征曲线拟合结果

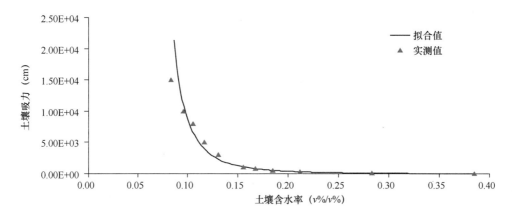

图 2-58　监测点Ⅱ 20～50cm 典型土层土壤水分特征曲线拟合结果

田间管理：2009 年，示范基地田间管理及施肥采用常规养分管理（以当地农民自主管理为主），其中 N 240kg/hm²、P 45kg/hm²、K 45kg/hm²，P 和 K 作为底肥一次施入，N 底肥施入 45kg/hm²，玉米拔节期追施 N 肥 195kg/hm²。2009 年全年降水量为657.7 mm。

2010 年，示范基地田间管理及施肥全部采用农田最佳养分管理措施（统一管理），其中 N 192kg/hm²、P 45kg/hm²、K 45kg/hm²，P 和 K 作为底肥一次施入，N 底肥施入45kg/hm²，玉米拔节期追施 N 肥 87kg/hm²，玉米抽穗期追施 N 肥 60kg/hm²。2010 年降水量为 614.6 mm（截至 10 月底，玉米收获后）。

4. 地表水—土壤水—地下水交换特征

1）区域地下水动态变化特征

图 2-59、图 2-60 为典型区域 2009～2011 年汛期、非汛期地下水动态变化特征。傍河两岸地下水水位较同纬度河水水位高，上游地下水水力坡度较小，地下水水力坡降为0.104，下游水力坡度较大，地下水水力坡降为 0.127。区域地下水动态总体表现为：地下水水位东北高、西南低，地下水从东北向西南流动，浅层地下水呈向河谷排泄的趋势。

由于区域无外界来水，地表水以大气降水为主，大气降水是浅层地下水的主要补给来源，同时，地下水埋藏浅，在低洼处形成溢出带，地下水沿沟壑以泉水形式溢出地表，汇集流入河流，因此区域地表水地下水交换频繁。

$$i = (h_2 - h_1)/\sqrt{(x_2 - x_1)^2 + (y_2 - y_1)^2} \tag{2-2}$$

式中 i——地下水水力坡降；

          h_2、h_1——地下水任意两点水头；

    x_1、y_1、x_2、y_2——地下水任意两点坐标。

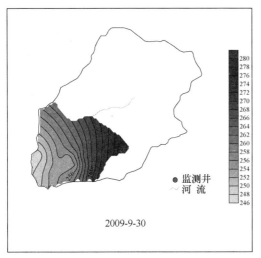 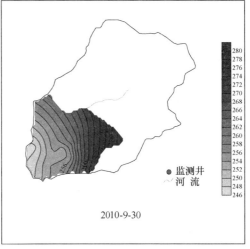

图 2-59 典型区不同年份汛期浅层地下水等水位线图

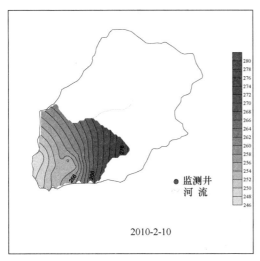 

图 2-60 典型区不同年份非汛期浅层地下水等水位线图

2) 区域地下水年际动态变化特征

图 2-61、图 2-62 为 2～9 号典型地下水监测井地下水水位及地下水埋深随时间动态变

化特征。2~9 号地下水监测井，2010 地下水埋深变化范围分别为 0.99~2.34m、1.73~
3.94m、5.15~6.93m、1.55~4.52m、1.00~1.64m、1.99~3.46m、1.53~2.59m、
1.23~4.60m；2009 年 9 月地下水埋深均值分别为 1.76m、3.57m、6.34m、4.42m、
1.25m、2.98m、2.07m 和 3.91m，2010 年 9 月地下水埋深均值分别为 1.35m、2.92m、
5.51m、3.70m、1.32m、2.22m、1.79m 和 2.78m，2010 年同期地下水埋深较 2009 年分
别降低了 0.41m、0.65m、0.83m、0.72m、−0.07m、0.76m、0.28m、1.12m。

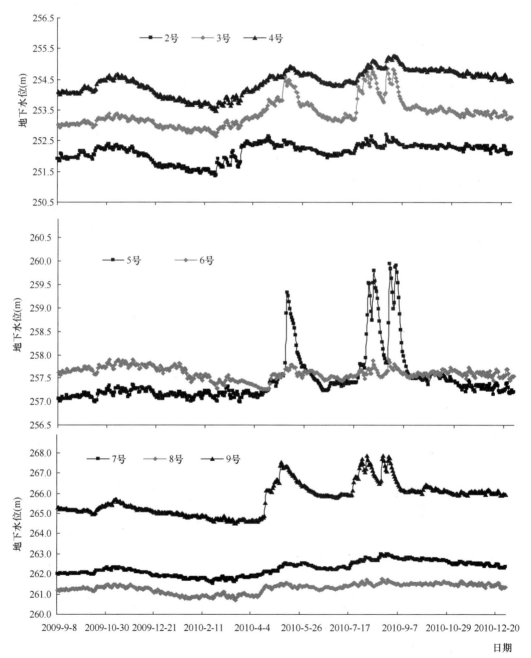

图 2-61 2~9 号典型监测井地下水水位随时间变化过程线

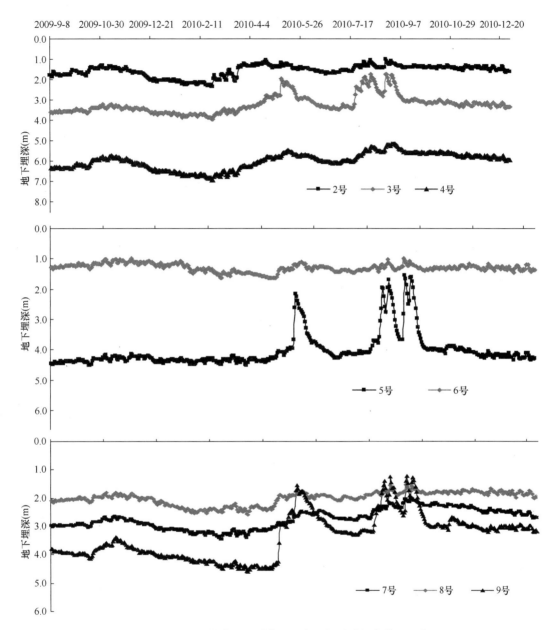

图 2-62 2～9 号典型监测井地下水埋深随时间变化过程线

2～9 号地下水监测井，2010 年地下水水位最高值和最低值分别为 252.71m、251.36m，254.87m、252.66m，255.25m、253.47m，259.95m、256.98m、257.90m、257.26m，263.01m、261.54m，261.77m、260.71m，267.87m、264.50m，地下水年变幅分别为 1.34m、2.21m、1.79m、2.98m、0.65m、1.48m、1.05m 和 3.38m。

2～9 号地下水监测井地下水埋深及水位动态变化表明，地下水水位随时间动态变化特征基本一致，地下水水位变化主要受外界降雨的影响，不同水文年型地下水水位变幅较大：丰水期，由于降雨入渗补给，地下水水位明显抬升，地下水水位变幅较大；枯水期，由于无外界水分补给，地下水水位趋于平缓。

3）地表水-土壤水-地下水交换特征

图 2-63 为土壤淋溶监测点 Ⅰ 和 Ⅱ，降雨前后土壤含水率随土层深度动态变化。土壤淋溶监测点 Ⅰ 降雨前后土壤含水率主要表现为：降雨前表层土壤含水率较低，降雨后表层土壤含水率显著增加，随着时间推移，下层土壤含水率逐渐增加；降雨 1d 后，0～20cm、20～40cm、40～60cm、60～80cm、80～100cm 土层土壤含水率分别较降雨前增加了6.65％、0.00％、10.85％、5.63％、5.29％。土壤淋溶监测点 Ⅱ 降雨前后土壤含水率主要表现为：降雨后不同土层土壤含水率较降雨前均有小幅增加。降雨 1d 后，0～20cm、20～40cm、40～60cm、60～80cm、80～100cm 土层土壤含水率分别较降雨前增加了1.51％、2.15％、1.83％、1.59％、3.64％。

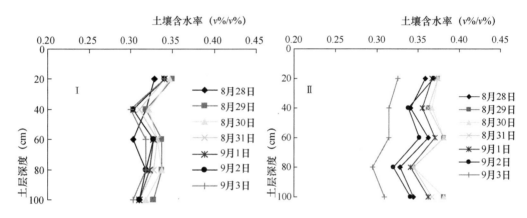

图 2-63　土壤淋溶监测点 0～100cm 土层土壤含水率动态变化

图 2-64、图 2-65 为土壤淋溶监测点 Ⅰ 和 Ⅱ，玉米全生育期土壤水分动态变化特征。表 2-29 为玉米全生育期不同土层土壤含水率变化离散分析统计表。土壤淋溶监测点 Ⅰ，不同土层土壤含水率变异系数分别为 0.1531、0.1417、0.1457、0.1282、0.1517，不同土层土壤含水率变异度依次为：0～20cm＞80～100cm＞40～60cm＞20～40cm＞60～80cm；土壤淋溶监测点 Ⅱ，不同土层土壤含水率变异系数分别为 0.098、0.1092、

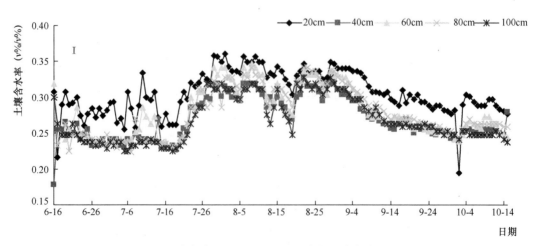

图 2-64　土壤淋溶监测点 Ⅰ 玉米全生育期土壤水分动态变化

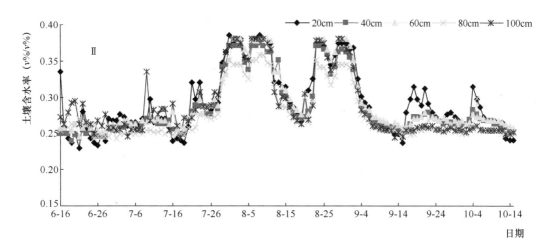

图 2-65 土壤淋溶监测点Ⅱ玉米全生育期土壤水分动态变化

0.1253、0.1225、0.1157，不同土层土壤含水率变异度依次为：40～60cm＞60～80cm＞20～40cm＞80～100cm＞0～20cm。这也就表明：地下水浅埋区，大气降水通过土壤入渗，迅速补充到地下水中；地下水深埋区，土层较厚，土壤水分垂向空间变异较大范围主要分布于玉米根区。

玉米全生育期不同土层土壤含水率统计值 　　　　　　表 2-29

土壤淋溶监测点编号	土层深度 （cm）	土壤含水率均值 （$v\%/v\%$）	土壤含水率 方差	标准差	变异系数
Ⅰ	20	0.2937	0.0020	0.0450	0.1531
	40	0.2864	0.0016	0.0406	0.1417
	60	0.2920	0.0018	0.0426	0.1457
	80	0.2758	0.0013	0.0354	0.1282
	100	0.2880	0.0019	0.0437	0.1517
Ⅱ	20	0.3062	0.0009	0.0300	0.0980
	40	0.2693	0.0009	0.0294	0.1092
	60	0.2787	0.0012	0.0349	0.1253
	80	0.2780	0.0012	0.0340	0.1225
	100	0.2687	0.0010	0.0311	0.1157

研究结果表明：潜水动态类型为径流型，广泛分布于山区及山前地带，地形坡度大，地下水以径流运动为主，年水位变幅大而不均。大气降水为主要地表水来源，同时，地下水埋藏浅，在低洼处形成溢出带，地下水沿沟壑以泉水形式溢出地表，汇集流入河流，丰水期，地表水-土壤水-地下水转化频繁。

2.3.1.2 水源地地表水-土壤水-地下水水质演变机理

1. 降雨对土壤硝态氮残留累积影响

表 2-30 为降雨前后不同土层土壤硝态氮含量随时间变化。2009 年 9 月 1 日，降雨量

为 22.9mm；2010 年 7 月 23 日，降雨量为 25.2mm。降雨前，Ⅰ 和 Ⅱ 土壤淋溶监测点，不同土层土壤硝态氮含量随土层深度的增加逐渐减小；降雨后，土壤淋溶监测点 Ⅰ 不同土层土壤硝态氮含量较降雨前均显著降低，土壤淋溶监测点 Ⅱ 表层土壤硝态氮含量较降雨前显著降低，而下层土壤硝态氮含量较降雨前增加显著。2009 年降雨 7d 后，土壤淋溶监测点 Ⅰ、Ⅱ 0～100cm 土层土壤硝态氮残留量较降雨前分别减少了 163.86kg/hm²、67.88kg/hm²；2010 降雨 7d 后，Ⅰ、Ⅱ 土壤淋溶监测点 0～100cm 土层土壤硝态氮残留量较降雨前分别减少了 90.43kg/hm²、59.13kg/hm²；2010 年降雨后，Ⅰ、Ⅱ 土壤淋溶监测点土壤硝态氮残留量变化量分别较 2009 年降低了 44.81%、12.90%。2009 年、2010 年降雨后，Ⅰ 土壤淋溶监测点硝态氮残留量变化量较 Ⅱ 土壤淋溶监测点分别降低了 58.57%、34.61%。

降雨前后土壤硝态氮含量随土层深度变化　　　　　　　　　　　表 2-30

处理	土层深度（cm）	土壤硝态氮含量（mg/kg）			
		2009-8-30	2009-9-7	2010-7-22	2010-7-29
Ⅰ	20	52.21	17.35	17.26	9.15
	40	33.51	21.32	16.05	10.40
	60	13.60	9.05	15.68	6.10
	80	5.88	5.53	14.94	5.01
	100	9.12	4.56	13.75	8.24
Ⅱ	20	84.26	61.91	25.84	9.00
	40	81.62	73.68	16.80	19.77
	60	42.65	48.09	14.73	17.46
	80	2.50	2.50	14.77	9.52
	100	5.74	7.18	6.16	9.77

2. 降雨-耕作复合条件对土壤硝态氮残留累积影响

图 2-66 为 Ⅰ 和 Ⅱ 土壤淋溶监测点不同土层土壤硝态氮含量随时间变化图。Ⅰ 和 Ⅱ 土壤淋溶监测点土壤硝态氮含量全生育期变化基本一致，主要表现为作物抽穗期追肥后表层土壤中硝态氮含量较追肥前均显著增加，底层土壤中硝态氮含量趋于稳定。2009 年玉米收获后，Ⅰ 土壤淋溶监测点不同土层（0～20cm、20～40cm、40～60cm、60～80cm、80～100cm）土壤硝态氮含量较抽穗期分别降低了 38.09mg/kg、23.11mg/kg、7.55mg/kg、0.59mg/kg、−4.69mg/kg，Ⅱ 土壤淋溶监测点不同土层（0～20cm、20～40cm、40～60cm、60～80cm、80～100cm）土壤硝态氮含量较抽穗期分别降低了 45.15mg/kg、29.70mg/kg、10.74mg/kg、0.15mg/kg、−3.83mg/kg，Ⅰ、Ⅱ 土壤淋溶监测点土壤硝态氮残留量［土壤硝态氮残留量计算详见式（2-3）］较抽穗期分别减少了 214.67kg/hm²、237.54kg/hm²。2010 玉米收获后，Ⅰ 土壤淋溶监测点不同土层（0～20cm、20～40cm、40～60cm、60～80cm、80～100cm）土壤硝态氮含量较拔节期分别降低了 11.08mg/kg、10.62mg/kg、9.08mg/kg、7.02mg/kg、0.76mg/kg，Ⅱ 土壤淋溶监测点不同土层（0～

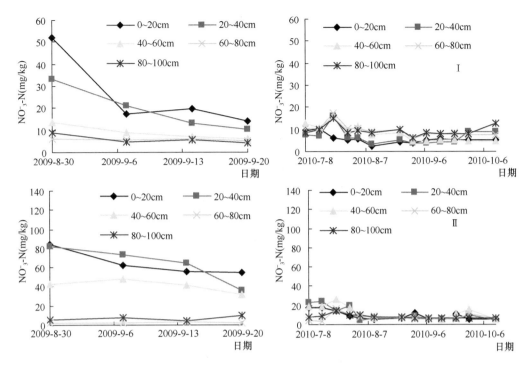

图 2-66 典型土壤淋溶监测点不同土层土壤硝态氮随时间变化

20cm、20~40cm、40~60cm、60~80cm、80~100cm）土壤硝态氮含量较抽穗期分别降低了 19.98mg/kg、10.88mg/kg、9.23mg/kg、8.05mg/kg、7.83mg/kg，Ⅰ、Ⅱ土壤淋溶监测点土壤硝态氮残留量较抽穗期分别降低了 113.89kg/hm²、162.30kg/hm²。2010年玉米收获后，Ⅰ、Ⅱ土壤淋溶监测点土壤硝态氮残留量变化量分别较 2009 年降低了 46.95%、31.68%，这就表明，通过农田养分管理技术显著降低了硝态氮在土壤中的残留累积。

$$R_{NO_3^- -N} = C_{NO_3^- -N} \times d \times \rho \qquad (2-3)$$

式中　$R_{NO_3^- -N}$——土壤硝态氮的残留量，kg/hm²；

　　　$C_{NO_3^- -N}$——不同土层土壤硝态氮的含量，mg/kg；

　　　d——土层厚度，m；

　　　ρ——不同土层土壤容重，g/cm³。

3. 地表水—土壤水—地下水转化对地下饮水水质的影响

图 2-67 为 2009 年、2010 年典型地下水监测井及供水井 $NO_3^- -N$ 浓度随时间变化。2009 年 9 月 10 日，2 号、3 号及水源井地下水 $NO_3^- -N$ 浓度分别为 15.00mg/L、29.71mg/L、11.80mg/L，较降雨前分别增加了 88.68%、31.17%、60.48%；2010 年 9 月 10 日，2 号、3 号、水源井地下水 $NO_3^- -N$ 浓度分别为 5.66mg/L、5.35mg/L、6.12mg/L，较降雨前分别增加了 57.22%、41.91%、26.45%。2 号、3 号和水源井地下水 $NO_3^- -N$ 浓度变化表明，随降雨入渗补给，土壤中硝态氮淋溶到地下水中，地下水中 $NO_3^- -N$ 浓度均显著增加。地下水 $NO_3^- -N$ 浓度变化表明，地下水 $NO_3^- -N$ 浓度增加与潜

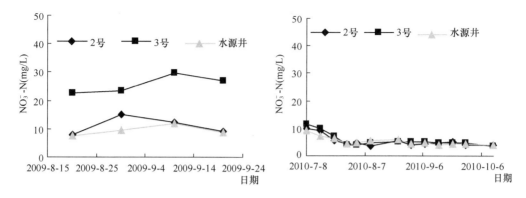

图 2-67　典型地下水监测井地下水 $NO_3^- $-N 浓度随时间变化

水埋深成负相关，即地下水埋深越深，地下水 $NO_3^- $-N 浓度增加越小，反之亦然。

2010 年同期，2 号、3 号水源井地下水 $NO_3^- $-N 浓度较 2009 年分别减少了 9.34mg/L、24.36mg/L、5.68mg/L，这就表明田间养分管理措施能有效减少土壤氮素向地下水中淋溶，降低土壤氮素污染地下水风险。

4. 地下饮用水源地水质演变机理

图 2-68 为不同地下水埋深区、典型土壤淋溶监测点土壤硝态氮含量与地下水 $NO_3^- $-N 浓度相关关系。地下水 $NO_3^- $-N 浓度与土壤硝态氮含量总体表现为：浅地下水埋深区（$d \leqslant 2m$）及深地下水埋深区（$d > 2m$），地下水 $NO_3^- $-N 浓度与土壤硝态氮含量均呈线性正相关，其相关系数分别为 0.957、0.958。浅地下水埋深区及深地下水埋深区，土壤硝态氮含量每增加 1 个单位，地下水 $NO_3^- $-N 浓度分别增加 1.27mg/L、0.48mg/L，浅地下水埋深区地下水 $NO_3^- $-N 浓度增幅为深地下水埋深区的 164.58%。因此，地下水浅埋区，土壤硝态氮含量变化越大对地下水 $NO_3^- $-N 浓度影响也越大。

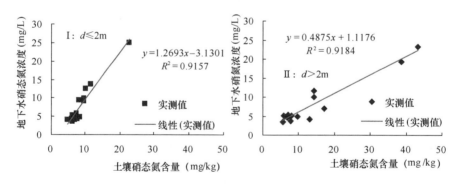

图 2-68　典型土壤硝态氮含量与地下水 $NO_3^- $-N 浓度相关关系

研究结果表明：浅地下水埋深区，地下水水力坡度较大，地下水、土壤水、地表水三水转化频繁，地下水 $NO_3^- $-N 浓度（$y$）与土壤硝态氮含量（$x$）可以近似表达为：$y = 1.2693x - 3.1301$；深地下水埋深区，地下水水力坡度较小，地下水 $NO_3^- $-N 浓度（$y$）与土壤硝态氮含量（$x$）则可以表达为：$y = 0.4857x + 1.1176$。因此，浅地下水埋深区，地下水水质受土壤污染负荷污染风险较大。

2.3.2 傍河水源分级过滤净化技术

2.3.2.1 净水滤料的筛选

净水滤料筛选工作是一项基础工作，主要是筛选经济实用的净水材料，尽量使用天然的滤料，以降低投资成本和运行成本。筛选滤料的目的有 3 个：①为研究开发多功能过滤器提供基础数据；②为一体化纳滤膜净化设备前处理部分提供设计依据；③为示范工程建设提供设计依据。

根据文献报道，初步选择石英砂、锰砂、麦饭石、沸石、改性沸石、石灰石、石榴石、活性炭等 8 种滤料，进行不同净水滤料的筛选试验，试验中净水滤料粒径控制在 1～2mm，其中柱状活性炭长 3～5mm，粒径 1mm。试验研究了不同滤料对各污染指标（NH_4^{-1}-N、NO_3^--N、有机物、菌落总数、浊度、色度、铁和锰）的去除效果。

不同滤料对各污染指标平均去除率详见表 2-31。试验设定了 3 个停留时间（0.5h、1.0h、2.0h），采用正交试验设计，共计 192 组试验。8 种滤料中，对 NH_4^+-N 去除效果较好的滤料是沸石、改性沸石和活性炭，以活性炭最好；对 NO_3^--N 去除效果较好的滤料也是沸石、改性沸石和活性炭，以活性炭最好；对有机物去除效果较好的滤料是改性沸石和麦饭石；对浊度去除效果较好的滤料也是石英砂和锰砂，以石英砂最好；对色度去除效果最好的是活性炭；对菌落总数去除效果较好的滤料是沸石和活性炭；对铁锰去除效果最好的滤料是石英砂、锰砂和改性沸石。

各种滤料对污染物的平均去除率　　　　　　　　　　　表 2-31

编号	滤料名称/污染指标	对应停留时间的平均去除率（%）		
		0.5h	1.0h	2.0h
1	石英砂			
	NH_4^+-N	21.8	23.4	24.1
	NO_3^--N	12.2	11.8	13.5
	有机物	36.7	39.8	43.2
	浊度	65.9	72.8	85.4
	色度	35.2	34.5	37.1
	菌落总数	70.6	71.8	85.3
	铁	82.8	82.5	83.2
	锰	19.8	19.7	21.3
2	锰砂			
	NH_4^+-N	26.3	27.7	26.9
	NO_3^--N	13.5	13.6	13.9
	有机物	37.4	38.9	39.2
	浊度	64.5	72.6	87.4
	色度	33.9	34.1	36.7
	菌落总数	75.3	79.6	71.6
	铁	97.2	97.9	99.3
	锰	39.2	42.5	47.1

续表

编号	滤料名称/污染指标		对应停留时间的平均去除率（%）		
			0.5h	1.0h	2.0h
3	麦饭石	NH_4^+-N	27.3	26.8	29.5
		NO_3^--N	12.6	13.1	14.4
		有机物	91.3	91.5	91.4
		浊度	62.1	62.7	63.8
		色度	32.8	33.4	35.5
		菌落总数	80.3	79.3	88.9
		铁	61.3	65.7	66.9
		锰	32.1	32.6	35.4
4	沸石	NH_4^+-N	32.5	33.9	35.8
		NO_3^--N	12.9	12.6	13.5
		有机物	82.3	83.4	83.6
		浊度	60.9	62.8	64.5
		色度	38.4	38.5	39.2
		菌落总数	85.6	90.3	88.7
		铁	61.9	63.4	64.1
		锰	35.4	35.7	36.8
5	改性沸石	NH_4^+-N	37.9	38.6	40.3
		NO_3^--N	13.1	13.7	13.8
		有机物	91.2	91.3	93.5
		浊度	60.4	62.3	63.1
		色度	39.9	39.7	41.2
		菌落总数	86.7	80.4	85.2
		铁	65.8	67.9	69.1
		锰	37.2	37.9	40.2
6	石灰石	NH_4^+-N	25.4	26.7	27.2
		NO_3^--N	10.5	11.2	13.4
		有机物	31.2	31.4	32.7
		浊度	59.4	61.2	64.8
		色度	30.2	31.1	32.5
		菌落总数	70.9	72.5	69.2
		铁	51.4	52.6	53.0
		锰	19.5	20.1	21.6
7	石榴石	NH_4^+-N	24.9	26.7	26.2
		NO_3^--N	11.2	11.6	12.8
		有机物	33.7	33.9	35.8
		浊度	62.1	62.3	63.4
		色度	32.8	33.2	33.5
		菌落总数	52.6	68.3	60.1
		铁	52.9	53.1	54.4
		锰	20.3	21.6	21.7

续表

编号	滤料名称/污染指标		对应停留时间的平均去除率（%）		
			0.5h	1.0h	2.0h
8	柱状活性炭	NH_4^+-N	42.1	42.6	43.8
		NO_3^--N	18.9	18.6	19.5
		有机物	40.5	41.3	43.6
		浊度	60.5	62.4	63.8
		色度	80.6	85.6	92.4
		菌落总数	75.9	85.1	69.7
		铁	52.8	53.4	52.9
		锰	23.4	23.6	24.5

注：1. 有机物和菌落总数在同一种溶液中进行试验和检测；

2. 试验配制各污染物含量如下：NH_4^+-N 1.0mg/L，NO_3^--N 30mg/L，有机物 20mg/L，浊度（实测值）10～20NTU，色度（实测值）50～100 铂钴色度单位，菌落总数（实测值）2000～3000 个/L，铁 15mg/L，锰 1.5mg/L；

3. 由于试验数量问题，试验中只选择了一种滤料数量（体积），滤料的量对去除效果影响很大，本试验只比较滤料间的区别。

研究结果表明：锰砂对铁具有极好的去除作用，经过锰砂过滤后水中总铁（TFe）含量低于《生活饮用水卫生标准》限值，即小于 0.5mg/L；对锰有一定的去除效果，去除率在 40%左右。活性炭对色度、浊度去除效果显著，均可达标。麦饭石对有机物和重金属都有一定的去除效果，其中有机物去除率 90%以上，可以达标。石英砂对浊度以及铁沉淀或胶体的去除效果很好，而且比较廉价。

改性沸石对氨氮、铁、锰、有机物、色度去除效果都比较好，但因其制作工艺及成本较高，因此，经过筛选，确定选用锰砂、活性炭（煤质柱状）、椰壳活性炭（椰壳活性炭比普通活性炭比表面积和碘吸附值都要高，对离子有较强的吸附作用）、石英砂和麦饭石作为中试试验滤料进行中试研究。

2.3.2.2 组合滤料对浊度处理效果及设计参数

根据以上滤料的特性，可以用于不同的处理目的，同时也要考虑各滤料的经济性和可再生性。在北三家大口井季节性浊度超标水质的净化中，采用的是石英砂分级过滤技术，主要选用了石英砂和活性炭作为滤料，因为石英砂对浊度的去除效果好，而且廉价，容易进行反冲洗再生；活性炭作为最后 1 级滤料，起到过滤和吸附极细微颗粒的作用。滤料根据粒径分为 4 级，第 1 级粒径 2～4mm，第 2 级粒径 1～2mm，第 3 级粒径 0.6～1.2mm，第 4 级为柱状活性炭，长 1～5mm，粒径 1mm。

多级组合滤料对浊度的去除效果如图 2-69 所示。

为了使滤料可以反复使用以延长其使用寿命，浊度去除示范工程中设计了反冲洗系统，每年反冲洗 1～2 次，针对第 1～3 级滤料，通过阀门控制改变水流方向、空气压缩机和潜水泵构成的"气升水淋式"淘洗以及自吸式泥浆泵排泥等来实现滤料再生。另外，为了实现水流完全依靠重力自流而且满足通过滤料供水所需要的足够压力，示范工程中同时布置了竖式布水匀水器，实现了水流分级水平推流流动，用水高峰期可以每小时供水 20

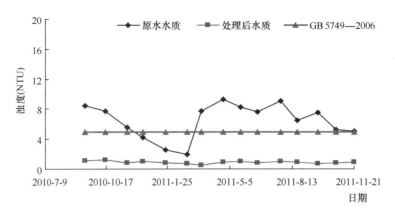

图 2-69 多级组合滤料对浊度去除率

~30m³（每天供水量大约 240m³，高峰时 3h 约需水 80m³），加上蓄水池蓄水，足以满足用水需求。

2.3.2.3 臭氧消毒

根据《室外给水设计规范》（GB 50013—2006），臭氧消毒可以作为氯消毒的替代方法进行单独使用，臭氧消毒的原理是臭氧在水中发生氧化还原反应，产生氧化能力极强的单原子氧（O）和羟基（-OH），瞬间分解水中的有机物质、细菌和微生物。羟基（-OH）是强氧化剂、催化剂，可使有机物发生连锁反应，反应十分迅速。羟基（-OH）对各种致病微生物有极强的杀灭作用。单原子氧（O）也具有强氧化能力，对顽强的微生物如病毒、芽孢等有强大的杀伤力。臭氧具有比氯消毒方法更强的氧化消毒能力，不但可以较彻底地杀菌消毒，而且可以降解水中含有的有害成分和去除重金属离子以及多种有机物等杂质，如铁、锰、硫化物、苯、醛、有机磷、有机氯、氰化物等，还可以使水除臭脱色，从而达到净化水的目的。臭氧适应能力强，受水温、pH 值影响较小。臭氧适应范围广，不受菌种限制，杀菌效果比氯消毒和紫外消毒效果好。与氯不同的是残余臭氧可以自行分解为 O_2，不会产生二次污染。臭氧处理后的水无色无臭，口感好，能改善饮用水品质。

臭氧灭菌的速度和效果是无与伦比的，它的高氧化还原电位决定它对氧化、脱色、除味方面的广泛应用，有研究指出，臭氧溶解于水中，几乎能够消除水中一切对人体有害的物质，比如铁、锰、铬、硫酸盐、酚、苯、氧化物等，还可分解有机物及灭藻等。臭氧消毒灭菌方法与常规的灭菌方法相比具有以下特点：①高效性。臭氧消毒灭菌是以空气为煤质，不需要其他任何辅助材料和添加剂，所以包容性好，灭菌彻底，同进还有很强的除霉、腥、臭等异味的功能。②高洁净性。臭氧快速分解为氧的特征，是臭氧作为消毒灭菌的独特优点。臭氧是利用空气中的 O_2 产生的，消毒过程中，多余的臭氧在 30min 后又结合成氧分子（在水体中臭氧浓度为 3mg/L 时，半衰期为 5～30min），不存在任何残留物，解决了消毒剂消毒方法产生的二次污染问题，同时省去了消毒结束后的再次清洁。③方便性。臭氧灭菌器一般安装在洁净室或者空气净化系统中或灭菌室内（如臭氧灭菌柜、传递窗等）。根据调试验证的灭菌浓度及时间，设置灭菌器的按时间开启及运行时间，操作使用方便。④经济性。通过臭氧消毒灭菌在诸多制药行业及医疗卫生单位的使用及运行比较，臭氧消毒方法与其他方法相比具有很大的经济效益及社会效益。在当今工业快速发展中，环保问题特别重要，而臭氧消毒却避免了其他消毒方法产生的二次污染。

目前在世界范围内，纯净水、天然水（山泉水、矿泉水、地下水等经过过滤等工序制成），已普遍采用臭氧消毒。在自来水臭氧净化应用时，国际常规标准为 0.4mg/L 的溶解度保持 4min，即浓度时间之积 CT 值为 1.6（表 2-32）。

不同水质类型臭氧添加量及水中臭氧浓度对应表   表 2-32

指标类别	分质供水	纯净水	天然水	自来水	游泳池水	分质供水
水中臭氧浓度（mg/L）	0.1~0.3	0.2~0.4	0.4~0.6	0.4	0.2	0.1~0.3
臭氧添加量（g/t）	1~2	2~3	3~5	3~5	1~2	1~2

臭氧虽然在水中的溶解度比氧大 10 倍以上，但是在实用上它的溶解度甚小，因为它遵守亨利定律，其溶解度与体系中的分压和总压成比例。臭氧在空气中的含量极低，故分压也极低，那就会迫使水中臭氧从水和空气的界面上逸出，使水中臭氧浓度总是处于不断降低状态，因此用于水体消毒时，要达到消毒所需的浓度和消毒保持时间，臭氧投加量会远大于理论计算值。

在实际应用中，采用臭氧对生活用水和饮用水消毒时，投加 0.1~1mg/L 即可，一般水体投加臭氧量 0.5~1.5g/t，接触 5~10min，比国际标准投加量小，但消毒时间有所延长。水中保持剩余臭氧浓度 0.1~0.5mg/L。

在清原县北三家乡示范工程的应用中，分级过滤池在用水高峰期（5：00~22：00）出水平均流速 20m³/h，夜间 22：00~次日 5：00 平均流速 5m³/h，课题组采用每小时产 O_3 30g 的臭氧发生器，时间继电器控制臭氧发生器运行，用水高峰期臭氧发生器无间歇运行，理论投加量为 1.5mg/L，夜间臭氧发生器间歇运行，运行时间与停止时间比为 1：3，即运行 5min，停止 15min，出水在净水蓄水池内混合，理论投加量也为 1.5mg/L。

2.3.2.4 技术工艺适用对象与范围

实际运行监测结果表明：2010~2011 年，示范工程出水水质浊度、菌落总数指标达到《生活饮用水卫生标准》（GB 5749—2006）规定。

技术工艺适用范围：

（1）东北村镇浅山丘陵区傍河水源地，春汛及主汛期饮用水中浊度超标，具有较好的去除效果；

（2）中试条件下浊度介于 6~20NTU，实际运行中浊度介于 1.98~9.23NTU，浊度去除率达到 64％以上。

（3）实际运行中菌落总数介于 170~385CFU/mL，菌落总数去除率达到 35％以上。

2.3.3 潜水水源射流曝气氧化-沉淀-过滤组合净化消毒技术

2.3.3.1 射流微曝气技术

主要依靠地下水提升泵的余压通过射流器进行射流微曝气（图 2-70、图 2-71）。其主要作用是将地下水中的二价铁氧化成三价铁，形成沉淀或者胶体；附带地将地下水中的少量 NH_4^+-N 氧化成 NO_3^--N，对锰和有机物也有一定的氧化作用。

图 2-70　射流曝气试验装置　　　　　　　图 2-71　提升泵余压曝气

如图 2-72 所示，试验结果表明，试验水体中铁锰含量在经过曝气沉淀 3～4h 后基本达到稳定，基本达到通过曝气沉淀去除铁锰的极限值。

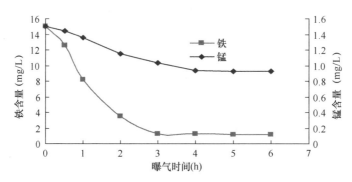

图 2-72　铁锰含量随曝气时间变化曲线

2.3.3.2　滤料组合试验研究

主要采用石英砂、锰砂、椰壳活性炭、普通活性炭（煤质柱状）、麦饭石等作为备选滤料，进行了组合试验。组合方式主要是：①石英砂-锰砂-石英砂（粒径 0.6～1.2mm）-普通活性炭；②锰砂-石英砂-石英砂（粒径 0.6～1.2mm）-普通活性炭；③石英砂-锰砂-石英砂（粒径 0.6～1.2mm）-椰壳活性炭；④石英砂-锰砂-麦饭石-椰壳活性炭；⑤麦饭石-锰砂-麦饭石-普通活性炭。停留 1h，不同滤料组合对各污染指标平均去除率详见表 2-33。石英砂-锰砂-麦饭石-椰壳活性炭组合方式对 NH_4^+-N、NO_3^--N、有机物、浊度、色度、菌落总数、铁和锰均具有明显的去除效果。

各种滤料组合的处理效果 表 2-33

编号	滤料组合	对各指标平均去除率（%）	
1	石英砂-锰砂-石英砂-普通活性炭	NH_4^+-N	49.2
		NO_3^--N	26.2
		有机物	93.5
		浊度	95.1
		色度	82.3
		菌落总数	83.6
		铁	97.5
		锰	72.3
2	锰砂-石英砂-石英砂-普通活性炭	NH_4^+-N	26.3
		NO_3^--N	24.6
		有机物	90.8
		浊度	95.2
		色度	76.3
		菌落总数	75.3
		铁	97.2
		锰	65.9
3	石英砂-锰砂-石英砂-椰壳活性炭	NH_4^+-N	46.3
		NO_3^--N	25.7
		有机物	92.3
		浊度	95.6
		色度	83.5
		菌落总数	86.3
		铁	97.5
		锰	79.8
4	石英砂-锰砂-麦饭石-椰壳活性炭	NH_4^+-N	58.2
		NO_3^--N	36.7
		有机物	96.5
		浊度	93.4
		色度	85.6
		菌落总数	92.4
		铁	99.8
		锰	83.5
5	麦饭石-锰砂-麦饭石-普通活性炭	NH_4^+-N	56.7
		NO_3^--N	29.4
		有机物	95.8
		浊度	76.8
		色度	76.2
		菌落总数	87.2
		铁	97.2
		锰	75.8

注：各污染指标在同一种溶液中进行试验和检测。

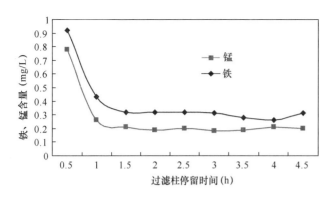

图 2-73　过滤停留时间对出水中铁锰的影响

图 2-73 为不同过滤停留时间，石英砂-锰砂-麦饭石-椰壳活性炭滤料组合对铁和锰两种污染物的去除效果。试验溶液中铁浓度为 15mg/L，锰浓度为 1.5mg/L。过滤柱停留时间分为 0.5h、1.0h、1.5h、2.0h、2.5h、3.0h、3.5h、4.0h、4.5h。研究结果表明：停留时间越长，铁、锰去除效果越是明显，停留时间超过 1.5h 时，出水中铁、锰含量趋于稳定。经过连续 3 个月的试验运行，停留时间为 1.0h 时，出水中铁、锰含量均优于《生活饮用水卫生标准》，即 Fe<0.5mg/L，Mn<0.3mg/L。

2.3.3.3　滤料反冲洗试验

试验采用无油空气压缩机配合自吸泵进行滤料反冲洗，在实际应用中，主要根据滤池中水体深度和滤池截面积，选择空压机，主要是空压机排量和出口压力。试验和示范工程应用表明，采用过滤净化后的净水，经过 3～5 次（水、气同时进，水从上部进，气从下部进，从滤池进满水后再进气 5min，到用自吸泵排空水为 1 次）"气升水淋"并通过自吸泵从滤柱或滤池底部排水后，从视觉上来讲，排水的色度、浊度与反冲洗用的净水接近，可以视为单个滤池反冲洗完成。在草市镇刘大房的示范工程中，只对前 3 级滤料进行反冲洗，最后一级为活性炭，不用反冲洗，活性炭需要根据实际运行情况进行更换。

2.3.3.4　紫外线消毒技术

紫外线杀菌效果是由微生物所接受的照射剂量决定的，同时，也受到紫外线输出能量的影响，与灯的类型、光强和使用时间有关，随着灯的老化，它将丧失 30%～50% 的强度。紫外照射剂量是指达到一定的细菌灭活率时，需要特定波长紫外线的量：照射剂量（J/m²）＝照射时间（s）×UVC 强度（W/m²）。照射剂量越大，消毒效率越高，由于设备尺寸要求，一般照射时间只有几秒，因此，灯管的 UVC 输出强度就成了衡量紫外光消毒设备性能最主要的参数。在城市污水消毒中，一般平均照射剂量在 300J/m² 以上。低于此值，有可能出现光复活现象，即病菌不能被彻底杀死，当从渠道中流出接受可见光照射后，重新复活，降低了杀菌效果。杀菌效率要求越高，所需的照射剂量越大。影响微生物接受到足够紫外光照射剂量的主要因素是透光率（254nm 处），当 UVC 输出强度和照射时间一定时，透光率的变化将造成微生物实际接受剂量的变化。

大多数紫外线装置利用传统的低压紫外灯技术，也有一些大型水厂采用低压高强度紫外灯系统和中压高强度紫外灯系统，由于产生高强度的紫外线可能使灯管数量减少 90% 以上，从而缩小了占地面积，节约了安装和维修费用，并且使紫外线消毒法对水质较差的出水也适用。

因此，在清原县草市镇刘示范工程中采用管道式紫外线消毒技术，在主管道进入村子后加装管道式紫外消毒箱。示范工程中使用的紫外消毒箱购于北京赛博伟业水处理设备厂，型号为 SBSJ—32，流量 6m³/h，总功率 80W，灯管使用寿命 9000h。该设备技术成熟，效果较好，每支紫外灯管在农村地区可以使用 3 年左右，性价比较高。

2.3.3.5 技术运行参数确定

本工艺利用提升泵余压（不增加额外动力）在曝气池中对地下水进行射流曝气，铁锰被氧化成胶体或沉淀，部分在沉淀池中沉淀并通过定期排泥去除，其余经过多种组合滤料（主要是石英砂、锰砂、麦饭石、活性炭等）分级过滤去除，然后通过反冲洗管道利用无油空气压缩机和潜水泵进行"气升水淋"式反冲洗（配套技术），再将滤料吸附截流的铁锰通过自吸泵排出处理系统；NH_4^+-N 部分被氧化成 NO_3^--N；NO_3^--N 及 NH_4^+-N 在亚硝化细菌和反硝化细菌的作用下（地下水为恒温，约 9℃）部分被转化气体排出；同时天然水源中的有机物（主要是腐殖酸，分子量比较大）大部分（约 90%）以水溶胶的形式被滤料吸附或被 Fe(HO)$_3$ 胶体吸附，其余微量有机物被微生物转化为无机物；过滤池出水进入净水蓄水池，再经提升泵进入水塔，靠重力向农户供水，并在主管道末端进行紫外灯消毒。

工艺流程如图 2-74 所示。

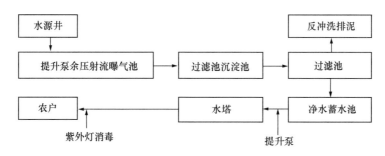

图 2-74 射流曝气-氧化-沉淀组合过滤技术工艺流程图

综上，射流微曝气（间歇进水曝气）沉淀阶段停留时间 3～4h；过滤池最佳停留时间为 1～1.5h，工程设计时停留时间约为 6～8h，主要考虑延长前 3 级滤料的反冲洗时间和活性炭的更换周期。

2.3.3.6 技术工艺适用对象与范围

针对东北村镇第四系冲洪积层含水岩组地下饮水水源地，成土类型为黄棕壤土，潜水水源中铁、锰、COD$_{Mn}$ 超标，具有较好的去除效果；实际运行中铁、锰、COD$_{Mn}$ 介于 9.82～13.25mg/L、0.84～1.24mg/L、4.68～7.53mg/L，地下饮用水源地铁、锰去除率分别达到 96%～98%、74%～86%，COD$_{Mn}$ 削减达到 24%～58%。

2.4 受农村生活污染影响的饮用水源污染控制技术

2.4.1 农村生活污水对地表饮用水源的影响分析

农村饮用水水源较为分散，农村居民沿河或沿库而居，产生的生活污水中含有有机物、氮、磷等对水体有害物质,调查分析表明,西南地区库泊水源污染物来源中农村生活污染占很大的比例,需要对其治理。

我国近 8 亿人口居住在约 3 万个乡镇和 68 万个行政村,每年产生 10 亿 t 左右的生活污水。由于基础薄弱,投入不足,农村环保问题成为我国环境保护领域的一个突出问题,建设部 2005 年的《村庄人居环境现状与问题》显示,我国 96% 的村庄没有排水管道和污水处理系统,这使农村生活污染成为影响水环境的重要因素,农村大部分地区河、湖受到污染,导致水体富营养化、饮用水安全受到威胁等问题,严重影响农村地区的居住环境,危害农民的身体健康。

2.4.1.1　农村生活污水的特征

农村生活污水的来源主要包括几个方面:厨房炊事洗涤用水、洗漱沐浴用水和冲洗厕所用水,大部分农村没有任何收集的措施,导致这些分散的污水随着地表流入河流、湖泊、沟渠、池塘、水库等地表水体,并进一步渗滤到土壤和地下水体,对农村生态环境和饮用水安全造成影响。

我国农村生活污水有以下特征:①污水中有机污染物和氮、磷等含量高,容易使水体富营养化;②污水来源面广、分散,我国大部分的农村地区以自然村庄为主,村庄分散的分布特征造成污水来源分散,难于收集进行集中处理;③污水来源多,除了来自人粪便、厨房产生的污水外,还有家庭清洁、生活垃圾堆放渗滤而产生的污水等;④污水量增长速度快,随着经济、社会的发展,农民生活水平迅速提高,并且农村生活方式正发生着极大的改变,生活污水的产生量也随之增长;⑤处理率低,大部分农村地区无污水处理措施,或者只是一些简易的化粪池等。

2.4.1.2　农村生活污水的污染过程与对水体的污染贡献

农村生活污水属于农村面源污染范畴,主要通过地表径流进入水体,对水体造成一定的影响。目前大部分农村地区无生活污水处理设施,散排后进入水体。生活污水中的 COD、氮、磷等物质会对水体造成富营养化。

农村饮用水源一般以小型地表水源为主,周边散居有农户分布,生活污水会对水源造成污染。从四川乐至县五墩桥石河堰水源地的面源污染物入河综合分析来看,生活污染在 COD 入河贡献所占比例较大,TN 和 TP 也占一定的比例,说明农村生活污水是水源地污染的重要来源(图 2-75)。

2.4.1.3　西南农村生活污水处理现状

西南地区地形多为丘陵和山区,农民居住分散,自然村落规模小,农村主要以库泊、河渠沟塘地表水等自然水体作为饮用水水源,地表水源最容易受当地农民生产和生活污染。

根据四川省农村的生活习惯及污水的来源可以将生活污水分为粪便污水、厨房污水及洗涤污水 3 大类。课题实施期间,课题组在四川省 10 个地、市、州随机选择 1 个县,每个县选 2 个水源充足的村进行实地走访,调研农村生活污水处理情况。选村时优先考虑水源地周围村庄,如河水、水库、池塘等,部分结果分析见表 2-34 所列。

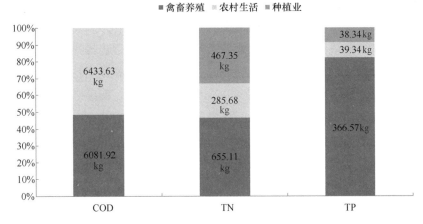

图 2-75 乐至五墩桥石河堰 COD、TN 和 TP 的入河来源分析

粪便污水、厨房污水及洗涤污水处理现状 表 2-34

处理方式	随意排放	粪坑	沼气池	集中处理	其他方式
粪便污水类（%）	16.0	60.3	23.7	0.0	0.0
厨房污水类（%）	50.0	14.4	3.2	0.0	32.4
洗涤污水类（%）	90.1	7.2	2.7	0.0	0.0

由于村镇地域范围广且分散，社会组织结构、经济发展状况和生活水平与生活习惯等千差万别，决定了村镇生活污水的来源、水质、水量的多样性。同样，也决定了村镇生活污水处理方式的多样性，在所有的处理方式中，四川村镇粪便污水、厨房污水、洗涤污水随意排放的比例分别为 16.0%、50.0%、90.1%，明显看出厨房污水和洗涤污水随意排放的比例高于粪便污水，而粪便污水排入粪坑、沼气池的比例分别是 60.3%、23.7%，是粪便污水随意排放的 3.8 倍、1.5 倍。这是由污水的组成成分不同决定的，粪便污水脏、臭，但可以作为有机肥料将其资源化利用。洗涤污水随意排放比例高达 90.1%。洗涤污水氮、磷的营养元素的含量很高，是引起水体富营养化的主要原因。因此，必须重视洗涤污水的随意排放。厨房污水和洗涤污水分别排入粪坑、沼气池的比例为 14.4%、3.2%、7.2%、2.7%。这和厨房污水与洗涤污水的产生点，以及组成成分有关，厨房污水产生于村民家中，洗涤污水有可能在户外，按就近原则，厨房污水可以很方便地排入粪坑和沼气池中。同时，厨房污水有机物的含量比洗涤污水高，可以用来作为沼气池的发酵原料。但在调研的过程中，厨房污水作为发酵原料的比例较小，仅有 3.2% 的村民会将厨房污水直接排入沼气池中。由于村民沼气发酵知识有限，并不知道厨房污水也可以作为沼气池的发酵原料。厨房污水处理的另一个重要的方式是喂牲畜（32.4%），这种处理方式主要适用于有猪的养殖户。

2.4.1.4 西南农村生活污水主要处理方式

与城市生活污水不同，西南农村每户农户的生活污水的产生量小且分散。所以不能盲目采用城市污水处理技术对农村生活污水进行处理。因此，对农村生活污水的处理，需要寻找一条实用、经济的技术解决途径。

目前随着农村经济条件改善、农民对生活质量要求提高，尤其是近年来广泛实施的城乡环境统筹建设和乡村清洁生产，对生活污水的处置率正在逐步提高，许多地区从不处理到要处理，从部分处理正在向全处理目标迈进。目前在四川和重庆地区的农村生活污水处理设施，主要包括生活污水净化沼气池、人工湿地、氧化塘、接触氧化等处理方式，在处理规模较大的情况时采用几种处理单元组合构成处理系统用于村镇生活污水处理。

生活污水净化沼气池技术在借鉴农村沼气池和三格化粪池的基础上发展起来。这种简易的生活污水处理技术以其投资分散、不耗能源、运行费用低、污泥产生量少以及节约用地等优点逐渐发展成为南方村镇生活污水分散处理的主要技术，已经得到广泛应用，成为四川、重庆、浙江等南方农村地区最主要的生活污水处理手段。根据农业部的统计数据，近年来新增数量每年超过 1 万处，到 2010 年我国生活污水净化沼气池建设数量已经超过 20 万处。但应用中一些技术问题也比较突出，主要存在以下不足：①处理负荷低，出水不稳定，运行效果易受季节气候影响；②出水水质尚难达标，N、P 去除效果差等；③实现生物脱氮除磷需要有厌氧和好氧交替的生物环境，但是处理工艺上在小型装置，尤其是罐型装置中很难表达。

通过课题调研发现，近年来在四川洪雅、什邡、郫县等地农村探索建设了单户型（2.5～4.0m³）和联户型（6.0～18.0m³）生活污水净化沼气池，配套建设有简易的人工湿地，这类装置是近年乡村清洁工程中的一项新探索，适应农村粪污分别处理的需要。这类装置虽然尚存在一些问题，装置设计有待优化，但是为我们选用这项技术，集成应用于地表饮用水环境治理提供了很好的工作基础。

2.4.2　受生活污水影响的水源污染控制技术

农村生活污水的处理方法多样，大致可以分为物理处理法、生物处理法和生态处理法等。物理处理方法主要是利用沉淀和过滤等方法对污水中的漂浮物和悬浮物进行分离，常见的有沉淀池、格栅、筛网等。生物处理法既可以采用厌氧消化也可以采用好氧曝气。生态处理方法主要有人工湿地、稳定塘、土地处理、生活污水净化沼气池等。根据农村的特点，目前较为常用的主要有以下几种处理方式：

2.4.2.1　稳定塘处理系统

稳定塘也称氧化塘或生物塘，是利用天然净化能力对污水进行处理的构筑物，一般是经过人工适当修整的，具有围堤和防渗措施的池塘，其净化过程与自然水体的自净过程相似，依靠塘内生长的微生物来处理污水。主要利用菌藻的共同作用处理废水中的有机污染物。稳定塘污水处理系统具有基建投资和运转费用低，维护和维修简单，便于操作，能有效去除污水中的有机物和病原体，无需污泥处理等优点。

美国于 1901 年在得克萨斯州修建第一个有记录的塘系统。至今，全世界已经有 50 多个国家在使用稳定塘系统，其中法国有稳定塘 1500 余座，德国有 2000 余座，美国已有稳定塘 20000 余座。在发展中国家，稳定塘的应用也比较广泛。例如，马来西亚工业废水总量的 40%都是利用稳定塘进行处理的。

我国从 20 世纪 50 年代开始稳定塘的研究与应用。特别是在缺水干旱地区，稳定塘是实施污水资源化利用的有效方法，近年来有较大的推广应用。与传统的二级生物处理技术相比，高效藻类塘具有很多独特的性质，对于土地资源相对丰富，但技术水平相对落后的农村地区来说，较具推广价值。

按照塘内微生物的类型和供氧方式来划分，稳定塘可以分为以下四类：

(1) 好氧塘，是一种菌藻共生的污水好氧生物处理塘。深度较浅，一般为 0.3～0.5m。阳光可以直接射透到塘底，塘内存在着细菌、原生动物和藻类，由藻类的光合作用和风力搅动提供 DO，好氧微生物对有机物进行降解。

(2) 兼性塘，有效深度介于 1.0～2.0m。上层为好氧区；中间层为兼性区；塘底为厌氧区，沉淀污泥在此进行厌氧发酵。兼性塘是在各种类型的处理塘中最普遍采用的处理系统。

(3) 厌氧塘，塘水深度一般在 2m 以上，最深可达 4～5m。厌氧塘水中 DO 很少，基本上处于厌氧状态。

有时，为了提高氧化塘的增氧效果，可以采取人工曝气方式供氧。

此外，还可以在塘内种植一些水生植物，比如芦苇、再力花等，能够有效提高处理能力，尤其是对氮磷有较好的去除效果。

2.4.2.2 土地处理系统

土地处理系统是利用土地及其中微生物和植物根系对污水（废水）进行处理，同时又利用其中水分和肥分促进农作物、牧草或树木生长的工程设施。处理方式一般为污水灌溉（通过喷洒或自流将污水排放到土地上以促进植物的生长）、渗滤（将污水排放到粗砂、土壤和砂壤土土地上经渗滤处理并补充地下水）和地表漫流。

地表漫流，用喷洒或其他方式将废水有控制地排放到土地上。土地的水力负荷每年为 1.5～7.5m³/m²。适于地表漫流的土壤为透水性差的黏土和黏质土壤。地表漫流处理场的土地应平坦并有均匀而适宜的坡度（2%～6%），使污水能顺坡度成片地流动。地面上通常播种青草以供微生物栖息和防止土壤被冲刷流失。污水顺坡流下，一部分渗入土壤中，有少量蒸发掉，其余流入汇集沟。污水在流动过程中，悬浮固体被滤掉，有机物被草上和土壤表层中的微生物氧化降解。这种方法主要用于处理高浓度的有机废水，如罐头厂的废水和城市污水。

灌溉，通过喷洒或自流将污水有控制地排放到土地上以促进植物的生长。污水被植物摄取，并被蒸发和渗滤。灌溉负荷量每年约为 0.3～1.5m³/m²。灌溉方法取决于土壤的类型、作物的种类、气候和地理条件。通用的方法有喷灌、漫灌和垄沟灌溉。①喷灌：采用由泵、干渠、支渠、升降器、喷水器等组成的喷洒系统将污水喷洒在土地上。这种灌溉方法适用于各种地形的土地，布水均匀，水损耗少，但是费用昂贵，而且对水质要求较严，必须是经过二级处理的。②漫灌：土地间歇地被一定深度的污水淹没，水深取决于作物和土壤的类型。漫灌的土地要求平坦或比较平坦，以使地面的水深保持均匀，地上的作物必须能够经受得住周期性的淹没。③垄沟灌溉：靠重力流来完成。采用这种灌溉方式的土地必须相当平坦。将土地犁成交替排列的垄和沟。污水流入沟中并渗入土壤，垄上种植作物。垄和沟的宽度及深度取决于排放的污水量、土壤的类型和作物的种类。

渗滤，这种方法类似间歇性的砂滤，水力负荷每年约为 $3.3 \sim 150 \mathrm{m}^3/\mathrm{m}^2$。废水大部分进入地下水，小部分被蒸发掉。渗水池一般是间歇地接受废水，以保持高渗透率。适于渗滤的土壤通常为粗砂、壤土砂或砂壤土。渗滤法是补充地下水的处理方法，并不利用废水中的肥料，这是与灌溉法不同的。

净化效能：废水中的污染物在土地处理系统中是通过许多种过程去除的，包括土壤的过滤截留，物理和化学的吸附，化学分解和沉淀，植物和微生物的摄取，微生物氧化降解以及蒸发等。

2.4.2.3　人工湿地处理系统

以水体修复植物为核心的人工湿地技术是 20 世纪 70 年代蓬勃兴起的处理污水的方式，它的原理主要是利用湿地中基质、湿地植物和微生物之间的相互作用，通过一系列物理的、化学的以及生物的途径来净化污水。水生植物是人工湿地的核心，在人工湿地技术中起着重要作用，主要包括直接吸收氮、磷等污染物，通过根系输氧促进根区的氧化还原反应与好氧微生物活动，增强和维持介质的水力传输等。在地表水源污染治理过程中，水生植物具有显著的污染消解和修复作用。通过湿地植物不但可以去除污染物，还可以促进污水中营养物质的循环和再利用，同时还能绿化土地，改善区域气候，促进生态环境的良性循环；另外，研究还表明，人工湿地可有效地控制农田径流。其中植物吸收是去除氮素的主要方式，水生植物可累积氮 $20 \sim 10 \mathrm{mg}/(\mathrm{m}^2 \cdot \mathrm{d})$，占进水可溶性无机氮 $66\% \sim 100\%$。人工湿地处理系统具有缓冲容量大，处理效果好，工艺简单，投资省，运行费用低等特点，非常适合中、小城镇的污水处理。

人工湿地处理系统可以分为以下几种类型：

1. 表面流人工湿地

表面流湿地与地表漫流土地处理系统非常相似，不同的是：在表面流湿地系统中，四周筑有一定高度的围墙，维持一定的水层厚度（一般为 10～30cm）；湿地中种植挺水型植物（如芦苇等）。向湿地表面布水，水流在湿地表面呈推流式前进，在流动过程中，与土壤、植物及植物根部的生物膜接触，通过物理、化学以及生物反应，污水得到净化，并在终端流出。

2. 潜流人工湿地（图 2-76）

一般由两级湿地串联，处理单元并联组成。湿地中根据处理污染物的不同而填有不同介质，种植不同种类的净化植物。水通过基质、植物和微生物的物理、化学和生物的途径共同完成系统的净化，对 BOD、COD、TSS、TP、TN、藻类、石油类等有显著的去除效率；此外该工艺独有的流态和结构形成的良好的硝化与反硝化功能区对 TN、TP、石油类的去除明显优于其他处理方式。主要包括内部构造系统、活性酶体介质系统、植物的培植与搭配系统、布水与集水系统、防堵塞技术、冬季运行技术。

潜流式人工合成湿地的形式分为垂直流潜流式人工湿地和水平流潜流式人工湿地。利用湿地中不同流态特点净化进水。经过潜流式湿地净化后的河水可达到地表水 III 类标准，再通过排水系统排放。

垂直流潜流式人工湿地：在垂直潜流系统中，污水由表面纵向流至床底，在纵向流的过程中污水依次经过不同的专利介质层，达到净化的目的。垂直流潜流式湿地具有完整的布水系统和集水系统，其优点是占地面积较其他形式湿地小，处理效率高，整个系统可以完全建在地下，地上可以建成绿地配合景观规划使用。

水平流潜流式人工湿地：是潜流式湿地的另一种形式，污水由进水口一端沿水平方向流动的过程中依次通过砂石、介质、植物根系，流向出水口一端，以达到净化目的。

沟渠型人工湿地：沟渠型湿地床包括植物系统、介质系统、收集系统。主要对雨水等面源污染进行收集处理，通过过滤、吸附、生化达到净化雨水及污水的目的，是小流域水质治理、保护的有效手段。

人工湿地的污染物去除机理：SS 的去除主要靠物理沉淀、过滤作用；BOD 的去除主要靠微生物吸附和代谢作用，代谢产物均为无害的稳定物质，因此可以使处理后水中残余的 BOD 浓度很低；污水中 COD 去除的原理与 BOD 基本相同。

氮、磷去除人工湿地主要利用生物脱氮及植物吸收方法。作用机理：首先是通过物理沉淀将可沉淀固体在湿地中沉降去除、过滤，同时通过颗粒间相互引力作用及植物根系的阻截作用使可沉降及可絮凝固体被阻截而去除；化学微生物代谢：利用悬浮的底泥和寄生于植物上的细菌的代谢作用将悬浮、胶体、可溶性固体分解成无机物；通过生物硝化-反硝化作用去除氮；部分微量元素被微生物、植物利用氧化并经阻截或结合而被去除。自然死亡：细菌和病毒处于不适宜环境中会引起自然衰败及死亡，植物代谢利用植物对有机物的吸收而去除，植物根系分泌物对大肠杆菌和病原体有灭活作用植物吸收相当数量的氮和磷能被植物吸收而去除，多年生沼泽生植物，每年收割一次，可将氮、磷吸收、合成后分移出人工湿地系统。

湿地基质的过滤吸附作用。污水进入湿地系统，污水中的固体颗粒与基质颗粒之间会发生作用，水流中的固体颗粒直接碰到基质颗粒表面被拦截。水中颗粒迁移到基质颗粒表面时，在范德华力和静电力作用下以及某些化学键和某些特殊的化学吸附力作用下，被黏附于基质颗粒上，也可能因为存在絮凝颗粒的架桥作用而被吸附。此外，由于湿地床体长时间处于浸水状态，床体很多区域内基质形成土壤胶体，土壤胶体本身具有极大的吸附性能，也能够截留和吸附进水中的悬浮颗粒。物理过滤和吸附作用是湿地系统对污水中的污染物进行拦截从而达到净化污水目的的重要途径之一。

湿地植物的作用。植物是人工湿地的重要组成部分。人工湿地根据主要植物优势种的不同，被分为浮水植物人工湿地、浮叶植物人工湿地、挺水植物人工湿地、沉水植物人工湿地等不同类型。湿地中的植物对于湿地净化污水的作用能起到极重要的影响：①湿地植物和所有进行光合自养的有机体一样，具有分解转化有机物和其他物质的能力。植物通过吸收同化作用，能直接从污水中吸收可利用的营养物质，如水体中的氮和磷等。水中的铵盐、硝酸盐以及磷酸盐都能通过这种作用被植物体吸收，最后通过被收割而离开水体。②植物的根系能吸收富集重金属和有毒有害物质。植物的根茎叶都有吸收富集重金属的作用，其中根部的吸收能力最强。在不同的植物种类中，沉水植物的吸附能力较强。根系密集发达交织在一起的植物亦能对固体颗粒起到拦截吸附作用。③植物为微生物的吸附生长提供了更大的表面积。植物的根系是微生物重要的栖息、附着和繁殖场所。相关文献表明，植物根际的微生物数量比非根际微生物数量多得多，而微生物能起到重要的降解水中污染物的作用。④植物还能够为水体输送 O_2，增加水体的活性。由此可见，湿地植物在控制水质污染，降解有害物质上也起到了重要的作用。

图 2-76　潜流型人工湿地

微生物的消解作用。湿地系统中的微生物是降解水体中污染物的主力军。好氧微生物通过呼吸作用，将废水中的大部分有机物分解成为 CO_2 和水，厌氧细菌将有机物质分解成 CO_2 和 CH_4，硝化细菌将铵盐硝化，反硝化细菌将 NO_3^--N 还原成氮气，等等。通过这一系列的作用，污水中的主要有机污染物都能得到降解同化，成为微生物细胞的一部分，其余的变成对环境无害的无机物质回归到自然界中。此外，湿地生态系统中还存在某些原生动物及后生动物，甚至一些湿地昆虫和鸟类也能参与吞食湿地系统中沉积的有机颗粒，然后进行同化作用，将有机颗粒作为营养物质吸收，从而在某种程度上去除污水中的颗粒物。

2.4.2.4　生活污水净化沼气池技术

在我国西南地区农村生活污水处理的实践中，最通用、节俭且能够体现环境效益与社会效益结合的生活污水处理方式是生活污水净化沼气池（图 2-77）。污水中的大部分有机物经厌氧消化后产生沼气，消化后的污水被去除了大部分有机物，达到净化目的；厌氧消化处理后的污水可用作浇灌用水和观赏用水。生活污水净化沼气池处理工艺简单，建设成本较低，运行费用基本为零，适合于分散居住的农民家庭采用。这种装置可以与人工湿地、氧化塘和好氧生物处理联合使用，以满足不同水环境排放要求。

课题组针对西南农村生活污水处理的特点，在广泛调研比选同类技术的基础上，选择开发低建设成本、低运行费用和低能耗的水污染治理技术，以污水净化沼气池技术和人工湿地技术作为核心技术，同时研发完成了竹填料等系列生活污水净化沼气池用填料，形成了包括 6 套不同组合，能满足 1～5 户不同规模需要的污水净化池-人工湿地成套设计

图 2-77　生活污水净化沼气池

图集（图 2-78），在重庆和四川示范区建造了 100 多套示范装置，经过 1 年多的运行监测表明，A 型和 B 型两种生活污水净化沼气池的出水都基本达到达到《污水综合排放标准》（GB 8978—1996）二级标准。

A型　　　　　　　　　　　　　　　　　B型

图 2-78　户用型生活污水净化池效果图

课题组基于生活污水净化沼气池的原理，以两项专利技术为基础研发了工厂化生产装置，如图 2-79 所示生活污水净化罐，该装置创新主要有如下特点：

图 2-79　净化罐现场安装图

（1）本生活污水沼气净化罐主要为数块构件组合而成，包括罐体盖、罐身和设置在罐身内的中央筒体。罐体盖、罐身和中央筒体可拆卸式连接，中央筒体呈圆台状，采用构件组合的形式，便于运输和安装，尤其是运输的时候可以增加运输量。

（2）本净化罐为同心圆结构，解决了在小型圆柱形装置中满足厌氧和好氧生物环境交替设置的需要，从而在去除化学耗氧量的同时，能够同步实现生物脱磷除氮，并且处理负荷高，出水稳定，运行效果受季节气候影响小，净化后的水质极佳。

（3）本净化罐中，罐身与水平面的倾角为 70°～85°，中央筒体与水平面的倾角为 100°～110°，采用此结构既能够保证净化罐的使用效果，而且更重要的是能够使一次的运输量达到最大。

（4）本生活污水净化罐中，罐体盖、罐身和中央筒体的可拆卸式连接为黏结、法兰连接或螺栓连接等，此结构增加了安装和运输的灵活性，便于生活污水净化罐的推广使用。

2.4.3　受生活污水影响的水源水质修复技术

农村生活污水中的氮素和磷素等营养物质通过农田的地表径流和农田渗漏形成的水环境的污染，对饮用水源造成影响。为了达到削减污染物入河量的目的，需采取拦截措施减少污染物的入河量。

2.4.3.1　植物拦截技术

对居民聚集区周围、农田边缘、河岸等区域种植植物采用植物拦截的方式进行对污染物的削减。在农村生活聚集区主要是以乔木和灌木为主的绿化带措施，可以拦截生活污水；农田中的措施主要是以植物篱为主，可以控制水土流失，拦截氮磷等污染物，起到增强土壤肥力，促进养分循环等作用。该研究区域内的耕地包括水田和旱田，旱田以坡地为主，一般种植桑树等植物作为植物篱（图 2-80），拦截削减过剩的氮磷，水田的周围种植一些如斑茅、芦竹等草本植物，根据对四川盆地丘陵地区植物篱的研究，植物篱可以使氮流失量削减 15％，磷流失量削减 17％。

图 2-80　桑树植物篱

在河道两侧种植植物形成滨岸植物缓冲带是对面源污染物拦截较为有效的方法（图 2-81）。滨岸缓冲带包括林地、草地、湿地或其他土地利用类型。主要目的是保护水质清洁，拦截过滤可能进入河流、水库的泥砂、有机质、杀虫剂和其他有害物质，已成为防治农业面源污染和保护饮用水水源地最有效的方法之一。目前在研究区域的河道两侧已种植有枫杨、芦竹、茭白和莲藕等植物和一些野生的空心莲子草、菖蒲和慈姑等，起到部分缓

图 2-81　石河堰水源地河岸缓冲带

冲带的作用，但是需要进一步的管理和种植，在河岸两侧种植 3m 的缓冲带可以使 TN 和 TP 的去除率分别为 70% 和 80% 以上。

2.4.3.2 植物原位修复技术

1. 湿地原位修复

大型水生植物可以直接从水层和底泥中吸收氮、磷等营养盐和其他物质，并同化为自身的结构组成物质。同化的速率与生长速度、水体营养物水平呈正相关，并且在合适的环境中，它往往以营养繁殖方式快速积累生物量，而氮、磷是植物大量需要的营养物质，所以对这些物质的固定能力较高。在水源地的浅水区立体栽植沉水植物、挺水植物和浮水植物可以对水源地的水质进行净化，修复因农村生活污水和其他污染引起的水源水质污染。

水源地原位修复植物的选择上应该从多方面进行考虑，如植物的修复能力、植物对气候的适应性、植物的生态安全性和植物使用价值等。植物对污染物的修复能力是植物进行原位修复的核心，目前已有大量的研究和工程经验筛选出大量具有较强修复能力的湿地植物；植物对气候的适应性也至关重要，因为植物具有一定的地域性，有些植物对气候因子较为敏感，在一个地区具有较强污染物修复能力的植物可能在其他地区不适合生长或修复能力降低；生态安全性是近年来被引起广泛关注，植物的选择上应该以本土植物为主，尽量减少外来物种的使用，避免引起生物入侵。

课题组曾对乐至县农村水源地的本土湿地植物进行调查，通过调查发现水源地分布的生长情况良好的植物主要有荷花、茭白、香蒲、空心莲子草、慈姑、芋头、芦竹、斑茅、薏苡、天胡荽、柳树、杨树、枫杨、桤木、圆柏等。

用于滨岸缓冲带和河道原位修复的植物应该符合氮磷富集能力强，生长速度快，易于种植管理，易于收割管理等条件。

荷花，挺水植物，氮磷富集能力较强，一年可以收获一次（图 2-82）。

图 2-82 乐至龙溪河水域荷花群落

茭白，氮磷含量较高，可以富集较多的氮磷。我国长期作为蔬菜种植，在种植管理方面有较为丰富的经验。

香蒲，野生种，氮磷含量较高，富集能力较强，可以多轮收割。

空心莲子草，入侵植物，氮磷含量较高，生长速度较快（图 2-83）。

图 2-83　乐至龙溪河水域茭白-空心莲子草群落

芦竹，氮磷富集能力较强，生长速度较快，其他用途广泛。

斑茅，本土大型草本植物，水土保持能力较强，也具有较强的氮磷富集能力。

薏苡，本土植物，生长速度和氮磷富集能力相对较差。

慈姑，本土植物，氮磷含量较高，多年生草本，可以多轮收获。

荷花、茭白、香蒲等植物可以作为水源地浅水区水质原位修复植物，慈姑、芋头、芦竹、斑茅、薏苡、天胡荽等植物可以作为滨岸缓冲带草本植物进行种植，柳树、杨树、枫杨、桤木等可以作为滨岸缓冲带木本植物种植。

另外，根据西南地区的特点，以下植物也可以用于水源地的原位修复：沉水植物，如黑藻、枯草、金鱼藻、菹草等；挺水植物，如芦苇、香蒲、水芹、千屈菜、伞草、芦竹等；浮水植物，如水禾、浮萍等。

2. 生态浮床

生态浮床又称人工浮床、人工浮岛。最早是由德国 BESTMAN 公司开发，日本等国家和地区成功地将其应用于地表水体的污染治理和生态修复。近年来，我国的人工浮床技术开发及应用正好处于快速发展时期。研究与应用结果表明，生态浮床在水源地的水质净化中也起到很大的作用。

2.4.3.3　微生物菌剂

微生物修复是一项低投资、环保、高效益的水质改善方法，在国内外已得到广泛重视和研究应用。该方法是利用微生物特定的生理生化效应以及在物质循环过程中的分解合成代谢，降解污染物质，从而达到净化环境的目的。采用复合菌剂修复污染水体方面已有相关的研究报道，如国内利用光合细菌、芽孢杆菌、硝化细菌等以及它们组成的复合微生物改善富营养化水体，美国研究开发的用于水环境修复的 Clear-Flo 系列微生物制剂、利蒙 LLMO，日本研究开发的 EM 制剂等。针对水源水库的氮源污染和有机物污染问题，投加一定量的贫营养好氧反硝化细菌以有效地削减水中主要污染物 $NO_3^- - N$、TN 和 COD_{Mn}，对水中氮源污染和有机物的去除效果均能够满足《地表水环境质量标准》中的Ⅲ类标准。

2.5 干旱地区集雨水源构建及污染控制技术

2.5.1 集雨水源地构建技术

2.5.1.1 雨水收集集流面材料研究

集流面作为集雨工程技术体系的首要环节，随着雨水利用技术的发展得到了不断发展。近年来，随着集雨工程的大面积推广应用，雨水集蓄利用技术得到较快发展，各种新材料、新技术、新方法研究取得重要突破。但整体而言，我国雨水利用工程技术发展还处于较低层次，管理还处于相对落后水平，尚没有建立起具有区域特色的雨水资源高效利用模式和配套技术体系，工程技术的集成度和配套性差，新技术的研究和应用较少，科技含量也较低。局部一些地方，由于当地缺乏工程建筑材料，运输费用高，加大了工程建设成本，不利于雨水利用工程的可持续发展。针对上述情况开展相应研究，为集雨工程发展提供技术支撑和技术储备已成为迫切要求。尤其是雨水集蓄利用方式、防渗材料等环节相对比较薄弱，已经难以适应雨水利用工程迅速发展的需求。

混凝土是现代经济、技术条件下最为主要的建筑材料之一，也是目前世界上生产最为广泛的人造建筑材料。在影响工程质量与成本的诸多因素中，配合比设计与混凝土添加剂成为 2 个十分重要的因素。为了适应大面积推广雨水集流工程，满足修建低成本、高集流效率、对水质无污染集流面之需求，本研究在对现有集流面防渗材料进行广泛调研的基础上，提出了改性混凝土实验方案。

1. 改性混凝土实验研究技术路线

混凝土集流面是目前被广泛采用的一种集流形式，其优点是适用范围广泛，集流效率高，干净卫生，经久耐用，且受气温、光照、地质、降雨等环境变化的影响小，一次性投资，多年受益，它既适用于解决人畜饮水困难的家庭庭院，又是发展大田集雨补灌的主要集流形式，但缺点是成本较高。现行的混凝土集流面基本上都采用 C15 混凝土现浇，厚度一般在 4.0～6.0cm 左右。然而，在黄土高原的大部分地区及偏远山区，由于砂石料缺乏，致使混凝土集流面造价各地相差很大（6～25 元/m²）。本研究通过对现有雨水利用生活用水工程集流面材料的调研分析，针对绝大多数地区采用 4.0cm 厚度 C15 现浇混凝土作为生活用水集流面并被项目区群众广泛认可的现实，提出了通过改变混凝土配合比，掺入混凝土添加剂等途径，提高混凝土性能，减小衬砌厚度（初步设计控制在 3.0～3.5cm 之间），以便在基本维持现有混凝土集流效率以及使用条件下承压强度、抗冻指标等性能的前提下，降低工程建造成本的研究思路，研究技术路线如图 2-84 所示。

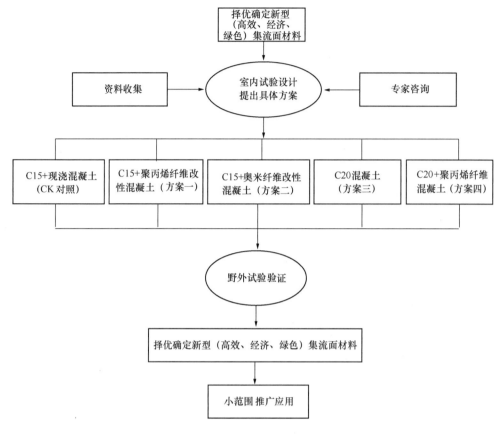

图 2-84 改性混凝土技术路线图

2. 集流面设计

通过改变混凝土配合比，掺入混凝土添加剂等途径，提高混凝土防渗、抗压、抗冻能力，具体表现在提高混凝土集流面集流效率与混凝土设计标号上。尤其是新的混凝土技术规范的修订，使得《雨水集蓄利用工程技术规范》中所规定的混凝土集流面技术指标已不能适应新的混凝土性能指标要求。因此，必须根据新的变化和要求，提出适应形势要求的混凝土配合比、添加剂掺入量等技术与性能指标，以便在工程造价、集流效率等方面寻求突破，为实现雨水集蓄利用技术的可持续发展提供新的支撑点。

根据野外实地调研，查阅相关资料，结合目前新农村建设中对农村安全饮水之蓄水工程——集流面材料运行过程所出现的实际问题，按照混凝土材料科学发展的新要求，本研究提出 4 种不同混凝土配合比与添加剂实验方案，以现在广泛使用的 C15 现浇混凝土作为 CK 对照（4.0cm 厚度），从各种性能指标上进行对比分析，优化提出集流效率高、建设成本低的混凝土材料实验方案，以满足雨水利用技术发展对集流面材料的需求。

1）对照方案

根据《雨水集蓄利用工程技术规范》，现有集流面设计采用厚度不小于 3cm 的 C15 现浇混凝土。但在实际应用中，普遍超过 3cm，有的达到 6cm。因此，本研究以厚度为

4.0cm 的 C15 现浇混凝土为集流面 CK 对照方案。

2）设计方案一：C15＋聚丙烯纤维混凝土

聚丙烯纤维是以聚丙烯及其他有机、无机材料为主要原料，在专门设计的特种纤维生产线上制成的工程用短纤维，该产品可显著改善混凝土的脆性，加强混凝土材料介质的连续性和均匀性，并有效减少混凝土塑性开裂，可广泛应用于混凝土的抗裂防渗工程。考虑到聚丙烯纤维混凝土的上述特性，实验中加入该纤维以期对混凝土改性，从而在获得较好防渗效果的同时，增强混凝土集流面的柔韧性、连续性和均匀性。根据产品使用说明，本研究旨在提高混凝土抗裂防渗性能，其掺入量为 $0.9kg/m^3$。

3）设计方案二：C15＋奥米纤维混凝土

奥米亲水性无机纤维是一种多功能无机矿物质，可有效提高混凝土、砂浆抗渗防水能力，其作为一种有效的刚性本体自防水添加材料，能有效提高混凝土、砂浆对塑性收缩、离析、水化热、温度应力等因素导致的非结构性裂纹抗裂能力，可作为抗裂钢丝网之替代或增强材料；同时，还能有效提高混凝土与砂浆抗冲击、抗震及抗龟裂能力，大大提高混凝土的抗冻能力，有效提高混凝土材料的均匀性、耐久性。本项实验采用甘肃富利达矿业有限公司生产的商标为 MIRACLE 的奥米纤维。按照产品使用说明，防水抗渗建议掺入量为 $0.8\sim1.5kg/m^3$，本研究实验掺入量按 $1.2kg/m^3$ 设计。

4）设计方案三：C20 混凝土

由于传统的混凝土集流面只采用 C15 现浇混凝土，因此，本研究试图尝试 C20 混凝土作为集流面的可行性，以增强混凝土各项强度性能指标。通过减小集流面衬砌厚度，在有效提高集流效率的同时，达到降低工程建设成本，实现经济合理利用之目的。

5）设计方案四：C20＋聚丙烯纤维混凝土

在方案三提出的 C20 混凝土中加入方案一中的外加剂聚丙烯纤维材料，进行各种技术和经济指标的分析对比与评价研究。

3. 混凝土配合比研究

1）混凝土材料构成及作用

混凝土作为一种无机胶凝建筑材料由骨料与无机胶凝材料构成。骨料砂子、石子是构成混凝土的主要骨架材料，胶凝材料水泥主要起胶结砂石骨料，提高混凝土强度等作用。一般情况下，混凝土配合比设计就是根据工程要求、结构形式和施工条件，分析确定混凝土的组分，即水泥、集料、水及外加剂的配合比例。配合比设计的基本原则就是按所采用的材料制定出既能满足工作性、强度、耐久性及其他要求且又经济合理的混凝土各组成部分的用量比例。混凝土配合比设计过程包括 2 个相关的步骤：①选择混凝土的适宜组分（水泥、集料、水及外加剂）；②求出它们的相应数量（配合比），使之尽可能经济地配制出工作性、设计强度和耐久性合适的混凝土材料。

2）改性混凝土配合比

混凝土配合比设计得好坏，直接影响混凝土的技术性质能否达到设计要求，以及工程造价的高低。在原材料性质相同的情况下，不同配合比的混凝土具有不同的技术性质。因此，混凝土配合比设计的任务就是根据原材料的性质及设计使用对象所提出的具体要求，在节约的原则下，优选出各种材料的用量。

在雨水利用实验小区开展了现浇 C15＋聚丙烯纤维混凝土（掺量 0.9kg/m³）、C15＋奥米纤维混凝土（掺量 1.2kg/m³）、C20 混凝土、现浇 C20＋聚丙烯纤维混凝土与现有 C15 混凝土集流面的对比实验研究，初步得出了各种材料配合比、混凝土集流面衬砌厚度及外加剂添加量等有关指标，见表 2-35。

改性混凝土配合比设计表　　　　　　　　　　表 2-35

| 实验方案 | 混凝土标号 | 粗集料最大粒径 (mm) | 水泥标号 | 水灰比 | 坍落度 (mm) | 砂率 (%) | 用料量 (kg) | | | | 配合比 (水：水泥：砂：石子) | 外加剂 | |
							水	水泥	砂	石子		种类	掺量 (kg/m³)
方案一	C15	20	425	0.66	5～7	41	205	311	772	1112	0.66：1：2.48：3.58	聚丙烯	0.9
方案二	C15	20	425	0.66	5～7	41	205	311	772	1112	0.66：1：2.48：3.58	奥米	1.2
方案三	C20	20	425	0.57	5～7	39	205	360	716	1119	0.57：1：1.99：3.11	—	
方案四	C20	20	425	0.57	5～7	39	205	360	716	1119	0.57：1：1.99：3.11	聚丙烯	0.9

4. 混凝土集流面性能评价研究

1）承压强度

（1）方案设计

目前，传统的、使用比较广泛而且得到普遍认可的混凝土承压强度检测方法是现场回弹仪法和岩芯取样法。但混凝土集流面的特殊性，不仅要求混凝土本身具有一定的抗压强度，而且还要求具有一定耐久性、柔韧性、连续性和均匀性，以满足不同使用条件，如抗压、冲击、冻融等的破坏。因此，本次研究考虑模拟冲击破坏条件，从物能转化及动量作用的角度来进行定性及定量化的分析评价。

具体的思路为在实验现场，用自制的实心铁质球体从一定的高度作自由落体运动，由其所产生的瞬时冲量转化成对集流面的破坏力，通过测定不同集流面破坏程度，如集流面损坏面积、陷落深度以及破坏时的裂缝条数、裂缝总长度、单条裂缝最大长度、裂缝开裂宽度来进行分析评价。

（2）具体实验

据此，开展了现场实验，实验包括 2 个部分：第一部分在球体重量及下落高度固定的情况下，研究不同集流面材料与破坏程度的关系，球体下落高度分别设置 3m、4m、5m 3

个水平，球体的重量分别为 3kg、4kg、5kg 3 个水平，完成了 3×3 的完全方案设计。实验均在空白对照方案（CK）上进行。第二部分是利用优选的最佳实验方案，即自制球体的重量为 5kg，下落高度为 5m 的实验条件下，研究球体对不同集流面材料的破坏临界值，实验分别在 4 个不同混凝土改性集流面上进行，每种方案均重复 3 次，且随机排列，最终求其平均值进行定性化描述及定量化分析，球体下落到 4 种不同混凝土改性集流面上的代表性冲击实验见图 2-85，实验结果汇总见表 2-36。

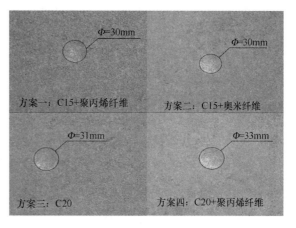

注：不同集流面均未被破坏，未见开裂、剥蚀和塌陷现象发生。

图 2-85 不同混凝土集流面抗冲击实验图

不同实验方案抗压能力实验方案表 表 2-36

实验方案	工程类型	抗冲击实验结果			
		重复 1	重复 2	重复 3	平均
方案一	C15＋聚丙烯纤维（3.5cm）	×	×	×	×
方案二	C15＋奥米纤维（3.3cm）	×	×	×	×
方案三	C20（3.5cm）	×	×	×	×
方案四	C20＋聚丙烯纤维（3.3cm）	×	×	×	×

注："×"表示集流面未破损。

（3）冲击力确定

球体作自由下落时，对混凝土集流面所产生的瞬时冲力可以根据能量转化及动量定理定量化计算，根据能量守恒定理可以得出：

$$\frac{1}{2}mv^2 = mgh \tag{2-4}$$

式中 m ——自制实心铁质球体的重量，kg；

h ——球体的下落高度，m；

v ——球体接触地面的瞬时速度，m/s。

利用动量定理可以得出：动量的改变量 $m\Delta v$ 等于外力冲量 Ft（F 为 t 时间平均作用力），即：

$$Ft = m\Delta v \tag{2-5}$$

式中 Δv ——球体接触地面的初末速度变化值，m/s；

F ——球体接触地面时所产生的瞬时冲力，N；

其他符号意义同上。

但由于本研究中球体撞击混凝土集流面后最终处于静止状态，末速度可以视为零，因此，式（2-5）可以转化为：

$$Ft = mv \qquad (2-6)$$

将式（2-4）代入式（2-6），化简就可以得出：

$$F = \frac{m\sqrt{2gh}}{t} \qquad (2-7)$$

式中　t——指球体自接触地面至静止所需要的缓冲时间，s。

受本研究实验条件及设备的限制，t 值无法直接测量出来。只能参阅相关资料，球体接触混凝土地面的时间范围介于 $10^{-2}\sim10^{-3}$ s 之间，本研究取其平均值 0.005s。因此，将球体的重量、下落高度及作用时间代入式（2-7），计算得出球体下落对地面所产生的瞬时冲力约为 10kN。

（4）结果分析

综上所述，经现场实验验证，实验结果表明 4 种不同方案均为球体在同一条件下（球体重量为 5kg，下落高度为 5m）的破坏程度，其破坏力达到了 1000N，但不同集流面均未被破坏，未见开裂、剥蚀和塌陷现象发生，这说明 4 种方案下所有厚度混凝土集流面均能达到设计使用要求。因此，我们认为，研究提出的几种改性混凝土集流面均可满足农村安全饮用水对集流面的使用要求，如对集流面有特殊要求时，则需另行设计。

2）抗冻指标

在寒冷地区，冻融循环作用往往是导致混凝土劣化的主要因素。混凝土的抗冻融性间接反映了混凝土抵抗环境水侵入和抵抗冰晶压力的能力，因此常作为混凝土耐久性的另一评价指标，材料的抗冻性一般用材料能经受冻融循环作用的次数（强度降低值不超过一定值）来表示。材料冰冻破坏的因素与材料孔隙大小及孔隙特性有关，主要因开口小孔隙中的水分结冰所致。按照实验方案，不同方案的集流面严格按照养护规程养护 28d。经过室外自然条件下一个冬季的试运行之后，用定性化评价方法来描述各实验方案的抗冻性能变化。

实验区冬季最低温度为 -13℃，各实验方案改性混凝土集流面经过 1 次越冬后，均处于良好状态，未发生冻裂现象，对长期抗冻性能的测试尚在进行之中。但另据有关资料，选用添加剂有利于增强混凝土抗渗能力、柔韧性、连续性和均匀性，因此，初步分析结果认为改性集流面混凝土材料具有良好的抗冻能力，可满足北方寒冷条件下冬季抗冻要求。

5. 混凝土集流面集水成本分析

集水成本控制对混凝土集流面的广泛应用和大面积推广具有十分重要的意义。在结合改性混凝土不同配合比的基础上，对 4 种不同方案集流面的集水成本进行了比较分析。

1）单位面积集流面集水量确定

4 种方案集流面正常运行期内，其规划集水量由式（2-8）计算而得。

$$W_s = 1\times10^{-5}A\times F_a\times k\times K_p\times n_i \qquad (2-8)$$

式中　W_s——混凝土集流面规划使用年限内的可供水量，m³；

A ——单位集流面积，m^2；

F_a ——多年平均降水量，mm；

k ——集流面集流效率，%；

K_p ——模比系数；

n_i ——第 i 种集流面材料的使用年限，年。

依据《雨水集蓄利用工程技术规范》中对农村生活用水之规定，供水保证率为 90%，本研究中 P_a 拟取值为 95%。对于干旱半干旱的西北地区，降雨量通常介于 250~500mm 之间。因此 K_p 值可由当地的水文资料及《雨水集蓄利用工程技术规范》不同降水量条件下的 C_v 及 C_s 来确定，见表 2-37；混凝土集流面集流效率 k 在降水量为 250~500mm 时为 73%~80%，本研究中依据甘肃省水利科学研究院已有的实验研究成果，混凝土集流面 k 取值为 75%；不同方案下混凝土集流面材料因所加外加剂不同，规划使用年限亦略有差异，但本研究予以忽略，统一取 15 年进行分析计算。

95%保证率不同降水量下的 K_p 值确定 表 2-37

降水量（mm）	C_v	C_s	K_p
300	0.23	$2.5C_v$	0.66
400	0.18	$2.5C_v$	0.73
500	0.16	$2.5C_v$	0.76

2）集水成本计算

混凝土集流面的单方集水成本由式（2-9）计算：

$$B = \frac{C}{W_s} \quad\quad (2-9)$$

式中 B ——集流面的单方集水成本，元/m^3；

C ——混凝土集流面每平方米造价，元/m^2。

由此就可计算出单方混凝土集流面的供水成本，结果见表 2-38。

不同方案改性混凝土集流面单方集水成本预算 表 2-38

项目	C			W_s			B			备注
	300	400	500	300	400	500	300	400	500	
CK 对照	9.84	9.84	9.84	2.23	3.29	4.28	4.42	3	2.3	
方案一	7.72	7.72	7.72	2.23	3.29	4.28	3.47	2.35	1.81	推荐方案
方案二	8.1	8.1	8.1	2.23	3.29	4.28	3.64	2.47	1.89	
方案三	8.02	8.02	8.02	2.23	3.29	4.28	3.6	2.44	1.88	推荐方案
方案四	8.36	8.36	8.36	2.23	3.29	4.28	3.75	2.54	1.96	

6. 结果分析

本研究在确保集流面使用性能与要求前提下，通过对传统混凝土集流面（标号 C15，厚度 4.0cm）的改性研究，提出了 4 种改性混凝土集流面新型防渗材料。采用甘肃省定西市材料价格计算得出了单位面积混凝土集流面材料造价。分析结果表明：4 种不同方案的混凝土集流面材料在 3 种不同的降水量条件下，方案一（C15＋聚丙烯纤维）和方案三（C20）的单方水集水成本均最低，其工程建设造价相对于 CK 对照分别降低了 21.54％和 18.50％，平均达到 20.02％。而且不同方案经现场运行验证均能达到使用要求，未见开裂、剥蚀和塌陷现象发生，这说明 4 种方案下所有厚度混凝土集流面均能达到使用要求。

7. 小结

集流面作为集雨工程技术体系中的首要环节，随着雨水利用技术的发展也得到了不断发展。本课题研究以低成本、高集流效率、对水质无污染为目标，通过室内理论分析以及野外的现场运行验证，提出了改性混凝土集流面防渗材料。研究结果表明：

（1）在西北干旱半干旱地区，聚丙烯纤维是最为理想的混凝土外加剂，可以增强集流面的强度以及改善混凝土性能，同时提高混凝土的强度等级，增强集流面的承压能力和抗冻性能。

（2）在改性混凝土方案下，确保经济、安全的集流面厚度宜为 3.0cm。通过分析评价认为，在该集流面厚度条件下，不但可以确保集流面的承压强度及抗冻指标，而且可有效地降低集流面建造成本，且保持较高的集流效率。

（3）通过 4 种方案的实验筛选与分析比较，最终推荐 C15＋聚丙烯纤维以及 C20 两种方案为理想的新型混凝土集流面改性材料。与传统混凝土集流面相比，这 2 种方案的集流效率都可以大幅度提高，因此，建议在未来集流面建设中应予以大面积推广应用。

2.5.1.2　雨水贮蓄利用设施结构优化

水窖是我国北方地区为配合雨水利用工程实施而大量采用的蓄水设施，在生产实践中得到了大量推广利用。事实上，作为传统而古老的蓄水设施，土质红胶泥水窖的应用具有悠久的历史。只是随着现代建筑材料与施工技术的发展，采用水泥砂浆抹面防渗的新型水窖才得以大量推广应用，尤其是在雨水利用工程的建设发展中，拱盖、圆柱形池身的水窖以其结构简单、安全实用、造价低廉而受到广泛推崇。然而，现有拱盖结构的水窖由于原来认知的有限，在结构设计方面存在一些不足。为此，本研究进行的蓄水设施结构优化设计，使其在满足安全的前提下，尽量减少工程量，从而降低雨水利用工程的建设成本，为全面推广雨水利用技术，建设资源节约型社会创造更加有利的条件。

现行的拱盖水窖结构深径比一般采用 1.0 进行设计，是在没有考虑窖体结构衬砌厚度的前提下，将水窖简化为圆柱形等厚衬砌结构，通过建立水窖衬砌面积数学模型求解的结果。而事实上由于拱盖水窖矢跨比和各结构部位衬砌厚度的不同，使得拱盖水窖最佳断面结构各不相同。

本研究仅针对拱盖平底水窖和拱盖弧底水窖矢跨比和深径比进行结构优化探讨，通过衬砌工程量的计算建立水窖衬砌结构工程量数学模型，从而使得对深径比的求解在更加宽泛的意义上进行并能够真实反映水窖的结构特点。最后，利用土方工程容积置换系数和衬砌工程容积置换系数，进行水窖结构优化结果的评定。

1. 拱盖平底水窖结构优化研究

1）主要技术指标

拱盖平底水窖的技术指标主要有直径 D、池深 H、顶拱矢高 f、拱盖与平底衬砌厚度 t_1 以及边壁衬砌厚度 t_2。

2）优化方法

（1）矢跨比

所谓矢跨比是指拱形结构中矢高与拱跨宽度的比值，而在水泥砂浆抹面水窖结构中，反映为顶拱矢高 f 与顶拱宽度 D（水窖直径）的比值，即 $k=f/D$。矢跨比不仅直接决定着顶拱的受力状况和结构的安全稳定，而且，不同的矢跨比同时也是影响水窖造价的主要因素。

根据《雨水集蓄利用工程技术规范》规定，要求水窖结构矢跨比不宜小于 $1/3$，此参数系根据大量的工程实践得出。但根据无弯矩薄膜内力计算结果，削球壳体的矢跨比为 $1/5$，是池盖环向内力由压力变为拉力的分界线。因此，理论上只要矢跨比等于或大于这个数值即可维持结构稳定。但在一般的工程实践中，往往考虑一定的安全余度和施工影响等因素确定矢跨比。据此，在进行拱盖平底水窖结构优化结构的比较分析时，参考无弯矩薄膜内力计算结果，水窖拱盖矢跨比采用 $1/4.5$。

拱盖平底结构砂浆抹面水窖如图 2-86 所示。

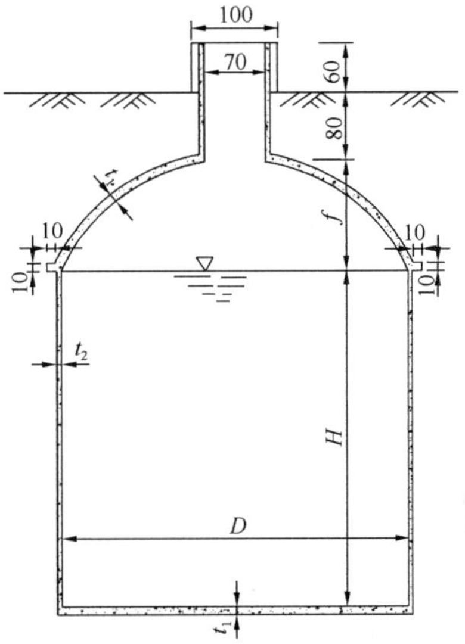

（2）深径比

在顶盖矢跨比确定的前提下，通过优化确定水窖的深径比 H/D，可以使得一定蓄水容积水窖的

图 2-86 拱盖平底水窖示意图（单位：cm）

衬砌工程量达到最小，从而降低工程投资。现行的拱盖平底水窖衬砌分别由上顶盖削球壳体现浇混凝土、窖身水泥砂浆抹面、窖底现浇混凝土 3 部分构成。对此，水窖的衬砌工程量可用式（2-10）进行计算：

$$W = \frac{1}{4}\pi D^2(1+4k^2) \times t_1 + \pi DH \times t_2 + \frac{1}{4}\pi D^2 \times t_1 \tag{2-10}$$

式中　W——水窖的衬砌工程量，m^3；

　　　D——水窖直径，m；

　　　k——顶盖的矢高比，无量纲；

　　　H——水窖深度，m；

　　　t_1——顶盖、窖底衬砌厚度，cm；

　　　t_2——边壁衬砌厚度，cm。

规划时，水窖顶盖削球壳体部分一般不装水，此时，水窖的体积可用式（2-11）表示：

$$V = \frac{1}{4}\pi D^2 H \tag{2-11}$$

由式（2-11）可得到：

$$H = \frac{4V}{\pi D^2} \tag{2-12}$$

将式（2-12）代入式（2-10）中可得到式（2-13）：

$$W = \frac{1}{4}\pi D^2(1+4k^2) \times t_1 + \frac{4V}{D} \times t_2 + \frac{1}{4}\pi D^2 \times t_1 \tag{2-13}$$

对式（2-13）求导，并令 $W'=0$，即：

$$W' = \frac{1}{2}\pi D(1+4k^2) \times t_1 - \frac{4V}{D^2} \times t_2 + \frac{1}{2}\pi D \times t_1 = 0, \text{整理可得：}$$

$$D = \sqrt[3]{\frac{4V}{\pi(1+2k^2)} \times \frac{t_2}{t_1}} \tag{2-14}$$

再把式（2-14）代入式（2-12），有：

$$H = \frac{4V}{\pi} \times \frac{1}{\sqrt[3]{\left(\frac{4V}{\pi(1+2k^2)} \times \frac{t_2}{t_1}\right)^2}} \tag{2-15}$$

用式（2-15）除以式（2-14）可以得到：

$$\frac{H}{D} = (1+2k^2) \times \frac{t_1}{t_2} \tag{2-16}$$

式（2-16）即为水窖经济断面深径比，即当水窖深径比满足式（2-15）时，可使得拱盖平底砂浆抹面水窖具有最小的衬砌工程量。

3）优化结果

在我国北方地区的雨水利用工程中，最为常用的水窖容积一般都在 $50m^3$ 以下。为此，这里分别给出推广应用最广的拱盖平底结构 $30m^3$、$50m^3$ 水窖的结构优化结果。拱盖平底水窖结构优化结果见表 2-39。

拱盖平底水窖结构优化结果及主要工程量表　　　　表 2-39

蓄水容积	结构形式	矢跨比 K	池深 H（m）	井径 D（m）	深径比 H/D	顶拱窖底衬砌厚度 t_2（cm）	井壁衬砌厚度 t_1（cm）	混凝土量（m^3）窖体	混凝土量（m^3）窖口	砌砖量（m^3）	开挖量（m^3）
$30m^3$	现状结构	1/3	3.37	3.37	1	6	3	2.49	0.02	0.28	50.02
	优化结构	1/4.5	5.69	2.59	2.2	6	3	2.17	0.02	0.28	39.66
$50m^3$	现状结构	1/3	4	4	1	6	3	3.48	0.02	0.28	80.96
	优化结构	1/4.5	6.75	3.07	2.2	6	3	3.03	0.02	0.28	64.31

2. 拱盖弧底水窖结构优化研究

1）主要技术指标

拱盖弧底水窖的技术指标主要有直径 D、池深 H、顶拱矢高 f_1、窖底矢高 f_2 以及拱盖、弧底衬砌厚度 t_1、边壁衬砌厚度 t_2。

2）优化方法

（1）矢跨比

根据《雨水集蓄利用工程技术规范》规定，要求水窖拱盖矢跨比不宜小于 1/3，但根据无弯矩薄膜内力计算，削球壳体的池盖矢跨比为 1/5 是池盖环向内力由压力变为拉力的分界线。据此，进行拱盖弧底水窖结构优化结构比较分析时，水窖拱盖矢跨比采用 1/4.5。同时，参考工程实践经验，窖底矢跨比采用 1/8 计算。

拱盖弧底结构砂浆抹面水窖如图 2-87 所示。

（2）深径比

拱盖弧底水窖的衬砌工程量可用式（2-17）进行计算：

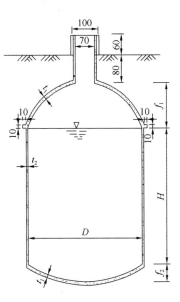

图 2-87 拱盖弧底结构水窖
示意图（单位：cm）

$$W = \frac{1}{4}\pi D^2 (1 + 4\,k_1^2) \times t_1 + \pi D H$$
$$\times t_2 + \frac{1}{4}\pi D^2 (1 + 4\,k_2^2) \times t_1 \qquad (2\text{-}17)$$

式中　W ——水窖的衬砌工程量，m^3；

　　　D ——水窖直径，m；

　　　k_1 ——拱顶的矢跨比，无量纲；

　　　k_2 ——拱底的矢跨比，无量纲；

　　　H ——水窖深度，m；

　　　t_1 ——顶盖、窖底衬砌厚度，cm；

　　　t_2 ——边壁衬砌厚度，cm。

规划时，水窖顶盖削球壳体部分一般不装水，此时，水窖的蓄水容积（V）可用式（2-18）表示：

$$V = \frac{1}{4}\pi D^2 H + \frac{1}{6}\pi\,k_2\,D^3 \left(k_2^2 + \frac{3}{4} \right) \qquad (2\text{-}18)$$

由式（2-18）可得到：

$$H = \frac{4V}{\pi D^2} - \frac{1}{6}\,k_2 (3 + 4\,k_2^2) D \qquad (2\text{-}19)$$

将式（2-18）代入式（2-16）中可得到式（2-19）：

$$W = \frac{1}{4}\pi D^2 (1 + 4\,k_1^2) \times t_1 + \frac{4V}{D} \times t_2 - \frac{1}{6}\pi D^2 k_2 (3 + 4\,k_2^2) \times t_2 + \frac{1}{4}\pi D^2 (1 + 4\,k_2^2) \times t_1$$

$$(2\text{-}20)$$

对式（2-20）求导，并令 $W'=0$，即：

$$W' = \frac{1}{2}\pi D (1 + 4\,k_1^2) \times t_1 - \frac{4V}{D^2} \times t_2 - \pi D\,k_2 \left(1 + \frac{4}{3}\,k_2^2 \right) \times t_2 + \frac{1}{2}\pi D (1 + 4\,k_2^2) \times t_1 =$$

0，整理可得：

$$D = \sqrt[3]{\dfrac{4Vt_2}{\pi\left[t_1\left(1 + 2k_1^2 + 2k_2^2\right) - t_2 k_2\left(1 + \dfrac{4}{3}k_2^2\right)\right]}} \qquad (2\text{-}21)$$

再把式（2-21）代入式（2-18），可以得到：

$$\dfrac{H}{D} = \left(1 + 2k_1^2 + 2k_2^2\right) \times \dfrac{t_1}{t_2} - \dfrac{1}{2}k_2\left(3 + 4k_2^3\right) \qquad (2\text{-}22)$$

式（2-22）即为水窖经济断面深径比，即当水窖深径比满足式（2-22）时，可使得拱盖弧底水窖具有最小的衬砌工程量。

3）优化结果

采用公式（2-22）对顶拱、窖底衬砌厚度均为 6cm，井壁衬砌厚度为 3cm 的拱盖弧底结构 $30m^3$、$50m^3$ 水窖分别进行计算，给出结构优化结果。拱盖弧底水窖结构优化结果见表 2-40。

拱盖弧底水窖结构优化结果及主要工程量表 表 2-40

蓄水容积	结构形式	矢跨比		池深	井径	深径比	顶拱、窖底衬砌厚度	井壁衬砌厚度	混凝土量（m^3）		砌砖量	开挖量
		k_1	k_2	H (m)	D (m)	H/D	t_2 (cm)	t_1 (cm)	窖体	窖口	(m^3)	(m^3)
$30m^3$	现状结构	1/3	1/8	3.37	3.37	1	6	3	2.52	0.02	0.28	53.91
	优化结构	1/4.5	1/8	5.42	2.62	2.07	6	3	2.15	0.02	0.28	40.78
$50m^3$	现状结构	1/3	1/8	4	4	1	6	3	3.53	0.02	0.28	87.43
	优化结构	1/4.5	1/8	6.43	3.1	2.07	6	3	3	0.02	0.28	66.15

3. 拱盖平底水窖结构优化效果分析

进行水窖结构优化的目的是为了以最小的工程量获得最大的蓄水容积，从而实现水窖工程建设的安全性和经济合理性。根据水窖工程的结构特点，提出了土方工程容积置换系数和衬砌工程容积置换系数概念并据此进行优化结果的评定。

1）土方工程容积置换系数

土方工程容积置换系数是指完成单位土方工程量所能获得的蓄水设施容积。可用式（2-23）表示：

$$K_T = \dfrac{V}{W_T} \qquad (2\text{-}23)$$

式中 K_T——土方工程容积置换系数，无量纲；

W_T——土方工程量，m^3；

V——水窖设计容积，m^3。

计算结果见表 2-41。从此可以看出，目前推广应用最为普遍的 $30m^3$、$50m^3$ 拱盖平底结构水窖的土方工程容积置换系数分别由优化前的 0.600、0.618 提高到优化后的 0.756、

0.777。也就是说，优化后完成单位土方工程开挖量所能获得的蓄水设施容积分别增加了 0.156m³ 和 0.159m³，增长幅度达到了 26.1% 和 25.9%，优化效果十分显著。换句话说，也就是完成单位蓄水设施容积分别可少开挖土方工程量 0.35m³、0.33m³，降低幅度均达到 20% 以上。

2）衬砌工程容积置换系数

衬砌工程容积置换系数是指完成单位衬砌工程量所能获得的蓄水设施容积。可用式（2-24）表示：

$$K_{\mathrm{C}} = \frac{V}{W_{\mathrm{C}}} \tag{2-24}$$

式中　K_{C}——衬砌工程容积置换系数，无量纲；

　　　W_{C}——衬砌工程量，m³；

　　　V——水窖设计容积，m³。

利用公式（2-24）对目前推广应用最为普遍的 30m³、50m³ 拱盖平底结构水窖计算结果见表 2-41。

从表 2-41 可以看出，30m³、50m³ 拱盖平底水窖的衬砌工程容积置换系数分别由优化前的 12.048、13.825 提高到优化后的 14.368 和 16.502。也就是说，优化后完成单位衬砌工程量所能获得的蓄水设施容积分别增加了 1.777m³ 和 2.134m³，增长幅度达到了 14.7% 和 14.9%，优化效果同样十分显著。

拱盖平底结构水窖容积置换系数计算结果表　　　　　　表 2-41

蓄水容积	结构形式	池深 H（m）	井径 D（m）	混凝土量（m³）		开挖量（m³）	土方工程容积置换系数 K_{T}	衬砌工程容积置换系数 K_{C}	单位衬砌工程量增加容积（%）
				窖体	窖口				
30m³	现状结构	3.37	3.37	2.49	0.02	50.02	0.6	12.048	—
	优化结构	5.69	2.59	2.17	0.02	39.66	0.756	13.825	14.75
50m³	现状结构	4	4	3.48	0.02	80.96	0.618	14.368	—
	优化结构	6.75	3.07	3.03	0.02	64.31	0.777	16.502	14.85

注：衬砌工程容积置换系数计算未计窖口混凝土工程量。

4. 拱盖弧底水窖结构优化效果分析

进行拱盖弧底水窖评定方法同拱盖平底水窖的评定方法，对 30m³、50m³ 拱盖弧底结构水窖计算结果见表 2-42。从表可以看出，土方工程容积置换系数分别由优化前的 0.556、0.572 提高到优化后的 0.736、0.756，即优化后完成单位土方工程开挖量所能获得的蓄水设施容积分别增加了 0.179m³ 和 0.184m³，增长幅度达到了 32.2% 和 32.2%；衬砌工程容积置换系数分别由优化前的 11.906、14.182 提高到优化后的 13.944 和 16.640，即优化后完成单位衬砌工程量所能获得的蓄水设施容积分别增加了 2.038m³ 和 2.459m³，完成单位衬砌工程量分别可增加 17.12%、17.34% 的蓄水容积。

拱盖弧底结构水窖容积置换系数计算结果表　　　　表 2-42

蓄水容积	结构形式	池深 H (m)	井径 D (m)	深径比 H/D	混凝土量 (m³) 窖体	混凝土量 (m³) 窖口	开挖量 (m³)	土方工程容积置换系数 K_T	衬砌工程容积置换系数 K_C	单位衬砌工程量增加容积 (%)
30m³	现状结构	3.37	3.37	1	2.52	0.02	53.91	0.556	11.906	—
	优化结构	5.42	2.62	2.07	2.15	0.02	40.78	0.736	13.944	17.12
50m³	现状结构	4	4	1	3.53	0.02	87.43	0.572	14.182	—
	优化结构	6.43	3.1	2.07	3	0.02	66.15	0.756	16.64	17.34

注：衬砌工程容积置换系数计算未计窖口混凝土工程量。

5. 成本分析

1）蓄水设施造价分析

我们采用本研究提出的优化结果，对常用 30m³ 和 50m³ 拱盖平底、拱盖弧底水窖现状结构和优化结构，以甘肃某地修建水窖为例分别进行比较分析，其中混凝土单价 420 元/m³，人工开挖土方费用 18 元/m³，人工开挖回填费用 3 元/m³，砌砖 160 元/m³，砂浆抹面 7 元/m²。30m³ 和 50m³ 拱盖平底、拱盖弧底水窖现状结构和优化结构计算结果见表 2-43。

计算结果表明，30m³ 拱盖平底和拱盖弧底水窖现状工程造价分别为 2363.92 元、2458.12 元，经结构优化后工程造价分别为 2061.67 元、2065.91 元，其降低的工程成本分别为 302.25 元、392.21 元，降低幅度为 12.8%、16.0%；50m³ 拱盖平底和拱盖弧底水窖现状工程造价分别为 3494.06 元、3650.78 元，经结构优化后工程造价分别为 3024.43 元、3038.39 元，其降低的工程成本分别为 469.63 元、612.39 元，降低幅度为 13.4%、16.8%。可见，无论是拱盖平底还是拱盖弧底水窖，通过结构优化后均可显著减少混凝土衬砌工程量、土方开挖量，工程造价成本都有很大幅度的降低，其优化效果十分显著。

拱盖平底、拱盖弧底水窖优化结构造价分析表　　　　表 2-43

蓄水容积	水窖结构		混凝土 (m³)	土方开挖 (m³)	土方回填 (m³)	砌砖 (m³)	砂浆抹面 (m³)	工程造价 (m³)	节约投资 (元)
30m³	拱盖平底	现状结构	2.51	50.02	17.51	0.28	44.6	2363.92	302.25
		优化结构	2.19	39.66	7.47	0.28	51.5	2061.67	—
	拱盖弧底	现状结构	2.54	53.91	21.37	0.28	44.6	2458.12	392.21
		优化结构	2.17	40.78	8.61	0.28	50	2065.91	—
50m³	拱盖平底	现状结构	3.5	80.96	27.46	0.28	62.8	3494.06	469.63
		优化结构	3.05	64.31	11.26	0.28	72.5	3024.43	—
	拱盖弧底	现状结构	3.55	87.43	33.88	0.28	62.8	3650.78	612.39
		优化结构	3.03	66.15	13.12	0.28	70.1	3038.39	—

2）蓄水成本分析

根据《雨水集蓄利用工程技术规范》，雨水利用蓄水设施复蓄指数按 1.3 计算，砂浆抹面水窖使用年限按 15 年计算。据此，分析计算得优化后的蓄水设施单方水蓄水成本见表 2-44。

优化结构水窖蓄水成本分析表　　　　表 2-44

蓄水容积	水窖结构		建设造价（元）	使用年限（年）	复蓄指数	总蓄水量（m³）	单方水蓄水成本（元/m³）	下降幅度（%）
30m³	拱盖平底	现状结构	2363.92	15	1.3	4519.5	0.523	—
		优化结构	2061.67	15	1.3	4519.5	0.456	12.8
	拱盖弧底	现状结构	2458.12	15	1.3	4519.5	0.544	—
		优化结构	2065.91	15	1.3	4519.5	0.457	16
50m³	拱盖平底	现状结构	3494.06	15	1.3	7532.5	0.464	—
		优化结构	3024.43	15	1.3	7532.5	0.402	13.4
	拱盖弧底	现状结构	3650.78	15	1.3	7532.5	0.485	—
		优化结构	3038.39	15	1.3	7532.5	0.403	16.8

从表 2-44 可见，优化提出的新的蓄水设施单方水蓄水成本普遍在 0.402～0.457 元/m³ 之间，与现状结构相比有大幅度下降，其中 30m³ 和 50m³ 拱盖平底结构水窖分别下降 12.8%、13.4%，拱盖弧底结构水窖分别下降 16.0%、16.8%。

6. 小结

利用深径比概念对拱盖平底和拱盖弧底水窖进行结构优化计算，并且采用土方工程容积置换系数和衬砌工程容积置换系数进行优化结果评定，结果显示无论是拱盖平底水窖还是拱盖弧底水窖，减少土方开挖量和衬砌工程量幅度均达到 20% 以上，拱盖平底水窖完成单位衬砌工程量分别可增加 14.75%、14.85% 的蓄水容积，拱盖弧底水窖完成单位衬砌工程量分别可增加 17.12%、17.34% 的蓄水容积，优化效果十分显著。通过现状与优化结构造价对比可以看出工程造价成本明显降低，降低幅度均到 15% 以上，这无疑对雨水利用工程大规模推广利用起到积极的推动作用。

优化提出的新的蓄水设施单方水蓄水成本普遍在 0.402～0.457 元/m³ 之间，与现状结构相比有大幅度下降，其中 30m³ 和 50m³ 拱盖平底结构水窖分别下降 12.8%、13.4%，拱盖弧底结构水窖分别下降 16.0%、16.8%。

2.5.2 集雨水源地污染防控技术

2.5.2.1 实验设计与方法

1. 实验土壤理化性质

实验在兰州交通大学校园内进行，模拟植被带土壤选择校园内普通的沙土土壤，土壤的理化性质如下：

1）土壤比重

土壤比重是土壤固体部分的重量与同体积的 4℃时的纯水的重量之比。土壤比重的大小与其中的矿物质的组成和有机质的含量有关。用比重瓶法测定。仪器设备：比重瓶（50mL 或 100mL）、天平（感量 0.001g）、电炉或砂浴、滴管。

2）土壤容重

土壤容重又称土壤假比重，系指在自然结构状况下，单位体积土壤的重量，通常以 g/cm³ 表示。用环刀法测定。仪器设备：200cm³ 环刀（高 5.2cm，半径 3.5cm）、天平（感量 0.01g 及 0.1g）、小刀、铁锹、烘箱、铝盒、瓷盘、滤纸等。

3）土壤孔隙度

单位体积土体内，孔隙所占的百分数称为土壤总孔隙度。土壤孔隙直接关系到土壤的通气状况，是土壤的主要的物理特性之一。用环刀法测定。

4）土壤有机质

土壤有机质是土壤中各种营养元素特别是氮、磷的主要来源，它能使土壤具有保肥力和缓冲性，能使土壤疏松和成结构，从而具有改善土壤理化性质的能力，是土壤肥力的重要指标之一，又是土壤分类的依据之一。

5）土壤含水率

土壤含水率是指土样在 105～110℃的温度下烘干至恒重时所失去的水分质量与烘干土质量的比值，用百分数表示。

土壤物理特性测定结果见表 2-45。

土壤物理特性　　　　　　　　　　　　　　　　　　表 2-45

指标	结果
比重	2.546
容重（g/cm³）	1.559
总孔隙度（%）	38.77
土壤有机质（%）	3.2
土壤含水率（%）	21.20

2. 实验工艺流程及装置

人工生态截污模拟系统，如图 2-88 所示。

本实验装置设立 4 个廊道，采用砖土结构，每个廊道长 20m，宽 0.5m，平均深 0.7m，底坡 5‰，植物选择西北地区常见的抗旱草种植物，其中廊道 1 种紫花苜蓿，廊道 2 种植红豆草，廊道 3 种植冰草，廊道 4 砖铺地，草覆盖上方，使其在土层上接近自然生长状况。为进行配水实验，系统前建立一个配水池，长×宽×高＝2.7m×2.7m×0.95m，总容积约 7.5m³，池体内部采用水泥砂浆抹面，并涂上一层防水材料，确保水池不渗漏，在池子底部装设 4 个 Φ50PVC 管并安装阀门用以控制流量。在每个廊道内每隔 2.5m 设置一个取样器，作为取水的设施。实验期间，气温为 20～30℃。

3. 原水水质

实验原水根据甘肃会宁地区雨水径流实际污染程度进行配置，根据收集的天然坡面、

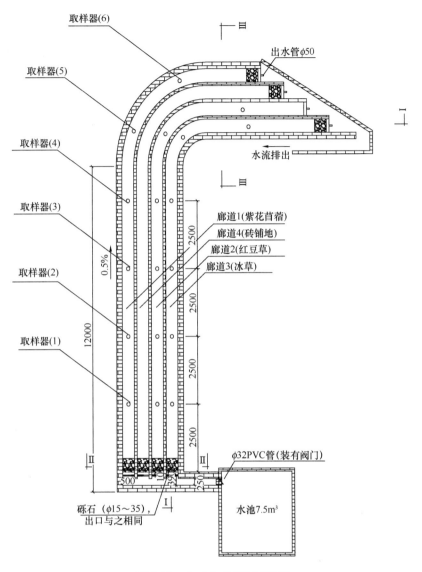

图 2-88 人工生态截污系统图

路面、庭院雨水中的污染物的基本属性在水池内配置模拟水进行实验。

该配水水质应该在一定程度上能够反映西北黄土地区的雨水流经不同集雨面材料时所呈现的水质特点，在配水时，往水池里投撒经过筛分的沙土（与种植土相同属性，粒径大于 0.25mm 的筛分掉），在水池里放入潜污泵不停地搅动，使水质均匀，经配水后的水质：

浊度为 260～262NTU，COD_{Mn} 为 2.201～2.90mg/L，NH_4^+-N 为 0.4～0.7mg/L，SS 为 300～330mg/L，pH 为 7.3～7.5，TP 为 0.2～0.3mg/L。

实验分析方法：实验首先在廊道 1 中进行，选用紫花苜蓿植被带，模拟降雨强度为 0.62L/（s·100m²），分别在第 $T_1 = 10min$，$T_2 = 40min$，$T_3 = 70min$，$T_4 = 100min$ 在各取样器及出口取样，在第 10min 时，只有第 1、第 2 取样器进水，在 $T_2 = 40min$，$T_3 =$

70min, $T_4=100$min 时刻时, 1~6 取样器内均进水, 到 $T_5=110$min 时刻, 关闭配水池出水阀门, 在 $T_6=130$min 取样, 这时剩余水流已经流至第 3 个取样器, 所以取得水样为 3~6 取样器和出口的水样。其次, 对廊道 2 红豆草、廊道 3 冰草也进行了同样条件下的雨水污染物削减试验。水质分析方法见表 2-46。

水质分析方法 表 2-46

测试指标	分析方法	
pH	pH 计法	
浊度	便携式浊度计法	
COD$_{Mn}$	酸性法	参照《水和废水监测分析方法》（第四版）
NH$_4^+$-N	钠式试剂光度法	
TP	过硫酸钾消解法	
SS	重量法	

2.5.2.2 不同植被带去除污染物效果分析

1. 不同植被带对浊度、SS 削减实验结果及分析

对不同植被带分别在 $T_2=40$min, $T_3=70$min, $T_4=100$min 各取样器均进水时, 植被带对浊度、SS 削减作用进行分析, 其主要水质指标变化趋势如图 2-89~图 2-94 所示。

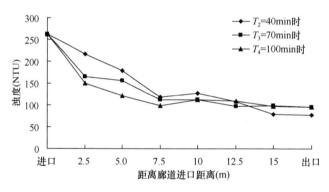

图 2-89 紫花苜蓿对浊度的削减趋势图

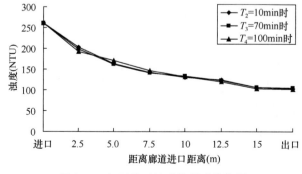

图 2-90 红豆草对浊度的削减趋势图

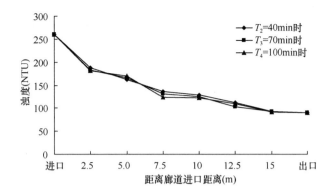

图 2-91　冰草对浊度的削减趋势图

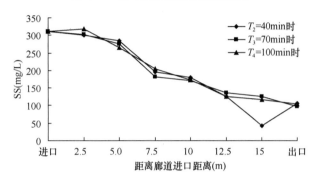

图 2-92　紫花苜蓿对 SS 的削减趋势图

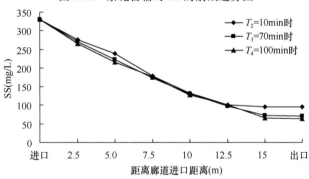

图 2-93　红豆草对 SS 的削减趋势图

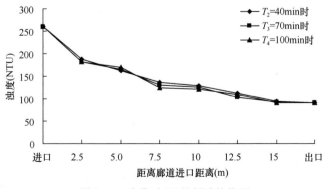

图 2-94　冰草对 SS 的削减趋势图

从图可以看出，植被带对雨水中浊度、SS 的削减作用随着生态廊道的长度呈一条下降的曲线，这是因为浊度和 SS 的去除主要靠物理沉淀、过滤作用。雨水中的固体颗粒与土壤颗粒之间会发生作用，水流中的固体颗粒直接碰到土壤颗粒表面被拦截。水中颗粒迁移到土壤颗粒表面时，在范德华力和静电力作用下以及某些化学键和某些特殊的化学吸附力作用下，被黏附于土壤颗粒上，随着雨水流流过生态廊道，水中固体颗粒及悬浮物被土壤颗粒、植物根系吸附滤过，雨水中的浊度、SS 随之下降。紫花苜蓿生态廊道的 2.5m 处，SS 指标比原水有所上升，这是开始时流量较大，形成漫流所致。

2. 不同植被带对 NH_4^+-N 削减实验结果及分析

对不同植被带分别在 $T_2=40min$，$T_3=70min$，$T_4=100min$ 各取样器均进水时植被带对 NH_4^+-N 削减作用进行分析，其主要水质指标变化趋势如图 2-95～图 2-97 所示。

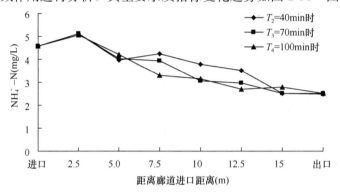

图 2-95　紫花苜蓿对 NH_4^+-N 的削减趋势图

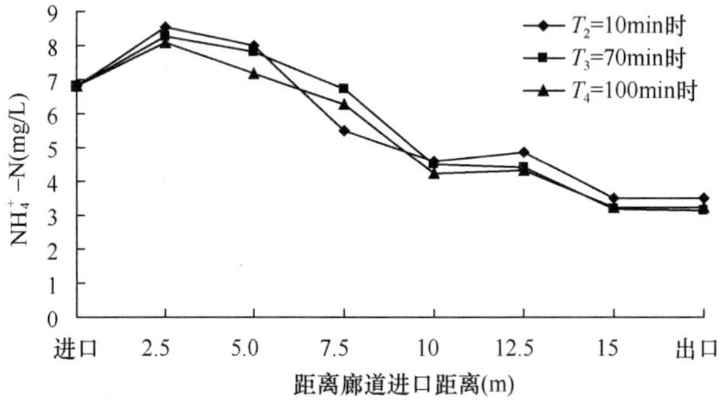

图 2-96　红豆草对 NH_4^+-N 的削减趋势图

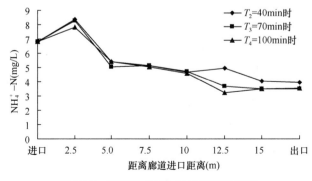

图 2-97　冰草对 NH_4^+-N 的削减趋势图

从图可以看出，植被带对雨水中 NH_4^+-N 的削减作用随着生态廊道的长度呈一条下降的曲线。植被带对于 NH_4^+-N 的净化作用主要有 3 个方面，吸收、吸附及根际微生物的分解作用。首先植物从水中吸收氮同化为自身的结构组成物质，从而将水体中的营养盐固定下来，但是在我们的实验中这种同化作用并非植物去除氮的主要途径，植物对氮的同化吸收只占全部去除量很小一部分。影响植被带对 NH_4^+-N 净化的最主要的为根际效应。微生物是系统中有机污染物和氮分解去除的主要执行者，系统中微生物数量与净化效果呈显著正相关。根系微生物是聚居在根际，以根际分泌物为主要营养的一群微生物，根系微生物作用于周围环境形成根际，产生根际效应。根系微生物不仅种类和数量远高于非根系微生物，而且其代谢活性也比非根系微生物高；另一方面，在根际，植物能将 O_2 从上部输送至根部，在根区和远离根区的土壤中形成有氧和厌氧环境，从而促进底泥微生物中的硝化与反硝化。另外，水中 NH_4^+-N 减少原因还有：通过气态氨直接挥发和被吸附到土壤。通过这几种方式，雨水在流经人工生态廊道时，NH_4^+-N 逐步被削减，其浓度曲线随着生态廊道的长度逐渐下降。从图中还可以看出，在生态廊道的 2.5m 处，NH_4^+-N 指标比原水有所上升，这是开始时流量较大，形成漫流所致。

3. 不同植被带对 COD_{Mn} 削减实验结果及分析

对不同植被带分别在 $T_2=40min$，$T_3=70min$，$T_4=100min$ 各取样器均进水时植被带对 COD_{Mn} 削减作用进行分析，其主要水质指标变化趋势如图 2-98～图 2-100 所示。

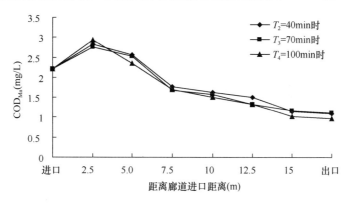

图 2-98　紫花苜蓿对 COD_{Mn} 的削减趋势图

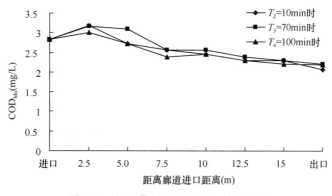

图 2-99　红豆草对 COD_{Mn} 的削减趋势图

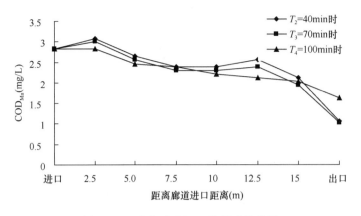

图 2-100　冰草对 COD_{Mn} 的削减趋势图

从图可以看出，植被带对雨水中 COD_{Mn} 的削减作用随着生态廊道的长度呈一条下降的曲线。植被带对雨水中有机污染物的净化机理主要是土壤的过滤作用和微生物的分解作用，即使在雨水滞留时间较短的情况下，土壤和植被带的根系对有机污染物也有较好的过滤作用，另外植物根系微生物能促进有机污染物的分解，提高植被带对 COD_{Mn} 的净化能力。本实验中，对 COD_{Mn} 去除主要是土壤和植被带根系的过滤作用以及根系微生物对有机污染物的分解作用。因此，雨水流经人工生态廊道时，COD_{Mn} 逐步被削减，浓度曲线随之下降。同样，从图中还可以看出，在生态廊道的 2.5m 处，COD_{Mn} 指标比原水有所上升，这是开始时流量较大，形成漫流所致。

4. 不同植被带对 TP 削减实验结果及分析

对不同植被带分别在 $T_2 = 40min$，$T_3 = 70min$，$T_4 = 100min$ 各取样器均进水时植被带对 TP 削减作用进行分析，其主要水质指标变化趋势如图 2-101～图 2-103 所示。

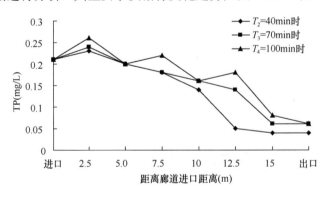

图 2-101　紫花苜蓿对 TP 的削减趋势图

从图可以看出，植被带对雨水中 TP 的削减作用随着生态廊道的长度呈一条下降的曲线。植被带对磷的去除，一方面是以磷酸盐沉降并固结在土壤上的形式，另一方面是可给性磷被植物吸收。由于有机磷及溶解性较差的无机磷酸盐必须经过磷细菌的代谢活动将有机磷酸盐转变为磷酸盐，将溶解性差的磷化合物溶解，从而除去水中的磷，所以，微生物对含磷化合物的转化在磷的净化过程中是一个限制性因子。另外，植物对 TP 的去除还有

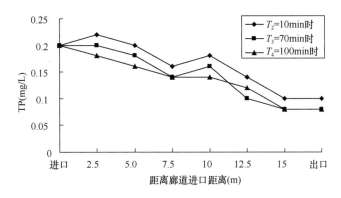

图 2-102　红豆草对 TP 的削减趋势图

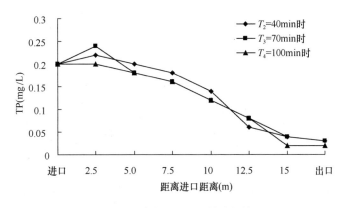

图 2-103　冰草对 TP 的削减趋势图

物理作用、化学吸附和沉淀作用。因此，雨水流经人工生态廊道时，TP 逐步被削减，浓度曲线随之下降。同样，从图中还可以看出，在生态廊道的 2.5m 处，TP 指标比原水有所上升，这是开始时流量较大，形成漫流所致。

5. 各植物对雨水污染物削减作用对比

在前述的实验中可以看到，在降雨过程中，人工生态系统对污染物的削减作用主要为植被根系和土壤有对污染物的吸附、过滤和根际微生物的分解作用，所以浊度、SS、NH_4^+-N、COD_{Mn}、TP 等指标随着距离的变化逐渐降低，有明显的对污染物的削减作用。

实验中，在刚开始放水时，由于流量刚开始比较大，形成了表面漫流，对第一个取样器之前的植被带和土壤形成了冲刷，导致第一个取样器的 NH_4^+-N、COD_{Mn}、TP 比原水要高。

同时还可以看到，在同一取样口，在不同集雨时间，其水质各项指标呈缓慢下降趋势，但较为稳定，说明在进水水质和进水量稳定的条件下，人工生态系统工作稳定。

实验中，在相同含水率、相同流量的情况下，紫花苜蓿、红豆草、冰草植被带对雨水污染物的削减作用不同，3 种不同的植被带对水质指标的去除率，如图 2-104 所示。

由上图可以看出，总体上而言，冰草对于雨水中污染物的削减作用要好于紫花苜蓿，而紫花苜蓿又相对好于红豆草，这是因为冰草的根系最为发达，在相同条件下对污染物有

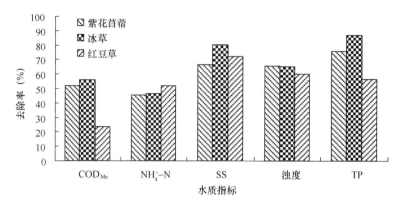

图 2-104　3 种植被带对不同水质指标的去除率比较

更好的截留、吸附作用，同时由于根系发达，根际微生物数量越多，活性越好，对污染物的分解作用越强。三者的根系发达程度为冰草＞紫花苜蓿＞红豆草（图 2-105～图 2-107）。

图 2-105　冰草的根系

图 2-106　紫花苜蓿的根系

6. 小结

（1）降雨过程中模拟植被带对径流污染物均有一定的削减作用。由此可见，人工生态系统作为集雨水前处理技术可有效防止污染物进入水窖，起到保护窖水水质的作用，降低了污染物进入水窖的含量，减轻后续水处理工工艺的负荷。

（2）在进水水质和进水量稳定的条件下，人工生态系统工作稳定，在降雨期间，主要是以土壤和植物根系的吸附、过滤、截留以及微生物的分解作用为主去除雨水中的污染物。

（3）雨水在流经人工生态系统时，植物对污染物的削减作用随着生态廊道的长度而

图 2-107　红豆草的根系

增强。

（4）总体上冰草对雨水污染物的削减作用优于紫花苜蓿和红豆草。

2.5.2.3 不同含水率对各个植被带削减污染物的作用

土壤含水率的大小反映土壤干燥程度，与两次降雨的时间间隔及气候条件、阳光照射等因素有关，这些因素综合反映在土壤含水率的变化上。

在其他条件不变的情况下，进行了 3 种不同含水率条件下各个植被带对污染物的削减作用实验，3 次土壤的含水率分别为 11.9%、6.96% 及 3.99%。

1. 不同含水率对不同植被带浊度、SS 去除率的影响

在含水率不同的条件下，根据原水的浊度、SS 和不同植被带在第 30min、60min、90min、120min、150min 时刻出水口出水的浊度、SS，计算浊度、SS 的去除率，绘制变化曲线如图 2-108～图 2-113 所示。

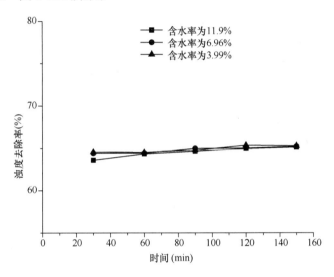

图 2-108　苜蓿在不同含水率下浊度去除率的比较

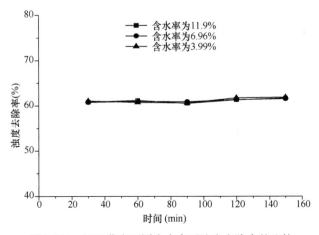

图 2-109　红豆草在不同含水率下浊度去除率的比较

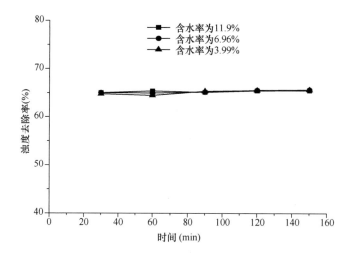

图 2-110　冰草在不同含水率下浊度去除率的比较

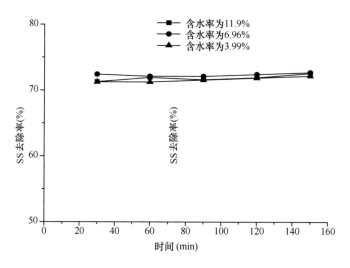

图 2-111　苜蓿在不同含水率下 SS 去除率的比较

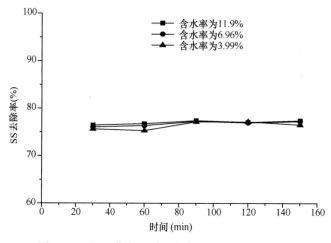

图 2-112　红豆草在不同含水率下 SS 去除率的比较

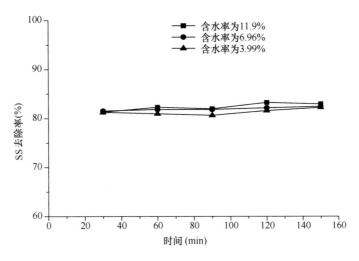

图 2-113 冰草在不同含水率下 SS 去除率的比较

从图中可以看出，浊度和 SS 的去除率曲线在不同含水率情况下很接近，而且相互交叉，说明含水率对于浊度和 SS 的去除率影响不大。这是因为浊度和 SS 的去除主要靠物理沉淀、过滤作用。土壤含水率对于雨水中固体颗粒和悬浮物质的沉淀，以及土壤和根系的滤过作用影响不大。所以，浊度和 SS 的去除率与土壤含水率没有相关性。

2. 不同含水率对不同植被带 NH_4^+-N 去除率的影响

在含水率不同的条件下，根据原水的 NH_4^+-N 浓度和不同植被带在第 30min、60min、90min、120min、150min 时刻出水口出水 NH_4^+-N 浓度计算去除率，绘制变化曲线如图 2-114～图 2-116 所示。

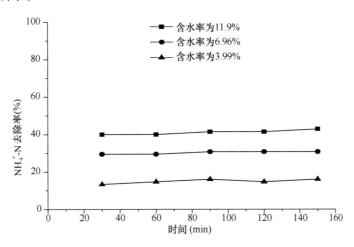

图 2-114 苜蓿在不同含水率下 NH_4^+-N 去除率的比较

由图可以看出，在含水率 11.9％下的去除率最高，3.99％下去除率最低，含水率在植被带 NH_4^+-N 去除中起着重要的作用。由于植被带对于 NH_4^+-N 的净化作用主要有 3 个方面，吸收、吸附及根际微生物的分解作用，其中以根际微生物的分解作用为主，而土壤水分是调节生态系统土壤微生物代谢及物质转化的关键因子。合适的土壤含水率有利于可

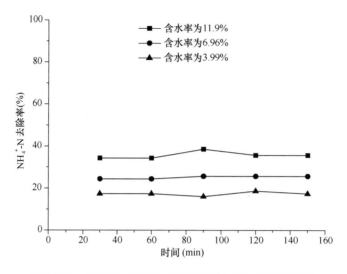

图 2-115　红豆草在不同含水率下 NH_4^+-N 去除率的比较

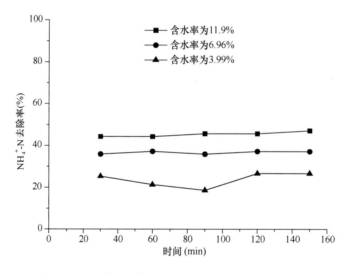

图 2-116　冰草在不同含水率下 NH_4^+-N 去除率的比较

溶性有机质的溶解，促进土壤微生物的生长繁殖，所以微生物的总数与土壤含水率均存在线性正相关性。土壤含水率通过影响微生物的总数和活性影响 NH_4^+-N 的去除率。

3. 不同含水率对不同植被带 COD_{Mn} 去除率的影响

在含水率不同的条件下，根据原水的 COD_{Mn} 浓度和不同植被带在第 30min、60min、90min、120min、150min 时刻出水口出水的 COD_{Mn} 浓度计算去除率，绘制变化曲线如图 2-117～图 2-119 所示。

由图可以看出，在不同含水率下，苜蓿植被带对 COD_{Mn} 都有去除作用，但是不同含水率下去除效率不一样，从图中明显可以看出，在不同时刻下，含水率 11.9％下 COD_{Mn} 的去除率最高，其次是含水率 6.99％的去除，而含水率 3.99％下去除率最低，说明含水率在苜蓿植被带 COD_{Mn} 去除中起着重要的作用。本实验中，对 COD_{Mn} 去除主要是土壤

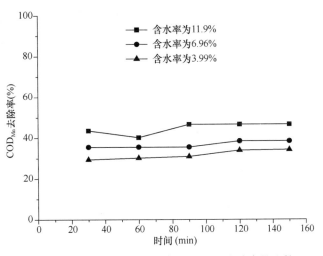

图 2-117 苜蓿在不同含水率下 COD_{Mn} 去除率的比较

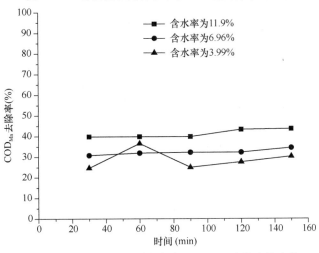

图 2-118 红豆草在不同含水率下 COD_{Mn} 去除率的比较

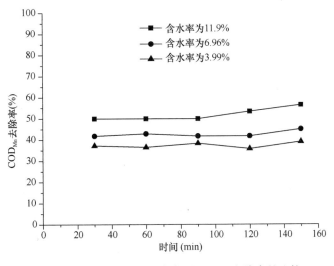

图 2-119 冰草在不同含水率下 COD_{Mn} 去除率的比较

和苜蓿植被带根系的过滤作用和根系微生物对有机污染物的分解作用。在土壤含水率高的情况下，有利于可溶性有机质的溶解，根系微生物的活动旺盛，对有机污染物的去除就会加强，所以含水率越高，COD_{Mn} 的去除率越高。

4. 不同含水率对不同植被带 TP 去除率的影响

在含水率不同的条件下，根据原水的 TP 浓度和不同植被带在第 30min、60min、90min、120min、150min 时刻出水口出水的 TP 浓度计算去除率，绘制变化曲线如图 2-120～图 2-122 所示。

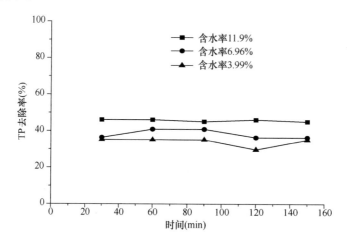

图 2-120　苜蓿在不同含水率下 TP 去除率的比较

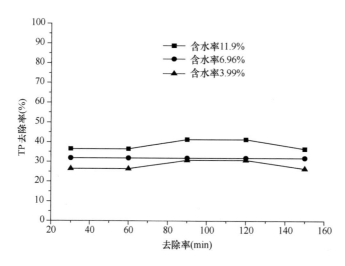

图 2-121　红豆草在不同含水率下 TP 去除率的比较

由图可以看出，在含水率 11.9% 下的去除率最高，3.99% 下去除率最低，含水率在植被带 TP 去除中也起着重要的作用。磷的去除，主要是微生物同化作用，其次为物理作用、化学吸附和沉淀作用。所以，影响微生物活性的含水率同样是雨水中 TP 去除率的重要影响因素。

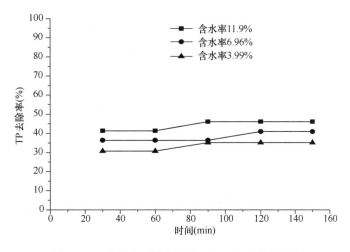

图 2-122 冰草在不同含水率下 TP 去除率的比较

5. 不同含水率下 3 种不同植被带平均去除率的比较

在不同含水率条件下，分别计算 3 种植被带的平均去除率，按照不同的水质指标绘制柱状图如图 2-123～图 2-125 所示。

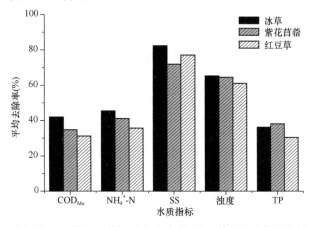

图 2-123 3 种不同植被带在含水率 11.9％下去除率的比较

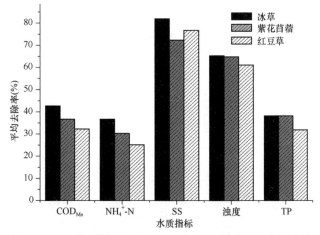

图 2-124 3 种不同植被带在含水率 6.96％下去除率的比较

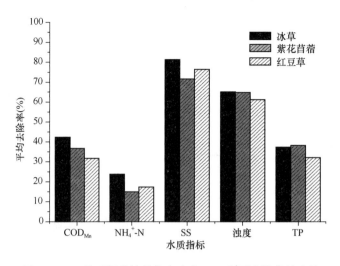

图 2-125　3 种不同植被带在含水率 3.99% 下去除率的比较

由图可以看出，在不同含水率情况下，冰草对于雨水中污染物的削减作用要好于紫花苜蓿，而紫花苜蓿又相对好于红豆草，这是因为冰草的根系最为发达，在相同条件下对污染物有更好的截留、吸附作用，同时由于根系发达，根际微生物数量越多，活性越好，对污染物的分解作用越强。

2.5.2.4　不同降雨强度对各个植被带削减污染物的作用

不同的降雨强度所形成的地面径流量不同，会影响到雨水在植被带中的停留时间也不相同，从而会对植物截留污染物产生一定的影响。

在进水水质及含水率不变的前提下，进行了 3 次不同降雨强度条件下的污染物削减实验，模拟降雨强度分别为 $0.55L/(s \cdot 100m^2)$、$0.46L/(s \cdot 100m^2)$ 和 $0.39L/(s \cdot 100m^2)$。

1. 不同降雨强度对不同植被带浊度、SS 去除率的影响

在含水率相同，降雨强度不同的条件下，根据原水水质的浊度、SS 和不同植被带在第 30min、60min、90min、120min、150min 时刻出水口出水水质的浊度、SS 计算去除率，绘制变化曲线如图 2-126～图 2-131 所示。

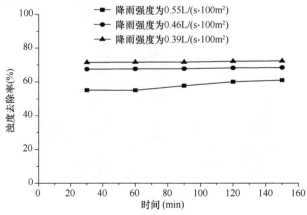

图 2-126　苜蓿在不同降雨强度下浊度去除率的比较

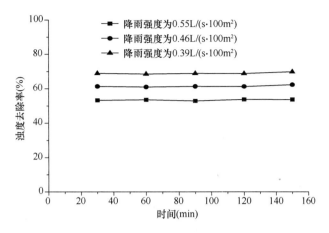

图 2-127 红豆草在不同降雨强度下浊度去除率的比较

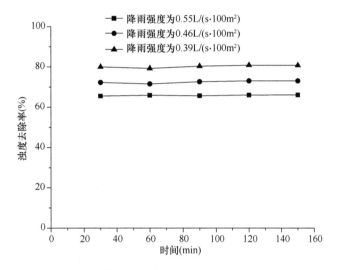

图 2-128 冰草在不同降雨强度下浊度去除率的比较

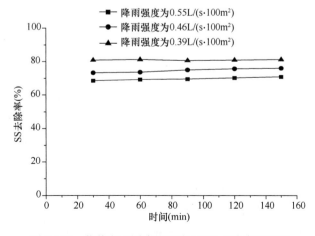

图 2-129 苜蓿在不同降雨强度下 SS 去除率的比较

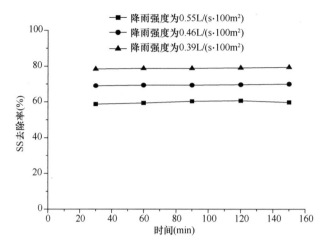

图 2-130   红豆草在不同降雨强度下 SS 去除率的比较

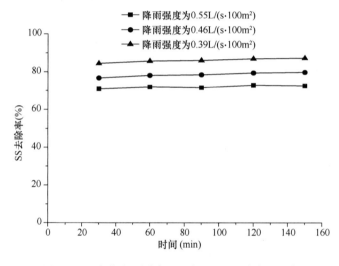

图 2-131   冰草在不同降雨强度下 SS 去除率的比较

在不同降雨强度条件下，根据原水水质指标和各时刻出水水质指标计算浊度、SS 的去除率。由图可以看出，3 种植被带的浊度和 SS 去除率曲线在不同降雨强度下几乎平行，降雨强度为 0.55L/(s·100m²)时，去除率最小，降雨强度为 0.39L/(s·100m²)时去除率最大。由于浊度和 SS 的去除，主要是物理沉淀以及土壤和植物根系的过滤作用，所以降雨强度越大，径流量越大，不利于固体颗粒和悬浮物质的物理沉淀以及土壤和植物根系的过滤作用，随着降雨强度的减小，固体颗粒和悬浮物质通过物理沉淀、过滤作用被削减，去除率逐步增大。

2. 不同降雨强度对不同植被带 NH_4^+-N 去除率的影响

在含水率相同、降雨强度不同的条件下，根据原水水质的 NH_4^+-N 浓度和不同植被带在第 30min、60min、90min、120min、150min 时刻出水口出水水质的 NH_4^+-N 浓度计算去除率，绘制变化曲线如图 2-132～图 2-134 所示。

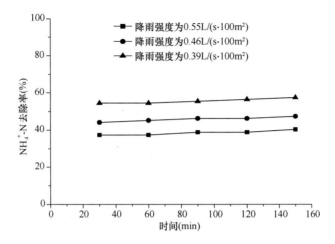

图 2-132　苜蓿在不同降雨强度下 NH_4^+-N 去除率的比较

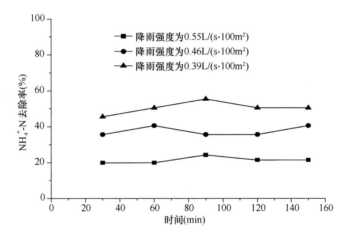

图 2-133　红豆草在不同降雨强度下 NH_4^+-N 去除率的比较

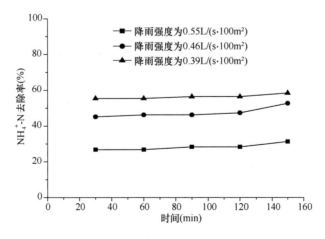

图 2-134　冰草在不同降雨强度下 NH_4^+-N 去除率的比较

由图可以看出，3 种植被带的 NH_4^+-N 去除率曲线在不同降雨强度下几乎平行，去除率随着降雨强度的减小而增大。植被带对于 NH_4^+-N 的净化作用主要有 3 个方面，吸收、吸附及根际微生物的分解作用。随着降雨强度的减小，雨水在人工生态系统内停留的时间越长，给微生物的分解作用提供足够的时间，从而提高植被带对于 NH_4^+-N 的净化作用。

3. 不同降雨强度对不同植被带 COD_{Mn} 去除率的影响

在含水率相同、降雨强度不同的条件下，根据原水水质的 COD_{Mn} 浓度和不同植被带在第 30min、60min、90min、120min、150min 时刻出水口出水水质的 COD_{Mn} 浓度计算去除率，绘制变化曲线如图 2-135～图 2-137 所示。

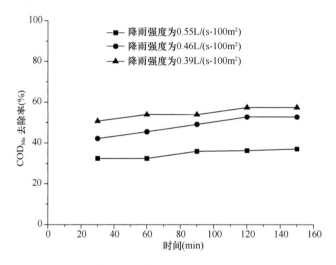

图 2-135　苜蓿在不同降雨强度下 COD_{Mn} 去除率的比较

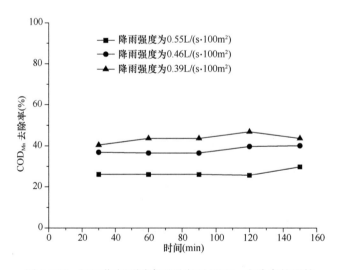

图 2-136　红豆草在不同降雨强度下 COD_{Mn} 去除率的比较

由图可以看出，3 种植被带的 COD_{Mn} 去除率曲线在不同降雨强度下几乎平行，去除率随着降雨强度的减小而增大。这是由于植被带对雨水中有机污染物的净化机理主要是土壤的过滤作用和微生物的分解作用，降雨强度越小，径流量就越小，使土壤的过滤能力增

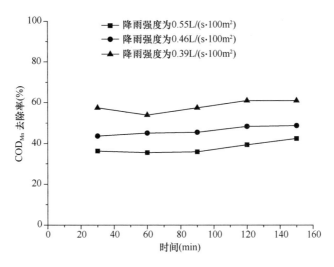

图 2-137 冰草在不同降雨强度下 CODMn 去除率的比较

强，同时雨水的停留时间越长，使微生物有足够的时间分解有机污染物，从而使 CODMn 的去除率增大。

4. 不同降雨强度对不同植被带 TP 去除率的影响

在含水率相同、降雨强度不同的条件下，根据原水水质的 TP 浓度和不同植被带在第 30min、60min、90min、120min、150min 时刻出水口出水水质的 TP 浓度计算去除率，绘制变化曲线如图 2-138～图 2-140 所示。

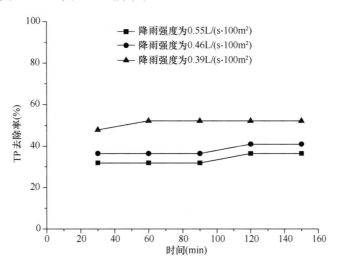

图 2-138 苜蓿在不同降雨强度下 TP 去除率的比较

由图可以看出，3 种植被带的 TP 去除率曲线在不同降雨强度下几乎平行，降雨强度为 0.55L/(s·100m²)时，去除率最小，降雨强度为 0.39L/(s·100m²)时去除率最大。这是由于植被带对雨水中磷的去除，主要是微生物同化作用，其次为物理作用、化学吸附和沉淀作用。降雨强度越小，径流量就越小，雨水的停留时间越长，使微生物有足够的时间

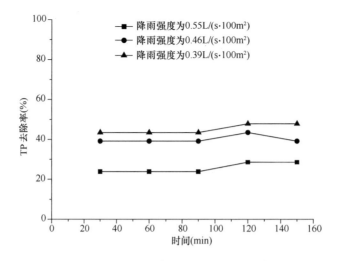

图 2-139 红豆草在不同降雨强度下 TP 去除率的比较

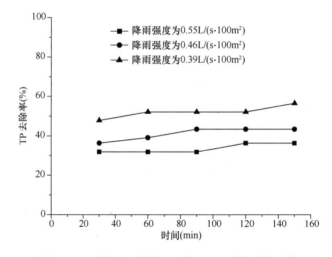

图 2-140 冰草在不同降雨强度下 TP 去除率的比较

分解雨水中的磷，所以磷的去除率随着降雨强度的减小而增大。

5. 不同降雨强度下 3 种不同植被带平均去除率的比较

在不同降雨强度条件下，分别计算 3 种植被带的平均去除率，按照不同的水质指标绘制柱状图如图 2-141～图 2-143 所示。

由以上 3 个柱状图可以看出，在不同降雨强度下，冰草对于雨水中污染物的削减作用要好于紫花苜蓿，而紫花苜蓿又相对好于红豆草，这是因为冰草的根系最为发达，在相同条件下对污染物有更好的截留、吸附作用，同时由于根系发达，根际微生物数量越多，活性越好，对污染物的分解作用越强。

2.5.2.5 小结

（1）降雨过程中模拟植被带对径流污染物均有一定的削减作用。

（2）在进水水质和进水量稳定的条件下，人工生态系统工作稳定，在降雨期间，主要

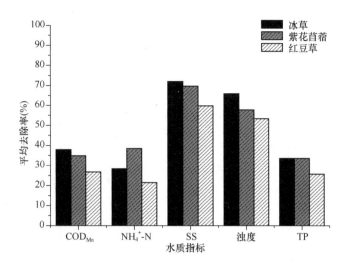

图 2-141 3 种不同植被带在降雨强度 0.55L/(s·100m²)下的去除率

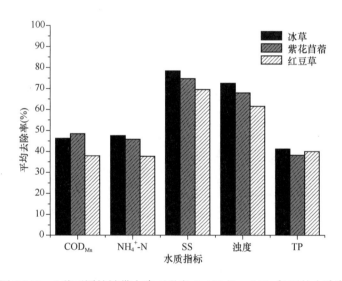

图 2-142 3 种不同植被带在降雨强度 0.46L/(s·100m²)下的去除率

是以土壤和植物根系的吸附、过滤、截留以及微生物的分解作用为主去除雨水中的污染物。其中,冰草植被带对浊度的去除率为 $57\%\sim80\%$,对 SS 的去除率为 $71\%\sim82\%$,对 NH_4^+-N 的去除率为 $23\%\sim56\%$,对 COD_{Mn} 的去除率为 $36\%\sim58\%$,对 TP 的去除率为 $33\%\sim51\%$。苜蓿植被带对浊度的去除率为 $64\%\sim71\%$,对 SS 的去除率为 $59\%\sim81\%$,对 NH_4^+-N 的去除率为 $14\%\sim55\%$,对 COD_{Mn} 的去除率为 $26\%\sim54\%$,对 TP 的去除率为 $31\%\sim50\%$。红豆草植被带对浊度的去除率为 $53\%\sim69\%$,对 SS 的去除率为 $59\%\sim78\%$,对 NH_4^+-N 的去除率为 $17\%\sim50\%$,对 COD_{Mn} 的去除率为 $26\%\sim43\%$,对 TP 的去除率为 $32\%\sim45\%$。

(3) 雨水在流经人工生态系统时,植物对污染物的削减作用随着生态廊道的长度而增强。

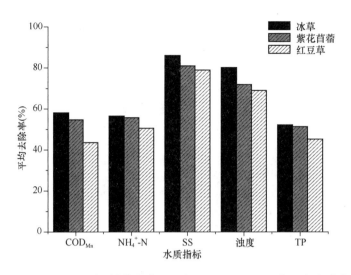

图 2-143　3 种不同植被带在降雨强度 0.39L/(s·100m²)下的去除率

（4）总体上冰草对雨水污染物的削减作用优于紫花苜蓿和红豆草。

（5）土壤含水率对于浊度、SS 去除率影响较小，而对 COD_{Mn}、NH_4^+-N、TP 影响较大。

（6）在不同降雨强度条件下，植被带对水质指标的去除率差别很大，降雨强度越大，去除率越小。

2.5.3　集雨水源地管理技术

2.5.3.1　农村集雨水源地卫生防护范围划定

集雨水源地与常见的生活饮用水源地（如河流、湖泊、水库等）最大的不同在于前者不但是水源地也是农民群众的生活场所，目前我国西北地区最常见的集雨饮用水收集形式是屋顶庭（场）院集雨，少量的天然坡面，根据上述分析，集雨水源地除了受到大气污染之外，更容易受到地面污染源影响的是庭（场）院和天然坡面，因此，本节主要针对二者，探讨其防护范围划分的原则和建议。

1. 庭（场）院集雨水源卫生防护

庭（场）院集雨水源地外围 30m 范围内应保持良好的卫生状况，不得修建渗水厕所、马厩、渗水坑等，不得堆放垃圾、粪便、废渣和铺设污水渠道。

2. 天然坡面集雨水源卫生防护

天然坡面集雨面范围内（即汇水区域内），不得堆放垃圾、粪便和废渣，集雨季节不得进行放牧。

2.5.3.2　农村集雨水源地保护及污染控制措施

农村集雨水源地污染原因复杂，涉及大气污染、水土流失、农村环境卫生、集雨面及水窖材料等各个方面，需要采取多途径多措施防治集雨水源地的污染。对于大气污染，要从大的空间尺度加以控制，如控制区域工业排放的废气，减少云层水和空气中的污染物质，减少酸雨的发生；控制区域沙尘暴，减少云层水和空气中的悬浮物质。在我国干旱地区解决生活用水的雨水集蓄利用工程中，集流面主要是屋面，庭院地面作为补充。因此，本节主要针对农村屋面庭院集雨水源地探讨相应的保护及污染控制措施（表 2-47）。

集雨水源地水质维护　　　　　　　　　　　　　　　　　　　表 2-47

项目	可能的问题	维护（修复）措施
集雨面	碎屑和泥砂过量沉积	移除
集水系统	阻塞	清除碎屑，增加拦截网防止集水系统阻塞
	屋面径流未进入收集系统	调整集水管的安装位置和安装方式
水窖	泥砂淤积量超过水窖设计容积的 5%	清淤
	藻类生长	隔绝阳光，避免照射水窖，移除藻类
	蚊蝇滋生	对水窖进行维修
过滤系统	碎屑和泥砂阻塞过滤系统	清除过滤系统的阻塞，如果难以清洁则更新过滤系统

1. 屋顶庭院集雨水源地污染控制环节

屋顶庭院集雨水源地卫生监督的关键环节包括：①集雨面；②集水管；③过滤池（沉淀池）；④窖盖；⑤水窖；⑥水桶。

2. 屋顶庭院集雨水源地污染控制措施

（1）不定期监测集雨面有机污染物累积情况，如树枝、叶子、死亡动物、动物粪便等等，经常清扫，保持集流面、汇水管、汇流沟和输水渠的清洁卫生；若集雨面上方有树枝，应进行修剪，减少上述污染物的累积，阻止鸟类接近；冬季降雨雪后及时清扫，可减轻冻胀破坏程度，对混凝土集水场和人工土场均有良好的效果。

（2）慢滤池运行一定时间后，砂层表面常被截流物堵塞，须将其铲去后才能重新滤水。经几次铲砂后需补充新砂。再过一段时间，应对滤层进行全部翻洗，并重新装填。

（3）集流面、汇流沟、输水渠以及水窖四周严禁勾兑化肥、农药及其他可能造成水源污染的活动。

（4）设置围墙。在人工集水场四周打 1.0m 高的土墙，可以有效防止牲畜践踏，保持人工集水场完整。

3. 动物废弃物、粪便的控制措施

1）动物废弃物（animal waste）

在农村地区，家禽和家畜废弃物是主要的废弃物来源。例如，在美国，家禽废弃物数量是人口生活废弃物量的 13 倍。这些废弃物将通过直接排放、农家肥施用、围栏饲养等途径进入环境。

动物废弃物中包含许多污染物，这些污染物可能污染饮用水源，包括地表水和地下水。更严重的是废弃物含有大量的致病菌，如隐孢子虫（*Cryptosporidium*）、肠兰伯式鞭毛虫（*Giardialamblia*）、沙门氏菌（*salmonella*）等。大肠杆菌（*Escherichia coli*）导致腹泻，曾经在美国几个州暴发，有毒的大肠杆菌菌株可以引起严重的疾病甚至死亡。隐孢子虫对氯气消毒具有抵抗性，能够引起胃肠疾病，病菌在健康人体内能够存活 2～10d，在免疫力低的人体中可能导致人死亡。据调查，在美国的密尔沃基，地表径流将奶牛粪肥带入饮用水源，导致密尔沃基 50 多人死亡，40 多万人患病。

动物废弃物含有硝酸盐，饮用含有硝酸盐水体会导致婴幼儿变性血红蛋白血症，降低血液的携氧能力。为此，美国环保署制定了饮用水硝酸盐最高标准限值 10mg/L。

除致病菌外，动物废弃物中的其他污染物也会对人体健康和水质产生影响。例如一些化学污染物会引起鱼类死亡，恶化水体水质；废弃物中固体物质将增加水体浊度，影响水体的味觉；砷、铜、硒、锌等重金属对人体产生毒性；动物养殖中使用的抗生素、杀虫剂、激素等也是有害的污染源。

2）防止动物废弃物污染水源地的措施

许多措施都可以减少家禽废弃物对饮用水源的影响。这些措施的复杂性和费用各不相同，但单一措施难以起到水源保护的效果，应该在考虑动物废弃物性质，饮用水的易污染性，措施的费用、运行、维护等因素前提下采取综合的废弃物污染防治措施。

在我国，适合的家畜废弃物管理措施包括阻止动物及其废弃物进入径流和水源地，合理施用农家肥和有效管理牧场。

（1）饲育场（Feedlot）管理措施

通过粪肥的合理存储和处理措施减少粪肥和降雨、径流的接触，这些措施包括储存池、净水分流、堆肥等等。

A. 废弃物储存池。储存池临时存放动物废弃物，能够减少进入地表水体的有机物、致病菌和营养元素的数量。储存池应设 3 个不同的区域分别存储液体、淤泥体和固体废弃物，这些废弃物最终要作为农家肥。

储存池若建设或管理不当可能污染地下水，因此储存池规划、设计和维护十分重要。其中，选址和衬砌是两个重要考虑因素。一般来说，储存池应该远离水源井，位于水源井下坡，避开洪泛地区。存储池的容积应根据当地的降雨情况确定，如美国建议采用 25 年一遇 24h 暴雨作为设计标准。

储存池建设应该采用低渗透性的材料，如合成材料、压缩黏土等等。同时要加强储存池的维护，如在干旱季节排放液体，干化固体等等。

B. 净水分流。将动物废弃物堆放区域的地表径流和其他区域（如养殖动物的篷顶）干净的水体分开，是有效防止雨水和地表径流污染的措施。如采用集雨槽和落水管收集养殖动物的篷顶的雨水，在饲育场修建分流阶地分流地表径流。

C. 堆肥。堆肥有助于去除致病菌，减少粪肥的体积，是最常用、最经济的家禽废弃物处理方法。其原理是在好氧或厌氧条件下，通过生物分解有机物。堆肥选址应远离饮用水源地，选择平坦的、非汇流区域。

（2）合理施用农家肥

A. 施用位置。将粪肥施用到作物根区有助于作物对营养元素的吸收利用，减少流失。粪肥应埋入地面以下，而不是撒到土壤表面，埋入地下可以减少地表径流的携带。粪肥不应该用于冰冻、冰雪覆盖以及饱和的土壤中。合理的灌溉方式有助于提供粪肥的利用效率，减少地表径流和渗滤液。

B. 合理的施用量。粪肥施用应该在作物营养吸收最大的时间，以减少地表径流营养元素流失，减少作物对粪肥的需求总量。最佳的粪肥施用量取决于农民对作物产量的要求，作物产量取决于作物类型、土壤性质、含水量和管理水平。通过土壤采样监测了解作物的养分需求以此确定合理的粪肥施用量。

C. 水土保持耕作措施和缓冲带能够减少畜牧场流入水源地的径流量，如通过植被覆盖措施减少畜牧场的径流量，采用靠近地表水源地的植被过滤带或缓冲带过滤泥砂和化学物质。

D. 作物轮作。轮作可以减少化肥和杀虫剂用量，从而提高作物产量和经济效益。如根瘤菌可以为下一轮作物提供氮元素，深根性作物利用浅根性作物留在土壤中的氮元素等等。

（3）畜牧场管理

多种措施可以使家畜远离水体。其中，围栏饲养除了可以保护河岸外，还可以避免家畜排泄物流入河流或水井。围栏类型包括标准围栏（刺铁丝）、铁丝网和电围栏。围栏的高度、面积、间隔、铁丝和柱子的数量由地形和家畜的数量决定，具体围栏设计应该咨询生物学家。

2.5.3.3　农村集雨水源地水质监测

为保证集雨饮用水水质安全，集雨水应该进行定期检测，检测应该由取得认证的实验室执行。农村地区主要的污染水源活动包括动物饲养、农业化学剂使用、灌溉农田、污水池、农田排水等等，对应的污染物见表 2-48。

表 2-48

农村地区水源地污染活动及污染物

污染活动	污染物
动物饲养	硝酸盐、磷酸盐、氯化物、抑制病毒或真菌的化学制剂、大肠菌、病毒、原生动物、总溶解固体
农业化学剂使用	杀虫剂、化肥
灌溉田地	杀虫剂、化肥、硝酸盐、磷酸盐、钾
污水池	硝酸盐、盐、杀虫剂、化肥、细菌
农田排水	杀虫剂、化肥、总溶解固体、总有机碳、硝酸盐

1. 监测指标

根据西北地区集雨水污染特征，参考我国现行的《生活饮用水卫生标准》（GB 5749—2006），建议开展下述指标的监测，见表 2-49。

表 2-49

西北地区集雨水源地水质监测指标（建议指标）

序号	指　标	限　值	来　源	分类
1	总大肠菌群（MPN/mL）	不得检出	集雨面洒落的人畜粪便	微生物指标
2	菌落总数（CFU/mL）	100	集雨面洒落的人畜粪便	

续表

序号	指　标	限　值	来　源	分类
3	色度（铂钴色度单位）	15		
4	浊度（散射光浊度单位）（NTU）	1（水源与净水技术条件限制时为 3）	入流带入的泥砂	
5	肉眼可见物	无		
6	pH	不小于 6.5 且不大于 8.5		感官性状和一般化学指标
7	铁（mg/L）	0.3		
8	锰（mg/L）	0.1		
9	TDS（mg/L）	1000		
10	总硬度（以 $CaCO_3$ 计）（mg/L）	450		
11	耗氧量（COD_{Mn} 法，以 O_2 计）（mg/L）	3（水源限制，原水耗氧量 ＞6mg/L 时为 5）		
12	砷（mg/L）	0.01	自然沉积物侵蚀，果园径流，玻璃或电子生产废物堆放场径流	
13	镉（mg/L）	0.005	镀锌管道的腐蚀，金属冶炼厂排水，废弃电池和涂料堆放地产生的径流	
14	铬（六价）（mg/L）	0.05	轧钢厂和纸浆厂的排水	毒理指标
15	铅（mg/L）	0.01	家庭管道系统	
16	汞（mg/L）	0.001	提炼厂和制作厂的排水，填埋场和田地的径流	
17	氟化物（mg/L）	1	化肥厂和铝厂的排水	
18	硝酸盐（以 N 计）（mg/L）	10（地下水源限制时为 20）	化肥施用田地径流，化粪池和污水滤池的浸滤液	

来源：http://www.epa.gov/safewater/contaminants/index.html。

注：目前没有关于集雨水的水质标准，集雨水用于饮用通常遵循饮用水标准。

2. 监测主体和监测频率

雨水收集系统应该定期进行监测，确保水量充足、水质安全。建议常规检查（监测）频率 1 年至少 2 次，检查主体包括用户和外部监测机构。其中，用户在枯水季节进行卫生检查，确定是否进行系统维修，进行沉积物清理，在多雨期检查收集系统是否发挥作用。外部机构执行水质分析，如果集雨面不同，应分别采集水样。其中，外部机构应该由具备认证资格的单位认定，如美国得克萨斯州集雨水的水质测试通常由商业实验室、郡县卫生部门或州卫生部门进行。

此外，如果遇到暴雨，应该在暴雨结束 24h 内进行水源地的水质检测。值得注意的是，若需进行水质检测，用户或水窖管理者应提前告知检测单位，使其了解检测指标对采样容器、采样体积和检测时间的要求。如总大肠菌群测试水样必须放在无菌容器中，且在 36h 内完成测试；pH 值必须在现场进行检测。

2.6 海岛塘库饮用水源水质保护与修复技术

2.6.1 海岛塘库水源地概况与主要特点

由于海岛陆域面积狭窄，山丘低矮，截水条件差，集雨面积有限，一般海岛塘库容量较小。舟山现有水库、山塘总数近 1600 处，其中库容在 10 万 m^3 以上的水库有 170 余座，库容在 1000 万 m^3 以上的中型水库 1 座，水库、水塘总容量达到 1 亿 m^3 以上。

海岛水源水库的污染源可以分为内源污染和外源污染。内源污染是指污染底泥、水库养殖、库内旅游、库内船舶等与水库直接接触排放形成的污染物。这些污染物不经过转移等中间过程而直接进入水库形成污染。外源污染是指外界向水库水体输入的化学成分或生物成分。

海岛大部分工矿企业濒海而建，废水一般就近排放入海，少有企业的废水直接排放入水库。海岛渔民居住较为分散，生活垃圾和污水集中收集和处理难度较大，农田面积小而分散，农田化肥和农药的残余通过地面径流直接进入河流和水库，所以海岛水库水源污染主要来自生活污染、农业污染和常年累积的枯枝落叶腐殖质以及地质侵蚀、土壤流失形式造成的污染。

随着岛屿商业，旅游业的飞速发展，生活污染比例迅速上升，水库污染负荷增加。经各种途径进入水源地的污染物总量急剧增加，各种水生生物赖以生存的环境急剧丧失，水体自净能力下降。塘库水体污染尤其是富营养化现象比比皆是。

2.6.2 海岛塘库污染控制技术

水库的外源污染来自于点源污染和面源污染。点源污染可以在源头上通过处理而进行控制。面源污染根据入库途径的不同可分为直排入库与经由陆向径流（渗滤）间接入库 2 类污染源。直排入库源包括降水、降尘、库面养殖投饵、库面航运、库岸侵蚀等；间接入库源包括道路、村落、农田、林草地、工地矿区径流，养殖场排污等。面源污染可以是连续的，但经常被季节性农业活动如种植、耕地或无规律事件如大洪水或大型建设所打断，因此，面源污染很难进行衡量和调节。

2.6.2.1 工业废水点源污染控制方案

一般来讲海岛水库周边地区无大型工厂和企业，但会有一些小型的企业，如小型造纸厂、酿酒厂、塑料加工厂等。小型企业废水的特点是含污染物质多，成分复杂，废水中多含有毒有害物质，污水处理条件差。针对这部分污染源控制策略是：

（1）建立污染物排放总量控制体系，积极推行清洁生产工艺，提高污染企业的污水处理能力，关停污染排放不达标企业。

（2）优化管网结构，雨水与污水的管道分开，保证相对干净的雨水直接排入水库，而污水管道连入污水处理系统进行处理。

2.6.2.2 城镇生活污水点源污染控制方案

城镇居民生活活动所产生的生活污水的排放时空不均匀，瞬时变化较大，有机物和氮磷等营养物含量较高，一般不含有毒物质。污水中还含有大量的合成洗涤剂以及细菌、病毒、寄生虫卵等。生活污水的处理应采用污水集中处理、分散处理或二者相结合的方式。处理方式有建设生活污水净化池和生活污水处理厂。

2.6.2.3 农村生活污水面源污染控制方案

农村生活污水比较分散，首先要进行适当的收集然后集中处理。可采取的处理方案有氧化塘法和 A^2/O 法。

氧化塘分为好氧塘、兼性塘、厌氧塘、曝气塘等。污水在塘内经过较长时间的停留、贮存，通过微生物（细菌、真菌、藻类、原生动物等）的代谢活动与分解作用对污水中的有机污染物进行生物降解，同时对 N、P 等营养物质也有一定的去除作用。利用氧化塘处理生活污水能有效地去除污水中的 BOD、COD、SS 等污染物，而且具有较好的脱氮除磷效果。氧化塘处理工艺技术流程如图 2-144 所示。

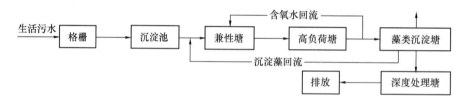

图 2-144 氧化塘处理工艺技术流程图

用沟渠或管道将村落污水收集，经格栅去除漂浮物，再经沉砂池去除一部分大颗粒的泥砂和吸附态的磷、氮营养盐，沉砂池出水进入兼性塘进行好氧、厌氧反应后再进入高负荷塘，在高负荷塘藻类大量繁殖，消耗磷、氮营养物质，高负荷塘出水进入藻类沉淀塘沉淀藻类，沉淀塘出水再进入深度处理塘处理之后，出水用作农灌水或排放流入水库。该处理方法费用低廉，维护简便，适于有土地条件、气候适宜的小乡镇的污水处理，缺点是占地面积大，可能产生臭气，处理效率受气候条件影响等。该法适用于有可供利用的土地、地价较低、气温适宜、日照良好的地方。根据污水水质及处理要求可选用单塘或多塘串联的形式。

A^2/O 法可以称为最简单的同步脱氮除磷工艺，总的水力停留时间少于其他同类工艺。而且在厌氧-缺氧-好养交替运行条件下，不易发生污泥膨胀。运行中不需要投药，厌氧池和缺氧池只有轻缓搅拌，运行费用低。该工艺处理效率一般能达到：BOD$_5$ 和 SS 为90%～95%，TN 为 70%以上，TP 为 90%左右。污泥中含磷浓度高，具有很高的肥效，A^2/O 法处理工艺技术流程如图 2-145 所示。

生活污水经过沉砂池与含磷回流污泥一起进入厌氧池，除磷菌在这里完成释放磷和摄取有机物；混合液从厌氧池进入缺氧池，本段的首要功能是脱氮，NO$_3^-$-N 是通过循环由好养池送来的，循环的混合液量较大，一般为 2 倍的进水量。然后，混合液从缺氧池进入好氧池-曝气池，这一反应池单元式多功能的，去除 BOD，硝化和吸收磷等反应都在本反

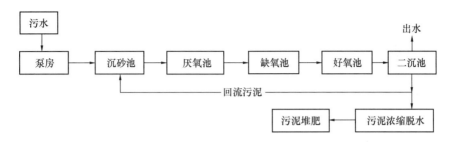

图 2-145 A²/O法处理工艺技术流程图

应器内进行。最后,混合液进入沉淀池,进行泥水分离,上清液作为处理水排放,沉淀污泥的一部分回流厌氧池,另一部分作为剩余污泥排放。

2.6.2.4 农村固体废弃物面源污染控制方案

简易堆肥处理方案首先在村落和田间设立垃圾坑(箱),定点收集,定时清运。通过机械和手工分选,剔除不宜堆肥组分,这部分物质或者回收或者填埋。将垃圾粗破碎后,调好水分和稀粪便倒入一次发酵池堆平整,让其自然发酵,并强制通风,发酵周期为14d。一次发酵结束后,将物料送至二次发酵场,通过自然堆放和自然通风,使物料进一步熟化40~50d,完成生物好氧发酵全过程。然后经过进一步粉碎、筛分和配肥,制成各种有机复合肥或专用复合肥。工艺流程如图 2-146 所示。通过控制外源污染,从根本上减少污染负荷,是海岛塘库水源地控制污染的最重要的方法和手段。

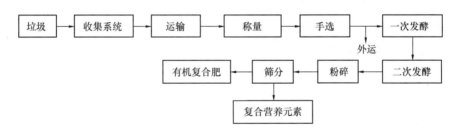

图 2-146 农村固体废弃物简易堆肥处理工艺流程图

2.6.3 海岛塘库水源水质生态修复技术

为保证海岛水源的水质,在水源地及附近建立立体生态阻控系统,阻截污染物并对进入水源地的污染物进行生态修复。

2.6.3.1 陆生植被净化系统

陆生植被具有涵养水源、保持水土、调节气候、净化空气、改善水质、美化环境等多种作用,因此,在水源地保护中以恢复和重建陆生植被为主。陆生植被按照距离水库的远近及所发挥的作用可以分为防护林区,灌丛区和草甸区(图 2-147)。

防护林带一般设置在离水库 50m 以外的地区,以减风效果好、稳定性强的乔木交错林为佳。可选择节水、抗旱、多年生深根性植物如木荷、甜储、苦储、石栎、香樟等,由外及里交错排布。

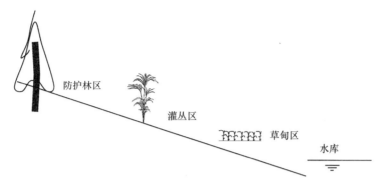

图 2-147　陆生植被净化系统

在防护林区以内可以设置灌丛区，宽度控制在 30m 以上。灌丛区一方面可以进一步降低风害的影响，另一方面密集的灌丛区可以降低地表径流的速度，拦截过滤径流中的较大颗粒污染物质，如枯枝落叶、动植物残体，有效降低水库的外源污染负荷。可选择抗旱、多年生植物如柽柳、沙拐枣、白刺、紫穗槐等交错排布。

草甸区的构建对于水库水质的保护具有至关重要的作用，草甸区与水陆交错区相衔接，对水陆交错区的形成和扩大具有直接的影响。草甸区是径流水体进入水库的最后一道防线，其发挥作用的程度直接决定了入库的污染负荷量。草甸区可以降低径流速度，防止水土流失，过滤径流中的污染物。在草种的选择上以能适应滩涂环境、繁殖能力强、具有很好的防沙和固土能力的多年生常绿植物为主，如革命草、马鞭草（图 2-148）等。

图 2-148　固土植物马鞭草

2.6.3.2　前置库净化系统

前置库主要设置在水库上游的台地及一些入库支流自然汇水区域，在这些区域内通常会有不少水塘，可以就地利用将其改造成前置库。前置库是一个物化和生物综合反应器，经物理、化学沉降、化学转化以及生物吸附、吸收和转化的综合过程将泥砂、氮、磷以及有机物等污染物进行净化。尤其在雨后，通过前置库使径流速度降低，增加雨水的滞留时间，利用泥砂沉降特征和生物净化作用使水体得到初步净化后再进入水库。

前置库净化系统工艺流程如图 2-149 所示。

沉砂池一般以平流式为主，并应设排砂和挖砂装置，定期进行清理。配水系统要求利用地势，在节省动力能源的条件下实现均匀布水。水生植物的引种可以参考水陆交错区植物的引种原则，种植形成不同水生植物修复带。根据经验在前置库中水体的生物净化时间可设计为 7d，也可根据不同的植物种类确定停留的最佳时间。

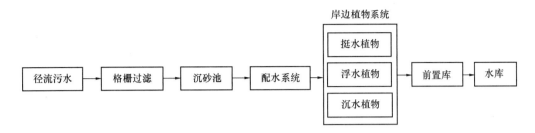

图 2-149　前置库工艺流程图

2.6.3.3　水陆生态交错区净化系统

水陆生态交错区是水生生态系统与水库流域陆地生态系统间的生态过渡带，包括滩地和浅水区，该区域生物多样性较高。交错区依植被类型分为灌丛、沼泽、水生植被（挺水植物、浮水植物和沉水植物），是水库的天然保护屏障（图 2-150）。水库上游大量的污染物经地表径流汇入生态交错区，经过物理截留、化学转化和生物对有机物和无机物的同化和异化作用，使得污染物对水体影响大大降低，所以水陆交错区对水体净化起着非常重要的作用。

图 2-150　水陆生态交错区净化系统

在水陆交错区工程设计中，经常采用恢复和重建相结合的工程技术，从而既恢复交错区原来的生态系统，又强化污染控制作用。该工程主要组成部分是截流沟系统，沉砂净化系统，湿地净化系统和水生植物原位修复系统，通过物理和生物净化的作用去除污染（图 2-151）。

截流沟系统要沿交错区周边布设，截留径流区污水至沉砂净化系统集中净化或湿地系统中处理。在截流沟内也可设立沉砂池，通过降低水流速度使泥砂沉降，削减泥砂污染，也可种植植物，增加净化效果。沉砂净化系统通常采用多塘净化系统，利用交错区坑洼低地以及鱼塘等，改造使其具有较强的沉砂净化作用。可以利用生态学原理，建立复合生态系统，如种草净化水体。

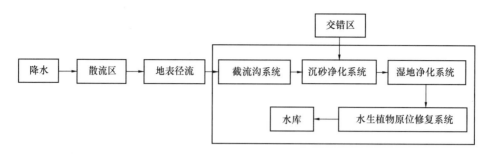

图 2-151　水陆生态交错区净化系统工艺流程图

通常可利用水库周围水浅的水田和坑塘等地改造成湿地净化系统，添加填料，种植湿地植物，增设配水系统和排水系统。湿地区可综合利用，既净化废水，又可有经济效益。

人工湿地的原理是利用自然生态系统中物理、化学和生物的三重作用共同来实现对污水的净化。污水中可溶解的污染物经过湿地系统中的底栖生物、浮游生物、细菌和各种植物的共同作用被去除。污水中不溶性有机物通过湿地的沉淀、过滤作用，可以很快被截留进而被微生物利用。随着处理过程的不断进行，湿地床中的微生物也繁殖生长，通过对湿地床填料的定期更换及对湿地植物的收割而将新生的有机体从系统中去除。

湿地系统是在一定长宽比及底面有坡度无植被或植被稀疏的洼地中，由土壤和填料（如卵石）混合组成填料床，污染水可以在床体的填料缝隙中曲折地流动，或在床体表面流动。在床体的表面种植适应性强、除污能力强、成活率高的水生植物（如芦苇等），形成一个独特的动植物生态环境，对污水进行处理。人工湿地主要由砂粒、砂土、土壤和石块等组成，这些基质一方面为微生物的生长提供稳定的依附表面，同时为水生植物提供了载体和营养物质，提供湿地化学反应的主要界面。

人工湿地一般处在水位变幅区，构建成长方形，利用自然地形，在溪流进入湿地处修建一条 0.5m 高的拦水坝，使水有一个缓冲过程，并在拦水坝上安装 1m 高的铁栅栏，过滤固体物质。在人工湿地区与水域交界处修建一个 1～2m 的拦水坝，进一步缓冲水，使得其滞留时间延长，一些有机物能有充分时间得到分解利用，更多无机物被沉降。

一般情况下所选择的湿地植物是香蒲、芦苇、灯芯草、宽叶香蒲、水蓼和蕉草等，这些植物都广泛存在并耐受污染。植物根系的深度决定了湿地的深度，香蒲在水深 0.15m 的环境中生存占优势，灯芯草为 0.05～0.25m，芦苇生长在岸边和 1.5m 的水深中，蕉草通常出现在岸边。芦苇、蕉草和香蒲常被用在潜流型湿地中，它们较深的根系可扩大污水的处理空间。

根据冲积扇的自然坡度及形状配置湿地生态床，水流通过各种管渠送入单元床体。湿地生态床一般是水面自由流动式，床体底部铺设 10～20cm 厚的砾石层，中部为 20～30cm 厚的砂土层，上部为 10～15cm 厚的土壤层，污水在床体内部水平流动。

水生植物系统是一种比较实用的污染水体修复技术，具备可原位修复，处理效果好，管理维护方便，美化环境，运行费用低等优点。一方面水生植物通过自身组织吸收直接去除污染水体中的营养元素；另一方面植物根系释放 O_2 使根际周围出现好氧、缺氧及厌氧区域，有利于 NH_4^+-N 硝化和 NO_3^--N 反硝化，促进氮的转化去除；此外植物根际微生物吸收也是污染物去除的重要途径。按照水生植物的类型，在系统构建的过程中主要形成挺水植物带，浮水植物带，沉水植物带和生态浮岛带。

挺水植物带在岸线 0～2m 处，可以引种的挺水植物有常绿鸢尾、香蒲、水蓼、水稗等。浮水植物带一般设置在岸线 1～3m 处，而且需要库底是软质底泥，以便于植物生长，引种浮叶植物，最好选择本地的植物，使其大规模繁殖。另外，还可以引种具有经济与观赏价值的浮叶植物，如聚草、香菇草，菱、莲、芡实等。它们花朵漂亮，有的可以食用或者作为药材。

沉水植物带在水库沿岸线以下 5～10m 处，引种沉水植物，着重选择适应能力强，去污能力强的物种，如金鱼藻、黑藻等。

生态浮岛的作用类似于植物带，可以吸收水中营养物质，促进水中悬浮颗粒物的沉积，同时它可以防止水浪直接冲击库岸，在生态浮岛与库岸之间营造一个相对平静的静水环境，有利于水生生物的生长、栖息，减少水流对水库底泥的搅动（图 2-152）。生态浮岛的显著优点是可以在不适宜直接建立水生植物带的地方或污染严重的区域设置。比如水库深水区，沉水植物等无法生长，此时生态浮岛就起到关键作用。生态浮岛带一般设置在离岸较远的水体中，通过人工建设植物浮床浮于水体表面。生态浮岛上的水生植物主要考虑配置大型的浮水植物，如聚草、香菇草、水葫芦、水鳖、大藻、浮叶眼子菜和萍蓬草等。生态浮岛的材料要求是可以长时间在水体中存在并漂浮，如饮用水输水用 PVC 管材、毛竹等。只要浮水植物生长稳定后，即使没有人工材料存在的情况下，这些水生植物可以利用发达的根系（由于这些植物主要依靠根系或茎从水中吸收营养）纵横交错，最终形成有一定厚度的植物体系，非常稳定，自然力（风浪等）一般不易使其断裂。进入良性生长的生态浮岛并不需要多少人工管理，只是在水生植物死亡后注意及时收割残体，防止二次污染。

图 2-152　生态浮岛原位修复系统

2.6.3.4 海岛水源水库铁锰污染控制

海岛水源水库铁锰污染的修复技术可以分为 2 类：一类是扬水曝气技术，一类是生物接触氧化技术。扬水曝气技术是一种原位修复技术，既通过直接充氧和混合充氧的方式增加下层水体中 DO 的浓度，改善水体厌氧状态和水生生物生存环境，抑制底泥中铁锰的释放，改善水质。扬水曝气还通过循环混合作用，混合上下水层，破坏水体分层，将表层含氧水向下层迁移，下层厌氧水体上移，改善水库整体的厌氧状态，从而达到控制铁锰释放和污染的目的。生物接触氧化技术是一种异位修复技术，是由碎石或锰砂填料构成的生物处理构筑物，污水与填料表面上生长的微生物膜间隙接触，使污水得到净化。这种生物处理方法不需投加任何药剂，投资及运行费用低。国内外的水处理专家已经将这种方法成功地应用到水体中铁、锰去除工艺的研究领域。

1. 扬水曝气技术

扬水曝气技术一般是在水库较深的位置安装扬水曝气器，利用曝气装置的作用增加底层水体中 DO 的含量。

1）扬水曝气器的构成

扬水曝气器的结构如图 2-153 所示，扬水曝气器主要由空气释放器、曝气室、回流室、气室、上升筒、水密舱、供气管道和锚固墩组成。扬水曝气器以压缩空气为动力，连续通入空气释放器的压缩空气以小气泡的形式向曝气室释放，然后将空气释放到水中。充氧后的水流在气泡的推动下经回流室回到水库底部，在下层厌氧水体中形成局部循环。充氧后的尾气收集在气室中，当气室充满空气后，瞬间往上升筒释放空气，并形成大的气弹，迅速上浮，推动上升筒中的水体加速上升，直至气弹冲出上升筒出口。上升筒中的水流在惯性作用下继续上升，直至下一个气弹形成。上升筒不断将从下端吸入的水体输送到表层，被提升的底层水与表层水混合后向四周扩散，使上下水层循环混合。扬水曝气器通过直接充氧和混合充氧可以增加下层水体 DO，改善水体厌氧状态和水生生物生存环境，

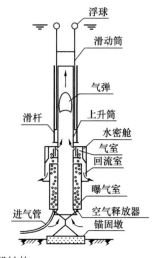

图 2-153 扬水曝气器结构

抑制底泥中污染物的释放，改善水质。扬水曝气器还可以通过循环混合作用，混合上下水层，破坏水体分层，将表层藻类向下层迁移，使藻类到达下部无光区后，生长受到抑制甚至死亡，从而达到控制水体富营养化的目的。

一般单台扬水曝气器设计供气量约为 $6m^3/min$，提水量约为 7.42 万 m^3/d，直接充氧量大约 $195kg/d$。扬水曝气系统由空压机供气，根据空气量的需求安装合适数量的空压机，在水库大坝岸边建空压机房。压缩空气经冷却、过滤净化后通过单独的供气管道输送到扬水曝气器。

2）扬水曝气器的布置

扬水曝气器设置的目的是为了改善取水口附近的水环境质量，防止出现分层厌氧状态。因此，扬水曝气器布置的原则为，尽量在靠近取水口附近水深较大的区域，且离开坝一定范围。水库坝前水深在 $5\sim6m$ 的水体不宜设置扬水曝气器，因为浅水区水底有大量的水生动植物，能进行光合作用，释放 O_2，使浅水区底部 DO 保持在较高水平，因而没有必要设置扬水曝气器。

每台扬水曝气器的曝气面积半径大约为 $50m$，根据深水区的范围合理布置扬水曝气器，如图 2-154 所示。

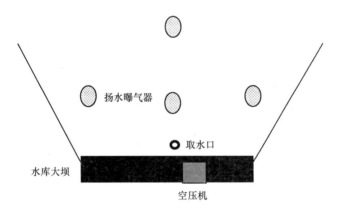

图 2-154 扬水曝气器布置图

2. 生物接触氧化技术

生物接触氧化技术是将水库底层的污水引出，输入到生物接触氧化修复系统中去除污染物质的工艺方法。生物接触氧化工艺由供水系统，沉砂池，生物滤池和清水收集池构成，如图 2-155 所示。

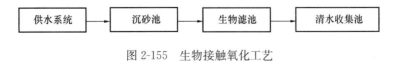

图 2-155 生物接触氧化工艺

供水系统的作用是通过一定的方式将水库的底层水输送给生物滤池。因此，供水系统的取水口要设计在底层，在取水口处安装防护网防止植物和动物的进入。供水系统的设计应该利用当地的地形优势及水库和下游的水位差，如利用虹吸原理，尽量在不需要动力能源的条件下实现污水流速的控制和供应。如图 2-156 所示，污水口位于水库大坝的底部，在不需要动力条件下，污水可以在人为控制下流出。

图 2-156 供水系统取水口位置设计

从污水口排出的污水进入沉砂池，去除水体中的大颗粒物和泥砂等物质。污水在迁移、流动和汇集过程中不可避免会混入泥砂。污水中的砂如果不预先沉降分离去除，则会影响后续处理的效果，干扰甚至破坏生物处理工艺过程。沉砂池主要用于去除污水中粒径大于 0.2mm，密度大于 $2.65t/m^3$ 的砂粒。其工作原理是以重力分离为基础，故应将沉砂池的进水流速控制在只能使比重大的无机颗粒下沉，而有机悬浮颗粒则随水流带起。沉砂池一般为平流式，因为相对来讲平流式的沉砂池占地小，能耗低，土建费用低的优点。平流式沉砂池是平面为长方形的沉砂池，沉砂池的主体部分，实际是一个加宽、加深了的明渠，由入流渠、沉砂区、出流渠等部分组成，如图 2-157 所示，两端设有闸板以控制水流。设计流速应该在 0.15～0.3m/s，停留时间应大于 30s。

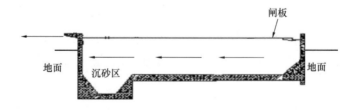

图 2-157 沉砂池示意图

生物滤池是一种用于处理污水的生物反应器，内部填充有过滤材料，材料表面生长生物群落，用以处理污染物。普通生物滤池在平面上多呈方形或矩形，如图 2-158 所示。四周围以池壁，池壁起围挡滤料的作用，一般用砖石或混凝土筑造。池壁要能承受滤料的压力，池壁高度一般应高出滤池表面 0.4～0.5m。另外滤料是生物滤池的主体，对生物滤池的净化功能有直接的影响，对滤料的要求是：具有较大的比表面积，以利于形成较高的生物量；较大的空隙率，以利于氧的供应和氧的传递；具有较高的机械强度，耐腐蚀性强；价格低廉，能够就地取材。常用实心球状滤料，主要有沸石、碎石、卵石、炉渣和焦炭等，针对铁锰污染问题还可以选择特异性材料锰砂。滤料总厚度一般为 0.3～0.5m，粒径一般在 30～50mm，各单元滤料粒径应均匀一致。

图 2-158　生物滤池

清水收集池设在滤池的后面，其作用为收集处理后的清水、保证滤池内水流的畅通。

2.6.4　海岛水库修复典型案例（舟山普陀山合兴水库）

合兴水库位于浙江省舟山市普陀风景区西北面的合兴村上游，水源地自然条件较好，三面环山，林间植被茂密。周围只有 35 亩农田，水库上游农户也较少，然而近几年来，水库亦频繁出现富营养化和重金属铁锰超标的问题，而且呈现逐年加重的趋势。尤其在高温月份水质富营养化问题凸显，水库底部沉积物中的重金属释放到水体中，使水体中重金属含量超标，无法达到供水标准。

2.6.4.1　合兴水库污染成因分析

对合兴水库分层取样进行水质调查，结果表明合兴水库存在重金属污染和水体富营养化问题，尤其以水体的中层（5～6m）和底层（10～11m）最为严重。经过调研分析认为主要是有以下几个原因导致了水体污染。

（1）生活在水库周围的农户常年向水库中排放生活污水，对水库的水质影响很大（图2-159）。

图 2-159　农民的生活污水直接排入水库示意图

（2）水库周围有 7 片农田，每片的面积大约有 5 亩，总共有 35 亩的农田（图 2-160）。当地农民每年不定期的往蔬菜上打甲胺磷农药，农药残留随着水土流失势必会进入到库区影响水质。另一方面，由于农田植被保护较少，雨季大量土壤及残余肥料农药随地表径流进入库区，导致水库中铁、锰等重金属的浓度严重超标。

图 2-160　水库周围农田分布情况

（3）水库周围植物茂密，长年累月积累了大量的腐殖质，随雨水进入到库区当中，尤其是雨量较大时，枯枝落叶大量在库中积累，导致水体富营养化问题日益突出（图 2-161）。同时腐殖酸导致水体 pH 降低，使铁锰离子释放，重金属超标。

图 2-161　水库周围残留的枯枝落叶

（4）经对水库周边的土壤、水库底部囤积物的检测结果了解到，水库周围土壤中铁锰的含量很高，经腐蚀和风化，随雨水进入水库导致水库中底泥重金属含量增加（图 2-162）。

图 2-162 水库周围裸露的土壤和岩石

水库的置换都很长，水体自净能力差，水质恶化速度非常快，一旦污水或地表径流中大量的金属流入水体，就会长期滞留于库体内，并逐渐累积，不易清除（表 2-50）。

水库周边土壤中铁锰的检测结果   表 2-50

	铁（mg/kg）	锰（mg/kg）
菜地土壤	1.75	540
菜地沟土壤	1.76	477
库边泥	2.1	560
合兴水库底泥	3.09	810
示范区小库中间表层底泥	2.56	387
示范区小库右侧表层底泥	2.67	511
示范区小库右侧底层底泥	2.7	634
示范区小库左侧表层底泥	2.81	406
示范区小库左侧底层底泥	3.07	791

2.6.4.2 合兴水库水质保护和修复技术方案及实施

（1）清除水面及水库周围枯枝落叶垃圾等污染源（图 2-163）：2010～2011 年清除水库周围枯枝落叶垃圾近 5t。

图 2-163 库中的枯枝

（2）引导农户使用生物农药生物生物肥料，减少周围农田径流污染。

（3）利用合兴水库上游的池塘作前置库，对前置库水源进行高密度植物修复（图 2-164）：前置库水源常年经排水沟流入或渗漏进入合兴水库，约占大库入水量的 50％。2009 年在池塘中间建立 1.5m×1.5m 的聚草浮岛，经 2 年形成生长旺盛的聚草浮岛，在 2011 年浮岛面积达 3m×3m；池塘浅水区经 2 年的引种种植的聚草和香菇草，与土著水花生等相间生长，形成浅水区遍布湿水植物聚草、水花生等 100m²。前置库水质明显改善。

2011年7月　　　　　　　2010年8月　　　　　　浮岛的构建2009年10月

图 2-164　前置库聚草浮岛

（4）铁锰吸附材料的筛选及人工生态渗漏沟的构建。

室内试验筛选出对水库水样中铁和锰有较强吸附能力的吸附材料，利用重金属吸附技术在前置库和大库连接处修建 27m 长的人工生态渗漏沟，前置库水源经过滤带进入合兴水库，有效阻截锰铁重金属等污染物。

通过实验室的静态吸附试验确定了 3 种对铁锰离子有较强吸附能力的吸附材料，分别为粉煤灰、沸石和活性炭（图 2-165、图 2-166）。通过动态试验模拟在动态条件下吸附材料对水样中铁锰离子的去除能力。

图 2-165　吸附材料筛选实验室静态试验

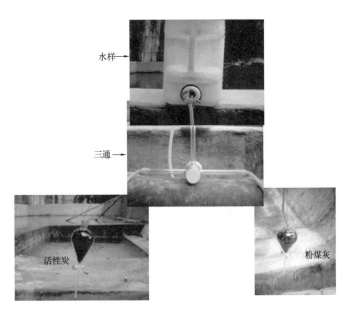

图 2-166　吸附材料动态试验装置

在水库上游入水口处构建铁锰污染的修复系统，通过生物氧化和化学氧化作用去除水体中的铁和锰，达到修复水体的目的。完成了排污沟的清理和改造，在系统入水口处设置控水闸门，控制水体流速。在系统中铺设过滤材料，包括沸石和锰砂（图 2-167），铺设重量分别为 3t 和 1t。整个系统长 27m，宽 1m，深 0.5m（图 2-168）。

图 2-167　吸附材料沸石和锰砂

从图 2-169 可以看出，总体来讲 NH_4^+-N 浓度在 6 月份，铁浓度在 5 月份，锰浓度在 3 月份出现波动，可能是气候变化及雨后水流变动对异位修复系统整体功能产生了一定的影响；其余月份出口污染物的浓度均低于进口污染物的浓度，表现出一定的去除能力。

图 2-168　前置库和大库之间的人工生态渗漏沟

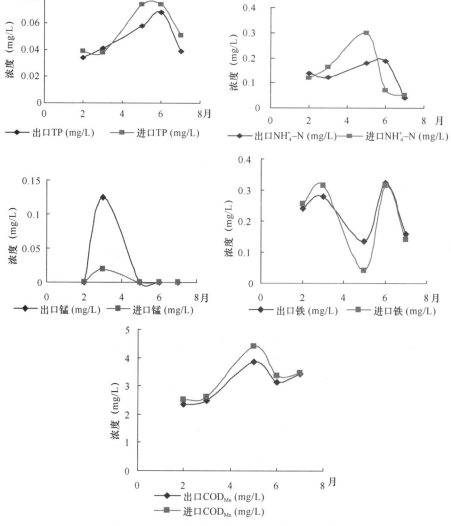

图 2-169　人工渗漏沟进出口污染物过滤效果

(5) 在水库沿岸栽种固土植物，构建污染物岸边生态截留系统，减少水土流失，阻控污染物进入水库。

选择马鞭草（根据日本宇都宫大学杂草科学研究所的内部研究资料，发现改良后的马鞭草驯化变种根系发达、生长迅速，对绿化荒山、治理荒滩陡坡、保持水土、防风固沙具有积极的作用。特别是在陡坡耕地退耕后，马鞭草驯化变种可以截持降雨，提高土壤蓄水保水能力，并使植被快速恢复和地面及时得到覆盖，从而有效减少土壤侵蚀，防止水土流失，图 2-170）作为生态防护带的主要组成部分，在前置库岸边和大水库岸边引种马鞭草等固土植物，建立岸边污染物截留系统，马鞭草引种后已定植 3 年，已扩展至 $100m^2$。马鞭草定植区可有效阻截大颗粒污染物进入前置库。

图 2-170　马鞭草

(6) 在水库消落带引入湿水植物，建立拓展湿地系统，增强水库自净系统。

通过单品种筛选，经过 4 个月的栽培试验，从初期选择的 20 种水生植物中初步筛选出了 5 种水生植物作为水库水体修复的功能性植物，其中浮水植物有聚草、香菇草、水葫芦和水花生，挺水植物有常绿鸢尾。

通过引种水葫芦、聚草、香菇等水生植物，保护扩展原生水生植物，形成具有显著修复功能的香菇草、聚草、水花生、水葱、芦苇等 7 种水生植物为主的湿生植物面积 $3000m^2$。其中引种的香菇草在水库消落带广泛分布，与其他植物群落交替存在，形成了分别以香菇草、聚草、水花生、水葱、芦苇为优势种的水生植物净化区域（图 2-171）。

(7) 在水面建立 $1000m^2$ 的植物浮岛，增加水面植物数量，强化植物对水体的修复功能。

采用生态浮岛技术来提高水库中的生物量。生态浮岛的作用类似于植物带，可以吸收水中营养物质，促进水中悬浮颗粒物的沉积，同时它可以防止水浪直接冲击库岸，在生态浮岛与库岸之间营造一个相对平静的静水环境，有利于水生生物的生长、栖息，减少水流对水库底泥的搅动。生态浮岛上的水生植物主要考虑配置浮水植物，如聚草、香菇草、水葫芦等（图 2-172）。课题采用当地的毛竹作为生态浮岛的材料，只要浮水植物生长稳定后，即使没有人工材料存在的情况下，这些水生植物可以利用发达的根系纵横交错，最终形成非常稳定的植物体系，自然力（风浪等）一般不易使其断裂。进入良性生长的生态浮岛并不需要多少人工管理，只是在水生植物死亡后注意及时收割残体，防止二次污染。

图 2-171　合兴水库消落带植物群落

图 2-172　生态浮岛原位修复系统

　　课题通过 3 年针对普陀合兴水库水源地保护和修复技术研究，建立了 100m² 的以固土植物为主体的岸边污染物截留系统，200m² 的前置库生态修复系统，27m 长的生态渗漏沟污染物截留系统和 3000m² 的消落带高效净化作用的水生植物群落。示范区的水源水质有了一定的改善。2009 年的水质监测结果显示，6 月份、7 月份和 8 月份合兴水库中超标取样点分别为 27、24 和 29 个，而 2010 年的水质监测结果显示，8 月份和 10 月份合兴水库中超标取样点分别为 4 个和 5 个（按照地表水Ⅲ类水标准，分层取水，监测数据分别由北京市理化分析测试中心和舟山市海洋环境监测站提供）。2011 年的水质监测结果显示，2 月份、3 月份、5 月份、6 月份和 7 月份合兴水库中超标取样点分别为 0 个、3 个、3 个、5 个和 0 个（按照地表水Ⅲ类水标准，分层取水，监测数据由舟山市海洋环境监测站提供）从图中可以看出，总体来讲连续半年的监测数据显示合兴水库底层的污染物浓度除个别位点在个别月份有轻度超标以外，其余月份均达到地表水Ⅲ类水标准，而且呈现整体好转的趋势（图 2-173～图 2-175）。

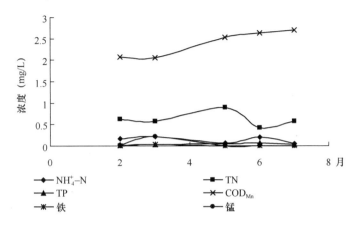

图 2-173　大坝左侧底层污染物浓度动态变化曲线

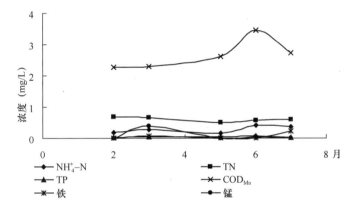

图 2-174　大坝中间底层污染物浓度动态变化曲线

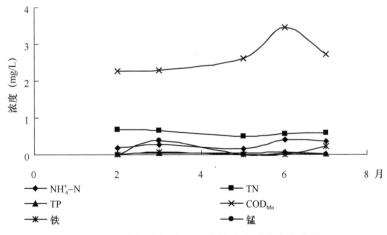

图 2-175　大坝右侧底层污染物浓度动态变化曲线

第3章　村镇饮用水水质净化技术与设备

3.1　生物慢滤水质净化技术与设备

3.1.1　生物慢滤水处理技术研究

3.1.1.1　传统慢滤技术

传统的慢滤池由承托层、滤层、进水系统和排水系统等组成。承托层由不同粒径的砾石组成，其作用一方面是保持出水均匀，另一方面是防止滤料随水流流出，损失滤料或堵塞排水管。传统慢滤中的滤料使用较多的是石英砂或河砂，因此得名为慢砂滤（Slow Sand Filtration）。

图 3-1 是慢滤示意图，水从滤池的上部进入，缓慢流过多孔砂床后，经承托层从底部流出。渐渐地在滤层上部表面形成了一层生物黏膜（schmutzdecke）。生物活动主要发生在慢滤池表面的生物黏膜中，这层生物黏膜含有细菌、藻类及腐烂叶子的碎片等。由于生物活动在慢滤中起非常重要的作用，影响生物活动的因素同样会影响慢滤池的功能。

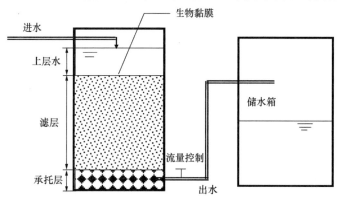

图 3-1　慢滤示意图

传统的慢滤池没有预处理，也没有充分发挥生物过程在慢滤中的作用，因此它对处理的水源水质要求较高。传统慢滤对进水水质要求如下：

（1）浊度低于 30NTU。

（2）没有季节性水华，叶绿素低于 0.05mg/L。

（3）传统慢滤技术对有机物的去除效果不是很好，水中应避免含有农药和杀虫剂等有机物。

（4）进水的色度不能太高，一般小于 30 度。

（5）不能处理黏土含量较高的水。

（6）进入慢滤池的水，不能含有残留的氧化剂，如余氯。

传统的慢滤池在运行过程中，要求保持恒定滤速，避免频繁地增加滤速，尤其应避免频繁地开关出口阀。频繁地停、开慢滤池，出水水质会受到影响。因此要求将慢滤池设计成 24h 运行。在寒冷气候下，慢滤池要加盖以防上层水结冰。

传统慢滤池对上层水深要求较高，水深要保持在 0.7～1m，一方面保证通过滤料时有足够的作用水头，另一方面为颗粒间的相互凝结、沉淀以及有机物的生物降解提供一定的停留时间。

3.1.1.2　生物慢滤技术

慢滤由于滤速慢，滤料粒径小，停留时间长等工艺特点，给滤器中的微生物提供了充分的活动时间，如果充分发挥慢滤中的生物作用对污染物的去除能力，使生物活动成为慢滤处理工艺的主要作用，传统慢滤就变为生物慢滤。生物慢滤系统具有较好的细菌去除能力和有机物降解能力。慢滤工艺的一个最大优点就是不使用反冲洗系统，可以节约反冲洗耗水量。这在我国西部、西北部水资源本来就很贫乏的地区，无疑是一个不可替代的优势。

传统慢滤池中滤料的装填高度很高，约为 2～3m，上层水也很深，最深达 1.5m。慢滤池设计的体积很大，滤池宽度约为 4～15m。慢滤中的滤料主要是河砂和石英砂。与传统慢滤技术不同，生物慢滤技术更加重视慢滤装置中的生物作用。由于慢滤的生物作用主要发生在滤料表面的一层生物黏膜中，因此如何加强黏膜的生物作用是生物慢滤的设计关键。传统慢滤池上层水深较深，从水表面到生物黏膜处约 0.7～1.5m 深。如此深的水，不利于 DO 的传递，因此也不利于生黏膜中好氧微生物的生长及作用。其次生物慢滤主要靠生物作用和上层滤料的过滤作用，因此不需要装填太高的滤料。

综上所述，传统慢滤与生物慢滤的最大区别在于设计和运行参数的不同，传统慢滤滤料装填高度太高，上层水太深，滤速太慢，滤池体积太大，而生物慢滤为了提高滤池中生物活动对污染物的去除作用，优化设计和运行参数，以期达到最佳的去除效果。

3.1.1.3　生物慢滤水处理技术研究

1. 实验条件

1）实验用水

实验用水取自北京某引水渠的河水。用潜水泵将河水直接泵入实验室，储存在水箱中备用。表 3-1 是实验期间河水的水质情况。实验用水的 DO 基本处于饱和状态。Pb 和 Zn 的离子浓度分别为 0.014mg/L 和 0.065mg/L；Cu、Cd 和 Fe 的含量都低于原子吸收直接火焰法的检测下限。根据中华人民共和国国家标准《地表水环境质量标准》（GB 3838—2002），表 3-1 表明实验原水的 NH_4^+-N 属于Ⅱ～Ⅲ类水，高锰酸盐指数（COD_{Mn}）属于Ⅲ～Ⅳ类水。总体来讲，该河水可以作为研究生物慢滤装置处理微污染水源水的模拟用水。

为了考察慢滤技术对高浓度 NH_4^+-N 和重金属的去除效果，根据研究需要向原水中加

入 NH_4Cl 和各种需要研究的重金属。

实验期间原水水质情况　　　　　　　　　　　　　表 3-1

水质参数	单位	结果
浊度	度	4～7
色度	度	10～20
臭味		腥臭味
NH_4^+-N（以 N 计）	mg/L	0.2～1.2
COD_{Mn}	mg/L	5～7
TOC	mg/L	5～8
细菌总数	CFU/mL	200～1000
大肠菌群	CFU/L	5～490

2）分析方法

在生物慢滤装置运行的过程中对进水、出水以及中间取样口的 NH_4^+-N、TOC、高锰酸盐指数、浊度、重金属等参数进行分析，分析方法按照《水和废水标准分析方法》。具体方法为：TOC 利用美国 Tekmar Dohrmann 公司生产的 Apollo 9000 型 TOC 仪，采用燃烧氧化的方法测定；NH_4^+-N 采用纳氏试剂分光光度法；NO_3^--N 采用紫外分光光度法；浊度采用分光光度法，分光光度计为北京谱析通用仪器公司生产的 TU-1901 型双光束紫外可见分光光度计；重金属离子利用美国 Thermo Elemental 公司生产的原子吸收分光光度计，采用直接火焰法测定。COD_{Mn} 采用酸性法；细菌总数采用平皿菌落计数法，总大肠杆菌群采用多管发酵法。

2. 实验结果

1）生物慢滤运行参数的优化实验

（1）滤料粒径

选择 3 种粒径的石英砂滤料进行研究：0.95～1.35mm，0.3～0.9mm，0.15～0.3mm，研究了滤料粒径对浊度、有机物、NH_4^+-N 和细菌等污染物的去除效果的影响，图 3-2 分别是装填不同粒径石英砂的生物慢滤反应器进出水浊度、TOC、NH_4^+-N、细菌和水头损失随运行时间的关系。

研究结果表明：在相同滤速下，在慢滤池滤料表面形成稳定成熟的生物黏膜需要的时间与滤料的粒径有关，滤料粒径越小，形成稳定成熟的生物黏膜需要的时间越短。石英砂粒径为 0.15～0.3mm 的慢滤池形成稳定生物膜大约需要 2 个星期的时间，石英砂粒径为 0.3～0.9mm 的慢滤池形成稳定生物膜大约需要 2 个星期至 1 个月的时间，而石英砂粒径为 0.95～1.35mm 的慢滤池形成稳定生物膜大约需要 40～60d 的时间。

一旦在慢滤池表面上形成稳定成熟的生物黏膜，滤料粒径对浊度、色度、NH_4^+-N、有机物、重金属等去除效果影响不大，但对细菌的去除差别较大，粒径越小，慢滤池对微生物的去除效果越好。粒径为 0.15～0.3mm 和 0.3～0.9mm 的生物慢滤池可以有效地去除细菌，其出水不经消毒即能达到生活饮用水标准。而粒径为 0.95～1.35mm 的慢滤池

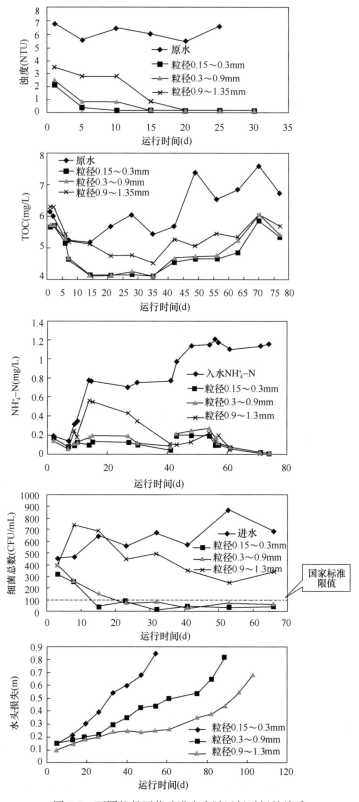

图 3-2 不同粒径石英砂进出水随运行时间的关系

的出水细菌有时高于进水，要想作为农村的饮用水，必须经过后续的消毒处理。

从综合效果看，粒径为 0.15～0.3mm 和 0.3～0.9mm 的滤料是生物慢滤的最佳滤料粒径。

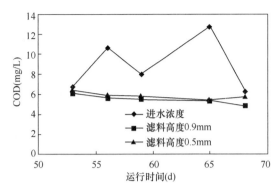

图 3-3 慢滤反应器在不同滤料高度处 COD 浓度

（2）滤料装填高度

研究了滤料高度对浊度、有机物、细菌、重金属等去除效果的影响，结果表明，慢滤池的滤料高度对各类污染物的处理效果有一定的影响，但慢滤池对这些污染物的去除主要发生在 50cm 高度内。图 3-3 是滤料粒径为 0.3～0.9mm 的慢滤反应器在不同滤料高度（0.5m 和 0.9m）处 COD 浓度。

上述结果表明，研究结果表明生物慢滤的滤料装填高度为 0.6～0.7m 时，已达到了较高的去除率。

（3）滤料级配

研究了 3 种滤料级配组合对生物慢滤处理效果的影响，3 种滤料级配组合情况为：第一种，上层滤料粒径 0.15～0.3mm，装填高度 15cm，下层滤料粒径 0.3～0.9mm，装填高度 75mm；第二种，上层滤料粒径 0.3～0.9mm，装填高度 25cm，下层滤料粒径 0.9～1.35mm，装填高度 65mm；第三种是倒级配滤料，上层滤料粒径 0.9～1.35mm，装填高度 20cm，中间滤料粒径 0.3～0.9mm，装填高度 25cm，底部滤料粒径 0.15～0.3mm，装填高度 45cm。研究结果表明：3 种级配的慢滤反应器对于 NH_4^+-N、COD 的去除没有明显差异。但对于细菌的去除差异比较显著。

第一种级配滤料可以完全有效去除细菌，出水细菌总数低于 100 个/mL，可以满足国家饮水卫生标准，第二种级配滤料出水细菌有时超过国家饮水卫生标准，而倒级配滤料，出水细菌去除效果明显不好，有时还出现出水细菌总数高于进水细菌总数的现象。

第一种级配滤料生物慢滤反应器与粒径 0.15～0.3mm 的慢滤反应器结果比较表明，两种类型慢滤反应器对 NH_4^+-N、COD 和细菌等各种污染物去除效果没有明显差异。

第二种级配组合，即上层滤料粒径 0.3～0.9mm，下层滤料粒径 0.9～1.35mm，对细菌的除效果比单一滤料粒径 0.3～0.9mm 稍差。

（4）滤料类型

石英砂、河砂、陶粒、沸石对于 NH_4^+-N、COD、金属锰离子和浊度的去除效果在初期阶段陶粒和沸石好于石英砂和河砂，但是，最终无明显差异。图 3-4 是装填 4 种不同类型滤料的生物

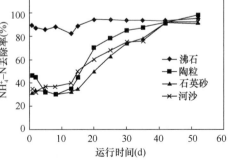

图 3-4 不同类型滤料的生物慢滤
反应器对 NH_4^+-N 的去除率

慢滤反应器对 NH_4^+-N 的去除率。

（5）水力负荷（滤速）

生物慢滤技术的滤速范围为 $0.1\sim0.6m/h$。图 3-5 是生物慢滤反应器 NH_4^+-N 浓度随进水滤速的变化关系。图 3-6 是滤速对细菌去除效果的影响。

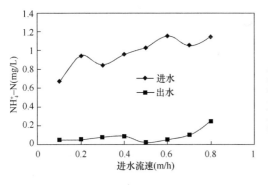

图 3-5　NH_4^+-N 浓度随滤速的变化关系　　　图 3-6　滤速对细菌去除效果的影响

2）生物慢滤对微污染水的去除效果

表 3-2 是原水经过生物慢滤池处理后，出水的水质情况。比较表 3-1 和表 3-2 可以看出，生物慢滤池对水的浊度、色度、臭味都有很好的去除效果，这些指标完全达到了《生活饮用水水质标准》。生物慢滤池对 NH_4^+-N 和有机物也有较好的去除，处理出水的水质类别比原水至少提高了一个类别，NH_4^+-N 从原来的Ⅱ～Ⅲ类水变为优于Ⅰ类水。高锰酸盐指数从原来的Ⅲ～Ⅳ类水变为Ⅱ～Ⅲ类水。

河水经生物慢滤处理后水质　　　　　　　　　　　　　　表 3-2

水质参数	单位	结果	饮用水标准
浊度	NTU	＜1	1（水源与净水技术条件限制时为 3）
色度	度	＜5	15
臭味		无异臭、异味	无异臭、异味
NH_4^+-N	mg/L	＜0.05	
COD_{Mn}	mg/L	3.5～4.8	3（水源限制，原水耗氧量＞6mg/L 时为 5）
TOC	mg/L	3.5～6	
细菌总数	CFU/mL	＜100	100
大肠杆菌	CFU/L	未检出	不得检出

3）生物慢滤对重金属的去除效果

实验用水仍为河水，根据需要加入适量的重金属。表 3-3 列出了我国《地表水环境质量标准》（GB 3838—2002）中规定的 6 项重金属限值作为参考，其中的 Fe 和 Mn 是根据《地表水环境质量标准》GB 3838—88 列出的。本研究依据表 3-3 列出的数据向原水中加入不同含量的重金属，所配出的原水重金属浓度基本上是按照地表水环境质量标准的Ⅱ类、Ⅴ类、Ⅴ类的 1 倍和 2 倍。图 3-7 是在不同进水浓度下，生物慢滤池对 Fe、Cu、Pb、Mn、Cd 和 Zn 的去除结果。

地表水环境质量标准重金属项目限值　　　　　　　　　表 3-3

重金属	重金属限值（mg/L）				
	I	II	III	IV	V
Cu	0.01	1	1	1	1
Zn	0.05	1	1	2	2
Cd	0.001	0.005	0.005	0.005	0.01
Pb	0.01	0.01	0.05	0.05	0.1
Mn	0.1	0.1	0.1	0.5	1
Fe	0.3	0.3	0.5	0.5	1

从图 3-7 可以看出，进水中 Cu 的质量浓度分别为 0.79mg/L、1.37mg/L、1.49mg/L、1.68mg/L 和 2.58mg/L 时，经生物慢滤池处理后其出水浓度分别为 0mg/L、0.04mg/L、0.014mg/L、0.015mg/L 和 0.016mg/L，去除率在 97％以上。进水中 Cu 的质量浓度在 V 类水范围时，出水可以达到 I 类水水质标准，即使进水中 Cu 的质量浓度为 V 类水质的 2.5 倍，处理出水中 Cu 的质量浓度仍能达到 II 类水水质标准，符合《生活饮用水水质标准》。

进水中 Zn 的质量浓度分别为 1.25mg/L、2.3mg/L、3.15mg/L 和 4.8mg/L 时，出水浓度分别为 0.14mg/L、0.22mg/L、0.15mg/L、0.3mg/L，去除率在 88％以上。锌的进水浓度为 V 类水质的 2 倍时，处理出水的锌浓度仍能达到 II 类水，符合《生活饮用水水质标准》。

Pb 的进水浓度为 0.071mg/L、0.12mg/L、0.27mg/L、0.39mg/L 时，出水浓度分别为 0、0.05mg/L、0.064mg/L、0.055mg/L，去除率在 60％以上。当进水中的铅浓度是 V 类水时，出水铅浓度可以达到 I 类水水质标准，而进水铅浓度属于超 V 类水时，出水铅浓度只能达到 IV～V 类水的水质标准。

Cd 的进水浓度为 0.097mg/L、0.193mg/L、0.296mg/L、0.377mg/L 时，出水浓度分别为 0.0042mg/L、0.004mg/L、0.005mg/L、0.01mg/L，去除率在 95％以上。当进水镉浓度几乎是 V 类水的 10 倍时，出水仍能达到 II 类水水质标准。

Mn 的进水浓度为 0.44mg/L、0.87mg/L、1.64mg/L、1.85mg/L 时，经生物慢滤池后，出水浓度分别为 0.06mg/L、0.2mg/L、0.44mg/L、0.55mg/L，去除率为 70％以上。当进水锰浓度为 IV 类水时，出水浓度能达到 I 类水水质标准，当进水浓度超过 V 类水时，其出水浓度已不能达到 IV 类水的水质标准。

Fe 的进水浓度分别为 0.45mg/L、0.69mg/L、0.98mg/L、1.35mg/L、1.58mg/L 时，出水浓度为 0.01mg/L、0.017mg/L、0.019mg/L、0.015mg/L 和 0.015mg/L，去除率在 95％以上。即使进水浓度为超 V 类水，经生物慢滤处理后，出水仍能达到生活饮用水标准。

图 3-7 中可以看出，滤料高度对 6 种重金属的去除影响不大，重金属的去除主要发生在滤料的上部。只有在镉浓度为 0.337mg/L 时，滤料高度对其去除有所影响。这表明慢

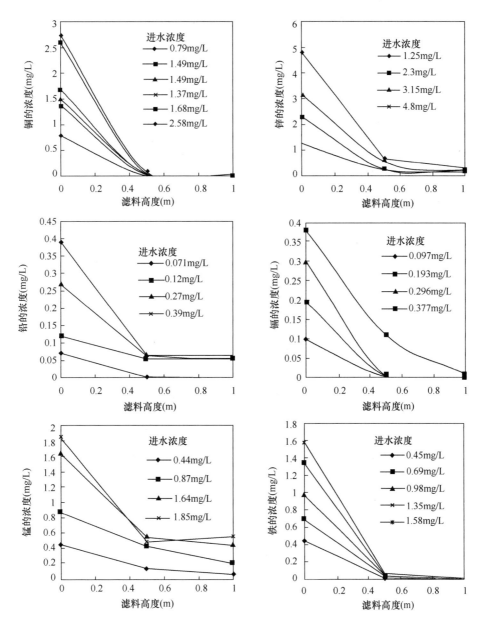

图 3-7　生物慢滤对各种重金属离子的去除效果

滤池对重金属的去除机理主要是滤料表面形成的黏膜对重金属的吸附和生物富集。

3. 小结

研究结果表明生物慢滤水处理技术对微污染水中常见的超标污染物如微生物、氨氮、有机物及重金属等有很好的去除效果。

（1）对大肠杆菌的去除率高达 100％；细菌总数去除率在 97％以上，经过生物慢滤技术净化的出水卫生学指标不经消毒即可达到《生活饮用水卫生标准》（GB 5749—2006）。

（2）对 NH_4^+-N 的去除率高达 98.5％。

（3）对浊度的去除率达 99％以上。

（4）对重金属的去除效果也很好，铜、镉、铁的去除率在 95% 以上，锰、铅、锌的去除率在 60%～88% 之间。

（5）对有机物 COD_{Mn}、TOC 及苯酚的去除分别稳定在 28.1%～37.1%、31%～36% 和 41.2%～63.0%。

3.1.2　家用自动生物慢滤水处理设备研发

西北黄土高原丘陵区，农村主要的集雨模式为单户集雨，每家 1～4 个水窖，自家收集的雨水为私人财产。对于单户分散集雨模式，宜采用分散饮水处理技术，本课题研发集成了一套家用自动生物慢滤水处理设备，设计见图 3-8，实物见图 3-9，流程见图 3-10。

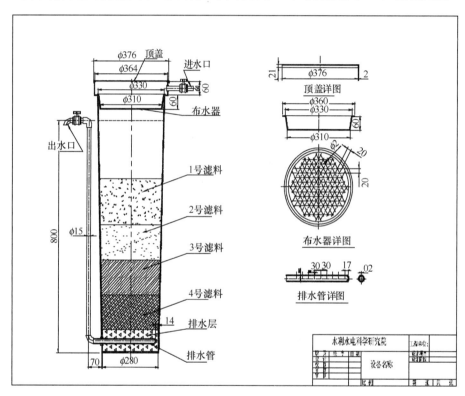

图 3-8　家用自动生物慢滤水处理设备设计图

3.1.2.1　设备研制

工艺组成：主要由高位配水箱、前置 Y 形过滤器、生物慢滤滤柱、自动化控制配电箱 4 部分组成。

单台处理规模：170～848L/d。

主要性能指标：滤料装填高度为 600～700mm，上层水深 100～200mm，滤料粒径 0.3～0.6mm，滤料高度 0.6～0.7m，滤速 0.2～0.4m/h。

制水成本：0.2～0.8 元/m³。

开启配电箱后，水窖水经潜水泵抽至高位水箱，在进入高位水箱前，用一个 Y 形过

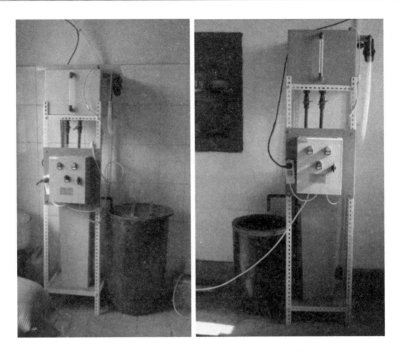

图 3-9 家用自动生物慢滤水处理设备实物图

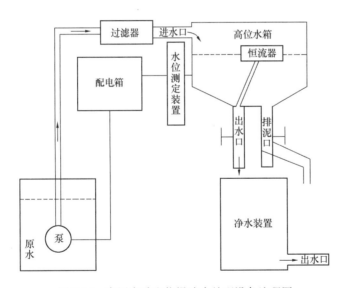

图 3-10 家用自动生物慢滤水处理设备流程图

滤器对水窖水进行粗滤，Y形过滤器中有一个 100 目（约 0.2mm）的过滤网，去除水中的悬浮物、泥砂等污染物。高位水箱中设置了水位恒定器，用弱电感应水位，当水位低于设定的最低水位时，潜水泵自动开启，抽水至高位水箱，当高位水箱中的水位达到设定的最高水位时，潜水泵自动关闭，从而保持高位水箱水位的相对稳定，同时高位水箱中还设置了一个恒流器，保证从高位水箱流出的水的流速恒定。高位水箱底部设置了排泥口，用于排出高位水箱长期运行后底部可能出现的沉积物。

从高位水箱流出的水进入家用生物慢滤装置中，家用生物慢滤装置分为 2 部分，上部为布水器，布水器的底部设置均匀分布小孔，以便水均匀流出，布水器中装填粒径为 1～2m 的石英砂，起到进一步的过滤作用。从布水器流出的水进入其底部的生物慢滤装置中，在微生物及滤料的双重作用下，对水进行净化，处理后出水进入清水池中。

3.1.2.2　设备创新点

针对西北地区集雨水高浊度的特点，设计了 Y 形前置过滤器（过滤网规格为 100 目）对水窖水进行粗滤，减少了后续慢滤装置的堵塞概率。

针对传统配水箱底部开口，重力供水作用下流速先急后缓难以控制的特点，设计了恒流器，保证了高位水箱流出的水流速恒定，避免了流速不均导致出水水质超标问题。

针对传统慢滤装置直接进水，其布水不均匀性导致滤料表面易冲蚀，容易产生沟流等问题，在慢滤装置顶部设计了布水筐，布水筐清洗方便，不仅起到了均匀布水作用，而且对大颗粒污染物进行初步拦截，减少了滤料堵塞机率。

针对农民文化水平低的特点，设计了建议自动控制系统，在极低成本下实现了进水自动化，简化了农民操作管理。

3.2　小型超滤过滤消毒一体化水质净化设备

3.2.1　农村饮用水现状及其处理技术

我国水资源短缺，人均水资源只有世界平均水平的 1/4，且分布不均。随着经济的发展，加之缺乏有效管理，污染现象日趋严重，特别是工业污染和生活垃圾、人畜粪便以及残留农药污染较为严重，在农村地区尤为突出。由于农村地区，受社会经济水平、自然条件和水源污染状况，决定了适用于农村的饮用水净化技术和设备必须满足价格低廉、操作简单和适于不同规模分散农户的要求。根据调查评估，到 2004 年年底，我国农村饮用水不安全人口为 3.23 亿，占农村人口的 34%，农村安全饮水的形势非常严峻。当前，我国部分农村地区的饮用水安全问题十分严峻和突出，通过饮水发生和传播的疾病就有 50 多种，尤其在农村地区。

农村饮用水安全卫生是反映农村社会经济发展和居民生活质量的重要指标，是影响居民健康水平的重要因素。改善农村饮用水也是社会主义新农村建设的重要内容，是体现以人为本，构建和谐社会的必然要求。生活饮用水是人类生存不可缺少的要素，与人们的日常生活密切相关。保障农村饮用水安全，是当前我国统筹城乡经济社会发展、全面建设小康社会的一项重要内容。

3.2.1.1　农村饮用水现状

当前，我国村镇饮用水存在以下问题：①供水能力不足，供水量少。受地质和自然条件影响，而且受气候影响，现有水源日渐枯竭。②污染现象日趋严重。目前，随着经济的发展，加之缺乏有效管理，污染现象日趋严重，特别是工业污染和生活垃圾、人畜粪便以及残留农药污染尤为突出。③供水条件制约发展。除了影响到群众的生活生产和生命健康安全以外，农村及镇供水状况的好坏对农村小城镇建设和招商引资构成很大影响。

由于受传统居住形式、地理条件，水源条件影响，加上各地经济发展不平衡，农村供水工程主要以集中供水和分散式供水两种形式为主，其中利用分散式供水居多。在我国农村很大一部分地区，饮水工程措施不合理、不完善。部分工程甚至始建于 20 世纪 80 年代至 90 年代初，由于受到资金、地理位置等因素制约，建成的供水工程简单粗放。部分取用地表水的饮水工程未设计净化、消毒设施。部分供水工程在修建时，供水材料使用铸铁管或镀锌管，由于运行时间已久，供水管道内容易发生氧化、脱落，从而造成二次污染。因此，加快农村饮用水工程的建设，保证农村人口的饮水安全显得格外重要。

我国农村的社会经济水平、自然条件和水源污染状况，决定了适用于村镇的饮用水净化技术和设备必须满足价格低廉、操作简单和适用于不同规模分散农户的要求。目前，国内外的饮用水处理技术主要有常规处理技术、强化常规处理技术、深度处理技术、膜处理技术等。传统的饮用水处理工艺一般为：混凝-沉淀-过滤-消毒，以去除水中的悬浮物、胶体颗粒物为主。

传统的饮用水处理技术及强化常规处理技术，已无法满足人们对饮用水水质的要求。目前国内外常用的水深度处理技术中，膜法饮用水处理技术作为一种革命性的技术，已在发达国家广泛应用，在我国也已广为关注。

1. 常规处理技术

常规的饮用水处理技术主要是沉淀、过滤及消毒，可以去除浊度、色度、颗粒和微生物；臭氧加活性炭技术可以去除部分 NH_4^+-N 和有机物，但不能去除重金属和许多"三致"物质。

传统上采用的混凝-沉淀-过滤-消毒等处理工艺，只能去除水中悬浮物、胶体颗粒，而对于受污染水源中的溶解性有机物的去除能力明显不足，特别是加氯消毒后形成的"三致"物质及其前驱物，更是常规水处理工艺难以去除的。

1）混凝

混凝的目的是去除水中的悬浮物，胶体以及不溶有机物。由于混凝法的饮用水处理效果很大程度上取决于絮凝剂的性能，因此，絮凝剂的研究与开发是混凝技术的核心。混凝剂可分为无机絮凝剂和有机絮凝剂。无机絮凝剂主要成分为铝盐和铁盐。19 世纪末，美国首先将硫酸铝用于给水处理，在 20 世纪 60 年代末开发出聚合氯化铝。无机高分子絮凝剂兼有无机电解质压缩双电层和高分子有机物吸附架桥的优点，与传统的絮凝剂比较，其效能更优异，而且比有机高分子絮凝剂价格低廉，已逐渐成为主流絮凝剂。有机絮凝剂以阳离子型为主，大多是线型高分子聚合物。作为一种聚高分子电解质，它可以与水中微粒起电荷中和及吸附架桥作用，从而使体系中的微粒脱稳、絮凝而有助于沉降和过滤脱水。

2）沉淀

水中的悬浮物和胶体经混凝后，形成大颗粒絮凝体，然后在沉淀池或澄清池内进行固液分离。沉淀－澄清工艺在欧洲水厂已有了新发展，出现了高密度澄清池。这种高密度澄清池的特点在于将斜管沉淀池的活性污泥进行回流，以加强絮凝体强度和沉淀效率。

3）过滤

过滤通常一般以石英砂等粒状滤料来截留水中的悬浮杂质。通过过滤，可以进一步降低水中的浊度，而且水中有机物、细菌和病毒等也被部分去除。过滤还可使滤后水中的细菌、病毒在消毒过程中容易被杀灭，为滤后的消毒创造了良好的条件。

4）消毒

消毒是针对微生物污染物的化学氧化。常用的消毒方式有氯化消毒、臭氧消毒和紫外线消毒等 3 种。但由于新国际及城建标准对消毒副产物控制较严，且新国标将臭氧、ClO_2 纳入消毒剂指标。因此，今后的消毒方式将会出现多样性，较为先进的消毒方式，如组合氯氨，组合臭氧-氯、ClO_2、组合 UV 紫外线-氯将得到较大的发展。

（1）氯化消毒：目前，含氯制剂是公认的廉价有效的饮用水消毒剂。水源经过氯化消毒，在去除病菌的同时也生成了一些消毒副产物。这些产物一些具有"三致"物质对人体健康构成潜在的威胁。虽然氯化消毒有以上的不足，但是这种方法具有消毒效率高，成本低，投量准确，设备简单等优点，所以至今还在世界范围内广泛应用。常用的农村含氯消毒剂有漂白粉、漂粉精、漂白水、二氧化氯。

（2）臭氧消毒：臭氧消毒能力是氯的 2 倍，杀菌能力是氯的数百倍。臭氧既能氧化水中的有机物也能氧化无机物，且与有机物作用后不产生卤代物。不仅受 pH 值、水温及水中含氨量的影响较小，臭氧消毒的脱色效果好，还有一定的微絮凝作用，能去除微生物、水草、藻类等有机物产生的异味，使水的水质观感、口感均有极大改善。

（3）紫外线消毒：用于水消毒，具有消毒快捷、彻底，不污染水质，运作简便，使用及维护费用低等优点。不会造成任何二次污染，不残留任何有毒物质，不影响水的物理性质和化学成分。缺点就是紫外线处理水要求水体具备一定的透明度，水中的悬浮物、有机物和 NH_4^+-N 都会干扰紫外线的传播，进而影响消毒效果。还有就是不能解决消毒后水在管网中的二次污染问题。

综合考虑技术、经济等各方面因素，目前氯化消毒仍是我国农村最实用的消毒方式，而臭氧消毒和紫外消毒代表农村饮用水消毒技术的发展方向，特别是紫外消毒，在农村的给水行业中有着广阔的应用前景。

由于常规水处理工艺对未受污染水源水中的胶体、悬浮物、微生物等污染物具有良好去除控制效果，但对污染更为严重的水源及要求更为严格的出水水质，存在一定的局限性。所以目前的研究主要集中在强化常规处理技术上，主要包括强化混凝和优化消毒技术。强化絮凝是通过投加高效混凝剂，控制一定的 pH 值，从而提高常规混凝法处理中天然有机物（NOM）去除效果，为最大限度地去除消毒副产物前驱物等有机物的改进后的混凝方法，强化混凝是去除有机物的有效方法。

2. 深度处理技术

常规的饮用水处理技术主要是混凝、沉淀、过滤及消毒，可以去除浊度、色度、颗粒和微生物，相对受污染水源中溶解性有机物的去除能力则明显不足，特别是加氯消毒后形成的"三致"物质及其前驱物，更是常规水处理工艺难以去除的。因此，在饮用水常规处理工艺的基础上，出现了深度处理技术，以去除水中溶解性有机物和消毒副产物，有效地提高和保证了饮用水的质量。

深度处理的目的一般是去除消毒副产物及其前质、农药以及其他的一些常规方法难以去除的有毒有害污染物。消毒副产物浓度与水源的水质状况密切相关。投入消毒剂前去除消毒副产物前质，更利于消毒副产物的控制。目前深度处理工艺在工程中可采用的主要有活性炭吸附、臭氧-活性炭、生物活性炭和膜处理3种。

1）活性炭吸附

在饮用水的各种深度处理技术中，活性炭吸附技术是最成熟有效的方法之一。活性炭具有高效过滤、吸附、净化功能，因此可作为民用基础材料的应用愈来愈多。对于饮用水行业来说，活性炭净水技术的应用是保障人们饮水安全与卫生的重要措施。

近年来，我国活性炭企业先后开发、研制了净水粉状型活性炭、净水柱状型活性炭、净水原煤破碎型活性炭、净水压块型煤质活性炭等品牌。同时深入研究活性炭净水技术及其应用，为国内外自来水行业饮用水的安全保障发挥了应有的作用。活性炭净水技术分为粉状活性炭净水技术、颗粒活性炭净水技术和生物活性炭技术。

2）臭氧-活性炭吸附

饮用水的深度处理技术主要就是臭氧-生物活性炭技术。臭氧-生物活性炭技术是将臭氧的化学氧化、生物的氧化降解、活性炭的物理化学吸附集于一身的工艺，臭氧活性炭技术是在传统的臭氧氧化技术和活性炭应用的基础之上发展起来的。20世纪60年代末欧美国家开始在饮用水处理中较普遍地采用了活性炭，以进一步去除水中的有机污染物，这时活性炭处理前多采用预氯化。在此情况下，炭床进水中含有游离氯，微生物的生长受到抑制，炭床中没有明显的生物活性。1961年，在德国杜塞尔多夫（Dusseldorf）市Amstaad水厂首次采用臭氧化与活性炭吸附技术。

3）生物活性炭技术

生物活性炭是多年来活性炭在饮用水处理的应用实践中产生的，最早应用的是德国慕尼黑市水厂。目前除了德国外，法国、荷兰、瑞士等国家有许多水厂以采用生物活性炭作为饮用水处理的生产工艺。它是当今世界饮用水处理的发展方方向。

生物活性炭技术主要是通过活性炭对有机物的吸附及其上的微生物对有机物的降解来达到对微污染有机物的去除，因而对有机物具有良好的去除效率。采用生物活性炭技术后，与原先单独使用活性炭吸附工艺相比，出水水质得到提高，也增加了水中溶解性有机物的去除，从而降低了氯化时的氯气投加量，降低了三氯甲烷的生成量，而且延长了活性炭的再生周期，减少运行费用。

除了上述的处理方法外，一些其他方法也被用于深度处理饮用水中的有机污染物，如利用紫外线和臭氧结合的方法去除饮用水中的三氯甲烷；利用臭氧和过氧化氢混合物去除饮用水中的微量污染物，包括苯化物、四氯乙烯等，但仍处在研究阶段。

3. 膜处理技术

膜技术是一门新兴的分离技术，广泛应用于水处理、食品加工、化工、制药等领域。膜分离技术代表着未来水处理发展的时代潮流，被称为 21 世纪的净水技术。常用的膜技术包括微滤、超滤、纳滤、电渗析和反渗透。与传统水处理工艺相比，膜技术更能确保饮用水的水质安全性，并且具有绿色、高效、节能、工艺简便、过程易控制等优点，是农村分散型饮用水处理工艺的较佳选择。

1）微滤

微滤膜的膜孔径为 $0.1 \sim 2.0 \mu m$，介于常规过滤和超滤之间，微滤膜去除病毒的优势机理在于膜孔径大小恰好使病毒吸附到膜孔壁上。微滤膜的细孔结构可以有效去除水中的泥砂、胶体、大分子化合物等杂质颗粒剂及细菌、大肠杆菌等微生物。但随着饮用水安全研究的深入，发现微滤技术对于小分子有机物、重金属离子、硬度及病毒去除效果差，同时，进水中颗粒物较多时，容易造成膜孔堵塞，因此考虑到其局限性，在深度处理中，常将其与其他工艺结合使用。

有研究结果表明微滤膜对浊度的去除率＞99%，对细菌、大肠杆菌的去除率接近100%；对 Fe 和色度的去除效果也很好，出水中的铁＜0.05mg/L，色度＜5 倍，而对 Mn 的去除则受前处理的影响较大；经过微滤膜处理后，水中的碱度和余氯基本无变化；对有机物、NH_4^+-N、UV_{254} 等的去除效果较差，去除率均低于 20%。

2）超滤（UF）

超滤是介于微滤和纳滤之间的一种膜过程，膜孔径在 $0.05 \sim 1000 \mu m$ 之间。1965 年美国亚米康公司首先开发出中空纤维式超滤膜。我国对超滤膜的开发始于 20 世纪 70 年代初，最初开发的是醋酸纤维素膜管式组件，20 世纪 80 年代至 90 年代中期先后研制出聚砜卷式超滤组件、聚砜中空纤维超滤组件、聚丙烯中空纤维组件、聚氯乙烯中空纤维组件。由于膜的生产技术水平的不断提高，超滤膜的生产成本随之降低，这为 UF 水处理技术的开发应用奠定了基础。超滤技术最初用于化工和医药行业，20 世纪 80 年代初开始用于饮用水处理。法国于 1988 年建成的 Amoncourt 水厂是世界上第一个采用 UF 工艺的水厂。20 世纪 90 年代后，UF 工艺在水处理中得到了迅速发展。我国在 20 世纪 90 年代中期开始超滤水处理的实验室研究，2005 年 5 月苏州市木渎镇 1 座 1 万 m^3/d 的超滤水厂投入运行，这是国内第一座采用超滤技术的水厂。

近年来，超滤在饮用水处理中的研究和应用发展非常迅速。超滤膜是悬浮颗粒及胶体物质的有效屏障，同时超滤膜也几乎完全实现对"两虫"、藻类、细菌、病毒和水生生物的去除。Jacangelo 等的研究发现通过超滤工艺处理后的出水，水中的贾第鞭毛虫和隐孢子虫卵囊都在检测限以下，因此超滤是目前保障水的微生物安全性的最有效技术。另外超滤能够去除呈胶体或者悬浮物性质的铁、锰，但不能去除水中溶解的亚铁离子和二价锰离子，必须配合使用氧化剂，把亚铁快速氧化成三价铁，在中性 pH 附近形成不溶性的铁胶体，把二价锰氧化成四价锰，通过超滤过滤除去。与传统相比，超滤膜的显著优点是对原水波动相对来说适应能力强，可及时调节。但是，由于超滤膜的截留分子量大，使得去除溶解性有机物、金属离子、溶解性盐和一些小分子有机物效果较差。Laine 等人经试验证实，截留分子量为 1000～5000 的超滤膜去除 THMs 前驱物效果不是很好。但 Anselme 等人提出了一种特殊的工艺来去除溶解性有机碳（DOC）和微污染物，将一定量的粉末活性炭投加到 UF 膜装置的循环水流中，组成吸附-固液分离工艺流程来处理饮用水，可将低分子量的有机物从水中去除。所以许多专家学者通过研究超滤与其他工艺的组合工艺以提高对该类污染物质的去除效果。其中粉末活性炭-超滤联用工艺、混凝-超滤联用工艺等在国内外研究比较多，也取得了一定成果。Jean-Michel 最先提出膜分离前进行混凝、活性炭预处理的构想，并通过实验证明了该技术的可行性。

3）纳滤

纳滤膜又称为超低压反渗透膜，是 20 世纪 80 年代后期研制开发的一种新型分离膜，纳滤膜的截留分子质量介于反渗透膜和超滤膜之间，其表面分析层由聚电解质构成，在膜表面和内部都有带电基团，通过静电作用，可阻碍多价离子的渗透从而使分离过程具有离子选择性。纳滤膜分离技术在饮用水深度处理中可以去除异味、色度、农药、合成洗涤剂、可溶性有机物、砷和重金属等有害物质。还能去除消毒过程中产生的微毒副产物、痕量的除草剂、杀虫剂、重金属、天然无机物、硫酸盐及硝酸盐等，同时能保留大多数人体必需的无机离子，出水 pH 值变化不大，符合饮用水的要求。

纳滤工艺对有机物有着很好的去除效果，DOC 平均去除率为 60%，农药的去除率可达 90% 以上，出水中残余的微污染物绝大部分低于分析检测限度。W. A. Kelley 等人研究结果表明纳滤系统运行 3 年后，有机物、农药以及消毒副产物前提物的去除方面仍保持着很好的效果。这意味着，对地表水的处理来说，在去除 DOC 及微污染物方面，纳滤系统与常规饮用水处理工艺相比，可以提供更优质的处理水。杨靖等人的研究结果表明，为获得优质饮用水，除海水和高盐苦咸水外，对其他含盐量不高的水源选择 NF 膜更为合适，NF 膜能满足对饮用水中高度甚至"三致"作用的有机物去除的要求。有实验显示，纳滤膜对水中憎水部分有机物的去除率高达 97.5% 以上。

纳滤膜能将劣质水中有毒物质去除，生成符合国家卫生标准的生活饮用水。超滤和纳滤在微生物学方面都有较高的去除率，而超滤在铁、锰、氟、放射性指标、毒理性指标等方面则不能根本去除，纳滤膜却有较好的脱除率。

4）电渗析

电渗析技术是利用离子交换膜对离子的选择透过性，在直流电场的作用下，使溶液中的杂质，通过离子交换膜进行迁移。电渗析技术的研究始于德国，但到 1950 年 Juda 首次试制成功了具有高选择性的离子交换膜后，电渗析技术才进入了使用阶段。随后这项新技术便在欧洲等发达国家迅速推广。20 世纪 60 年代初日本又将电渗析技术广泛应用到浓缩海水制盐等。目前，我国的电渗析技术已成功地用于海水淡化、苦咸水淡化和各种纯水制备。电渗析除盐率可达 80%～90%，对中等盐度的水质，电渗析不失为较好的方法，但用于制备饮用水时存在一些不足，水回收率低，脱盐率不彻底，通常后面配以离子交换进一步除去水中的阴阳离子。

5）反渗透

反渗透膜孔径为 10Å 左右，操作压力 1～10MPa，可去除各种悬浮物、胶体、溶解性有机物、无机盐、细菌、微生物等，氮能耗较大。反渗透膜分离技术目前在管道饮水中应用较多。反渗透技术在 20 世纪 60 年代起源于美国，反渗透过程是指水分子在压力作用下，克服渗透压而透过渗透膜的过程。在这一过程中，水分子与不能透过反渗透膜的杂质分离，来完成纯化过程。一般的过滤，杂质均留在滤水器中，当再过滤时水必须再次通过，经过这些杂质时，将产生二次污染，同时，细菌还会繁殖，而大大增加过滤水中的细菌含量。而反渗透技术主要去除了溶于水中的电解质杂质，对于不溶于水的悬浮物等机械杂质，必须在反渗透之前，通过预处理方可使用。

反渗透在海水、苦咸水淡化、纯水和超纯水的制备、城市给水处理以及城市污水和工业废水处理等方面均有普遍应用，尤以在海水、苦咸水淡化方面的应用最为普遍。但是由于反渗透工艺本身需要克服渗透压，以及反渗透膜很致密，所以，需要施加很高的压力才能有现实的滤水速度。因此，需要高质量的高压泵和耐高压的反渗透膜，制造和使用成本比其他膜处理技术高得多，另外由于水中存在一定量的有机物、固体颗粒和细菌等都会堵塞膜孔，因此，需要有活性炭过滤器、微滤器和超滤器等一系列预处理装置与之配套，才能保证反渗透膜稳定地工作，并保证其具有较长的使用寿命。

微滤膜对水体中的悬浮物、颗粒物的去除效果不错，因不能完全去除细菌和病毒，在饮用水处理中的应用受到限制；超滤能够完全去除水体中的细菌、病毒、治病原生动物，目前在市政饮水处理中应用最为广泛；纳滤膜对有机物的去除效果不错，但因驱动压力高，运行费用高，在自来水厂应用不多；反渗透主要应用在海水淡化、苦咸水淡化、纯水制造等领域。农村饮用水工程存在水源水质差，供水量小，用户分散，技术经济，管理水平不高等特征，将膜技术尤其是超滤应用于农村饮用水净化中，比较难于推广。

3.2.1.2 农村饮用水净化模式选择

1. 农村集中供水

对于居住比较集中的，以村或学校为单位地区，可采用图 3-11 所示供水方案，产水箱相对较大，可对短时集中用水量进行调节。

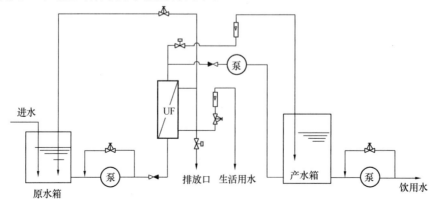

图 3-11　农村集中供水方案

2. 小范围聚集地供水

可采用图 3-12 所示供水方案，将产水箱置于屋顶等高处，可不加供水泵，节省投资，节约能耗。

3. 独门独户供水

对于已建水塔，或已有屋顶水箱的独门独户，可采用图 3-13 所示供水方案，简便易行，无需能耗。

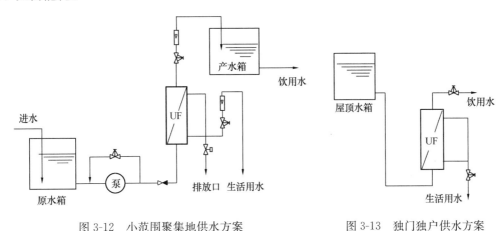

图 3-12 小范围聚集地供水方案　　　　图 3-13 独门独户供水方案

3.2.2 小型超滤过滤消毒一体化工艺研究

3.2.2.1 技术原理

1. 膜过滤简介

膜过滤是一种膜分离技术，其膜为多孔性不对称结构，主要用于溶液中物质大分子级别的分离。

膜过滤过程是以膜两侧压差为驱动力，以机械筛分原理为基础的一种溶液分离过程；使用压力通常为 $0.05\sim0.2MPa$，筛分孔径从 $0.01\sim0.1\mu m$，截留分子量为 $6000\sim1000000$ 左右。

其与所有常规过滤及微孔过滤的差别：①筛分孔径小，几乎能截留溶液中所有的细菌、热源、病毒及胶体微粒、蛋白质、大分子有机物。②能否有效分离除决定于膜孔径及溶质粒子的大小、形状及刚柔性外，还与溶液的化学性质（pH 值、电性）、成分（有否其他粒子存在）以及膜致密层表面的结构、电性及化学性质（疏水性、亲水性等）有关。③整个过程在动态下进行，无滤饼形成，使膜表面不能透过物质仅为有限的积聚，过滤速率在稳定的状态下可达到一平衡值而不致连续衰减。这种过滤膜对大分子溶质的分离主要依赖于膜的有孔性，即膜对大分子溶质的吸附、排斥、阻塞及筛分效应，一般膜两侧压差越大，对大分子溶质的截留率越低。

2. 中空纤维滤膜和组件

中空纤维膜是膜过滤的最主要形式之一，呈毛细管状。其内表面或外表面为致密层，或称活性层，内部为多孔支承体。致密层上密布微孔，溶液就是以其组分能否通过这些微孔来达到分离的目的。

根据致密层位置不同，中空纤维滤膜又可分为内压膜、外压膜及内外压膜 3 种。

用中空纤维滤膜组装成的组件，由壳体、管板、端盖、导流网、中心管及中空纤维组成，有原液进口、过滤液出口及浓缩液出口与系统连接。其特点：①纤维直接黏结在环氧树脂管板上，不用支撑体，有极高的膜装填密度，体积小而且结构简单，可减小细菌污染的可能性，简化清洗操作；②检漏修补方便，截留率稳定，使用寿命长。

3.2.2.2　技术工艺

UF 以高通量、高品质的外压中空纤维膜为基础，并根据其主要用途进行了结构改进，以适应较高的进水浊度（图 3-14、图 3-15）。

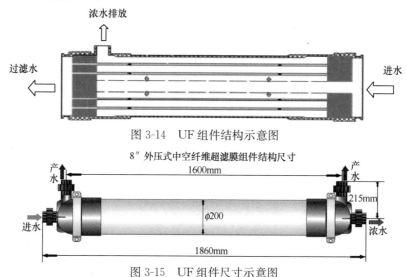

图 3-14　UF 组件结构示意图

图 3-15　UF 组件尺寸示意图

注：进水、浓水、产水管径公称直径为 DN40

UF 在运行方式上没有采用传统过滤的全流过滤，而是采用错流过滤方式、频繁反洗技术，提高了系统的水利用率和系统工作稳定性（图 3-16）。

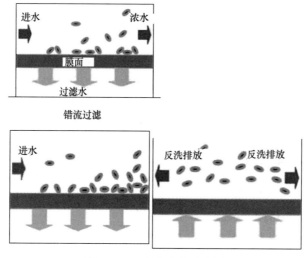

图 3-16　工艺水流向示意图

3.2.2.3 技术效果

1. 装置基本使用条件

装置基本使用条件见表3-4。

装置基本使用条件 表3-4

项 目 名 称		参 数
进水条件	浊度	1～50NTU
	pH	2～12
	余氯	≤20mg/L 以 Cl_2 计
	水温	≤5～40℃
最大进水压力		2bar
膜两侧平均压力差		0.4～1.0bar（正常） ≤1.0bar（最大）
产水水质	浊度	≤0.1NTU
	SDI_{15}	≤2
	COD_{Mn}脱除率	0～50%

2. 装置主要运行参数

装置主要运行参数见表3-5。

装置主要运行参数 表3-5

进水类型	浊度 （NTU）	高锰酸盐 指数	组件产水量 （m³/h）	浓水排量 （m³/h）	浓水循环量 （m³/h）	反洗间隔 （min）
地表水	≤2	≤2	1.5	0.2	0	60
	1～2	≤2	1.5	0.2	0	60
	2～5	≤3	1.2	0.2	0～1.5	30
	5～15	≤5	1.0	0.2	0～1.5	30
	15～50	≤5	1.0	0.2	0～1.5	20
深度处理废水	≤10	≤50	0.8	0.2	0～1.5	15

3. 装置反洗参数

装置反洗参数见表3-6。

装置反洗参数 表3-6

项目名称	参 数
反洗时间	15～30s
反洗水压力	0.5～1.0bar
反洗水量（单支组件计）	1～3m³/h
反洗水质	UF 产水或原水
正洗时间	15s
正洗水量	同正常工作水量

注：如原水为地表水，应在反洗水中加入 NaClO，并控制反洗排放水余氯浓度为3～5mg/L。

4. 超滤膜组件的效果试验

配有超滤膜组件及加药装置的水处理设备在试验过程中水质检测结果分析见表 3-7。

试验过程水质检测结果　　　　表 3-7

项目	国家标准	COD（mg/L）	色度（度）	浊度（NTU）	TN（mg/L）	TP（mg/L）	大肠杆菌数（个/L）	细菌总数（个/mL）
		20	20	3	1.0	0.2	10000	500
第一次	原水	0	5.3	8	1.0726	0	16000	1355
	净水	0	0	1	0.7846	0	0	0
	浓水							
第二次	原水	8	24.9	13	0.7747	0.0014	5000	2683
	净水	0	2.8	1	0.5562	0	0	10
	浓水							
第三次	原水	19	11.1	8	0.7250	0	0	2530
	净水	37	2.3	5	0.3924	0	0	0
	浓水	44	6.3	3	0.6506	0.0494	0	0
第四次	原水	0	9.1	6	0.7796	0.0254	11000	2690
	净水	0	0	3	0.6655	0	0	<10
	浓水	33	9.4	7	1.0775	0.2535	500	3035
第五次	原水	6	13.8	8	0.7399	0	21000	18300
	净水	0	0	0	0.7350	0	0	0
	浓水	5	2.8	0	0.6754	0	0	3624
第六次	原水	11	14.7	2	0.8640	0	1500	17000
	净水	0	0	0	0.6952	0	0	0
	浓水	16	0.75	0	0.7846	0	0	12400

用研发的超滤膜组件作净水试验，在运行一段时间之后，发现超滤膜组件容易受到微生物污染，导致产生的净水存在微生物二次污染的问题，针对这种情况，在设备研制过程中，在超滤膜组件前端安装加药装置能够很好地解决这一问题。对加药装置与超滤膜组件联用设备进行净水试验，试验的结果见表 3-7，通过 6 次试验，结果表明，净水水质与原水水质相比，水质得到了极大改善，比国家生活饮用水卫生标准的要求还要低，特别是对微生物的消毒处理效果明显，从几次试验效果来看，净水中检测不出大肠杆菌含量，细菌总数的含量也低于 10 个/mL，远远低于国家生活饮用水卫生标准的要求。

5. 超滤膜被污染的原因及其预防方案

1）超滤膜被污染的原因

（1）超滤膜透过液流量低

使透过液流量降低的主要的原因是浓差极化和膜污染，而浓差极化会加剧膜的污染，并且缩短膜的使用寿命。

（2）影响超滤膜污染因素的分析

A. 膜的结垢是造成膜透过液流量低的主要原因之一，由于原水中含有钙、镁、碳酸根、硫酸根等易于产生垢类的离子物质，它们在水中发生化学反应，生成沉淀物质，如碳酸钙、硫酸钙等，这些沉淀物质附着在膜表面造成膜的污堵，从而减少了超滤膜的透过液流量，因此需定期对超滤单元进行化学清洗以去除超滤膜表面的垢类物质。

B. 超滤膜的微生物污染是因微生物、细菌在膜表面上的繁殖引起的，膜的生物污染有黏附和生长两个阶段。在溶液中未投入杀菌剂或投入量不足时，黏附细胞会在进水营养物质的供养下成长繁殖，形成生物膜。在一级生物膜上的二次黏附进一步发展了生物膜，影响系统性能。因此为了抑制水中细菌的繁殖和提高超滤对原水含有的悬浮物、胶体、有机物的去除率，对超滤给水作杀菌处理。

C. 由于采用负压过滤，被去除的固体物会在膜表面积聚，随着固体物的积聚，膜的水通量就会降低，因此为了保持膜透过液流量，需定时对超滤膜进行反冲洗。

D. 膜的失效有 2 种形式：膜的自然失效和膜元件断裂引起膜纤维失效。当产水浊度迅速上升时表明极有可能是膜元件断裂引起的膜纤维失效。所以在超滤系统前设置有一个 1mm 的原水过滤器，用以去除水中大的颗粒或较细的悬浮物（如毛和纤维类），以避免损坏超滤膜，同时在进入超滤的给水中加入一定量的絮凝剂进行絮凝。

2）预防超滤膜污染的方案

(1) 严格控制超滤原水浊度和 SS 值。由于超滤膜起水净化作用的主要是膜敷涂层，但支持层表面不足 0.1mm 的敷涂层确很容易损坏，超滤膜破坏的主要表现为超滤产水浊度升高，因而就需要严格控制超滤的原水浊度和阻止大颗粒物质进入超滤膜池。由于有效地控制住了超滤膜池进水以及产水的浊度，减少了对超滤膜的损坏，从而保证了反渗透系统的进水要求。

(2) 减少超滤膜微生物的污染。首先在原水进入絮凝池中投加一定量的杀菌剂，杀菌剂采用次氯酸钠，它可使生物薄膜自膜表面解附。次氯酸钠在水中解离成次氯酸和氢氧化钠，表示为：$NaOCl + H_2O = HOCl + NaOH$。离解生成的 $HOCl$ 能离解产生游离氯（OCl^- 或 Cl_2），具有很强的杀灭微生物的作用。同时为了提高对原水含有的悬浮物、胶体、有机物的去除率，在进入超滤的给水中加入一定量的絮凝剂，为增强絮凝剂絮凝沉降的效果，将絮凝池设计为折流式从而延长了沉降时间，增强了絮凝效果。次氯酸钠和絮凝剂的投加为长期加药，所以有效地控制住了微生物等物质的污染，保证了超滤进水水质的要求，COD 值远小于控制指标值。

(3) 定期清洗减少垢类物质的生成。随着超滤膜的运行，膜表面逐渐出现污堵情况，而造成膜表面污堵的主要原因是垢类物质的产生，超滤膜的污堵程度是采通过膜透过液压 TMP 来判断的。超滤膜属于浸泡式超滤膜，膜本身置于注满水的膜池中，又属持续运行系统，所以当膜的 TMP（膜透过压差）由初始运行时的 $-20 \sim -15kPa$ 上升到 $-55kPa$ 时，表明膜已被严重污堵了，超滤膜污染也会对反渗透系统造成影响，反渗透系统要求 SDI（污染指数）值小于 3，进水浊度要求小于 0.2NTU，若 SDI 和浊度不能够达到设计要求，也会污染反渗透膜。这时就需要对超滤膜进行再生清洗，向超滤膜池内投加柠檬酸，以降低水中碱度，防止超滤膜结垢。通过对超滤膜的日常维护，再生清洗周期由污水回用装置刚开始投用时的 3 个月延长至 1 年左右。经计算，将再生清洗周期由约 3 个月延长至约 1 年，每年可减少 3 次再生清洗，按一列一次清洗费用 1.2 万元计算，共节省清洗费用 1.2 万元×4 列×3 次＝14.4 万元。通过改进超滤产水达到自身的设计指标，稳定了生产，为后续的反渗透提供了连续、合格的处理水。

（4）气擦洗和反冲洗减少污染超滤膜。①采用膜组件底部曝气的方式气擦洗，利用气泡上升过程中产生的紊流清洗膜表面，气擦洗可以去除沉积在膜外表面的污堵物和颗粒，可保证超滤膜元件能在高通量和低透过压力条件下运行，同时可降低膜的浓差极化效应。②反冲洗返送透过液穿过膜纤维，反冲洗从膜孔内部轻微拉伸纤维膜，驱走可能附在膜外表面或黏附在膜表面的颗粒，在反冲洗过程中进行间歇式鼓风；同时为更好地去除附着在膜表面的固体物质，向反洗水中添加总浓度略小于 5.0mg/L 的次氯酸钠，均可加强反洗效果。

（5）严格控制超滤单元的产水率。为保证反渗透装置的稳定生产，超滤产水的同收率要求很高，这样会在膜元件浓水层形成浓差极化现象，使得膜表面渗透压增加，一旦浓水中盐类物质的离子积大于溶度积，将会有沉淀析出，长时间运行下，膜表面浓水侧会产生结垢大大影响超滤膜的水通量，对膜造成污染。若回收率太低，增加了生产成本，对各种药剂及原水形成浪费。

综合以上因素，通常将超滤产水回收率控制在 90％左右，从膜处理槽中出来的排放液由排放液泵连续地输送出去，这就使一些污染物附着在排污泵过滤网处，造成排污泵的污堵，降低排放液的流量，并且也会影响超滤膜的产水量，因此，在实际生产中定期对排污泵的过滤网进行清理，以保证超滤单元产水的水质以及水量。

3.2.3　小型超滤过滤消毒一体化设备研究

3.2.3.1　设备原理

净水设备主要由初级过滤装置（Y 型过滤器）及超滤装置构成，能够有效过滤去除原水中悬浮物、有机大颗粒物质等污染物，使出水水质符合生活饮用水卫生标准。针对原水污染物类型及管网微生物二次污染问题，净水设备有杀菌加药系统，其工艺流程如图3-17所示。

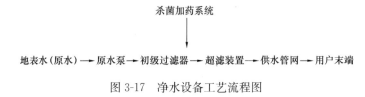

图 3-17　净水设备工艺流程图

净水设备的研制过程如下：

2007 年 8～12 月对东江流域不同农村采集饮用水源样 3 次，共 120 个样品水质测定分析指标统计，见表 3-8 和表 3-9 所列。

水质测定分析 表3-8

检测项目 饮用水类型		pH	高锰酸盐指数	NH_4^+-N	TP	TN	NO_3^--N
潼侨镇集中式供水	超标水样数	0	0	0	0	24	0
	超标样比例	0%	0%	0%	0%	20%	0%
潼侨镇塘坝型饮用水	超标水样数	60	14	60	0	104	0
	超标样比例	50%	12.5%	50%	0%	87.5%	0%
潼湖镇琥珀村饮用水	超标水样数	44	30	0	14	90	14
	超标样比例	37.5%	25%	0%	12.5%	75%	12.5%
潼湖镇三和村饮用水	超标水样数	17	0	0	17	51	0
	超标样比例	14.3%	0%	0%	14.3%	42.9%	0%
河源埔前镇上村饮用水	超标水样数	24	48	12	0	107	0
	超标样比例	20%	40%	10%	0%	90%	0%

水质测定分析 表3-9

检测项目 饮用水类型		铜	锌	砷	锰	大肠杆菌数 (个/L)	细菌总数 (个/mL)
潼侨镇集中式供水	超标水样数	0	0	0	0	0	120
	超标样比例	0%	0%	0%	0%	0%	100%
潼侨镇塘坝饮用水	超标水样数	0	0	75	30	75	120
	超标样比例	0%	0%	62.5%	25%	62.5%	100%
潼湖镇琥珀村饮用水	超标水样数	0	0	14	14	28	120
	超标样比例	0%	0%	12.5%	12.5%	25%	100%
潼湖镇三和村饮用水	超标水样数	0	0	16	0	68	120
	超标样比例	0%	0%	14.3%	0%	47.1%	100%
河源埔前镇上村饮用水	超标水样数	0	0	72	24	108	120
	超标样比例	0%	0%	60%	20%	90%	100%

通过对广东省惠州市和福建省宁德市几个典型村镇的塘坝地表饮用水水源水质进行监测，发现当地水质TN、大肠菌群、细菌总数等指标严重超标，养猪场多的村庄超标更严重。根据当地水源地的污染状况，确定了净水设备的选型；在研制净水设备的过程中，从净水设备的净水效果和制水成本出发，先后研制出3台净水设备；研制的净水设备的制水的能力由250L/h扩大到10t/h。

1. 第一代净水设备——250L/h纯水制取系统（图3-18、图3-19）

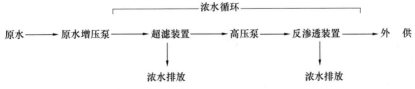

图3-18 第一代净水设备工艺流程图

图 3-19　第一代净水设备

试验过程中，这台设备的缺点有：①设备运行过程中，膜系统容易受到二次污染，使出水水质（如细菌总数）达不到要求；②增加了设备进行反洗和清洗的频率；③手动操作，不适合农村；④反渗透装置成本过高。

2. 第二代净水设备——1000 型一体式纯水装置

（1）工艺流程如图 3-20 所示。

（2）设备特点：自动运行，操作简便，成本降低了。

（3）设备缺点：运行过程过长之后还存在微生物二次污染。

地下水（地表水）→原水箱→原水泵→粗过滤→超滤装置→紫外线→产水箱→纯水泵→纯水外供

图 3-20　第二代净水设备工艺流程

（4）改进：加药消毒。

在研制过程中，根据净水效果和制水成本，去掉成本过高的处理装置，添加必要的净水装置，不断改进和完善净水设备的构造，最终确定了净水设备的选型，使之能够符合当地的实际运用的情况，最终研制出制水能力为 10t/h 的净水设备（图 3-21），若设备运行 10h/d，就能够解决 300 多人 1d 的用水量；本设备运用了现在比较实用的膜过滤集成技术，其主要由 2 部分构成，一是初滤装置，一是超滤装置，自动化运行更高，并且，设备备有加药装置，它能够根据原水水质状况适时加药，既能防止设备的二次污染问题，又能对原水进行安全消毒处理，解决后续工艺中储水箱及管道输配的微生物污染问题。

图 3-21　第二代净水设备

3. 第三代净水设备——10t/h 净水设备

（1）工艺流程，如图 3-22 所示。

加药装置
↓
原水→原水泵→初级过滤装置→超滤装置→产水箱→产水外供

图 3-22　第三代净水设备工艺流程

（2）设备特点：自动运行，能够根据管网微生物污染状况适时加药（图 3-23）。

3.2.3.2 设备创新点

1. 农村饮用水净水设备加药消毒技术

1）加药装置即氧化剂溶液注入装置介绍

在装置进水的有机物含量高的条件下为抑制膜组件内细菌滋生，需要向反洗水中加入氧化剂以提高清洗效果。氧化剂注入系统包括计量泵和溶液计量容器。计量容器中贮存的是一定浓度的氧化剂溶液。它通过人工加药和水来补充。氧化剂溶液计量容器设有最低液位开关。配备一台泵用于系统的加药。泵输出量的变化，是就地通过人工对泵冲程和频率的调节来实现的。

2）加药装置工作参数

针对净水设备运行过程中超滤膜微生物污染以及净水输配过程中管网的微生物二次污染问题，净水设备安装了自动加药装置，通过加药，杀灭管网中的微生物，使用的消毒剂是食品级的

图 3-23　第三代净水设备

次氯酸钠消毒剂，保证加药的浓度小于等于 2ppm，同时，超滤膜组件抗氧化性强，能够耐受 2mg/L 次氯酸钠溶液。管网末梢水中余氯的浓度在 0.05ppm 左右。

2. 农村饮用水净水设备超滤膜过滤技术

1）超滤基本原理及操作模式

超滤的基本原理是利用膜的"筛分"作用进行分离的膜过程。在静压差的作用下，小于膜孔的粒子通过膜，大于膜孔的粒子则被阻挡在膜的表面上，使大小不同的粒子得以分离，但膜表面的化学性质也是影响超滤分离的重要因素。

超滤的操作模式基本上是死端过滤和错流过滤两种。死端过滤只能间歇进行，必须周期性地清除膜表面的污染物层或更换膜，主要用于固体含量较小的流体和一般处理规模，膜大多数被制成一次性滤芯。错流过滤对于悬浮粒子大小、浓度的变化不敏感，错流过滤的运行方式比较灵活，既可以间歇运行，又可以实现连续运行，适用于较大规模的应用。

2）膜材料的选择

超滤膜的膜材料主要有纤维素及其衍生物、聚碳酸酯（PC）、聚氯乙烯（PVC）、聚偏氟乙烯（PVDF）、聚砜（PS）、聚丙烯腈（PAN）、聚酰胺（PA）、聚丙烯（PP）、磺化聚砜（PES）、聚乙烯醇（PVA）等。

成膜材料的化学稳定性决定了膜在酸碱、氧化剂、微生物等的作用下的寿命，另外直接关系到清洗可以采用的方法。同其他常用制膜材料相比较聚偏氟乙烯（PVDF），化学稳定性优异，膜耐次氯酸钠等氧化剂的能力在其他材料的 10 倍以上，体现出了其作为膜材料的优越性。经过特殊的亲水化处理，使膜丝具有更好的通量和抗污染性能，因此聚偏氟乙烯（PVDF）是目前制造中空纤维超滤膜的重要材料。

3) 超滤的截留性能

由于直接测定超滤膜的孔径相当困难，所以使用已知分子量的球状物质进行测定（表3-10）。如膜对被截留物质的截留率大于90％时，就用被截留物质的分子量表示膜的截留性能，称为膜的截留分子量。实际上，所使用的物质并非绝对的球形，由于试验条件的限制，所测定的截留率也有一定的误差，所以截留分子量不能绝对表示膜的分离性能。

常用的基准物质及其相对分子量　　　　表 3-10

基准物质	相对分子量	基准物质	相对分子量	基准物质	相对分子量
葡萄糖	180	维生素 B-12	1350	卵白蛋白	45000
蔗糖	342	胰岛素	5700	血清蛋白	67000
棉子糖	594	细胞色素 C	12400	球蛋白	160000
杆菌肽	1400	胃蛋白酶	35000	肌红蛋白	17800

4) 超滤膜的制备

高分子超滤膜的制备方法主要为相扩散转移法（DIPS），相扩散引起铸膜液中聚合物相凝胶固化。热致相分离法（TIPS）也可实现聚合物凝胶化。根据不同的相扩散机理，DIPS法主要可分为溶剂蒸发凝胶法、沉浸凝胶法。

DIPS制膜法可以在相对低温下完成铸膜液的制备，挤出成型，制膜过程对设备投入要求和生产成本均较低，在凝胶过程得到良好控制的前提下，可以获得均匀的多微孔性海绵体结构和相对致密的表层结构，因此所获得的膜过滤精度高。但是DIPS法所制备的膜由于其成型温度的关系，机械强度较差，而且凝胶相分离过程不易控制，容易产生大孔、指状孔缺陷。

TIPS法由于采用相对高温的制备条件，成膜的聚合物树脂在温度条件下结晶形成膜的"骨骼"结构，因此膜往往具有优秀的机械强度。但是TIPS法需要高温操作，设备投资和制膜成本都相对较高，而且受其成孔机理的制约，不易获得高过滤精度的超滤级滤膜。

TIPS法克服了传统的浸没沉淀法成孔性差，膜强度不高的缺陷，近年来热致相分离法制膜越来越被国内外所关注。

5) 超滤组件设计关键

（1）组件结构设计，包括布水、产水流道设计；

（2）膜丝填充密度；

（3）膜丝胶注工艺及控制；

（4）运行维护/清洗工艺。

研制的净水设备中的超滤膜组件能够有效过滤去除原水中悬浮物、有机大颗粒物质等污染物，使出水水质符合生活饮用水卫生标准。

集成技术应用在华南村镇饮用水供水工程上，有效地解决了示范工程基地饮用原水及供水管网中氮、磷及微生物污染的问题，供水水质符合国家生活饮用水卫生标准的要求，切实保障了华南村镇供水示范基地供水安全。技术的应用从设备制水成本及水质检测效果上分析，突破供水设备对管道二次污染的解决技术在农村供水领域具有较高的应用前景。

3.2.3.3 设备应用效果

针对华南地区农村以集中式机井供水模式中存在的水质与输送安全的问题和污染物，研究设计不同功能的净化设备和工艺，结合水源地水体的生态修复，建立塘坝饮用水的水质安全保障技术体系，在华南示范村镇建立固定饮用水处理设施和供水管道，保证农村饮用水的安全饮用，有力提升华南地区农村饮用水水源地污染控制和安全保障的整体科技水平。课题在华南地区建设了两个工程示范基地，一个是宁德供水工程示范基地，一个是惠州供水工程示范基地。

1. 宁德市溪涧型塘坝直饮水供水模式示范基地

1) 宁德市九都镇供水工程示范点

(1) 工程实施地点：宁德市蕉城区九都镇。

(2) 水源地类型：溪涧塘坝水。

(3) 工艺流程如图 3-24 所示。

山泉水（或溪涧水）——→ 集水池 → 加压泵 → Y 型过滤器 → 超滤装置 → 纯水外供

杀菌加药系统

图 3-24 宁德市九都镇供水工程工艺流程

山泉水或溪涧塘坝水在水源地设置拦水坝将原水拦截蓄积，原水通过铺设的供水管道引流至水处理设备房间，经过水处理设备的消毒过滤净化进行直供。

2) 宁德市七都镇供水工程示范点

(1) 工程实施地点：宁德市蕉城区七都镇

(2) 水源地类型：溪涧塘坝水

(3) 工艺流程如图 3-25 所示。

山泉水（或溪涧水）——→ 集水池 → 净水设备 → 净化水罐 → 净水外供

图 3-25 宁德市七都镇供水工程工艺流程

3) 宁德示范点水质检测数据（表 3-11）

宁德示范点水质数据 表 3-11

分析项目	九都净水设备进水		九都净水设备出水		九都用户端末梢水		GB 5749—2006 规定
样品编号	2010-7-28	2010-12-1	2010-7-28	2010-12-1	2010-7-28	2010-12-1	
pH	7.20	6.88	7.33	6.81	8.3	7.54	6.5～9.5
NO_3^--N（mg/L）	0.23	0.21	0.22	0.21	0.23	0.21	20
TDS	36	38	24	26	26	28	1500
总硬度	97	94	80	82	83	78	550
色度（度）	8	2	4	2	4	4	20

分析项目	九都净水设备进水		九都净水设备出水		九都用户端末梢水		GB 5749—2006
样品编号	2010-7-28	2010-12-1	2010-7-28	2010-12-1	2010-7-28	2010-12-1	规定
硫酸盐	1.00	1.13	1.26	1.34	1.37	1.45	300
氟化物	0.18	0.23	0.14	0.13	0.15	0.18	1.2
氯化物	<10	<10	<10	<10	<10	<10	300
细菌总数	170	150	30	32	1320	0	500

在九都示范点运行前期，用户端末梢水细菌总数比标准规定超出 2 倍，说明产水在输配的过程中容易受到微生物二次污染，通过采取及时加药的措施，持续运行一段时间后，用户端末梢水的细菌总数减少为 0，这说明输配过程中加药消毒是必要的。

宁德示范点水质数据　　　[单位：mg/L（pH 除外）]　　表 3-12

检测项目	九都进水口		九都产水口		九都管网末端		七都进水口		七都产水口		七都管网末端		GB 5749 —2006 规定
	2011-5-31	2011-9-22	2011-5-31	2011-9-22	2011-5-31	2011-9-22	2011-5-31	2011-9-22	2011-5-31	2011-9-22	2011-5-31	2011-9-22	
菌落总数	170	160	60	20	20	20	60	200	20	40	170	20	500
砷	<0.03	<0.03	<0.03	<0.03	<0.03	<0.03	<0.03	<0.03	<0.03	<0.03	<0.03	<0.03	0.05
氟化物	0.125	0.115	0.125	0.113	0.097	0.108	0.132	0.112	0.136	0.106	0.129	0.103	1.2
$NO_3^- \text{-}N$	0.244	0.228	0.251	0.206	0.210	0.203	0.248	0.250	0.247	0.239	0.252	0.239	20
色度	32	64	16	8	8	8	16	32	8	8	4	8	20
浊度	0.41	0.56	0.50	0.46	0.45	0.46	0.47	0.58	0.48	0.47	0.42	0.47	3
pH	6.88	6.73	7.01	6.73	6.89	6.70	7.20	6.92	7.11	6.93	6.79	6.93	6.5~9.5
TDS	36	43	31	33	30	32	30	42	26	38	28	36	1500
总硬度	142	142	138	136	120	136	126	106	105	106	104	104	550
COD_{Mn}	0.91	1.13	0.79	1.01	1.02	1.03	0.88	1.06	1.80	0.95	1.01	0.93	5
氯化物	<10	<10	<10	<10	<10	<10	<10	<10	<10	<10	<10	<10	300
硫酸盐	3.551	2.435	1.843	1.792	1.569	1.783	1.745	2.336	1.843	1.942	1.699	1.938	300

从 2011 年九都和七都示范点在运行和维护过程中的检测数据可以看出，管网末端的水质指标均符合生活饮用水卫生标准对小型集中式供水的要求（表 3-12）。

2. 惠州市池塘型塘坝集中式供水模式示范基地

1）惠州市潼侨镇供水工程示范点

（1）工程实施地点：惠州市潼侨镇。

（2）水源地类型：池塘型塘坝水。

（3）工艺流程如图 3-26 所示。

杀菌加药系统

地表水 → 原水泵 → Y 型过滤器 → 超滤装置 → 水塔 → 纯水外供

图 3-26　惠州市潼桥镇供水工程工艺流程图

池塘型塘坝地表井水通过原水泵输送至水处理设备，经过水处理设备过滤消毒的产水泵入高位供水塔进行贮存，最后由水塔将净化水进行外供。

2）惠州市梁化镇供水工程示范点

（1）工程实施地点：惠州市梁化镇

（2）水源地类型：池塘型塘坝水

（3）工艺流程如图 3-27 所示。

地表水井水 → 井水泵 → 蓄积池 → 净水设备 → 供水管网 → 末端用户

图 3-27　惠州市梁仪镇供水工程工艺流程图

3）惠州示范点水质检测部分数据（表 3-13）

惠州示范点水质数据　　　　　（单位：mg/L）　**表 3-13**

测试指标	设备进水口		设备出水口		管网末端		GB 5749—2006 规定
	2010-9-1	2010-9-26	2010-9-1	2010-9-26	2010-9-1	2010-9-26	
COD_{Cr}	19.28	6.89	11.57	3.78	15.42	0	5
NH_4^+-N	0.14	0.24	0.15	0.20	0.13	0.17	0.5
NO_3^--N	0	0	0	0	0	0	10
NO_2^--N	0.03	0.03	0.05	0.01	0.04	0.02	1
总大肠菌群（CFU/mL）	10	8	0	0	0	0	0
菌落总数（CFU/mL）	450	450	12	0	15	0	500

分析：惠州示范点原水水质 COD 和总大肠菌群超标，通过净水设备过滤净化，管网末端 COD 和总大肠菌群等水质指标为 0，符合生活饮用水卫生标准的要求。

研究开发的制水能力达 10～15t/h 集消毒过滤于一体的适合农村地区的小型饮用水净水设备，建成惠州 3.5km² 的池塘型塘坝集中式供水示范基地，宁德 3.5km² 的溪涧型塘坝直饮水净化供水模式示范基地，保证农村饮用水的安全饮用，有力提升华南地区农村饮用水水源地污染控制和安全保障的整体科技水平。

3. 目前存在的技术问题

根据示范工程设计、建设和运行管理经验，总结了超滤膜技术在村镇供水行业应用中存在的一些问题及解决对策。

（1）超滤膜的制造成本目前还相对偏高，膜寿命短，使得超滤工艺的运行成本中折旧费较高，加大了制水的生产成本，这成为超滤膜在村镇供水中大规模应用的瓶颈。

（2）超滤膜都需要压力驱动，与常规工艺相比，运行过程中的能耗需进一步降低。

（3）膜污染是超滤膜应用中最大的问题，需要针对原水水质优化超滤工艺的运行条件，完善超滤膜污染的控制方法，提高超滤系统的处理能力。

（4）膜丝破损是超滤膜设备保证供水水质所面对的另一个挑战，应设置先进的膜完整性在线监测和修复系统。

（5）超滤膜系统的自动化程度较高，但一旦控制系统出现问题，整个膜系统就会陷于瘫痪，因此应设法提高超滤膜系统的稳定性和可靠性。

（6）国外大规模应用超滤技术的背景与我国的现状并不一致。我国目前的微污染原水是主要关注点，而膜法对溶解性污染物的去除并不是十分有效。因此对超滤和其他单元工艺的联用还需要进行系统化的应用研究。

（7）针对突发性水质污染事故，重点应放在超滤膜系统的预处理工艺上，应通过增加其他技术措施来实现供水系统安全稳定的运行。

3.3　生化集成微污染水源水净化技术及设备

3.3.1　微污染原水生化集成处理技术研究进展

3.3.1.1　曝气生物滤池

曝气生物滤池（Biological Areated Filter，BAF）工艺是近年来国际上较为流行的一种新型水处理技术。与传统的生物处理技术相比，曝气生物滤池具有占地面积小，处理效果好，抗冲击负荷能力强，流程简单，能耗省，填料经久耐用及维护费用低等突出优点。BAF 在欧洲、北美及日本等国已获得了广泛的应用，在国外其主要应用领域包括城市污水处理、生活污水处理、工业废水处理以及中水处理等。近年来，微污染原水的生物预处理技术成为水处理工作者的研究热点，曝气生物滤池技术已被引入给水处理领域，并逐渐成为对微污染原水进行生物预处理的有效手段之一。研究表明，曝气生物滤池是去除微污染源水中有机物、NH_4^+-N 等污染物的一种有效方法，其对 NH_4^+-N 的去除率达 80% 以上，对耗氧量、浊度、色度、铁、锰等污染物也均有较好的去除效果。曝气生物滤池预处理技术不仅可减少消毒过程中的氯气消耗量，减少水中卤代有机物的生成量，降低给水管网中细菌滋生的可能性，提高饮用水的安全性，而且还可降低混凝剂的投量，降低运行成本，使后继处理工艺变得简单易于操作。从 20 世纪 90 年代起，国内微污染原水的曝气生物滤池预处理技术开始进入生产性试验研究阶段。

曝气生物滤池的处理原理：滤池中装填一定量的粒径为 2～5mm 的粒状滤料，微生物附着生长在滤料表面上形成生物膜，在滤池内部进行曝气以保证微生物的正常耗氧需要。当水流经滤料层时，水中的有机污染物以及 NH_4^+-N 等无机污染物被附着生长在滤料上的微生物吸附进而氧化分解。微污染源水中的有机污染物浓度很低，贫营养菌在营养物的竞争中具有较大的优势，这些贫营养菌具有较大的比表面积，对于其可以利用的基质具有较强的亲和力，而且贫营养菌呼吸速率低，有相对较小的最大增殖速度和 Monod 半速率常数，因而能够适应低营养的环境，成为曝气生物滤池中的优势菌群。水中的 NH_4^+-N 在亚硝化细菌的作用下转化为亚硝酸盐，接着在硝化细菌的作用下转化为硝酸盐。曝气生物滤池中微生物固定生长的特点使微生物在反应器内能够获得较长的停留时间，因此亚硝化细菌和硝化细菌有足够的时间进行积累，从而使曝气生物滤池对 NH_4^+-N 具有良好的去除效果。

填料作为曝气生物滤池中的核心组成部分，是影响滤池运行方式和具体处理效果的关键所在，目前用于处理饮用水的曝气生物滤池中最常用的滤料有陶粒、沸石、轻质聚苯乙烯等。

3.3.1.2 生物沸石反应器

沸石是一族架状结构的含水铝硅酸盐矿物，耐酸、耐碱、热稳定，并由于其优越的分子筛效应备受关注。目前在水处理方面，沸石的去除对象主要是有机物、氟、NH_4^+-N、重金属离子及难降解有毒化合物，所应用的主要是其离子交换、选择性吸附以及催化性能。

我国沸石储量极为丰富，来源很广，沸石无毒、无味且对环境没有影响，用活化沸石处理微污染水具有很多其他方法无法比拟的优点，如活化沸石价格便宜，耐酸耐碱，热稳定性能好，并且沸石处理微污染原水具有能耗低，性能稳定可靠，工艺简便，操作简单，失效后容易再生，设备运转方便，易与其他工艺组合使用等优点。利用沸石处理微污染原水可以得到优质、安全、可靠、稳定的饮用水。在微污染水源水的处理中，由于水源水质的复杂变化和低温处理的困难，使得净水工艺系统难以将水中的 NH_4^+-N 有效地去除。无论从沸石的选择性离子交换还是从直接试验结果，天然沸石对 NH_4^+-N 都具有较高的选择交换性，成为研究应用较多的一类水处理吸附剂。

由于天然沸石孔隙度高，比表面积大，表面粗糙，其微孔结构适于微生物生长繁殖，本身材质对微生物无毒害，因此对细菌有较好的富集作用，是一种很理想生物膜载体，随着微污染水源水生物处理技术的发展，以沸石作为生物膜载体的生物沸石也得到了较广泛的研究与应用。

生物沸石是指通过固定生长技术使大量的生物体聚集在沸石载体表面，生物膜和沸石同时对水中的营养基质降解利用。生物沸石反应器是以通过特定处理的颗粒沸石作为生物载体的一种固定生物膜处理装置。近 20 年来，国内外对生物沸石的研究颇多。初始主要集中在工业废水处理和污水的脱氮，后来逐渐扩大应用于微污染水源水的预处理及组合工艺深度处理。生物沸石不仅能有效去除有机物、NH_4^+-N，而且还能通过离子交换和吸附拦截去除水中的铁、锰、氟、藻类等。

在微污染水源水处理中，生物沸石的一般形式便是以沸石作为曝气生物滤池的填料，即曝气生物沸石滤池（ZBAF）。在 ZBAF 中，沸石与生物膜可以起到协同作用，一方面，生物膜在不断降解水中污染物的同时又降解所吸附 NH_4^+-N，使沸石得到再生；另一方面由于沸石的吸附特性，使得微生物生活在极为有利的环境中，从而提高了微生物的活性和处理污染物的效果。因此与普通生物反应器相比，生物沸石反应器具有耐 NH_4^+-N 冲击负荷，低温处理效果好，出水水质好，投资费用较低等明显的优势。目前对于 ZBAF 的研究主要集中于处理效果影响因素、生物降解规律、沸石生物再生以及挂膜启动研究。

3.3.1.3 沸石-活性炭联合工艺

沸石与活性炭同为多孔性物质，但它们的表面性质和吸附性能不同。活性炭是一种非极性吸附剂，其孔径分布范围较广，对水中色、臭、味、农药和大部分有机物有良好的去除效果，但对极性有机物特别是危害较大的卤代烃吸附效果不好，同时存在价格高，再生费用大等缺点。与活性炭相比，沸石价廉，能有效去除水中 NH_4^+-N 等极性物质和金属离子，这些正是活性炭吸附剂的不足之处。因此将两者组合，取长补短，可以强化单元的吸附作用，有效地去除 NH_4^+-N、有机物等污染物，改善水质，同时可以延长吸附剂的使用寿命，降低处理成本。

国外研究多集中于将 2 种材料掺杂制成复合材料，如 Choi 等将人工沸石与粉末活性炭掺杂制成复合藻酸盐，能够同时高效地去除锌和甲苯，且吸附容量均高于单独采用沸石和活性炭，可应用于同时含有机和无机污染物的水处理。国内也有一些沸石-活性炭联合应用于水处理的研究，如邓慧萍等采用沸石-活性炭组合工艺处理运河水，试验采用沸石吸附工艺后增加生物活性炭工艺，将沸石的吸附作用与生物作用相对独立出来，能更好地去除 NH_4^+-N 和有机物。严子春等采用甘肃省某地的斜发沸石，经 NaCl 改性活化后，替代砂滤池与其后的活性炭滤池联用，沸石滤层防止后面的活性炭滤层堵塞，减少反冲洗和活化次数，延长活性炭使用寿命。马东祝采用 30％沸石＋70％活性炭作为吸附剂，研究该吸附剂对浊度、COD_{Mn} 和 NH_4^+-N 的去除。施锦岳等采用 O_3^- 生物沸石-GAC 组合工艺，通过逐步提高进水中的臭氧浓度驯化生物膜，使臭氧氧化与生物沸石作用相协同，处理宁波姚江微污染水源水。

3.3.2 沸石-活性炭组合工艺处理微污染原水效果研究

3.3.2.1 试验期间原水水质

中试所取原水来自总干渠上源闸后，属于较典型的微污染水体。由于温度变化和上游闸门的开闭，进出水浊度、NH_4^+-N、NO_3^--N 变化幅度较大：上游开闸时，浊度较低，硝酸盐浓度也较低，而 NH_4^+-N 浓度较高，尤其在冬季；上游关闸时则恰恰相反，浊度很高，硝酸盐浓度较高，而 NH_4^+-N 浓度很低。相对而言，原水 NO_2^--N、COD_{Mn}、UV_{254}、铁浓度比较稳定。此外，由于上游开采锰矿的污染，原水锰含量一直处于超标状况（＞0.2mg/L）；砷偶尔稍有超标；其他所测指标六价铬、铜、锌、氟化物、氰化物均未见超标。2009 年 9 月至 2010 年 7 月，原水水质具体见表 3-14 所列。

从表中数据可知，总干渠原水浊度偏高，有机物超标但浓度不高，NH_4^+-N 波动范围大且锰常年超标，工艺需解决的主要是 NH_4^+-N、有机物和锰的问题。

原 水 水 质　　　　　　表 3-14

指标 \ 出水标准 \ 时间	出水标准	2009 年 9 月	2009 年 10 月	2009 年 11 月	2009 年 12 月	2010 年 1 月
温度（℃）	/	23.8～29.5	24.9～20.5	20.7～8.0	12.7～8.9	7.2～10.0
pH	6.5～8.5	7.02～7.81	7.02～7.57	7.05～7.92	7.46～7.85	7.48～7.60
浊度（NTU）	/	32.9～365	45.4～875	20.5～1000	42.5～348	7.89～47.9
COD_{Mn}（mg/L）	3	3.57～5.36	3.85～10.87	3.30～10.87	2.57～5.37	3.27～5.33
NH_4^+-N（mg/L）	0.5	0.16～1.60	0.20～1.75	0.04～1.85	0.85～2.19	2.15～4.40
NO_2^--N（mg/L）	0.005	0.030～0.190	0.030～0.170	0.050～0.190	0.060～0.130	0.050～0.110
NO_3^--N（mg/L）	10	1.22～4.49	2.25～3.25	2.35～3.82	0.85～2.77	1.49～2.10
UV_{254}/abs	/	0.030～0.171	0.040～0.100	0.048～0.101	0.039～0.072	0.062～0.079
TN（mg/L）	/	6.09～7.18	5.16～7.08	4.92～7.37	5.15～8.47	6.59～8.97
TP（mg/L）	/	0.65～0.87	0.54～0.79	0.56～0.68	0.47～0.72	0.36～0.56
铁（mg/L）	0.3	0.89～1.35	1.30～5.40	0.62～5.75	0.92～1.40	0.40～0.90
锰（mg/L）	0.1	0.210～0.345	0.260～0.330	0.264～0.845	0.460～1.620	0.280～0.367
砷（μg/L）	10	30	30	30	10	10
六价铬（mg/L）	0.05	0.03	0.02	0.02	0.01	0.02
铜（mg/L）	1.0	0.18	0.20	0.23	0.46	0.53
锌（mg/L）	1.0	0.07	0.08	0.10	0.15	0.20
氟化物（mg/L）	1.0	0.32	0.23	0.17	0.13	0.12
氰化物（mg/L）	0.05	0.025	0.020	0.010	0.005	0.007
指标 \ 出水标准 \ 时间	出水标准	2010 年 3 月	2010 年 4 月	2010 年 5 月	2010 年 6 月	2010 年 7 月
温度（℃）	/	12.8～18.5	13.5～16.1	18.0～25.6	22.8～29.8	25.0～30.5
pH	6.5～8.5	7.44～7.67	7.38～7.62	7.25～7.83	6.92～7.57	7.22～7.75
浊度（NTU）	/	29.5～317	38.3～65.2	68.2～747	25.0～285	24.0～355
$CODMn$（mg/L）	3	3.84～7.48	4.25～5.64	4.62～7.69	3.13～5.27	3.33～5.74
NH_4^+-N（/mg/L）	0.5	2.18～6.94	3.22～5.98	0.35～5.28	0.27～2.16	0.20～2.36
NO_2^--N（/mg/L）	0.005	0.080～0.110	0.020～0.110	0.04～0.28	0.05～0.14	0.04～0.13
NO_3^--N（mg/L）	10	0.85～2.10	0.34～1.07	0.58～2.60	1.40～2.57	1.80～3.98
UV_{254}/abs	/	0.060～0.139	0.049～0.106	0.043～0.128	0.044～0.109	0.040～0.114
TN（mg/L）	/	5.59～8.35	5.10～7.05	5.43～7.14	5.78～7.75	4.94～7.46
TP（mg/L）	/	0.37～0.54	0.52～0.69	0.42～0.74	0.45～0.68	0.67～0.92
铁（mg/L）	0.3	0.83～1.40	0.80～1.70	0.62～1.42	0.48～0.91	0.70～1.19
锰（mg/L）	0.1	0.424～0.712	0.350～0.812	0.226～0.591	0.305～0.624	0.285～0.467
砷（μg/L）	10	10	15	15	10	20
六价铬（mg/L）	0.05	0.01	0.02	0.02	0.01	0.02
铜（mg/L）	1.0	0.45	0.34	0.33	0.36	0.48
锌（mg/L）	1.0	0.21	0.18	0.15	0.12	0.23
氟化物（mg/L）	1.0	0.09	0.13	0.16	0.25	0.28
氰化物（mg/L）	0.05	0.009	0.012	0.013	0.009	0.010

3.3.2.2　启动运行阶段

1. 运行方式

组合工艺正式启动之前，先连续通入 2d 自来水清洗沸石滤料和活性炭滤料内的杂质。清洗完毕后正式通入原水，运行斜管沉淀池，正式启动 ZBAF 和 GAC。

曝气生物滤池的挂膜启动主要有接种挂膜和自然挂膜 2 种方法，相关研究表明采用接种挂膜法虽然启动较快，但存在形成的生物膜不稳定、生物活性低等问题。考虑到组合工艺 9 月初开始运行，期间原水 NH_4^+-N 浓度在 1.5mg/L 左右，COD_{Mn} 在 5mg/L 左右，水温在 25℃以上，适宜自然法挂膜，结合前期实验室小试研究结果，ZBAF 采用自然进水挂膜，具体流程设计为：

（1）关闭 ZBAF 曝气，ZBAF 以设计流量 $1m^3/h$（滤速为 5m/h）进水 1 周吸附一定基质浓度的 NH_4^+-N；

（2）开启 ZBAF 曝气，气水比控制在 1：2，挂膜运行流量将至 $0.5m^3/h$；

（3）挂膜成功后，提高进水流量，以设计流量 $1m^3/h$ 正常运行。

启动阶段水温和各反应器 DO 如图 3-28 所示：ZBAF 进水 DO 1~3mg/L，经曝气后出水 DO 4~6mg/L；GAC 内跌落进水，有一个自然充氧的过程，进水 DO 在 6~8mg/L。

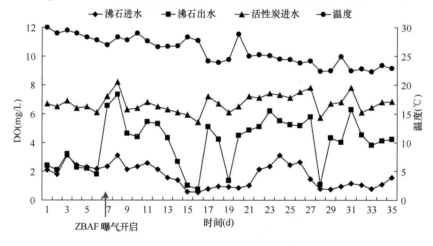

图 3-28　秋季沸石挂膜阶段水温与 DO

2. 处理效果

1）对三氮的去除

原水中氮主要由无机氮组成，即三氮：NH_4^+-N、NO_2^--N、NO_3^--N，组合工艺的处理主要目标之一是 NH_4^+-N。在 ZBAF 中，NH_4^+-N 的去除主要依靠 2 种作用：沸石的离子交换和亚硝化菌、硝化菌等自养菌的生物作用将其转化为 NO_3^--N，如式（3-1）、式（3-2）所示：

$$[Z]M^+ + NH_4^+ \longrightarrow [Z]NH_4^+ + M^+ \tag{3-1}$$

$$55NH_4^+ + 76O_2 + 109HCO_3^- \longrightarrow C_5H_2O_2N + 54NO_2^- + 57H_2O + 104H_2CO_3$$

$$400NO_2^- + NH_4^+ + 4H_2CO_3 + 195O_2 + HCO_3^- \longrightarrow C_5H_2O_2N + 400NO_3^- + 3H_2O \tag{3-2}$$

式中，M^+ 代表沸石孔径内原有的阳离子，一般为 Na^+。

秋季沸石挂膜阶段组合工艺各流程中三氮的浓度变化如图 3-29~图 3-32 所示。

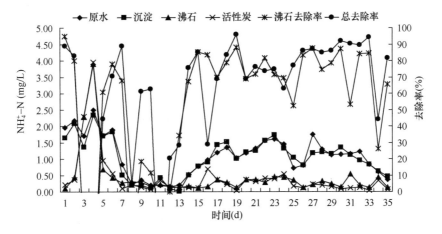

图 3-29 秋季沸石挂膜阶段 NH_4^+-N 浓度变化与去除

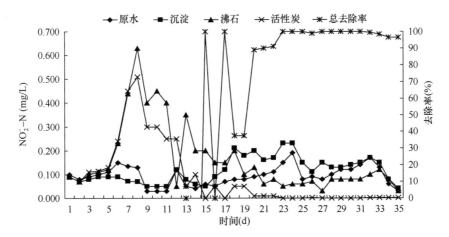

图 3-30 秋季沸石挂膜阶段 NO_2^--N 浓度变化与去除

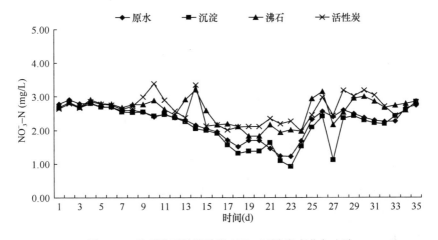

图 3-31 秋季沸石挂膜阶段 NO_3^--N 浓度变化与去除

从图 3-29 中可看出，启动初期，ZBAF 内 NH_4^+-N 的去除率高达 95%；运行 3d 后，去除率迅速降低，甚至出现 NH_4^+-N 反吐现象；运行 12d 后，去除率又逐渐提高。分析这

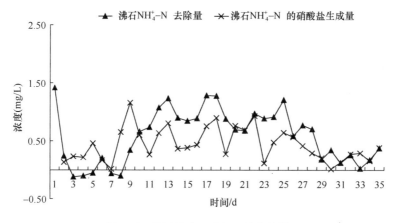

图 3-32　ZBAF 内 NH_4^+-N 转化情况

种变化过程：在 ZBAF 中 NH_4^+-N 的去除主要通过沸石的离子交换作用以及亚硝化菌、硝化菌的生物作用。启动初期，沸石离子交换作用显著，随着离子交换的进行，沸石内 NH_4^+-N 吸附位减少，对 NH_4^+-N 的去除也迅速降低；继续运行使得沸石滤料上生物膜逐渐形成，对 NH_4^+-N 的生物去除效果增加，后期组合工艺对 NH_4^+-N 去除率稳定在 85% 以上，出水 NH_4^+-N 在 0.1mg/L 以下。

由于沸石对 NH_4^+-N 的离子交换作用的存在，单从 NH_4^+-N 的去除并不能确定 ZBAF 的挂膜周期。当出水的 NO_2^--N 出现累积并稳定降低且 NO_3^--N 稳定积累时或是 NH_4^+-N 转化为硝酸盐的比率较高时方可认为挂膜成功。

从图 3-30 可知，ZBAF 在运行 7d 后出现明显的亚硝酸盐累积现象，在亚硝酸盐累积的同时，ZBAF 内硝酸盐的生成量也在稳定增加（图 3-31）。由于在生物除氮中，NH_4^+-N 主要通过亚硝化菌的亚硝化作用转化为亚硝酸盐和硝化菌进一步将亚硝酸盐转化成硝酸盐得以去除，因此 ZBAF 的这一出水变化表明沸石滤料上亚硝化菌和硝化菌在大量生长，ZBAF 对 NH_4^+-N 的生物去除作用逐渐形成并显著。此外，从图 3-32 中可看出 NH_4^+-N 的去除量要大于硝酸盐的生成量，说明生物膜形成后，NH_4^+-N 不仅仅是依靠亚硝化菌、硝化菌的生物作用的去除，沸石本身也仍在发挥其对 NH_4^+-N 的离子交换作用。

运行 20d 后 ZBAF 亚硝酸盐出水浓度维持在 0.1mg/L 以下，ZBAF 内 NH_4^+-N 的硝酸盐转化率（ZBAF 的硝酸盐生成量与 NH_4^+-N 去除量的百分比）稳定在 60% 左右，此时认为挂膜已成功。综合考察 ZBAF 内亚硝酸盐浓度变化和 NH_4^+-N 转化情况，ZBAF 在水温 25℃ 左右，气水比 1∶2，滤速 2.5m/h 下的挂膜周期为 20d。

挂膜后期亚硝酸盐已进入稳定转化阶段，但从图 3-32 进出水 NH_4^+-N 浓度变化看出，后期进水 NH_4^+-N 浓度过低，硝化生物膜培养过程中没有足够的氮源可以利用，生物膜成熟周期延缓。从图 3-32 可看出后期沸石内的硝酸盐生成量要高于 NH_4^+-N 的去除量，说明沸石内已在进行生物原位再生，离子交换容量得以部分恢复。

2）组合工艺对浊度的去除

启动阶段组合工艺对浊度的去除情况如图 3-33 所示。

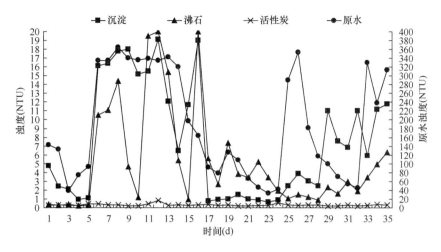

图 3-33 沸石挂膜阶段组合工艺对浊度的去除

浊度大部分是由颗粒性悬浮物构成的,其去除机理包括:①载体本身具有机械截留和吸附作用,可去除进水中粒径较大的悬浮物;②微生物新陈代谢过程中分泌的胞外聚合物(EPS)会吸附水中的一些悬浮物,并形成具有生物活性的絮体,迅速降低出水浊度。一般滤柱运行初期主要依靠作用①,当生物膜逐渐形成之后,在①和②的共同作用下,出水浊度将会进一步降低。

进水浊度在 40~400NTU 之间波动,经混凝沉淀后浊度降至 20NTU 以下。ZBAF 出水浊度变化较复杂:启动前期,浊度主要通过载体本身的机械截留和吸附作用来去除,但反应器内存在曝气扰动和未洗净的杂质,出水浊度高于进水浊度;后期随着生物膜的形成,反应器内生物絮凝作用加强,对浊度的去除作用加强,但同时也会伴随着生物膜的脱落而导致的出水浊度偶有升高;ZBAF 出水经 GAC 后,最终出水浊度可保证在 1NTU 以下。组合工艺运行稳定后,对浊度的去除率达到 99%,出水浊度可保证在 0.5NTU 以下。

3)组合工艺对有机物的去除

组合工艺对 COD_{Mn} 和 UV_{254} 的去除情况如图 3-34、图 3-35 所示。

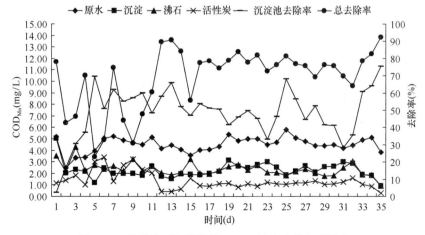

图 3-34 秋季沸石挂膜阶段 COD_{Mn} 浓度变化与去除率

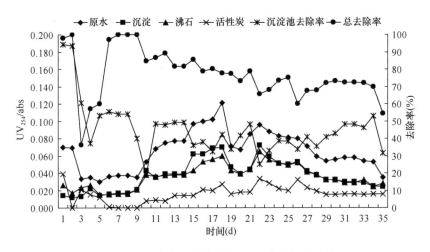

图 3-35　秋季沸石挂膜阶段 UV_{254} 变化与去除率

从图 3-34、图 3-35 可知，混凝沉淀对有机物的去除作用最大，对 COD_{Mn} 和 UV_{254} 的去除率分别在 50% 和 40% 左右，而一般混凝沉淀对有机物去除率在 30% 左右。初步分析认为中试试验中原水浊度较高，颗粒物质较多，相当一部分有机物吸附在浊度颗粒上通过混凝沉淀得以去除，表现出较高的 COD_{Mn} 和 UV_{254} 去除率。

生物滤池对有机物的去除机理主要包括：①微生物对小分子有机物的降解作用。微生物生长代谢中可将部分低分子有机物分解成 CO_2 和水，同时也可将降解中生成的部分中间产物合成为微生物体；②微生物胞外酶对大分子有机物的分解作用；③生物吸附絮凝作用。由于生物膜的比表面积较大，能吸附部分有机物，使部分大分子有机物在生物滤池中被滤料表面的生物膜吸附，在反冲洗时被冲出滤池。

沉淀池出水高锰酸盐指数在 3mg/L 左右，较低的有机物基质浓度不利于 ZBAF 内异养菌的大量繁殖，再加上曝气造成部分吸附在生物膜表面的有机物甚至生物膜本体的脱落，ZBAF 出水高锰酸盐指数仅略有降低。后续的 BAC 对有机物的吸附作用明显，随着工艺的运行，GAC 对有机物的吸附容量会不断下降，但累积吸附在活性炭滤料上的有机物也为异养菌的生长繁殖提供了充足的基质浓度，BAC 对高锰酸盐指数的生物去除作用不断提高。启动后期，组合工艺在混凝沉淀、活性炭物理吸附和好氧异养菌的共同作用下，对 COD_{Mn} 的去除率达 75%，出水高锰酸盐指数稳定在 1.5mg/L 以下。

由于 UV_{254} 代表的有机物难以被微生物降解，沉淀出水 UV_{254} 经 ZBAF 后基本没有降低；GAC 对 UV_{254} 的吸附去除作用显著，尤其在运行初期，出水 UV_{254} 极低，随着活性炭滤料吸附的饱和，出水 UV_{254} 浓度增加，启动后期 GAC 对 UV_{254} 的去除率降至 30%，组合工艺整体对 UV_{254} 的去除率稳定在 70% 左右。

3.3.2.3　稳定运行阶段

1. 运行方式

11 月下旬总干渠上游闸门开启，水温又降至 15℃ 以下，进水 NH_4^+-N 浓度逐渐上升。由于沸石挂膜成功后进水 NH_4^+-N 长时间处于较低水平，ZBAF 内生物膜已逐步退化；当

进水 NH_4^+-N 浓度升高时，由于温度较低，ZBAF 进水 DO 较低（＜1mg/L），沉淀池出水浊度很难维持在 5NTU 以下，ZBAF 内出现曝气不均匀的问题，DO 条件较差导致沸石内生物膜很难迅速恢复。进水经过沸石离子交换吸附后，其出水仍有较高浓度的 NH_4^+-N，为后续活性炭内滋养生物的成长提供了充足的基质，加上活性炭进水 DO 充足，活性炭柱内的微生物大量生长繁殖，形成较稳定的生物膜。此运行阶段水温和各反应器 DO 如图 3-36所示。

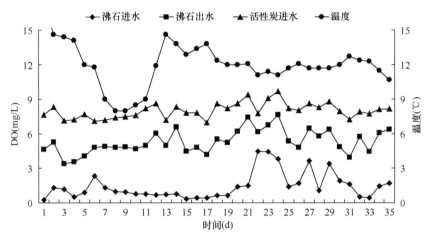

图 3-36　活性炭挂膜阶段水温与 DO

2. 处理效果

1）组合工艺对三氮的去除

结合图 3-37 和图 3-38 可看出，在活性炭挂膜前期，NH_4^+-N 的去除主要依靠沸石内的离子交换作用，随着沸石内离子交换的饱和，对 NH_4^+-N 的去除从 65％逐渐降至 20％，而活性炭柱内生物膜的生物作用对 NH_4^+-N 的去除逐渐上升至 60％，在水温 10～15℃，活性炭柱内生物作用很旺盛，但由于活性炭内无曝气增氧装置，仅依靠进水跌水充氧，对 NH_4^+-N 的去除无法进一步提高，组合工艺对 NH_4^+-N 的总去除率维持在 75％左右。

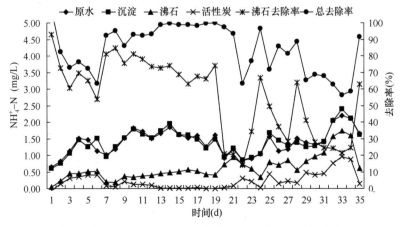

图 3-37　冬季活性炭挂膜阶段 NH_4^+-N 浓度变化与去除

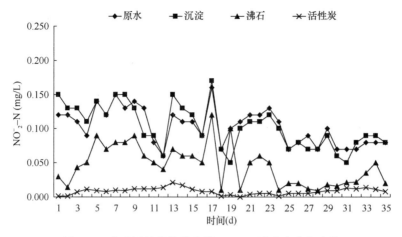

图 3-38　冬季活性炭挂膜阶段 $NO_2^- $-N 浓度变化与去除

沸石内仍存在一定的生物作用，这点从 NO_2^--N 的去除（图 3-38）可以看出。由于活性炭内在运行初期沸石挂膜阶段已存在一定的生物作用，在生物膜成熟阶段并没有出现类似沸石的亚硝酸盐积累现象，出水亚硝酸盐一直处于一个较低水平（图 3-39、图 3-40）。

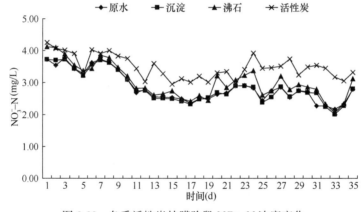

图 3-39　冬季活性炭挂膜阶段 NO_3^--N 浓度变化

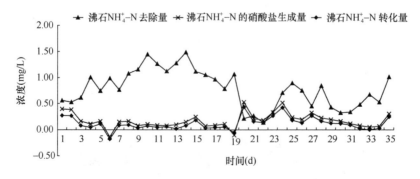

图 3-40　ZBAF 内 NH_4^+-N 的硝酸盐转化图

图 3-41 反映的是活性炭内 NH_4^+-N 转化情况。其中 NH_4^+-N 转化量为 GAC 内 NO_3^--N 和 NO_2^--N 生成量之和，由于 GAC 内 NH_4^+-N 的去除是依靠亚硝化菌和硝化菌的生物

作用，NH_4^+-N 的去除量也即是 NH_4^+-N 的转化量，但从图 3-41 可知两者并不相等，经常出现转化量要低于去除量，初步分析，可能是由于 DO 的消耗，GAC 下层会成为一个厌氧区，转化生成的硝酸盐浓度在反硝化作用下会有一定程度的降低。

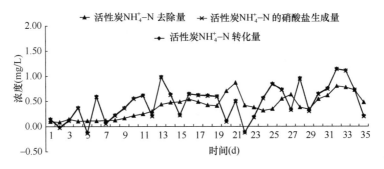

图 3-41　GAC 内 NH_4^+-N 的硝酸盐转化

2) 组合工艺对浊度的去除

此阶段组合工艺对浊度的去除情况如图 3-42 所示。ZBAF 对浊度的去除依旧贡献不大；随着生物膜的成熟，GAC 内生物絮凝作用加强，出水浊度可保证在 0.3NTU 以下；后期沉淀池出水浊度较高，温度持续降低又造成生物活性有所下降，GAC 出水浊度上升至 0.6NTU 左右。

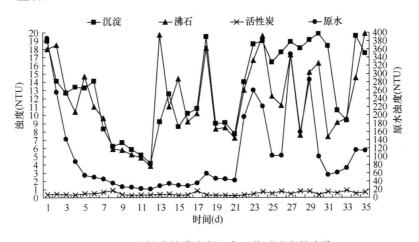

图 3-42　活性炭挂膜阶段组合工艺对浊度的去除

3) 组合工艺对有机物的去除

混凝沉淀对 COD_{Mn} 的去除率依旧维持在 40%～50%。活性炭对 COD_{Mn} 的去除主要依靠吸附截留和生物膜中异养菌的基质消耗。在活性炭生物膜成熟阶段，生物活性较高，对 COD_{Mn} 的去除效果较好，对去除率的贡献达到 20% 以上，整体去除率可维持在 70% 左右，出水 COD_{Mn} 维持在 2mg/L 以下(图 3-43)。

混凝沉淀对 UV_{254} 依旧保持 40% 的去除率。活性炭由于吸附饱和，对其的去除率较之运行初期大大降低，但由于其生物絮凝截流作用的加强，对 UV_{254} 去除率的贡献能维持在 20% 左右的水平(图 3-44)。

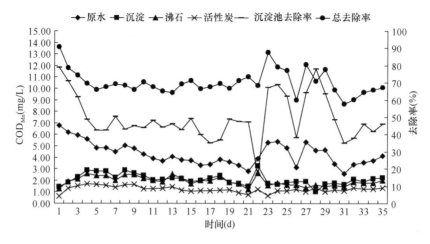

图 3-43 冬季活性炭挂膜阶段 COD_{Mn} 浓度变化与去除率

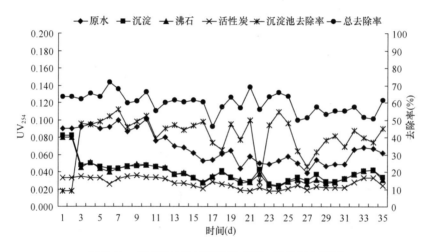

图 3-44 冬季活性炭挂膜阶段 UV_{254} 变化与去除率

3.3.2.4 组合工艺对其他指标的控制

1. 组合工艺除铁除锰

原水中铁含量基本在 0.8mg/L 左右，如图 3-45 所示。对比原水过 $0.45\mu m$ 膜前后所测的铁含量，原水中的铁主要为结合态，经混凝沉淀可降至 0.4mg/L 以下。研究表明，当铁含量控制在 0.3mg/L 时即可认为对除锰效果无影响且维持一定浓度的铁有利于除锰催化氧化膜的成熟。沸石内设有曝气，虽然 DO 不是很充足，但经接触氧化后铁可降至 0.2mg/L，为后续 GAC 除锰创造了一个较好的条件。沸石出水的剩余铁经过活性炭进一步接触自然氧化，工艺最终出水中铁的浓度保持在 0.05mg/L 以下，整体去除率在 95% 以上。

由于受上游开采锰矿的影响，原水中锰始终处于超标状态，基本在 0.4mg/L 以上，地表水中锰主要为溶解态的二价锰，经混凝沉淀后，锰的浓度仍保持在 0.3mg/L 以上。从图 3-46 中可看出，在经历短暂的 3d 吸附去除后，ZBAF 对锰基本没有去除效果；GAC

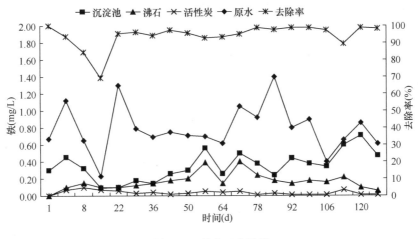

图 3-45 组合工艺除铁

对锰的去除率不断提高，50d后对锰的去除率达到85％以上，出水锰即可保证在0.06mg/L以下，优于饮用水中0.1mg/L的指标要求。

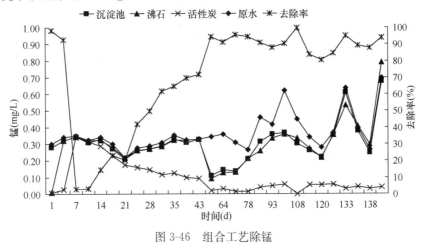

图 3-46 组合工艺除锰

图 3-47 GAC表面电镜扫描

在滤池除锰的过程中，有接触自催化氧化和生物固锰两种去除机理。接触氧化法是李圭白等于20世纪60年代研制开发的技术，认为曝气后水直接通入滤池，滤池经长期运行后，在滤料表面自然形成了锰质滤膜，具有催化作用，水中的二价锰在锰质滤膜催化作用下，能迅速被 DO 氧化而从水中除去。生物固锰法认为 pH 中性域条件下锰的氧化是微生物机制，即滤层中的锰的氧化是以 Mn^{2+} 氧化菌为主的生物氧化作用，在生物滤层中 Mn^{2+} 首先吸附于细菌表面，然后在细菌胞外酶的作用下氧化为 Mn^{4+}，从而从水中除掉。

在自然运行的滤池中，锰细菌的数量是非常少的。在本中试试验中，对运行 10 个月后 GAC 表层滤料颗粒进行电镜扫描，在扫描的颗粒上没有发现除锰细菌，但发现颗粒表面有些部位覆盖了一些类似锰质滤膜的氧化物质，如图 3-47 所示。因此认为在本工艺中，锰主要是通过接触自催化氧化得以去除。组合工艺所采用的沸石滤柱后接活性炭柱的形式，可视为一个二级接触氧化的处理形式，该处理形式有利于解决地表水中的铁锰超标的问题。

2. 组合工艺除磷

近年来关于给水管网上生物膜的生长、管网水中细菌再生长的研究越来越多，饮用水的生物稳定性得到相当的重视。目前，被用来作为饮用水生物稳定性控制指标的有：可同化有机碳（AOC）、生物可降解溶解性有机碳（BDOC）、可生物利用磷（MAP）和总磷（TP），以及 AOC-TDWMS 和细菌生长潜力（BGP）。其中 TP 测定简单，以现有的化学分析方法对水中的 TP 最低值可达到 $2\mu g/L$，且一般认为如果水中 TP 低于 $5\mu g/L$ 可基本保证饮用水生物稳定性。因此采用 TP 来评价组合工艺出水生物稳定性是具有一定意义的。

运行期间组合工艺进出水 TP 变化与去除情况如图 3-48 所示。

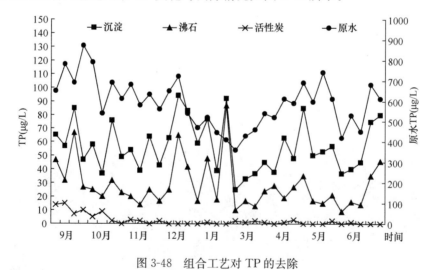

图 3-48　组合工艺对 TP 的去除

从图中可知，原水 TP 含量在 $700\mu g/L$ 左右，经混凝沉淀后可降至 $70\mu g/L$ 左右，ZBAF 出水可进一步降低至 $20\mu g/L$ 左右，稳定运行 1 个月后，GAC 出水 TP 含量极低，可维持在 $3\mu g/L$ 以下的水平，这使得组合工艺的出水生物稳定性得到一定的保证。

初步分析组合工艺中的 TP 变化情况，有 2 种去除途径：①水环境的磷一般是以结合态（与大分子有机物结合）或胶体状态存在，比较容易通过混凝沉淀和过滤截留得以去除。

②GAC 下层缺氧区的反硝化作用除磷，这一点与活性炭内 NO_3^--N 降低的推测是一致的。

3.3.3 组合工艺出水稳定性研究

实际工程应用中，工艺的出水稳定性是一项很重要的指标。本节将从抗水质冲击负荷、抗水量冲击负荷和运行连续性这 3 个方面考察分析组合工艺的出水稳定性。

3.3.3.1 组合工艺抗水质冲击负荷能力

1. 水质影响因素分析

1)进水基质浓度

试验运行期间进水锰、TP 等指标较稳定，沉淀池出水 COD_{Mn} 维持在 3mg/L 较低的水平，不会给生物硝化作用去除 NH_4^+-N 造成抑制影响。只有 NH_4^+-N 浓度波动性较大，是主要的水质冲击负荷。

在组合工艺中，NH_4^+-N 的去除主要依靠沸石的离子交换和两滤柱内生物膜的硝化作用。对于沸石的离子交换作用，进水 NH_4^+-N 浓度的提高意味着交换基质浓度差的增大，相应的离子交换率会有所提高，表现出 NH_4^+-N 去除率的提高；对于生物作用，一定浓度的 NH_4^+-N 浓度是亚硝化菌和硝化菌正常生长的必要条件，高的 NH_4^+-N 浓度使得生物作用不受基质浓度的限制，可以保持较高的生物活性。因此只要保证其他微生物生长所需条件，生物膜便能发挥相应的去除作用，在离子交换和生物膜的共同作用下，组合工艺便有较高的抗 NH_4^+-N 冲击负荷能力。

2)温度

运行期间进水温度变化幅度为 5～31℃。启动阶段水温在 25℃ 以上，ZBAF 在自然进水下 20d 即挂膜成功。挂膜成功后，ZBAF 内 NH_4^+-N 的去除依靠离子交换和生物硝化的共同作用。对于离子交换，温度通过影响基质在沸石孔径内的扩散系数来影响交换效率，在 5～31℃ 的变化幅度范围内，这一影响可以忽略不计；对于生物作用，温度会影响微生物的活性，但实验期间水温在 5℃ 以上，还没降到更低的水平，生物硝化作用没有受到明显影响。因此在这 2 种去除作用的协同下，温度对组合工艺除 NH_4^+-N 的效果影响较低。

去除有机物依靠混凝沉淀以及 GAC 吸附和异养菌的生物作用。工艺运行中，温度对混凝沉淀效果未见明显影响。对于 GAC 的吸附作用，由于进水有机物成分较复杂，吸附既有物理吸附也有化学吸附，物理吸附没有选择性，为多层吸附，是一个放热过程，吸附热较小，在低温条件下即可进行；而化学吸附为选择性吸附，主要为单层吸附，虽然同为放热过程，由于化学反应需大量的活化能，吸附热较大，需要在较高的温度下进行。因此在 4～31℃ 的温度范围内，温度对 GAC 吸附的综合影响也是可以忽略不计的。对于异养菌的生物作用，低温对其生物活性有一定的抑制作用：对比 4.2 中活性炭挂膜阶段前后期组合工艺的运行情况可知，相同工艺参数下，温度从 25℃ 降至 10℃ 以下，组合工艺对 COD_{Mn} 的整体去除率仅降低了 5% 左右，出水 COD_{Mn} 维持在 2mg/L 以下，仍可以达到《生活饮用水卫生标准》(GB 5749—2006)的要求。

3）pH

进水 pH 在 7～8.5 之间波动，运行期间组合工艺各反应器 pH 变化如图 3-49 所示。

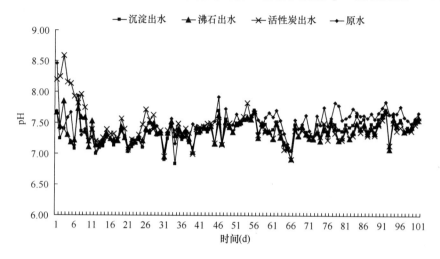

图 3-49　组合工艺 pH 变化

运行初始阶段，沸石对进水 NH_4^+-N 的离子交换和活性炭内残留的碱性物质导致滤柱出水 pH 上升；随着生物作用的加强，亚硝化作用和硝化作用对 pH 的降低作用逐渐加强。由于沸石内同时存在离子交换和生物硝化这两种作用，使得其出水 pH 改变不大。对于 GAC，在运行后期，活性炭对 NH_4^+-N 的去除量要大于对有机物的去除量，其中自养菌的生物硝化作用会消耗碱度，异养菌对有机酸的降解又会引起 pH 值的不断上升，由于寡营养的进水条件使得 GAC 内形成的是以自养养菌为优势菌种的生物膜，自养菌的耗碱速率要高于异养菌对有机酸的消耗，综合表观便是 GAC 出水 pH 值有一定程度的降低。

当生物滤柱进入稳定的生物硝化阶段后，进水维持合适的 pH 值对于硝化细菌保持活性具有重要意义。硝化细菌生长最适宜的 pH 范围是 7.0～8.5，而在本中试过程中，沉淀池出水的 pH 基本在 7.0～7.5 之间波动，有利于 ZBAF 和 GAC 内生物硝化作用的发挥。

4）DO

DO 通过对生物作用来影响组合工艺的 NH_4^+-N 去除率，去除 NH_4^+-N 浓度的主要生物亚硝化菌和硝化菌均为好氧菌，DO 也是保证其生物活性的必要条件。

在挂膜运行期间，充足的 DO 有利于生物膜的形成和成熟。对于 ZBAF：沉淀池出水 DO 较低，在进水 NH_4^+-N 浓度较高时，DO 只有 0.5mg/L 左右，出水后直接上向流进入沸石，使得沸石的进水 DO 浓度过低；沸石内虽设有鼓风曝气，在运行中发现容易出现曝气不均的问题，加大气水比也不能有效提高沸石内的 DO 浓度，反而会使得柱内的沸石破碎，不利于生物膜的稳定生长。这些因素均限制了沸石内生物膜发挥其相应的作用。比较而言，沸石出水经跌水再次充氧后进入活性炭柱，DO 基本维持在 8mg/L 以上，当沸石出水有一定 NH_4^+-N 时，活性炭内生物膜形成较快，去除效果也较好。

对于 GAC，挂膜成熟后，GAC 内生物可利用的 DO 约为 8mg/L 左右，理论上 1mg 的 NH_4^+-N 完全转化为 NO_3^--N 需要 4.25mg 的氧，按此计算 GAC 能够去除 1.5mg/L 左右的 NH_4^+-N，对出水的 NH_4^+-N 浓度是一个有力的保障。

2. 冬季集中负荷下组合工艺的运行效果

冬季进水水温低，NH_4^+-N 浓度较高，是组合工艺实际运行中集中负荷出现的阶段，也是考察组合工艺抗水质冲击负荷的重要阶段。在本中试研究中，集中负荷出现在 GAC 内生物膜成熟后运行的一个月内，运行期间水温进一步降低至 10℃ 以下，NH_4^+-N 浓度上升至 4mg/L 以上。而此时 ZBAF 内生物膜仍未恢复，生物作用微弱，活性炭内无曝气增氧装置，其生物作用的发挥受 DO 的限制。组合工艺受水质负荷冲击影响很大。该运行阶段具体水温和 DO 情况如图 3-50 所示。

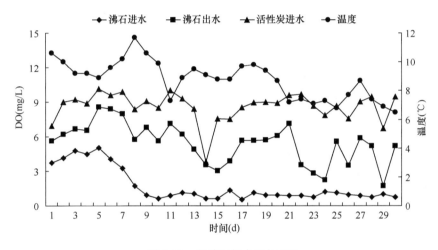

图 3-50　冬季运行水温与 DO

1)组合工艺对 NH_4^+-N 的去除与沸石的化学辅助再生

冬季运行阶段组合工艺对 NH_4^+-N 的去除情况如图 3-51 所示。此阶段运行初进水 NH_4^+-N 浓度在 1.5mg/L 左右，在此进水基质浓度下，沸石内两相间的离子交换已接近

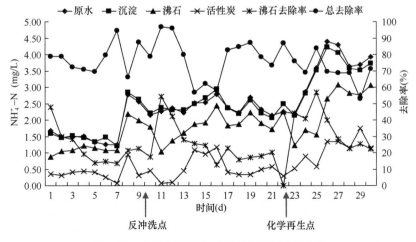

图 3-51　冬季运行组合工艺对 NH_4^+-N 的去除

平衡，对 NH_4^+-N 的去除率较低；结合图 3-51 和图 3-52 可知，ZBAF 内仍存在微弱的生物作用，有少量的 NH_4^+-N 转化为 NO_3^--N，ZBAF 对 NH_4^+-N 的去除率为 15%。当进水 NH_4^+-N 浓度水平提高至 2.5mg/L 时，ZBAF 内离子交换发挥的作用有所提高，对 NH_4^+-N 的去除率提高至 30%；随着时间的推移，此进水基质浓度水平下的离子交换也逐渐达到平衡，对 NH_4^+-N 的去除又降至 20% 以下。

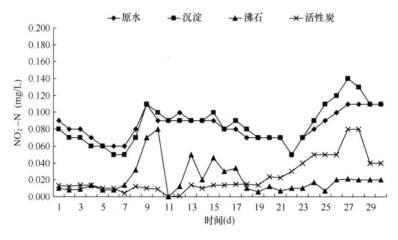

图 3-52　冬季运行 NO_2^--N 变化

从 GAC 内 NH_4^+-N 变化可知，在低温和 NH_4^+-N 浓度波动的冬季，GAC 能稳定去除 1.5mg/L 的 NH_4^+-N 量。当 ZBAF 出水 NH_4^+-N 超过 GAC 的处理容量时，GAC 内会出现亚硝酸盐累积现象，亚硝酸盐的累积与 DO 的不足和低温导致生物活性下降有关（图 3-53）。从图 3-54 也可以看出，由于处理超负荷 NH_4^+-N 对 DO 的消耗，GAC 内部厌氧环境扩大，反硝化作用比较明显，对硝酸盐的去除也得到一定程度的增加。

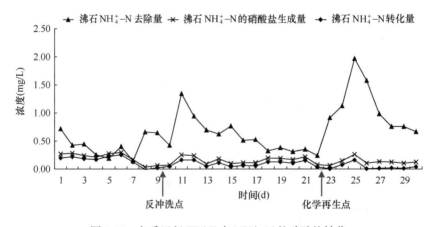

图 3-53　冬季运行 ZBAF 内 NH_4^+-N 的硝酸盐转化

冬季运行后期，温度进一步降低，NH_4^+-N 浓度持续增高，仅仅依靠 GAC 内有限的去除容量，出水 NH_4^+-N 难以达标。根据进、出水的 NH_4^+-N 情况，沸石滤柱进行了 2 次化学再生，再生方式均为简单的氯化钠浸泡，再生情况见表 3-15 所列。

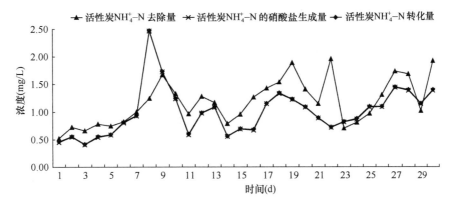

图 3-54　冬季运行 GAC 内 NH_4^+-N 的硝酸盐转化

沸石化学辅助再生　　　　　　　　　　　　　表 3-15

时间：2010-1-6	方式：4％氯化钠浸泡 20h 再生（$0.33m^3$ 水）					
废液时间	10min	30min	1h	2h	3h	8h
废液 NH_4^+-N 浓度（mg/L）	81.53	105.38	142.25	141.71	142.79	143.33
时间：2010-1-17	方式：5％氯化钠浸泡 17h 再生（$0.33m^3$ 水）					
废液时间	10min	30min	1h	2h	3h	8h
废液 NH_4^+-N 浓度（mg/L）	91.49	126.19	160.89	164.14	165.22	166.31

当采用相同的再生盐和再生方式时，从废液 NH_4^+-N 浓度可知，高浓度的再生盐能获得更好的再生效果，但经济代价也相应增大。再生后沸石对 NH_4^+-N 的去除率由 20％提高到 60％以上，但 5d 后去除率迅速下降，需要再次进行化学辅助再生。在实际工程运行中，NH_4^+-N 的去除如果仅仅依靠离子交换，再生周期较短，操作复杂，产水量降低，经济代价也很高，此外还存在再生废液的处理问题。因此要解决冬季水质负荷冲击问题，还是要依靠 ZBAF 内成熟的生物膜作用，生物膜的恢复离不开充足而又均匀分布的 DO，同时在保证曝气均匀的前提下，上向流的曝气生物滤池能够提高更多的 DO，对 NH_4^+-N 有更大的去除空间。要根本抵抗冬季高 NH_4^+-N 水质冲击，必须保证 ZBAF 内 DO 均匀充足，生物膜成熟稳定，充分发挥生物硝化作用。

2)对浊度的去除

冬季运行期间水温很低，原水中微生物较少，浊度较低。运行前段浊度在 100～200NTU 之间，沉淀出水浊度较高，在 20NTU 左右；出水浊度经 ZBAF 后稍有降低；在相对较高的进水浊度下，GAC 出水浊度只能保持在 1NTU 以下。后期原水浊度逐渐降至 10NTU 以下，沉淀出水浊度已在 2NTU 以下，加上冬季水温低，黏度大，经 GAC 过滤后出水浊度极低，维持在 0.3NTU 以下（图 3-55）。

3)组合工艺对有机物的去除

混凝沉淀仍是去除有机物的主要作用。冬季运行期间前段时间浊度较高，混凝沉淀对 COD_{Mn} 的去除效果较好，能维持在 40％左右；当浊度降至 40NTU 时，混凝沉淀对

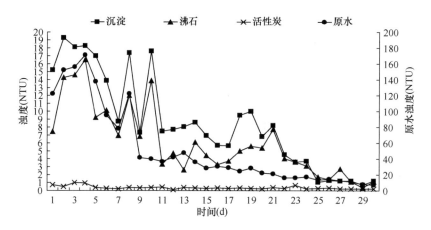

图 3-55　冬季运行组合工艺对浊度的去除

COD_{Mn} 的去除率仅在 30％ 左右，整体出水 COD_{Mn} 只能维持在 2.5mg/L 以下；当温度和原水浊度进一步降低，混凝沉淀出水浊度较低，对 COD_{Mn} 的去除又恢复至 40％ 左右。ZBAF 对 COD_{Mn} 的去除作用仍很微弱。GAC 内异养菌受低温抑制作用，同时 NH_4^+-N 浓度较高，占优势地位的自养菌大量消耗有限的 DO，使得其对 COD_{Mn} 的去除率从挂膜阶段的 25％ 降至 20％，冬季运行阶段，在保证沉淀池出水浊度效果的前提下，组合工艺整体对 COD_{Mn} 的去除率为 65％，出水 COD_{Mn} 能稳定在 2mg/L 以下（图 3-56）。

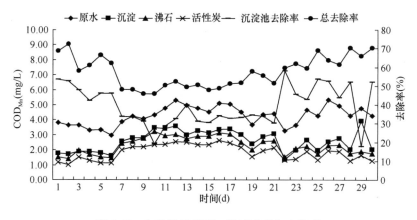

图 3-56　冬季运行 COD_{Mn} 浓度变化与去除率

3.3.3.2　组合工艺抗水量冲击负荷能力

在 ZBAF 和 GAC 内，污染物质是在水与滤料的接触过程中得到去除，水力负荷的加大会导致水与滤料的接触时间缩短从而影响滤柱的处理效果。一般采用停留时间表示水流与滤料的接触时间，计算公式如下：

$$HRT = V \times n / Q \qquad (3-3)$$

式中　V——滤料堆积体积；

　　　n——滤料空隙率；

　　　Q——运行流量。

理论上，一定范围内缩短停留时间，水流速度加快，水流剪切力提高，可以获得更好的传质效率，有利于生物膜对污染物质的利用进而提高去除效率；但停留时间过短，微生物没有足够的时间捕捉与降解污染物质，又会造成去除率的降低。

在水温 15～20℃，装置冬季停置重启运行稳定，沸石内生物膜恢复运行期间，3 种水力负荷（$0.5m^3/h$、$1m^3/h$、$2m^3/h$），ZBAF 停留时间 20min、10min、5min（对应的 GAC 停留时间为 14min、7min、3.5min）下组合工艺的处理情况，具体如图 3-57～图 3-61 所示。

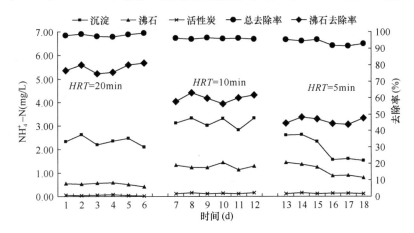

图 3-57 不同停留时间下组合工艺对 NH_4^+-N 的去除

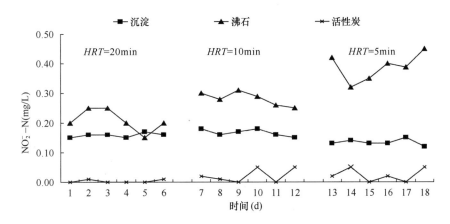

图 3-58 不同停留时间下组合工艺对 NO_2^--N 的去除

从对 NH_4^+-N 的去除情况看，虽然随着停留时间从 20min 缩短至 5min，ZBAF 对 NH_4^+-N 的去除率降低了 30%，但组合工艺总体去除率依旧维持在 90% 以上。停留时间的缩短使得沸石内离子交换和硝化作用进行得不彻底，出水仍有一定浓度的 NH_4^+-N，但后续的 GAC 滤料相当于延长了 NH_4^+-N 与生物膜的接触时间，能够将剩余部分的 NH_4^+-N 进一步去除，使得组合工艺整体对 NH_4^+-N 有较高的抗水力冲击负荷能力。

从图 3-58 可看出，停留时间缩短的同时，NO_2^--N 也未出现明显的累积现象，这是因为生物硝化作用是由亚硝化和硝化两步组成，其中亚硝化过程较慢，是生物硝化的决定步骤，当生物膜中的硝化菌成熟稳定后，亚硝酸盐的硝化是非常快的一个过程，停留时间的

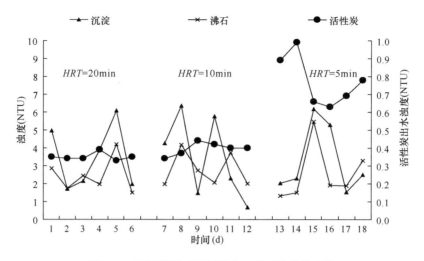

图 3-59　不同停留时间下组合工艺对浊度的去除

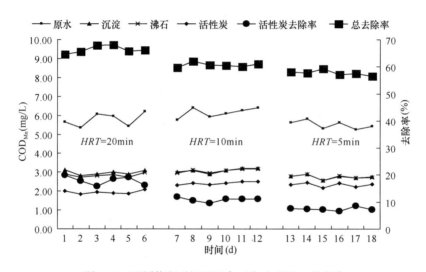

图 3-60　不同停留时间下组合工艺对 COD_{Mn} 的去除

缩短不会导致亚硝酸盐的累积。

从出水浊度情况看，GAC 在增大进水流量的情况下依旧能够维持在 1NTU 以下，但停留时间缩短至 3.5min 时，出水浊度已经比较接近 1NTU，如果进一步加大水力负荷，很可能就有泄漏的危险。

水力负荷的加大对 COD_{Mn} 的去除有一定的影响。在进水 COD_{Mn} 浓度接近的情况下，GAC 内停留时间从 14min 缩短到 3.5min，COD_{Mn} 去除率下降了 8% 左右，出水可维持在 3mg/L 以下，同出水浊度一样，如果进一步加大水力负荷，也将会有泄漏的危险。

从图 3-61 中停留时间对除锰影响可知，当 GAC 内停留时间缩短至 3.5min 时出水锰已接近 0.1mg/L 的出水标准，水力负荷过大不利于锰进行彻底的自催化氧化。

综合来看，在 0.5～2m³/h 的水力负荷范围内，组合工艺都能保证出水常规指标的达标。较低的水力负荷会有很好的出水水质，代价是处理水量的降低；水力负荷过大，出水

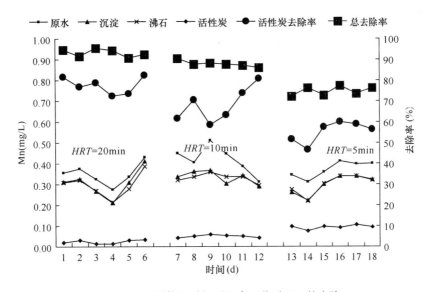

图 3-61 不同停留时间下组合工艺对 Mn 的去除

COD_{Mn}、浊度和锰会有超标的危险。综合考虑出水水质稳定性和经济效益，组合工艺最佳的水力负荷宜控制在 $1m^3/h$ 左右，此时对应滤速为 5m/h。

3.3.3.3 组合工艺运行连续性

1. 反冲洗

1）ZBAF 反冲洗

沸石柱内水流为上向流，不需要经常反冲洗，但是为防止滤料堵塞，滤柱内布水布气均匀，仍需要定期反冲洗，反冲洗数据见表 3-16 所列。

沸石反冲洗与反冲废液 CODMn

表 3-16

时间	COD_{Mn}（mg/L）						反冲方式与强度
	0min	3min	6min	10min	15min	25min	
10 月 6 日	34.24	30.56	26.64	19.86	4.39	2.69	气水 15min［水 5L/(s·m²)，气 0.33L/(s·m²)］；水 15min［5L/(s·m²)］
10 月 16 日	10.15	5.46	4.35	2.81	2.36	2.12	水 30min［5L/(s·m²)］
11 月 11 日	6.38	4.46	3.54	2.92	4.00	2.08	水 5min［4L/(s·m²)］，气水 5min［水 4L/(s·m²)，气 0.25L/(s·m²)］；水 10min［4L/(s·m²)］
12 月 5 日	45.00	23.20	11.25	7.10	3.84	1.60	气 3min［0.25L/(s·m²)］，水 25min［4L/(s·m²)］
12 月 16 日	31.80	42.40	38.40	18.30	7.50	4.34	气水 3min［水 4L/(s·m²)，气 0.25L/(s·m²)］；水 25min［4L/(s·m²)］
12 月 26 日	41.20	34.60	20.00	14.24	9.44	3.30	气 2min［0.33L/(s·m²)］，水 25min［4L/(s·m²)］

在启动挂膜期间，为了微生物量的富集和生长环境的稳定，未对 ZBAF 进行反冲洗。挂膜成功后，ZBAF 20d 反冲洗 1 次。

从图 3-62 可看出，反冲洗后 ZBAF 对 NH_4^+-N 的去除率有所提高。分析原因：一方面是因为反冲洗冲出杂质，有利于布水布气均匀和基质（NH_4^+-N）与沸石的接触反应，另一方面是反冲洗水的 NH_4^+-N 浓度较低，反冲时可以交换出沸石上的部分 NH_4^+-N 使得沸石得以部分再生，因此在进水浊度较高和冬季 NH_4^+-N 浓度较高时，缩短沸石反冲洗的周期至 10d，有利于缓解冬季集中负荷的冲击。

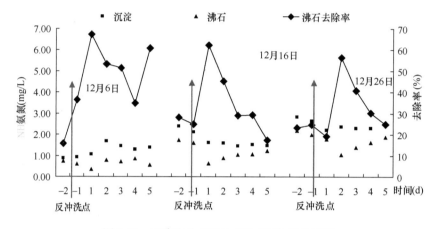

图 3-62　反冲洗对 ZBAF 去除 NH_4^+-N 的影响

从反冲洗废液的有机物含量上看，10 月份和 12 月份的反冲洗废液含有机物较多，前者是因为形成的生物膜在气水反冲洗的影响下部分脱落；而后者则主要是因为沸石滤料冬季对有机物截留作用加强，截留的有机物在反冲洗时冲出滤料，这两者均可增加反冲洗废液有机物的含量。

从反冲洗方式来看，先气冲，后水冲的方式可以获得较好的反冲洗效果，但当沸石上存在生物膜时，气冲强度过大会造成生物膜的脱落，不利于生物作用的稳定，气冲强度控制在 $0.33L/(s \cdot m^2)$ 左右即可。

2）GAC 反冲洗

活性炭柱接在沸石柱后，为下向流，承担去除浊度、有机物以及沸石出水超标 NH_4^+-N 的任务，需要经常进行反冲洗。

一般滤池的反冲洗标准有 2 个：水头损失和水质泄漏，运行结果显示，活性炭柱先达到水头损失极限，因此在本工艺中，将水头损失定为 GAC 反冲洗的标准。

反冲周期与运行流量、沸石出水浊度有关，当运行流量在 $1m^3/h$，进水浊度 5NTU 以下时，反冲洗周期为 5d；当运行流量在 $1.5m^3/h$ 以上或浊度在 20NTU 以上，反冲洗周期为 3d。运行期间 GAC 反冲洗周期与反冲洗方式分别见表 3-17 和表 3-18 所列。

同一般滤池相比，组合工艺中 GAC 滤池的反冲洗周期较长，节省运行成本的同时也为滤料上的生物膜提供了相对稳定的生活环境，有利于 GAC 内的生物处理效果的发挥。

活性炭反冲洗周期   表 3-17

反冲洗周期		运行流量	
		≤1m³/h	1～2m³/h
进水浊度	<5NTU	5d	3d
	5～20NTU	3～5d	3d
	>20NTU	3d	<3d

活性炭反冲洗   表 3-18

时间	COD_Mn（mg/L）						反冲强度
	0min	3min	6min	10min	15min	25min	L/(s·m²)
9 月 22 日	32.00	23.00	16.70	4.90	2.30	1.60	4.2
9 月 27 日	34.00	24.00	21.20	4.80	2.40	1.50	4.2
10 月 7 日	50.00	45.07	22.69	4.91	2.85	2.00	5.6
10 月 12 日	30.00	28.00	15.68	5.44	2.64	1.60	5.6
10 月 16 日	24.00	14.00	9.00	4.50	2.40	1.70	5.6
10 月 24 日	27.00	15.00	8.90	4.44	2.10	1.65	5.6
10 月 26 日	22.00	16.20	11.25	4.52	2.45	1.56	5.6
11 月 3 日	18.00	12.45	7.60	3.82	1.89	1.35	5.6
11 月 6 日	15.40	11.35	5.70	2.46	1.23	1.19	5.6
11 月 10 日	32.00	18.00	16.00	6.00	2.10	1.50	5.6
11 月 15 日	52.10	21.60	13.75	7.92	3.64	2.34	4.9
11 月 20 日	78.40	33.60	21.40	9.04	3.28	1.64	4.9
11 月 25 日	70.80	27.40	5.92	4.16	1.68	2.08	4.9

反冲洗废液 COD_{Mn} 主要是截留的有机物质以及 GAC 本身脱落的生物膜造成的。从反冲洗废液 COD_{Mn} 变化上看，随着活性炭内生物膜的形成与成熟，对有机物的生物吸附絮凝作用加强，进水中的大分子有机物在生物滤池中被滤料表面的生物膜吸附，在反冲洗时被冲出滤池，再加上生物膜自身的老化与脱落，反冲洗废液的 COD_{Mn} 含量大大增加。

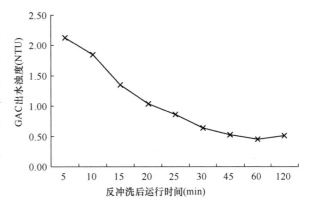

图 3-63　活性炭反冲洗后出水浊度变化

活性炭反冲没有采用气冲，水冲强度控制在 $5L/(s·m^2)$ 左右。反冲洗对 NH_4^+-N 和有机物的去除影响不大；反冲洗后出水浊度恢复情况如图 3-63 所示，从图中可看出在反冲洗 30min 后就可保证出水的浊度在 0.6NTU 以下。

2. 事故工况下装置的重启运行

组合工艺采用的是生化集成工艺，在遇到检修或其他原因而需要暂停运行的情况时，组合工艺重启运行有一个恢复时间，这也是考察组合工艺处理连续稳定性的一项指标。中试期间分别考察了停 3d、10d、45d 后组合工艺重启运行的恢复情况，停 3d 和 10d 时 ZBAF 内停水微曝气，GAC 停水；冬季低温停 45d 时 ZBAF 和 GAC 内为放空状态。

1）对 NH_4^+-N 去除作用的恢复

3 种停置时间后组合工艺对 NH_4^+-N 的去除恢复情况如图 3-64 所示。

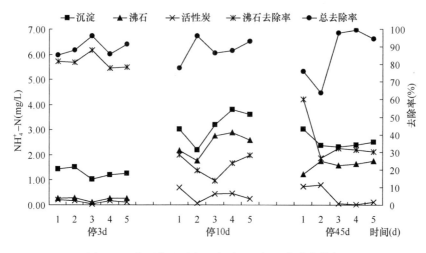

图 3-64　装置停置重启运行对 NH_4^+-N 去除的恢复

从图 3-64 中可知，ZBAF 停水微曝气 3d 后，重启运行不到 1d 对 NH_4^+-N 的去除率就稳定在 80% 以上，也即组合工艺的短暂停置对 NH_4^+-N 的去除没有影响。分析其原因：ZBAF 对 NH_4^+-N 的去除有离子交换和生物膜的双重作用，在停水微曝气的条件下，生物膜中的亚硝化菌硝化菌可以利用之前通过离子交换累积在沸石固相上的 NH_4^+-N 维持生物活性，短暂的停水后再次通水，能迅速恢复并发挥其硝化作用。停水微曝气 10d 后，ZBAF 重启运行后硝化菌和亚硝化菌需要 3d 来恢复其活性。由于 ZBAF 内有微生物存在，在相对较长的停置时间和停水微曝气条件下，生物原位再生发挥了一定的效果，离子交换容量得到部分恢复，表现在重启运行第 1 天对 NH_4^+-N 的去除率较高。

冬季低温条件下停置 45d，组合工艺对 NH_4^+-N 的去除作用也在 3d 后恢复正常。说明生物膜中微生物耐性很好，在低温和无进水基质的条件下并不会死亡，而是进入休眠状态，在通水后能较快的恢复活性，保证组合工艺处理效果的连续性和稳定性。此外同停置 10d 重启运行类似，ZBAF 的初始离子交换作用显著，在第 1 天可以达到 60%，这是因为在放空条件下，沸石滤料表面和内部仍有充足的水分，依旧可以通过硝化菌和亚硝化菌的生物作用获得离子交换容量的恢复。

2）对有机物去除作用的恢复

组合工艺对有机物的去除作用有：混凝沉淀作用、GAC 的吸附和生物作用、ZBAF 内少量的吸附和生物作用。其中混凝沉淀和吸附作用不受停置影响。组合工艺停置 3d、10d、45d 后组合工艺对 COD_{Mn} 和 UV_{254} 去除的恢复情况分别如图 3-65、图 3-66 所示：

从图 3-65 中可看出，在停置 3d 的情况下，组合工艺对 COD_{Mn} 的去除不到 1d 即可恢复。同自养菌亚硝化菌和硝化菌利用沸石离子交换累积的 NH_4^+-N 一样，异养菌也可以利

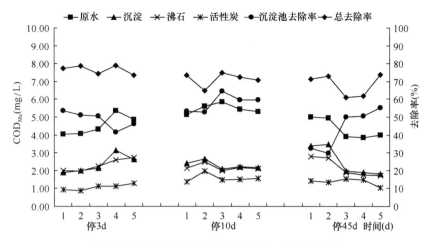

图 3-65 装置停置重启运行对 COD_{Mn} 去除的恢复

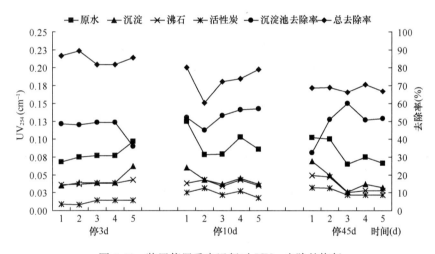

图 3-66 装置停置重启运行对 UV_{254} 去除的恢复

用 GAC 吸附累积的有机质来维持生物活性，短暂的停水并不影响其处理效果。停置 10d 的情况下，GAC 内异养菌对 COD_{Mn} 的去除作用需要 3d 的恢复时间，但由于停置时间内 GAC 异养菌对累积在颗粒碳上的有机质的消耗，以及沸石内少量异养微生物对吸附在其上有机物的消耗，停置 10d 后最初 2d 活性炭和沸石对 COD_{Mn} 的吸附作用稍有提高，所以从总体去除率上看，停置 10d 不影响组合工艺对 COD_{Mn} 的去除效果。组合工艺停置 45d 后，重启运行前 2d，沸石和活性炭的吸附作用较明显，组合工艺整体去除率较高，但之后又明显下降，5d 后才达到稳定的 COD_{Mn} 去除率。

UV_{254} 代表的大部分有机物都是微生物难以利用的，在组合工艺中主要依靠混凝沉淀和 GAC 的吸附作用得以去除，因此组合工艺对 UV_{254} 的去除基本上不受装置停置的影响。但从图 3-66 中可看出，停置 10d 和 45d 后重启运行的初期沸石和活性炭均对 UV_{254} 有较好的去除作用，反映了停置期间两滤柱中异养菌对 UV_{254} 代表的能被微生物利用的那一小部分有机物的生物去除作用。

3.3.4　系统生物作用分析

在组合工艺中，对于污染物质的去除既有沸石离子交换作用和活性炭物化吸附作用，也有 ZBAF 和 GAC 内生物膜的生物作用。无论是沸石的离子交换，还是活性炭的物化吸附，都有一定的容量，在去除污染物质上有时间上的限制。而生物膜则是一种持续的作用，是工艺可持续去除污染物质的保证。本章将从生物再生和滤料生物总量变化的角度分析生物作用对滤料使用寿命的延长和工艺处理效果的稳定。

3.3.4.1　生物再生作用

1. 沸石生物再生

生物再生实际上是化学再生和微生物代谢作用的耦合。生物协同作用下的铵沸石再生为：

$$[Z]NH_4^+ + 2O_2 + Na^+ \rightarrow [Z]Na^+ + NO_3^- + 2H^+ + H_2O \tag{3-4}$$

微生物的硝化作用降低了水相中 NH_4^+ 浓度，打破了 NH_4^+ 在沸石和水相间的化学平衡，促使反应式 (3-4) 中反应向左进行，NH_4^+ 不断从沸石上解吸下来直至建立新的平衡；进入溶液中的 NH_4^+ 则由硝化作用氧化为 NO_3^-。这也即是生物原位再生作用（online bio-regeneration）。

在工艺运行中，沸石本身的离子交换容量会随着 NH_4^+-N 的吸附而消耗，但硝化作用的存在又会使其得到恢复。根据 ZBAF 进出水三氮的变化数据进行累积计算（表 3-19），自启动运行以来沸石离子交换容量的变化如图 3-67 所示。

沸石离子交换容量变化　　　　　　　　　　　　　　　表 3-19

运行时间		NH_4^+-N 去除累积量（g）	硝酸盐生成累积量（g）	沸石离子交换累积量（g）	沸石剩余离子交换容量（%）
9 月	10d	76	12	63	97
	20d	150	78	72	97
10 月	30d	324	203	121	94
	40d	409	276	133	94
	50d	435	387	49	98
11 月	60d	450	447	3	99
	70d	614	480	134	94
	80d	770	502	267	87
12 月	90d	891	562	329	84
	100d	1010	605	405	81
	110d	1135	630	504	76
1 月	120d	1212	655	556	74
3 月	130d	1313	666	646	69
4 月	140d	1435	676	759	64
	150d	1475	679	796	62

运行时间		NH_4^+-N去除累积量（g）	硝酸盐生成累积量（g）	沸石离子交换累积量（g）	沸石剩余离子交换容量（%）
5月	160d	1479	760	719	66
	170d	1539	888	651	69
6月	180d	1605	1003	602	71
	190d	1628	1023	605	71

计算说明：

NH_4^+-N去除累积量$=\sum$［（ZBAF进水NH_4^+-N浓度－出水NH_4^+-N浓度）×运行流量］

硝酸盐生成累积量$=\sum$［（ZBAF硝酸盐增加浓度－亚硝酸盐减少浓度）×运行流量］

沸石离子交换累积量$=NH_4^+$-N去除累积量－硝酸盐生成累积量

沸石剩余离子交换容量$=$（单位沸石NH_4^+-N饱和吸附量×沸石滤料总量－沸石离子交换累积量）/（单位沸石NH_4^+-N饱和吸附量×沸石滤料总量）$\times 100$

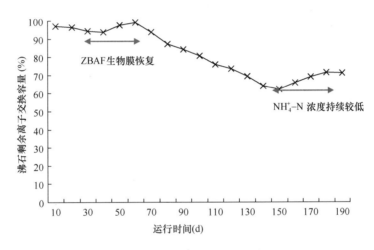

图 3-67　沸石离子交换容量随运行时间的变化

从图 3-67 中可看出，在启动挂膜阶段，沸石离子交换容量消耗较慢，此时进水 NH_4^+-N 是在离子交换和生物共同作用下得以去除；冬季运行阶段，沸石离子交换容量消耗加剧，此时进水 NH_4^+-N 浓度较高，ZBAF 内生物膜仍未恢复，沸石离子交换容量消耗较快。工艺运行中沸石离子交换容量出现 2 个较明显的恢复阶段：进水 NH_4^+-N 持续较低的 10 月中旬至 11 月中旬以及沸石内生物膜恢复的 5 月至 6 月，以这 2 个阶段的 NH_4^+-N 去除和转换为代表，考察沸石内生物再生情况。

1）进水 NH_4^+-N 持续较低时沸石的生物再生

此阶段出现在沸石内生物膜刚刚挂膜成功之后，NH_4^+-N 浓度在 0.5mg/L 以下持续时间较长，如图 3-68、图 3-69 所示。

由于运行初期 NH_4^+-N 进水浓度水平在 1.5mg/L，随着生物膜的形成，生物除 NH_4^+-N 作用加强，沸石上并没有积累大量的 NH_4^+-N，在进水 NH_4^+-N 较低的情况下，沸石固相上解吸的 NH_4^+-N 能够及时被生物膜利用，出水并没有出现明显的 NH_4^+-N 反吐现象，

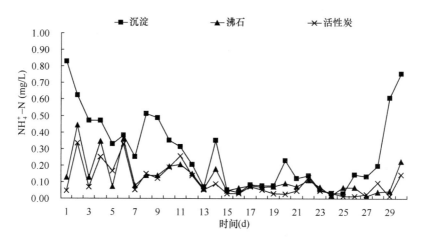

图 3-68　低 NH_4^+-N 浓度阶段对 NH_4^+-N 的去除

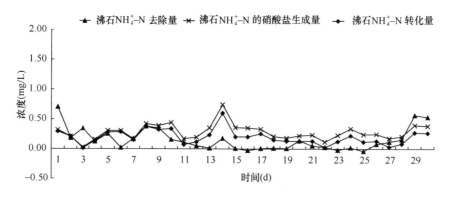

图 3-69　低 NH_4^+-N 浓度阶段 ZBAF 内 NH_4^+-N 的转化

NO_3^--N 的增加也比较稳定。经过此阶段稳定持续的生物再生作用，沸石的吸附容量恢复到原始容量的 98％以上。但进水 NH_4^+-N 长时间处于较低的浓度水平，延缓了刚刚挂上的生物膜的成熟，当沸石上已吸附的 NH_4^+-N 基质也耗尽的时候，生物膜由于没有可利用的基质，甚至会渐渐退化，当进水 NH_4^+-N 再次升高时，生物膜在短时间内很难恢复，不利于 ZBAF 抵抗冬季低温高 NH_4^+-N 的集中冲击负荷。

2）生物膜恢复阶段沸石的生物再生

此阶段进水 NH_4^+-N 浓度会呈现阶段性交替变化，如图 3-70、图 3-71 所示。

在图中所示的运行阶段之前，ZBAF 经历了一个较长的冬季进水高 NH_4^+-N 浓度阶段，沸石固相上也累积了大量的 NH_4^+-N，在进水水温和 DO 提高的情况下，沸石上生物膜又逐渐成熟并恢复其生物作用。此阶段沸石的再生有 2 种途径：①生物原位再生；②当进水 NH_4^+-N 浓度较低时，液相主体中的阳离子和沸石上吸附的铵离子交换并建立交换平衡，实现沸石的部分再生，当交换下来的铵离子过多，ZBAF 内的生物膜硝化作用来不及将所有从固相解吸下来的 NH_4^+-N 转化为 NO_3^--N 时，沸石出水 NH_4^+-N 会高于进水 NH_4^+-N，多余的 NH_4^+-N 将由后续的 GAC 去除。

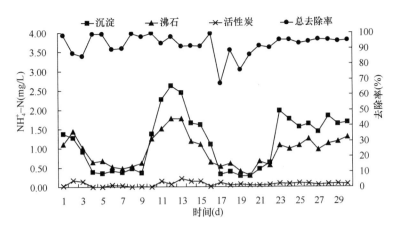

图 3-70 生物膜恢复阶段对 NH_4^+-N 的去除

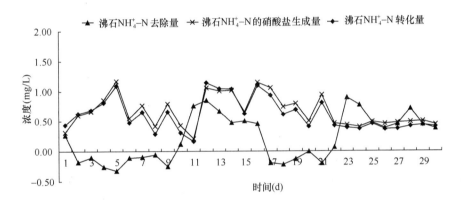

图 3-71 生物膜恢复阶段 ZBAF 内 NH_4^+-N 的转化

此阶段 ZBAF 内 NH_4^+-N 转化情况如图 3-71 所示。对比沸石内 NH_4^+-N 的去除量和硝酸盐生成量可知,此阶段内硝酸盐生成量较多,生物再生作用较明显,沸石剩余离子交换容量已恢复了 10%。

进水 NH_4^+-N 浓度呈现阶段性交替变化,使得 ZBAF 内沸石的离子交换容量在运行中能够阶段性恢复,同时沸石固相上吸附的 NH_4^+-N 也给生活在其中的亚硝化菌硝化菌提供较稳定的基质条件,从而使得 ZBAF 对 NH_4^+-N 具有持续稳定的去除效果。同 NH_4^+-N 浓度持续较低的运行阶段相比,这个阶段的生物再生对组合工艺的稳定运行更有意义。

2. 活性炭生物再生

活性炭滤柱在组合工艺中主要用于吸附臭味、有机污染物和截留浊度。运行期间活性炭对 COD_{Mn} 的去除变化情况如图 3-72 所示,每月累积去除量见表 3-20 所列。

GAC 对 COD_{Mn} 的累积去除 表 3-20

时间	9 月	10 月	11 月	12 月	1 月	3 月	4 月	5 月	6 月
累积去除量（g）	469	377	343	298	90	75	56	108	93
反冲洗冲出量（g）	6.49	14.18	22.72	42.87	14.41	2.10	5.82	5.72	4.46

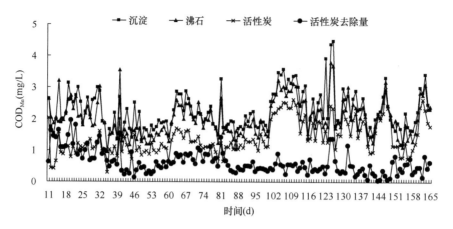

图 3-72　GAC 对 COD$_{Mn}$的去除

沉淀池出水的 COD$_{Mn}$变化范围不大，基本处于一个相对稳定的水平。沸石对 COD$_{Mn}$的去除量较少，组合工艺最后出水的有机物含量是由 GAC 来保证的。GAC 对有机物的去除有 3 种途径：①吸附截留大分子有机物并在反冲洗过程中随反冲洗水冲出；②活性炭对有机物的物化吸附；③异养微生物对有机物的消耗。从表 3-20 可看出 COD$_{Mn}$的累积去除量要运大于反冲洗冲出量，可知 GAC 去除有机物主要是通过后 2 种途径。运行初期 GAC 对 COD$_{Mn}$的吸附去除作用较强，随着吸附容量的消耗，活性炭对 COD$_{Mn}$的去除量也有所降低，但随着组合工艺的运行，活性炭对 COD$_{Mn}$的去除量并没有持续降低，而是维持在一个相对稳定的水平，这正是 GAC 内异养菌生物作用的功劳。

在 GAC 处理有机物的过程中，由于活性炭的吸附容量会逐渐被消耗，累积在活性炭的表面以及大孔道内部的有机质为异养微生物的生长繁殖提供了基质条件，在 DO 充足和水温适宜的条件下，滤柱内表层活性炭表面和大孔道内部会逐渐被微生物细胞所占据，从而聚集大量的生物质而变成"生物膜"，活性炭也即成为生物活性炭。这种自然形成的活性生物膜能够除去水中的很大一部分被吸附到活性炭上的污染物，使得活性炭吸附容量又得以恢复，实现了活性炭的生物再生。

虽然对于活性炭的生物再生的过程和机理还存在不同的观点，但活性炭吸附和微生物代谢的协同作用会增强活性炭的去除能力，这在目前已经得到广泛的认可。活性炭的生物再生过程和沸石的再生过程都是吸附剂快速吸附污染物质，通过生物代谢作用使吸附剂得到缓慢而稳定的再生。生物活性炭处理也是原位再生方法，在处理可生物降解有机物过程中，活性炭内的吸附和生物降解的耦合作用使得对有机物降解效率加强的同时活性炭吸附容量也得以更新。由于生物膜对活性炭上污染物的生物降解作用，降低了活性炭的吸附负荷，延长了活性炭的使用周期，从而降低了工艺的处理成本与能耗。

3.3.4.2　滤柱生物量测定与分析

水处理微生物学中生物量的测定方法基本可分为培养法和原位法两种。典型的培养法便是通过平板菌落计数或 MPN 法求得生物膜内的总活菌数，但由于人工培养过程中对微生物菌种的选择性和培养前生物膜预处理的困难性（很难将菌胶团破碎成单细胞悬浊液），培养法得出的生物量远小于自然环境中的真实值，此外在操作上也比较复杂，耗时较长。

相比之下，原位法所用的方法多为生物化学和物理方法，如称重和显微镜直接计数等，不涉及生物膜与载体的分离及菌胶团的破碎，可以避免培养法中细胞分离和培养基的选择性等缺陷。国内外常用的指标有 MLSS、MLVSS、TOC、COD、胞外多聚物（EPS）、总蛋白质、肽聚糖、脂多糖等，其中前 4 个指标表征的是包括细胞和非细胞成分在内的生物膜总组分，EPS 代表的是膜中的非细胞成分，后 3 个代表细胞内的组分或代谢物质，对于微生物生长动力学和工程设计等问题所要求的活细菌数更有意义。

细胞内的组分或代谢物质种类很多，要成为总生物量指标的物质应在所有微生物细胞内均存在，并且含量保持恒定而与微生物种类及细胞的生理状态无关。由于 $90\% \sim 98\%$ 的生物膜脂类是以磷脂的形式存在的，磷脂中的磷含量很容易用比色法测定，现场中试采用脂磷法测定生物膜的生物总量。测定方法如下：

（1）将滤柱放空，然后用自制取样器取滤柱表层的填料，轻轻冲去填料中截流的杂质后将填料置于 100mL 具塞三角瓶中进行脂磷的提取。

（2）向装有填料的具塞三角瓶中加入氯仿、甲醇和水的萃取混合液（体积比为 1:2:0.8）19mL，用力振摇 10min，静置 12h 后向三角瓶中加入氯仿和水各 5mL，使得最终氯仿：甲醇：水为 1:1:0.9，静置 12h。

（3）取出含有脂类组分的下层氯仿相 5mL 转移至 10mL 具塞刻度试管，水浴蒸干。向试管中加入 0.8mL5% 过硫酸钾溶液，并加水至 10mL 刻度，在高压蒸汽灭菌锅内 121℃ 消解 30min，按照制作标准曲线的方法测定消解液中的磷酸盐浓度。结果以 nmolP/g 填料或 nmol P/cm³ 填料表示，1nmol P 约相当于大肠杆菌（E. coli）大小的细胞 10^8 个。

（4）将三角瓶内的滤料倒出洗净，测堆积体积和湿重后将滤料放到 105℃ 烘箱中烘干至恒重，测干重。

在组合工艺运行 4 个月、6 个月、8 个月后，分别取 2 个滤柱内不同高度的滤料，提取磷脂测滤料的总生物量（1μmol 的 P 相当于 10^8 个 E. coli 生物细胞），数据见表 3-21 和表 3-22 所列。

ZBAF 生物量测定 表 3-21

时间	运行 4 个月				
沸石滤料高度	表层	30cm	60cm	90cm	底层
单位堆积体积滤料生物量（10^8 个 E. coli/cm³）	3.25	10.87	6.2	0.14	0.11
单位质量滤料生物量（10^8 个 E. coli/g）	5.92	19.81	11.35	0.24	0.19
时间	运行 8 个月				
沸石滤料高度	表层	30cm	60cm	90cm	底层
单位堆积体积滤料生物量（10^8 个 E. coli/cm³）	35.06	41.43	12.28	0.58	0.37
单位质量滤料生物量（10^8 个 E. coli/g）	63.82	75.43	22.35	1.05	0.67

续表

时间	运行 10 个月				
沸石滤料高度	表层	30cm	60cm	90cm	底层
单位堆积体积滤料生物量(10^8个 $E.coli$/cm³)	45.68	43.30	13.25	0.56	0.30
单位质量滤料生物量(10^8个 $E.coli$/g)	83.16	78.82	24.12	1.02	0.54

GAC 生物量测定　　　　　　　　　　　　　　　　　　表 3-22

时间	运行 4 个月					
活性炭滤料高度	表层	20cm	40cm	60cm	80cm	底层
单位堆积体积滤料生物量(10^8个 $E.coli$/cm³)	6.38	5.20	19.20	4.85	0.21	0.20
单位质量滤料生物量(10^8个 $E.coli$/g)	9.06	7.40	27.30	6.90	0.30	0.29
时间	运行 8 个月					
活性炭滤料高度	表层	20cm	40cm	60cm	80cm	底层
单位堆积体积滤料生物量(10^8个 $E.coli$/cm³)	19.38	19.95	32.11	10.07	0.85	0.20
单位质量滤料生物量(10^8个 $E.coli$/g)	27.53	28.34	45.61	14.31	1.21	0.28
时间	运行 10 个月					
活性炭滤料高度	表层	20cm	40cm	60cm	80cm	底层
单位堆积体积滤料生物量(10^8个 $E.coli$/cm³)	17.89	19.23	32.88	10.91	0.87	0.21
单位质量滤料生物量(10^8个 $E.coli$/g)	25.41	27.31	46.70	15.50	1.24	0.30

单位干重滤料生物量的变化情况如图 3-73、图 3-74 所示，从生物量随运行时间的变化来看，滤料上的生物量随着运行时间成增加的趋势。运行的前 4 个月沸石滤料和活性炭滤料上的生物量均较少；运行 4~6 个月之间，生物量增加较多，尤其是沸石滤料；运行 6 个月后滤料上的生物量的增加已趋于稳定，运行 8 个月同运行 6 个月相比，滤料的生物量基本保持不变。

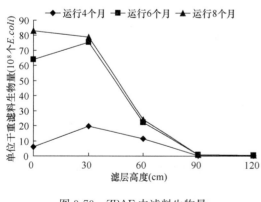

图 3-73　ZBAF 内滤料生物量

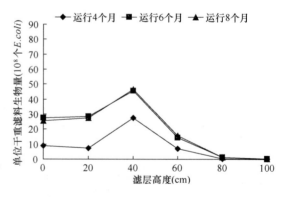

图 3-74　GAC 内滤料生物量

在 NH_4^+-N 含量高而有机物含量较低的寡营养进水条件下，滤料上形成的是以自养的亚硝化菌硝化菌为优势群体的生物膜。运行 4 个月后，同相关文献中所描述的滤料生物量相比，沸石柱的生物量相对较少，分析其原因：沸石柱内 DO 浓度不高，进水水质变化大，其生物膜在后一阶段并没有成熟起来。相比较而言，GAC 内由于 DO 较充足，布水布气均匀等优势，在沸石出水仍含有一定的 NH_4^+-N 基质浓度的条件下，生物膜很容易形成，其生物量在运行前 4 个月还要高于 ZBAF 内滤料的生物量。但由于 ZBAF 为前滤柱，优先利用进水基质，而且沸石滤料在进水 NH_4^+-N 浓度较高时吸附一定量的 NH_4^+-N，在进水 NH_4^+-N 浓度较低时又解吸附一定量的 NH_4^+-N，这种可逆的离子交换作用为生物膜的生物作用提供了相对稳定的 NH_4^+-N 基质，因此随着 ZBAF 内生物膜的恢复，沸石滤柱内生物大量生长，生物总量提高了一个数量级。

从生物量沿程分布看，ZBAF 内为上向流，优先利用进水基质的底层滤料上的生物量反而远小于表层滤料的生物量，分析其原因：下层滤料受气体冲刷作用较大，不利于生物膜的形成与增长；进水 DO 太低，曝气不均匀导致底层滤料溶解效率不高，DO 的不充足也限制了底层滤料上生物膜的增长；底层滤料中布水布气不均，甚至会出现短流，进水基质直接与上层滤料接触，在较充足的 DO 和相对稳定的进水环境条件下，生物膜逐步形成，生物量增长较快。

从图 3-74 中可看出，活性炭柱内生物量的分布也与进水基质浓度变化不一致。炭层中部滤料上的生物量最多，分析其原因：上层活性炭需承担截流浊度的重任，炭颗粒易被杂质包裹堵塞不利于生物膜的形成，同时上层活性炭优先累积有机质，异养菌的生长繁殖对生物膜的主体——自养菌的生物作用有一定的抑制作用；而滤层下部由于 DO 和基质的消耗，炭颗粒上的生物量也较少，相比较而言，炭层中部比较适合自养菌生物膜的形成和增长。综合表现便是 GAC 微生物集中在炭层 20～60cm 处。

3.4 浸没式膜组合工艺及装置

膜分离技术是近年来微污染原水深度处理的热门技术，但对于超滤膜工艺来说，单独使用时不能实现对有机物和 NH_4^+-N 的良好去除，与生物处理和吸附技术结合起来使用可以弥补这一不足。目前使用较多的吸附剂为粉末活性炭，其不仅可以有效吸附水中低分子有机物，还可以作为生物的载体，达到生物处理的作用。众多研究表明，PAC-UF 工艺可以大大改善微污染水源水的处理效果，而这一点是常规工艺很难达到的。PAC-UF 工艺的优点主要可以归纳成以下几点：①活性炭可以改善单独超滤膜出水的水质。活性炭可以吸附水中低分子量的有机物，使溶解性有机物转移至固相，从而提高溶解性有机物的去除效果，并且提高色、臭、味物质及消毒副产物前体物的去除率。②超滤膜的存在可以将活性炭过滤，阻挡活性炭的流失，同时对水中浊度和微生物有效截留，改善出水水质。③PAC-UF 组合工艺经过长期稳定运行后，活性炭表面和膜表面会附着微生物，形成 BAC-UF 工艺，微生物的作用可以有效去除有机物和 NH_4^+-N。④活性炭的吸附将有机物停留时间加长，有利于表面的生物降解作用，降解后活性炭表面吸附位得以恢复，有利于进一步吸附新的有机物。⑤活性炭将阻塞膜孔的低分子量有机物去除后，可有效减少膜污染。

本实验原水与示范工程原水均为上虞市曹娥江总干渠微污染水源水，由于原水中有机

物和 NH_4^+-N 超标，常规处理不能有效去除以达到生活饮用水卫生标准，故采用 PAC-UF 的深度处理工艺以解决出水水质问题。

3.4.1　膜粉末活性炭—浸没式超滤膜组合工艺研究进展

3.4.1.1　PAC-UF 组合工艺在给水处理中的应用

PAC-UF 组合工艺形成了吸附-生物氧化-固液分离系统，组合工艺中的 PAC 作用主要是：一方面吸附水中低分子量的有机物，把溶解性有机物转移至固相，再通过后续的 UF 膜截留去除，从而克服了 UF 膜无法去除水中溶解性有机物的不足；另一方面 PAC 会在 UF 膜上形成一层多孔状膜，吸附水中有机物，从而能有效防止膜污染。组合工艺中的 UF 膜一方面去除水中的固体微粒，另一方面还能拦截 PAC 于反应器中，防止 PAC 的流失，发挥了两者协同互补的作用。

1997 年，法国塞纳河畔维尼厄（Vigneux-sur-Seine）和苏伊士里昂水务集团联合开发了将粉末活性炭和超滤结合的 CIRSTAL 工艺。到 2000 年 PAC-UF 工艺在国外被 11 家大型水厂应用，总处理量超过 20 万 m^3/d。在我国也有众多研究者对活性炭和超滤组合工艺深度处理饮用水进行了研究。众多研究表明 PAC-UF 工艺在去除有机物和色、臭、味等污染物上有较明显的优势。除此之外对一些特殊污染物，PAC-UF 工艺去除效果良好。于莉君等人采用粉末活性-混凝-超滤联用处理含藻水，发现其对浊度、藻类均有较好的去除效果，出水中均未检出藻类。范茂军考察了 PAC-UF 工艺对典型内分泌干扰物——阿特拉津的去除效果，在投加量为 20.0mg/L 时，去除率可达到 44.0%，去除效果明显。董文艺等人对微滤膜和活性炭技术工程化的应用进行分析，认为将其应用于我国的含藻水处理工程中，在技术上是成熟的，在经济上也是可行的。近年来，中试的研究也在一些水厂开展，如北京燕山石化公司动力厂进行的活性炭-膜技术中试，日处理能力 2 万 m^3。

3.4.1.2　PAC-UF 组合工艺对有机物、细菌等的去除效果

PAC-UF 组合系统能有效去除的物质结合了活性炭和超滤膜的优点，不仅能去除浊度、细菌，还能有效地去除水中的溶解性有机物，包括天然有机物质和人工合成有机物质如 THMs 生成潜能、农药、色度物质及臭味物质。Anselme 等人用该组合工艺处理地表水的试验表明：当 PAC 的投加量为 20～40mg/L 时，对 TOC 的去除效果可达 40%～70%，THMFP 的去除率为 30%～40%，大肠杆菌总数和病毒的去除率都达到 100%。Massoud 等人用 PAC-MF 组合工艺处理含有微量有机污染物的模拟水，其试验表明：DOC 的去除率可达到 60% 以上，且对微量有机物三氯乙烯（TCE）的去除率可达 99.8% 以上。李涵婷利用一体式膜反应器进行饮用水处理，该工艺对 UV_{254} 和 TOC 的去除率分别稳定在 60% 和 40%。对土臭素（GSM）和二甲基异冰片（MIB）2 种臭味物质的去除效果稳定，分别可达 85% 和 70%。

在超滤膜处理微污染水的过程中，有机物的去除主要依靠膜孔径对大分子有机物的截留作用，所以去除效率不高。PAC-UF 组合工艺中，粉末活性炭具有很大的比表面积，对有机污染物质的吸附速率快，而且可以有效截留小分子有机物，弥补了超滤膜直接过滤

有机物去除率不高的缺陷；同时活性炭对进水进行必要的处理后去除大部分有机物和色度，为后续的膜过滤提供了必要的保障，缓解了膜滤过程的膜阻塞和膜污染的问题。夏圣骥等人在PAC-UF净化松花江水的实验中发现，UF膜直接过滤时对UV_{254}的去除率为10％左右，DOC去除率在8％左右。原水UV_{254}、DOC升高时，超滤膜出水UV_{254}和DOC的值也相应升高。PAC-UF系统对UV_{254}的去除情况随着季节的变化，原水的UV_{254}在$0.098\sim0.184cm^{-1}$之间变化，在加入了PAC后，膜出水UV_{254}在$0.038\sim0.053cm^{-1}$之间。PAC-UF系统对UV_{254}的去除率为59％～71％；而且原水UV_{254}值高时，系统对UV_{254}的去除率高。

活性炭是细菌繁殖的温床，活性炭吸附柱出水中细菌总量往往升高，但超滤膜过滤对细菌和大肠杆菌的去除效果比较理想，系统运行期间出水基本无大肠杆菌，细菌总数极少甚至为零。膜对水中病毒和病原微生物的去除主要依赖于膜的孔径。有研究表明，最小的脊髓灰质炎病毒的直径为28nm，而一般给水系统中的细菌大小是脊髓灰质炎病毒的几倍到数百倍，因此用孔径为$0.03\sim0.1\mu m$的UF膜对细菌和大肠杆菌进行截留去除是没有问题的。

通过膜对PAC的有效截留，增加了活性炭单位面积吸附的有机物量；同时PAC的投加量可根据原水水质灵活控制，与传统的粉末活性炭深度处理相比，炭的投加量减少了接近一半，从而减少了药剂费用，降低了工程投资。

3.4.1.3 PAC-UF组合工艺中微生物的作用

膜经过长时间的运行，会在表面形成一层生物膜，成为膜-生物反应器；另一方面，活性炭也可以作为微生物生长的载体。因此，投加粉末活性炭（PAC）的附着生长型膜—生物反应器（PAC-MBR）应运而生。

在法国，首先提出了吸附-膜组合工艺：PAC-UF（称为CRISTAL工艺），使得吸附有机物、澄清和消毒一步完成。1992年，因为水源水中NO_3^--N和杀虫剂的问题促使研究者们将CRISATL工艺与MBR结合在一起。该工艺1995年在法国的杜希（Douchy）市进行了处理能力为$400m^3/d$的中试研究，并最终得到了应用。该工艺的出水TOC为$0.8\sim1.1mg/L$，NO_3^--N低于2.3mg/L，该工艺能完全地去除杀虫剂，对NOM的去除率可达30％，UV_{254}的去除率可达60％。在日本Suzuki等人也进行了PAC-MBR组合工艺处理地表水的研究。用微滤膜组件，间歇地向反应器里投加PAC以去除水中的天然有机物，以E260（260nm处的紫外线吸光度值）为水质指标，其去除率可达70％，还可以通过生物降解的作用来去除锰和NH_4^+-N。

生物膜的形成过程主要是通过处于分散状态的细菌由于细胞间的相互作用，发生聚集。生物膜成熟后能分泌一种具有黏性的胞外基质，胞外基质对物质转运有选择渗透性，具有分子筛的作用。

在受污染原水的生物处理中，常用有机物或NH_4^+-N的去除率作为判断生物膜是否成熟的指示性参数。而在PAC-UF组合工艺中，由于活性炭和超滤膜分别作用可以去除一部分有机物，而对NH_4^+-N基本没有截留作用，所以NH_4^+-N的去除可以归功于生物的成熟，这也是活性炭和超滤膜分别作用无法达到的效果，是 PAC-UF 工艺的另一优势。

传统生物脱氮理论认为：水体中的有机氮在氨化菌的作用下，转化为 NH_4^+-N，水体中的 NH_4^+-N 在好氧的条件下通过亚硝化菌和硝化菌转化为 NO_3^--N，然后在缺氧的条件下，通过反硝化菌转化为 N_2。在饮用水处理中，氮的转化过程一般包括氨化、同化、亚硝化和硝化。由于氨化和同化反应速度很快，在一般水处理设施中均能完成，故饮用水处理中生物脱氮的关键在于亚硝化和硝化作用。生物法去除 NH_4^+-N 主要依靠亚硝化单胞菌属和硝化杆菌属。亚硝化单胞菌通过比较复杂的途径将 NH_4^+-N 氧化为 NO_2^--N，硝化杆菌在单一阶段将 NO_2^--N 氧化为 NO_3^--N。故在没有生物预处理的饮用水处理过程中，NH_4^+-N 及 NO_2^--N 的去除是非常微弱的，而 PAC-UF 工艺长期运行后有利于生物的生长，NH_4^+-N 及 NO_2^--N 能在很大程度被去除。孙易兰在研究中发现，PAC-UF 组合工艺在无生物作用下系统对 NH_4^+-N 基本没有去除效果，经过长时间运行，生物膜成熟时系统对 NH_4^+-N 的去除率稳定在 60% 以上，出水 NH_4^+-N 值小于 0.5mg/L。李薇在处理微污染水的实验中，进水 NH_4^+-N 浓度 4.223～7.612mg/L，出水 NH_4^+-N 浓度 0.056～0.147mg/L，去除率在 98.06%～98.72%；进水 NO_2^--N 浓度 0.022～2.581mg/L，出水 NO_2^--N 浓度 0.0067～0.131mg/L，去除率在 93.75%～99.90%。说明组合工艺对 NH_4^+-N、NO_2^--N 有较好的处理效果。在进水水质基本相同的情况下，即进水 TN 浓度为 7.658～8.969mg/L，出水 TN 浓度 5.260～6.023mg/L，平均进水浓度为 8.432mg/L，平均出水浓度为 5.484mg/L，平均去除率为 34.96%。系统对 TN 有一定的去除，说明反应器中发生了反硝化反应，但是反硝化反应进行得不完全。

在 PAC-UF 组合工艺中有机物的去除高于两者单独作用的效果，当 PAC-UF 工艺中存在生物作用时，有机物的去除更为理想。原因有以下几点：

（1）PAC 的投加有利于更好的生物处理。在 PAC 表面吸附有微生物细胞、酶、有机物以及氧，这些都为微生物的新陈代谢和对有机物的生物降解提供了良好的环境，也提高了系统的抗冲击负荷能力，增强了处理过程的稳定性；同时，吸附增大了固定在 PAC 表面的有机物浓度，并且使这些有机物在反应器内的停留时间由 HRT 延长至 SRT，有利于对生物难降解但能被吸附的物质的进一步去除。

（2）PAC 还可以部分吸附不能降解的物质，吸附能够抑制生物活性的有毒物质（如萘酚、有机氯化物等）以及微生物本身代谢过程中产生的有害于生物活性的产物等，防止了反应器内生物活性的下降，大大改善了出水水质。

（3）生物处理对活性炭吸附具有促进作用。可能由于生物处理较易氧化水中的亲水性化合物，相对增加了憎水性有机物的比例，从而使活性炭对有机物的吸附效率提高；同时，由于胞外酶的作用，生物处理过程中对大分子有机物具有一定的分解作用，因此增加了处理水中小分子有机物的量，并且使它们的憎水性有所增强，推测经过初步生物分解后生成的小分子有机物可能更易于被活性炭吸附。

除此以外，生物膜对活性炭有一定的保护作用，生物分泌的黏液性物质的存在不仅能使细菌更好地吸附在活性炭上，迅速将水中的有机物吸附于细菌的表面，并加以氧化分解，也能减轻活性炭之间的摩擦，特别是在反冲洗过程中，减轻了活性炭之间因摩擦造成的破损，间接地增强了活性炭的机械强度。

3.4.1.4 PAC 对膜污染的影响

膜污染是水中的微粒、胶体粒子或溶质大分子由于与膜存在物理化学相互作用或机械作用在膜表面或膜孔内发生吸附或沉积，造成膜孔径变小或堵塞，使膜产生透过流量与分离特性的不可逆变化现象。很多情况下，浓差极化是导致膜污染的根源。在膜分离过程中，料液中的溶剂在压力驱动下透过膜，溶质（离子或不同分子量的溶质与颗粒物）被截留，由于水的通量不断把溶质带到滤膜表面，使溶质在滤膜表面处的浓度 C_m 高于溶质在水溶液主体中的浓度 C_b，在浓度梯度的作用下，溶质由膜面向主体溶液扩散，形成边界层，使流体阻力与局部渗透压增大，导致膜通量下降。溶质向膜面流动的速度与浓度梯度使溶质向主体溶液扩散的速度达到动态平衡时，在膜面形成了一个稳定的相应于浓度差 $C_m - C_b$ 的边界层，称为浓差极化边界层，这种现象称为浓差极化。

对于投加粉末活性炭（PAC）对膜过滤性能的影响，存在不同的看法。有些研究认为投加 PAC 可以改善膜污染。众多研究表明，有机物污染是 MF、UF、NF 膜污染的主要原因。PAC 可有效地吸附有机物，从而缓解膜污染。许多研究者将 PAC 与 UF 联用，进行净水处理。PAC 可有效吸附水中低分子量的有机物，使溶解性有机物转移至固相，再利用 UF 膜截留去除微粒的特性，可将低分子量的有机物随粉炭微粒一起从水中去除。Jacangelo 等人通过试验证实在 UF 系统中投加 PAC 能够提高膜系统的通量，大大延缓膜阻力的增加，PAC 吸附了水中的有机物质，尤其是溶解性有机物质，防止了膜的有机污染，这同 Yuasa 等人的研究相一致。Suzuki 等人认为 PAC 能降低膜污染的原因是 PAC 能对有机物如腐殖酸类物质有吸附去除效果。Anselme 等人的试验表明：PAC 微小颗粒可使膜表面形成的滤饼层较为疏松，易被清除从而减少膜污染。Massoud 等人假设了 3 层膜传质模型，包括天然有机物为主的凝胶层、PAC 和胶体物质组成的颗粒层及水力边界层。这个模型认为 PAC 的吸附作用能增加凝胶层中天然有机物的反扩散从而减少凝胶层的膜阻力，并且 PAC 的投加增加了污染层表面的粗糙度因而减少了水力边界层的厚度，这 2 个作用大大提高了膜的通透性能。有些学者认为投加 PAC 对膜污染没有影响。Vincent 等人对 PAC-MBR 组合工艺的研究表明：PAC 对膜污染的改善没有贡献。董秉直等人认为投加 PAC 不会改变膜污染的原因在于：PAC 只是对小分子溶解性有机物有吸附去除效果，而对大分子有机物去除效果却很差，而浓差极化污染主要是由后者引起的，因此，PAC 的投加并不能降低浓差极化阻力；另一方面，PAC 微小颗粒的存在虽然增加了滤饼层的孔隙度，但同时也增加了其厚度，这 2 种相反的作用的结果使 PAC 的投加不能降低滤饼层阻力。还有一些研究者认为，投加 PAC 反而会进一步加剧膜的污染程度。如 Cheng-Fanga Lin 等人的试验表明 PAC 只能够去除水中的部分有机物分子，对分子量小于 300 或大于 17000 的有机物基本没有去除，增加 PAC 的投量只是进一步去除了中间分子量的有机物，这使得水中有机物的分子量分布范围更窄，导致形成的滤饼层更为密实，反而增加了膜污染层的阻力。Zhang 等人通过扫描电子显微镜观察膜表面的污染层发现，NOM 与 PAC 间存在相互作用，使它们能够以一个整体的形式附在膜表面上，成为膜污染物的一部分。

3.4.2　微絮凝-粉末活性炭-超滤膜组合工艺实验室小试研究

为了全面了解膜组合工艺的处理效果，进行组合工艺的周期试验，重点考察系统中氮的转化以及 UV_{254}、TOC 的去除。试验条件为：混凝剂投加量 2mg/L，PAC 投加量 1000mg/L，抽停比 8∶2，曝气量 $0.25m^3/h$。试验原水采用腐殖酸、氯化铵标准使用液配置，原水的水质变化范围为：试验温度 15～25℃，NH_4^+-N 4.1～6.1mg/L，UV_{254} 吸光度为 0.1～0.5cm^{-1}，TOC 为 2.5～8mg/L，NO_2^--N 浓度平均值为 0.004mg/L，NO_3^--N 浓度为 0.145mg/L。

3.4.2.1　组合工艺系统的运行效果

1. 膜组合工艺 NH_4^+-N 的去除特性

氮的转化特性及出水 NO_3^--N、NO_2^--N 的变化规律如图 3-75、图 3-76 所示。在硝化菌的作用下，NO_4^+-N 分解氧化，首先在亚硝化菌的作用下，使氨转化为 NO_2^--N，继之，NO_2^--N 在硝化菌的作用下，进一步转化为 NO_3^--N。

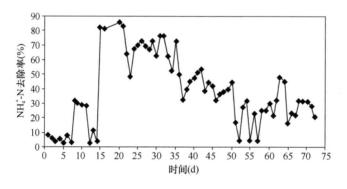

图 3-75　出水 NH_4^+-N 去除率

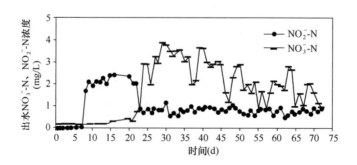

图 3-76　出水 NO_2^--N、NO_3^--N 浓度

由图 3-75 看出，反应器运行初期（0～15d），NH_4^+-N 去除率缓慢上升，NH_4^+-N 去除率在 30% 以下，此阶段主要为硝化细菌与亚硝化细菌的生长阶段。由图 3-69 看出，0～15d 内出水 NO_2^--N 浓度逐渐升高，15d 时的出水浓度为 3.2mg/L，NO_2^--N 在系统中积累，其原因可能是系统运行初期水温较低，亚硝化菌繁殖较快，而硝化细菌在低温条件下硝化速率较慢，出水 NO_3^--N 值较低，15d 时出水 NO_3^--N 浓度为 0.28mg/L。

系统运行第二阶段（15～35d），NH_4^+-N 去除率显著提高，20d 去除率达到 84%，此时出水 NO_2^--N 与前期相比有所降低，硝化菌生长稳定，一部分 NO_2^--N 转化成 NO_3^--N，出水 NO_3^--N 升高。运行第三阶段，NH_4^+-N 平均去除率约为 50%，出水 NO_3^--N、NO_2^--N 趋于稳定，硝化菌、亚硝化菌处于稳定增长期。

2. 系统硝化菌、亚硝化菌活性分析

通过测定系统中微生物的活性，结合出水 NO_3^--N、NO_2^--N 的浓度，可以进一步了解反应器内 NH_4^+-N 的转化规律以及硝化菌、亚硝化菌在不同阶段的生长特性。微生物活性的研究方法很多，有 ATP 方法、脱氢酶法、DNA 法和 OUR 法等。其中 OUR 法测定简单易行，快速方便，是一种常见的有效方法。

试验结果如图 3-77、图 3-78 所示。分别测定了系统第一阶段（第 15 天）和第二阶段（第 25 天）各微生物的耗氧速率。图 3-76 可知，第 15d 进出水 NO_3^--N 值分别为 0.004mg/L 和 3.224mg/L，进出水 NO_3^- 值分别为 0.147mg/L 和 0.284mg/L。由图 3-77

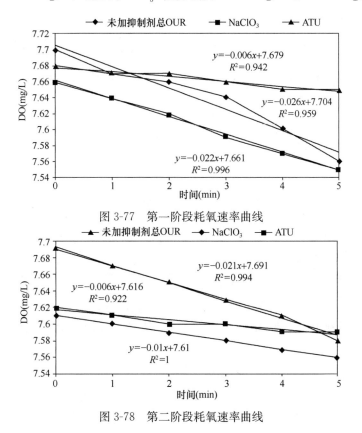

图 3-77　第一阶段耗氧速率曲线

图 3-78　第二阶段耗氧速率曲线

中各曲线的斜率之差表征 NO_3^--N、NO_2^--N 的反应速度,可得硝化菌、亚硝化菌的速率常数 OUR 分别为 0.004 和 0.016。亚硝化菌的反应速率常数远大于硝化菌的反应速率常数,硝化菌无法把全部的 NO_2^--N 转化为 NO_3^--N,造成了出水 NO_2^--N 的积累。

第 25 天的进出水 NO_2^--N 值分别为 0.004mg/L 和 1.126mg/L,进出水 NO_3^--N 值分别为 0.138mg/L 和 2.861mg/L。由图 3-78 可得硝化菌、亚硝化菌的速率常数 OUR 分别为 0.011 和 0.004。硝化菌反应速率常数大于亚硝化菌的反应速率常数,硝化菌将 NO_2^--N 转化为 NO_3^--N,出水 NO_3^--N 浓度较第一阶段显著提高,NO_2^--N 浓度较第一阶段有所降低。

3. 系统内的生物相分析

图 3-79 (a) 为放大 10000 的清洁 PAC 表面扫描照片,PAC 作为吸附介质和微生物附着的载体,起着重要的作用。由图 3-79 (a) 可以看出,PAC 表面粗糙,有许多裂缝和

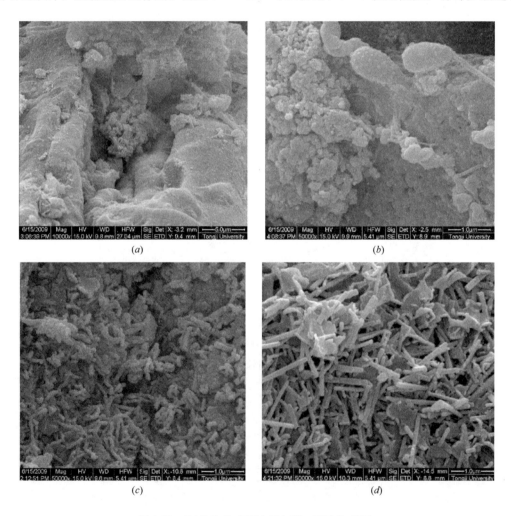

图 3-79　PAC 生物表面电镜扫描（SEM）照片

(a) 清洁 PAC 表面；(b) PAC 生物表面（球菌）；

(c) PAC 生物表面（杆菌）；(d) PAC 生物表面（杆菌）

蜂窝状小坑,具有很强的吸附能力,可以从水中吸附溶解性有机物,为微生物提供了食物,同时为其提供了躲避流体剪切力的居住区域;另外,活性炭的微孔结构可以有效地吸附有毒物质,保护微生物不受有毒物质的侵扰。系统稳定运行阶段活性炭表面电镜扫描如图 3-79 (b) ~ (d) 所示,已知的亚硝化菌有球菌、螺菌、叶菌等,硝化细菌有杆菌、球菌或螺旋菌等。电镜扫描中清楚观察到球菌、杆菌等细菌,认为此时系统生物相较为稳定。

4. 膜组合工艺对有机物的去除效果

图 3-80 为膜组合工艺连续运行对有机物的去除效果。可以看出,工艺对有机物的去除效果良好,TOC 出水平均值为 1.308mg/L,UV_{254}、UV_{410}、TOC 平均去除率分别为 75%、75%、62%。

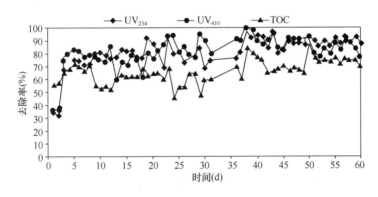

图 3-80 膜组合工艺对有机物的去除效果曲线

3.4.2.2 膜组合工艺连续运行的过滤特性

微絮凝、PAC 能够有效地减缓膜污染,提高膜通量,而工艺的长期运行会使有机物沉积在膜表面,不可避免地造成膜污染,膜通量下降。对污染的膜常常采取反冲洗来恢复膜通量,然而反冲洗会对系统内的微生物造成较大的冲击。试验采用控制系统曝气量为 $0.25m^3/h$ 及水泵抽停比为 8:2 来防止活性炭及有机物在膜表面的沉积,以及保证系统内微生物的良好生长环境。

图 3-81 (a) 为清洁膜表面电镜扫描照片,可以看出膜表面光滑,表面结构紧实致

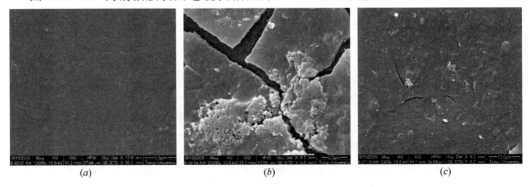

(a) (b) (c)

图 3-81 膜表面 SEM 扫描照片

(a) 清洁膜表面;(b) 直接过滤膜表面;(c) 控制曝气量和水泵抽停比后膜表面

密。图 3-81 (*b*) 为运行后膜表面电镜扫描照片，经过一段时间的运行后，膜表面覆盖了较明显的污染层，同时污染物对膜长期的直接冲击，导致膜的破裂损害，大大降低了吸附效果，减少了使用寿命。图 3-81 (*c*) 为在运行时控制系统曝气量和抽停比之后，污染物在膜表面的沉积情况。可以看出，由于曝气作用，减缓了水流和污染物对膜表面的冲击，混合均匀的气水对膜的冲刷得到了明显的缓冲，保护了膜的表面；同时，由于控制了抽停比，避免了膜连续不断运行的劳损，使得膜对污染物的吸附为"吸附-静置-再吸附"的良好运行过程，降低了膜的污染。

3.4.2.3　微絮凝、PAC 改善膜过滤性能研究

1. 膜过滤腐殖酸配水试验

由图 3-82 可以看出，腐殖酸的分子量分布主要是在 $500 \sim 10000$ 之间。董秉直认为：膜去除的有机物主要集中在 $3000 \sim 10000$ 的相对分子质量，通量的下降是由这部分有机物造成的。从去除效果上看，经过 180min 过滤试验，UV_{254}、UV_{410} 的去除率分别从开始的 47.2%、52.43% 下降至 21.92%、22.82%，如图 3-83 所示。说明膜对分子量在 $500 \sim 10000$ 范围内的有机物去除效果不高，并且过滤过程中，膜通量下降迅速，膜污染严重，这一点可以从上一节试验得到证明。

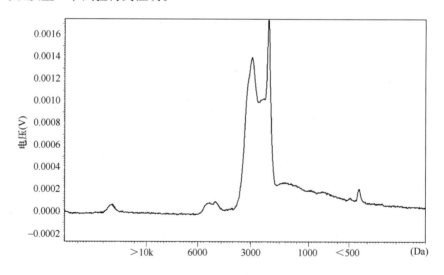

图 3-82　腐殖酸配水的有机物分子量分布

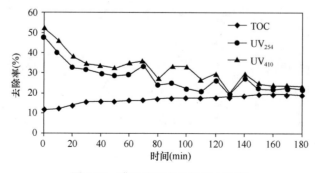

图 3-83　膜过滤对有机物的去除率

2. PAC-UF 过滤腐殖酸配水试验

1）PAC 对过膜通量和膜阻力的影响

由图 3-84 可知，仅用 UF 工艺去过滤腐殖酸配水时，随着工艺的运行，膜通量迅速下降，当运行 180min 时，膜通量由初始的 21.23L/(h·m²) 下降至 14.51L/(h·m²)。此时对膜进行反洗，反洗后通量恢复至 20.52L/(h·m²)，随着运行时间的加长，通量又继续下降。而 PAC 和 UF 联用工艺，膜通量得到了改善，在运行了 300min 后，过膜通量由初始的 21.23L/(h·m²) 变化为 20.34L/(h·m²)，因此有效延长了膜反洗周期。

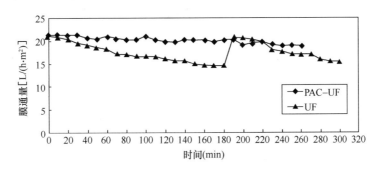

图 3-84　投加粉末活性炭过滤膜通量变化曲线

由图 3-85 看出，UF 直接过滤时，系统膜阻力迅速升高，运行 180min 后，过滤总阻力上升至 $3.21 \times 10^6 \text{m}^{-1}$，经反冲洗后，总阻力变化为 $2.06 \times 10^6 \text{m}^{-1}$，其中膜阻力为 $1.69 \times 10^6 \text{m}^{-1}$，吸附阻力为 $0.37 \times 10^6 \text{m}^{-1}$。而 PAC 与 UF 联用时，随着时间的运行，膜阻力显著降低，260min 时，膜总阻力为 $2.27 \times 10^6 \text{m}^{-1}$，反冲洗后总阻力为 $1.87 \times 10^6 \text{m}^{-1}$，其中膜阻力为 $1.69 \times 10^6 \text{m}^{-1}$，吸附阻力为 $0.18 \times 10^6 \text{m}^{-1}$。

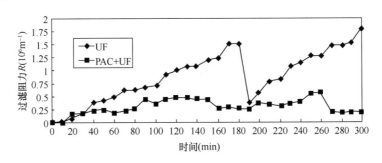

图 3-85　投加粉末活性炭总过滤阻力变化曲线

对比各阻力所占的百分比见图 3-86、图 3-87 可知，UF 工艺中，吸附阻力、膜阻力、浓差极化阻力和滤饼层阻力分别占总阻力的 11.58%、52.56%、35.86%；PAC-UF 工艺中，吸附阻力、膜阻力、浓差极化阻力和滤饼层阻力分别占总阻力的 8.12%、74.30%、17.58%。UF 与 PAC-UF 的吸附阻力分别为 $0.37 \times 10^6 \text{m}^2/\text{L}$ 和 $0.18 \times 10^6 \text{m}^2/\text{L}$。投加粉末活性炭能够有效地吸附水中有机物，降低吸附阻力，吸附阻力降低了 50.42%。

2）PAC 对有机物的吸附

由图 3-88 可以看出，粉末活性炭对分子量 1000～10000 的有机物均有去除效果。活

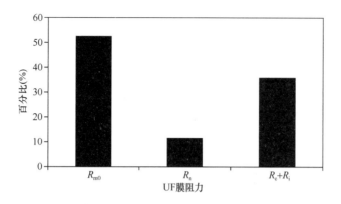

图 3-86　UF 过滤试验膜阻力百分比

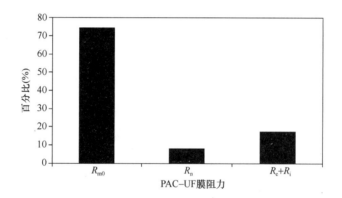

图 3-87　PAC-UF 过滤试验膜阻力百分比

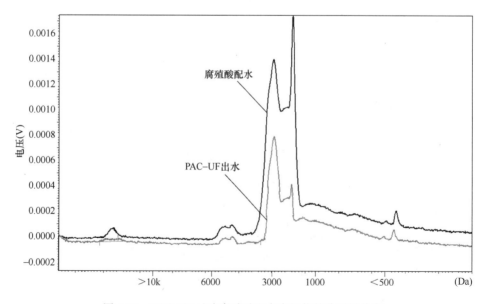

图 3-88　PAC-UF 过滤腐殖酸配水有机物的分子量分布

性炭是弱极性的多孔性吸附剂，具有发达的细孔结构和巨大的表面积。活性炭的孔径特点决定了活性炭对不同分子大小的有机物的去除效果。活性炭的孔隙按大小一般分成微孔、过渡孔和大孔，但微孔占绝对数量。活性炭中大孔主要分布在炭表面对有机物的吸附作用小，过渡孔是水中大分子有机物的吸附场所和小分子有机物进入微孔的通道，而占95%的微孔则是活性炭吸附有机物的主要区域。由试验结果可以看出，其中对分子量相对较小（500～3000）的有机物去除效果较好，而这类有机物又是造成膜通量下降，导致膜污染的重要原因。

3）PAC-UF 的过滤效果

由图 3-89 可见，PAC-UF 工艺中，UV_{254} 去除率随着时间的运行保持稳定，去除率在60%以上，运行至 260min 后，去除率为 64%，相比同一时间仅用 UF 过滤的去除率仅为 26.69%。

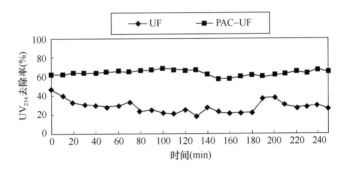

图 3-89　UF/PAC-UF 过滤对 UV_{254} 去除率曲线

图 3-90 可以看出，PAC-UF 工艺初期吸附 UV_{410} 去除率为 39%，130min 后去除率为87%，随着运行时间加长，去除率趋于稳定，220min 时的去除率为 87%，而仅用 UF 过滤 220min 的去除率为 22%。

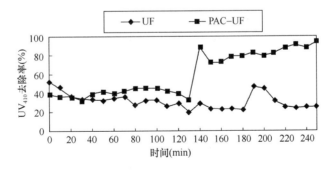

图 3-90　UF/PAC-UF 过滤对 UV_{410} 去除率曲线

过滤初期 UF 工艺的 UV_{410} 去除率高于 PAC-UF 工艺的原因为：由于膜表面多为负电性，由于静电作用，吸引了许多正电荷，在膜孔内部和表面形成双电层，双电层中的正电荷浓度高于主体溶液，而腐殖酸中的大分子腐殖质带负电荷，能够被吸引进入膜孔内部，因此吸附初期有所去除，一定时间后，由于正电荷的作用，失去稳定性，或相互碰撞，形

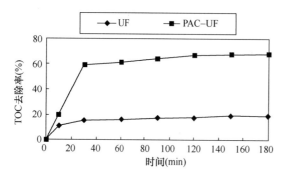

图 3-91　UF/PAC-UF 过滤对 TOC 去除率曲线

成大颗粒，将膜孔堵塞，或沉积在膜孔内部，使膜孔径变小，去除率降低。而加入粉末活性炭后，由于腐殖质分子孔径较大，进入活性炭颗粒内部孔隙中需要较长的接触时间，因此初期去除率较低。140min 后，腐殖酸中有机分子能够较好地接触到活性炭内部孔隙中，去除率得到显著提高。水中 TOC 的去除率如图 3-91 所示，UF 和 PAC-UF 工艺对 TOC 的去除率在 30min 后均达到稳定，分别为 15％和 59％，120min 的去除率为 17％和 67％。结果与 UV_{254} 的去除效果一致。根据去除效果可以看出，通过 PAC 截留腐殖酸，膜的过滤效果得到显著提高。

4）微絮凝-PAC-UF 过滤腐殖酸配水试验

（1）铝盐与腐殖酸微絮凝的作用机制

腐殖酸与金属盐的作用机制主要分为：①金属盐与腐殖酸的官能团发生络合或者螯合反应。②通过金属盐的氢氧化物捕捉水中的腐殖酸，其动力可能是氢氧化物的范德华力而造成的吸附。Dennett 从有机物形态的角度，认为大分子有机物的形态呈胶体态，主要靠混凝剂与有机物胶体发生电中和以及有机物在金属氢氧化物上的吸附得以去除。分子量越大，憎水性越强，越易被吸附在金属氢氧化物表面，去除率越高；而对于小分子有机物，由于其亲水性强，只能靠金属离子与溶解性有机物分子形成不溶性复合物以及有机物在金属氢氧化物上的吸附去除一小部分腐殖酸。

（2）pH 对腐殖酸配水微絮凝的影响

图 3-92 为投加 2mg/L 混凝剂时，腐殖酸配水在不同 pH 值下的 UV_{254} 去除率。腐殖酸在天然原水中多呈弱酸性至中性。在低 pH 值时，铝盐的水解产物主要以带正电荷的水解产物为主，有机物的表面电性由于混凝剂的电性中和作用而趋于等电点附近，此时的微絮凝机理主要是电性中和以及铝盐和腐殖酸之间的络合反应，使得有机物脱稳凝聚。在中性 pH 条件下 Al 主要以 $Al(OH)_3$ 的形式存在，$Al(OH)_3$ 的含量较多时，使有机物发生网扫絮凝，从而达到较高的有机物去除率；因此，当 pH 值为中性或弱酸性条件下，腐殖酸的微絮凝效果较好。当 pH＝6 时，UV_{254} 的去除率为 97.08％；pH＝7 时，去除率为 97.42％。在较高的 pH 值时，如

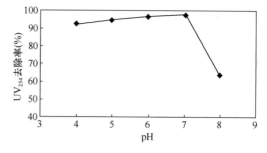

图 3-92　腐殖酸配水微絮凝在不同 pH 值下的 UV_{254} 去除率曲线

pH＝8，水中的铝盐的水解产物主要以 $Al(OH)_4^-$ 为主，而腐殖酸本身带有负电荷，不利于二者发生反应，因而微絮凝效果较差，UV_{254} 去除率仅为 63.71％。

根据 ζ 的变化可以分析微絮凝在不同 pH 值时对腐殖酸的吸附去除情况。图 3-93 为微絮凝在不同 pH 值条件下的 ζ 电位变化曲线，实验测得腐殖酸原水的 ζ 电位值为 -2.85mV。当 pH 值在 5～7 时，$|\zeta| < 0.05$mV，ζ 电位趋于等电点附近，因此 UV_{254} 的去除效果较好。在碱性条件下，腐殖酸表面电位基本为负，不利于微絮凝，如当 pH$=8$ 时，微絮凝后腐殖酸的

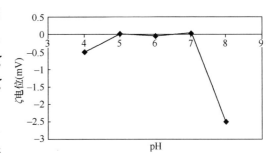

图 3-93 微絮凝在不同 pH 值条件下的
ζ 电位变化曲线

ζ 电位值为 -2.48mV，UV_{254} 的去除率较低。另外，腐殖酸是一类酸性极弱的有机物，根据腐殖酸的水解反应式 $HA = H^+ + A^-$，在弱酸偏中性条件下极易电离，腐殖酸有利于与铝离子之间的化学作用；而在酸性较强的情况下，腐殖酸中的氢离子不易电离，并且铝盐水解产物主要是 Al^{3+}，Al^{3+} 与 H^+ 之间会对腐殖酸分子产生强烈的竞争，氢离子在酸性条件下的浓度较高，通常具有较大的反应速率而占有优势。因此，pH 值过低时不利于微絮凝的进行，当 pH$=4$ 时，微絮凝的 ζ 电位值为 -0.509mV。

根据不同 pH 值时微絮凝的有机物去除效果和 ζ 电位变化情况可知，微絮凝的条件控制在弱酸性和中性（5～7）效果较好，并且腐殖酸一类天然有机物在水中为中性偏弱酸性，控制条件下的 pH 值与腐殖酸原水具有较好的一致性。

（3）微絮凝过滤腐殖酸配水试验

图 3-94 为 pH$=6$，混凝剂投加量 2mg/L 时腐殖酸配水有机物的分子量分布。如图所示，分子量大于 3000 的有机物得到了有效去除，图中大于 10k、3000～6000 的峰值已不存在。与投加活性炭相比，微絮凝主要去除了分子量较大的有机物，而对于分子量分布小于 1000 的有机物，则难以去除。

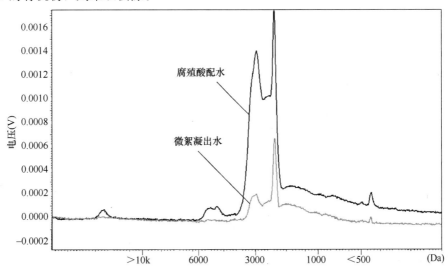

图 3-94 微絮凝前后腐殖酸配水有机物的分子量分布

（4）微絮凝-PAC-UF 的过滤效果

由图 3-95 可见，在 PAC-UF 工艺前进行微絮凝，UV_{254} 去除率得到进一步提高，10min 时出水 UV_{254} 为 80%，随着运行时间的加长，去除率趋于稳定，240min 时，去除率为 96%。

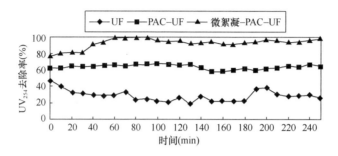

图 3-95　UF/PAC-UF/微絮凝-PAC-UF 过滤对 UV_{254} 去除率曲线

对微絮凝-PAC-UF 工艺，由图 3-96 看出，UV_{410} 的吸附时间较短，10min 时 UV_{410} 的去除率为 84%，随后去除率趋于稳定，240min 时的去除率为 98%。微絮凝通过电性中和作用使大分子有机物吸附在形成的絮凝颗粒之上沉淀下来，吸附时间短，剩余的小分子有机物更易于进入活性炭微孔内部被活性炭所吸附，因此微絮凝-PAC-UF 工艺 UV_{410} 去除率在运行初期就能够保持很高的效果。水中 TOC 的去除效果见图 3-97，通过微絮凝，系统 10min 时 TOC 去除率达到 71%，系统运行 180min 后，TOC 去除率稳定在 90% 以上，结果与 UV_{254} 的去除效果一致。

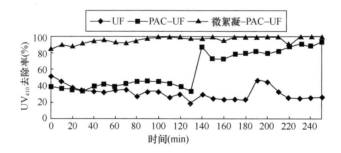

图 3-96　UF/PAC-UF/微絮凝-PAC-UF 过滤对 UV_{410} 去除率曲线

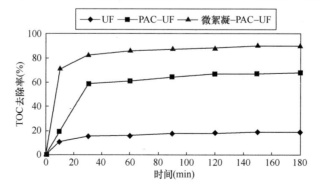

图 3-97　UF/PAC-UF/微絮凝-PAC-UF 过滤对 TOC 去除率曲线

3.4.3 PAC-浸没式超滤膜组合工艺中试研究

3.4.3.1 中试实验工艺流程及实验装置

中试试验流程如图 3-98 所示，微污染原水（曹娥江水）由原水泵抽至沉淀池，在斜管沉淀池中完成混凝、沉淀的初步处理后，通过重力流入 PAC＋超滤膜反应器中进一步反应。出水泵、鼓风机和反冲洗泵以及相应管道上的气动阀门通过 PLC（电控柜）预设程序相应。气动阀门的开关动力来自于空压机（型号：V-0.12/8，容积流量：0.12m³/min）。

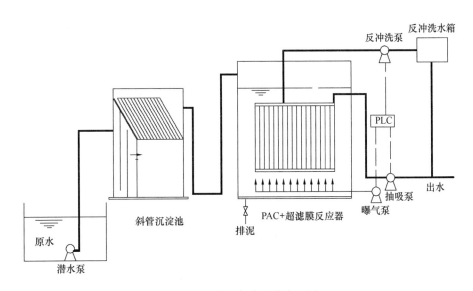

图 3-98　中试实验工艺流程图

实验装置竖流式沉淀池和膜池现场外观如图 3-99 所示。原水经过投药后进入图 3-99 所示的竖流式沉淀池完成絮凝、沉淀步骤，沉淀池出水再进入如图 3-99 所示的膜反应器内。膜反应器为长方体设计，外形尺寸为 1800mm×1200mm×2400mm，有效容积约为

图 3-99　中试竖流式沉淀池和膜反应器外观

4000L。整套装置配备由浙江立昇净水公司设计安装的微电脑自动控制系统控制膜出水以及反冲洗时间。

3.4.3.2　PAC-UF 组合工艺处理微污染原水运行效果

1. 对浊度的去除效果

试验期间为 3 月，由于降水以及温度变化较少，原水浊度相对夏季和秋季来说变化较小，在 10～43NTU（平均为 19NTU）。经过沉淀池后，浊度基本在 7NTU 以下，PAC-UF 工艺最后膜出水浊度能将出水保持在 0.05NTU 以下，平均浊度去除率能够达到 98% 以上。

如图 3-100 所示，膜出水浊度稳定，基本不受进水浊度变化的影响。另外，对比未投加 PAC 时期的膜出水浊度，如图 3-101 所示。

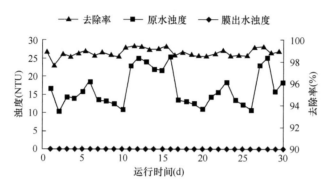

图 3-100　PAC-UF 对浊度的去除效果

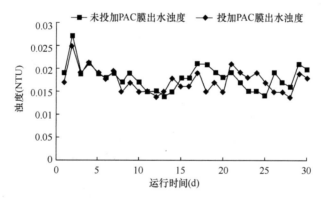

图 3-101　未投加 PAC 与投加 PAC 膜出水浊度对比

从图 3-101 中可以看出，不论是否投加了 PAC，出水浊度一直稳定在 0.02NTU 以下，出水浊度不受进水浊度的影响。这说明沉淀池出水中产生浊度的颗粒粒径大于膜孔孔径，大部分可以通过膜的截留作用加以去除，也说明 UF 膜本身对浊度就具有良好的去除效果，投加 PAC 并未明显提高 UF 膜对颗粒的去除效率。

2. 对 NH_4^+-N 的去除效果

水体中 NH_4^+-N 的存在虽然对人体健康不造成明显的损害，但当 NH_4^+-N 浓度较高时会造成水处理工艺上的一些问题，例如会造成除锰困难，影响有机物的氧化效率等。由于PAC-UF 整个系统具有高效的截留作用，可将微生物完全截留在反应器内，基于此特点在温度等其他外界条件合适的情况下，反应器对于诸如硝化细菌等微生物的培养非常有利。另外相对于传统工艺来说，由于反应器产泥率较低，故与硝化菌争夺营养的异养化菌的数量减少，这使得同样以 NH_4^+-N 为营养的硝化菌的活性增加，因此具有较高的硝化率。而且反应器内投加的 PAC 可以吸附硝化菌并作为硝化菌生长的载体，这对于以吸附态生长的硝化菌的生长繁殖来说都是非常有利的。

如图 3-102 和图 3-103 所示，自装置启动之日起开始测量反应器中 NH_4^+-N 以及 NO_2^--N 的变化规律。实验期间原水 NH_4^+-N 浓度变化幅度较大，在 $0.17\sim4.2mg/L$（平均浓度为 $1.36mg/L$）之间，沉淀池出水 NH_4^+-N 在 $0.13\sim3.48mg/L$ 浮动，所以可以发现前处理中的加药混凝沉淀对氨氮的去除效果非常有限。从图 3-102 可以看出，由于实验初期处于春夏交替季节，实验环境温度偏低所以影响了反应器内微生物的活性以及繁殖，并且因为初期反应器中硝化细菌数量尚少，所以 PAC-UF 工艺在前 30d 内对原水 NH_4^+-N 的去除效果非常有限，去除率始终在 $10\%\sim20\%$ 之间浮动。这个时期反应器内对 NH_4^+-N 的去除基本靠实验初期投加进去的粉末活性炭的吸附作用。随着实验的进行和水温的逐渐升高，NH_4^+-N 去除率增势开始明显显现，第 37 天 NH_4^+-N 去除率达到 70.59%，出水 NH_4^+-N 浓度低至 $0.25mg/L$，至此认为反应器内氧化 NH_4^+-N 的细菌菌落开始成熟。图 3-103 反映了反应器内 NO_2^--N 的浓度变化情况，该数据从侧面也反映出微生物的生长、繁殖以及硝化反应的作用程度。

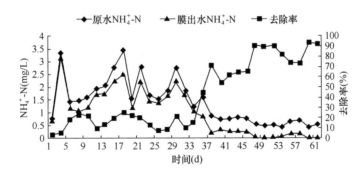

图 3-102　PAC-UF 对 NH_4^+-N 的去除效果

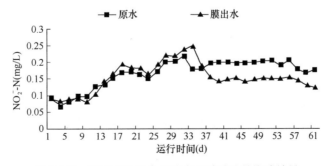

图 3-103　PAC-UF 组合工艺中亚硝酸盐的去除效果

由于温度的影响，试验期间 NH_4^+-N 去除率呈有升有降的趋势。温度不仅影响硝化菌的比增长速率，还会对硝化菌的活性造成影响。如图 3-104 所示，实验记录了装置运行期间在不同温度条件下，原水 NH_4^+-N 浓度为 $0.89\sim1.5mg/L$ 时 NH_4^+-N 去除率的变化情况。数据表明，温度对 PAC-UF 组合工艺中 NH_4^+-N 的去除过程影响巨大。像硝化菌这类自养型微生物一般世代繁殖时间相对较长，所以试验初期温度较低，硝化菌活性不高，生长繁殖速度慢，不能高效进行硝化反应去除 NH_4^+-N，随着温度的逐渐增高，当水温在 20℃ 以上，硝化菌活性增强，反应器中 NH_4^+-N 去除率也逐渐升高。

实验截取温度较合适的时间段内反应器中混合液 NH_4^+-N 浓度和膜出水 NH_4^+-N 浓度的对比情况，如图 3-105 所示，明显可以看到膜出水的 NH_4^+-N 浓度总是等于或者稍低于混合液 NH_4^+-N 浓度，反应器内 NH_4^+-N 去除率要高于膜表面。分析认为由于硝化菌主要以吸附态生长，混合液 PAC 颗粒成为其良好的生长载体，再通过膜的截留，固定在 PAC 上的硝化菌黏附在膜表面，延长了其停留时间，使世代繁殖时间较长的硝化菌得到更好的繁殖生长，因此整个试验中、后期，NH_4^+-N 得到了很好的去除，且膜表面 NH_4^+-N 去除效果要较反应器内好。

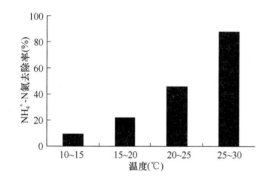

图 3-104　温度对 NH_4^+-N 去除率的影响

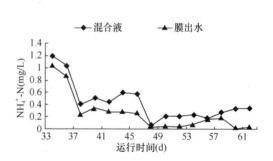

图 3-105　混合液和膜出水 NH_4^+-N 浓度对比

3. 对有机物的去除效果

有机污染物是饮用水中一项重要指标，是造成膜污染的重要因素，考察 PAC 对有机物的去除效果可更深入了解 PAC 对膜污染的影响机理。水中总有机物大体可分为颗粒性有机物和溶解性有机物，颗粒性有机物采用常规处理工艺（混凝、沉淀、过滤）可较容易地将分离去除，但溶解性有机物因为其难于去除、危害较大而成为饮用水处理中人们关注的焦点。试验中采用的 PAC 由于其多孔疏松的结构可以有效吸附水中弱极性、难生物降解的小分子有机物，而强极性亲水性物质则易通过生物作用氧化分解；此外，PAC 吸附溶液中的营养物质，为微生物的新陈代谢和对有机物的生物降解去除提供了良好的环境，也提高了系统抗冲击负荷的能力；超滤膜对大分子有机物具有良好的截留作用，混合液中 PAC 颗粒以及一些大分子微生物代谢产物都能得到分离去除，使得出水色度、臭味和消毒副产物的前趋物都有较大改善。

1）对 UV_{254} 的去除效果

UV$_{254}$为 254 nm 波长单位比色皿光程下水样的紫外吸光度，芳香族化合物或具有共轭双键的化合物在紫外区具有吸收峰，可作为 TOC 及 THMFP 的代用参数，与 THMFP 有很好的相关性。通常，有机物同氯反应过程中，可以将大分子有机物分解成小分子有机物，但不能将小分子有机物矿化成无机碳，因此单位有机碳的消毒副产物（THMs/DOC，THAAs/DOC）主要是由小分子量的有机物引起的。

本实验中原水 UV$_{254}$的浓度为 0.045～0.091cm^{-1}，平均浓度为 0.066cm^{-1}。如图 3-106 所示，经过 PAC-UF 处理后，膜出水 UV$_{254}$的浓度范围是 0.011～0.04 cm^{-1}，平均浓度为 0.024 cm^{-1}，平均去除率为 63.27%。

从图 3-106 可以看出，反应器内试验初期投加的 PAC 吸附作用强烈，反应器内 UV$_{254}$有很高的去除率，这同时也减轻了膜表面有机物负荷。随着实验的进行，反应器内微生物吸附聚集在 PAC 表明形成 BAC 生物活性炭，BAC 悬浮在混合液内或黏附在膜表面，对有机物进行氧化分解。从图 3-106 的第 33 天开始，该阶段膜表面对有机物的去除效果要明显好于单纯依靠 PAC 的吸附作用，并且随着实验的进行，UV$_{254}$的去除率逐渐趋于稳定。

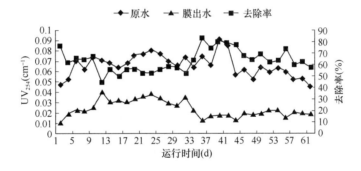

图 3-106　PAC-UF 对 UV$_{254}$的去除

从图 3-107 中混合液和膜出水的 UV$_{254}$对比中发现，膜出水中的 UV$_{254}$总体趋势上稍高于混合液内的 UV$_{254}$。分析认为：由于膜表面积较大，在出水抽吸泵的作用下大量 BAC 颗粒在膜表面积累，压缩，形成生物作用较强的滤饼层以及凝胶层对混合液中有机物进行截留和降解；而反应器内 BAC 颗粒呈悬浮状态，无附着载体使得生物作用微弱，对于进水贫营养的限制，反应器内异养微生物内源呼吸作用突出，利用有机物主要维持细胞本身的能量需要，因而 UV$_{254}$去除率较低。

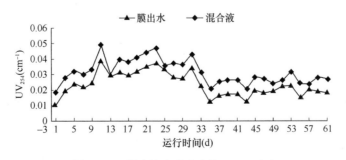

图 3-107　混合液和膜出水的 UV$_{254}$对比

2）对 COD_{Mn} 的去除效果

图 3-108 所示为 PAC-UF 对 COD_{Mn} 的去除效果曲线，经过 PAC-UF 工艺处理后的浓度由原水的 3.09～4.94 mg/L 降低到出水的 0.78～1.76 mg/L，平均去除率为 65.85%。对比 PAC-UF 组合工艺对 UV_{254} 和 COD_{Mn} 的平均去除率发现，工艺对 COD_{Mn} 的去除率略高于 UV_{254}。这主要是因为前面的混凝、沉淀的作用以及超滤膜能够高效截留进水中的颗粒性有机物。随着实验的进行，虽然变化非常缓慢，但是从图 3-108 中可以看出出水的 COD_{Mn} 有逐渐升高之势，分析认为此时反应器内出现了有机物的积累。这主要源于细菌细胞进行新陈代谢的过程中释放的 EPS 高分子物质，构成了一部分难降解的 COD_{Mn}；再加上实验后期 BAC 上生物量大，所释放的 EPS 等物质相对较多的缘故。但通过膜表面滤饼层和膜本身的高效截留作用，出水 COD_{Mn} 保持在 1.76mg/L 以下。

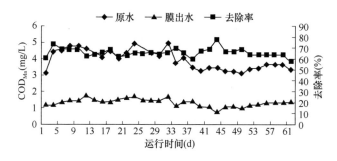

图 3-108　PAC-UF 对 COD_{Mn} 的去除

3.4.4　分段式 PAC-超滤膜组合工艺与一体式组合工艺比较研究

为模拟示范工程运行实况，采用小试分段式装置进行进一步研究。首先对比了冬夏两季氮类物质和有机物的去除效果，并通过改变曝气方式、温度、进水水质等方法考查了影响污染物去除的因素。其次检测了不同阶段接触池内生物量的大小，以及池体内生物的空间分布。最后采用克隆文库构建及测序的方法，取运行稳定阶段接触池中污泥做微生物组成分析。

3.4.4.1　运行条件及参数

接触反应区尺寸为 120mm×240mm×300mm，体积为 8.64L；过渡区尺寸为 120mm×400mm×250mm，体积为 12L；接触反应区尺寸为 120mm×120mm×250mm，体积为 3.6L。进水泵平均流量为 65mL/min，接触反应时间为 133min。为使粉末活性炭混合均匀并保证充氧量，曝气量为 80L/h。抽吸泵抽停比为 15min∶5min。反冲洗周期为 3h，反冲洗流量为 126L/m^2h。

3.4.4.2　运行效果

本实验运行时间为 2010 年 11 月 12～30 日，平均温度 10.7℃，平均进水量 65mL/min，接触池内停留时间 2.2h。

1. 有机物的去除

PAC-UF 工艺可以有效去除有机物，进入 PAC-UF 工艺的原水平均 UV_{254} 为

$0.051cm^{-1}$，出水平均 $0.026cm^{-1}$，去除率 49.8%。COD_{Mn} 进出水分别为 $3.07mg/L$ 和 $1.78mg/L$，去除率 41.7%（图 3-109）。此装置生物接触池、过渡区和膜池 UV_{254} 去除效率递减，分别占总去除率的 88.1%、9% 和 2.9%。

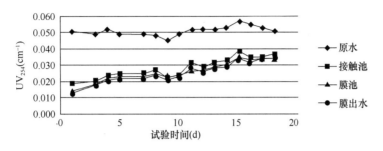

图 3-109　分段式反应器 UV_{254} 去除效果

与一体式反应器相同，分段式反应器的 UV_{254} 去除率高于 COD_{Mn}，且有机物的去除效果随运行时间的延长有所减弱。不同的是 UV_{254} 去除效果减弱尤为明显，开始阶段去除率可达 73%，随吸附的饱和去除率降低到 33%，而 COD_{Mn} 去除较稳定，除前 2d 去除率在 54% 以外，其余稳定在 $36\%\sim50\%$（图 3-110）。这主要由于这种指标表征的有机物种类不同，UV_{254} 所表征的是水中含不饱和双键和苯环的有机物，此种有机物的去除要求氧化性足够强，否则不能使其不饱和双键断开、苯环开环，UV_{254} 所表征的有机物是没有去除效果的。而 COD_{Mn} 反映的是水中能被 $KMnO_4$ 氧化的还原性物质含量，代表一些比较容易氧化的有机物。在营养贫乏的条件下，生物更多地维持在内源呼吸阶段，活性较弱，较易氧化 COD_{Mn} 所表征的有机物，而 UV_{254} 表征的有机物难以去除。UV_{254} 前期去除率高是由于粉末活性炭极强的吸附作用，运行一周后，吸附不再占有主导作用，故后期 UV_{254} 去除效果明显降低，而 COD_{Mn} 值因生物降解作用可维持稳定。

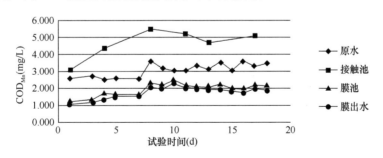

图 3-110　分段式反应器 COD_{Mn} 去除效果

另外，分段式反应器 COD_{Mn} 在接触池内也有富集，但出水与进水相比的去除率高于一体式反应器。究其原因主要有 3 个：①分段式反应器接触池后增加过渡区，相当于延长停留时间，前面也证实了停留时间的增加有助于有机物的去除；②过渡区将一部分吸附有机物的活性炭沉淀，膜池相对清澈，减小膜组件的负荷，也有助于出水水质的改善；③虽都为贫营养水体，本阶段实验原水 COD_{Mn} 比较高，有助于生物的生长，更有利于其发挥降解作用，故接触区内富集现象略少于一体式反应器。

2. NH$_4^+$-N 的去除

最初 NH$_4^+$-N 去除率基本为 0，从运行第 3 天开始，NH$_4^+$-N 去除率逐日提高，2 周后运行稳定，稳定阶段平均去除率达到 79.7%（图 3-111）。

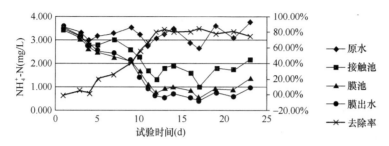

图 3-111　分段式反应器 NH$_4^+$-N 去除效果

在生物培养成熟后，分段式反应器与一体式反应器平均 NH$_4^+$-N 去除率差不多，但分段式反应器去除率可以维持在 80% 左右，而一体式反应器 NH$_4^+$-N 去除率在 49%～90% 之间波动严重。可见分段式 PAC-UF 工艺出水水质更为稳定，抗冲击负荷能力强。

3. NO$_2^-$-N 和 NO$_3^-$-N 的变化规律

最初 2d 亚硝酸盐基本无变化，3～9d 时，亚硝酸盐有增长现象，最高增长量为 0.428mg/L，增长了 105.7%，第 13 天开始，出水亚硝酸盐不再高于原水，16d 后运行稳定，亚硝酸盐平均去除率可达 35.9% 左右（图 3-112）。

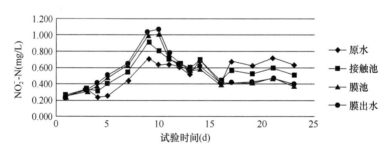

图 3-112　分段式反应器 NO$_2^-$-N 去除效果（秋冬季）

由于 NH$_4^+$-N 和 NO$_2^-$-N 转化为 NO$_3^-$-N，硝酸盐从第 3 天开始增长，增长率逐渐增大，从最初的 21.25% 到最高值 116.5%，2 周后进入稳定阶段，平均增长率 102%（图 3-113）。

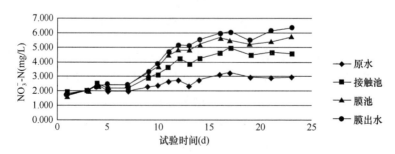

图 3-113　分段式反应器 NO$_3^-$-N 去除效果（秋冬季）

由于亚硝化菌大量繁殖，NO_2^--N 在反应初期也存在累积现象，但没有一体式反应器严重。累积现象在第 13 天就结束，16dNO_2^--N 开始有去除，而一体式反应器运行 25dNO_2^--N 才有所回落，且在实验期限内没有去除效果。可见，分段式反应器利于硝化菌生长，NH_4^+-N 被转化为 NO_2^--N 后立即又转化为 NO_3^--N，这也是 NO_3^--N 从第 10 天开始持续增长，且幅度明显高于一体式反应器的原因。这可能与分段式反应器中添加过渡区有关，第 14 天出现接触池 NO_2^--N 增长而膜出水回落的现象，推断 NH_4^+-N 在接触池内大量转化成 NO_2^--N 后，过渡区内低 NH_4^--N 高 NO_2^--N 的条件更利于硝化菌生长，成为硝化作用的主要区域，培养成熟的硝化菌通过污泥回流返回接触池，使反应器各区成为一个整体。逐渐硝化菌在水体中占据主导地位，完成 NH_4^+-N 向 NO_3^--N 的转化。

3.5 海岛典型咸水淡化技术与设备

3.5.1 海岛苦咸水纳滤和反渗透脱盐技术经济比选

3.5.1.1 概况

随着经济的发展、人口的增加以及人们生活水平的不断提高，人们对淡水资源的需求和消耗不断增多，相应的城市污水和工业废水的排放量也在不断增多，水污染状况十分严重，且已从河流蔓延到近海水域，从地表水延伸到地下水。水资源缺乏和水体污染已成为我国经济与社会发展的制约因素。开源节流，开辟新水源，治理水污染，已成为当务之急。为保证人们日常生活，各种水源都应该尽可能充分合理地利用起来。其中苦咸水在这类水源中很大一部分，尤其在沿海地带、海岛区域和内陆湖泊地带，苦咸水广泛地存在但没有被充分地利用。所以，苦咸水也是一种非常有前景的潜在淡水资源，其开发技术有待进一步发展和完美。

1. 苦咸水

苦咸水表现为高浓度盐碱成分，甚至表现为高硬度、高氟、高砷、高铁锰、低碘、低硒特征，不仅饮用口感差，而且会直接影响人体健康，长期饮用高矿化度的苦咸水，会引起腹泻、腹胀等消化系统疾病和皮肤过敏，还可能诱发肾结石及各类癌症。硝酸盐更是强致癌物亚硝酸胺的前体物，在人体内形成高铁血红蛋白，影响血液的氧传输能力，是一种婴儿尤宜感染的致命疾病。由于苦咸水中所含有的各类可溶性无机盐其化学性质都较活跃，也严重限制了那些以水为重要生产原料的化工工业、饮食工业、电子工业等的发展。在农业灌溉方面：苦咸水会使土壤的颗粒结构变坏，影响土壤的透气性能、保水性能。同时长期灌溉苦咸水会造成农作物不能正常生长，甚至枯萎。

将苦咸水资源转化成为可饮用的淡水资源需要便利、低成本地淡化技术。

2. 苦咸水淡化技术

为了利用这些含盐量高的水资源，补足淡水的匮乏，咸水淡化方法也就必然成为给水处理的一个组成部分，苦咸水的淡化实际上就是盐水淡化。使盐水脱盐淡化或者经处理后达到饮用水标准。由于常规处理工艺很难去除无机盐离子，目前国内外采用的途径和方法主要有：反渗透法（RO）、纳滤法（NF）、电渗析法（ED）、离子交换法等。

1）反渗透法

反渗透法是利用反渗透膜选择性的只能透过溶剂（通常是水）而截留离子物质的性质，以膜两侧静压差为推动力，克服溶剂的渗透压，使溶剂通过反渗透膜而实现对液体混合物进行分离的膜过程。反渗透可以从水中除去 90％以上的溶解性盐类和 99％以上的胶体微生物及有机物等。

反渗透又称逆渗透，一种以压力差为推动力，从溶液中分离出溶剂的膜分离操作。对膜一侧的料液施加压力，当压力超过它的渗透压时，溶剂会逆着自然渗透的方向作反向渗透。从而在膜的低压侧得到透过的溶剂，即渗透液；高压侧得到浓缩的溶液，即浓缩液。若用反渗透处理海水，在膜的低压侧得到淡水，在高压侧得到卤水。

反渗透时，溶剂的渗透速率即液流能量 N 为：

$$N = Kh(\Delta p - \Delta \pi)$$ （3-5）

式中　Kh——水力渗透系数，它随温度升高稍有增大；

　　　Δp——膜两侧的静压差；

　　　$\Delta \pi$——膜两侧溶液的渗透压差。

稀溶液的渗透压 π 为：

$$\pi = iCRT$$ （3-6）

式中　i——溶质分子电离生成的离子数；

　　　C——溶质的摩尔浓度；

　　　R——摩尔气体常数；

　　　T——绝对温度。

反渗透通常使用非对称膜和复合膜。反渗透所用的设备，主要是中空纤维式或卷式的膜分离设备。

反渗透膜可以截留水中的各种无机离子、胶体物质和大分子溶质，从而取得净制的水。也可用于大分子有机物溶液的预浓缩。由于反渗透过程简单，能耗低，近 20 年来得到迅速发展。现已大规模应用于海水和苦咸水（卤水）淡化、锅炉用水软化和废水处理，并与离子交换结合制取高纯水，目前其应用范围正在扩大，已开始用于乳品、果汁的浓缩以及生化和生物制剂的分离和浓缩方面。

然而，反渗透应用于苦咸水的淡化也存在局限性，首先反渗透是一种广谱分离方法，产水为纯水，而纯水不能作为优质饮用水。其次，高运行压力带来较高的成本和运行费用。另外，预处理要求严格，系统庞杂，产生的浓水的 TDS 往往大于 2000mg/L，较难处理。

2）纳滤

以压力差为推动力，介于反渗透和超滤之间的截留水中粒径为纳米级颗粒物的一种膜分离技术。它具有以下 2 个特征：

（1）对于液体中分子量为数百的有机小分子具有分离性能；

（2）对于不同价态的阴离子存在道尔效应。物料的荷电性，离子价数和浓度对膜的分离效应有很大影响。

纳滤主要运用于饮用水和工业用水的纯化，废水净化处理，工艺流体中有价值成分的浓缩等方面。纳滤膜大多从反渗透膜衍化而来，如 CA、CTA 膜、芳族聚酰胺复合膜和磺化聚醚砜膜等。但与反渗透相比，其操作压力更低，因此纳滤又被称作"低压反渗透"或"疏松反渗透"（Loose RO）。

纳滤在处理含盐量较大的苦咸水中往往不能满意的效果，这是因为纳滤对单价盐离子的截留率很低，如 Na^+、Cl^-。

3）离子交换法

离子交换法发展比较成熟，目前已成为咸水淡化的主要手段之一。离子交换技术早在 18 世纪中期为 Thompson 所发现，后为 J. Thomas Way 韦全面研究，经历了一番漫长而艰苦的发展过程。到 20 世纪 70 年代，由于新型树脂的研制，使其应用进入了一个新阶段。常规的离子交换工艺让原水通过 Na 或 H 型阳离子交换树脂和 OH 型阴离子交换树脂，经过离子交换反应，将水中的阴、阳离子除掉，直到树脂的交换容量耗尽，从而制得除盐水。用过的树脂用酸和碱浓溶液再生。因为它处理出水水质好，处理过程很少受温度影响，生产过程稳定，简单、耐久、有效，后处理工序少，而且成本相对较低。但由于担心树脂中有机物的渗出对水的污染，曾一度影响了该工艺在饮用水处理中的应用。经研究，树脂不但不会向被处理水中释放有毒物质，还能吸附水中的微污染物。

对普通的离子交换工艺的改进之一是 CAR IX 离子交换工艺。经研究采用 CAR IX 工艺联合去除硝酸盐、硫酸盐和硬度是一种较为理想的工艺。有研究者利用 CO_2 再生离子交换树脂工艺，处理效果总硬度约平均去除一半，硝酸盐约平均去除 1/3，硫酸盐约去除 1/5，达到生活饮用水标准。这种方法的优点是：

（1）实现在一座交换器中能同时解决不利的硬度和阴离子的饮用水处理问题。这恰好适应了近年来地下水硬度、碱度以及盐浓度不断上升的现象所提出的处理问题。

（2）利用一种再生剂可同时再生阴、阳两种树脂，操作简单，安全性好，保护水资源，不增加盐负荷。

（3）CO_2 代替酸碱作再生剂，也不会产生一般离子交换的废水处理问题，不污染环境，而且可以大幅降低再生费用。

但就目前的技术来看，离子交换树脂法淡化水的成本比较高，难以大规模使用。

4）电渗析法

电渗析是利用具有选择透过性的离子交换膜在外加直流电场的作用下，使水中的离子定向迁移，并有选择地通过带有不同电荷的离子交换膜，从而达到溶质和溶剂分离的过程。

1981 年，我国在西沙永兴岛建成了日产 200t 淡化水的电渗析海水淡化站，采用 2 组

10 级一次连续流程，海水原水含盐 35000mg/L，产出淡水含盐为 500mg/L，总电耗 1615kW·h/t。我国的电渗析海水淡化技术已经接近世界先进水平，能够国产化。

电渗析过程工艺简单，除盐率高，操作方便，但是水回收率低，而且对不带电荷的物质如有机物、胶体、细菌、悬浮物等无脱除能力，存在对水质要求较严格，需对原水进行预处理等缺点。这使其在苦咸水淡化工程中的应用受到局限。

就上述 4 种比较有潜力的淡化技术来看，离子交换法由于其过高的投入成本和运行成本，电渗析由于其处理能力的限制，2 种技术都很难被广泛使用和推广。而作为具有潜力的膜技术：反渗透和纳滤，相对于前两者具有更广泛的使用范围和处理效果。所以，对苦咸水淡化技术的经济比选的主要对象就限定在了这 2 种膜技术的经济比选。因此，对纳滤和反渗透技术经济比选就具有非常重要的理论和实践意义。

3.5.1.2　膜技术经济比选评价体系建立

影响反渗透膜和纳滤膜广泛使用的 2 个基本因素是膜与膜组件的性能和成本。所以，接下来此部分就着手来详细讨论影响这两方面的因素。

1. 膜与膜组件的性能表征及其影响因素

1）膜通量

膜通量：指单位面积反渗透膜或纳滤膜在单位时间内透过的水量，单位为 $L/(m^2·h)$。

膜通量通常有一定的范围：以反渗透膜为例，以处理后的废水作为装置的进水时，当其后序工艺采用混凝过滤为主体处理单元的膜通量宜小于 $5L/(m^2·h)$；当处理海水水或者其后序工艺采用微滤、超滤为主体处理单元时，膜通量宜小于 $7.5 L/(m^2·h)$。

膜通量直接关系到整个装置的效益，是其价值的直接体现形式，所以膜通量往往作为非常重要的参考指标。

2）截留率

指溶液经膜处理后，被膜截留的离子量占原溶液中离子总量的百分率。截留率是分离膜最基本的性质要求。

对于纳滤而言，膜的截留特性是以对标准 $NaCl$、$MgSO_4$、$CaCl_2$ 溶液的截留率来表征，通常截留率范围在 $60\%\sim90\%$，对一价盐截留率很低，但对二价盐具有相当高的截留率，一般在 $80\%\sim99\%$；反渗透的截留对象是所有的离子，理论上仅让水透过膜，对 $NaCl$ 的截留率在 98% 以上，出水为无离子水。

加大膜元件产水量，即增加膜通量，将进一步稀释产水中的盐浓度，降低膜过程的透盐率，但也会加剧给水/浓水侧的盐浓度，增加了盐的透过流量，抵消了部分透盐率的下降。

3）产水水质

顾名思义，产水水质就是指经过膜处理之后所产生的净化水水质。最新的国家生活饮用水卫生标准中对水的 106 个指标有详细的范围限制，其中常规水质指标 36 项，包括微生物指标总大肠菌群、耐热大肠菌群、大肠埃希氏菌、菌落总数，毒理指标：砷、镉、铬、铅等，感官性状和一般化学指标，色度、浊度、臭和味、肉眼可见物、pH、铝、铁、锰。产水水质直接反映膜性能的优劣，是最为直观的表现形式。

4）膜的抗污染性能

膜污染由可逆污染（浓差极化）和不可逆污染共同造成。可逆污染，即浓差极化，是指当水透过膜并截留盐时，在膜表面会形成一个流速非常低的边界层，边界层中的盐浓度比进水本体溶液盐浓度高，这种盐浓度在膜面增加的现象叫作浓差极化（图3-114）。浓差极化会使实际的产水通量和脱盐率低于理论估算值。膜的不可逆污染包括：高盐度盐水被过度浓缩之后析出的结晶、结垢等，膜表面滋生的微生物等。

其中，在膜过程中溶质的浓差极化造成的膜污染不可忽视，成为纳滤膜和反渗透膜的首要污染源。浓差极化对膜过程的影响主要表现在：①膜表面渗透压高，溶剂通量下降；②膜表面溶质浓度超过其溶度积，导致沉淀堵塞膜孔；③导致溶质的渗透，脱盐率下降。

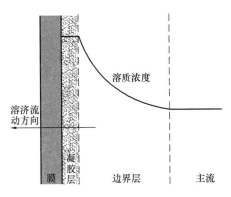

图 3-114　浓差极化示意图

膜的不可逆污染对膜的污染更为严重，它直接导致膜的不可逆修复，即使采用化学清洗也不能完全恢复膜的原本性能。膜的不可逆污染主要来源于反渗透系统运行时，悬浮物质、溶解物质以及微生物繁殖等。反渗透系统的预处理应尽可能地除去这些污染物质，尽量降低膜元件污染的可能性。

不同的膜抗污染的能力不同，纳滤膜因膜表面具有一定的电荷，不同于相对稳定的反渗透膜表面，因此，两种膜在抗污染性能方面有也很大的不同。

另外，污染物的累积情况可以通过日常数据记录中的操作压力、压差上升、脱盐率变化等参数得知。膜元件受到污染时，往往通过清洗来恢复膜元件的性能。清洗的方式一般有2种：物理清洗（冲洗）和化学清洗（药品清洗）。物理清洗（冲洗）是不改变污染物的性质，用力量使污染物排除出膜元件，恢复膜元件的性能。化学清洗是使用相应的化学药剂，改变污染物的组成或属性，恢复膜元件的性能。吸附性低的粒子状污染物，可以通过冲洗（物理清洗）的方式达到一定的效果，像生物污染这种对膜的吸附性强的污染物使用冲洗的方法很难达到预期效果。用冲洗的方法很难除去的污染应采用化学清洗。为了提高化学清洗的效果，清洗前，有必要通过对污染状况进行分析，确定污染的种类。在了解了污染物种类时，选择合适的清洗药剂就可以适当地恢复膜元件的性能。

在经过清洗之后，膜的恢复情况和被破坏情况也不尽相同，这方面也是性能对比的一个重要方面。

5）膜的寿命

膜的寿命是指膜能够保持一定工作性质下所运动的时间。反渗透膜的一般寿命在5～10年，纳滤膜的寿命在5年。膜的寿命一方面取决于膜材质的特性，另一方面也很大程度上取决于其工作环境及工作环境对其产生的污染影响。

膜的寿命间接影响到膜的投入成本，因此也是一项非常重要的考察指标。

6）膜的适用温度范围

温度对膜性能具有比较明显的影响：提高给水温度而其他参数不变时，温度每增加 1℃ 产品的水通量和盐透过量均增加。温度升高后水的黏度下降，一般产水量可增大 2% ～ 3%；但同时引起膜的盐透过系数变大，因而盐透过量有更大的增加。

膜的能够适用的温度范围不尽相同，耐热性的提高有助于在医药和食品行业的应用、水透过率的增加、高温溶液的分离，高压侧的传质系数和盐的渗透系数也会略有增加。压力作用下膜的压缩和剪切蠕变，以及表现出的压密现象，导致膜的透过速度下降。造成膜蠕变的因素有高分子材料的结构、压力、温度、作用时间和环境介质。

7）膜的使用 pH 范围

脱盐率和水通量在一定的 pH 范围内较为恒定，最大脱盐率为 pH＝8.5。不同膜适合 pH 的范围也不相同，反渗透膜的 pH 范围在 2～11，纳滤膜的 pH 范围比较窄。pH 范围比较大的反渗透膜可以应用于更为广泛的领域。

8）膜的适用压力范围

压力：给水压力升高使膜的水通量增大，压力升高不影响盐透过量。盐透过量不变的情况下水通量增加会使产品水含盐量下降，脱盐率提高。

超低压反渗透膜的压力范围为 0.7～2.0MPa，纳滤膜的压力范围为 0.6～1.5 MPa。

考虑到系统可能出现的故障风险，较大的压力范围具有较为安全的应用范围。

9）膜组件的排列方式

要达到一点的回收利用率和水质指标，单独一支膜很难满足设计要求，因此，有必要将多支膜根据一定的排列方式安装结合，从而达到设计目标。

一级一段系统工艺流程：进水一次通过纳滤或反渗透系统即达到产水要求。有一级一段批处理式、一级一段连续式。推荐基本工艺流程如图 3-115、图 3-116 所示。

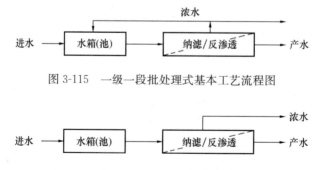

图 3-115　一级一段批处理式基本工艺流程图

图 3-116　一级一段连续式基本工艺流程图

一级多段系统工艺流程：一次分离产水量达不到回收率要求时，可采用多段串联工艺，每段的有效横截面积递减，推荐基本工艺流程如图 3-117～图 3-119 所示。

多级系统工艺流程：当一级系统产水不能达到水质要求时，将一级系统的产水再送入

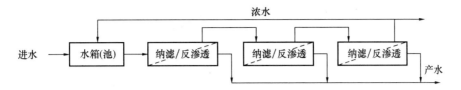

图 3-117　一级多段循环式系统基本工艺流程图

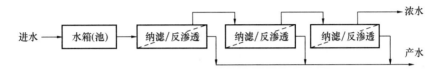

图 3-118　一级多段连续式系统基本工艺流程图

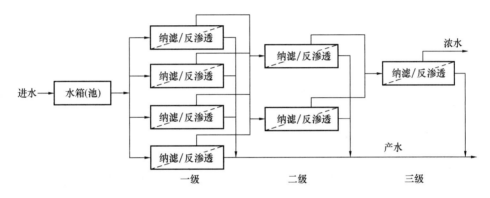

图 3-119　一级多段系统基本工艺流程图

另一个反渗透系统，继续分离直至得到合格产水。推荐基本工艺流程如图 3-120 所示。

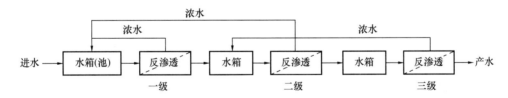

图 3-120　多级系统基本工艺流程图

另外，膜组件的排列形式可分为串联式和并联式。

单支膜元件产水量：

设计温度 25℃时单支膜元件产水量，应按温度修正系数进行修正。也可以 25℃为设计温度，每升、降 1℃，产水量增加或减少 2.5％计算。

膜元件数量按公式（3-7）计算

$$N_e = \frac{Q_p}{q_{max} \times 0.8} \tag{3-7}$$

式中　Q_p——设计产水量，m^3/h；

q_{max}——膜元件最大产水量，m^3/h；

　　0.8——设计安全系数。

压力容器（膜壳）数量按公式（3-8）计算

$$N_v = \frac{N_e}{n} \tag{3-8}$$

式中　N_v——压力容器数；

　　　N_e——设计元件数；

　　　n——每个容器中的元件数。

　　10）系统回收率

系统回收率是指整个膜系统对水的回收利用率。

工业用大型反渗透装置由于膜元件的数量多、给水流程长，实际系统回收率一般均在 75％ 以上，有时甚至可以达到 90％。对于小型反渗透装置也要求较高的系统回收率，以免造成水资源的浪费。

应该主要根据以下 2 点来确定系统的回收率：

（1）根据膜元件串联的长度；

（2）根据是否有浓水循环以及循环流量的大小。

在系统没有浓水循环时，一般按照以下规定：决定膜元件和系统回收率。

增大产品水回收率，产品水通量下降，因为浓水盐浓度增大，盐浓度高，渗透压增大。浓水盐度增大，盐透过量增大，产品水通量下降，产品水含盐量必然升高。

元件回收率的降低，元件末端浓水侧含盐量将有所下降，膜元件透过盐量有所减少，透盐量下降。膜元件的透盐率随膜元件运行时间逐渐增长。膜元件的透盐率随给水温度的升高而呈指数上升。

　　2. 成本分析

膜在使用过程中的成本可以分为 2 大类，即：投资成本和运行成本。

投资成本，即整个设备在组建时所投入的成本，包括膜组件、电气装置、自动化装置、基本管道建设等等，属于一次性投入，具体分为：膜及膜组件的费用、预处理设备、增压泵、一般性耗材等。运行成本，指要维持设备的正常运动而需要增加的成本，包括电力、人力、易耗药品等，细分为：操作压力、单位产水量能耗、药剂费、人工费、设备折旧费、维护与维修费等。

　　1）膜与膜组件的费用

膜与膜组件的费用即购买相关膜与膜组件所需要的费用。

膜与膜组件作为整套设备中最关键的核心部分，其成本费用也占了整套设备的大部分。另外，膜与膜组件的费用还涉及膜寿命、膜污染等各方面的因素。一般将膜与膜组件的费用相对于其使用寿命，可以得到其每年每支膜的平均费用，进而可以用来比对。利用每支反渗透膜价钱在 10000 元，正常使用下可以运行 5 年，那么每年每支膜的平均费用为 2000 元；另一支膜的价钱为 15000 元，正常使用下可以运行 10 年，那么每年每支膜的平均费用为 1500 元。明显，前者比后者的费用要高。

膜与膜组件作为一种投资成本，但不是一直不变的，当运行一定时间之后，设备需要更换膜与膜组件，从而保证系统的正常运动。从这个层面来看，膜与膜组件的成本似乎又是运行成本的一种。但这里将其看作是投资成本的一种，按每年每支膜的费用来计。

2）预处理设备

为保证反渗透或纳滤膜的正常运行，进水需要经过一定的预处理方可，这就需要有配套的前部分处理设备来保证后续过程的运行，这便是预处理设备。

此部分作为膜系统的必需内容，对于反渗透和纳滤来讲，没有明显的差别。

3）增压泵

增压泵，即为膜系统提供动力的动力装置。

增压泵的型号和功率取决于膜所需的操作压力，较高的操作压力需要较大型号和功率的增压泵，对应于较大的投资成本。

4）一般性耗材

一般性耗材包括管道、阀门、电气化设施、自动化设施等。

这部分的投入基本不会发生太大的变化。而且不同的膜种类在相同的膜工艺下，所使用的一般性耗材也没有太大的差异。

5）操作压力

操作压力是指在维持膜组件正常工作时要保持的运行压力。如传统的反渗透膜的操作压力是 1.5～2.0MPa，超低压反渗透的操作压力是 0.8～1.1MPa，纳滤的操作压力是 0.6～1.0MPa。

操作压力是能耗在运行参数的中间接表现形式。需要的操作压力越高，所需的能耗便越大。因此操作压力是反映运行成本中最重要的形式。

6）单位产水量能耗

单位产水量能耗，即生产单位量的产水所需的能耗。这里的能耗主要是指电能。一般来讲，海水淡化所需的单位产水量能耗为 1.7kW·h，传统的反渗透膜单位产水量能耗为 2.0kW·h，超低压反渗透的单位产水量能耗为 1.0kW·h，纳滤膜的单位产水量能耗为 0.8kW·h。

单位产水量能耗是膜系统操作压力的动能形式转化为电力能耗的表现形式，是衡量整个系统能耗的直接指标。

7）药剂费

反渗透和纳滤在运行过程中，有可能会因为海水的浓缩而造成膜表面出现结垢等结果，另外还有可能存在微生物污染等。为了减小这些污染的发生，通常在系统运动过程中会添加一些诸如阻垢剂、氧化剂等药品来解决这些问题。

药剂一般比较广泛地使用于海水淡化中，在苦咸水的淡化中也有使用，但使用量远没有前者大。

8）人工费

系统在运行过程，包括设备应急开关、突发断电、加药化洗等都需要人工手动操作。在相同的膜工艺下，此方面的差异不大。

9）设备折旧费

随着设备运行时间增长，设备中的钢材等会因为海水的腐蚀作用发生锈化，导致设备不可逆的损坏。在相同的膜工艺下，此方面的差异不大。

10）维护、维修费

膜系统在运行过程中，会遇到很多不可预测的风险，这就造成了维护和维修工作存在的必要性和可能性。在相同的膜工艺下，此方面的差异不大。

3. 指标体系

对上述诸多有关膜与膜技术的影响因素进行分析比较，根据其重要性，可测或可估性，各因素之间的内在联系，以及外界对膜系统可能存在的潜在威胁等，筛选总结得以下指标体系。并且将诸多的指标按等级分为以下 3 类，方便随后的深度分析（表 3-23）。

海岛苦咸水淡化技术经济比选指标评价体系　　　　　　　　表 3-23

	一级指标	二级指标	三级指标
苦咸水淡化方法（纳滤膜法、超低压反渗透法）	膜与膜组件性能	膜材料性能	通量
			截留率
			产水水质
			膜抗污染性能
			膜寿命
			使用 pH 范围
			使用温度范围
			使用压力范围
		膜组件性能	膜组件排列方式
			膜系统回收率
	成本	运行成本	操作压力
			单位产水量能耗
			药剂费
			人工费
			设备折旧费
			维护、维修费
		投资成本	膜的费用
			预处理设备
			增压泵
			一般性耗材

4. 指标内涵分析

2 种膜技术性能的对比，主要依据两个方面：性能及成本。性能直接决定收效，成本制约投资。对上面的分类，有许多指标并不能纯粹地划分为单一的项目中。有一些指标可能属于不同的大类，但为了后面讨论的方便，只得划分入联系紧密的一类。有一些指标有纳滤和反渗透中有着密切的关联，如：

1）膜与膜组件

膜组件：按一定技术要求将反渗透膜元件与外壳（压力容器）等其他部件组装在一起的组合构件。在正常情况下，膜元件的设计使用寿命应不小于 25000h。膜元件组装时，应采用 50% 的丙三醇（化学纯）水溶液作为润滑剂，对容器端板、膜元件接插口、密封圈等部位进行润滑。反渗透膜的保护系统应安全可靠，要有防止水锤冲击的保护措施；膜元件渗透水侧压力应小于浓缩水侧压力，特殊情况下渗透水侧压力可高于浓缩水侧压力，但压力差应小于 0.03MPa。经预处理后的水进入反渗透处理工序，应进行水质污染指数 SDI（FI）测定，装置应具有化学清洗系统或接口，且具有分段清洗功能。

2）投资成本与运行成本

作为成本的 2 个基本内容，二者之间有不可调和的矛盾，具体细节见下文。

3）膜与膜组件性能和成本之间的矛盾

前面已经举例说了膜寿命与膜成本之间的关系，这里重点要说明膜与膜组件性能与成本之间的关系。就市场而言，性能较好的膜在成本上都比较高，能效与成本的选择取决定设计者对预期目标的分析和理解。

另外，系统运行对膜性能和膜寿命也有很大的影响。系统如果不够合理，会直接造成设备中各部分不协调运动，导致成本增加。在反渗透水处理领域，背压指的是产品水侧的压力大于给水侧的压力的情况。如前面介绍，卷式膜元件类似一个长信封状的膜口袋，开口的一边黏结在含有开孔的产品水中心管上。将多个膜口袋卷绕到同一个产品水中心管上，使给水水流从膜的外侧流过，在给水压力下，使淡水通过膜进入膜口袋后汇流入产品水中心管内。

为了便于产品水在膜袋内流动，在信封状的膜袋内夹有一层产品水导流的织物支撑层；为了使给水均匀流过膜袋表面并给水流以扰动，在膜袋与膜袋之间的给水通道中夹有隔网层。

膜口袋的三面是用黏结剂黏结在一起的，如果产品水侧的压力大于给水侧的压力，那么这些黏结线就会破裂而导致膜元件脱盐率的丧失或者明显降低，因此从安全的角度考虑，反渗透系统不能够存在背压。

由于反渗透膜过滤是通过压力驱动的，在正常运行时是不会存在背压的，但是如果系统正常或者故障停机，阀门设置或者开闭不当，那么就有可能存在背压，因此必须妥善处理解决背压的问题。

5. 评价指标的优化与取舍

鉴于纳滤膜与反渗透膜的相同工艺条件下，有许多指标非常相似。所以有必要对上述列出的指标进一步优化和取舍。由于膜组件性能、投资成本等有部分内容没有必要进入考察范围，所以选择舍弃（表 3-24）。

海岛苦咸水淡化技术经济比选指标优化后的评价体系　　　　表 3-24

一级指标	二级指标	三级指标
苦咸水淡化方法（纳滤膜法、超低压反渗透法）膜与膜组件性能	膜材料性能	通量
		截留率
		产水水质
		膜抗污染性能
		膜寿命
		使用 pH 范围
		使用温度范围
		使用压力范围
	膜组件性能	膜系统回收率
成本	运行成本	操作压力
		单位产水量能耗
	投资成本	膜的费用
		增压泵

6. 指标评判标准

建立指标标准体系是难度很大的工作。涉及各指标相关学科领域的多方面知识，需进行大量的文献阅读、资料调研、专家咨询等工作；对于每一项指标不同取值时对应卷吸风险大小等级的划分，即具体的指标评判标准需要根据膜材料性能，组件性能，运行成本，投资成本及其他很多方面的工程实际情况而定。进行纳滤和反渗透性能对比及量化评价时，将性能分为优、良、中、低和劣 5 个等级。

对各底层指标（操作性指标）进行优良等级的划分，并针对优良程度在所属的优良等级里进行进一步的打分处理（性能越优得分越高），上一层指标得分由下一层各指标得分及其权重综合分析获得，最后根据综合得分评定膜技术性能等级。各性能等级对应得分范围见表 3-25 所列。

纳滤和反渗透性能对比及量化评价性能等级　　　　表 3-25

等级	优	良	中	低	劣
得分 M	$4.0 < M \leqslant 5.0$	$3.0 < M \leqslant 4.0$	$2.0 < M \leqslant 3.0$	$1.0 < M \leqslant 2.0$	$0 \leqslant M \leqslant 1.0$

1）通量范围（表 3-26）

膜通量范围等级　　　　表 3-26

等级	优	良	中	低	劣
通量 F（LPM）	>5	$3.5 < F \leqslant 5$	$2.5 < F \leqslant 3.5$	$1 < F \leqslant 2.5$	$0 \leqslant F \leqslant 1.0$

2）截留率范围（表 3-27）

截留率范围等级　　　　表 3-27

等级	优	良	中	低	劣
截留率 R（%）	$99.0 < R \leqslant 100$	$95.0 < R \leqslant 99.0$	$90.0 < R \leqslant 95.0$	$80 < R \leqslant 90$	$0 \leqslant R \leqslant 80$

3）产水水质（表 3-28）

针对舟山海岛的山塘水，比较不同条件下和不同季节中膜系统产水的水质情况，制定以下标准。由于详细的水质指标难以测定，这里主要参考电导率、TDS 和 COD 作为判断依据。

产水水质等级 表 3-28

等级	优	良	中	低	劣
电导(μs/cm)	1～5	5～18	18～28	28～50	＞50
TDS(ppm)	1～3	3～10	10～20	20～30	30＞
COD(ppm)	＜0.2	0.2～0.5	0.5～1.0	1.0～2.0	＞2.0

4）膜抗污染性能（表 3-29）

膜抗污染性能等级 表 3-29

等级	优	良	中	低	劣
清洗周期(h)	＞36	24～36	24	12～24	＜12

5）膜寿命（表 3-30）

膜寿命等级 表 3-30

等级	优	良	中	低	劣
寿命(年)	＞10	8～10	5～8	2～5	＜2

6）适用 pH 范围（表 3-31）

适用 pH 范围等级 表 3-31

等级	优	良	中	低	劣
pH 区间	8～10	6～8	4～6	2～4	1～2

7）适用温度范围（表 3-32）

适用温度范围等级 表 3-32

等级	优	良	中	低	劣
温度区间(℃)	＞20	10～20	5～10	3～5	＜3

8）适用压力范围（表 3-33）

适用压力范围等级 表 3-33

等级	优	良	中	低	劣
压力(MPa)	0.5～4.0	0.5～2.0	0.5～1.5	0.5～1.2	0.5～1.0

9）膜系统回收率（表 3-34）

膜系统回收率等级 表 3-34

等级	优	良	中	低	劣
回收率(%)	＞90	85～90	80～85	70～80	＜70

10）单位产水量能耗（表 3-35）

单位产水量能耗　　　　　　　　　　　表 3-35

等级	优	良	中	低	劣
单位产水能耗(kW·h)	<1.0	1.0～1.5	1.5～2.0	2.0～3.0	>3.0

11）膜的费用（表 3-36）

膜费用等级　　　　　　　　　　　　表 3-36

等级	优	良	中	低	劣
膜价(支/元)	<500	500～1000	1000～2000	2000～3000	>3000

12）增压泵（表 3-37）

增压泵等级　　　　　　　　　　　　表 3-37

等级	优	良	中	低	劣
泵功率(kW)	<4.0	4.0～5.0	5.0～5.5	5.5～6.5	>6.5

3.5.1.3　指标权重体系建立

用多维度和多层次的指标进行综合评价时，各个维度和层次的不同指标在评价总体的作用地位以及重要程度一般是不同的。因此，对纳滤和反渗透膜性能对比分析及其量化综合评价时，必须对各指标赋予不同的权重系数。同一组指标数值，不同的权重系数，会导致截然不同的甚至相反的评价结论，合理确定权重对膜技术性能和成本的评价有着重要意义。

1. 指标权重分配的方法

本次研究采用层次分析法进行指标权重分配。具体方法如下：

1）引入判断两指标相对重要性的判断尺度与评价规则

相对于同一目标指标，判断两指标相对重要性的判断尺度与评价规则见表 3-38 所列。

指标相对重要性评价规则　　　　　　　　　　　　表 3-38

判断尺度	评价规则
1	两指标相比，具有同样重要性
3	两指标相比，一个比另一个稍微重要
5	两指标相比，一个比另一个明显重要
7	两指标相比，一个比另一个强烈重要
9	两指标相比，一个比另一个极端重要
2,4,6,8	介于上述两相邻判断尺度之间
倒数	指标 i 与 j 比较得 a_{ij}，则指标 j 与 i 比较得 $a_{ji} = 1/a_{ij}$

2）依据上表构造判断矩阵

假设相对于目标层 Y，由其下一层评价指标 X_1，X_2，$\cdots$，X_m 之间，两两比较得判断值分别为 a_{ij}，$a_{ji} = 1/a_{ij}(i,j = 1,2,\cdots,m)$，则有判断矩阵 $A = (a_{ij})_{m \times m}$。

3）计算判断矩阵的最大特征根及相对应的特征向量

判断矩阵 $A = (a_{ij})_{m \times m}$ 的最大特征根为：

其对应的特征向量（已正则化）为：

并要求通过一致性指标 CR 须满足的条件：

其中，CR 表示随机一致性比率，$CI = (\lambda_{\max} - m)/(m - 1)$ 表示一致性指标；RI 表示随机一致。

当 $CR < 0.1$ 时，即认为判断矩阵具有满意的一致性，否则就压调整判断矩阵，并使之具有满意的一致性。

4）指标权重

有上述步骤经计算并通过一致性检验的最大特征值对应特征向量中的元素 a_1，a_2，…，a_m 即为评价指标 X_1，X_2，…，X_m 的权重。

2. 纳滤和反渗透性能评价指标体系权重分析

1）指标相对重要性判断调查表

制作对应于同一目标的同级指标相对重要性判断调查表，进行专家问卷调查，得到同一级指标两两比较的相对重要性判断结果，作为确定同一级指标相对权重的基础。由于篇幅关系，且条件有限，本书实际并没有进行广泛的专家咨询，这里只以一级指标的判断表为例，其他层的指标仿照此进行，其中：X_1——膜与膜组件性能，X_2——成本（表3-39）

指标相对重要性判断调查表 表 3-39

左边项目	右边项目相对于右边项目重要性程度									右边项目
	同样重要	…	稍微重要	…	明显重要	…	强烈重要	…	极端重要	
	1	2	3	4	5	6	7	8	9	
X_1										X_2
X_2										X_1

2）构造判断矩阵

通过对指标间相对重要性调查咨询结果的整理分析，构造判断矩阵。下面是根据作者个人理解以及咨询老师、专家等，构造的指标相对重要性判断矩阵，以便后续的指标权重确定的研究。矩阵中元素的数值应在本课题逐渐成熟过程中进行不断调整，以期能更好地反映纳滤与反渗透性能对比分析和量化评价的实际情况。

（1）一级指标判断矩阵（表3-40）

目标 X：纳滤与反渗透性能对比。

X1——膜与膜组件性能分析；

X2——成本。

一级指标判断矩阵 表 3-40

	X1	X2
X1	1	2
X2	1/2	1

（2）二级指标判断矩阵（表 3-41、表 3-42）

目标 X1：膜与膜组件性能。

X11——膜材料性能；

X12——膜组件性能。

二级指标判断矩阵 1　　　　　　　　　　　　　　　　表 3-41

	X11	X12
X11	1	5
X12	1/5	1

目标 X2：成本。

X21——投资成本；

X22——运行成本。

二级指标判断矩阵 2　　　　　　　　　　　　　　　　表 3-42

	X21	X22
X21	1	3
X22	1/3	1

（3）三级指标判断矩阵（表 3-43～表 3-46）

目标 X11：膜材料性能。

X111——通量；

X112——截留率；

X113——产水水质；

X114——膜抗污染性能；

X115——膜寿命；

X116——使用 pH 范围；

X117——使用温度范围；

X118——使用压力范围。

三级指标判断矩阵 1　　　　　　　　　　　　　　　表 3-43

	X111	X112	X113	X114	X115	X116	X117	X118
X111	1	1	1/3	3	4	9	8	5
X112	1	1	2	5	4	9	8	5
X113	3	1/2	1	3	4	7	6	4
X114	1/3	1/5	1/3	1	2	4	3	3
X115	1/4	1/4	1/4	2	1	5	4	3
X116	1/9	1/9	1/7	1/4	1/5	1	1/2	1/3
X117	1/8	1/8	1/6	1/3	1/4	2	1	1/2
X118	1/5	1/5	1/4	1/3	1/3	3	2.	1

目标 X21：运行成本。

X211——操作压力；

X212——单位产水量能耗。

三级指标判断矩阵 2 表 3-44

	X211	X212
X211	1	1/3
X212	3	1

目标 X22：投资成本。

X221——膜的费用；

X222——增压泵。

三级指标判断矩阵 3 表 3-45

	X221	X222
X221	1	4
X222	1/4	1

判断矩阵的计算结果 表 3-46

目标	指标	最大特征值	最大特征值对应的特征向量
X	X1，X2	2	0.894427，0.447214
X1	X11，X12	2	0.980581，0.196116
X2	X21，X22	3	3，1
X11	X111，X112，X113，X114，X115，X116，X117，X118	8.72299	0.463844，0.52233，0.64273，0.201524，0.206024，0.0462969，0.0635578，0.098378
X21	X211，X212	2	1/3，1
X22	X221，X222	5	1，1

3. 纳滤与反渗透性能量化评价权重体系构建

纳滤与反渗透技术指标及权重分配表 表 3-47

	一级指标	二级指标	三级指标
苦咸水淡化方法（纳滤膜法、超低压反渗透法）	膜与膜组件性能 0.667	膜材料性能 0.833	通量 0.206641
			截留率 0.232696
			产水水质 0.286334
			膜抗污染性能 0.089778
			膜寿命 0.091783
			使用 pH 范围 0.020625
			使用温度范围 0.028315
			使用压力范围 0.043827
		膜组件性能 0.167	膜系统回收率 0.167
	成本 0.333	运行成本 0.75	操作压力 0.25
			单位产水量能耗 0.75
		投资成本 0.25	膜的费用 0.5
			增压泵 0.5

　　由于课题较新，纳滤与反渗透性能对比分析及量化评价的相关研究目前还很不成熟，指标间相对重要性的判断很困难；加上条件限制，本书没有进行广泛的咨询考察，故以上权重体系存在较大问题。本书为了说明纳滤与反渗透性能对比分析及量化评价体系的权重

确定方法，基于作者个人的理解与判断，暂定了各指标权重（表 3-47）。希望该权重体系可以在日后相关课题研究渐渐成熟的过程中不断得到完善。表中标注的权重为对应于同一目标的同级指标的相对权重，故每一目标下的各指标权重和为 1。纳滤与反渗透性能对比分析及量化评价时需要对操作性指标的测值逐级往上加权求和。

3.5.1.4 海岛苦咸水淡化技术经济比选案例分析

以上是对纳滤与反渗透性能性能对比分析和量化评价一个笼统的介绍，针对具体的工程实例，需要根据所要求的评价目标，选择相应的指标进行，评价标准也会随着工程中具体的数据资料以及评价的目标而有所变化。

接下来，将以上得到的量化评价体系来针对舟山六横岛山塘水（苦咸水）进行分析，确定纳滤和反渗透膜哪一种更加适用。

1. 舟山六横岛山塘水及设备基本情况介绍

在设备研制前，将水库原水送至国家城市供水水质监测网杭州监测站，对原水的一些常规指标进行检测，部分检测结果与《生活饮用水卫生标准》（GB 5749—2006）限值的比较见表 3-48 所列。

水库原水与生活饮用水卫生标准的比较　　　　　　表 3-48

项目	单位	《生活饮用水卫生标准》 (GB 5749—2006) 限值	水库 原水
总大肠菌群	CFU/100mL	每 100mL 水样不得检出	49
耐热大肠菌群	CFU/100mL	每 100mL 水样不得检出	22
大肠埃希氏菌	CFU/100mL	每 100mL 水样不得检出	17
菌落总数	CFU/10mL	100	300
色度	度	15	30
浊度	NTU	1（限制时为 3）	11
臭和味	级	不得有异味	3
肉眼可见物	—	不得含有	悬浮物
总硬度（以 $CaCO_3$ 计）	mg/L	450	465
NH_4^+-N（以 N 计）	mg/L	0.5	0.02
pH	—	6.5~8.5	8.64
COD_{Mn}	mg/L	3	5.48
Al^{3+}	mg/L	0.2	0.023
TFe	mg/L	0.3	<0.05
Mn^{2+}	mg/L	0.1	<0.05
Cu^{2+}	mg/L	1.0	0.004
Zn^{2+}	mg/L	1.0	<0.05
TDS	ppm	1000	1692
Cl^{-1}	mg/L	250	790
SO_4^{2-}	mg/L	250	170

从表 3-48 可以看出，水库原水主要是微生物指标、感官性状和一般化学指标超标，如大肠杆菌数、菌落总数、浊度、色度、总硬度、COD_{Mn}、TDS、氯化物等。

2. 不同盐度海岛咸水淡化的技术经济比选试验

通过对舟山海岛村镇饮用水水源的具体调查以及几个特定水库水和海水的具体水质分析，结果表明，舟山海岛村镇山塘、水库水的共同特点是水源微生物、浊度、色度、

COD_{Mn}等不同程度超标，除此之外，海岛中还有很多 TDS 约 3000ppm 的水容量较大的苦咸水水源，具有很大的开发利用价值。例如六横岛千丈塘平地水库库容量约 130 万 m^3，原水 TDS 约 1500ppm，近海海水 TDS 3000ppm 左右，并且浊度很高，这些水质均需进行可靠的预处理过程才能保证海水淡化设备的长期稳定运行。

海岛村镇咸水处理系统中的核心问题是水的脱盐。目前主流的脱盐技术有膜法和热法，但在饮用水处理中基本采用膜法，膜法包括早期的电渗析技术以及目前的纳滤、反渗透膜技术。海水淡化过程一般采用操作压力 5MPa 左右，脱盐率 99.5％以上的高压海水淡化反渗透膜；苦咸水淡化一般采用操作压力 1.0～3.5MPa，脱盐率 99％左右的反渗透膜（例如美国陶氏公司的 BW 系列标准苦咸水淡化膜、海德能公司的经典 CPA 膜，允许的最大操作压力为 4.1MPa）。近年来国内外膜制造公司推出了大流量、节能型超低压反渗透膜，其操作压力为 1.0MPa 左右，膜脱盐率 98％～99％左右，主要用于含盐量不高的工业和饮用水处理。此外，操作压力在 0.5～1.0MPa 的纳滤膜也开始较多地应用在民用饮用水处理、工业软化水处理、废水处理、生化产品分离纯化浓缩等方面，国内外纳滤（NF）膜供应商标中的 NaCl 膜脱盐率主要有 90％、70％、40％ 3 种。

面对较多的脱盐技术与膜产品，正确选择和评价适合海岛村镇（苦）咸水淡化的脱盐技术与膜产品，对研发高效、经济、适用的海岛村镇（苦）咸水处理设备十分重要。尽管国内外膜供应商都有规格基本相同的标准化产品，且这些标准化产品的技术性能指标基于统一的进水水质、操作压力、水回收率等测试条件，但实际使用情况仍然千差万别。因此，针对海岛村镇（苦）咸水具体水源、处理规模、使用环境等条件下，设法提供高效、经济、适用的最佳解决方案。

本课题对纳滤和反渗透这两种主要脱盐技术分别进行了研究，考察在不同盐度、操作压力、回收率等条件下的脱盐率和产水量，并从水质、水量、能耗、成本等方面进行了对比研究和理论分析，以选择适合海岛村镇（苦）咸水淡化的膜处理技术。

1）纳滤和反渗透的脱盐对比试验

本研究中所选用的纳滤膜由杭州北斗星膜制品有限公司提供，产品型号分别为 BDX4040N-40、BDX4040N-70、BDX4040N-90 卷式纳滤膜，选用的反渗透膜为美国海德能公司生产的卷式超低压反渗透膜，型号为 ESPA1-4040。盐溶液自制，且配制盐溶液的盐选用国际通用的 NaCl 和 $MgSO_4$。试验装置的流程如图 3-121 所示。

在试验过程中，所配制的 NaCl 和 $MgSO_4$ 盐溶液的电导率分别为 $1000\mu s/cm$、$2000\mu s/cm$、$3000\mu s/cm$、$4000\mu s/cm$、$5000\mu s/cm$ 左右，配制好的盐水，即原水，经进水泵进入膜组件，出水分浓水和淡水两部分，经流量计后流入原水箱，整个过程为闭路循

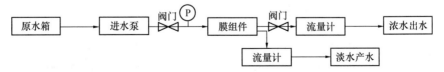

图 3-121　纳滤和反渗透膜脱盐试验流程图

环系统。操作压力和回收率通过调节进水泵后阀门和膜组件浓水出水处阀门来改变，且操作压力分别控制在 1.0MPa、0.8MPa、0.6MPa，回收率均控制在 25％左右。在试验过程中，检测和记录的主要指标为试验时的水温，原水、产水和浓水的电导率值和 TDS 值（电导率值和 TDS 值可以换算，本试验对电导率和 TDS 同时检测），产水和浓水的流量，从而计算所使用的纳滤膜和反渗透膜的实际截留率和回收率。

在试验结束后，分别对两种盐溶液的试验结果进行产水量、截留率等分析，分析结果如下：

（1）对用 NaCl 配制的单价离子盐溶液所做试验结果如下所示（不同操作压力：1.0MPa、0.8MPa 和 0.6MPa，回收率控制在 25％左右）：

A. BDX4040N-90 纳滤膜试验结果。从图 3-122 和图 3-123 可以看出，在回收率 25％左右（试验温度 18.7℃左右），对于单价离盐溶液，随着操作压力的降低，截留率稍有降低，而在同一操作压力下，随着原水电导率和 TDS 值的上升，截留率有下降的趋势，但总的来说，在试验电导率和 TDS 范围内，BDX4040N-90 纳滤膜对单价离子和 TDS 的截留率均在 90％以上，截留效果较好。

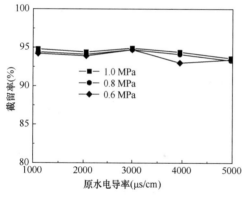
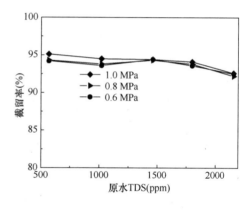

图 3-122　BDX4040N-90 纳滤膜离子截留率　　　图 3-123　BDX4040N-90 纳滤膜 TDS 截留率

B. BDX4040N-70 纳滤膜试验结果。从图 3-124 和图 3-125 可以看出，在回收率 25％左右（试验温度 18.5℃左右），对于单价离子盐溶液，在不同操作压力下，BDX4040N-70

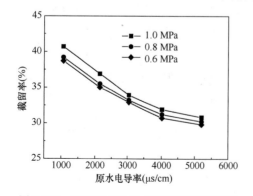
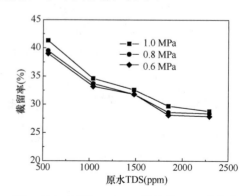

图 3-124　BDX4040N-70 纳滤膜离子截留率　　　图 3-125　BDX4040N-70 纳滤膜 TDS 截留率

纳滤膜的离子截留率和 TDS 截留率均随着原水电导率和 TDS 值的上升而降低,下降速度较快。且在原水电导率和 TDS 值较高时(电导率 $5000\mu s/cm$,TDS 在 2200ppm 左右),离子截留率和 TDS 截留率仅有 30% 左右,截留效果较差。

C. BDX4040N-40 纳滤膜试验结果。从图 3-126 和图 3-127 可以看出,,在回收率 25% 左右(试验温度 18.5℃ 左右),对于单价离子盐溶液,在不同操作压力下,BDX4040N-40 纳滤膜的离子截留率和 TDS 截留率均较小(均低于 30%),且随着原水电导率和 TDS 的上升,截留率降低明显。在原水电导和 TDS 值较高时,离子截留率和 TDS 截留率仅有 15% 左右,截留效果很差。

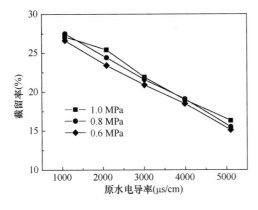
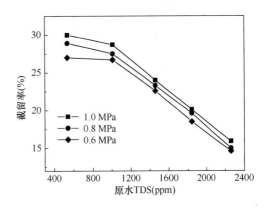

图 3-126 BDX4040N-40 纳滤膜离子截留率　　图 3-127 BDX4040N-40 纳滤膜 TDS 截留率

D. 海德能 ESPA1-4040 超低压反渗透膜试验结果。从图 3-128 和图 3-129 可以看出,回收率在 25% 左右(试验温度 18.6℃ 左右),对于单价离子盐溶液,在不同操作压力下,海德能 ESPA1-4040 超低压反渗透膜的离子截留率和 TDS 截留率均在 98.0% 以上,截留效果好。且随着原水电导率和 TDS 的上升,截留率基本没有降低。

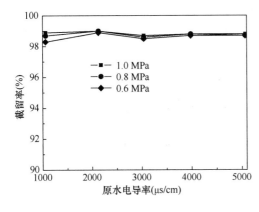
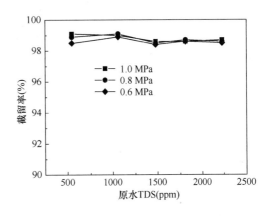

图 3-128 ESPA1-4040 超低压反渗透膜离子截留率　图 3-129 ESPA1-4040 超低压反渗透膜 TDS 截留率

从以上试验结果可以得出,对于单价盐离子溶液,BDX4040N-40 纳滤膜和 BDX4040N-70 纳滤膜在不同的操作压力下(1.0MPa、0.8MPa、0.6MPa),回收率为

25％左右时，截留效果较差，且随着原水电导率和 TDS 的升高，它们的截留效果均有明显降低。在原水电导率为 $5000\mu s/cm$，TDS 在 2200ppm 左右，BDX4040N-70 纳滤膜的实际截留率只有 30％左右，而 BDX4040N-40 纳滤膜的截留率仅为 15％左右，截留效果很差。而 BDX4040N-90 纳滤膜和海德能 ESPA1-4040 超低压反渗透膜在不同的操作压力下，截留率均较高，分别保持在 90％和 98％以上，并且随着原水电导率和 TDS 的升高，这两种膜的截留率变化不大，没有减小的趋势。

（2）用 $MgSO_4$ 配制的二价离子盐溶液所做试验结果如下所示（不同操作压力：1.0MPa、0.8 MPa 和 0.6MPa，回收率在 25％左右）：

A. BDX4040N-90 纳滤膜试验结果。从图 3-130 和图 3-131 可以看出，在回收率 25％左右（试验温度 22.4℃左右），对于二价离子盐溶液，在不同操作压力下，BDX4040N-90 纳滤膜的截留率均在 94％以上，且随着原水电导率和 TDS 值的上升，离子和 TDS 的截留率基本没有变化，截留效果较好。

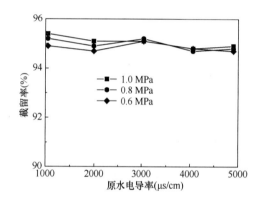

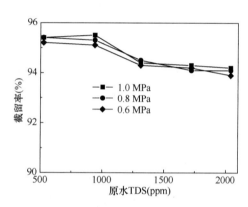

图 3-130　BDX4040N-90 纳滤膜离子截留率　　　图 3-131　BDX4040N-90 纳滤膜 TDS 截留率

B. BDX4040N-70 纳滤膜试验结果。从图 3-132 和图 3-133 可以看出，在回收率 25％左右（试验温度 22.5℃左右），对于 2 价离子盐溶液，在不同操作压力下，随着原水电导率和 TDS 值的上升，BDX4040N-70 纳滤膜对离子和 TDS 的截留率均在 80％以上，且随着原水电导率和 TDS 的上升，截留率变化不大，均稳定在 80％以上。

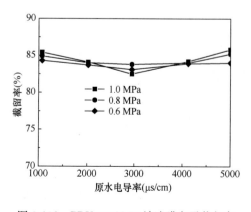

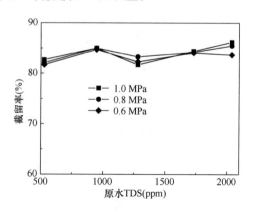

图 3-132　BDX4040N-70 纳滤膜离子截留率　　　图 3-133　BDX4040N-70 纳滤膜 TDS 截留率

C. BDX4040N-40 纳滤膜试验结果。从图 3-134 和图 3-135 可以看出，在回收率 25％ 左右（试验温度 22.4℃左右），对于 2 价离子盐溶液，在不同操作压力下，BDX4040N-40 纳滤膜对离子和 TDS 的截留率在 50％以上，且随着原水电导率和 TDS 的上升，截留率 有所降低，但降低幅度不是很大。

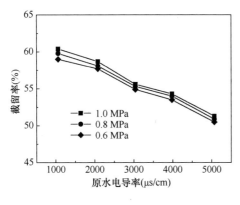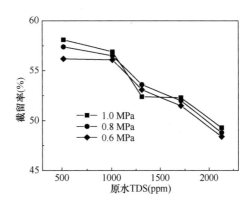

图 3-134　BDX4040N-40 纳滤膜离子截留率　　　图 3-135　　BDX4040N-40 纳滤膜 TDS 截留率

D. 海德能 ESPA1-4040 超低压反渗透膜试验结果。从图 3-136 和图 3-137 可以看出，在回收率 25％左右（试验温度 22.6℃左右），对于 2 价离子盐溶液，在不同操作压力下，海德能 ESPA1-4040 超低压反渗透膜的离子截留率和 TDS 截留率均在 98.5％以上，截留效果好。且随着原水电导率和 TDS 的上升，截留率基本没有下降。

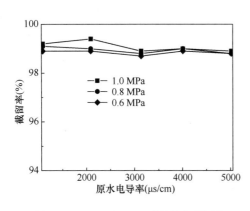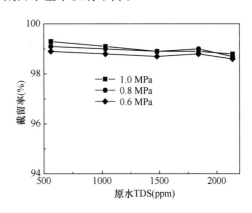

图 3-136　ESPA1-4040 超低压反渗透　　　图 3-137　ESPA1-4040 超低压反渗透
　　　　　膜离子截留率　　　　　　　　　　　　　膜 TDS 截留率

相比于一价盐离子溶液，对于 2 价盐离子溶液，BDX4040N-90 纳滤膜、BDX4040N-70 纳滤膜、BDX4040N-40 纳滤膜和海德能 ESPA1-4040 超低压反渗透膜这 4 种膜的截留率均有所提高（这与纳滤和反渗透的截留机理有关，因 2 价离子所带电荷高且离子半径大）。BDX4040N-70 纳滤膜对 2 价离子和 TDS 的截留率在 80％以上，且随着原水电导率和 TDS 的上升，截留率变化不大。BDX4040N-40 纳滤膜的截留率均随着原水电导率和 TDS 的升高而降低，但没有明显降低，在原水电导率 5000μs/cm，TDS 为 2200ppm 左右，BDX4040N-40 纳滤膜的截留率仍然维持在 50％左右。

在不同的操作压力下，BDX4040N-90 纳滤膜和海德能 ESPA1-4040 超低压反渗透膜的截留率均保持在较高水平（分别在 94％以上和 98.5％以上），且随着原水电导率和 TDS 的上升，截留率基本没有降低。

2）试验结果讨论

从以上试验结果可以看出，在不同的操作压力（1.0MPa、0.8MPa、0.6MPa）下，回收率 25％左右时，BDX4040N-70 和 BDX4040N-40 纳滤膜对于单价离子的实际截留率分别为 29％～41％和 16％～30％，均低于膜供应商在回收率 15％条件下的测试数据（注：测试数据均正常，因为纳滤膜的截留率与膜上游的料液浓度密切相关，回收率高低将影响膜上游的平均料液浓度），且随着原水电导率和 TDS 的上升，截留率大幅度降低（这是反渗透与纳滤的显著差别）。而对于 2 价离子（注：单价盐与 2 价盐、小分子有机物的分离是纳滤膜的重要用途），在不同的操作压力下（1.0 MPa、0.8 MPa、0.6 MPa），回收率 25％左右时，BDX4040N-70 纳滤膜的截留率在 80％以上，随着原水电导率和 TDS 的上升，截留率变化不大，BDX4040N-40 纳滤膜的截留率在 50％～60％，随着原水电导率和 TDS 的上升，截留率有降低趋势。但考虑到（苦）咸水的组成和（苦）咸水淡化效果来看，两者均不适用于高含盐量海岛（苦）咸水的淡化。

而对于 BDX4040N-90 纳滤膜，在不同的操作压力（1.0MPa、0.8MPa、0.6MPa）下，回收率 25％左右时，无论对于单价离子还是二价离子溶液，截留率均在 90％以上，截留效果较好，且随着原水电导率和 TDS 的上升，截留率变化不大。从技术方面考虑，用 BDX4040N-90 纳滤膜来处理（苦）咸水有一定可行性，但目前商品化的纳滤膜的价格为常规反渗透膜的 1.5～2 倍，投资成本较大。且从试验结果可以看出，海德能 ESPA1-4040 超低压反渗透膜无论对于单价离子还是二价离子溶液，在不同的操作压力（1.0MPa、0.8MPa、0.6MPa）下，回收率 25％左右时，截留率均在 98.0％以上，截留效果好且稳定，而且市场价格较纳滤膜低很多。

综上所述，目前国内外（北斗星、汇通、海德能、陶氏等）提供的 NF 商品膜的测试条件均为 TDS 为 500ppm 的原水，而对于单价离子溶液，在高含盐量条件下，随着原水含盐量的上升，纳滤膜的脱盐率迅速下降，在原水 TDS 为 2000ppm 左右条件下，脱盐率 40％的 NF 膜的脱盐率降至 10％～20％左右，脱盐率 70％的 NF 膜的脱盐率降至 30％～40％左右，而脱盐率 90％的 NF 膜虽然脱盐率较好，产水量与超低压反渗透膜相比有少量提高，但是它的价格为反渗透膜的 1.5～2 倍。因此从技术与经济两方面考虑，目前纳滤膜不适用于（苦）咸水淡化，超低压反渗透膜更适合海岛（苦）咸水淡化，不仅对咸度适应范围广，产水水质稳定达标，并且与常规反渗透膜相比，通常可节能 30％左右。

而现有的国内外商品化纳滤膜主要用于工业软化水的制备、饮用水中部分有机物的去除、工业生化产品的分离纯化浓缩（截留和浓缩目标产物，同时让物料中的大量盐分透过，纯化目标产物，而不是脱盐。）。

目前国内外提供的 RO 反渗透膜的常规性能如下：

（1）常规反渗透膜元件

测试条件：进水 NaCl 浓度 1500ppm，操作压力 1.55MPa；

脱盐率 99.5%；产水量 35～42m³/d；

最高操作压力：4.1MPa

主要用途：苦咸水脱盐和超纯水的制备。

（2）超低压反渗透膜元件

测试条件：进水 NaCl 浓度 1500ppm，操作压力 1.05MPa；

脱盐率 99.0%；产水量 35～45m³/d；

最高操作压力：4.1MPa

主要用途：饮料用水和瓶装水或第二级反渗透进水。

3）试验小结

由于苦咸水的 TDS 范围一般为 1000～10000ppm，其渗透压约 0.055～0.55MPa，即使在反渗透咸水淡化系统水回收率 75% 情况下，淡化系统末端反渗透膜表面的浓水（浓度接近原水的 4 倍）渗透压最高约 2.2MPa，仍处于反渗透膜的正常使用压力范围。综合实验结果和膜元件厂商提供的性能指标，从技术与经济两方面考虑，目前纳滤膜不适用于（苦）咸水淡化，超低压反渗透膜更适合海岛（苦）咸水淡化制取饮用水，不仅对咸度适应范围广，产水水质稳定达标，并且与常规反渗透膜相比，通常可节能 30% 左右。

3. 使用纳滤和反渗透的量化对比与评价

目前在深度水处理当中运用最为广泛的便是反渗透技术，但纳滤作为一种较新和很有潜力的一项膜技术，在发展中不断展现出越来越大的魅力。对于纳滤而言，膜的截留特性是以对标准 NaCl、MgSO₄、CaCl₂ 溶液的截留率来表征，通常截留率范围在 60%～90%，相应截留分子量范围在 100～1000，故纳滤膜能对小分子有机物等与水、无机盐进行分离，实现脱盐与浓缩的同时进行。反渗透的截留对象是所有的离子，仅让水透过膜，对 NaCl 的截留率在 98% 以上，出水为无离子水。反渗透法能够去除可溶性的金属盐、有机物、细菌、胶体粒子、发热物质，也即能截留所有的离子，在生产纯净水、软化水、无离子水、产品浓缩、废水处理方面反渗透膜已经应用广泛，如垃圾渗滤液的处理。

从应用前景来看，NF 膜对水中分子量为几百的有机小分子具有分离性能，对色度、硬度和异味有很好的去除能力，并且操作压力低，水通量大，因而将在水处理领域发挥巨大的作用。目前，在 NF 膜的制备、表征和分离机理方面，还有大量的技术问题需要解决，尚需要开发廉价而性能优良的膜，并能提供给用户各种准确的膜性能参数，这些都是纳滤技术在废水处理及其他应用中的关键。反渗透膜已经长期广泛地应用在海水淡化领域，国外已有日产水量 10 万 t 级的反渗透海水淡化装置，目前正在运行的大型卷式膜海水淡化装置的单机能力为日产水量 6000t。国内目前已建和在建的反渗透海水淡化装置日产水量 350～1000t，国外单段反渗透海水淡化的水利用率最高达 45%，国内目前多为 35%。目前的主要困难是研制价格便宜、稳定、长期受压无损的反渗透膜。

从实用效果来看，NF 能够在较低的操作压力下实现水分子的去除和水质的软化，但对于一价盐的去除力很差，所以严重制约了纳滤技术在海水淡化和高浓度苦咸水软化中的应用。而反渗透膜能够很好地去除海水中包括一价盐的几乎所有离子，得到比较理想的产水，但传统的反渗透膜要求有较高的操作压力，大大地增加了产水的生产成本。最近几年开发的超低压反渗透膜，在确保较好的离子截留效果的条件下，实现了操作过程的低压低能耗，大大地促进了超低压反渗透膜在低浓度海水淡化和苦咸水软化中的使用，成为一种十分具有前景的新型膜技术。

然而，纳滤膜和超低压反渗透膜在苦咸水淡化过程的效果还没有人做到系统完整地研究，同样也没有人建立一套比较完善和健全的纳滤-超低压反渗透膜性能对比和量化评价的方法。这一方面的工作对以后开展相关工艺设计和系统优化具有重要的意义，所以值得进行深入地理论探讨和实践研究。

以舟山山塘水为例，电导率为 $3200\mu s/cm$，TDS 约为 1500ppm，将 NF-90 超滤膜与超低压反渗透膜的量化对比，结果见表 3-49。

NF-90 超滤膜与超低压反渗透膜的量化对比表　　　　　　　表 3-49

指　标	纳滤系统		反渗透系统	
	实际量	评测分	实际量	评测分
通量	5.1LPM	2.9	4.7LPM	2.7
截留率	95.6%	3.2	99.2%	4.8
产水水质	—	4.0		4.9
膜抗污染性能	—	2.5		3.0
膜寿命	5 年	2.4	10 年	4.9
使用 pH 范围	2～8℃	3.8	2～11℃	4.8
使用温度范围	15～35℃	4.5	10～50℃	4.8
使用压力范围	0.5～1.2MPa	1.5	0.5～1.7MPa	3.5
膜系统回收率	70%～90%	3.5	70～90%	3.5
操作压力	0.8MPa	4.5	1.1MPa	3.8
单位产水量能耗	1.2kW·h/m³	3.9	1.5kW·h/m³	3.2
膜的费用(支/年/元)	700	3.4	650	3.7
增压泵	4.0kW	3.5	5.0kW	3.0

将各项指标的评分乘上相应的加权系数得：

纳滤系统得分：3.022。

反渗透系统得分：3.887。

因此，很明显，反渗透比纳滤更适合于舟山海岛山塘水的处理。

4. 不同水质条件下的处理技术比选

根据 4.2 中的实验数据，电导率和 TDS 是苦咸水最为关键的 2 个指标，这里将用这 2

个指标来表征不同水的水质情况，在相同的操作压力条件（1.0MPa）下，相同的回收率（单支膜为25%左右）。根据以上内容得到一系列量化评价结果，见表3-50。

不同水质条件 NF-90 超滤膜与超低压反渗透膜的量化评价结果表 　　　表 3-50

| 编号 | 不同水质 | 范围 | 量化评价 | | 建议膜技术 |
			纳滤	超低压反渗透	
1	电导率(μs/cm)	1000～2000	3.9150	3.8201	纳滤
	TDS(ppm)	550～1100			
2	电导率(μs/cm)	2000～3000	3.7697	3.7783	纳滤/超低压反渗透
	TDS(ppm)	1100～1600			
3	电导率(μs/cm)	3000～4000	3.4848	3.8160	超低压反渗透
	TDS(ppm)	1600～2000			
4	电导率(μs/cm)	4000～5000	3.022	3.887	超低压反渗透
	TDS(ppm)	2000～2300			
5	电导率(μs/cm)	>5000	3.4101	3,8001	超低压反渗透
	TDS(ppm)	>2200			

由上表可见，当原水电导比较小，原水水质比较好的时候，可以使用纳滤膜代表反渗透膜，纳滤膜的低能耗等特点为其主要优势；但当原水电导超过一点程度，如电导大于$3000\mu s/cm$，此时，反渗透膜有绝对的优势，而纳滤膜随着电导率的增加，其截留率和通量明显发生变化。

详细评价见表3-51。

3.5.2　海岛咸水反渗透淡化膜污染控制技术

3.5.2.1　反渗透系统的预处理

1. 预处理系统的重要性

反渗透系统包括原水的预处理、反渗透装置、后处理三部分。RO系统对原水的预处理有它特定的要求。由于原水的种类繁多，其成分也非常复杂，针对原水水质情况及 RO系统回收率等主要工艺设计参数的要求，选择合适的预处理工艺系统，减少对 RO 膜的污堵、结垢，防止 RO 膜脱盐率、产水率的降低，尤其是针对目前水源日趋匮乏，水质日趋恶化，选择一个正确的预处理系统，将直接影响整个水处理系统的功能。众所周知，RO系统运行失败，多数情况是由于预处理系统功能不完善造成的。为了确保反渗透过程的正常进行，必须对原水进行严格的预处理。

不同水质条件下纳滤与反渗透性能量化评价细表

表3-51

系列	1				2				4				5			
不同水质	电导率 1128μs/cm		TDS 574ppm		电导率 2240μs/cm		TDS 1100ppm		电导率 4050μs/cm		TDS 1780ppm		电导率 5070μs/cm		TDS 2180ppm	
指标	纳滤系统		反渗透系统		纳滤系统		反渗透系统		纳滤系统		反渗透系统		纳滤系统		反渗透系统	
	实测	评测	实测	评测	实测	评测	实测	评测	实测	评测	实测	评测	实测	评测	实测	评测
通量(LPM)	5.5	4.7	4.9	3.2	5.2	4.4	4.8	3.2	4.9	3.2	4.5	3.0	4.5	3.0	4.5	3.0
截留率(%)	96.9	3.8	99.2	4.8	96.0	3.5	99.1	4.6	95.2	3.1	99.1	4.7	93.8	2.7	99.1	4.7
产水水质	—	4.5	—	4.6	—	4.4	—	4.5	—	3.8	—	4.8	—	3.8	—	4.7
膜抗污染性能	—	2.5	—	3.0	—	2.5	—	3.0	—	2.5	—	3.0	—	2.5	—	3.0
膜寿命(a)	7	2.9	10	4.5	7	2.9	10	4.5	7	2.9	10	4.5	7	2.9	10	4.5
pH范围	2~8	3.8	2~11	4.8	2~8	3.8	2~11	4.8	2~8	3.8	2~11	4.8	2~8	3.8	2~11	4.8
温度范围(℃)	15~35	4.5	10~50	4.8	15~35	4.5	10~50	4.8	15~35	4.5	10~50	4.8	15~35	4.5	10~50	4.8
压力范围(MPa)	0.5~1.2	1.5	0.5~1.7	3.5	0.5~1.2	1.5	0.5~1.7	3.5	0.5~1.2	1.5	0.5~1.7	3.5	0.5~1.2	1.5	0.5~1.7	3.5
系统回收率(%)	70~90	3.5	70~90	3.5	70~90	3.5	70~90	3.5	70~90	3.5	70~90	3.5	70~90	3.5	70~90	3.5
操作压力(MPa)	0.8	4.5	1.1	3.8	0.8	4.5	1.1	3.8	0.8	4.5	1.1	3.8	0.8	4.5	1.1	3.8
能耗(kW·h/m³)	1.0	4.2	1.5	3.2	1.1	3.9	1.5	3.2	1.2	3.9	1.5	3.2	1.2	3.9	1.5	3.2
膜费用(支/年/元)	700	3.4	650	3.7	700	3.4	650	3.7	700	3.4	650	3.7	700	3.4	650	3.7
增压泵(kW)	4.0	3.5	5.0	3.0	4.0	3.5	5.0	3.0	4.0	3.5	5.0	3.0	4.0	3.5	5.0	3.0

2. 反渗透系统的水源

反渗透原水的种类很多，有各种天然水、市政水和工业废水等。天然水包括地表水和地下水两种。地表水的范围很广，包括江河、湖泊、水库、海洋等。地下水则存在于土壤和岩石内，由雨水和地表水经过地层的渗流而形成。市政二级污水、电厂冷却排污水等工业水源将成新的途径。水源的选择将直接影响到水处理工艺的确定和水处理成本。

3. 预处理的目的

使反渗透膜性能降低的主要因素有：

1）膜发生化学降解，如芳香族聚酰胺受氯等氧化剂及强酸强碱的破坏；

2）膜表面难溶盐结垢；

3）膜受进水悬浮物、胶体污堵；

4）膜受微生物、菌藻等黏附、侵蚀后造成污堵与膜降解；

5）大分子有机物对膜污堵以及小分子有机物被膜吸附。

反渗透效率与寿命与原水预处理效果密切相关，预处理的目的就是要把进水对膜的污染、结垢、损伤等降到最低，从而使系统产水量、脱盐率、回收率及运行成本最优化。因此，良好的预处理对 RO 装置长期安全运行是十分重要的。其目的细分为：

1）除去悬浮固体，降低浊度；

2）控制微生物的生长；

3）抑制与控制微溶盐的沉积；

4）进水温度和 pH 的调整；

5）有机物的去除；

6）金属氧化物和硅的沉淀控制。

4. 预处理的目标

为了保证反渗透系统的水回收率、透过水质量、透过水流量的稳定，运行费用的最低化，膜使用寿命的最佳化等，必须进行完善的预处理。具体的目标为：

（1）防止膜表面发生污染，即必须尽量去除悬浮固体、微生物、胶体物质及有机物，从而防止这些物质在膜表面沉积或污堵在膜元件水流通道；

（2）防止膜表面发生结垢，即必须尽量抑制难溶盐如 $CaCO_3$、$CaSO_4$、$BaSO_4$、$SrSO_4$、CaF_2 以及铁、锰、铝、硅化合物等在膜表面的沉积；

（3）防止膜承受物理和化学损伤，即必须尽量避免高温、极端的酸性水或碱性水、氧化剂等对膜的影响。

5. 反渗透系统进水指标

原水水质指标的全分析，对于反渗透系统工程是最基础也是最重要的工作，也是确定预处理工艺流程最重要的化学指标根据。

对于反渗透膜给水的基本要求通常如下（表3-52）：

（1）保证 SDI_{15} 最大不超过 5.0，争取低于 3.0；

（2）保证浊度低于 1.0 NTU，争取小于 0.2 NTU；

（3）保证没有余氯或类似氧化物，如臭氧等；

（4）保证没有其他可能导致膜污染或劣化的化学物质。

反渗透膜进水水质指标

表 3-52

	项　目	反渗透 RO（卷式聚酰胺复合膜）	超标后可能造成的反渗透膜元件污染类型
1	浊度（NTU）	<1	淤泥、泥砂污染
2	色度		有机物污染
3	污泥密度指数 SDI 值	<5	淤泥、漏水、胶体污染
4	pH 值	$3\sim10$	膜元件水解
5	水温（℃）	$5\sim45$	
6	COD_{Mn}（以 O_2 计，mg/L）	<1.5	有机物污染
7	硬度（以 $CaCO_3$ 计，mg/L）		无机盐结垢
8	TOC（mg/L）	<2	有机物污染
9	游离氯（mg/L）	<0.1	膜元件氧化
10	TFe（mg/L）	<0.005	铁污染
11	锰（mg/L）	<0.1	锰污染
12	表面活性剂（mg/L）	检不出	膜元件产水量衰减
13	洗涤剂、油分、H_2S 等（mg/L）	检不出	有机物、油污污染
14	硫酸钙溶度积（mg/L）	浓水$<19\times10^{-5}$	无机盐结垢
15	沉淀物盐等（mg/L）	浓水不发生沉淀	无机盐结垢

1）SDI 指标

SDI，即污泥密度指数（slug density index）。SDI 的测定方法是依据 ASTM D4189—

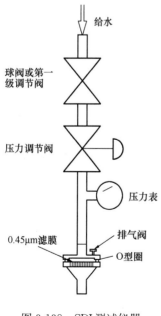

图 3-138　SDI 测试仪器

95，采用直径 47mm，过滤孔径 45μm 的微滤膜片，在 0.21MPa 的恒压下进行的。如图 3-138 所示。测定时，将过滤出第 500mL 所需的时间记为 T_0，过滤 15min 后，再测定一个过滤 500mL 所需时间，记为 T_{15}。最后按照公式（3-9）即可求出 SDI_{15} 的数值。SDI_{15} 的下标数字 15 是表示该 SDI 值是在过滤 15min 后测定的结果。

$$SDI_{15} = \frac{1-(T_0/T_{15})}{15} \times 100 \qquad (3-9)$$

反渗透预处理中采用污泥密度指数（SDI），有时也称为污染指数（FI）来判断进水中胶体和颗粒物质的污染程度。这个方法比浊度测定更能反映水质情况，它已经被反渗透行业普遍接收和认可，是反渗透预处理系统中必须检测的重要指标。在 RO 系统日常运行中，建议每天测定 3 次结果供分析。一般设计导则要求进水的 SDI≤5。而一般干净的井水的 SDI<1，则不必进行去除胶体的预处理。当

然控制水质的指标很多，SDI 并不能涵盖全部问题。国内外也经常发现 SDI_{15} 数值低于 5.0，甚至 3.0，但是反渗透系统运行仍不稳定的实例。

2）温度、pH

进水的温度是影响反渗透系统产水量的重要因素，对于温度较低或较高的原水可根据膜元件的温度使用要求采取适当的措施予以调节。另外调节 pH 是控制碳酸钙结垢的最简单的方法，通过测定及计算浓水的朗格利尔（Langelier）饱和指数（LSI）或史蒂夫戴维斯 stiff & Davis 稳定指数（SDSI），可以判断碳酸钙结垢的可能性。但是过低或过高 pH 值可能会造成膜损伤，请参考膜元件技术规范书有关 pH 的范围要求。

水溶解物质的能力根据水的 pH 值不同有很大变化。原水中的碳酸钙依据加酸量的不同，碳酸根会变成碳酸氢根或 CO_2 气体。下列化学反应式就描述了碳酸盐在水中的平衡。

$$Ca^{2+} + CO_3^{2-} + H^+ \longrightarrow Ca^{2+} + HCO_3^-$$

$$Ca^{2+} + HCO_3^- + H^+ \longrightarrow Ca^{2+} + H_2CO_3 \longrightarrow Ca^{2+} + CO_2 + H_2O$$

根据以上平衡，调节 pH 值到酸性区域，可以起到防止碳酸钙析出的作用，从而避免结垢。是否生成碳酸钙垢的表征指标可以用朗格利尔饱和指数（LSI）进行评价。

$$LSI = pH - pHs (TDS < 4000mg/L) \tag{3-10}$$

式中 pHs——水中的碳酸钙饱和时的 pH 值；

  pH——实际水溶液的浓水 pH 值。

在大多数反渗透系统中，浓水侧的 pH 值会高于进水的 pH 值，因此在考虑 LSI 时务必要考虑浓水侧的 pH 值。通常评判是否结垢的方法如下：

$$LSI \leqslant 0 \rightarrow 不结垢$$

$$LSI > 0 \rightarrow 会结垢$$

用已知的经验公式可以方便地算出 pHs 和 pH 值。

$$pHs = (9.3 + A + B) - (C + D) \tag{3-11}$$

$$pH = \log_{10} \frac{[碱度，以 CaCO_3 计]}{[CO_2]} + 6.3 \tag{3-12}$$

式中 $A = Log_{10}[TDS 浓水 - 1]/10$；

  $B = -13.12 \times Log_{10}(t + 273.15) + 34.55$，其中：$t$ 为水温，℃；

  $C = Log_{10}[Ca^{2+} 浓水，以 CaCO_3 计] - 0.4$；

  $D = Log_{10}[碱度浓水，以 CaCO_3 计]$。

我们通过一个例子来说明以上的计算方法。

例：某个水源设定回收率为 70%，pH=8.0，Ca^{2+}：35mg/L（以 $CaCO_3$ 计），碱度：140mg/L（以 $CaCO_3$ 计），TDS：500mg/L，温度：18℃。

解：浓缩倍率 = 100% ÷ (100% - $Rec.$) = 100% ÷ (100% - 70%) = 3.33

$$A = [Log_{10}(500 \times 3.33) - 1] \div 10 = 0.32$$

$$B = -13.12 \times Log_{10}(18 + 273.15) + 34.55 = 2.22$$

$$C = \text{Log}_{10}(35 \times 3.33) - 0.4 = 1.67$$

$$D = \text{Log}_{10}(140 \times 3.33) = 2.67$$

$$\text{pH}s = (9.3 + 0.32 + 2.22) - (1.67 + 2.67) = 7.50$$

为了算出浓缩水中的 pH 值，需要知道原水中的 CO_2 浓度，把公式（3-12）变换一下，可算出原水中的 CO_2 浓度。

$$[CO_2] = 140 \div 108 - 6.3 = 2.79$$

浓水侧 pH 值可通过下式计算：

$$\text{pH} = \text{Log}_{10}(140 \times 3.33)/2.79 + 6.3 = 8.52$$

$$\text{LSI} = \text{pH} - \text{pH}s = 8.52 - 7.50 = 1.02$$

于是我们可以得到计算结果 LSI=1.02。因为大于 0，因此该系统会发生结垢现象。

当原水中的含盐量过高时，LSI 就不适用了，这时需要用史蒂夫戴维斯指数（SDSI）进行评价。

$$\text{SDSI} = \text{pH} - pCa - pAlk - K \quad (\text{TDS} > 4000\text{mg/L}) \tag{3-13}$$

式中　pCa——钙浓度的负对数值；

$\quad$ pAlk——碱度的负对数值；

$\quad\quad K$——系数，与水温和离子强度互有关。

3）生物污染评估

进水是生物污染来源之一，微生物进入反渗透系统时会在膜表面吸附或繁殖，特别是在浓缩侧由于有机物等营养物的大量积蓄而发生微生物污染的现象。浓水中总细菌数的迅速增加是微生物污染的特征之一，对膜元件进行解剖，分析细菌数量、品种以及 TOC、蛋白、ATP 等可证实微生物污染的存在。

4）氧化剂

由于聚酰胺反渗透膜材质本身不能承受氧化剂，所以进水中必须去除游离氯、高锰酸盐、过硫酸盐、六价铬、过氧化物、臭氧等氧化剂。

5）油分及有机溶剂

反渗透的进水中不得含有油分和有机溶剂。油分会附着在膜表面造成透过水量降低，有机溶剂会在膜表面发生相分离而破坏机能层。

6）化学污染物

反渗透的进水中不得含有阳离子高分子絮凝剂、阳离子界面活性剂、环氧树脂涂料及阴离子交换树脂的溶出物，这些化学物质会在膜表面形成化学污染，造成透过水量的降低。膜表面虽然与新膜看上去很接近，但 ppb 单位的极微量的污染物质也会引起透过水量的降低，而且一般的化学清洗也无法使膜恢复性能。

6. 预处理方法分类

反渗透给水的预处理一般可以分为传统预处理方法和膜法预处理。所谓传统预处理是对膜法预处理出现前反渗透预处理工艺的总称，包括：絮凝、沉淀、多介质过滤、活性炭过滤和保安过滤器等。随着高分子分离膜技术的不断发展，微滤和超滤逐步出现在反渗透和纳滤的预处理系统中，并在部分案例中替代了传统预处理工艺。

1）絮凝

絮凝是加入絮凝剂中和胶体粒子表面的电荷，使得胶体粒子间的排斥力变弱，最终导致微粒子之间变的更容易聚集。絮凝通过以下3个方式起作用：①胶体间的引力和反作用力；②粒子和粒子的接触、冲撞；③化学作用（金属氢氧化物的溶解度）。多数常用絮凝剂与水中的碱成分反应易生成金属氢氧化物，如果加入絮凝剂的量过多，会导致生成的氢氧化物析出并对膜元件造成污染。

影响絮凝的因素，除了絮凝剂的注入量以外，还有pH值、搅拌条件、共存离子以及水温等。在实际设计中，必须预先对这些絮凝条件进行预测。最适合的条件要用测试器进行测试，由生成的絮凝体特性状态决定设计条件，当然最终还需要用实际的溶液来决定确切的絮凝条件。

常用的絮凝剂种类较多，一般多为铝盐、铁盐或有机絮凝剂，当单独使用一种絮凝剂不能取得较好效果时，还可添加助凝剂。投加助凝剂有2个目的：①改善絮体结构，使其颗粒更大，利于沉淀；②调整原水pH值，使其达到最佳絮凝效果。表3-53即是常见的絮凝剂和助凝剂。

絮凝过滤只能使用在进水浊度小于70NTU的原水中，这种进水一般多为地下水，对于高浊度水源（如地表水、废水等），需要跟其他水处理工艺联合处理，才能达到反渗透系统的进水要求。

正确选择水体最适合的絮凝剂品种及其最佳投加量（有机絮凝推荐添加量为1～15ppm），最好通过一定的实验来确定。过量投加絮凝剂也会造成膜元件污染，尤其是使用二价铁盐和铝盐时，在使用这两种絮凝剂时需定时检测出水的Fe^{2+}和Al^{3+}离子浓度，防止膜元件的胶体污染。使用离子型聚合物絮凝剂时，也要防止阳离子型聚合物对普通带负电的膜元件和阴离子型聚合物对带正电膜元件的影响。絮凝剂的使用还必须保证不会同系统中添加的其他化学物质如阻垢剂等发生反应，具体的兼容性请咨询相关药剂的生产厂家。

常用的絮凝剂与助凝剂种类及絮凝效果 表3-53

絮凝剂种类		适用pH	絮凝效果
无机盐类混凝剂	硫酸铝 $Al_2(SO_4)_3 \cdot 18H_2O$	6～8	在水温低的情况下，絮粒较轻而疏松，处理效果较差
	硫酸铝钾（明矾） $K_2SO_4 \cdot Al_2(SO_4)_3 \cdot 24H_2O$	6～8	硫酸铝和硫酸钾的复盐，其中硫酸钾不起混凝作用，故投加量较硫酸铝大
	三氯化铁 $FeCl_3 \cdot 6H_2O$	4～11	处理浊度较高和水温较低的原水时，混凝效果比较显著。但易吸水潮解，对金属、混凝土均产生腐蚀
	硫酸亚铁 $FeSO_4 \cdot 6H_2O$	4～11	产生的絮粒重，沉降快，效果稳定，受水温影响小。但反应后产生溶解度大的$Fe(OH)_2$，需经氧化去除

续表

絮凝剂种类		适用 pH	絮凝效果
无机高分子混凝剂	碱式氯化铝（PAC） $[Al_2(OH)_nCl_{n-6}]_m$ 式中 $n \leqslant 5$，$m \leqslant 10$	6～8	对各种水质适应性强，絮凝过程中最优 pH 值范围较广，对低温水效果也较好，絮粒形成较快且颗粒大而重，投加后原水碱度降低较少，投量较硫酸铝量少
	聚合硫酸镁 $[Fe_2(OH)_n(SO_4)_{3-n/2}]_m$ 其中 $n < 2$，$m > 10$	4～11	用量少，效果好（特别是脱色效果好），腐蚀性小，适用的 pH 范围广，残留铁量少
	聚合硫酸铝（PAS） $[Al_2(OH)_n(SO_4)_{3-n/2}]_m$ 式中 $1 \leqslant n \leqslant 6$，$m \leqslant 10$	6～8	具有与聚合氯化铝相似的絮凝性能，并具有较好的脱色、除氟和去除高浊度水浊度的性能。用 PAS 处理后的水中残余铝量低，可过滤性强
有机高分子絮凝剂	聚丙烯酰胺（PAM）	8 以上，也可用在不太强的酸性水溶液中	使用广泛的人工合成有分子絮凝剂，一般控制其水解度 30%～40%，配合铝盐或铁盐作用，效果更佳
	阴离子型聚合物	6 以上	具有优良的絮凝效果，但价格较昂贵，不能使用在带正电的低污染膜元件的预处理中
	阳离子型聚合物	6 以上	具有优良的絮凝效果，但价格较昂贵，不能使用在普通表面带负电的反渗透膜元件的预处理中
助凝剂	硅酸类，如活化硅酸黏土等	小于 9	作助凝剂很有效，但制备方法不易控制，使用期限有限
	pH、碱度调节剂		常用盐酸、硫酸、石灰、氢氧化钠等
	氧化还原剂		用于铁、锰、NH_4^+-N 的氧化，臭味的去除等

2）多介质过滤器

按照过滤的速度可分为缓速过滤和急速过滤两个大类，表 3-54 列出了不同过滤方式的不同特征。

介质过滤的特征　　　　　　　　　　　　　　　　　　　　　　　　表 3-54

过滤的种类	缓速过滤	急速过滤
过滤速度	约 5m/d	4～10m/h
过滤材料的层高	约 0.7～1.0m	约 0.6～0.9m
有效过滤直径	0.30～0.45mm	0.45～0.70mm
均等系数	＜2.0	＜1.7
过滤层的再生	阻力增加时，将表层取出进行清洗	反洗
目的	去除细小的难溶物质	适合去除粒径为 $0.1～50\mu m$ 的颗粒物

介质过滤可以有效地去除反渗透和纳滤给水中的悬浮物，降低浊度和 SDI 值。仅靠絮凝、砂滤无法把原水中的粒子有效捕捉时，还可以配合使用絮凝沉淀和气浮组合。但是，添加过滤辅助药剂或者絮凝剂，有可能会导致反渗透和纳滤膜污染。因此需要做小型烧杯实验，以确认药剂的添加是否对反渗透和纳滤系统有影响。在选择滤速时，依据原水水质的不同可以有所变化。通常对于地下水水源，由于水中的胶体、悬浮物含量较少，可

以选择较高的滤速；对于污染较严重的地表水，滤速的设定一定不能太高，以免对反渗透和纳滤系统造成严重污染（通过多年的实际经验，对于受污染的地表水，过滤速度应尽量小于 8m/h，有条件的可以接近 6m/h，最高也不要超过 10m/h）。

多介质过滤器（絮凝过滤）的设计条件和设备选用设计条件：浊度小于 70NTU 的原水，一般采用多介质过滤，可采用重力式过滤或压力式过滤器。滤料的要求与普通双滤料滤池不同，颗粒较大（图 3-139），见表 3-55 所列。

石英砂　　　　　　　石英砂
无烟煤　　　　　　　无烟煤

图 3-139　预处理所用的多介质

过滤用介质参数　　　　　　　　　　　表 3-55

滤料材质	粒径 （mm）	不均匀系数	滤层厚度 （mm）	滤速 （m/h）
无烟煤	1.2～1.8	1.3	400～600	6～10
石英砂	0.5～1.0	1.5	400～600	6～10

滤池冲洗强度：15～17L/(s·m²)。

冲洗时间：5～10min。

重力或滤池最大水头损失：2.5～3m。

压力或滤池最大水头损失：10m，一般采用 5m。

石英砂过滤使用前应冲洗 10～15h。

滤料中的无烟煤要求在酸碱中稳定，石英砂要求耐酸，在碱性溶液中有微量的溶出。采用絮凝过滤时用铁盐作絮凝剂的效果优于铝盐。过滤器的设计产水量应包含后续处理工艺的耗水量和过滤器自身的耗水量即冲洗水量。

3）活性炭过滤器

吸附法是利用多孔性固体物质，吸附水中的某些污染物质在其表面，从而达到净化水体的方法。吸附法能去除污染物包括：有机物、胶体、余氯，还能去除色度和臭味等。常用的吸附剂有活性炭，大孔吸附剂等，其形态分为粉末状和颗粒状。目前常用的是颗粒状活性炭。

活性炭可以用来吸附溶解性有机物以及游离氯和臭氧等氧化剂，用活性炭作为反渗透和纳滤膜系统的预处理已经被广泛使用。通常被采用的活性炭有两种类型：颗粒活性炭（Granular Activated Carbon，缩写：GAC）和粉末活性炭（Powdered Activated Carbon，缩写：PAC），它们各自的特征如图 3-140、表 3-56。

无烟煤

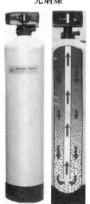

活性炭过滤器

图 3-140　活性炭及活性炭过滤器

活性炭的特征　　　　　　　　　　　　　　　　　　　　　　　　　表 3-56

活性炭的种类	颗粒活性炭	粉末活性炭
使用方法	和介质过滤一样	添加到搅拌槽中与水混合
使用中的特点	可再生，可长期连续运行	一次性投加不能再生，可随时改变加药量和品牌
经济上的特点	设备投入较大	设备简单，但须对废炭处理，长期运行成本大

活性炭是用烟煤、无烟煤、果壳或木屑等多种原料经碳化和活化处理制成的黑色多孔颗粒。活性炭的物理性主要指孔隙结构及其分布，在活化过程中形成各种开关和大小的孔隙，因而形成了巨大的比表面积，与水的接触面积极大，因而吸附能力很强。活性炭不仅能吸附水中的各种污染物，还可以吸附废气中的 SO_2 等污染物，因此在环保、水处理等领

域有着广泛的用途。

高品质的活性炭比表面积一般在 $1000m^2/g$ 以上，孔隙总容积一般可达 $0.6\sim$ $1.18cm^2/g$，孔径由 $0.001\sim10\mu m$，按孔隙大小可分为大孔、过渡孔和微孔。它们的吸附能力也不同，活性炭的特性见表 3-56。表 3-57 为《煤质颗粒活性炭 净化水用煤质颗粒活性炭》（GB/T 7701.2—2008），请参考使用。

净化水用煤质颗粒活性炭技术指标 表 3-57

项 目		指 标		
		优级品	一级品	合格品
孔容积(cm^3/g)		0.65		
比表面积(m^2/g)		$\geqslant900$		
漂浮率(%)		2		
pH 值		$6\sim10$		
苯酚吸附值(mg/g)		$\geqslant140$		
水分(%)		$\leqslant5.0$		
强度(%)		$\geqslant85$		
碘吸附值(mg/g)		$\geqslant1050$	$900\sim1049$	$800\sim899$
亚甲蓝吸附值(mg/g)		$\geqslant180$	$150\sim179$	$120\sim149$
灰分(%)		$\leqslant10$	$11\sim15$	—
装填密度(g/L)		$380\sim500$	$450\sim520$	$480\sim560$
粒度(%)	>2.50mm	$\leqslant2$		
	1.25~2.50mm	$\geqslant83$		
	1.00~1.25mm	$\leqslant14$		
	<1.00mm	$\leqslant1$		

（1）活性炭柱（过滤器）的设计

活性炭柱有压力式和重力式等多种形式。反渗透预处理中常用压力式活性柱，其形式和结构与机械过滤器类似。

活性炭过滤器可以做成单纯的活性柱，也可与石英砂组合成石英砂活性炭过滤柱，既可吸附余氯、有机物，又可去除悬浮固体。石英砂活性炭过滤器，底部装 $0.2\sim0.5m$ 厚承托层和石英砂滤料层，在其上装 $1.0\sim1.5m$ 厚的活性炭，滤速为 $6\sim12m/h$，但由于其填料层厚度较低，只能用于水质条件较好，SS、余氯含量低的场合。还有单纯的活性炭过滤器，承托层上无石英砂，活性炭填料高度 $2.0\sim3.0m$，滤速 $3\sim10m/h$，反冲洗强度 $4\sim12L/(s\cdot m^2)$。

（2）活性炭使用时注意事项

A. 活性炭在装入过滤器前应在清水中浸泡，冲洗去除污染物，装入过滤器后用 5% HCl 和 4%NaOH 溶液交替处理 $1\sim3$ 次，滤速用 $10\sim21m/h$，用量约为活性炭体积的 3 倍左右，然后冲洗 $8\sim10h$。

B. 使用前应尽量去除水中的悬浮物和胶体，防止堵塞活性炭的微孔，一般进水前要求 SS 小于 3～5mg/L。

C. 活性炭过滤器吸附终点的判断，应根据去除物质的性质而定。反渗透预处理中活性炭的作用主要是去除余氯，应控制出水余氯含量小于 0.1mg/L，一旦超过，请及时对活性炭进行更换或者再生。

4）保安过滤器

精密过滤也称微孔过滤、保安过滤（图 3-141），它采用加工成型的滤材，如滤布、滤纸、滤网、滤芯等，用以去除极微小的颗粒。

图 3-141　反渗透预处理中的保安过滤器

普通砂滤能够去除粒径 5μm 以上的固体颗粒，使出水浊度达到 1NTU 左右，但出水仍然含有大量粒径在 1～5μm 的颗粒，这些颗粒是砂滤无法去除的，虽然颗粒极小，可是如果直接进入反渗透主机，在 RO 膜的浓缩作用下，仍然会造成膜元件的污染，要去除这些颗粒，就必须采用精密过滤（表 3-58）。

常用精密过滤材料过滤精度　　　　　表 3-58

材　　料	支除微粒的最小粒径（μm）	材　　料	支除微粒的最小粒径（μm）
天然及合成纤维织布	100～10	泡沫塑料	10～1
一般网过滤	10000～10	玻璃纤维纸	8～0.03
尼龙纺织网滤芯	75～1	烧结陶瓷（或绕结塑料）	100～1
纤维纸	30～3	微孔滤膜	5～0.1

精密过滤器常设置在压力过滤器之后，有时也设置在整个预处理工艺的末端防止破碎的滤料、活性炭、树脂等进入反渗透系统，尽量做到不将上道工序产生的微粒带到下一道工序中去。滤孔孔径应与水中所含杂质的粒径相匹配，避免过粗或过细。

精密过滤器的进入和出水口应设置压力表，其差值可以判断精密过滤器中滤芯的污染程度，一般当差值大于 15psi（0.1MPa）时，便需要更换其中的滤芯。

5）微滤和超滤

微滤（MF）和超滤（UF）是近几年才大规模应用的反渗透和纳滤预处理工艺。同絮凝、沉淀以及砂滤比较，其过滤的水质稳定，设备管理比较简单，也不会产生过滤残渣或絮凝污泥等废弃物。作为预处理，微滤和超滤膜的使用可以完全去除不溶解的物质，降低颗粒物的污染风险,使得反渗透的设计水通量可以适当增加约 10%～20%。但是微滤和超滤也不能包治百病,并非采用了微滤和超滤就可以排除一切对反渗透和纳滤产生污染的物质。这一方面是由于微滤以及用于反渗透和纳滤预处理的超滤膜都属于筛分过滤,过滤孔径大约在 0.02～0.05μm 之间,虽然大部分不溶解的物质都会被截留,但是很多溶解在水中的有机物同样会对反渗透和纳滤系统产生污染,而这恰恰是微滤和超滤预处理不能解决的。另一方面,微滤和超滤预处理系统经常要伴随着药剂的加入,如絮凝剂、阻凝剂、氧化剂、酸和碱等,这些化学物质有可能在微滤和超滤的产水中存留,进而导致反渗透和纳滤膜的污染和劣化。其中尤其要注意的是絮凝剂和氧化剂,从目前大量的双膜法(MF/UF＋RO)案例来看,大多数微滤和超滤系统会在线投加絮凝剂,种类以铁盐和铝盐为主,这是为了在原水中造成微絮凝以提高微滤和超滤的产水水质,部分絮凝剂未能充分反应并透过微滤和超滤膜进入产水侧,由于在产水水箱中有一定的停留时间,导致这些透过的絮凝剂发生二次絮凝,这对反渗透和纳滤膜会造成严重的污染。氧化剂的投加主要是为了杀灭水中的微生物,在微滤和超滤的反洗步骤中也经常使用,但是残留的氧化剂如果没有充分的还原,就会造成反渗透和纳滤膜的氧化,导致不可恢复的破坏。因此,在选择微滤和超滤作为预处理时,一定要严格控制药剂的投加量,严格按照微滤和超滤制造商提供的设计参数设计,虽然微滤和超滤系统自动化程度高,运行操作简单,但也同样要做好维护工作,确保系统稳定的运行。

7. 常见水源和常见污染物可采用的预处理系统

1)地下水

地下水中一般含盐量、硬度、碱度较高,胶体、悬浮物含量较少,色度、浊度较低,但此类水源中可能会存在亚铁离子、锰离子、硅酸化合物等。

此类水源的预处理系统常规的处理工艺为:

(1)原水中含铁量小于 0.3mg/L 情况下,预处理通常为直接过滤＋混凝;

(2)原水中含铁量＞0.3mg/L 情况下,预处理通常为曝气或氧化,将亚铁离子氧化为铁离子,然后混凝过滤;

(3)原水的 HCO_3^- 含量较多,可通过加酸脱除 CO_2,并添加阻垢剂,防止微溶盐在膜表面结垢;

(4)原水中硅的含量在 20mg/L 以上时,必须考虑去除措施,可以通过添加分散剂、调节 pH 与温度等方法防止硅垢。

2)地表水

地表水中通常成分比较复杂,尤其是悬浮物、胶体物质、有机物、微生物等含量较多。此类水源的预处理系统通常的处理工艺为:

(1)原水中 SS＞70mg/L,预处理通常采用混凝、澄清、直接过滤;

(2)原水中 SS＜70mg/L,预处理通常采用混凝过滤;

(3)原水中 SS＜10mg/L,预处理通常采用直接过滤;

(4)原水中有机物与微生物通常采用加氯,通过活性炭吸附过滤或者投加还原剂来去除。

3）海水

海水中含盐量较高，且变化较大，拥有较多悬浮物、有机物、微生物、悬浮物、胶体等物质，且浊度、色度较大。通常选择的预处理系统处理工艺为：

（1）加氯或次氯酸钠杀菌、灭藻；

（2）混凝、澄清、过滤去除悬浮物与胶体物质；

（3）加酸和阻垢剂防止碳酸盐和硫酸盐在膜表面结垢；

（4）当原水中含有较多的有机物、微生物时，通常采用加氯、混凝、澄清、过滤、活性炭吸附过滤；

（5）加还原剂如亚硫酸氢钠和活性炭过滤去除余氯。

随着超滤、超微滤膜技术的迅速发展，以超滤、超微滤膜法水处理来取代常规的介质过滤、活性炭过滤在国内外市场逐渐得到广泛应用。

4）悬浮固体和胶体

悬浮颗粒和胶体是污堵反渗透膜的主要因素，也是造成 SDI 值超标的主要原因。悬浮物和胶体污染严重影响 RO 及 NF 膜元件运行性能，主要表现在产品水流量降低，膜系统压差增大，有时也影响膜的脱盐率。

由于水源及地域的不同，悬浮颗粒和胶体的成分也有较大的差异。通常没有受污染的地表水和浅层地下水包括：细菌、黏土、胶体硅、铁氧化物、腐殖酸产物，以及预处理系统中人为过量投入的絮凝剂、助凝剂，如铁盐、铝盐等。另外应当注意原水中带正电荷的聚合物与 RO 系统中带负电荷的阻垢剂结合沉淀而污堵膜元件。

悬浮固体和胶体污染的主要症状：

（1）产水量大幅度降低；

（2）通过膜的压力和膜两侧的压差逐渐增大（即进料压力和 ΔP 逐渐增大）；

（3）有时候导致系统脱盐率降低。

去除方法：

（1）凝聚澄清＋过滤

凝聚澄清，对于高浊度的原水采用澄清工艺中人为投加凝聚剂和助凝剂将水中悬浮小颗粒凝聚为大颗粒而在后续过滤工艺中被去除。

过滤，对于低浊度的原水可采用直接过滤或是作为凝聚澄清的后续处理工艺。这是较为传统的处理工艺，作为 RO 系统的预处理工艺，通常过滤采用双介质过滤器＋细砂过滤器。

（2）微滤或超滤（MF/UF）

MF/UF 是近期兴起的膜处理浊度及非溶解有机物的有效方式。

MF/UF 能去除全部的悬浮物、细菌、大部分胶体、非溶解有机物。经 MF/UF 处理的出水 $SDI<1\sim3$，是 RO 系统较为理想的预处理工艺，尤其是对出水水质的稳定、大水量的处理比传统的过滤器占地面积及层高的大幅度降低而更能显现其的优越性。另外应当

引起注意的是微滤 MF/UF 不能去除溶解态有机物。

（3）介质过滤

粒状介质过滤基于"过滤-澄清"的工作过程去除水中的颗粒、悬浮物和胶体。对于双介质过滤器，理想的过滤层应该在 0.8～1m 以上。介质过滤器过滤一定时间，当运行阻力达到规定压差（一般为 0.03～0.06MPa）时要对过滤器进行反冲洗，反冲洗主要清除截留下来的杂质。介质过滤器流速一般为 10～20m/h，反洗流速一般为 40～60m/h。对于高污染水源，过滤流速最好小于 8m/h 或者采取多级过滤。

（4）盘式过滤

盘式过滤器常用于超滤系统前级保护，投加适当絮凝剂可以使悬浮物及胶体去除达到满意的效果。

（5）滤芯式过滤

滤芯上的污染物质分析对系统潜在或者存在的污染能提供好的判断。

3.5.2.2 膜污染控制

1. 结垢的防止

1）结垢的原因

起垢是难溶性的盐类在膜表面析出固体沉淀，防止结垢的方法是保证难溶解性盐类不超过饱和界限。结垢不仅会在膜表面发生，有时甚至在系统的管路内部也会发生。在反渗透系统中析出的垢主要是无机成分，以碳酸钙为主。碱性时会形成包括氢氧化镁在内的等的各种难溶解氢氧化物。在天然的水源中存有的主要难溶性盐类主要有：碳酸钙（$CaCO_3$）、硫酸钡（$BaSO_4$）、硫酸钙（$CaSO_4$）、氟化钙（CaF_2）、硫酸锶（$SrSO_4$）和二氧化硅（SiO_2）。一般来说，盐的溶解度受各种水中成分的浓度、pH 值、温度以及共存的其他盐分浓度影响，难溶盐的溶解度通常用溶度积（K_{sp}）来表示，溶度积越小溶解度就越低。在反渗透系统设计的时候特别有必要注意的是钡（Ba^{2+}）和锶（Sr^{2+}）。钡一般只存在于天然的水中，在井水中的钡浓度在 0.05～0.2mg/L 之间，钡的检出级别是 $1\mu g/L$。原水中钡的临界浓度在海水中是 $15\mu g/L$ 以下，苦咸水中是 $5\mu g/L$ 以下。当在原水中投加硫酸时，需注意控制给水中钡的浓度在 $2\mu g/L$ 以下。锶的分析必须检测到 1mg/L 数量级。硫酸根浓度的增加以及水温的降低，会导致硫酸锶的溶解度下降。通常井水中的锶含量在 15mg/L 以下。此外，一些天然水体中含量不高的无机物由于人为原因（如：加药等）会被带入给水中，例如：磷酸根、铁和铝，这些无机盐往往溶度积很低，极易发生结垢，因此当系统投加药剂（包括：絮凝剂、助凝剂、阻垢剂、酸和碱等）时，必须注意这些人为引入的离子成分的影响。有时甚至会出现投加的不同药剂发生相互作用导致难溶物质析出，进而污染膜元件的情况。因此在投加多种药剂时，应该注意这些药剂的成分，有条件的最好通过试验确认它们的兼容性。

2）阻垢剂

当通过计算或者软件模拟发现反渗透浓水的 LSI 或 $SDSI$ 指数大于 0 时，或其他难溶盐超过其溶度积时，为了防止无机盐结垢，可以在原水中加入阻垢剂。

3）水的软化

含有钙、镁等硬度成分的水作为锅炉或者冷却水使用时，硬度成分会在传热面或管线内侧沉淀。可以采用絮凝、沉淀、过滤、化学软化或者离子交换等方法对水进行软化。石灰软化法是通过添加氢氧化钙而起到降低硬度的目的。

$$Ca(HCO_3)_2 + Ca(OH)_2 \longrightarrow 2CaCO_3 \downarrow + 2H_2O$$

$$Mg(HCO_3)_2 + Ca(OH)_2 \longrightarrow CaCO_3 \downarrow + Mg(OH)_2 \cdot H_2O$$

非碳酸硬度通过添加碳酸钠可以起到降低的作用：

$$CaCl_2 + Na_2CO_3 \longrightarrow 2Na_2CO_3 + CaCO_3 \downarrow$$

石灰软化工艺还可以降低硅的浓度。添加铝酸或者二氯化铁，在沉淀物中会含有碳酸钙、硅酸、氧化铝和铁的混合物。采用 $60 \sim 70℃$ 的高温石灰脱硅酸工艺，加入石灰和氧化镁，可以把硅酸浓度降低到 1mg/L 以下。而且通过石灰软化处理还可以明显地降低钡、锶以及部分有机物。

4）回收率

反渗透以及纳滤系统的回收率和原水中溶解物质的浓缩倍率有直接关系，回收率 50％的系统，浓缩倍数是 2 倍；回收率 75％时，浓缩 4 倍；回收率 80％时，则浓缩 5 倍；回收率达到 90％时，相当于浓缩 10 倍。膜系统内由于浓差极化现象的存在，膜表面的料液含盐量会变得更高。因此，原水由于被浓缩，膜表面的污染会比想象中发生的更快，一般回收率在苦咸水脱盐处理中设在 50％～80％的左右。系统的运行条件、原水的特性状态等因素会影响回收率的确定，一旦选择过高的回收率，就会面临结垢的形成和急速污染的风险。由此，按照实际情况适当地设定回收率就显得尤为重要。基于原水的水质分析数据结合把握其四季变动范围，考虑前处理和产水的回收率、运行温度等相关的反渗透系统设计方式，设定运行条件。

2. 胶体污染的防治

胶体是具有 1nm 到 $1\mu m$ 粒径，像黏土一样很难自然沉降的微粒子。在水中通常带负电，因此胶体粒子间由于静电斥力的作用，不会发生聚合。常用的方法如前所述，如絮凝、介质过滤、活性炭、保安过滤器、微滤和超滤等。另外除铁和除锰也是非常关键的步骤。

在有的井水中含有还原态的 Fe^{2+} 和 Mn^{2+}。这种水在氧化后或者当水中的氢氧根超过 5mg/L 时，Fe^{2+} 会转变为 Fe^{3+}，生成胶体的氢氧化物。

$$4Fe(HCO_3)_2 + O_2 + H_2O \longrightarrow 4Fe(OH)_3 + 8CO_2$$

铁比锰更容易造成反渗透和纳滤膜的污染。用反渗透系统来处理这样的水时，重要的是不要接触空气。在进入反渗透装置前对原水进行氧化，然后使用过滤器脱除，也可以防止铁和锰带来的污染。

3. 生物污染的防治

1）微生物污染的特征

反渗透和纳滤系统给水中的微生物会在膜表面沉降、凝结形成一层生物膜。一般来说生物膜的厚度若超过了一定的界度就会形成生物污染。使得原水侧的通路阻力增大，原水和浓缩水之间的压力差增加。同时，由于微生物膜阻挡，系统运行的有效压力也会减少，从而导致系统脱盐率的下降。

2）杀菌消毒

（1）药品杀菌

A. 氯消毒。用氯消毒的方式能确实地起到效果，在处理上也很容易实现，对效果的确认可以用余氯残留量或者浓度测定。因为易于管理而被广泛运用。但氯会和黑腐质等溶解性有机物发生反应，产生氯代烷烃（THM）等对人体有害的副产物，目前已经有了许多替代氯的消毒剂被采用了。

B. 二氧化氯消毒。二氧化氯（ClO_2）作为消毒剂使用越来越广泛，由于其物理、化学性质上的不稳定性使其无法贮藏，因此都在现场通过反应生成ClO_2并直接使用，反应大都遵循以下方程式。

$$2NaClO_3 + H_2O_2 + H_2SO_4 \longrightarrow 2ClO_2 + O_2 + Na_2SO_4 + 2H_2O$$

通常ClO_2的注入量约在 $0.6 \sim 2.0mg/L$ 以下。和氯的使用相比，ClO_2的消毒效果是氯的 $1/10 \sim 1/2$ 左右。

C. 氯氨消毒。氯氨在市场上没有单独销售，一般采用在原水中同时注入 NH_4^+-N 和氯，在某些 NH_4^+-N 含量较高的水体中可以直注入氯，生成氯氨。用氯氨消毒时，不会生成过多的类似于 THM 的有害物质，比较安全。

D. 臭氧消毒。被臭氧（O_3）处理过的水，如果含有溴化物则会生成次溴酸根离子（BrO^-），进而生成溴酸离子根（BrO^{3-}）。BrO^{3-}被确认有致癌性，为回避风险不推荐使用臭氧杀菌。

（2）紫外线杀菌

和使用氯等的药剂杀菌不同，采用紫外线杀菌完全没有药剂残留，也没有副产物的生成。消毒效果会依据作用对象的不同而不同。采用$UV_{253.7}$在 $1\sim21mJ/cm^2$ 的照射剂量下可以进行细菌消毒（90 ％不活化）。

4. 有机污染的防治

芳香族聚酰胺反渗透复合膜是含有苯环的有机物，通常显负电性。带正电荷的有机物即使在低浓度时，也会吸附在膜的表面造成水通量的激剧下降。有机物污染的特征一般用肉眼很难判断。用高感度的傅立叶红外光谱（FT-IR）分析难以判断时，可以采用 ζ 电位测试法帮助判断膜表面吸附情况。表面活性剂中的非离子型和两性的物质对膜性能的影响也非常严重。通常的药剂清洗很难使膜性能恢复。平常使用的家用洗洁剂因含有表面活性剂，在装填膜元件时禁止作为润滑剂使用。

5. 膜劣化的防止

膜的劣化，主要是受物理或化学作用发生不可逆的细微构造或分子构造变化，导致膜性能下降的现象。

1）物理劣化

已知物理劣化的显著事例是从水泵发出的超声波会造成膜破损（脱盐率下降），超过允许的压力或超过上限温度（45℃）的运行，也都会造成膜劣化导致水通量下降。

2）化学劣化

化学劣化就是指反渗透和纳滤膜受氧化剂影响，芳香聚酰胺的聚合链被切断，或者因过量酸、碱等药剂清洗，导致膜分离性能的衰减。醋酸纤维素反渗透膜会受到来自细菌分解影响导致高分子聚合链断裂，进而导致脱盐率下降。

6. 膜污染的清洗

1）膜污染简介

反渗透系统运行时，悬浮物质、溶解物质以及微生物繁殖等原因都会造成膜元件污染。反渗透系统的预处理应尽可能地去除这些污染物质，尽量降低膜元件污染的可能性。污染物的种类、发生原因及处理方法可参见表 3-59。通常，造成膜污染的原因主要有以下几种：

（1）新装置管道中含有油类物质和焊接管道时的残留物，以及灰尘且在装膜前未清洗干净；

（2）预处理装置设计不合理；

（3）添加化学药品的量发生错误或设备发生故障；

（4）认为操作失误；

（5）停止运行时未作低压冲洗或冲洗条件控制得不正确；

（6）给水水源或水质发生变化。

反渗透膜污染的种类、原因及处理方法　　　　　表 3-59

污染物种类	原　　因	对应方法
堆积物	胶体和悬浮粒子等膜面上的堆积	提高预处理的精度或采用 UF/MF
结垢	由于回收率过高导致无机盐析出	调整回收率，加阻垢剂
生物污染	微生物吸附以及繁殖	定期杀菌处理
有机物的吸附	荷电荷性/疏水性有机物和膜之间的相互作用	膜种类的选择需正确

污染物的累积情况可以通过日常数据记录中的操作压力、压差上升、脱盐率变化等参数得知。膜元件受到污染时，往往通过清洗来恢复膜元件的性能。清洗的方法一般有 2 种，物理清洗（冲洗）和化学清洗（药品清洗）。物理清洗（冲洗）是不改变污染物的性质，用力量使污染物排出膜元件，恢复膜元件的性能。化学清洗是使用相应的化学药剂，改变污染物的组成或属性，恢复膜元件的性能。吸附性低的粒子状污染物，可以通过冲洗（物理清洗）的方式达到一定的效果，像生物污染这种对膜的吸附性强的污染物使用冲洗的方法很难达到预期效果。用冲洗的方法很难除去的污染应采用化学清洗。为了提高化学清洗的效果，清洗前，有必要通过对污染状况进行分析，确定污染的种类。在了解了污染物的种类时，选择合适的清洗药剂就可以适当地恢复膜元件的性能。

当反渗透系统（或装置）出现以下问题时，需要进行化学清洗或物理冲洗：

（1）在正常的给水压力条件下，温度矫正后产水量较正常值下降 10%～15%；

（2）为维持正常的产水量，经温度矫正后的给水压力增加了 10%～15%；

（3）产水水质降低了 10%～15%，透盐率增加了 10%～15%；

（4）给水压力增加了 10%～15%；

（5）系统各段之间压差明显增加。

2）污垢成分

（1）碳酸钙垢

碳酸钙垢是一种矿物结垢。当阻垢剂/分散剂添加系统出现故障时，或是加酸 pH 调节系统出故障而引起给水 pH 增高时，碳酸钙垢有可能沉积出来。在浓水管路上设置透明管有助于尽早发现结垢问题，对于防止膜层表面沉积的晶体损伤膜元件是极为必要的。早期检测出的碳酸钙垢可由降低给水的 pH 值至 3～5，运行 1～2h 的方法去除。对于沉积时间较长的碳酸钙垢，可用低 pH 值的柠檬酸溶液清洗去除。

（2）硫酸钙、硫酸钡、硫酸锶垢

硫酸盐垢是比碳酸钙垢硬很多的矿物结垢，且不易去除。在阻垢剂/分散剂添加系统出现故障或加硫酸调节 pH 时可能会导致硫酸盐垢的沉积。对于硫酸盐垢应尽早发现，以防止膜层表面沉积的晶体损伤膜元件。硫酸钡和硫酸锶垢较难去除，因为它们几乎在所有的清洗溶液中难以溶解，所以应加以特别加以注意。

磷酸钙垢在有高含磷的市政污水处理中是较为常见的。通常这种垢可用酸性清洗液去除。

（3）金属氧化物/氢氧化物污染

典型的金属氧化物和金属氢氧化物污染为铁、锌、锰、铜、铝等。这种垢的形成导因可能是装置管路、容器（罐/槽）的腐蚀产物，或是空气中氧化的金属离子、氯、臭氧、钾、高锰酸盐，或者来自于预处理过滤系统中使用铁或铝助凝剂。

（4）聚合硅垢

硅胶垢较难去除，来自于可溶性硅过饱和或聚合反应。硅胶垢与硅基胶体污染不同，后者可能与金属氢氧化物和有机物有关。采用传统的清洗方法几乎无法对付硅垢。现有的化学清洗剂，如氟化氢铵已在一些项目上得到了成功地使用，但它毒性很大，对设备也有害。

（5）胶体污染

胶体是悬浮在水中的无机物或是有机与无机混合物的颗粒，它不会由自身重力而沉淀。胶体物通常含以下有一个或多个主要组分，如：铁、铝、硅、硫或有机物。

（6）溶解性天然有机物污染（NOM）

溶解性天然有机物污染（NOM，Natural Organic Matter）通常是由地表水或深井水中的营养物分解所致。有机污染的化学机理很复杂，主要的有机组分或是腐殖酸，或是灰黄霉酸。非溶性 NOM 被吸附到膜表面可造成 RO 膜元件的快速污染，一旦吸附作用产生，凝胶或块状的污染过程就会开始。

（7）微生物沉积

有机沉积物是由细菌黏泥、真菌、霉菌等生成的，这种污染物较难去除，尤其是在给水通路被完全堵塞的情况下。给水通路堵塞会使清洁的进水难以充分均匀地进入膜元件内。为抑制这种沉积物的进一步生长，重要的是不仅要清洁和维护 RO 系统，同时还要清洁预处理、管道及端头等。

3）物理清洗

（1）物理清洗的意义

物理清洗是通过低压力、高流速的进水冲刷膜元件，将短时间内在膜表面附着的污染物和堆积物清洗掉的方式（图 3-142）。

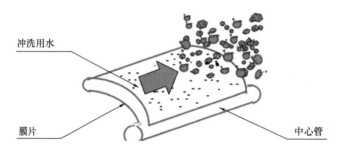

图 3-142　冲洗时膜面的状态示意图

（2）清洗要点

清洗时的要点是高流速、低压力和清洗频率。

A. 清洗的流速。装置运行时，附着性高的粒子状污染物逐渐堆积在膜表面。如果清洗时的流速与运行时的流速相等或更低，则很难把这些污染物从膜元件中清洗出来。因此，清洗时应使用比正常运行时更高的流速（一般可考虑为正常运行浓水流速的 1.2 倍）（表 3-60）。而实际上膜元件两端的压差与进水流量成正比，单只膜元件的压力差不允许超过 0.7bar，请在清洗时遵循以下规定。

运行时单只膜壳浓水流量范围（单位：m³/h）　　　　　　　　　　表 3-60

规　　格	单只容器的浓水流量	单只容器的最大进水流量
8 英寸膜壳	7.2～12.0	17.0
4 英寸膜壳	1.8～2.5	3.6

B. 清洗压力。正常高压运转时，压力直接垂直作用膜面，使进水透过膜面得到产水，同时污染物也被压向膜面。所以在清洗时，如果采用同样的高压，则污染物被积压在膜表面，清洗的效果就会降低。清洗时尽可能通过低压、高流速的方式，增加水平方向的剪断力把污染物冲出膜元件。清洗压力一般建议控制在 3.0bar 以下。如果在 3.0bar 以下，很难达到流量要求时，尽可能控制进水压力，以不出产水为标准。一般进水压力不能大于 4.0bar。

C. 清洗频率。条件允许的情况下，建议经常对系统进行清洗。增加清洗的次数比延长 1 次清洗的时间更为有效。一般清洗的频率推荐为 1d 1 次以上。清洗用水一般使用合格的预处理产水即可，清洗时的流量、时间以及压力条件归纳在表 3-61 中。

清洗条件　　　　　　　　　　　　　　　　表 3-61

膜尺寸(inch)	压力(bar)	频率(次/d)	时间(min)
8	<3.0	>1	10～15
4	<3.0	>1	10～15

（3）清洗步骤

A. 停止装置。缓慢地降低操作压力，逐步停止装置。急速停车造成的压力急速下降会形成水锤，将会对管道、压力容器以及膜元件造成冲击性损伤。

B. 调节阀门。首先全开浓缩水阀门，然后关闭进水阀门，接着全开产水阀门（如关闭系统后关闭了产水阀门）。如果错误地关闭产水阀门，压力容器中的后端的膜元件可能因为产水背压而造成膜元件机械性损伤。

C. 清洗作业。首先启动低压清洗泵；然后缓慢地打开进水阀，同时观察浓缩水流量计的流量；调节进水阀门直至流量和压力调节到设计值；最后在 10～15min 后慢慢地关闭进水阀门，停止进水泵。

4）化学清洗

（1）化学清洗的目的

发生以下情况时，冲洗以及不能使反渗透膜的性能恢复，这时就需要进行化学清洗。

A. 标准化条件下的产水量下降 10%～15%；

B. 进水和浓水之间的系统压差升高至初始值的 1.5 倍；

C. 产水水质明显下降。

（2）化学清洗的频度

化学清洗的时机可以参考以上的标准。即使在没有发生异常时，为了能够更好地保证系统正常运行，一般可以考虑每 6 个月进行 1 次化学清洗。

（3）清洗药剂的选择。

选择适宜的化学清洗药剂及合理的清洗方案涉及许多因素。首先要与设备制造商、RO 膜元件厂商或 RO 特用化学药剂及服务人员取得联系。确定主要的污染物，选择合适的化学清洗药剂。有时针对某种特殊的污染物或污染状况，要使用 RO 药剂制造商的专用化学清洗药剂，并且在应用时，要遵循药剂供应商提供的产品性能及使用说明。特殊情况下可针对具体情况，从反渗透装置取出已发生污染的单支膜元件进行测试和清洗试验，以确定合适的化学药剂和清洗方案。

为达到最佳的清洗效果，有时会使用多种化学清洗药剂进行组合清洗。典型的程序是先进行低 pH 值清洗，去除矿质垢污染物，然后再进行高 pH 清洗，去除有机物。有些情形下，是先进行高 pH 清洗，去除油类或有机污染物，再进行低 pH 清洗。有些清洗溶液中加入了洗涤剂以帮助去除严重的生物和有机碎片垢物，同时，可用其他药剂如 EDTA 螯合物来辅助去除胶体、有机物、微生物及硫酸盐垢的。需要慎重考虑的是如果选择了不适当的化学清洗方法和药剂，污染情况会更加恶化。

（4）推荐的化学药剂及用量（表 3-62、表 3-63）

推荐的化学清洗溶液　　　　　　　　　　　　　　　表 3-62

污染物	弱洗（h）	强洗（h）
碳酸钙垢	1	4
硫酸钙、硫酸钡、硫酸锶垢	2	4
金属氧化物/氢氧化物（铁、锰、铜、镍、铝等）	1	5
无机胶体污染物	1	4
无机/有机胶体混合污染物	2	6
聚合硅沉积物	无	7
微生物类	2	3 或 6
天然有机物（NOM）	2	3 或 6

清洗液配方（以 100 加仑，即 379L 为基）　　　　　　　表 3-63

编号	主要组分	药剂量	pH 调节值	最高温度（℃）
1	柠檬酸(100%粉末)	17.0 磅(7.7kg)	用氨水调节 pH＝4.0	40
2	三聚磷酸钠（100%粉末） NA-EDTA(100%粉末)	17.0 磅(7.7kg) 7.0 磅(3.18kg)	用硫酸或盐酸调节 pH＝10.0	40
3	三聚磷酸钠(100%粉末) 十二烷基苯磺酸钠(100%粉末)	17 磅(7.7kg) 2.13 磅(0.97kg)	用硫酸或盐酸调节 pH≤10.0	40
4	盐酸(36%HCl)	0.47 加仑(1.8L)	用盐酸缓慢调节 pH≤2.5	35
5	亚硫酸氢钠(100%粉末)	8.5 磅(3.86kg)	用氢氧化钠调 pH≥11.5， 再加盐酸调 pH≤11.5	35
6	氢氧化钠(100%粉末) 十二烷基磺酸钠(100%粉末)	0.83 磅(0.38kg) 0.25 磅(0.11kg)	用氢氧化钠调 pH≥11.5， 再加盐酸调 pH≤11.5	30
7	氢氧化钠(100%粉末)	0.83 磅(0.38kg)	用氢氧化钠调 pH≥11.5， 再加盐酸调 pH≤11.5	30

表 3-64 表明了对特定膜元件的最大 pH 和温度极限值，超出这一限制会造成不可恢复的膜元件损坏。海德能公司建议的最小清洗温度极限是 21℃，因为在较高温度下清洗效力和清洗药剂的溶解性会有明显改善。

清洗液 pH 和水温极限的关系　　　　　　　　　　表 3-64

产　品	清洗液 pH 值		
	45℃（T＞35）	35℃（T＞30）	30℃以下
CPA	2～10	2～11.5	2～12.0
ESPA	2～10	2～11.5	2～12.0
LFC	2～10	2～11.5	2～12.0
SWC	2～10	2～11.0	2～12.0
ESNA	3～10	2～11.5	2～12.0

在清洗过程中，污染物会消耗清洗药品，pH 值会因此发生变化，同时药品的清洗效

力会降低。化学清洗时需要随时监测 pH 值的变化，及时调节 pH 值。一般测定 pH 值偏离设定 pH 值 0.5 以上时，需要再进行化学药品添加。

（5）化学清洗系统

A. 化学清洗设备配置（表 3-65）。因为在线清洗时，膜元件放在压力容器中进行清洗，运行装置以外，需要另外设置清洗装置。清洗设备一般包含清洗水箱、过滤器、循环泵、压力表、温度计、阀门、取样点、管线等。清洗水箱的容积要保证，连接软管、过滤器、管路和 RO 压力容器内置换用水水量的要求。

化学清洗系统规格和配置 表 3-65

设备名称	规格及配置
清洗水箱	水箱材质应选用玻璃钢或聚乙烯 能方便药品添加，应设置搅拌混合措施 清洗水箱底部应设置锥形底，方便箱内液体排尽 应设有液面计观察液位，并标明体积刻度
循环泵	SUS316L 以上材质 循环泵的出口处设有排气口，兼用为取样口 循环泵的扬程不小于 50m
保安过滤器	能除去化学清洗中产生的 $5\mu m$ 以上的粒子
流量计/压力表/温度计	测定清洗流量、压力和温度
取样口	设置在供水和浓水管路，测定 pH、TDS、电导
配管	软管和聚氯乙烯（PVC）
提携式计量器	pH 计和 TDS 计（或电导仪）
秤/量筒	称量药品（粉末状）/称量药品体积（液体药品）

B. 清洗用水体积计算。计算 RO 膜元件、保安过滤器以及管路的体积，概算所需清洗液的体积，保证清洗液量。RO 膜元件清洗液的体积计算法参考表 3-66。

单支 RO 膜元件所需清洗液的体积 表 3-66

膜元件规格	常规污染	重度污染
直径 4 英寸长度 40 英寸	9.5L	19L
直径 6 英寸长度 40 英寸	19L	38L
直径 8 英寸长度 40 英寸	34L	68L
直径 8.5 英寸长度 40 英寸	38L	76L

注：不包括管路输送、过滤器及初始 20%排放所需的体积量。

C. 化学清洗流量（表 3-67）。

化学清洗时单支膜壳流量（入口压力≤4bar） 表 3-67

	流　量		
	（GPM）	（LPM）	（m³/h）
直径 4 英寸	6～10	23～38	1.4～2.3
直径 6 英寸	12～20	45～76	2.7～4.5
直径 8 英寸	24～40	91～151	5.5～9.1
直径 8.5 英寸	27～45	102～170	6.1～10.2

D. 清洗用水的水质。因为清洗用水是用于溶解酸和碱等药品，因此建议使用 RO 产水，如果没有 RO 产水时，所使用的水必须是不含硬度、游离氯及铁离子的离子交换水或蒸馏水。

E. 清洗前的注意事项和准备工作：

- 使用药品前，仔细阅读从药品公司处得到的药品安全表格（MSDS）和药品说明；
- 操作时，穿戴安全眼镜、手套、工作服；
- 使用前校正 pH 计；
- 估算所用清洗液体积；
- 保证清洗液进入系统前，所有的清洗药品完全溶解和混合；
- 清洗液的温度和 pH 值范围符合规定值。

（6）化学清洗过程

A. 在 4bar（60psi）或更低压力条件下进行低压冲洗，即从清洗水箱中（或合适的水源）向压力容器中泵入清洁水并排放几分钟。冲洗水必须是洁净的，去除硬度，不含过渡金属（Fe、Mn 等）和余氯的 RO 产品水或去离子水。

B. 在清洗水箱中配制指定的清洗溶液。配制用水必须是去除硬度，不含过渡金属和余氯的 RO 产品水或去离子水。将清洗液的温度和 pH 调到所要求的值。

C. 启动清洗泵将清洗液泵入膜组件内，循环清洗约 1h 或是要求的时间。在初始阶段，在清洗液返回至 RO 清洗水箱之前，应将最初的回流液排放掉，以免系统内滞留的水稀释清洗溶液。在化学药剂与 RO 装置接触后，装置内的污染物在化学反应的作用下会被大量冲出，为了避免污染清洗液，这些清洗液也应该被排放掉，直至清洗液颜色转淡再进入循环清洗。在循环清洗最初的 5min 内，缓慢地将流速调节到最大清洗流速的 1/3。并在第二个 5min 内，增加流速至最大设计流速的 2/3，最后再增加流速至最大清洗流速值。如果需要，当 pH 的变化大于 0.5，就要重新添加药品调整 pH 值。

D. 根据需要可交替采用循环清洗和浸泡程序。浸泡时间可根据制造商的建议选择 1～8h。在整个清洗过程中要谨慎地保持合适的温度和 pH 值。

E. 化学清洗结束后，要用清洁水（去除硬度，不含金属离子如铁和氯的 RO 产品水或去离子水）进行低压冲洗，从清洗装置及相关管路中冲洗残留化学药剂，排放并冲洗清洗水箱，然后再用清洁水完全注满清洗水箱。从清洗水箱中泵入所有的冲洗水冲洗压力容器并排放。直至 RO 装置内的残留化学药品基本被清除。

F. 采用清洁水完全冲洗后，就可用预处理给水进行最终的低压冲洗。给水压力应低于 4bar，最终冲洗持续进行直至冲洗水干净，且不含任何泡沫和清洗剂残余物。通常这需要 15～60min。操作人员可用干净的烧瓶取样，摇匀，监测排放口处冲洗水中洗涤剂和泡沫的残留情况。洗液的去除情况可用测试电导的方法进行，如冲洗水至排放出水的电导在给水电导的 10%～20% 以内，可认为冲洗已接近终点；pH 表也可用于测定冲洗水与排放水的 pH 值是否接近。

G. 低压冲洗结束后，RO 装置可以重新开始运行，但初始的产品水要进行排放并监测，直至 RO 产水可满足工艺要求（电导、pH 值等）。这一段恢复时间有时需要从几小时到几天，才得到稳定的 RO 产水水质，尤其是在经过高 pH 清洗后。

3.5.3　海岛咸水反渗透淡化技术与设备

3.5.3.1　海岛咸淡交替山塘水净化一体化技术与设备

1. 湖泥岛简介

湖泥社区位于舟山群岛东南部，由湖泥山、东白莲、西白莲 3 个住人岛组成。附近海域尚有 13 个无人小岛，11 个礁。陆地面积约 4.31km²，辖 3 个行政村。该社区属海岛丘陵地带。以 3 个住人岛为主体，岛、礁呈三角形散状分布。3 个住人岛属内港岛屿，地势东南较平缓，西北较陡，四周都有海泥淤积，形成泥涂滩。共有海塘 13 条，围涂约 700 余亩。社区内村民历来从事捕捞业，目前投入渔业捕捞的船只 10 艘，近洋渔船 27 艘，养殖面积 538 亩。近几年来，社区引导居民转产转业，已发展各类工程船只 21 艘。拥有 2 万 t 级船厂 1 座。港口条件好，适合开发临港产业。

湖泥社区隶属于虾峙镇政府，目前，居民饮用水主要来自坑道井和后岙山塘水库中的水库水。存在的主要问题是供水设备简陋，水质差，很多项水质指标超出了国家生活饮用水标准。若是不经过处理，直接饮用，会对居民身体造成不良影响。

2. 水源水质调研

为了解海岛水资源分布及水质情况，以掌握海岛的水资源分布及饮用水安全情况，为后续研究的开展提供基础性指导，必须对湖泥岛进行多次调研。通过调研发现，湖泥岛社区居民饮用水主要来自山顶坑道井、地面水井和后岙山塘水库水。通过水质检测发现水源中多项指标严重超出了《生活饮用水卫生标准》（GB 5749—2006），下面以湖泥岛山塘水库的水质分析为例（表 3-68）。主要超标水质参数如下：

1）大肠杆菌

大肠杆菌是人和许多动物肠道中最主要且数量最多的一种细菌。它侵入人体一些部位时，可引起感染，如腹膜炎、胆囊炎、膀胱炎及腹泻等。人在感染大肠杆菌后的症状为胃痛、呕吐、腹泻和发热。感染可能是致命性的，尤其是对孩子及老人。

湖泥岛山塘水库中总大肠菌群、耐热大肠菌群、大肠埃希氏菌群及菌落总数等都被检测出，并严重超出国家饮用水标准，如果不经过严格处理，直接饮用将会对居民的身体健康造成不良影响。

2）耗氧量（COD_{Mn}）

耗氧量（O_2 计）就是在一定的条件下，采用一定的强氧化剂处理水样时，所消耗的氧化剂量。它是表示水中还原性物质多少的一个指标。水中的还原性物质有各种有机物、亚硝酸盐、硫化物、亚铁盐等，但主要的是有机物。以 mg/L 为单位，其值越高，表示水污染越严重。主要分为 COD_{Mn} 和 COD_{cr}，COD_{cr} 主要用于污染高的生活废水、工业废水等的测定，COD_{Mn} 主要用于生活饮用水的测定。

湖泥岛山塘水库中 COD_{Mn} 为 4.60mg/L，已远超出国家饮用水标准 3mg/L，并且随着季节及雨水量的变化而变化，多雨季节（夏天）COD_{Mn}变大，因为雨水增大，山上及周围有机物被雨水冲进山塘里。

3）浊度

浊度是指水中悬浮物对光线透过时所发生的阻碍程度。水质分析中规定：1L 水中含有 $1mgSiO_2$ 所构成的浊度为一个标准浊度单位，简称 1 度。水中的悬浮物一般是泥土、砂粒、微细的有机物和无机物、浮游生物、微生物和胶体物质等。水的浊度不仅与水中悬浮物质的含量有关，而且与它们的大小、形状及折射系数等有关。控制浊度是工业水处理的一个重要内容，也是一项重要的水质指标。根据水的不同用途，对浊度有不同的要求，生活饮用水的浊度不得超过 3 度；要求循环冷却水处理的补充水浊度在 2～5 度；除盐水处理的进水（原水）浊度应小于 3 度；制造人造纤维要求水的浊度低于 0.3 度。由于构成浊度的悬浮及胶体微粒一般是稳定的，并大都带有负电荷，所以不进行化学处理就不会沉降。在工业水处理中，主要是采用混凝、澄清和过滤的方法来降低水的浊度。

湖泥岛山塘水库中浊度为 15～25NTU，已远超出国家饮用水标准 3NTU。

4）色度

纯水无色透明，天然水中含有泥土、有机质、无机矿物质、浮游生物等，往往呈现一定的颜色。工业废水含有染料、生物色素、有色悬浮物等，是环境水体着色的主要来源。有颜色的水减弱水的透光性，影响水生生物生长和观赏的价值，而且还含有有危害性的化学物质。水质分析中规定：1mg 铂在 1L 水中所具有的颜色为 1 度。

湖泥岛山塘水库中色度为 30 度，已远超出国家饮用水标准 15 度。

5）臭和味

臭是检验原水与处理水的水质必测项目之一。水中臭主要来源于生活污水和工业废水中的污染物，天然物质的分解或与之有关的微生物活动。由于大多数臭太复杂，可检出浓度又太低，故难以分离和鉴定产臭物质。检验臭也是评价水处理效果和追踪污染源的一种手段，此方法适用于生活饮用水及其水源水中臭和味的测定。

并按 6 级记录其强度，臭和味的强度等级：

零级，无任何臭和味；

一级，微弱，一般饮用者甚难察觉，但臭、味敏感者可以发觉；

二级，弱，一般饮用者刚能察觉；

三级，明显，已能明显察觉；

四级，强，已有很显著的臭味；

五级，很强，有强烈的恶臭或异味。

必要时可用活性炭处理过的纯水作为无臭对照水，生活饮用水要求必须为零级。湖泥岛山塘水库中臭和味为三级，已能明显察觉，已远超出国家饮用水标准：无异臭和异味。

6）肉眼可见物

悬浮物（suspended solids）指悬浮在水中的固体物质，包括不溶于水中的无机物、有机物及泥砂、黏土、微生物等。水中悬浮物含量是衡量水污染程度的指标之一。悬浮物是造成水浑浊的主要原因。水体中的有机悬浮物沉积后易厌氧发酵，使水质恶化。中国污水综合排放标准分3级，规定了污水和废水中悬浮物的最高允许排放浓度，中国地下水质量标准和生活饮用水卫生标准对水中悬浮物以浊度为指标作了规定。湖泥岛山塘水库中有明显的悬浮物，已远超出国家饮用水标准：不得含有悬浮物。

虾峙镇湖泥社区山塘水库水质分析　　　　表 3-68

序号	项　　目	单位	《生活饮用水卫生标准限值》(GB 5749—2006)	湖泥山塘水库原水
1	总大肠菌群	CFU/100mL	每100mL水样中不得检出	11
2	耐热大肠菌群	CFU/100mL	每100mL水样中不得检出	11
3	大肠埃希氏菌	CFU/100mL	每100mL水样中不得检出	11
4	菌落总数	CFU/mL	100	660
5	砷	mg/L	0.01	<0.005
6	镉	mg/L	0.005	<0.001
7	六价铬	mg/L	0.05	<0.004
8	铅	mg/L	0.01	<0.007
9	汞	mg/L	0.001	<0.0001
10	硒	mg/L	0.01	<0.005
11	氰化物	mg/L	0.05	<0.01
12	氟化物	mg/L	1.0	0.23
13	硝酸盐(以N计)	mg/L	10	0.17
14	三氯甲烷	mg/L	0.06	0.006
15	四氯化碳	mg/L	0.002	<0.0002
16	色度	度	15	30
17	浊度	NTU	1 水源与净水技术条件限制时为3	15
18	臭和味	级	不得有异臭、异味	3
19	肉眼可见物	—	不得含有	悬浮物
20	pH	—	6.5~8.5	7.65
21	铝	mg/L	0.2	0.039
22	铁	mg/L	0.3	0.19
23	锰	mg/L	0.1	0.06
24	铜	mg/L	1.0	<0.004
25	锌	mg/L	1.0	<0.05
26	氯化物	mg/L	250	36
27	硫酸盐	mg/L	250	24
28	TDS	mg/L	1000	143
29	总硬度(以CaCO₃计)	mg/L	450	96
30	耗氧量	mg/L	3	4.60
31	挥发酚类(C_6H_5OH)	mg/L	0.002	<0.002
32	阴离子合成洗涤剂	mg/L	0.3	<0.1
33	总α放射性	Bq/L	0.5	<0.05
34	总β放射性	Bq/L	1.0	0.13

3. 示范设备的设计与安装

舟山普陀区虾峙镇湖泥岛的村级供水系统的饮用水水源主要为岛上唯一的山塘——后峇山塘（图 3-143），其村级供水系统非常简单，只是简单地加药后用泵直接将水打进供水管网（图 3-144）。而后峇山塘水水质季节性变化，在丰水季节为淡水，水体盐度呈明显立体分布差异，旱季甚至干枯。为此，为了降低运行成本以及保证用水高峰时的用户用水，海岛苦咸水淡化/淡水净化一体化装置（图 3-145）应运而生，以实现季节性的净化技术切换，或者同时运行。根据该村级供水的实际需求，装置规模为 120m³/d，其中淡水净化超滤规模为 75m³/d（3m³/h），苦咸水反渗透淡化规模为 50m³/d（2m³/h）。既可单独运行，亦可同时运行（规模可达 150m³/d）。该示范装置不仅要解决当地村镇的安全饮用水需求问题，同时在设计上已充分考虑到如何与项目科研相结合：

图 3-143　湖泥岛后峇山塘与取水泵房、制水间

图 3-144　湖泥岛后峇山塘原泵房和加药装置

（1）该一体化装置可实现反渗透咸水淡化、纳滤咸水淡化（反渗透膜更换为纳滤膜，并调节相关操作参数）、淡水超滤净化，还可实现自来水厂絮凝砂滤的一般工艺。充分开展技术经济比选。

图 3-145 湖泥岛苦咸水淡化/淡水净化一体化装置

（2）加药、砂滤、活性炭、保安过滤的预处理工艺可自由组合。

（3）经过不同操作单元都有取样口，还可进一步用软管连接小型深度处理装置，便于开展实验研究。

4. 示范设备调试运行

在设备调试运行稳定后，对后吞山塘原水及设备处理后的水进行了现场分析测试（图3-146）。现场测试的水质数据表明（表3-69、图3-147），原水中超标的水质指标，经过设备处理后，完全达到国家生活饮用水水质标准。

图 3-146 设备安装与调试

现场水质测试结果 表 3-69

检测水样	温度 （℃）	pH	电导率 （μs/cm）	浊度 （NTU）	NH_4^+-N （mg/L）	TFe （mg/L）	锰 （mg/L）	总硬度 （mg/LCaCO₃）	COD_Mn （mg/L）
生活饮用水标准	—	6.5～8.5	—	1	0.5	0.3	0.1	450	3
原水	18	6.8	267	26.6	0.11	0.23	0.08	65	4.24
砂滤后	18	7.0	260	25.9	0.07	0.22	0.08	64	4.00
活性炭后	18	6.9	276	15.6	0.1	0.18	0.07	64	3.60
砂滤＋超滤	18	6.8	277	<0.1	0.1	0.18	0.07	64	3.12
砂滤＋活性炭＋超滤	18	6.8	274	<0.1	0.08	0.18	0.07	62	2.88
反渗透产水	18	6.6	3	<0.1	<0.01	<0.02	<0.02	<10	0.16

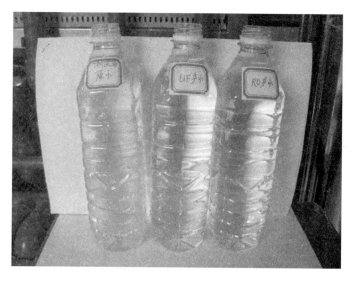

图 3-147　湖泥岛后岙山塘水库原水产水对比

湖泥岛湖泥社区后岙山塘水库位于湖泥山的东侧，而居民大部分居住在湖泥山西侧。原供水管是通过山顶处的山洞穿过湖泥山接到居民供水管网中。因此，在山洞处放置储水箱（图 3-148），然后用 PE 管连接储水箱和居民供水管网。储水箱中装有液位控制系统，由山下产水房中的集中控制箱中的 PLC 自动控制。当储水箱低液位时，通过信号传输至 PLC 控制系统，产水设备自动启动，进行制水；当储水箱高液位时，通过信号传输至 PLC 控制系统，产水设备自动停止。

图 3-148　湖泥岛后岙山塘水库山顶处水箱和山洞处管网

5. 不同盐度下一体化设备运行情况

考虑到湖泥后岙山塘水库水量的季节性变化引起的原水电导率变化及含盐量变化，特地模拟考察了设备在不同盐度下的运行情况及产水水质。在实验中，通过往原水中加饱和盐水的方法来改变原水的盐浓度，从而获得不同盐含量下，设备运行的各种参数，所得到的实验结果见表 3-70 所列。

由表中数据可以看出，随着原水电导率的逐步增大，超滤产水量有减小的趋势，而反渗透的操作压力逐渐升高，反渗透产水量逐渐增大。而总产水量基本不变，维持在

5.2m³/h 左右。当原水电导率升高时，要想获得适于饮用的淡水，就必须增加反渗透产水量，从而使最终混合产水能够达到国家生活饮用水指标。本实验数据表明本示范装置即使在含盐量高（2000～3000μs/cm）的情况下，混产水也能达到国家饮用水标准，且能耗较低，平均耗电为 1kW·h/t 水左右，很大程度上降低了使用成本，弥补了使用单一反渗透装置能耗高的缺陷。

一体化设备相关参数 表 3-70

原水电导(μs/cm)	322	492	745	1050	1625	2530
UF＋RO 混产水电导率(μs/cm)	180	235	317	380	650	870
RO 操作压力(MPa)	1.36	1.48	1.67	1.70	1.77	1.9
超滤产水量(m³/h)	2.8	2.6	2.2	2.2	2	2
反渗透产水量(m³/h)	2.5	2.65	2.92	2.95	3.15	3.2
总产水量(m³/h)	5.3	5.25	5.12	5.15	5.15	5.2
能耗(kW·h/m³)	0.92	0.93	0.94	1.06	1.15	1.24

3.5.3.2 海岛平地水库苦咸水淡化技术与设备

1. 六横岛简介

六横岛位于舟山群岛南部海域（图 3-149），北距沈家门 24.8km，是舟山市优先发展的"三大岛"之一。六横岛在元代以前，称为黄公山，明代起开始改名六横岛。因为全岛有从东南到西北走向的 6 条岭横岛屿，其形如蛇，当地百姓称为"横"，故得名"六横"。

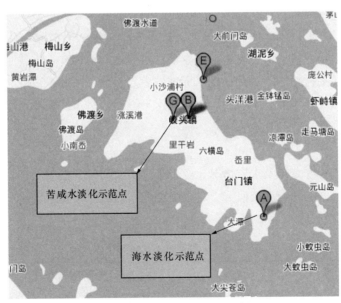

图 3-149 六横岛地理位置图

六横列岛位于舟山市普陀区六横镇境内，由六横岛、悬山岛、砚瓦岛等 105 个岛屿组成，宛如撒在东海中的一串明珠。全岛陆域面积 113.82km²，为舟山第三大岛，也是舟山第一大镇。辖 60 个行政村，2 个居委，6.5 万人口。

目前，六横镇供水水源主要有：岛内淡水资源和海水淡化。岛内已建了台门、五星2个1万 m³/d 设计规模的水厂，还有棕榈湾、双塘、双塘平地、浦西、上龙山、范家等小水厂（泵站）。总的淡水水源水厂设计规模达到3.4万 m³/d。但是根据实际可供水量，日可供水量只有9960m³/d。

另外，在台门北侧大葛藤山脚下已建海水淡化厂第一期（产水规模2万 m³/d）土建工程，并安装1万 m³/d 工艺设备，另外1万 m³/d 工艺设备也即将上马。海水淡化厂采用"二级预处理＋反渗透"的处理工艺。但是，现状水厂生产规模较小，随着工业区的迅速发展，并且管网敷设供水范围逐步扩大到周边农村，因此用水需求逐年越来越大，而淡水水源可供水量已经饱和，需扩建海水淡化厂才能满足近期水量的要求。远期在必要时，考虑从大陆引水至六横岛龙山及佛渡区块供水。

全岛现有人口6.5万人，供水用户9300户2.82万人，其中峧头水厂现有供水用户5000户，台门水厂现有供水用户3000户，双塘水厂现有供水用户1300户，但由于管网漏损率高达60%，水质容易遭受二次污染。另外还有7个村级自来水供水点，约3130户0.95万人，其中台门片有杜庄、平峧中心村、苍洞中心村等3个，峧头片有大岙、坦岙、嵩山等3个，双塘片有青港自来水点，其他居民仍以坑道井或蓄水井为生活用水水源。村级自来水供水点，采用小山塘或坑道井水向本村用户供水，但无净化消毒设备，水质受天气影响较大，平时一般，下雨天较差。各水厂供水点制水工艺落后，出厂水浊度较高，一般年份时供水量能得到满足，在遇到干旱年份时就没有水，且当地人口呈上升趋势，水质水量得不到保证。经调查饮水安全用户为3030户0.92万人。

现在岛内大部分的渔农民都是依靠地面井和水池作为饮用水源，且未经处理直接饮用，特别是现在许多农民安装了化粪池，生活污水渗透到地面井，据普陀区卫生部门对六横岛地面井的水质抽样检测，达到饮用水标准的少之又少，因此严重威胁着广大农民的身体健康。随着六横岛经济社会发展和居民生活水平提高，对水质的要求也明显提高，迫切需要用清洁的自来水来代替井水和河水。

2. 水源调研

为了解海岛水资源分布及水质情况，经过多次实地调研，掌握六横岛水资源分布及饮用水安全情况后，方才开展后续研究。对六横到的水资源分布及水质情况进行现场调研和检测，结果见表3-71。

六横岛千丈塘水库水质分析结果　　表3-71

序号	项　目	单位	《生活饮用水卫生标准》限值（GB 5749—2006）	水质结果
1	总大肠菌群	CFU/100mL	每100mL水样中不得检出	49
2	耐热大肠菌群	CFU/100mL	每100mL水样中不得检出	22
3	大肠埃希氏菌	CFU/100mL	每100mL水样中不得检出	17
4	菌落总数	CFU/mL	100	300
5	砷	mg/L	0.01	<0.005

序号	项　目	单位	《生活饮用水卫生标准》限值 （GB 5749—2006）	水质结果
6	镉	mg/L	0.005	<0.001
7	六价铬	mg/L	0.05	<0.004
8	铅	mg/L	0.01	<0.007
9	汞	mg/L	0.001	<0.0001
10	硒	mg/L	0.01	<0.005
11	氰化物	mg/L	0.05	<0.01
12	氟化物	mg/L	1.0	0.45
13	硝酸盐（以 N 计）	mg/L	10	0.03
14	三氯甲烷	mg/L	0.06	<0.005
15	四氯化碳	mg/L	0.002	<0.0002
16	色度	度	15	30
17	浑浊度	NTU	1，水源与净水技术条件限制时为 3	11
18	臭和味	级	不得有异臭、异味	3
19	肉眼可见物	—	不得含有	悬浮物
20	pH	—	6.5～8.5	8.64
21	铝	mg/L	0.2	0.023
22	铁	mg/L	0.3	<0.05
23	锰	mg/L	0.1	<0.05
24	铜	mg/L	1.0	0.004
25	锌	mg/L	1.0	<0.05
26	氯化物	mg/L	250	790
27	硫酸盐	mg/L	250	170
28	TDS	mg/L	1000	1692
29	总硬度（以 $CaCO_3$ 计）	mg/L	450	465
30	耗氧量	mg/L	3	5.48
31	挥发酚类（C_6H_5OH）	mg/L	0.002	<0.002
32	阴离子合成洗涤剂	mg/L	0.3	<0.1
33	总 α 放射性	Bq/L	0.5	<0.05
34	总 β 放射性	Bq/L	1.0	0.36

注：用深色标注的为超过生活饮用水卫生标准限值指标。

表 3-71 是千丈塘平地水库水质调研结果，从表 3-71 可以看出，原水的许多水质指标均超过国家生活饮用水卫生标准限值，原水中含有许多微生物，含盐量较高，电导率为 $2000\sim3000\mu s/cm$，可以确定千丈塘水库的水属于典型的苦咸水。相对于高含盐量（电导率 $30000\sim50000\mu s/cm$）的海水淡化来说，处理这种低含盐量的苦咸水的成本会降低很多，因此设计一种适用于这种低含盐量、节能、高效的反渗透苦咸水淡化装置，用于为当地居民提供符合国家生活饮用水卫生标准的健康水，能够更加合理地利用千丈塘水库水源，提高当地居民饮用水质量。

3. 示范装置的设计与安装

六横千丈塘平地水库位于六横岛蛟头镇，是国家农业综合开发项目之一，于 2007 年动工建设。该工程总投资 1500 万元，总库容 115 万 m³，建造大坝长 2613m，新建溢洪道、引水渠和排水渠节制阀、泵站及绿化、护栏等，蓄水量超过百万方。千丈塘水库的完工，有效消除了周边区域的洪涝灾害，一定程度上缓解了六横岛供水紧张的矛盾。

图 3-150　苦咸水淡化设备制水房

在得到千丈塘平地水库的水质结果后，综合考虑了产水水质、产水量和能耗等要求后，设计出了一套产水量为 4t/h 的反渗透苦咸水淡化装置（图 3-150）。

本示范设备规模：100m³/d。采用反渗透处理工艺，以反渗透膜作为原水脱盐的核心部分，采用加药（混凝剂）＋多介质过滤器过滤装置等作为反渗透的预处理，使进水达到反渗透系统的进水要求从而保证系统的正常稳定运行。

另外，在设计集中自动控制系统（PLC）时，加入了开机自动冲洗程序，从而将残留在膜中的有机附着物及高含盐量的浓缩液冲走，降低了反渗透膜的污染，保证了反渗透装置的正常使用，延长了反渗透膜的寿命，降低了运行成本。反渗透系统的工艺流程简图如图 3-151 所示。

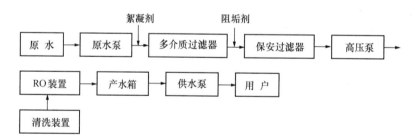

图 3-151　反渗透苦咸水淡化工艺流程简图

安装设备，包括填充多介质过滤器、保安过滤器，安装管路，安装电线，放置原水箱、产水箱，设置 PLC 控制程序等。安装后的效果如图 3-152 所示。

本设备用 PE 管将设备取水的自吸泵和当地用于煤场浇盖的真空泵（图 3-153）连接，从而使自吸泵进水管中时刻有水，在自吸泵开启时无需另外加水，充分利用可利用的资源。

另外，本项目研发的水面浮动式原水抽吸装置（图 3-154）包括带止回阀和滤网的水面浮动式取水头、自吸泵（主机配带）、连接管道，这种原水抽吸装置不同于常用的潜水泵，无需电缆，应用在应急水处理设备上可方便、快捷地实现远距离抛投取水（图 3-155）。这种取水装置应用在海水淡化设备上可避免潮水每天涨落或者湖水季节性变化对稳

图 3-152　设备安装完毕效果图

图 3-153　平地水库当地用于煤场浇盖的泵房和管道

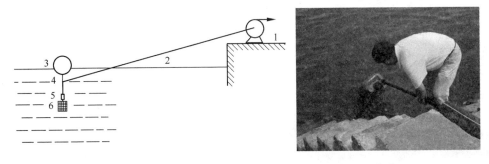

图 3-154　水面浮动式原水抽吸装置图

1—自吸泵；2—取水管；3—浮筒；4—吊绳；5—止回阀；6—滤网

图 3-155　铺设好的进水管道

定取水的影响，也可避免潮水对潜水泵的撞击破坏。本项目研发的水面浮动式原水抽吸装置在海岛村镇小型饮用水处理设备上应用具有许多优越性。

4. 示范装置的调试运行

在进行调试之后，示范装置的运行参数均正常，反渗透操作压力在 1.4MPa 左右，产水量 4t/h 左右，回收率基本稳定在 75％ 左右，平均耗电为 1.5kW·h/t 水（图 3-156）。

图 3-156　设备安装与调试

浓缩水　原水　产水

图 3-157　湖水处理前后

六横岛反渗透苦咸水淡化设备的核心技术主要是 PLC 自动控制系统，设有多个自动控制点，如原水低位、原水高位、产水低位、产水高位、高压泵高低压保护等，当在实际操作中，这些参数超过了设定值时，就会发信号至 PLC 控制系统，使设备停止运行。

设备调试运行稳定后，对苦咸水淡化装置产水水质进行了现场测试（图 3-157），测试结果见表 3-72 所列。从表中数据可以看出，原水中超标的部分水质参数经过设备处理后全部达到生活饮用水卫生标准。

设备调试完成后设备产水水质 表 3-72

检测水样	温度（℃）	PH	电导率（$\mu s/cm$）	浊度（NTU）	NH_4^+-N（mg/L）	TFe（mg/L）	锰（mg/L）	总硬度（mg/LCaCO₃）	SO_4^{2-}（mg/L）	COD_{Mn}（mg/L）
生活饮用水标准	—	6.5～8.5	—	1	0.5	0.3	0.1	450	250	3
原水	18	8.5	2290	9.85	0.1	0.02	<0.05	410	150	4.96
砂滤后	18	8.5	2280	4.34	0.08	0.01	<0.05	402	170	4.80
保安过滤器后	18	8.4	2280	1.91	0.08	0.01	<0.05	406	160	4.72
反渗透产水	18	7.2	46.8	<0.1	0.02	<0.01	<0.01	<10	<1	0.32
反渗透浓水	18	7.6	6370	8.44	0.3	0.06	0.1	1525	580	14.88

5. 不同盐度下淡化设备运行情况

考虑到千丈塘平地水库水量的季节性变化引起的原水电导率变化及含盐量变化，特地模拟考察了设备在不同盐度下的运行情况及产水水质。在实验中，通过往原水中加盐水的方法来改变原水的盐浓度，所得到的实验结果见表 3-73 所列。

不同盐度下设备的运行情况及产水水质 表 3-73

原水电导（$\mu s/cm$）	3118	4120	5400
反渗透产水电导率 $\mu s/cm$	37.0	61.2	99.2
RO 操作压力（MPa）	1.52	1.61	1.67
反渗透产水量（m³/h）	3.90	3.75	3.54
回收率（%）	73.9	73.2	72.5
能耗（kW·h/t）	1.54	1.58	1.62

由表中数据可以看出，随着原水电导率的增大，反渗透的操作压力也增大，产水量相应地减小，回收率也相应地减小，能耗稍微有所增大，但基本维持在 1.6kW·h/t 左右，能耗相对较低。

3.5.3.3 海岛村镇近海海水移动式淡化技术与设备

1. 海水淡化概况

当今世界面临着人口、资源与环境三大问题。其中水资源是各种资源中不可替代的一种重要资源，它是生命的源泉，是经济社会发展的命脉。水资源与环境密切相关，也与人口间接有关，水资源问题已成为举世瞩目的重要问题之一。地球表面约有 70% 以上面积为水所覆盖，其余约占地球表面 30% 的陆地也有水存在，但只有 2.53% 的水是供人类利用的淡水。由于开发困难或技术经济的限制，到目前为止，海水、深层地下水、冰雪固态淡水等还很少被直接利用。比较容易开发利用的与人类生活生产关系最为密切的湖泊、河流和浅层地下淡水资源，只占淡水总储量的 0.34%，还不到全球水总量的万分之一，因此地球上的淡水资源并不丰富。随着经济的发展和人口的增加，世界用水量也在逐年增加。目前全球人均供水量比 1970 年减少了 1/3，这是因为在这期间地球上又增加了 18 亿人口。世界银行 1995 年的调查报告指出：占世界人口 40％的 80 个国家正面临着水危机，发展中国家约有 10 亿人喝不到清洁的水。联合国预计，到 2025 年，世界将近一半的人口会生活在缺水的地区。水危机已经严重制约了人类的可持续发展，水将成为世界上最严重的资源问题。缺水问题已是一个世界性问题。

我国也早已认识到缺水将成为制约社会进步和经济发展的瓶颈，我国淡水资源总量不少，人均偏低。时间和地域分布上又很不均匀。给经济带来了巨大的困难。根据 2000 年中国水资源公报，我国北方城市缺水情况严峻，一些大城市出现了新中国成立以来最为严峻的缺水局面。据统计，全国 610 个中等以上城市，不同程度缺水的就达 400 多个，其中 32 个百万以上人口城市中，有 30 个长期受缺水的困扰。北京的人均水资源不足 200m³，仅为人均水平的 1/8，世界人均水平的 1/30。环渤海经济圈，包括天津、沈阳等城市，以及辽东半岛和山东半岛，人口高度集中、经济高速增长，缺水问题已经成了这些地区经济增长与持续发展的制约因素，对个别城市甚至是持续生存的关键。

水在某些地方已经成为生死存亡的问题，而不仅仅是方不方便的问题；而在另一些地方（如欧、美和亚太地区）则要遭到生活质量降低的打击。出路何在？自然有多个途径，如继续找水，开发新的水源，远途调水，废水回用，制定政策节约用水等。这就要求设计者必须坚持以人为本，促进全面协调可持续发展，依靠科技进步，完善体制机制，开发与节约并重，进一步加大水资源节约和水环境保护的力度，利用现代技术大规模开辟新的水源，例如海水淡化。事实上海水淡化已经确定无疑地成了全世界的必然趋势。只不过各国各地区问题的严重程度不同和反应的早晚不同而已。无论从哪方面来说，建立一个以海水为依托的战略水源都是必要的。因此许多国家和地区都利用海水淡化来解决日趋严峻的淡水危机。大规模地把海水变成淡水，已经在世界各地，特别是在海湾地区出现。

世界淡化水的总产量从 20 世纪 60 年代至今已经增到 2300 万 m³/d，而且还在以 10％～30％的年增长率攀升。供养的人口不仅有中东的若干国家，还有美国、俄国、日本、意大利、西班牙等发达国家的部分地区。多年来，世界不少国家先后成立专门机构，投入大量的资金，研究和开发海水淡化技术。我国从 1958 年开始研究开发海水淡化技术，从电渗析着手，约 10 年以后开始注意到反渗透技术，1997 年建成舟山日产 500m³ 海水反渗透淡化装置。在此之后，我国日产千吨级的海水反渗透淡化装置和日产 18000m³ 的苦咸水反渗透装置相继建成。而海水反渗透膜的生产线也在这期间成功投产。这表明我国的反渗透技术进入了逐步成熟的时代。

按分离过程分类，海水淡化方法主要有蒸馏法、膜法、结晶法、溶剂萃取法和离子交换法等。其中蒸馏法又有多级闪蒸（MSF）、多效蒸发或多效蒸馏（ME 或 MED）和压汽蒸馏（VC）之分，膜法海水淡化技术则包含了反渗透法（RO）和电渗析法（ED 或 EDR），结晶法则由冷冻法和水合物法构成。虽然淡化方法有许多种，但多年的实践表明真正实用的海水淡化方法只有 MSF、ME、VC 和 RO 等几种方法。

膜法海水淡化主要指反渗透法，它是一种将海水加压，使淡水透过选择性渗透膜的淡化方法。这种膜的作用是只允许纯水通过而排斥盐离子。反渗透过程要求将环境温度下的海水增压然后使其暴露在半渗透性聚合膜上，在无相变的情况下，膜表面排除了水中的盐分。反渗透膜是由半渗透的聚合材料制成，有平板膜、卷式膜和中空纤维膜等形式。虽然现在的 RO 膜与组件已经相当成熟，但各膜公司仍十分重视其研究与开发工作，目的在于开发出抗氧化、耐细菌侵蚀的新膜，改进和提高膜与组件的产水量、脱盐率等。经过将近40年的发展，反渗透法淡化海水技术已经相当成熟。膜的脱盐率高于99.3%，透水通量大大增加，可适应的操作压力范围不断增大，抗污染和抗氧化能力不断提高。与此同时，反渗透的关键设备，如能量回收装置和高压泵也得到快速的发展。容量和效率也不断提高。这些技术进展使反渗透法成为最有竞争力的海水和苦咸水淡化方法。此外，反渗透法投资省，能耗小，操作方便，易于控制，海水经过反渗透处理完全可以达到 WHO 的饮用水标准。基于以上优点，目前海水反渗透淡化技术在世界范围内的应用已相当广泛，技术上也比较成熟，在国际给水技术市场上每年以 10.6% 的速度增长，是国际给水技术市场上的先锋。

有关专家认为，今后 MSF、RO 和 MED 将决定海水淡化的未来，这是过去40年的发展得出的结论。

经过近40年的不懈努力。反渗透技术已经取得了令人瞩目的进展。目前反渗透膜与组件的生产已经相当成熟，膜的脱盐率高于99.5%，透水通量大大增加，抗污染和抗氧化能力不断提高。销售价格稳中有降；反渗透的给水预处理工艺经过多年的摸索基本可保证膜组件的安全运行；高压泵和能量回收装置的效率也在不断提高。以上措施使得反渗透淡化的投资费用不断降低，淡化水的成本明显下降。反渗透海水淡化的技术进步表现在如下方面：反渗透膜的性能、膜及组件的进展、关键设备（高压泵和能量回收装置）、给水预处理、工艺过程等。

海水反渗透（SWRO）的工程设计，其任务是以合理的工艺流程和运行参数，以较低的成本实现工程的预定目标，满足用户所需要的产水量及其水质指标。通过系统的设计，确定工艺流程和运行参数，相应的给水与处理系统，所需要的膜组件数量及其排列组合，所需其他配套设备及其大小等。

反渗透工程设计是个较复杂的过程，涉及诸多的变量，如海水的组分、pH 值、温度、操作压力、回收率、产水量、进料流量、膜的特性、能源价格等，而且有些参数彼此有密切关系并相互影响。

反渗透海水淡化工程设计的基本要求是，既要保证产水的产量和质量，又要保证浓水有一定的流速和浓度范围，以减少污染和结垢，实现长期安全、经济的运行，同时要满足最佳的回收率要求。回收率大小对投资费用和运行费用有很大的影响，如果回收率低，产水的吨水费用就高。如果进一步提高回收率，则会受到很多限制，必然提高设备的投资费用，最后也会导致淡化成本的增加。

2. 水质调查

为了掌握六横岛周围海域水质情况，对六横岛周围海水水质展开多次调研。调研结果表明，六横岛周围海水浊度高达 300NUT 以上，电导率为 30000～50000$\mu s/cm$。

3. 海水淡化设备设计

海岛渔船出海作业情况较多，但需要定时补给生活用水，这就需要补给船只定期给作业渔船进行物资输送。这不但增添了不少麻烦，而且若遇到恶劣天气，补给船只将无法出海对作业船只进行补给，这势必会引起许多不良后果。针对这一现实难题，特研制海水反渗透淡化设备，以供海岛居民出海作业时可以及时制取生活用水。

通过调研可知舟山群岛近海的黄色海水的浊度高达 300NTU 以上，砂滤加袋式过滤或砂滤加活性炭过滤等常规反渗透预处理方法无法适应这样的高浊度原水。本研究在充分调研基础上，开发了适合海岛条件的一体化塑胶高效澄清池（图 3-158），具有高效、低成本和安装便捷的优点。

图 3-158　塑胶高效澄清池及其内胆

在良好预处理基础上进一步用 PLC 控制反渗透装置停机时的自动冲洗，以防止反渗透膜的污染。但不同于常规方法用原水顶替反渗透膜元件中的浓水，而是用少量的反渗透纯水顶替反渗透膜元件中的高盐、高污染浓水，可显著减少反渗透膜的污染。当设备待机时间过长时也用 PLC 程序控制反渗透装置的定时自动快速冲洗，防止反渗透膜表面的微生物生长污染。无需膜供应商要求的加药保护。

海水淡化设备的简单流程如图 3-159 所示。

在设备设计制作完毕后，将设备运至六横台门示范区，并进行进行安装（图 3-160）。

4. 海水淡化设备的调试

与常规小型海水淡化装置不同的是本研发装置带有国内新研发的小型能量回收装置（目前市场上仅有大型能量回收装置，用于大型海水淡化系统），因此能耗远小于常规小型海水淡化装置；本小型海水淡化装置可灵活连接 3 种预处理系统：外海船用时采用砂滤器加袋式过滤器，体积小巧；应急使用时仅采用袋式过滤器作预处理，便于轻巧快捷安装；在近海海岛长期作为饮用水处理设备时，增加专门设计的一体化塑胶高效澄清池作前处理（图 3-161）。

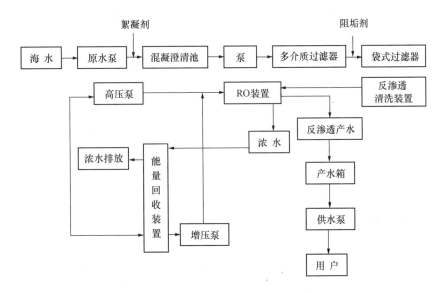

图 3-159 海水反渗透淡化设备流程图

图 3-160 设备安装

图 3-161 设备调试

3.6　海岛典型淡水水源水净化技术与设备

3.6.1　海岛屋面雨水供水系统设计与水质净化技术

3.6.1.1　海岛屋面雨水供水系统蓄水池容积优化设计

雨水资源对于散列海岛来说是最重要的淡水来源，通过对海岛当地村民的用水结构和用水习惯的实地调研，了解了海岛建房先挖窖的习惯，几乎家家有水窖、家家有自备井，图 3-162、图 3-163 是海岛典型的屋顶接水装置和家庭自备井（水窖）。当地村民将屋面雨水径流汇入自家水窖作为日常生活用水水源，由于缺乏必要的处理设施以及蓄水环境的恶劣，日常用水水质很难得到保障。

图 3-162　海岛民居典型的屋前水窖之一　　　　图 3-163　海岛民居典型的屋前水窖及水缸

由于降雨的随机性和用水的无序性，屋顶接水系统的设计规模、存储容积等参数很难进行简单的确定。尤其是屋顶接水系统中造价较高的储水设施，过大的容积容易抬高屋顶接水系统的建设成本，而容积过小则将导致雨水资源的大量浪费。而海岛村民自发修建的屋顶接水装置由于没有科学设计，集水效率低，淡水资源浪费较大。因此，了解屋顶接水供水系统的运行性能，建立简便而又科学的设计方法是推广屋顶接水供水系统的一个重要环节，也是减少建设成本，提高蓄水效率的关键途径。为此，课题组根据降雨特性、居民需水量等因素，对海岛屋顶接水供水系统的设计方法进行了研究，利用随机分析理论和性能模型（Behavioral Model）方法，对舟山海岛屋顶接水系统进行了分析评估，并在此基础上优化了系统设计参数，建立了系统的设计方法。

天然降雨过程千变万化，有着固有的多变性、间歇性。考虑降雨事件的成因机理等属于气象降雨事件的范畴；将降雨作为随机概率事件，用概率统计的方法去讨论分析，这就是统计降雨事件的概念。统计降雨事件有其内部和外部特性：内部特性涉及降雨过程峰值时刻、峰值的个数、雨量沿时分布等；外部特性即表现为降雨量（v）、降雨历时（t）、降雨平均强度（i）以及降雨间隔时间（b）。

将降雨划分成独立场次后，分别求出各场降雨的降雨量（v）、降雨历时（t）、降雨强度（i）和降雨间隔（b），以及各参数的数学期望值。对以上统计得到的降雨量、降雨历时和降雨时间间隔的序列，将其数值划分区间，统计每个区间内的降雨场次并计算各个区间内场次数占总降雨次数的百分比，可求出概率密度函数。一般可用指数分布或 Γ 分布来描述。由于指数分布参数少，更常使用。根据我国学者宁静的研究，降雨特性分布特征如式（3-14）~式（3-16）所示：

$$f_V(v) = \zeta e^{-\zeta v} \quad \zeta = 10.72 \quad (3\text{-}14)$$

$$f_D(d) = \lambda e^{-\lambda d} \quad \lambda = 6.87 \quad (3\text{-}15)$$

$$f_T(t) = \psi e^{-\psi t} \quad \psi = 71.36 \quad (3\text{-}16)$$

式中 v——每场降雨的降雨量，mm；

     d——每场降雨的降雨间隔，d；

     t——降雨间隔时间，h。

另外，舟山散列海岛屋顶接水系统如图 3-164 所示。

根据 Dixon 的研究结果，该屋顶雨水接水系统的性能模型如式（3-17）~式（3-19）所示：

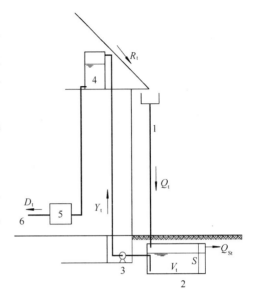

图 3-164　散列海岛屋顶接水系统概化图
1—建筑排水立管；2—雨水蓄水池；3—提升泵；
4—高位小水箱；5—净化处理单元；6—出水口

$$Y_t = \begin{cases} D_t & V_{t-1} + Q_t \geqslant D_t \\ V_{t-1} + Q_t & 0 < V_{t-1} + Q_t < D_t \\ 0 & V_{t-1} + Q_t \leqslant 0 \end{cases} \quad (3\text{-}17)$$

$$V_t = \begin{cases} 0 & V_{t-1} + Q \leqslant Y_t \\ V_{t-1} + Q_t - Y_t & Y_t < V_{t-1} + Q_t < S + Y_t \\ S & V_{t-1} + Q_t \geqslant S + Y_t \end{cases} \quad (3\text{-}18)$$

$$Q_{St} = \begin{cases} 0 & V_{t-1} + Q_t - Y_t < S \\ V_{t-1} + Q_t - Y_t - S & V_{t-1} + Q_t - Y_t > S \end{cases} \quad (3\text{-}19)$$

式中 Y_t——在间隔时间内从雨水蓄水池的产水量，m^3；

     D_t——在间隔时间内的需水量，m^3；

     V_t——在间隔时间内蓄水池内需水体积，m^3；

     Q_t——在间隔时间内的屋顶雨水径流量，m^3；

     S——雨水蓄水池的最大蓄水体积，m^3；

     Q_{St}——雨水蓄水池的溢流水量，m^3。

而屋顶雨水径流流量可根据降雨雨强计算，计算公式如式（3-20）所示：

$$Q_t = (1 - \omega)AR_t \quad (3\text{-}20)$$

式中　R_t——在时间间隔内的降雨量，mm；

　　　ω——屋顶径流损失，取 0.1；

　　　A——屋顶面积，m^2。

为了对屋顶雨水接水系统的性能进行分析评价，课题组对屋顶接水系统进行了模拟实验，通过对参数的敏感性分析，影响屋顶接水系统性能的关键参数主要有屋顶面积、储水容积及需水量，为了对这些参数进行充分的分析和评价，课题组借鉴 Fewkes（2000）的研究方法，定义了"需水分数"（Demand Fraction DF）与"储水分数"（Storage Fraction SF）2 个无因次量，如式（3-21）、式（3-22）所示：

$$DF = D/AR \tag{3-21}$$

$$DF = S/AR \tag{3-22}$$

式中　D——年平均需水量；

　　　S——年平均降水量；

　　　A——屋面面积；

　　　R——年平均降雨量。

为了定量地评价屋顶接水系统的性能，课题组定义了 2 个参数：缺水率（Water Shortage Rate WSR）和失水率（Water Loss Rate WLR），分别如式（3-23）、式（3-24）所示：

$$WSR(\%) = \frac{\sum t_{Y_t=0}}{8760} \times 100 \tag{3-23}$$

$$WLR(\%) = \frac{\sum Q_{St}}{AR_a} \times 100 \tag{3-24}$$

式中　$t_{Y_t=0}$——产水量为零的时间和，h；

　　　R_a——年降雨量。

如式（3-11）、式（3-12）所示，WSR 表示一年中雨水蓄水量为零的时间与全年时间比，而 WLR 则表示雨水径流溢流损失量与全年降雨量比。

根据降雨的分布规律，通过 Monte Carlo 随机采样的方法，采集了 20 年的降雨，其中，年降雨量最小 943.4mm，最大则为 1528.9mm，年平均降雨量为 1210.18mm。

由于降雨的随机性，降雨的特性参数，如年降雨量、间隔时间等每年均不一致，因此，在相同的需水量和储水容积的条件下，WSR 和 WLR 每年都有很大差别，当 D/AR 和 S/AR 分别等于 1.00 和 0.005 时，20 年中屋顶接水系统的 WSR 和 WLR 如图 3-165 所示。

图 3-165 中，右下角表示的是 box-and-whisker 图，其中，中线表示的是 50％的数值，whisker 覆盖了 90％的范围，两端表示的则是极限的数值。尽管，增大储水容积可减少雨水的溢流损失和缺水时间，但过大的蓄水池势必提升建筑费用，因此，在研究过程中，引入了"保证率"这一概念，如式（3-25）所示：

$$GR(\%) = \frac{n_c}{n} \times 100 \tag{3-25}$$

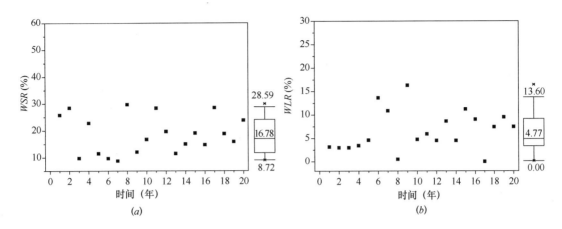

图 3-165　20 年中屋顶接水系统的 WSR 和 WLR（S/AR＝0.05；D/AR＝1）

式中　n_c——当数值低于 c 时的发生年数；

　　　n——总模拟年数。

在初步数值模拟的基础上，课题组同时分析了蓄水容积对屋顶接水系统的性能影响。假设一年的屋顶接水恰好能满足该家庭一年的需水量，即 $D/AR＝1$，则不同需水容积下屋顶接水系统的 WSR 和 WLR 如图 3-166 所示。

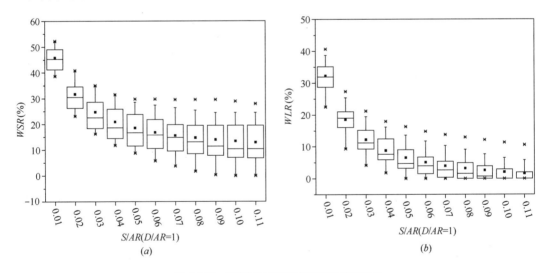

图 3-166　不同 S/AR 下的 WSR 和 WLR

图 3-166 中，Boxes 从 25％延伸至 75％，中间的横线为 50％，whisker 表示的则是 5％和 95％的数值，小星号则表示的是最高和最低的极端值以及中值。

如图 3-166 所示，随着需水容积的增大，S/AR 提高，屋顶接水系统的 WSR 和 WLR 均迅速下降，而当 S/AR 进一步增大时，WSR 和 WLR 的增大幅度减小，且逐渐趋于稳定。这说明，S/AR 值的增大可有效降低屋顶接水系统的雨水资源溢流损失量，保证雨水资源的供给率，但当 S/AR 达到 0.08 时，则 S/AR 的增大对屋顶接水系统的影响逐渐减弱。

课题组同时考察了雨水汇流集水面积对屋顶接水系统性能的影响。前述研究显示，S/AR 达到 0.08 时，储水能力的提高对系统性能的影响趋向于零。因此，在分析集水面积对系统性能影响时，取 $S/AR=0.08$。则不同 D/AR 值下屋顶接水系统的 WSR 和 WLR 如图 3-160 所示。

如图 3-167 所示，当集水面积增大，D/AR 减小，缺水率 WSR 显著减小，尤其是 D/AR 小于 0.7 时，基本上全年均可通过雨水实现淡水自给，但此时，雨水溢流损失量也大大增加。而从图 3-167（b）中可见，当需水量增大，D/AR 增大后，雨水溢流损失量大大减少，尤其是当 D/AR 大于 1.2 后，WLR 的发生概率大大降低，这就说明，为了保证雨水的全年供给，同时确保宝贵的淡水资源尽可能损失最小，最佳的措施是增加人工集雨面，增大雨水收集量，同时，实现多家庭的联合供给，确保用水量的稳定，因此，海岛村落实现多家庭的雨水集中收集协调分配可较好地解决雨水漏损，提高供给保证率。

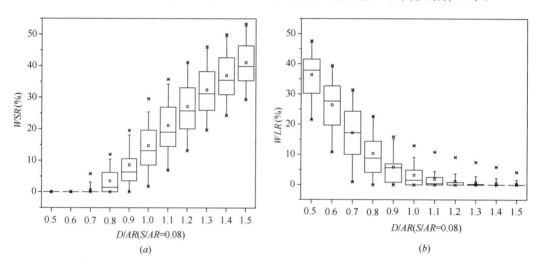

图 3-167　不同 D/AR 下的 WSR 和 WLR

在理论研究的基础上，课题组整理了屋顶雨水接水系统的设计计算图，通过查图，可根据用户用水量、所需保证率确定系统所需的集雨面积、蓄水容积等参数，设计计算图如图 3-168 所示。

根据设计需要，通过查找对应的设计计算图，即可方便地获取设计参数，指导海岛屋顶接水系统的设计。

3.6.1.2　海岛屋顶接水供水系统家用净化技术与设备

舟山海岛村镇中，为了保证淡水的供应，每家每户基本都备有水缸，设有水窖，将雨季屋面雨水径流收集储存起来，以备干旱时使用。然而，由于雨水径流长期储存于水窖中，卫生条件无法得到有效保证，又没有余氯等消毒药剂的保护，水质的生物稳定性和化学稳定性较差，极易滋生两虫、水蚤、红虫、藻类、细菌甚至病毒等微生物。缺乏有效管理的水窖甚至成了蚊蝇繁殖场所，造成水质进一步恶化。而海岛村镇住户往往不经处理直接将其作为饮用水源，严重威胁着广大农民群众的身体健康。

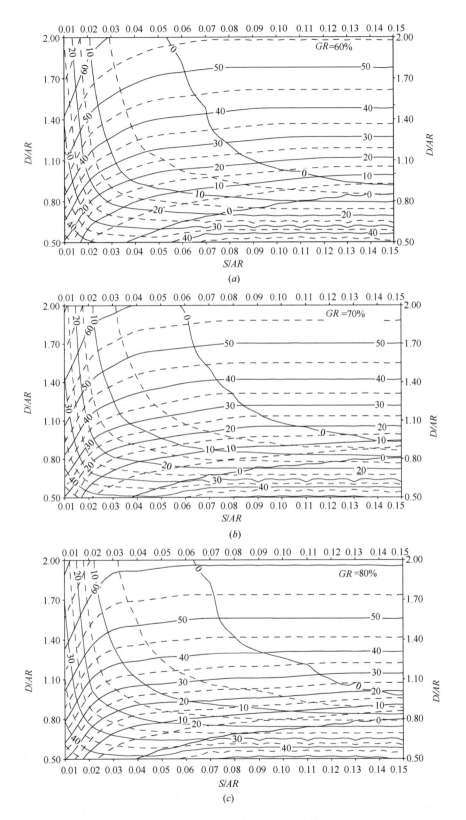

图 3-168 屋顶接水系统蓄水设施设计计算图（一）

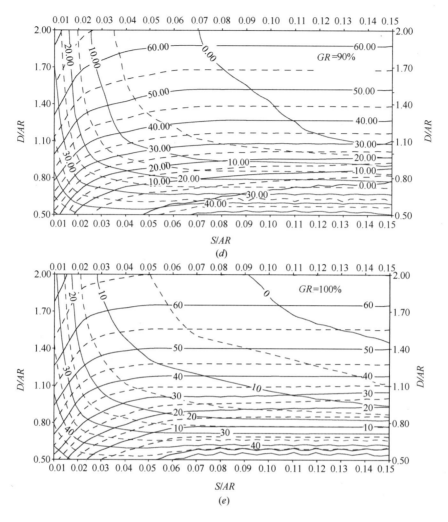

图 3-168　屋顶接水系统蓄水设施设计计算图（二）

目前，在农村饮用水领域超滤膜水处理装置受到了极大的关注。超滤膜水处理装置能有效地去除水中的颗粒物，使出水浊度降低至 0.1NTU 以下，并能去除大分子有机污染物，几乎 100％地截留两虫、水蚤、红虫、藻类、细菌甚至病毒等微生物。各种以超滤膜为主要处理单元的家用净水处理装置也应运而生，然而，这些超滤膜家用水处理装置一般没有正洗反冲功能，超滤膜在长期使用后，膜表面截流了大量的杂质和有机物，这些杂质又为细菌提供了繁殖的平台，导致了超滤膜通量的降低甚至堵塞，过水能力大大减小，最终造成失效。同时，目前某些家用净水装置设置了水箱，易造成二次污染，且家用净水装置价格昂贵，也阻碍了超滤膜在农村地区的推广和应用。

为了针对以雨水或其他自备井水作为水源的家用净水处理装置，设计能有效净化水源，避免二次污染，实现了正洗、反冲功能，且造价低廉、安装方便的超滤膜净水技术和设备，课题组在掌握海岛村民用水特征的基础上，开发了适用于海岛的家用雨水净化技术装置，包括提升泵、进水管路、熔喷芯滤桶、单向阀、中空纤维膜组件、压力传感器、气压罐以及杂用水龙头和饮用水龙头。工作过程（图 3-169）为：原水通过提升泵进入熔喷芯滤桶进行一级处理，去除水中较大颗粒的悬浮物和杂质，经过一级处理后的原水进入中空纤维膜组件进行二级处理，进一步去除水中的细小悬浮物和大分子有机物，使出水浊度达到 0.1NTU，达到《生活饮用水卫生标准》（GB 5749—2006）。二级处理后的净化水由饮用水龙头出水。在提升泵加压下，装置在满足出水的同时通过气压罐的作用进行储水储压，当装置压力上升到设定上限值时，由压力传感器发出停泵信号，提升泵关闭。当饮用水龙头处大量取水，净化装置压力逐渐下降到一定值后，压力传感器发出开泵信号，提升泵开启。当杂用水龙头开启后，经一级处理后的水在压力作用下直接在中空纤维膜内快速流动，由杂用水龙头出水，实现对超滤膜正冲洗作用；净化水则在气压罐作用下，反透过超滤膜，通过杂用水龙头排出，在这过程中，实现了对超滤膜的反冲洗。反冲洗出水作为杂用水，充分利用了淡水资源。

该分质供水家用雨水处理技术与装置具有以下优点和积极效果：

（1）安装方便，易拆卸，便于滤芯的更换和清洗；

（2）装置维持在一定压力范围，保证正常的供水水头，同时也避免频繁用水造成的水泵频繁启闭，提高了水泵使用寿命；

（3）实现了中空纤维膜的正洗和反冲等维护功能，出水用于杂用水，充分利用了淡水资源；

（4）采用压力传感的控制方式，自动实现水泵启闭，节能节水，避免了水箱造成的二次污染。

该装置的原理如图 3-170 所示，正常工作时，当本装置压力降低时，压力传感器通过控制器控制提升泵开启，提升泵将水窖内积蓄的雨水泵入本装置，经过熔喷滤芯桶的初级过滤后，进入中空纤维膜组件。中空纤维膜组件 5 采用内压式结构，当水进入中空纤维膜组件中的中空纤维膜膜丝后，在压力的作用下水透过膜而悬浮杂质则被截留在中空纤维膜

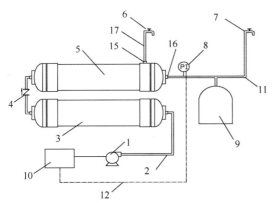

图 3-169　超滤膜家用雨水处理装置系统图
1—提升泵；2—进水管路；3—熔喷芯滤桶；4—单向阀；5—中空纤维膜组件；6—杂用水龙头；7—饮用水龙头；8—压力传感器；9—隔膜式气压泵；10—控制器；11—电源线路；12—信号线路；15—反冲洗出水口；16—净化水出口；17—杂用水管

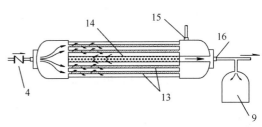

图 3-170　超滤膜家用雨水处理装置原理图
4—单向阀；9—隔膜式气压泵；13—中空纤维膜丝；14—穿孔收集管；15—反冲洗出水口；16—净化水出口

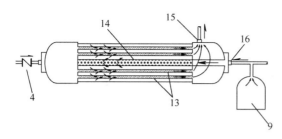

图 3-171　超滤膜家用雨水处理装置反冲洗原理图

4—单向阀；9—隔膜式气压泵；13—中空纤维膜丝；

14—穿孔收集管；15—反冲洗出水口；16—净化水出口

膜丝内部，隔膜式气压罐主要用于储压和储水，调节缓冲本装置的压力，避免由于水龙头的启闭导致提升泵的频繁开启；同时为超滤膜反冲洗提供了压力和水量，实现了无泵反冲洗。当隔膜式气压罐压力达到一定值后，控制器控制提升泵关闭，直至饮用水龙头用水后，压力降至最低值，在压力传感器和控制器的作用下，提升泵再度开启，进入下一轮工作周期。

如图 3-171 所示，当杂用水龙头开启后，中空纤维膜膜丝内部的浓水直接由中空纤维膜组件的反冲洗出水口排出，实现中空纤维膜正冲洗效果；同时，中空纤维膜膜丝外侧的净水在隔膜式气压 9 的压力作用下，反透过膜表面，实现中空纤维膜膜丝的反冲洗效果。正、反冲洗出水经中空纤维膜组件的反冲洗出水口 15 通过杂用水管 17 由杂用水龙头 6 排出，作为日常杂用用水，充分利用了有限的淡水资源。

3.6.2　海岛坑道井水净化技术与设备

目前，在农村饮用水领域超滤膜水处理装置受到了极大的关注。一体化的超滤膜水处理装置能有效地去除水中的颗粒物，使出水浊度降低至 0.1NTU 以下，并能去除大分子有机污染物，几乎 100％地截留两虫、水蚤、红虫、藻类、细菌甚至病毒等微生物。同时，超滤膜水处理装置供水规模灵活，适用于农村分散型饮用水处理，并且易于后期改扩建，仅需要增减超滤膜组件即可。另外，超滤膜装置工艺简单，运行方便，无须加药，可完全实现自动化运行，运行管理方便，符合农村的实际技术管理水平，膜装置的标准化、模块化与相对集约化使得净水工程施工周期短，占地面积大为减少。

但是，由于农村地区设备间歇运行，人员管理水平低，养护不到位，中空纤维膜组件易发生膜丝断裂的问题。膜丝断裂是超滤膜失效的主要原因。一旦膜丝断裂，原水中的贾第鞭毛虫和隐孢子虫，水蚤、红虫等直接由断裂的膜丝处进入清水箱，若不能及时发现，将严重影响使用者的身体健康。而目前集成式的膜处理装置很少具备膜丝断裂诊断功能，而农村偏远地区的膜处理净水装置往往缺乏专业工程师的定期管理和卫生监督部门的定期水质检测，膜丝断裂现象很难及时被发现，使得膜处理净水装置安全风险大增。

在传统的中空纤维超滤膜处理净水装置的基础上，结合农村水处理设备管理人员水平较低的特点，将膜丝断裂气检方法融入到净水设备中，便于方便快捷地进行膜丝断裂检测，确保设备的安全运行，保证出水水质。

为了克服现有中空纤维超滤膜水处理设备无法及时检测膜丝健康运行的特点，本研究旨在提供一种集成膜丝检测的一体化超滤膜水处理装置，该装置不但能使出水水质达到《生活饮用水卫生标准》（GB 5749—2006），同时能方便地检测出膜丝是否工作正常。

为此，课题组通过相应攻关，研发了超
滤装置的膜丝检测装置，该装置采用的原理
如图 3-172 所示：超滤膜水处理装置包括保
安过滤器、中空纤维膜组件、反冲洗系统、
化学清洗消毒系统、进出水管路，此外，还
包括作用在中空纤维膜组件的膜丝检测系统。
所述膜丝检测系统包括无油气泵、气路、透
明可视管段、电动阀、控制单元等。气压泵
压力应小于中空纤维膜泡点压力，可控制在
0.8～1.0 个大气压。在工作周期中，原水经
变频原水泵压入系统后，首先经过保安过滤

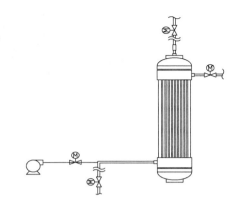

图 3-172　膜丝检测装置原理图

器的一级处理，过滤掉肉眼可见的细小颗粒，经一级处理后的原水进入超滤膜组件超滤，
进一步去除水中细小颗粒，使出水水质达到《生活饮用水卫生标准》（GB 5749—2006）。
当工作周期结束后，进水电磁阀关闭，反冲洗系统开启，系统进入反冲洗程序，当反冲洗
结束后，继续进入工作周期。当需要进行膜丝检测时，膜丝检测系统开启，将空气压入进
水管道，气体随水流进入水处理设备中的每一根超滤膜组件，由于泵入空气气压小于中空
纤维膜泡点压力，在膜丝工作正常的前提下，气体不会透过超滤膜，透明管段看不到气
泡；如果膜丝发生断裂、破损，则空气会透过超滤膜进入出水管道，透明管段即出现气
泡，达到能够区分膜丝是否健康的目的。检测完毕后，控制系统控制膜处理设备进入正洗
和反冲程序，排空膜组件中空气。

本技术可以在不影响膜处理设备正常运行的前提下，方便地测出膜组件内中空纤维膜
膜丝是否健康运行，保证出水水质安全。

采用本技术的膜处理净水装置可在 1min 左右完成膜丝断裂的检测工作，检测方法方
便直接，检测工作操作简单。该膜丝检测技术已集成与海岛超滤膜淡水净化设施中，最终
形成了 ZJU-UF 系列超滤膜处理设备。图 3-173、图 3-174 是净水设备中的膜丝检测
系统。

图 3-173　集成膜丝断裂检测模块的农村分散式膜处理净水装置

图 3-174　用于膜丝断裂检测的透明管段

3.7　村级水厂升级改造技术与设备

3.7.1　村级水厂存在问题及改造必要性

我国大部分村级水厂建于 20 世纪末，设施老化陈旧，处理能力不足，处理工艺简陋，设计建造不够合理，实际运行工况与设计存在很大出入；水污染日益加剧，村级水厂的净水技术和设备设施很难适应水源恶化的要求；另外，饮水安全工程重建轻管，建管分离，水管人员技术水平低下，缺少监管机制等情况，致使村级水厂很难正常发挥作用，迫切需要改造升级，确保农村人口饮水安全。

3.7.1.1　村级水厂存在问题

1. 原水水质恶化

村级水厂大多采用水库、湖泊或者江河等地表水源或者浅层地下水源，目前的农村地表水依然是面源污染、养殖污染和生活污水的受纳水体，TN、TP、COD、有机物、微生物等指标超标，水量季节性变化明显；农村地区的浅层地下水也受到了不同程度的污染。

2. 净水工艺简陋老化

我国的净水工艺目前大多停留在以去除悬浮性颗粒物和细菌学指标为目标的水平，农村水厂大部分采用传统的混凝、沉淀、过滤、消毒工艺，很多村级水厂由于经济条件和技术水平的限制，处理工艺简陋或是难以正常发挥作用，各水厂也因为建设年代和经济水平不同，净水工艺和技术水平差异很大，很难适应日益污染的水源和新的水质标准。

3. 设备设施陈旧，效率低下

村级水厂由于设备长时间运行，损耗严重，特别是对水厂运行成本影响较大的水泵设备，往往由于所选扬程与实际工况不匹配，效率低下，气蚀情况严重，应该结合改造予以更换。目前农村水厂大多处于保本微利的经营状况，缺乏必要的维护经费，很难保证水厂设备的日常维护，大型设备的更换就更是困难了。

4. 水质检测设备不完善

现有的村级水厂基本没有什么检测设备，极少数水厂配备的余氯、pH 等简易检测设备，常常因为缺乏基本的专业知识不能规范操作。大部分的水厂水质检测都依赖于当地的疾控中心，一般都是每年 1～2 次，由于部门之间的协调问题，有相当一部分水厂不能拿到水质检测报告，很难确保水质安全稳定。

5. 构筑物结构破损

一些村级水厂由于建设年代较早，或者是管理不善缺乏资金，构筑物长期使用，年久失修，杂草丛生，渗漏严重，影响使用安全，需要结合水厂改造，予以修复和更新。

3.7.1.2 村级水厂改造必要性

村级水厂大多以地表水或者浅层地下水作为饮用水源，水源污染严重、微生物超标，农村供水工程具有用户居住分散，供水规模小，饮水安全工程建设标准低，地形复杂等特点，目前水量问题基本都已解决，但是村级水厂水质存在很大问题；据金立坚等人 2009 年调查，四川省 40 个县 6059 个集中供水水厂中，有 73.18% 的水厂饮水未经净化消毒处理，在 756 份水样检测中，仅有 55% 合格。2009 年卫生部的监测结果显示，全国已建农村供水工程末梢水水质合格率仅为 37.9%，解决农村供水水质合格率偏低问题是提升饮水安全工作实施效果的主要内容之一；2007 年国家质检总局和卫生部联合发布的《生活饮用水卫生标准》（GB 5749—2006）对饮用水质提出了更高的要求，这必将推动供水行业实施新一轮的水厂技术改造。

村级水厂改造相对于新建农村饮水安全工程具有很大的优越性。首先，村级水厂改造具有经济上的可行性，通过对水厂现有设施设备充分评估，在已有构筑物的基础上，使这些带病运行或者是没有正常发挥净水作用的水厂，每个工艺环节都真正起到净化水质的作用，进而提高出水水质，相比新建农村供水工程修建构筑物和购买设备造价要低很多；其次，村级水厂改造具有一定政治意义，一直以来农村供水工程都被群众称为"德政工程"，但是水厂的建设标准低下，运行管理不善和群众饮水安全意识淡薄，导致一些"德政工程"没有很好地发挥作用，甚至导致不安全事件发生，进而影响党和政府在群众心目中的形象；另外，村级水厂改造有利于农村环境保护，通过对原有水厂的改造提高供水水质，减少了土木建筑工程对周边环境的破坏，减少了因设施设备新增的能源消耗，有利于保护农村耕地。

3.7.2 村级水厂改造关键技术

针对村级水厂存在的普遍问题，研究提出了规范设计建设，增设预处理措施，机械混合，强化沉淀过滤，优化消毒等村级水厂改造技术，并针对 2 个川渝水厂实际情况，实施了具体的改造实践，取得了不错的效果。

水厂改造就是在水厂现有的经济基础和技术水平上，充分利用已有的构筑物和处理工艺，通过设置必要的技术措施，强化水厂净水能力，提高出水水质。因此，首先要调查水源和水厂水水质情况，分析水源污染物的现状和变化趋势，明确供水目标；其次就是评估水厂常规处理工艺的净水能力，提出需要通过技术改造解决的水质问题和主要工艺参数，另外就是充分利用水厂原有设施，通过适当的改造，改善其处理能力，经济高效地提高出水水质；最后确定水厂净水工艺的改造方案，需要根据当地原水条件和要求的水质目标，对各种处理技术进行合理地组合。

3.7.2.1　规范设计建设

村级水厂的设计应委托有相应设计资质的单位进行规范设计，设计人员应在掌握原水水质的情况下，结合项目区实际情况，大胆采用新技术、新工艺和新设备，选择最优方案以达到经济高效的净水效果。村级水厂的建设应该委托有相应资质的施工单位，以确保工程质量。

3.7.2.2　水源改造

水源水量问题：西南农村水厂受季节性干旱影响较为严重，经常在旱季出现来水不足的情况，影响农村供水安全，改造措施是选择多个水源、备用水源，增加水源调蓄设施等措施，防止单一水源出现问题或者水量不足时影响供水安全。

水源水质问题：针对水源水质的污染特性，采取相应的措施。水源为《地表水环境质量标准》中Ⅰ、Ⅱ类水体，因水厂工艺或设施原因造成供水水质的微生物指标（菌落总数等）、消毒剂指标（余氯等）和感官性状指标（浊度等）不能达标的，应完善常规工艺设施或进行设施改造，有条件的可采用超滤等膜处理工艺。

水源为存在有机污染的《地表水环境质量标准》中Ⅲ类水体，包括部分季节性污染的Ⅱ类水体，一般应采用强化常规工艺；对于有机物、臭味等水质指标不能达标的，应增设预处理或深度处理工艺；投加投加化学氧化剂或者吸附剂对于村级水厂来说是经济有效的办法。

水源有机物或 NH_4^+-N 污染严重，超过《地表水环境质量标准》中Ⅲ类水体的相关要求的，应综合采用预处理、强化常规处理和深度处理等技术措施。

地下水源铁锰超过《地下水质量标准》Ⅲ类水体的水厂，应设置或完善除铁除锰设施。

水源氯化物、总硬度、硝酸盐、硫酸盐超标时，宜优先用替代水源方案，或经综合比较采取特殊处理措施。

3.7.2.3　传统工艺改造

在水源水质不断恶化的条件下，要提高村级水厂的水质标准，必须对水厂的混凝、絮凝、过滤、沉淀、消毒等净水工艺进行改造，使这些处理工艺真正发挥作用，原水水质情况较差的水厂，甚至要进行某些工艺的强化，有条件的水厂可以将常规工艺改造成深度处理工艺，主要是增加去除溶解性有机污染、臭味与 NH_4^+-N 的能力。可采用机械搅拌、自动投药等措施改进混凝技术，通过增加网格等办法创造适宜的水力条件，使絮凝各段过程中接近最佳 GT 值；通过降低水流速度，改善絮体和无机泥砂分离程度，强化沉淀效果；通过采用新型生物滤料或者改为煤砂双层滤料改进过滤技术；采用新型高纯二氧化氯发生器和智能投加设备优化消毒技术。

1. 絮凝

絮凝是在凝聚剂和水快速混合以后的重要工艺过程，这时，水中的胶体杂质已经失去稳定性，开始互相发生絮凝，逐渐结合成为肉眼可见的絮凝颗粒，因为混合的时间非常短暂，形成的絮体很小，这种微小的絮粒很难在沉淀池中下沉，需要的沉淀时间就较长，这就需要絮凝过程。

絮凝反应中要有适当的搅拌或紊流强度，平均速度梯度为 $20\sim70s^{-1}$，并且沿池长方向，随着絮凝颗粒的长大，流速和搅拌强度应逐渐减小，防止絮凝颗粒破碎。絮凝反应池的水力停留时间为 $10\sim30min$，形成肉眼可见的大、密絮凝体。

西南村镇现有的絮凝池，因为地形、工程造价等原因没有严格按照要求建设，在日常的操作管理中，为追求高效制水也存在很多不规范的操作行为，致使水发流在絮凝池中的反应时间少，水流速度梯度难易保证，影响了絮凝颗粒的形成。

1）穿孔旋流絮凝反应池改造方案：设置网格（或栅条）

方法：前段设置密网、密栅，后段设置疏网、疏栅，末端不安装网、栅。

延长絮凝时间，经济方便地调整絮凝池的布置，提高了絮凝效果。

2）絮凝剂投加方式改进

推荐采用项目组自主研发的絮凝剂投加系统：使用特制的絮凝剂虹吸投加箱或者简易虹吸投加设备，采用无级变速泵确保搅拌转速为理想的每分钟 200 转左右，保证絮凝剂既能充分溶解分子结构又不被破坏；拥有自主专利技术的独立球阀系统保证絮凝剂不沉淀，可实现水来药来，水停药停；定量系统保证絮凝剂按照比例投加，实现了絮凝剂的均匀精准投配；虹吸系统利用水流经过时带走空气形成负压，絮凝剂被定量带入水中，可实现水来药来，水停药停，完全不用动力和人工。

2. 沉淀

西南村镇饮用水大多采用地表水源，径流污染、农业面源污染严重，水源中悬浮物、色、臭、味显著，使滤料层堵塞，过滤周期短，增加下一处理单元的工作强度，出水水质难以满足国家新国标，需要对传统沉淀工艺进行改造。

1）降低沉淀流速

当原水水质的浊度较低时，絮凝结成的絮体因为缺乏无机泥砂的核心，相对密度较轻，不易沉降，降低水流速度，才能改善分离，取得较好的沉淀效果。

方案：更换流量小的取水泵。

降低水流在沉淀池里的速度，使悬浮物有充足的时间沉降，保证沉淀效果。

2）改进排泥措施

水厂一般是一条排泥管接多个泥斗，由于距离较长，泥斗间排泥时有一定的压力差，容易造成排泥管前段串联的泥斗排泥完毕时，后段泥斗中的污泥仍不能排出影响净水效果。

方案：在每个排泥斗排出口加装水力喷嘴，利用水射器的抽吸原理，平衡斗间排泥压力差，辅助排泥，这样虽然会增加一定的工作量，但是只要在排泥时逐个开启喷嘴压力水控制阀门，排泥效果可以得到保证，条件允许的情况下，采用机械虹吸（泵吸）排泥方式。

3）沉淀池上方加设遮阳网架屋盖

防止藻类滋生，减少大风吹进杂物和减缓斜管因曝晒老化等作用。

3. 过滤

过滤就是利用细颗粒的材料构成滤层，当水通过时，水中的悬浮物质能被截留在滤层的表面和缝隙中，从而使水得到澄清。滤料、承托层和反冲洗系统是滤池的重要组成部分。为改善过滤效果，滤池滤料可以从均质细砂滤料改为煤砂双层滤料或者改用生物滤料，占地面积大的村镇水厂可以采用生物漫滤池进行过滤。

无阀滤池是在西南村镇供水工程中广泛使用的一种水处理构筑物（图 3-175），其采用变水头等滤速等方式，适用于中小型给水工程，具有造价低，操作管理简单方便，滤池结构简单等特点。

图 3-175　无阀滤池

经调查分析，目前的无阀滤池存在以下问题：进水系统比价复杂，对施工要求较高；反冲洗效果不理想，进水过程易夹气，影响正常的过滤和反冲洗；采用单层石英砂滤料，滤池产水率低，不能满足供水量增大的要求。

无阀滤池的技术改造：[1]

1）改变浑水进水方式

原有的重力式无阀滤池是按照国家标准图建造的，滤池在进水过程中夹进的气体，一部分可以上逸并通过排水虹吸管出口端排出池外，一部分将进入滤池并在伞盖下受压缩。在滤池过滤阶段，受压缩的气体会时断时续的膨胀并将虹吸管中的水顶出池外，影响正常过滤；在滤池反冲洗阶段，受压缩的气体会使排水虹吸管虹吸破坏不彻底，造成滤池连续反冲洗。这种现象在原有的重力式无阀滤池时有发生。

改进方案：取消原无阀滤池的进水 U 形存水弯和进水三通，增加竖井进水渠。竖井进

---

① 张金松主编. 净水厂技术改造实施指南［M］. 北京：中国建筑工业出版社，2009。

水渠在池子内部连接滤池的进水分配箱和伞形顶盖。滤池进水分配箱中的浑水直接由竖井进水渠进入锥形罩体内部。这样可以防止滤池携气运行，排除积聚在伞盖下的受压缩气体。

2）改变进水分配箱

据报道标准图中的无阀滤池产生携气运行的主要原因是分配箱中的配水堰与滤池进水管 2 次水位跌差造成的，当浑水进入滤池的进水管时，在管口又形成一个跌水漏斗型的水封，这种水封将空气带入进水管内并阻碍从管内分离出来的空气排出。改造后的无阀滤池进水系统，由于竖井进水渠中的水流速度较小，管口水封作用减弱，所以进水分配箱设计时仅满足水力条件。

3）改用单层均质石英砂滤料层

石英砂滤料层的粒径为 0.8～1.0mm，厚度为 1100mm。根据设计规范，滤料层的设计膨胀系数率取 30%，反冲洗强度取 15L/（m² · s），设计滤速取 13m/h。

4）在虹吸管上升管口安装水封斗

其主要作用是，增加滤料层膨胀后与虹吸上升管管口之间的安全高度，防止滤池反冲洗过程跑砂，便于滤池调试运行，防止调试过程中滤料流失。改造后无阀滤池结构见图 3-176。

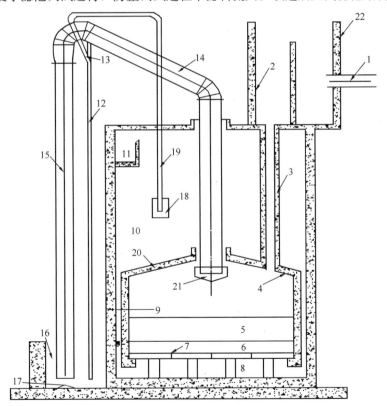

图 3-176　改造后无阀滤池结构图

1—进水总管；2—进水分配堰；3—竖井进水渠；4—消能板；5—滤料层；6—承托层；7—小阻力配水系统；8—配水空间；9—连通渠；10—冲洗水箱；11—出水渠；12—虹吸辅助管；13—抽气管；14—虹吸上升管；15—虹吸下降管；16—排水渠；17—反冲洗调节器；18—虹吸破坏斗；19—虹吸破坏管；20—伞形顶盖；21—水封斗；22—进水分配箱

4. 清水池

清水池一般以水量调节为主，容积为最高日供水量的 $10\%\sim20\%$（即水力停留时间为 $2.4\sim4.8h$），要求自由余氯接触时间大于 30min，化合氯接触时间大于 2h，接触时间以水力停留时间计算。

方案：为保证处理后的水在清水池中有足够的接触时间，可在清水池中增设导流墙，增加水在清水池中的停留时间。

另外，清水池进水口应设加氯点，出口设置补氯点。

清水池池顶应按照要求覆土，上面种植草皮或设置球场，清水池顶不允许种树，应设置良好的排水措施。

5. 消毒

《生活饮用水卫生标准》（GB 5749—2006）规定水质指标微生物由 2 项增至 6 项，增加了大肠埃稀氏菌、耐热大肠菌群、贾第鞭毛虫和隐孢子虫，修订了总大肠菌群，这对消毒技术提出了高的要求。

氯消毒是饮用水消毒技术使用最广泛和技术最成熟的方法，但是，随着研究的深入，人们发现某些源水经氯消毒后，在其中检出了三氯甲烷等多重致癌或者可诱发癌变的有机物质，这引起了人们对氯消毒的极大忧虑，于是，替代氯消毒剂减少有机卤代物的研究日益广泛起来。二氧化氯作为替代消毒剂的优点越来越明显了，其具有在水中停留时间长、产率高、易于控制等特点，在农村供水工程中被广泛使用，但是存在消毒剂投加量难以合理控制等问题。紫外线消毒技术是一种安全、有效、经济合理的消毒方式，紫外线对于抗氯的贾第鞭毛虫和隐孢子虫都有高效的杀灭效果，但因无持续消毒作用和灯管寿命短等问题难以广泛使用。臭氧消毒范围广泛，可同时去除水中超标的铁、锰和硬度，消除异味，克服了氯消毒的余氯气味和产生有机卤代物副产物的缺点，但因投资大，臭氧在水中不稳定等缺点限制了其应用。

项目组研制的高纯二氧化氯发生器，改变二氧化氯的各种原料在发生器内得不到充分反应，原料利用率低下，漏气和反应时需要加热等弊端，采用 PVC 材料制成，全密封设计，原料转化率可达 95% 以上；超低位差势能定比定量投加设备，利用地形位差作动力，根据虹吸原理制成，利用容积已定的箱子，设置好投药的比例，设备可在 200mm 的超低水位自动启动，将水自动投入下一处理单元，同时也将消毒剂定比定量地投入水中，水位低于启动水位时，虹吸被破坏，系统自动停止，圆满解决了消毒剂投加难以控制的问题，并且不需要动力和任何计量设备，非常适宜于在农村地区使用。

项目组研制的新型紫外线消毒设备只使用 1 个无极灯，利用无极灯在发亮的过程中产生的紫外线和臭氧对饮用水进行消毒，紫外线＋臭氧消毒有效弥补彼此的不足之处，并且相互促进。紫外线大大提高了臭氧的利用率，促使羟基自由基数量增加，从而提高了对有机物的去除率，UV＋O_3 联用提高有机物的去除率，并能显著去除消毒副产物及其前质。紫外线＋臭氧在同等能源的基础上产生，改变了过去紫外线和臭氧要靠 2 套设备分别产生的弊端，不仅节约了能源也节约了材料，1 套设备具备原来 2 套设备的功能，是真正高新节能的环保产品，适宜于解决农村管网不大的饮用水消毒问题。

3.7.2.4 设施设备更新，增设简易水质检测设备

目前很多西南村级水厂的运行情况都与设计出现偏差，有的因为大量人口外出务工，人口不增反减，有的地方因为规划原因人口骤增，另外由于管理人员的技术水平等诸多原因，致使水厂水泵电机等设施与实际工况不相匹配，工作效率低下，需要核实情况及时更换；村级水厂的机械设备大都比较陈旧，要淘汰一些高能耗低效率甚至发生泄漏的消毒设备和水泵、变压器等设备，保证水厂安全运行。村级水厂可配备余氯、pH 简易检测设备，有条件的水厂可对主要水质指标实施在线检测，确保水厂水质安全。

3.7.2.5 自动化水平提高

针对西南村级水厂由于财力和管理水平的限制，不宜采用城市净水厂科技含量高的 PLC＋传感器＋计量泵的自动化系统，应该结合实际情况，因地制宜地采用先进的技术，提高自动化水平，减少人工操作，保证水质安全。提水工程：在清水池加设液位计，液面下降至警戒水位时，启动提水系统和水处理系统。絮凝剂投加：利用水射器或虹吸自动投加设备，实现絮凝剂的投加，省工省力。消毒剂投加：采用新型位差势能定比定量投加设备，根据事先调好的比例，自动同步定比定量投药，水来药来，水停药停，不用动力，不用人工，智能精准地完成消毒剂的投加。

3.7.2.6 重庆市巴南区金鹅水厂改造示范

重庆市巴南区金鹅水厂，引用成功桥水库水源，自流至水处理厂，采用絮凝、沉淀、过滤、消毒工艺，解决周边 1623 人的饮水困难及 6 个企业生产用水。水源地水质分析表明，粪大肠菌群、DO、TP、TN 等指标均超过 IV 类水域水质标准。群众反映水质有臭味，颜色混浊。

存在问题及改造措施：

1. 来水量不足，影响正常供水

水厂来水管道堵塞十分严重，以前安装的来水管直径 100mm 的铸铁管，由于 20 多年的运行，现有很多淤积的泥垢已堵塞大半个管道，造成来水量严重不足，致使水厂供水量不能保障，遇到夏天高峰季节经常造成停水。改造措施：更换新的引水管道，购买直径为 250mm 的 PE 管道，管长 950m，铺设 PE 管直接到水厂泵房，从而能保证水厂日常供水量。寻找备用水源，并铺设引水管道至水厂。

2. 水泵电机与实际工况不符

由于水厂高位水池的重新修建，造成原机器设备上水扬程达不到新的高度，需及时更新换代，由原 5.5kW 的电机改为 15kW，上水扬程由原来的 30m 更换为 55m 的扬程，管道由原来的 65mm 管更换为 100mm 管。

3. 水质季节性色度、浊度不达标

针对色度超标问题有投加粉末活性炭、预氧化技术、臭氧-生物活性炭技术等，但是对于季节性水质问题，农村水厂要更多考虑到经济性，选择在取水口处投加粉末活性炭的方法；对于浊度问题，可以在取水口位置设置预沉池的办法来解决。

4. 消毒剂、絮凝剂自动投加系统

该水厂絮凝剂、消毒剂采用人工投加，操作复杂且不安全，经常排放大量烟气，影响隔壁学生安全，添置位差势能定比定量投药装置，该装置根据要求自动投加定量的药品，投药过程不用动力，完全利用虹吸原理，自动精准将药带入水中，不仅节约了药品还大大提高了絮凝和消毒效果。改造后的絮凝剂投加系统见图 3-177。

5. 缺少简易水质检测设备

根据水厂经济状况添置色度、浊度、pH、二氧化氯等简易水质检测设备（图 3-178），定期对水厂水质进行检测，保障水质安全。

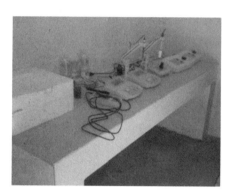

图 3-177　改造后的絮凝剂投加系统　　　　图 3-178　新建水厂简易水质化验室

6. 水厂和学校之间设置防护网

水厂的反应池距离学校教室窗户 1m 多，很容易发生危险事故，距离太近，一些垃圾也容易进入水厂的反应池内，对水质安全造成威胁。为了保证学生和水质安全，在水厂和教室之间设置防护网，杜绝不安全事故的发生。

项目通过对川渝村级水厂目前存在共性问题的分析探讨，结合农村现有的经济基础和技术条件，提出了一些改造技术和措施，旨在通过采用经济实用科学的技术手段提高村级水厂水质，确保农村饮水安全，进行了 2 个村级水厂的改造实践，均取得了不错的效果。水厂改造前后水质效果对比见图 3-179。

图 3-179　水厂改造前后水质情况对比

3.7.3 村级水厂一体化供水设备研制

针对目前村级水厂一体化供水设备工艺落后，二次污染严重，使用寿命短等缺点，在常规饮用水处理工艺的基础上，集成细胞包埋的生物过滤技术、位差势能定比定量投配技术、高纯二氧化氯消毒技术、新型紫外线消毒技术等关键技术，研制成新型一体化智能型装置，安全、高效、经济地对生活饮用水进行优质处理。

在我国，给水排水工程历来重视土木工程，水处理设施以土木工程构筑物为主，因此，对于水工艺设备没有给予足够的重视，这使我国的给水排水事业的发展受到了很大的限制。

目前，我国虽然拥有众多的水工艺设备制造厂家，但尚未拥有达到现代技术标准的完整水工艺设备制造体系，所用的一些先进设备，大多是引进国外产品，或者在消化吸收国外先进技术的基础上仿造国外产品。这种状况，已不能满足我国社会主义市场经济的需要，也与水工艺与工程发展不相适应。水处理工艺应在保持一定的土建构筑物基础上向设备化、系列化、集成化和自动化方向发展，特别是应以水处理设备的研究与开发为重点。

我国农村集中式供水工程中，供水规模在 $1000 m^3/d$ 以上的较大规模的工程约占工程总数量的 2%，绝大部分都是日供水 $1000 m^3$ 以下的小型集中供水工程。这些小型集中式供水工程，基本上都是土木工程构筑物，总体来讲水质净化工艺简陋或缺失，工程造价高，用户分散，技术力量薄弱，供水水量、水质都很难达到安全饮用水的标准要求。也有个别农村水厂采用一体化水处理设备，但生产厂家由于以上种种原因，难以适应社会主义市场经济，纷纷倒闭，水厂后期的维修维护成了问题，导致现在很多人都对一体化供水设备不看好；但是，一体化水处理设备具有体积小，造价低，效率高，占地面积小，上马快等诸多优点，适合我国农村水厂规模小，经济技术水平不高和场地限制等情况。

西南农村地区，具有供水规模小，经济技术水平不高，场地有限，电压电量都很难稳定等特点，迫切需要研究和生产安全可靠，高效智能，便于管理，运行成本低，自动化程度高的水处理技术和设备。

本项目针对目前农村小型集中供水工程，一改传统一体化供水设备工艺落后，二次污染严重等缺点，在常规传统饮用水处理工艺的基础上，集生物活性滤料、二氧化氯消毒、细胞包埋生物滤料等现代制水高新技术之大成，研制成金属质、塑料质的一体化智能型设备，安全、高效、经济地完成对生活饮用水优质处理。

3.7.3.1 村镇现用一体化供水设备调研

项目组根据实施方案，充分利用网络、期刊、学术交流等了解目前国内外先进的净水技术和设备，系统分析、消化、吸收国内外的最新成果，结合调研的大量净水设备的实际使用情况，为项目开展提供有力的理论和实践依据。

为了了解目前市场上的一体化供水设备情况，调研组深入四川省绵竹市、什邡市、江油市、都江堰、彭州、崇州 6 个重灾区的 20 多个乡镇对成都新雄鑫、重庆亚太、乐山通给、乐山斯江、北京蓝星等厂家，以及美国撒玛丽亚救援会、加拿大 DMGF 基金会援助的 20 多套设备进行了现场调研（图 3-180～图 3-183），了解了这些设备的净水工艺、运行状况以及净水效果；另外通过网络和电话传真收集了四川沃特、绍兴兰海和深圳诚德来的一体化供水设备相关资料，了解其工艺和价格，并对比了不同厂家产品的规格、价位和处理工艺的优劣性，总结如下：

图 3-180　项目组在什邡调研

图 3-181　项目组在绵竹调研

图 3-182　绵竹现场调研

图 3-183　彭州现场调研

（1）工艺：现在农村供水大都选择水质较好的地下水，水处理工艺相对简单，一般都是采用过滤＋消毒，滤料大多选用石英砂和无烟煤，灾区消毒剂大多使用的药片三氯异氰尿酸。有些地区有铁锰超标的，也只是经过一些简单的处理。而现在灾区运行的一体化供水设备都是将传统的自来水厂的三大池（絮凝池、沉淀池、过滤池）设计制造在一个容器内，缺少先进净化工艺的引入，更缺少节省动力无人值守的自动化系统。

（2）净水效果：现在灾区的农村一体化供水设备，水处理工艺简单，设备本身简陋，制作粗糙，有的反冲洗系统经常出故障，有的还发生漏水漏电现象，让人很难相信这样的设备会净化出安全的饮用水；而且大部分净水设备大都投加消毒药片和漂白粉进行消毒，消毒剂量是否能把握准确，消毒副产物以及管网的二次污染情况令人担忧。

（3）运行成本：现在的净水设备大都有变频设备，但是四川省近年来雷电天气较为频繁，而这些电器设备的防雷性能较差，经常是一场雷雨后就会停电停水，给农民的日常生活带来很大的不便。而很多设备的保修范围都是不含雷击，经常都要花钱去维修，为了能够及时地供水，很多设备都要运至维修点来修理，还增加了一项运输成本。一些设备的投药系统需要动力，另外一些设备的反冲洗需要人工定时进行，这样又增加了日常运行和管理成本。

（4）外观：目前国内的一体化设备，大部分都是金属制品，外观既笨又大，不利于运输安装，也不耐用，更谈不上美观了，防腐效果差，还存在二次污染问题，更有些厂家的设备存在严重的漏水漏电现象。而国外的设备都是小巧精致，材质选择上面也比较灵活。

（5）性价比：大部分设备的价格偏高，结构比较复杂，但是设备的科技含量并不高，净水效果并不像产品说明书中承诺的那样好。主要材料大多都是金属制品，给运输和安装造成了很大的困难，有些丘陵区和山区找一个能够安装设备的大块平地都困难，更别说找大型机械来运输安装了；另外，长期的户外运行，金属设备易老化，二次污染严重；大部分的净水产品贪大求洋，设有变频设备和在线监测自动投药系统等，没有根据农村饮水的实际情况灵活配置，很多设备只是部分功能在发挥作用，还有一些组件根本没有用，成了无用的摆设，但是还要计入成本，设备的性价比较低。

3.7.3.2 村镇一体化供水设备关键技术研究

1. 细胞包埋的生物过滤技术

细胞包埋技术是通过采用化学或物理的手段将游离微生物（细胞或酶）定位在有限的空间区域内，并保持其生物活性，反复利用的方法。该技术是通过微生物的生命活动降解有毒有害物质，具有微生物密度高，反应迅速，微生物流失少，产物易分离，反应过程易控制的优点，是一种高效低耗、运转管理容易和十分有前途的水处理处理技术。

本项目利用细胞固定化技术制成了复合生物菌种和生物滤料，人工预殖菌种于陶粒滤料中，提前形成稳定的生物膜，并研制了细胞添加设备及净水设备。

多孔陶瓷颗粒的孔径宜控制在 $30\sim40\mu m$，陶瓷颗粒粒径控制在 $2\sim4mm$，保证有较高的比表面积，有利于吸附和微生物的增殖。首先，根据水质问题，选择相应的复合生物菌种，将其培养复壮，制成高浓度的菌浆，然后，将陶粒投入盛有菌浆的反应器中，通过陶粒表面和菌体表面的静电作用，大量的微生物被预殖在陶粒上，并在陶粒的表面和内部生长繁殖，形成稳定的生物膜，这样比一般的自然挂膜可提前一个月左右，而且使用一段时间后可以用特制的细胞添加设备补充微生物，人为地控制了微生物的发展，保证了水处理效果。

生物陶粒滤料中由于微生物作用，使进水中胶体颗粒的电位降低，部分胶粒脱稳形成较大的颗粒而去除；另外，筛选的微生物菌种以水中某种物质为能量来源，大量的生物降解水中有机物，因此，生物陶粒滤料通过过滤＋生物降解作用能去除水中污染物，颗粒填料对运行中截留的各种颗粒以及填料表面老化的微生物膜，采用反冲洗的方法进行去除。

2. 位差势能定比定量投配技术

位差势能自动同步定比定量投配设备根据双虹吸原理研制的（图 3-184），设置一个定量池②，在定量池②上设置一个大虹吸管道⑫，再在大虹吸管上设置一个小虹吸管（即加药虹吸⑨），即构成了双虹吸设备；当定量池中到达高水位时，倒置杯⑪的空气通过空气管⑧排出，与接触消毒池相连的大虹吸管⑫启动，自动运行，同时排出了加药虹吸管⑨

内的空气，形成真空，加药虹吸管⑨同步启动，按照调试好的比例吸进定量系统⑤里的二氧化氯。当水位降低时，真空破坏管⑩进入空气，大小虹吸同时被破坏，双虹吸停止运行。该设备需要在进水口与接触消毒池出口上形成一个 300mm 的水位差（如图中虚线部分示，现在可达到 200mm），即可启动双虹吸。

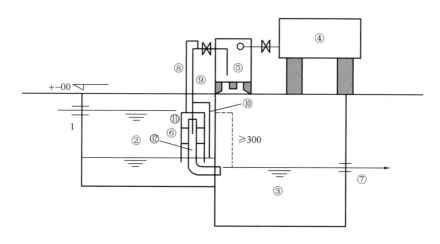

图 3-184　位差势能定比定量投配设备示意图

1—源进口；2—定量池；3—接触消毒池；4—配药系统；5—定量系统；6—自动同步定比定量投配设备；

7—出水管道；8—空气管；9—加药虹吸管；10—真空破坏管；11—倒置杯；12—大虹吸管

当大虹吸启动时，水向接触池流动，定量池水液面随之下降，与此同时加药虹吸管所在储药桶液面也随之下降；当定量池水液面降至真空破坏管规定进气口时，空气就会通过空气管自动向杯底补气，将大虹吸管内的真空破坏形成正压遂使虹吸过程停止工作；与此同时空气也会随空气管上升至加药虹吸管内及时将加药虹吸管真空状态破坏掉形成正压；即同时将 2 条虹吸停止工作。大小虹吸每启、停一次，即完成一次定量排水和定量加药，并通过接触消毒池完成一次定量排放。

位差势能设备的技术要求：两条虹吸必须自动同步，即同启、同停，且每次启、停各自的流量比相等，即吸一次水是定量的，吸一次药液也是定量的，消毒后的水每次排出也是定量的，否则就会造成误差。

现在提到水处理的精准投药，基本都是采用计量泵等电器投药设备，而本设备却不需要使用任何电器，只需增加 2 个箱子和几个特制的管子，即可实现药品的自动定量投放，管理简单，运行可靠。不用动力可实现自动投药、精准投药，是该设备最大的优点，其在操作上简便易行，适宜于目前农村管理人员科技水平不高的现状，可大大减少管理运行费用，而且精准投药可以提高药品的有效使用率，一次性调准投药量，可保持长期投量不变，因此能确保水质处理效果长期稳定不变；非常适合在农村供水工程和污水处理中使用，是高效、经济、安全的节能环保产品。

3. 高纯二氧化氯消毒技术

二氧化氯常温下为带有浅绿色的黄橙色有辛辣味的有毒气体，二氧化氯是很强的氧化剂，其氧化能力是氯的 2.5 倍，漂白能力为氯的 2.63 倍，为漂粉精的 3.29 倍。二氧化氯与水中杂质的反应速度快，具有杀菌能力强，氧化有机物能力强，消毒快而耐久，消毒副产物少（不会产生三卤甲烷类消毒副产物），适用水质范围广等优点，是一种理想的消毒剂。

目前农村水厂常用的是复合法生产二氧化氯，反应产物是二氧化氯、氯气的混合物，原料转化率在 45%～70% 之间，但是反应温度较高，耗电量大，产品回收率低，如果反应条件不佳，原料比例不当，二氧化氯获得率和纯度会更低，未转化的氯酸钠会残留在饮用水中，对人体造成不良影响。

本项目研制的新型高纯二氧化氯反应器，采用的亚氯酸钠法，可以制 95% 纯度的 ClO_2，不需加热，有多项自主知识产权保护，原料转化率在 95% 以上，采用化学物质输入通道包括输入仓和"Z"形输入管道，通过设置循环系统，利用液态原料的流动性，使液态原料在发生器本体与循环系统之间连续流动，从而使之与固态原料充分接触，提高反应效率，实现原料的充分利用。通过设置弯道避免液态原料溅射出发生器，提高使用的安全性。该设备可同时生产出 ClO_2 气、液 2 个产品，残液可回收反复使用，节约生产成本，对环境无二次污染；正压生产安全可靠；自动化程度高，设备运转不需专人值守，1 人兼管即能胜任，其产量是同类复合 ClO_2 设备的几十倍，高效安全适宜于农村水厂使用。

4. 新型紫外线消毒技术

波长为 253.7nm 的紫外线杀菌能力最强，紫外线能改变和破坏蛋白质（DNA 和 RNA），导致核酸结构突变，改变了细胞的遗传转录特性，使生物丧失蛋白质的合成和繁殖能力。紫外线能有效杀灭贾第鞭毛虫和隐孢子虫，是饮用水处理的一道安全屏障。

臭氧是一种强氧化剂，有广谱杀灭微生物的作用，能迅速杀灭细菌和孢子，还能杀灭变形虫、真菌、原生动物，以及一些耐氯、耐紫外线和抗生素的致病生物，臭氧的杀菌速度快，是氯的 300～600 倍，臭氧是一种安全高效环保的消毒剂。

紫外线＋臭氧消毒可以有效弥补彼此的不足之处，并且相互促进。紫外线大大提高了臭氧的利用率，促使羟基自由基数量增加，从而提高了对有机物的去除率，UV＋O_3 联用提高有机物的去除率，并能显著去除消毒副产物及其前质。

项目组开发出了高效、超长寿命紫外线无极灯进行杀菌，无极紫外线灯内部还设有臭氧发生装置，在大功率紫外消毒同时，还放出臭氧；利用无极灯在发亮的过程中产生的紫外线和臭氧对饮用水进行消毒，当臭氧采集管的出气口设置于消毒水槽内时，饮用水在进入消毒水槽后同时接受臭氧和紫外线的双重消毒、杀菌；当臭氧采集管的出气口设置于消毒水槽外时，可将臭氧在消毒水槽外与饮用水进行混合，在提高杀菌效力基础上，可分解水中 NH_4^+-N 等其他有害物质。该设备填补了国内技术空白，微波流点燃，无极灯管可保持超长寿命；大功率可保证各类规模上、中、下水消毒和空气灭菌效果，新型紫外线消毒设备适用于农村地区供水规模小、管网短、经济实力和管理水平有限的特点。

3.7.3.3 村镇一体化供水设备研制

1. 一体化供水设备总体设计

本次调研后，项目组结合已有技术及多年研究实践经验，对灾区一体化设备的调研情况，取其精华，弃其糟粕，形成了自己的一体化设备特色：

（1）工艺：采取自主知识产权的细胞包埋的生物滤料，安全高效去除有害物质；采用第四代消毒剂——二氧化氯，并制成高纯新型二氧化氯发生器。

（2）净水效果：由于采用了新的生物处理技术和新的消毒工艺和技术，在节约一次性投资成本和大大降低长期维持费用的条件下，可使水处理后达到规定的标准。

（3）运行成本：最大限度地节约运行成本，实现自动化的同时，尽可能地不用动力。

投加絮凝剂的虹吸设备采用虹吸原理，排走空气带入絮凝剂，可实现水来药来，水停药停，完全不用动力和人工。

投加消毒剂的位差势能定比定量投配设备，利用双虹吸原理，水位达到设备规定水平线时，设备会自动启动，将处理水源定量投入下单元处理系统，同时将消毒剂定比定量投入被消毒水中。大小虹吸每启、停一次，即完成一次定量排水和定量加药。该技术可使水处理过程自动化，最大限度地降低水处理成本。

（4）外观材质：分体式设计，可根据原水情况组合成套；选用金属质、塑料质，确保设备安全耐用，防腐防锈轻便实用。

（5）性价比：由于具有上述性能，自动化程度高，设备长期运行费用低，管理方便，省时省力，适用于农村供水工程，性价比较高。

本设备在传统净水技术的基础上，集成细胞固定化技术、生物滤料、位差势能投配技术、二氧化氯消毒等高新净水工艺和技术，最大限度地利用水流特性，因势利就，智能高效，大幅度降低了运行成本，结合地面构筑物安全高效经济地完成水处理。

2. 一体化供水设备结构设计

一体化供水设备就是把传统自来水厂的絮凝池、沉淀池、过滤池设计并制造在一个容器内，同时完成水处理全过程的一种设备。它具有净化效率高，造价低，一次性投资省，建设速度快，占地面积小，操作管理简单等优点，特别适用于规模较小的村镇供水工程。

经项目组现场调研发现，水质情况的多样性致使许多净水设备的部件发挥不了作用，成了无用的摆设，另外四川丘区的地形地貌也不适宜于大体积设备的运输和摆放。因此，项目组决定采用分体式结构，即分为加药混凝设备、沉淀设备和消毒设备几个部分（图3-185）。可以根据原水水质情况进行灵活组合，减少不必要的投资，另外也便于安装和维修。

原水浊度长期超过 20NTU、瞬时不超过 60NTU 的地表水净化，可选择接触过滤工艺的净水设备，可选择生物过滤＋消毒；原水浊度长期不超过 500NTU、瞬时不超过 1000NTU 的地表水净化，可选择絮凝、沉淀、过滤工艺一体的净水设备，即絮凝剂定量投加设备＋地面构筑物（混凝沉淀池）＋两级生物过滤＋消毒；原水浊度长期超过 500NTU、瞬时超过 1000NTU 的地表水处理，要在上述处理工艺前增设预处理，保证浊度降低在 500NTU 以内，采用絮凝剂定量投加设备＋地面构筑物（混凝沉淀池）＋两级生物过滤＋消毒处理工艺（图3-186）。

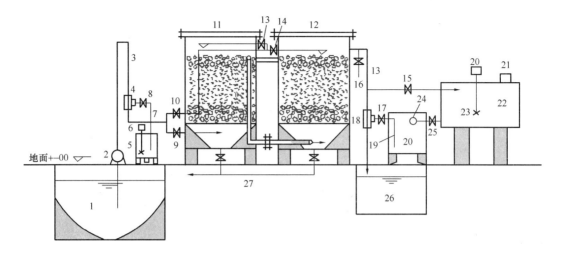

图 3-185　一体化供水设备结构示意图

1—池塘水；2—提水泵；3—水泵出水管；4—加絮凝剂水射器；5—絮凝剂溶解储存箱；6—搅拌器；7—絮凝剂虹吸管；8—絮凝剂投量调节阀；9—一级过滤器进水阀；10—过滤器反冲洗阀；11—一级过滤器；12—二级过滤器；13—一级过滤器反冲洗阀；14—二级反冲洗阀；15—二级过滤器出水管；16—取样阀；17—消毒剂投加水射器；18—消毒剂投量调节阀；19—消毒剂虹吸管；20—消毒剂定量箱；21—定量箱消毒剂补充阀；22—ClO_2 发生器；23—搅拌器；24—进料口；25—净水配药管；26—净水储存池（配水池）；27—排污管

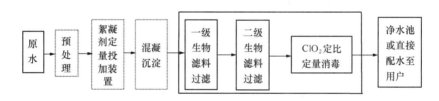

图 3-186　一体化供水设备工艺流程图

3. 一体化供水设备其他细部设计

工作原理：经预处理后的原水，通过定量投加系统与絮凝剂充分混合，经混凝沉淀后（视水质情况设置地面构筑物），带压原水（要求预留一定进口水压）通过管道从设备底部进入一级生物滤罐，水流自下而上经过滤料，之后进入二级生物滤罐，自下而上过滤后，水流经过定比定量投加二氧化氯系统，进入清水池或者直接配水至用户。

反冲洗：当净水器出水浊度超出国家标准时，必须进行反冲洗，反冲洗周期一般为 8～24h，反冲洗时间 5～10min，反冲洗强度按 12～15L/（s·m^2）设计。反冲洗时，关掉进水系统开关，打开反冲洗开关，水流自上而下，污泥杂质从滤罐下部排出。为了防止滤料走失，在滤罐的出水口位置设置不锈钢丝网。

材质要求：净水器材料采用普通碳素结构钢板焊制，钢材机械性能应符合《碳素结构钢》（GB 700）；在保证强度的条件下，观察孔采用了钢化玻璃，钢化玻璃机械性能符合相应的国家标准和行业标准。与水接触的部分，如器壁、管道、填料（聚氯乙烯材质符合 GB 10002.1 和 GB 10002.2）滤料（石英砂滤料符合 CJ 24.1）都是对水质无污染，对人体无害的材料，并符合国家相应的卫生标准。

设备严格按照《饮用水一体化净水器》（CJ 3026）、《村镇供水工程技术规范》（SL 310—2004）、《镇（乡）村给水工程技术规程》（CJJ 123—2008）等规范规程的相关要求制作。

适用的供水规模：目前净水器的单台额定产水量有多种系列，如 $0.5m^3/h$、$1.0m^3/h$、$1.5m^3/h$、$2.0m^3/h$、$3.0m^3/h$、$5m^3/h$、$10m^3/h$、$20m^3/h$、$30m^3/h$、$40m^3/h$、$50m^3/h$、$100m^3/h$ 等，因此它适用于设计日供水规模在 $2000m^3/d$ 及以下的小型村镇供水工程。本项目根据从事农村饮水安全的工作经验，结合四川丘陵区农村供水工程的特点，以一个行政村或者聚居的场镇为供水单位，样机水处理量为 $3\sim5m^3/h$。

适用的水源：作为村镇供水水源，各项指标必须达到《地表水环境质量标准》（GB 3838—2002）Ⅲ类水及以上水质标准。

工作压力要求：净水设备的工作压力应不大于 0.6MPa。

匹配水泵要求：净水设备的加压水泵在进行选型时，扬程应能克服所有的水力损失，流量应满足设备的处理要求。

本设备除滤罐委托有资质的单位加工外，其余均由协作单位成都市昊麟科技发展有限责任公司富有经验的工程师制作而成，在原材料的选择和购买上严格依据《饮用水一体化净水器》（CJ 3026）等规范规程的相关要求。

4. 一体化供水设备的主要工艺

絮凝：絮凝药剂在净水设备进水口前根据原水浊度投加。本设备将药剂溶解后用专用的投药系统（图 3-187），利用虹吸原理投加。不同浊度的水源，投加的药剂量不同，投加量可参考表 3-74。投药后，结合地面构筑物，进行充分的反应、混合。

图 3-187　絮凝剂投加设备

泵前加药时，要求在开泵前几分钟开始加药；关泵时，要求在关机后几分钟停止加药。为了满足药剂混合时间（10～30s）的要求，投药点至设备进水口不能超出 120m。由于药剂反应与水温、pH 值、碱度等因素有关，因此还要在实践中积累经验，按原水浊度调整加药量。

本项目使用特制的混凝剂投加箱或者简易投加设备，使其在箱体内充分稀释，利用加工而成的虹吸设备，水流经过时带走空气形成负压，絮凝剂被定量带入水中，可实现水来药来，水停药停，完全不用动力和人工。

混凝剂投加量参考表（单位：kg/1000m³） 表3-74

水源浊度 mg/L	明矾	硫酸铝	三氯化铁	碱式氯化铝	聚合氯化铝
100	16	14	8	8	5
200	21	19	11	10	10
300	27	25	14	13	15
400	33	32	18	16	20
500	39	37	20	19	25
600	45	43	22	22	35
700	51	49	24	25	37
800	57	53	26	28	40
900	63	59	28	31	42

沉淀：根据水质情况，利用传统的斜管沉淀池等地面构筑物完成该处理工艺。斜管一般采用正六角形或正方形，上升流的斜管的管径大致为25~50mm，为防止沉淀物堵塞，间距不宜过小，而间距过大则因需要管较长，经济管径为25mm。

一般情况下，当要求出水浊度在10NTU左右时，斜管沉淀池上部面积上的水上升流速通常在3.5~5.0mm/s，因此，如果斜管倾角为θ时，斜管内的流速为4~6mm/s，絮体沉降速度可为0.3~0.5mm/s，出水水质要求较高时，可采用较小的沉降速度。对于表中的运行工况若再加硫酸铝100~150mg/L或者三氯化铁30~80mg/L，则出水浊度可降到10~60NTU。各种进水含砂量下的絮聚沉淀效果见表3-75。

各种进水含砂量下的絮聚沉淀效果 表3-75

进水含砂量 （kg/m³）	上升流速 （mm/s）	水解聚丙烯酰胺量 （mg/L）	出水浊度 （NTU）
25	5	3.5	127
50	4	8.8	105
65	4	13.8	118
80	3.5	14	89
106	3.5	14	93

过滤：本设备研发了两级生物滤罐，结构如图3-188所示，可根据水质情况灵活选择，生物滤池过滤时，水流自下而上，滤料粒径经水流方向由大到小。依次是：5~8mm粗砂、2~4mm粗砂、0.5~1mm细砂、生物陶瓷滤料、活性炭、石英砂等，均为对水质无污染，对人体无害的材料，并符合国家相应卫生标准。

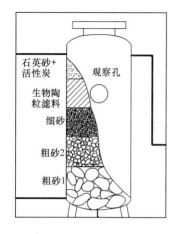

图 3-188　生物滤罐结构图

消毒：消毒是饮用水处理的最后一个环节，也是重要的一个环节，其目的是灭活水中绝大部分病原体，使水的微生物质量能满足人类健康要求。对于农村居民来说，生活饮用水（特别是西南地区以地表水作为水源的）的消毒处理显得尤为重要。

根据我国饮用水水源的污染现状，《生活饮用水卫生标准》（GB 5749—2006）对饮用水的各类指标均作出了新的要求。控制项目由原来的 35 项增加到 106 项。其中，微生物指标由 2 项增至 6 项，增加了大肠埃希氏菌、耐热大肠菌、贾第鞭毛虫和隐孢子虫，修订了总大肠菌群数；饮用水消毒剂也由 1 种增至 4 种，增加了氯胺、臭氧、二氧化氯；在增加指标项目的同时，对指标值的限定也更为严格。这在侧面反映了饮用水微生物污染的严重性以及防治微生物污染的迫切性。因此水厂应采取有效的消毒手段，以确保出厂水和管网末梢水微生物达标。本项目研制了高纯二氧化氯消毒设备。

二氧化氯消毒：净化后的水必须经过消毒，村镇供水工程一般采用三氯异氰尿酸、漂白粉等消毒剂，经济条件稍好的工程采用二氧化氯发生器，通常用计量泵投加在净水设备出口与清水池之间的管道内。本项目采用有多项自主知识产权保护的高纯二氧化氯发生器进行消毒，并利用定比定量投加设备，不用动力，不用人工，高效精准地投加消毒剂。

本项目研制的新型高纯二氧化氯反应器，具有多项自主知识产权保护，原料转化率在 95％以上，可同时生产出 ClO_2 气、液两个产品，残液可回收反复使用，节约生产成本，对环境无二次污染；正压生产安全可靠；自动化程度高，设备运转不需专人值守，1 人兼管即能胜任，其产量是同类复合 ClO_2 设备的几十倍。

二氧化氯消毒的一般投加量 0.5～1.0mg/L，水温较低时投加量可以加大，投加点设置在滤后，接触时间为 15～30min，《生活饮用水卫生标准》（GB 5749—2006）采用二氧化氯消毒时出厂水中二氧化氯不超过 0.8mg/L，出厂水二氧化氯余量不应低于 0.1mg/L，管网末梢水二氧化氯余量不应低于 0.02mg/L。

二氧化氯定比定量投加设备：利用容积已定的箱子，设置好投药的比例，设备会根据要求自动投加定量的药品，位差势能自动同步定比定量投配设备，投药过程不用动力，完全利用虹吸原理，将药带入水中，而且根据事先调好的比例，精准投放。经过发明者三十多年来在实际工程中不断地改进完善，该设备现在可以在 200mm 的超低水位自动启动，不用动力，不用人工，智能精准地完成消毒剂的投放，圆满地解决了消毒剂投加量难以控制的问题。

5. 样机制作

项目组对一体化供水设备中用到的几项关键技术展开室内实验研究，对位差势能定比定量投配技术进行室内模拟研究，根据四川省农村饮用水特点和已有的先进技术对净水技术进行优化改进，见图 3-189～图 3-192。

图 3-189 滤料筛选

图 3-190 设备优化改进

图 3-191 一体化样机

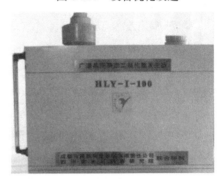

图 3-192 二氧化氯发生器

项目组根据室内实验结果，集成先进的净水与消毒技术，组装一体化供水设备样机，并对不同材质的进行比较选择，进行了样机室内实验，对样机处理水质效果进行对比分析，不断优化改进，完成适用于农村小型集中供水工程的村镇一体化供水设备样机研发。

3.7.3.4 村镇一体化供水设备示范

村镇一体化供水设备的示范点选在乐至龙溪乡的五墩桥集中供水站，该供水站选用地表水源，场镇供水站以龙溪河水为饮用水源，2000 多户农民散居在水源地，生活污水普遍没有处置，该处水源地径流污染突出，雨天水源非常浑浊，大量生活垃圾被雨水冲入水源中，有机污染比较严重。乐至示范点原净水工艺见图 3-193。

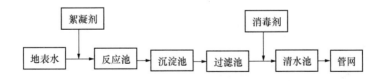

图 3-193 乐至示范点原净水工艺图

其絮凝剂采用人工开关水龙头投加，消毒剂采用复合二氧化氯发生器负压投加，日常管理比较麻烦，首先要打开二氧化氯发生器进行预热，待温度升至需要的数值再去打开其他电器开关，水管人员估计水抽上来了，再去打开絮凝剂的开关，复合二氧化氯发生器，其采用滴定投药的方式，繁多的零件导致密封性太差，经常发生漏气现象，而且消毒副产物多，一旦反应条件不佳，将导致原料转化率更低，未反应的原料和消毒副产物进入管网，严重损坏管网和危害周围群众的安全。

因为该水源的水质情况太差，因此选择了絮凝剂定量投加设备＋地面构筑物（混凝沉淀池）＋两级生物过滤＋消毒的处理工艺（图 3-194、图 3-195）；结合已有的混凝剂搅拌池，项目组制作了简易的混凝剂投加设备，实现水来药来，水停药停。反应和沉淀还是利用了供水站原有的构筑物，经混凝反应和斜管沉淀后的水进入两极生物滤罐，采用自主研发的高纯二氧化氯发生器进行消毒。

考虑到饮用水的安全性，经一体化供水设备处理后的水没有进入供水管网，水质化验达标后，进入净化系统。项目组结合示范点已有构筑物，进行一体化供水设备的安装和调试，运行正常后将处理前后的水质送至当地疾病预防控制中心进行化验，处理前的水质的常规指标有 7 项不合格，经一体化供水设备处理后各项指标均满足《生活饮用水卫生标准》（GB 5749—2006），取得了令人满意的效果。

图 3-194　设备安装中

图 3-195　设备安装完毕

该供水站原有 3 名管理人员，现在 1 个人即可轻松完成日常制水，操作简单、智能高效、安全环保。改变了过去管理维护工作量大的情况，再也没有发生过水管人员操作一次就哮喘几天的现象，该设备深受当地群众信赖。

原水——色度、浊度、肉眼可见物、COD、细菌总数、总大肠菌群、耐热大肠菌群超标。

处理后——常规指标完全达到《生活饮用水卫生标准》（GB 5749—2006）。

处理效果见图 3-196、图 3-197。

图 3-196　处理前水

图 3-197　处理后水

3.7.3.5 技术经济比较分析

1. 村镇一体化供水设备制水成本核算

本项目研发的村镇一体化供水设备采用混凝＋生物滤料过滤＋二氧化氯消毒的处理工艺，处理规模为 5t/h，日运行 10h，聚合氯化铝价格为 1400 元/t，加药量按照 20mg/L 计，人工费按照 300 元/月计，加压泵配套电机 1.2kW，则其理论制水成本为：

混凝药剂费：1400 元/t×20mg/L×10^{-6}＝0.028 元/t

消毒费：0.02704 元/t

ClO_2 的消毒成本取决于 ClO_2 的制取成本及其投加量。投加量与水质有关，在水质一定的情况下，消毒成本就由 ClO_2 的制取成本决定。以化学亚氯酸钠法为例，ClO_2 制取成本的主要构成是原料费、电费、设备折旧费和维护费。化学亚氯酸钠法制取二氧化氯消毒剂的成本计算方法如下：

原料费：是制取 ClO_2 的主要成本。按化学反应式推算，以亚氯酸钠为原料，以盐酸为活化剂来制取二氧化氯（$5NaClO_2+4HCl=4ClO_2+5NaCl+2H_2O$），使二氧化氯转化率可以达到 99% 以上，并以水溶液方式制成 2‰ 高纯稳态二氧化氯消毒剂。由于二氧化氯消毒剂有一定挥发性，所以反应器和储药箱可以是一体完成。这样不仅可以大大节约设备成本，而且可以节约更大的动力成本，实现高智能、低成本、高效率的智能化消毒系统。产生 1g ClO_2 理论上消耗 1.34g 的 $NaClO_2$ 和 0.54g 的 HCl，折合 80% 亚氯酸钠 1.68g，31% 的盐酸 1.74g。

目前 80% 亚氯酸钠 15000 元/t、31% 的盐酸 900 元/t，则产生 1g ClO_2 的理论成本为：

$$1.68×0.015+1.74×0.0009=0.0268 元$$

若原料的转化率以 99% 计，则制取二氧化氯的原料成本为：

$$F_1=0.0268÷0.99=0.027（元/g）$$

电费：化学法二氧化氯发生器的电耗主要是活化动力泵的电耗。以发生能力 10kg/h 的昊麟 HLKJYⅢ型高纯二氧化氯发生器为例，其 ClO_2 主要用电部件 1 台活化动力泵的功率为 30W 计算，若电费为 0.8 元/kW·h，则制取 ClO_2 的电耗为：

$$F_2=0.8×0.03÷10000=0.0000024（元/g）$$

设备折旧费：昊麟 HLKJYⅢ型高纯二氧化氯发生器购置费 1.0 万元，生产能力 10000g/h，使用寿命 10 年，每天运行 10h，则制取 ClO_2 的分摊折旧费为：

$$F_3=10000÷(10×360×10×10000)=0.0000278（元/g）$$

维护费用：昊麟 HLKJYⅢ型高纯二氧化氯发生器购置费 1.0 万元，以每年维护费 5% 计，则维护费用为：

$$F_4=10000×5\%÷(360×10×10000)=0.0000139（元/g）$$

消毒成本为：$F=F_1+F_2+F_3+F_4=0.02704（元/g）$

人工费：300 元÷30d÷50t=0.2 元/t

加压费＝1.2kW×10h×0.8kW·h÷50t=0.192 元/t

制水成本＝混凝剂费用 0.028 元/t＋消毒成本 0.02704 元/t＋运行管理费 0.2 元/t＋

加压费 0.192 元/t＝0.447 元/t

可见，对于一般的农村地表水，该设备的制水成本为 0.447 元，如果原水水质情况稍好，处理费用还要更低。

2. 设备成本与市面上的对比

该设备中的分体式设备，都可以单独发挥作用，例如位差势能定比定量投配设备，只是利用 PVC 材料制成的定量箱和投药箱，再加上 2 套虹吸管便可以解决消毒剂的精准投加，其成本才千元左右，而市场上现有的先进的二氧化氯投加系统，由二氧化氯传感器、余二氧化氯在线检测、控制器和测控仪表等组成，成本要在要在几万元左右，售价也要在几万到十几万元。村镇一体化供水设备的成本不足市面同类产品成本的一半，该设备如果大量推广应用，不仅可以为用户节约很大的投资成本，还可以节约大量的运行成本，并且安全稳定，可为社会带来巨大的经济效益。

3. 结论与建议

中试设备水处理能力 50m³/d，已经在四川乐至县、都江堰人民渠第一管理处等 7 处进行了推广示范，取得了显著的经济效益，出水水质达标，处理成本 0.5 元/m³。

村镇一体化供水设备集成了以下 5 项自主专利技术：

（1）实用新型：同轴无极灯单机消毒设备 200920080201.1（授权）。

（2）实用新型：生物细胞包埋及生物细胞添加设备 200920080195.X（授权）。

（3）实用新型：一体化净水消毒系统 ZL200920080513.2（授权）。

（4）实用新型：位差势能超低水位自动同步定比定量投配设备 ZL200920080517.0（授权）。

（5）实用新型：消毒系统中的磁控管冷却设备 ZL200920080200.7（授权）。

村镇一体化供水设备在乐至县五墩桥水厂应用取得了令人满意的效果，每方水的制水成本比原来可节约 52.5%，供水站原来有 3 名管理人员，现在 1 名管理人员就可轻松完成生产任务。改变了原来需要水管人员进行手动操作，容易造成人为误差，特别是良好的密封性，改变了以前经常发生的漏气情况，供水站及其周边再也没有刺激呼吸道的气体放出，确保了水管人员以及周边群众的安全。

本项目研发的村镇一体化供水设备，集目前先进的饮用水净化新技术、新材料、新工艺于一身，并根据四川省农村饮水的特点进行设计和优化，减少人工操作和动力，大大降低了制水成本，与常规水处理构筑物、一体化水处理设备相比建设成本和运行成本低，在不使用电器设备的情况下实现智能化，因势利就，智能环保，不用电源，不用人工操作，很大程度上减少水管人员工作量，大幅度降低了水处理的运行费用，并确保水处理效果达标，是真正面向四川省农村供水工程的经济型环保产品。若进一步推广转化，该技术和设备在全省范围内可带来非常可观的经济效益。

村镇一体化供水设备也可以用于生活小区、居民点、宾馆、学校、办公楼、饭店、机场和小城镇生活饮用水的处理；如果改为砖混或者混凝土结构，工艺稍加调整，可以完成中、大型城镇、县级城市生活污水处理或中水回用，发挥更大的作用。

3.8 县镇含氟地下水净化技术与工艺

我国存在众多高氟地下水（水中氟化物含量超过 1.0mg/L）分布区域，其原因与氟的特性以及水文地质条件等密切相关。饮用高氟水的不安全人口分布范围较广泛，且主要分布在供水水平、供水水量和水质都较落后的县镇和农村地区。长期饮用高氟水，会产生地方性氟中毒，包括氟斑牙和氟骨症等，直接威胁着人类的身体健康。现有的地下水除氟技术主要包括吸附法、混凝沉淀法、电凝聚法、电渗析法及膜分离法等，各有其技术特点和适用范围。本研究在分析现有技术研究与应用现状的基础上，开展了改性活性氧化铝除氟技术、改性天然菱铁矿除氟技术和电强化吸附除氟技术研究。

3.8.1 改性活性氧化铝吸附除氟技术

3.8.1.1 几种改性活性氧化铝的改性条件优化

1. 改性方法与评价方法

1）改性方法

改性溶液为不同质量浓度的 $Al_2(SO_4)_3$、$Fe_2(SO_4)_3$、$FeCl_3$ 溶液。分别将 25g 洗净干燥后的颗粒活性氧化铝（GAA）放入 25mL 改性溶液中浸泡，然后过滤分离，洗净吸附剂在 105℃下烘 12h，得到 $Al_2(SO_4)_3$ 改性物 $Al_2(SO_4)_3$-MGAA、$Fe_2(SO_4)_3$ 改性物 $Fe_2(SO_4)_3$-MGAA 和 $FeCl_3$ 改性物 $FeCl_3$-MGAA，密封冷却保存备用。

2）评价方法

取 100 ± 3mg 改性吸附剂放入 100mL 浓度 5mg/L 的纯水 NaF 溶液中，在恒温振荡器中（25℃，180r/min）连续振荡 6h 后，测其溶液中氟浓度，计算单位吸附量。

2. 改性条件的优化结果

1）改性盐溶液浓度对吸附量的影响

改性溶液浓度分别为 $0.1\%\sim5.0\%$，改性时间为 3h。改性溶液浓度和单位吸附量的关系如图 3-198 所示。GAA 经 3 种盐溶液改性后，开始其吸附量随着溶液浓度的升高而升高，随后逐渐趋于平缓，其中 $FeCl_3$-MGAA 的吸附量远高于其他 2 种改性物，而 $Al_2(SO_4)_3$-MGAA 和 $Fe_2(SO_4)_3$-MGAA 的吸附量相差不大。由图可知，在改性时间为 3h 时，$Al_2(SO_4)_3$、$Fe_2(SO_4)_3$、$FeCl_3$ 溶液的较好改性浓度分别定为 2.5%、4.0%、3.5%。

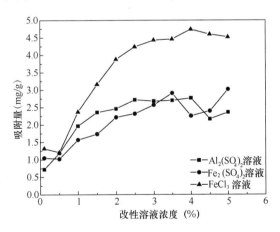

图 3-198 改性液浓度的作用效果

2）改性时间对吸附量的影响

在上述优化改性液浓度下，改性时间分别选择 $0.17\sim12$h。改性时间和单位吸附量的关系见如图 3-199、表 3-76。GAA 经 3 种盐溶液改性后，其吸附量随着改性液浓度的升高而先升高后缓慢降低，在 3h 时 3 种改性 GAA 的吸附量均最大，故较好的改性时间定为 3h。

不同改性吸附剂的优化效果比较　　　　　　　　　　　　表 3-76

吸附剂种类	GAA	$Al_2(SO_4)_3$-MGAA	$FeCl_3$-MGAA	$Fe_2(SO_4)_3$-MGAA
吸附量（mg/g）	0.61	2.65	4.71	2.54

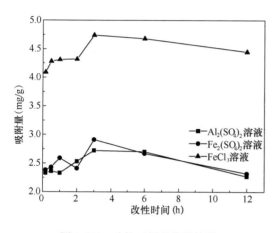

图 3-199　改性时间的作用效果

3.8.1.2　几种优化吸附剂的连续除氟效果比较

1. 连续吸附运行条件

取优化的改性吸附剂装柱，进行连续过滤吸附试验。吸附柱由 4 组 $\phi 20 \times 600mm$ 的有机玻璃管制成，每组各装入粒径为 1.0～2.0mm 的不同吸附剂 50g。实测吸附剂堆密度 0.79，装柱吸附剂约占体积 65mL。含氟水由自来水配制，测定自来水氟含量后，向其加入 NaF 溶液，将配水调节至氟浓度 5mg/L，该水的 pH 在 7.3～8.0 之间。用蠕动泵以空速 $SV=2h^{-1}$ 向吸附柱泵水。每隔一定时间测定出水氟浓度，至出水氟浓度基本不变时停止进水。以过流体积倍数为横坐标，出水氟浓度为纵坐标，进行穿透曲线作图，3 种改性 GAA 及 GAA 除氟穿透曲线如图 3-200 所示。

由图 3-200 可看出，以饮用水氟浓度标准 1mg/L 为出水的穿透界限，GAA、$Al_2(SO_4)_3$-MGAA、$Fe_2(SO_4)_3$-MGAA 和 $FeCl_3$-MGAA 在穿透时的过流体积倍数分别为 200、513、325、344 倍，改性吸附剂的吸附效果均好于原始活性氧化铝。尽管在静态研究中，$FeCl_3$-MGAA 的吸附量远大于 $Al_2(SO_4)_3$-MGAA 和 $Fe_2(SO_4)_3$-MGAA，但在连续试验中，$FeCl_3$-MGAA 并没有优势。连续试验中改性 GAA 的效果依次为 $Al_2(SO_4)_3$-

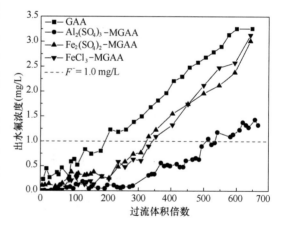

图 3-200　3 种优化 MGAA 及 GAA 的穿透曲线

MGAA、$FeCl_3$-MGAA 和 $Fe_2(SO_4)_3$-MGAA，其中 $Al_2(SO_4)_3$-MGAA 的过流体积为其他 2 种的 1.5 倍左右，$FeCl_3$-MGAA 和 $Fe_2(SO_4)_3$-MGAA 的除氟效果相差不大（表 3-77）。

表 3-77

优化吸附剂过流体积倍数比较

吸附剂种类	GAA	$Al_2(SO_4)_3$-MGAA	$FeCl_3$-MGAA	$Fe_2(SO_4)_3$-MGAA
过流体积倍数	200	513	325	344

2. 连续运行的出水金属离子溶出结果

在作穿透试验时，对 GAA、$Al_2(SO_4)_3$-MGAA、$Fe_2(SO_4)_3$-MGAA 和 $FeCl_3$-MGAA 的连续出水进行金属离子检测，发现 GAA、$Al_2(SO_4)_3$-MGAA 和 $FeCl_3$-MGAA 均有不同程度的 Al^{3+} 溶出（图 3-201，其中饮水标准 Al^{3+} 上限 0.2mg/L），并且 $Al_2(SO_4)_3$-MGAA 和 $FeCl_3$-MGAA 的 Al^{3+} 溶出在开始阶段较为严重，在过流体积倍数分别为 60 和 75 倍之后才达标，而 GAA 在过流体积倍数为 25 之后可达标。$Fe_2(SO_4)_3$-MGAA 未发现有 Al^{3+} 溶出问题。

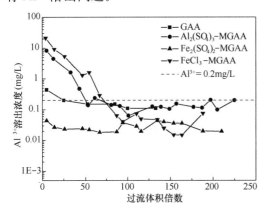

图 3-201　连续吸附出水的 Al^{3+} 溶出　　　　　图 3-202　连续吸附出水的 Fe^{3+} 溶出

对 $Fe_2(SO_4)_3$-MGAA 和 $FeCl_3$-MGAA 作了 Fe^{3+} 溶出情况检测，结果发现 $FeCl_3$-MGAA 有轻微的 Fe^{3+} 溶出问题（饮水标准中 Fe^{3+} 上限为 0.2mg/L），而 $Fe_2(SO_4)_3$-MGAA 不存在 Fe^{3+} 溶出问题（图 3-202）。$Fe_2(SO_4)_3$-MGAA 既没有 Al^{3+} 和 Fe^{3+} 溶出问题，除氟效果也较好。故选择 $Fe_2(SO_4)_3$-MGAA 作为除氟吸附剂具有显著优势。

3.8.1.3　除氟操作条件优化试验研究

1. 不同空速下的连续除氟试验

1）进水的氟溶液的配制

测定自来水中的 [F]，计算配制 50L 的 5mg/L 的氟溶液所需 1000mg/L 的体积，量取所需 1000mg/L 的氟溶液加入定容，搅拌均匀；测定氟溶液的 pH=7.3～7.8。

2）试验条件

吸附柱为 $\phi20\times300mm$ 的有机玻璃柱，填料体积 $64\pm1mL$。通过调节蠕动泵的转数，使吸附柱进水的 SV 分别是 $1.3h^{-1}$、$1.8h^{-1}$、$2.0h^{-1}$、$2.2h^{-1}$、$3.0h^{-1}$、$4.5h^{-1}$、$6.3h^{-1}$、$7.0h^{-1}$，对装置的出口分别取样。

3）结果与讨论

测定所取水样取样的电位，并用标准样校正，得到氟浓度值。氟浓度随过流体积倍数

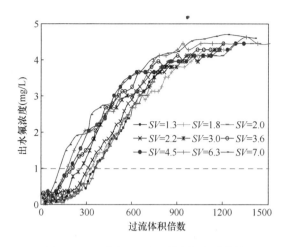

图 3-203　不同 SV 下吸附除氟穿透曲线

的变化曲线如图 3-203 所示。可见当 SV $\leqslant 2.0h^{-1}$ 时，3 条穿透曲线基本重叠，该范围内 SV 的变化对通水倍数影响很小。当 $SV \geqslant 2.2h^{-1}$ 时，随 SV 的变大，穿透时的过流体积倍数减少。综合考虑吸附速率与过流体积因素，建议优化空速 SV $=2.0h^{-1}$。

2. 进水氟浓度对穿透效果的影响

根据高氟水的实际氟浓度差异，设定 3 个进水氟浓度水平，即 $C_i = 2.0$mg/ L、3.0mg/L 及 5.0mg/L。在未调高氟自来水进水 pH，即在 pH 值为 7.8，空速 SV 为 $2.0h^{-1}$ 条件下进行连续吸附实验。在设定时间取水样测定出水氟浓度，并对过流体积倍数作图得图 3-204。可见进水氟浓度对穿透曲线及穿透体积倍数影响显著。在过流体积倍数小于 289 时，3 条穿透曲线差别不大；当过流体积倍数大于 289 后，进水 5.0mg/L 的固定床出口氟质量浓度迅速上升，且最先于 360 倍达到穿透；接下来是进水 3.0mg/L 的固定床于 753 倍时穿透；最后进水 2.0mg/L 的固定床于 1065 倍时穿透。结果显示，进水氟浓度越低，穿透体积倍数越大。进水 2.0mg/L 比进水 5.0mg/L 的穿透体积倍数高出 1.9 倍。

3. 进水 pH 值的优化

活性氧化铝一般在酸性条件下有较好的除氟效果。用 1∶1 盐酸调节连续进水的 pH 值，使氟浓度 5mg/L 的自来水的 pH 值分别为 5.5、6.0、6.5、7.0、7.6，进行连续吸附试验，得到穿透曲线结果如图 3-205 所示，可见不同进水 pH 值下的穿透曲线相差很大，降低进水的 pH 值可以使得穿透曲线变得平缓，穿透体积倍数增加显著。进水 pH=7.6 时，出水氟浓度随着过流体积倍数的增加迅速升高，调节进水 pH=6.5 时，出水氟浓度随着过流体积倍数增加而缓慢升高。进水 pH=6.0 的穿透曲线在最下方，吸附效果最好。

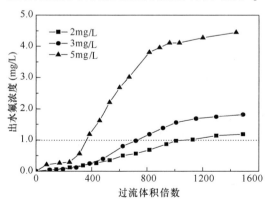

图 3-204　不同进水氟质量浓度的穿透曲线

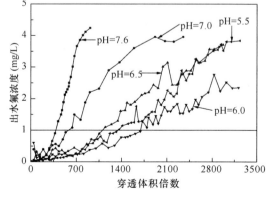

图 3-205　不同进水 pH 下的穿透曲线

为直观地描述 pH 值对固定床吸附效果的影响，作 pH 值与穿透体积倍数的关系，如图 3-206 所示。可见随着进水 pH 值的升高，穿透体积倍数先升后降，在 pH＝6.0 时达到最大值 1700 倍，是未调进水 pH 值的穿透体积倍数的 4.7 倍。说明调节进水 pH 值是提高活性氧化铝吸附能力的一个非常有效的手段。

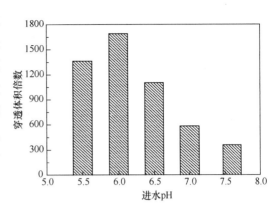

图 3-206　进水 pH 与穿透体积倍数曲线

3.8.1.4　多柱串联的吸附效果

1. 试验装置及过程描述

将 3 个吸附柱按图 3-207 首尾相连，从左到右依次为 1、2、3 号固定床，并在 1、2、3 号吸附柱的下端设置取样口，分别检测原水及 1～3 号吸附柱出水的氟浓度，进而绘制穿透曲线，计算穿透体积倍数和穿透吸附量等。

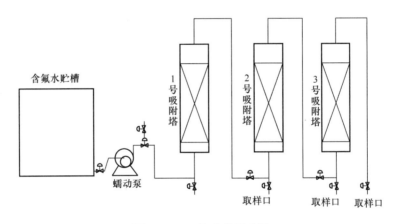

图 3-207　三柱串联示意图

随着试验进行，当 3 号吸附柱穿透时，卸下 1 号吸附柱，将 2、3 号吸附柱左移，并

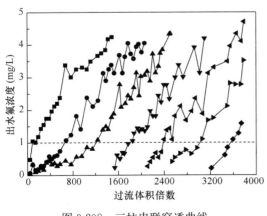

图 3-208　三柱串联穿透曲线

在 3 号吸附柱后串联 4 号吸附柱，形成新的三柱串联吸附。当 4 号吸附柱穿透时，卸下 2 号吸附柱，将 3、4 号吸附柱左移。并在 4 号吸附柱后串联 5 号吸附柱，依次类推直至 7 号吸附柱穿透，试验结束。

2. 三柱串联的试验结果

用自来水配制 5mg/L 的含氟水，用盐酸调节进水 pH 为 6.5，定时从取样口取样测定氟浓度，依次作各吸附柱的穿透曲线，如图 3-208 所示。

图中从左到右的 7 条穿透曲线分别代表 1～7 号吸附柱。前三柱是吸附带未形成稳定的区域，从第四柱开始，三柱串联运行稳定。每一个替换掉的吸附柱在其结束时的出水氟均在 4mg/L 左右，接近单柱吸附的耗竭点浓度，明显高于穿透点浓度 1mg/L。

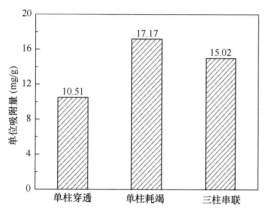

图 3-209　单柱与三柱吸附量对比

在该实验条件下，单柱的穿透体积倍数为 1105 倍，而三柱串联吸附的穿透体积倍数是 1670，比单柱穿透体积倍数高出 565 倍，约提高 51.1%，表明三柱吸附工艺优于单柱吸附工艺。通过累积吸附量计算，得到三柱串联吸附与单柱吸附量比较（图 3-209），可见采用三柱串联吸附工艺，吸附剂的吸附量高达 15.2mg/g，是单柱吸附穿透吸附量的 1.43 倍，已经达到单柱耗竭吸附量的 87.3%，说明其比较充分利用了 MAA 的有效吸附容量，提高了吸附剂的利用率。

3.8.1.5　饱和吸附剂解吸再生

1. 再生方法描述

饱和吸附剂的解吸再生包括两部分：解吸和活化。解吸液为 NaOH 溶液，活化液为硫酸铁或聚合硫酸铁（PFS）溶液。解吸再生工艺流程如图 3-210 所示。

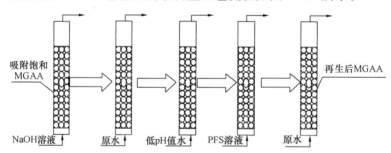

图 3-210　解吸再生过程示意图

吸附饱和的吸附剂原位用 NaOH 溶液循环解吸，使得吸附到活性氧化铝颗粒上的大部分氟离子解吸到 NaOH 溶液中，而后采用原水冲洗，一方面可以降低活性氧化铝表面的碱度，有利于后续活化处理；另一方面能增加脱离的氟离子量，以恢复更多的活性吸附位点。采用低 pH 值的原水中和处理，可进一步降低活性氧化铝表面的碱度，有利于铁盐溶液活化时铁离子在活性氧化铝表面的沉积速率，同时可以减少活化液中沉淀量。然后采用 PFS 溶液进行循环活化，活化结束后采用原水冲洗，终点控制参数为出水 pH≥6.5。

2. 再生试验结果

解吸条件为 1.5% 的 NaOH 溶液在空速 SV 为 4～6h^{-1} 的条件下循环解吸 1.5h；活化条件为 3%PFS 溶液在 SV 为 4～6h^{-1} 的条件下循环 1.5h 活化 4h。再生后的吸附剂用于再次吸附除氟，待出水氟浓度大于 1.0mg/L 时，视其饱和，进行再次解吸再生，如此循环 5 次，试验结果见图 3-211 和图 3-212。

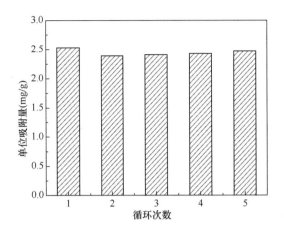

图 3-211　多次再生后吸附剂单位吸附量变化

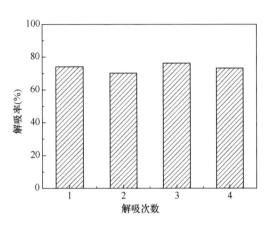

图 3-212　多次解吸的吸附剂解吸率变化

由图 3-211 可见，吸附剂经 4 次解吸后，再生吸附剂单位氟吸附量变化不大，相比新鲜吸附剂的单位氟吸附量仅下降 4％左右，表明经解吸再生后吸附剂除氟性能基本得以恢复，除氟性能并没有随着解吸再生次数的增加明显下降。

由图 3-212 可见，4 次解吸过程解吸率均在 70％以上，平均解吸率为 73.4％，说明解吸后大部分氟离子进入到解吸液中，吸附剂的大部分活性吸附位点得以恢复。

由上述试验结果可知，NaOH 溶液解吸、PFS 溶液活化的解吸再生过程构建良好。

3.8.1.6　三柱串联吸附的中试研究

中试以 PFS 改性活性氧化铝（PFS-MGAA）作为除氟吸附剂，采用 3 级串联式工艺吸附除氟，以充分利用 PFS-MGAA 的吸附能力。对吸附饱和的吸附柱，采用 NaOH 溶液解吸、PFS 溶液活化的再生方法，可较好恢复 MGAA 的除氟能力。中试装置照片见图 3-213。

1. 吸附过程的中试结果

用自来水配制 5mg/L 的含氟水，用盐酸调节进水 pH 为 7.0，定时从取样口取样测定氟离子的质量浓度，试验结果见图 3-214，图中从左到右的 8 条穿透曲线分别为 1～4 号吸附柱的前后 2 次吸

图 3-213　三柱串联的中试试验装置照片

附过程。单柱的穿透体积倍数为 584 倍，而三柱的过流体积倍数是 1120，单柱高出 536 倍，表明三柱吸附工艺优于单柱吸附工艺。三柱串联的累计吸附量达到 8.51mg/g，接近单柱耗竭吸附量。

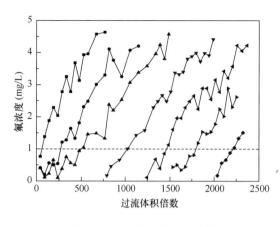

图 3-214　三柱串联穿透曲线

2. 解吸再生的中试结果

中试解吸再生操作在吸附柱原位进行，首先采用 1.5％ 的 NaOH 溶液，通过泵送与碱液罐打循环方式进行解吸。当解吸 1.0h 左右时，解吸液中氟浓度基本不变甚至略有下降，此时泵出 NaOH 溶液停止解吸，水洗中和至出水 pH 为 8～9。然后用 3％PFS 溶液泵送循环活化 3～4h，最终采用原水过滤清洗到出水 pH≥6.5，完成解吸再生操作。

中试装置累计运行计 2 月有余，每根吸附柱解吸再生 2 次，共计 8 次，试验结果见图 3-215 和 3-216。图 3-215 表明各吸附柱解吸再生后均表现出良好的吸附性能，除氟效果稳定，且氟吸附量没有较大幅度的变化；图 3-216 表明吸附的大部分氟经 NaOH 溶液解吸后进入解吸液中，各吸附柱的解吸率并没有随着解吸次数的增加而降低。上述试验结果进一步证明了 NaOH 溶液解吸、PFS 溶液活化这种再生方法的可靠性。

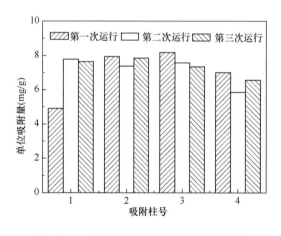

图 3-215　中试装置再生后单位吸附量变化

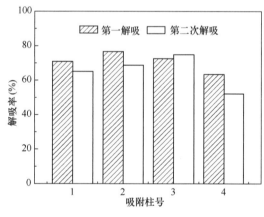

图 3-216　中试装置解吸率随解吸次数变化

3.8.2　改性天然菱铁矿除氟技术研究

菱铁矿的主要成分为 $FeCO_3$，我国菱铁矿资源储量丰富，总储量为数 10 亿 t，主要分布在陕西、云南、贵州、青海等省区，仅陕西大西沟储量就达 3 亿 t 之多。在水处理方面，合理开发和利用菱铁矿资源有着重要的社会意义和经济价值。应用天然菱铁矿除氟具有广阔的应用前景，但在这方面国内外的相关研究和报道较少。

3.8.2.1　材料与方法

1. 材料

本研究所使用的天然菱铁矿主要成分是菱铁矿和石英，还有少量的白云石和黏土矿物。研究过程中采用 2 种颗粒粒径的颗粒：一种是大于 150 目；另一种为 1～5mm。

2. 实验方法

1）改性方法

采用 2 种改性方法：一种为铝盐—造粒改性，另一种为灼烧—铝盐改性。

（1）铝盐—造粒改性

选择天然菱铁矿粉末（＞150 目），加入适量的去离子水、铝盐以及适量的黏合剂，得到混合黏稠物；对所得到的混合黏稠物进行湿法挤压造粒；对由湿法挤压造粒得到的颗粒进行煅烧。最后得到铝盐—造粒改性菱铁矿。图 3-217 为制备的铝盐—造粒改性天然菱铁矿颗粒。

（2）灼烧—铝盐改性

选取粒径为 1～5mm 天然菱铁矿石，分别在不同温度下（425～475℃）煅烧 2～4h。冷却后，先后用氢氧化钠溶液和硫酸铝溶液浸泡，得到改性后的灼烧—铝盐改性菱铁矿。

图 3-217 铝盐—造粒改性菱铁矿颗粒

2）除氟实验方法

（1）批试验

称取吸附剂 0.5g，放入 50mL（固液比为 10g/L）含氟量一定的高氟水中，混合均匀后置于 25℃恒温水浴中以转速为 150rpm 振荡一段时间后，取上清液离心，并用 0.45μm 混纤膜过滤后。取一定体积的样品到 20～50mL 容量瓶中，加入 10mL TISAB，定容后进行溶液中氟离子质量浓度检测。

（2）柱实验

柱实验所用有机玻璃柱内径为 3cm，高 15cm，内填充吸附剂高约 12cm，重量约为 100g。分别用蒸馏水和自来水配置不同初始氟离子浓度的溶液，利用蠕动泵控制流速从柱底进水，柱顶出水。定时采样并监测出水氟、铁、铝离子浓度。

（3）现场中试

图 3-218 改性天然菱铁矿吸附柱中试装置

中试装置共设 3 根吸附柱，每根吸附柱尺寸为 $\phi200\times1000$mm。吸附柱内自下而上填有 8cm 高石英砂（＞2mm）和 72cm 高吸附剂 35kg（图 3-218）。其中，吸附剂为批量生产的 475℃条件下，煅烧 2h 的天然菱铁矿，粒径为 1～5mm。

3）测试方法

氟离子浓度采用氟离子电极测定。铁和铝离子浓度用 ICP-AES 测定。吸附剂的矿物分析采用 XRD（D/MAX 2500，

Rigaku，Japan）。吸附剂表面结构采用 SEM（ZEISS SUPRA 55，Germany）。比表面积分析采用 BET 法。

3.8.2.2　铝盐-造粒改性菱铁矿除氟性能

先用硫酸铝改性天然菱铁矿，加铝量为 8mg/g（以 Al 计），不同温度下煅烧不同时间，得到的硫酸铝-造粒改性菱铁矿。其除氟效果如图 3-219 所示。由图可知，425℃下煅烧 3h，改性菱铁矿的除氟容量和除氟率最好，分别为 0.468mg/g 和 93.53%，但吸附剂抗压强度差。

铝溶胶既可作为黏结剂提高吸附剂颗粒强度，又可提高除氟效果。用铝溶胶改性天然菱铁矿，加铝量为 8mg/g（以 Al 计），不同温度下煅烧不同时间，得到的铝溶胶-造粒改性菱铁矿。其除氟效果如图 3-220 所示。由图 3-220 可知，450℃下煅烧 0.5h 的吸附剂除氟容量和除氟率最好，分别为 0.385mg/g 和 77%。此时，吸附剂物理强度好，但除氟效果略低于硫酸铝-造粒改性天然菱铁矿除氟效果。

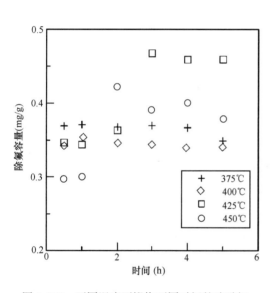

图 3-219　不同温度下煅烧不同时间的硫酸铝
-造粒改性菱铁矿除氟效果

（初始氟浓度为 5mg/L，固液比为 10g/L，
25℃恒温振荡 24h）

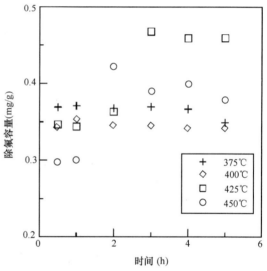

图 3-220　不同温度下煅烧不同时间的铝溶胶
-造粒改性菱铁矿除氟效果

（初始氟浓度为 5mg/L，固液比为 10g/L，
25℃恒温振荡 24h 后得到）

为保证吸附剂既有较高的除氟性能，又有较好的物理强度，将硫酸铝、铝溶胶和天然菱铁矿粉末（NS）按不同比例混合，并进行造粒煅烧改性，得到铝盐-造粒改性菱铁矿。添加不同量硫酸铝和铝溶胶的改性菱铁矿除氟效果如图 3-221 所示。由图可以看出，最佳除氟效果的改性材料其配比为 NS：$Al_2(SO_4)_3$：$AlOOH=1g$：6mg：200mg（硫酸铝和铝溶胶均以 Al 计）；煅烧条件为 450℃ 3h。在初始氟浓度为 5mg/L，固液比为 10g/L，25℃恒温振荡 24h 的情况下，最佳除氟容量为 0.486mg/g，除氟效果为 97.2%。反应后，溶液中铁、铝浓度均不超出国家生活饮用水标准。此后的批实验和柱实验中，均采用最佳

铝盐-造粒改性菱铁矿。

1. 吸附动力学

高氟水与改性天然菱铁矿接触时间的长短会影响除氟的效果。图 3-222 是 25℃时铝盐-造粒改性天然菱铁矿的除氟容量随吸附时间变化曲线。在吸附初始阶段，随着吸附时间的增加，除氟容量快速增大；780min 时达到 0.475mg/g；随着吸附时间继续增加，除氟容量增长趋势减缓；960min 时，除氟容量达到 0.469mg/g。继续延长吸附时间，除氟容量变化不明显，基本保持稳定。可以认为，改性天然菱铁矿除氟的吸附平衡时间为780min。将 780min 作为后批试验的反应时间。

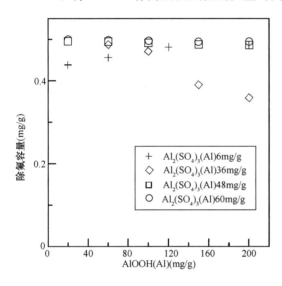

图 3-221　添加不同量硫酸铝和铝溶胶的铝盐
　　　　-造粒改性菱铁矿除氟容量

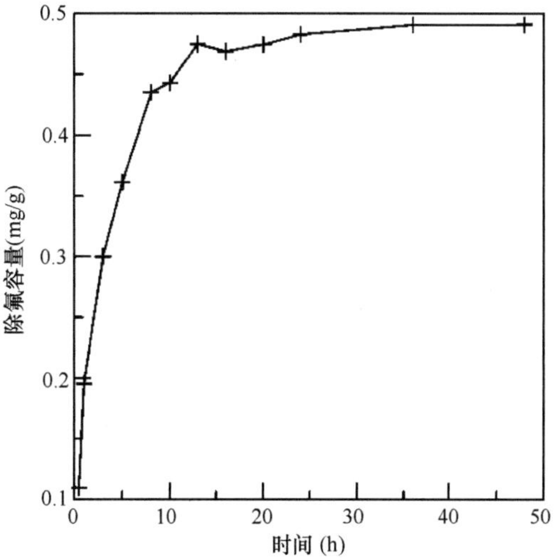

图 3-222　吸附时间对除氟效果的影响

根据 Lagergren 一级动力学模型、Lagergren 二级动力学模型、Morris 扩散模型，分析氟离子在铝盐-造粒改性天然菱铁矿表面上吸附氟离子的吸附动力学特征。3 种模型的数学表达式分别见式（3-26）～式（3-28）。

$$\frac{t}{q_t} = \frac{1}{k_2 q_e^2} + \frac{1}{q_e}t \tag{3-26}$$

$$\log(q_e - q_t) = \log q_e - \frac{k_1}{2.303}t \tag{3-27}$$

$$q_t = k_d t^{1/2} \tag{3-28}$$

式中　q_e——吸附平衡时被吸附氟离子量，mg/g；

　　　q_t——吸附时间 t 时被吸附氟离子量，mg/g；

　　　k_1——一级动力学速率常数，min^{-1}；

　　　k_2——二级动力学速率常数，g/(mg·min)；

　　　k_d——Morris 扩散系数，mg/(g·min$^{0.5}$)。

根据吸附动力学曲线可知，实验数据更好符合 Lagergren 二级吸附速率模型，相关系数达到 0.995（图 3-223 和表 3-78）。这说明，在吸附过程中，内扩散并不是唯一的控制步骤。

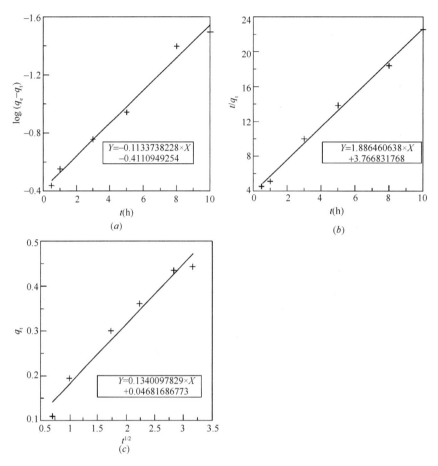

图 3-223 吸附动力学曲线

（a）一级动力学；（b）二级动力学；（c）Morris 扩散模型

吸附动力学参数　　　　　　　　　　　　　　　　　　表 3-78

一级动力学		二级动力学			Morris 模型	
R^2	K_1（min）	R^2	K_2 [g/(mg·min)]	q_e（mg/g）	R^2	K_d [mg/(g·min$^{-0.5}$)]
0.988	0.2612	0.995	0.945	0.5301	0.970	0.134

2. 吸附等温模式及热力学

吸附等温模式的实验中，初始溶液氟浓度为 2mg/L、5mg/L、10mg/L、15mg/L、20mg/L、25mg/L，固液比为 10g/L，25℃、150rpm 恒温振荡 780min。

尽管吸附等温实验结果能够较好地用 Freundlich 和 Langmuir 吸附等温模式进行描述，采用 Freundlich 吸附等温模式拟合时，得到的相关系数更高（图 3-224、表 3-79）。根据 Langmuir 等温模式计算出改性天然菱铁矿在静态实验下的最大吸附量为 6.285mg/g。该吸附容量远大于其他地质材料和人工合成菱铁矿。

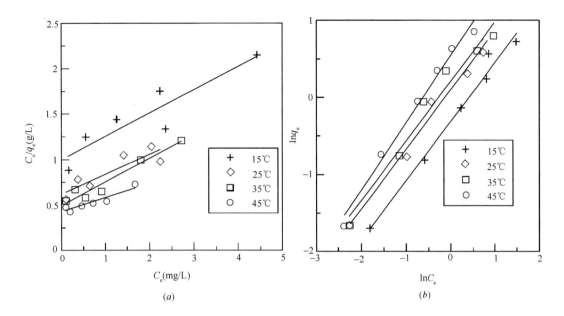

图 3-224 吸附等温线

(*a*) Langmuir 吸附等温模式；(*b*) Freundlich 吸附等温模式

不同温度下的铝盐—造粒改性天然菱铁矿吸附氟离子的等温吸附参数　　　表 3-79

吸附温度	Langmuir			Freundlic		
(℃)	b(L/mg)	q(mg/g)	R^2	$k[$(mg/g)/(mg/L)$^{1/n}]$	n	R^2
15	0.2686	3.860	0.7771	0.750	1.297	0.9669
25	0.4333	4.280	0.8260	1.148	1.326	0.9856
35	0.5187	3.862	0.9396	1.225	1.292	0.9682
45	0.3776	6.285	0.8697	1.734	1.139	0.9854

吸附过程中的标准吉布斯自由能 ΔG_0（kJ/mol）、标准焓变 ΔH_0（kJ/mol）、标准熵变 ΔS_0[kJ/(mol·K)]计算公式见式(3-29)～式(3-31)。

$$\Delta G^0 = -RT\ln K_C \qquad (3-29)$$

$$\ln K_C = \frac{C_{Ae}}{C_e} \qquad (3-30)$$

$$\Delta G^0 = \Delta H^0 - T\Delta S^0 \qquad (3-31)$$

从图 3-225 和表 3-80 可知，ΔG^0 始终是负值，表示该反应是自发进行的。随着温度的升高，其值不断减小，说明温度的升高更利于吸附进行。$\Delta H^0 > 0$，说明该反应是吸热反应，所以温度升高有利于氟的吸附。

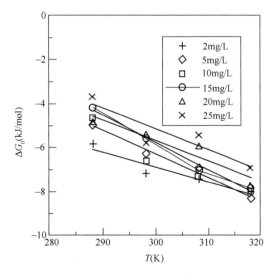

图 3-225　ΔG^0 随温度变化曲线

铝盐—造粒改性天然菱铁矿吸附氟离子的热力学参数　　　　表 3-80

C_0 (mg/L)	温度(℃)	ΔG^0 (kJ/mol)	ΔH^0 (kJ/mol)	ΔS^0 [kJ/(mol·K)]
2	15	−5.81	13.604	0.0683
	25	−7.15		
	35	−7.44		
	45	−7.99		
5	15	−4.98	25.057	0.1045
	25	−6.32		
	35	−6.92		
	45	−8.27		
10	15	−4.64	26.024	0.1077
	25	−6.59		
	35	−7.31		
	45	−7.99		
15	15	−4.17	31.436	0.124
	25	−5.58		
	35	−7.01		
	45	−7.83		
20	15	−4.82	21.996	0.0922
	25	−5.39		
	35	−5.90		
	45	−7.72		
25	15	−3.68	23.072	0.0941
	25	−5.74		
	35	−5.41		
	45	−6.93		

3. 共存阴离子对除氟效果的影响

研究了 5 种常见共存阴离子对除氟效果的影响,包括 PO_4^{3-}、HCO_3^-、SO_4^{2-}、Cl^-、NO_3^-。这些共存离子的浓度范围在 100～800mg/L 之间。

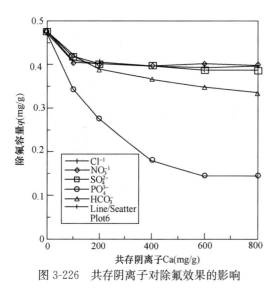

图 3-226　共存阴离子对除氟效果的影响

从图 3-226 可知,共存阴离子浓度为 0mg/L 时,平衡吸附量为 0.475mg/g。随着阴离子浓度的增加,平衡吸附量不断减小。在 PO_4^{3-} 共存情况下,吸附剂吸附氟的下降趋势最明显,PO_4^{3-} 浓度为 800mg/L 时,平衡吸附量降至 0.145mg/g;其次为 HCO_3^-,浓度为 800mg/L 时,平衡吸附量降至 0.336mg/g;SO_4^{2-}、Cl^-、NO_3^- 对氟离子吸附的影响较小。共存离子浓度越高,对氟吸附的抑制作用越显著,产生的竞争吸附越显著。常见的阴离子在溶液中与氟离子共存时,对 NS 吸附氟的影响程度依

次为 $PO_4^{3-} > HCO_3^- > SO_4^{2-} > Cl^- > NO_3^-$。

4. pH 对除氟效果的影响

在 pH 对除氟效果影响的研究中,初始溶液氟浓度为 5mg/L,固液比为 10g/L,25℃、150rpm 恒温振荡,反应时间为 780min,初始 pH 范围在 3～10 之间。图 3-227 表明,pH 对除氟效果影响较为明显。pH 在 3～10 范围内,吸附剂的除氟量基本保持在 0.46mg/g。pH 低于或高于该范围,吸附容量大大降低。结果表明,pH<3 或 pH>10 时,不利于 F^- 在改性材料上的吸附。

5. 改性天然菱铁矿固定床吸附除氟性能研究

有机玻璃柱内径为 3cm,高 15cm,内填充吸附剂高约 12cm,重量约为 100g。用蒸馏水、自来水分别配置不同初始浓度的含氟离子溶液,利用蠕动泵控制流速从柱底进水,柱顶出水。定时采样并监测出水中氟离子、铁、铝离子浓度。自来水的主要化学组分见表 3-81 所列。

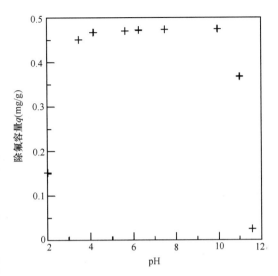

图 3-227　pH 对除氟效果影响

自来水中主要离子组分含量表　　　　表 3-81

pH	Na$^+$ (mg/L)	Mg^{2+} (mg/L)	Cl$^-$ (mg/L)	HCO$_3^-$ (mg/L)	NO$_3^-$ (mg/L)	SO$_4^{2-}$ (mg/L)	K$^+$ (mg/L)	Ca^{2+} (mg/L)
7.31	14.3	14.1	31.1	26.2	66.0	70.9	2.42	39.8

1)初始浓度的影响

初始浓度不同,流速相同(0.25cm/min)时,随着初始氟离子浓度降低,出水中氟离子质量浓度增至 1mg/L(穿透点)时,合格出水体积增大,除氟容量增大。

处理初始含氟浓度为 5mg/L 和 3mg/L 的蒸馏水以及氟浓度为 5mg/L 和 3mg/L 自来水,出水氟离子质量浓度增至 1mg/L(穿透点)时,合格出水体积分别达到 57.8L、136L、19.2L 和 38.4L;孔隙体积倍数分别为 824、2090、345 和 647。经计算,此时铝盐—造粒改性天然菱铁矿对氟的吸附量分别为 4.02mg/g、5.97mg/g、1.48mg/g 和 1.55mg/g(图 3-228 和表 3-82)。表明,初始浓度越大,吸附柱吸附氟越易达到饱和。

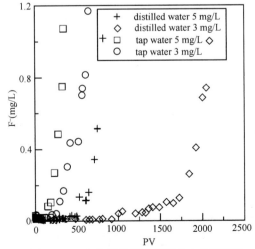

图 3-228　出水氟离子浓度随出水体积变化

不同配水条件下吸附剂除氟效果比较 表3-82

背景溶液	F⁻初始浓度 (mg/L)	出水 1mg/L孔隙 体积倍数	出水 1mg/L出水体积 (L)	出水 1mg/L吸附量 (mg/g)
蒸馏水	5	824	57.8	4.02
	3	2090	136	5.97
自来水	5	345	19.2	1.48
	3	647	38.4	1.55

蒸馏水配制初始氟离子浓度为 3mg/L 的配水，合格出水体积是初始氟离子浓度为 5mg/L 的 2.54 倍。自来水配水初始氟离子浓度为 3mg/L 的合格出水体积是初始氟离子浓度为 5mg/L 的 1.88 倍，这说明自来水配水中的 HCO_3^-、SO_4^{2-} 等共存离子，对水中氟的去除有一定影响。

相同初始氟离子浓度条件下，自来水配初始氟离子浓度 5mg/L 的配水除氟效果低于蒸馏水配水 5mg/L 的除氟效果；自来水配水 3mg/L 的除氟效果低于蒸馏水配水 3mg/L 的除氟效果。实验中，出水的 Fe、Al 含量均未超过国家饮用水标准。

2）流速的影响

流速不同，初始氟离子浓度相同（自来水配制初始浓度为 3mg/L 的配水）时，随着流速增加，到达穿透点的时间变短，处理的水量减少（图 3-229）。说明流速对处理效果的影响较大。这表明，氟离子的去除受溶质与吸附剂接触时间的影响较大。

控制流速分别为 0.25cm/min、0.57cm/min 和 0.85cm/min，出水氟离子质量浓度增至 1mg/L（穿透点）时，合格出水体积分别达到 33.0L、28.7L 和 26.0L；孔隙体积倍数分别为 647、484 和 436。经计算，此时改性天然菱铁矿对氟离子吸附量分别为 1.55mg/g、1.23mg/g 和 0.96mg/g（图 3-229 和表 3-83）。可知，吸附容量随着流速的增加而降低。

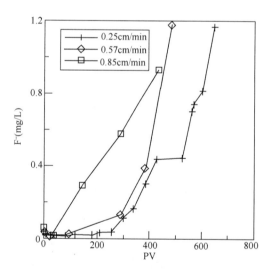

图 3-229 出水氟离子浓度随出水体积变化

流速对除氟效果的影响（处理含氟 3mg/L 的自来水） 表3-83

流速（cm/min）	出水 1mg/L过流体积倍数	出水 1mg/L出水体积（V）	出水 1mg/L吸附量（mg/g）
0.25	647	33.0	1.545
0.57	484	28.7	1.230
0.85	436	26.0	0.957

流速为 0.57cm/min 时，合格出水的孔隙体积倍数比流速为 0.25cm/min 时降低了 25%，除氟容量下降了 21%；流速为 0.85cm/min 时，合格出水的孔隙体积倍数比流速为

0.57cm/min 时仅降低了 10%，除氟容量下降了 20%。在保证除氟效果的同时，最大限度地发挥吸附剂的除氟性能，确定 0.57cm/min 为最佳流速。实验中，出水的 Fe、Al 含量均未超过国家饮用水标准。

6. 除氟机理

图 3-230 是天然菱铁矿原样和铝盐—造粒改性后吸附剂的 X 射线衍射分析谱图。未改性天然菱铁矿只在 2θ 为 33°处有一个较强衍射峰；未添加铝盐黏结剂的煅烧改性天然菱铁矿 2θ 为 27°和 33°分别有一个较强衍射峰，且 33°处衍射峰强度最强；添加铝盐黏结剂的煅烧改性天然菱铁矿有 3 个较强衍射峰，分别为 27°、33°、36°，且 27°衍射峰强度最大。这可能是与改性后天然菱铁矿中的羟基氧化物含量增加有关。羟基氢氧化物有较强的氟离子吸附能力，有助于提高菱铁矿的除氟性能。

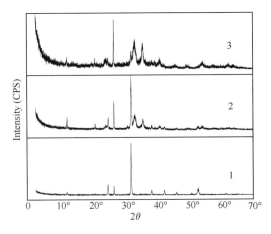

图 3-230　改性前后天然菱铁矿 X 射线衍射分析谱图
1—未改性天然菱铁矿；2—未添加铝盐黏结剂的改性天然菱铁矿颗粒；3—添加铝盐黏结剂的改性天然菱铁矿颗粒

未改性天然菱铁矿由石英、白云石、黄铁矿和菱铁矿组成，且菱铁矿占最大比例；未添加铝盐黏结剂的煅烧改性天然菱铁矿由石英、白云石、赤铁矿、黄铁矿和菱铁矿组成，且菱铁矿比例降低；添加铝盐黏结剂的煅烧改性天然菱铁矿由石英、赤铁矿和菱铁矿组成，且菱铁矿比例远远低于未改性天然菱铁矿和未添加铝盐黏结剂的煅烧改性天然菱铁矿。赤铁矿作为添加铝盐后的煅烧改性天然菱铁矿主要矿物成分，改性后天然菱铁矿的除氟性能远优于前两者，可能是因为赤铁矿含量增加有助于对氟离子的吸附。

图 3-231 是天然菱铁矿原样和改性后吸附剂的扫描电镜图。由表 3-84 可知，改性后材料表面颗粒变小，比表面积增大，有利于吸附氟。

图 3-231　天然菱铁矿原样和改性后的扫描电镜图
1—未改性天然菱铁矿颗粒；2—未添加铝盐黏结剂的改性天然菱铁矿颗粒

利用 BET 多点法对改性前后天然菱铁矿比表面积、孔体积和孔径进行测定。结果表明，添加铝盐黏结剂的煅烧改性天然菱铁矿颗粒的比表面积高于未添加铝盐黏结剂的煅烧改性天然菱铁矿颗粒的比表面积，添加铝盐后吸附剂颗粒的孔体积和孔径均比未添加铝盐黏结剂的改性天然菱铁矿颗粒大。这说明铝盐—造粒改性有助于提高天然菱铁矿的除氟性能。

BET 法测定比表面积参数　　　　　　　　　表 3-84

样　品	比表面（m²/g）	总孔体积（mL/g）	平均孔直径（nm）
天然菱铁矿	2.02	0.01	10.6
造粒改性菱铁矿	51.7	0.07	5.48
铝盐—造粒改性菱铁矿	79.5	0.15	7.56

3.8.2.3　灼烧—铝盐改性菱铁矿除氟性能

目前，市场上利用粉末批量生产吸附剂的方法多为滚球造粒法和滴丸法，挤压法造粒厂家少。批量生产改性天然菱铁矿颗粒困难。为进行现场中试研究，选取天然菱铁矿替代天然菱铁矿粉末进行后续除氟吸附剂研究。与天然菱铁矿粉末相比，天然菱铁矿颗粒具有机械强度高，生命周期长等特点，而且避免了造粒过程，便于实际应用。因此，这里采用灼烧—铝盐改性法对天然菱铁矿进行了改性。

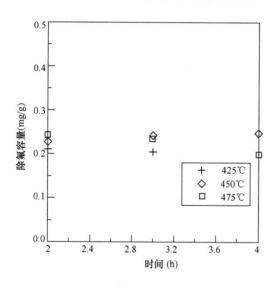

图 3-232　不同温度下煅烧不同时间
的改性吸附剂除氟效果

（除氟条件：初始氟浓度为 5mg/L，
固液比为 10g/L，25℃恒温振荡 24h）

1. 改性天然菱铁矿石最优条件确定

选取粒径为 1～5mm 天然菱铁矿石，分别于 425℃，450℃和 475℃煅烧 2～4h。煅烧后吸附剂的除氟效果如图 3-232 所示。

从图 3-232 可得，在相同煅烧温度下，除氟效果几乎不受煅烧时间影响；煅烧 425℃的除氟容量和除氟率略优于 425℃和 475℃，为 0.228mg/g 和 45.5%。仅利用煅烧方法改性天然菱铁矿，得到的吸附剂除氟性能偏低。故对煅烧后的菱铁矿先后用氢氧化钠溶液和硫酸铝溶液浸泡改性，进一步提高改性天然菱铁矿石的除氟性能。

首先，取适量不同温度下煅烧不同时间（425℃、450℃和 475℃煅烧 2～4h）的天然菱铁矿于 pH＝10 的氢氧化钠溶液中浸泡（固液比为 250g/L），约 5h 后溶液 pH 值稳定在 7.7±0.2，滤出吸附剂。

然后，将上述吸附剂置于不同浓度的硫酸铝溶液（以 Al³⁺ 计，2～10g/L）中浸泡 24h（固液比为 250g/L）。

最后，利用去离子受冲洗吸附剂至 pH＝6.5±0.2，室温下烘干备用。得到灼烧—铝盐改性的天然菱铁矿。

灼烧—铝盐改性后的吸附剂除氟效果如图 3-233 所示。从图 3-233 可知，425℃条件下分别煅烧 2h、3h 和 4h 的天然菱铁矿用不同浓度的硫酸铝溶液浸泡后，除氟效果没有明显变化，除氟容量在 0.215～0.280mg/g 之间。450℃条件下分别煅烧 2h 和 3h 的天然菱铁矿，除氟效果几乎不受硫酸铝溶液浓度的影响，除氟容量均保持在 0.285～0.314mg/g。450℃煅烧 4h 的天然菱铁矿在硫酸铝浓度（以 Al^{3+} 计）为 2g/L 的溶液中浸泡改性后，除氟容量和除氟率达到最大，分别为 0.437mg/g 和 87.4%。当硫酸铝浓度（以 Al^{3+} 计）增至 4g/L 时，除氟容量有较为明显的下降（0.265mg/g）。Al^{3+} 浓度超过 4g/L 时，随着硫酸铝浓度的增加，除氟容量趋于不变（0.261～0.278mg/g）。475℃条件

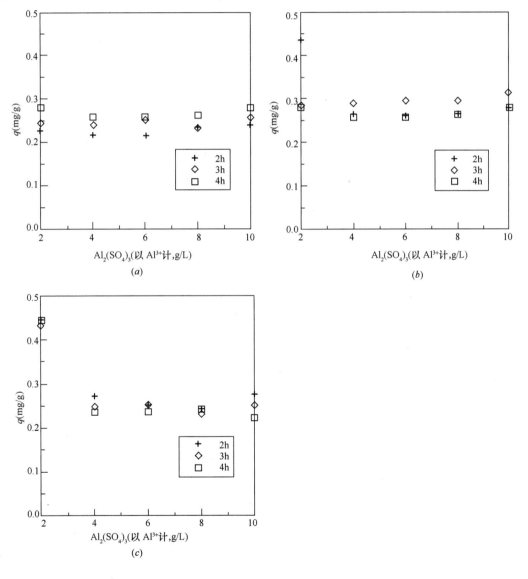

图 3-233 不同浓度硫酸铝浸泡后吸附剂的除氟效果

（a）煅烧 425℃；（b）煅烧 450℃；（c）煅烧 475℃）

下分别煅烧 2h、3h 和 4h 的天然菱铁矿用不同浓度的硫酸铝溶液浸泡后，除氟容量均在硫酸铝浓度（以 Al^{3+} 计）为 2g/L 时达到最大值，分别为 0.444mg/g、0.424mg/g 和 0.442mg/g；硫酸铝浓度为 4g/L（以 Al^{3+} 计）时，除氟容量分别下降至 0.272mg/g、0.248mg/g 和 0.235mg/g。Al^{3+} 浓度超过 4g/L 时，随着硫酸铝浓度的增加，除氟容量几乎不变。氢氧化钠溶液浸泡煅烧后的天然菱铁矿，使材料表面带负电，吸附了更多 Al^{3+} 至矿石表面，从而使得矿石的除氟性能与仅煅烧的菱铁矿相比，有了明显提高。

上述实验中，有较高除氟容量的 4 种改性条件下的吸附剂，除氟容量及除氟后溶液中铁、铝浓度见表 3-85。可知，4 种改性条件下，除氟容量基本相同。除第三种改性方法反应后溶液中铝超出国家生活饮用水标准外，其余 3 种改性方法铁、铝浓度均不超标。第二种改性条件下，反应后溶液中铝离子浓度远低于第一种和第四种改性方法，使得出水水质得到更好的保证。故选用第二种改性方法作为天然菱铁矿改性的最优改性条件，并批量生产应用于后续中试研究。

不同改性条件下吸附剂除氟容量及除氟后溶液中铁、铝浓度   表 3-85

改性方法	煅烧温度（℃）	煅烧时间（h）	$Al_2(SO_4)_3$ 浓度（以 Al^{3+} 计）（mg/L）	除氟容量（mg/g）	出水 Al（mg/L）	出水 Fe（mg/L）
1	450	4	2	0.437	0.167	0.013
2	475	2	2	0.444	0.048	0.001
3	475	3	2	0.424	0.582	0.001
4	475	4	2	0.442	0.176	<0.001

2. 改性天然菱铁矿石吸附柱中试研究

中试装置共设 3 根吸附柱，每根吸附柱尺寸为 $\phi 200 \times 1000mm$。吸附柱内自下而上填有 8cm 高石英砂（>2mm）和 72cm 高吸附剂 35kg。其中，吸附剂为批量生产的 475℃ 条件下，煅烧 2h 的天然菱铁矿石，粒径为 1～5mm。该吸附工艺为两柱串联吸附，一柱备用，流量 $Q=80L/h$，日处理量约 $2m^3$。

1）改性工艺流程

步骤一：现场配置 pH=10 的 NaOH 溶液 80L，以流速 $Q=35L/h$ 循环 3h，出水 pH 稳定在 8 左右。

步骤二：现场配置浓度为 2g/L 的 $Al_2(SO_4)_3$ 溶液（以 Al^{3+} 计）80L，以流速 $Q=35L/h$ 循环 24h。

步骤三：用高氟水以 $Q=60L/h$ 冲洗吸附柱至出水 pH=6.5。

步骤四：HCl 调节进水 pH=6.5±0.3，高氟水以 $Q=80L/h$ 通过吸附柱，至吸附柱完全穿透（出水氟离子浓度为 1.0mg/L）停止。

2）单柱运行结果

昌平小汤山苗圃地下水氟浓度为 2.96mg/L，pH=7.79。高氟水的进水流速为 80L/h。通过 HCl 调节进水 pH，使进水 pH 控制在 6.5±0.3。单柱运行时，未调节进水 pH、调节进水 pH 情况下，吸附柱出水的 pH 变化见图 3-234。未调节进水 pH、调节进水 pH

情况下，吸附柱出水的氟离子浓度见图 3-235。

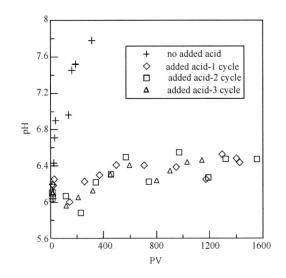

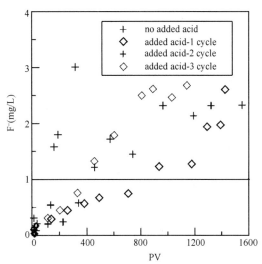

图 3-234　单柱运行未调节进水 pH、调节进水　　图 3-235　单柱运行未调节进水 pH、调节进水
　　　　pH 情况下，吸附柱出水的 pH 变化　　　　　　　pH 情况下，吸附柱出水的氟离子浓度

　　未调节进水 pH 时，吸附柱出水 pH 随着 PV 的增加而增大，出水氟离子浓度迅速上升。当吸附柱氟离子浓度增至 1mg/L 时，出水 pH 为 7.25，合格出水量和空隙体积倍数分别为 2.4m³ 和 144。吸附柱再生一次后，调节进水 pH，吸附柱出水 pH 一直保持在 6.5±0.3，合格出水量为 15.8m³，是未调节进水 pH 时的 6.5 倍。吸附柱再生 3 次后，出水 pH 仍保稳定在 6.5±0.3，但吸附柱吸附性能明显下降，合格出水体积降至 7.6m³。

　　从上述可知，调节进水 pH 可显著提升改性吸附剂的除氟容量。未调节进水 pH 时，随着出水 pH 增加，碱性增强，OH^- 对 F^- 的去除形成竞争性抑制，导致除氟效果下降。调节进水 pH 后，吸附剂颗粒表面易形成带正电的铁铝羟基氧化物，能有效吸附地下水中 F^-，从而提高吸附剂除氟效果。单柱运行的除氟实验中，出水的 Fe、Al 含量均未超过国家饮用水标准。

　　3. 两柱串联运行结果

　　高氟水以 $Q=80L/h$ 通过串联的柱 1 和柱 2。未调节进水 pH、调节进水 pH 情况下，吸附柱出水的 pH 和氟浓度变化分别如图 3-236 和图 3-237 所示。未调节进水 pH 时，吸附柱最终出水 pH 均随着 PV 的增加而增大；出水氟离子质量浓度增至 1mg/L 时，出水 pH 为 7.7，孔隙体积倍数为 204，合格出水量为 3.4m³，是单柱运行时处理合格水量的 1.4 倍。

　　再生 1 次后的吸附柱 1 和柱 2，通过 HCl 调节进水 pH，使进水 pH 控制在 6.5±0.3，吸附柱最终出水氟离子质量浓度增至 1mg/L 时，出水 pH 均在 6.3 左右，孔隙体积倍数为 965，合格出水量为 16.1m³。处理的合格水量是两柱串联未调节进水 pH 时的 6.7 倍。吸附柱再生 3 次后，合格出水量降为 11m³。综上所述，两柱串联运行比单柱能提高吸附柱的除氟性能，增加合格出水量，且多次再生后吸附柱仍有较高的除氟性能。

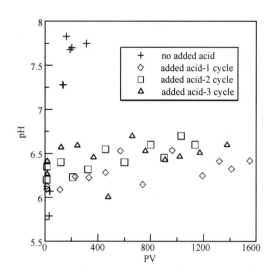

图 3-236　串联运行调节进水 pH
前后吸附柱出水 pH 变化

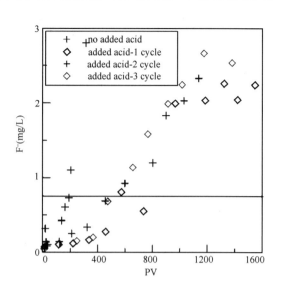

图 3-237　串联运行吸附柱穿透曲线

两柱串联的改性天然菱铁矿除氟实验中，出水的 Fe 含量均未超过国家饮用水标准，Al 含量随合格出水量的增加而增大，超出国家饮用水标准，出水 Al 含量超标有待于进一步解决。

3.8.3　电强化吸附除氟技术

为了提高吸附剂的除氟容量和再生效率，降低能耗，降低制水成本，研发了电强化吸附除氟技术。选择对氟具有选择吸附性及高吸附容量的吸附剂，将其负载在比表面积大、导电性良好的载体上，制备多功能吸附材料；通过施加外电场，可使多功能吸附材料的饱和吸附量达到 17～40mg/g；吸附饱和后通过施加反向电场，可使其吸附能力恢复到 80%～95% 以上，反洗再生液用量减少 80%～90%。

3.8.3.1　负载型多功能吸附材料的制备及效果评价

多功能吸附材料是将一种或多种对氟离子具有选择吸附性的吸附剂材料负载在比表面积较大的导电材料上制备而成。吸附剂材料可以采用铝盐、铁盐、稀土类物质等；载体采用具有较大比表面积和较好导电性的活性炭纤维毡，负载方式为液相浸渍法。

所制备吸附材料在电场条件下的吸附除氟效果测试采用图 3-238 所示的装置进行。工作电极为通过钛镀钌网状集电极板导通的负载型活性炭纤维毡，对电极为钛

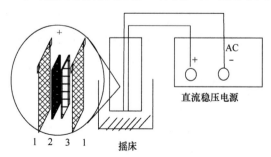

图 3-238　实验反应器示意图
1—钛镀钌网状集电极板；2—活性炭纤维毡；3—塑料隔垫

镀钌网状电极，工作电极与对电极的距离由 2mm 厚的塑料隔垫隔开。吸附试验中，将吸附单元置于容积为 100mL 上端开口的塑料反应器中，在反应器中加 60～80mL 含氟溶液，两电极板间由稳压直流电源提供 1.6V 直流电压。为便于溶液充分混合，将整个反应器置于振荡器上。

1. 载铁、铝、铈及镧等复合金属的碳纤维材料

1）制备方法

载铁、铝、铈及镧等复合金属的碳纤维材料制备方法如下：

（1）活性炭纤维载体的预处理。将活性炭纤维毡用 75～90℃的去离子水洗涤，每隔 0.5～1h 换水 1 次，共计洗涤 3～6h，其后将活性炭纤维置入 60～120℃烘箱烘干至恒重后取出，置于干燥器内，备用。

（2）负载液的配制。先按质量比 1∶1∶4∶1 称取硫酸铈、硫酸亚铁、硫酸铝和硝酸镧，将硫酸铈、硫酸亚铁和硫酸铝置于蒸馏水中，搅拌状态下加入 10mol/L 氢氧化钠溶液，使形成悬浊液的 pH 为 7～9，持续搅拌时间大于 24h，再加入硝酸镧，持续搅拌时间大于 24h，静置备用。

（3）将处理好的活性炭纤维置于配制的负载液中搅拌 12～24h，之后将活性炭纤维置入 60～105℃烘箱烘干至恒重，从烘箱中取出置于马弗炉中 300～400℃灼烧 3～4h，取出后用去离子水洗涤至洗涤液电导率恒定，再置于 60～105℃烘箱烘干至恒重，制成负载型吸附材料。

利用 VanderPauw 对所制备材料的电阻进行测试。结果表明，负载前后活性炭纤维的电阻率分别为 14.49Ωcm 和 14.66Ωcm，变化不大，但与钛镀钌网电极相比，仍有较大的电阻值，故选用钛镀钌电极做集电极，将碳纤维毡贴附在钛镀钌网上使用，以降低其电阻。

2）电强化吸附除氟效果

（1）吸附动力学

负载型活性炭纤维对氟的常规吸附和施加电场的强化吸附速率试验结果如图 3-239（a）所示，可以看出负载后的活性炭纤维对氟离子的吸附时间 4h 左右可达到吸附平衡。

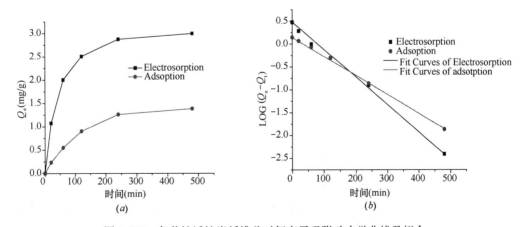

图 3-239 负载性活性炭纤维毡对氟离子吸附动力学曲线及拟合

对吸附动力学曲线进行 Lagergren 一级动力学方程拟合，如图 3-239（b）所示，说明吸附反应符合一级动力学方程，对于初始氟离子浓度 5mg/L 的吸附体系，根据斜率计算得到速率常数分别是 $14×10^{-3}min^{-1}$ 和 $10×10^{-3}min^{-1}$，说明施加电场可增强负载型活性炭纤维吸附氟离子的速率。

（2）吸附等温线

由图 3-240 可以看出，常规吸附实验中，负载前后活性炭纤维对氟离子吸附量分别为 4.71mg/g 和 13.00mg/g；施加电场实验条件下，负载前后活性炭纤维毡对氟离子的吸附量分别为 8.834mg/g 和 39.218mg/g，表明稀土掺杂氧化铝铁负载活性炭纤维能明显改变活性炭纤维的表面性质，增强对氟离子的选择吸附；电场条件可显著增强改性活性炭纤维对氟离子的吸附性能。

（3）脱附再生

图 3-241 是负载型活性炭纤维电场吸附和常规吸附的脱附动力学，脱附液是 0.02mol/L 的 NaOH 溶液。可以看出，电强化吸附和常规吸附平衡后，负载型活性炭纤维毡在脱附液中的脱附速率很快，均可在 15min 左右即达到脱附平衡，但电吸附脱附率达到 80%，高于常规吸附脱附率（76%）。

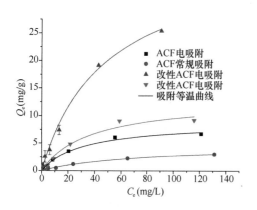

图 3-240　氟离子在负载型活性炭
纤维上的吸附等温线

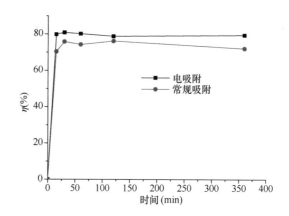

图 3-241　脱附动力学

对同一块负载型活性炭纤维毡先后进行了 3 次脱附—再吸附试验，初始氟离子浓度为 5mg/L，结果如图 3-241 所示，电强化吸附条件下，3 次再吸附平衡吸附量依次为 3.00mg/g、2.70mg/g、2.60mg/g 和 2.21mg/g。定义后一次再吸附平衡吸附量与前次（再）吸附平衡吸附量的比值为恢复系数，则恢复系数分别为 90%、96% 和 86%，可见 3 次再生恢复程度良好，最后一次总的再生恢复程度可达到 73%。

（4）共存阴离子对氟吸附的影响

在吸附过程中，水源中的其他共存阴离子往往会影响氟离子的吸附。研究表明，地下水中常见的 SO_4^{2-}、Cl^-、NO_3^- 对氟的影响很小，但是 PO_4^{3-} 和 CO_3^{2-} 离子对氟的吸附造成很大的影响，在 0.001M 的水平下，PO_4^{3-} 和 CO_3^{2-} 两种阴离子使得材料的吸附容量分别下降至原来的 43％和 50％，表明 PO_4^{3-} 和 CO_3^{2-} 两种阴离子与氟离子在负载型活性炭纤维的表面存在竞争吸附现象。

2. 载铝、镧的碳纤维复合功能材料

1）制备方法

经过优化的负载活性炭纤维制备方法如下：将 2g 左右的活性炭纤维毡浸泡在含 8g Al（NO_3）$_3$•$9H_2O$，2.309g La（NO_3）$_3$•$6H_2O$ 的 400mL 负载液中，先放入超声保温箱中 1h，取出陈化 24h。之后将碳纤维毡在 105℃条件下烘干 4h，在 400℃氮气保护条件下灼烧 3h，再用去离子水洗涤 10 遍以上，干燥后即可制得负载 Al、La 的活性炭纤维材料。

负载后的碳纤维毡导电性更好，电阻率比原始碳纤维降低了 25.63％，为 10.96Ω•cm；比表面积为 1135m^2/g，比原始碳纤维下降了 13.6％；孔径主要集中在 1～10nm 之间。

2）电强化除氟效果

（1）吸附等温线

由图 3-242 可以看出，在氟原液浓度比较低时（1mg/L 或 2mg/L），施加电场与否效果相近；当氟原液浓度升高，加电的效果与不加电相比更有优越性，可使负载碳纤维对氟的吸附量显著增加。

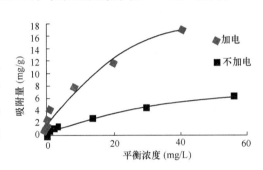

图 3-242　除氟等温吸附线

对所得数据分别按照 Langmuir 模型和 Freundlich 模型拟合，结果见表 3-86 所列。可以看出，加电情况下负载碳纤维吸附除氟的规律更符合 Langmuir 模型的条件，不加电情况下的规律更符合 Freundlich 模型的条件。按照 Langmuir 模型的线性方程可得，加电时负载碳纤维对氟溶液的饱和吸附量为 17.24mg/g，不加电时负载碳纤维对氟溶液的饱和吸附量为 11.77mg/g。

两种吸附模型常数 　　　　　　　　　　　　　　　　表 3-86

模型类型	Langmuir 模型			Freundlich 模型		
参数名称	q_0（mg/g）	b	R^2	n	K	R^2
加电	17.241	0.264	0.989	1.825	2.477	0.961
不加电	11.765	0.045	0.911	1.621	0.573	0.945

（2）pH 值对吸附除氟效果的影响

由图 3-243 可以看出，pH 值在 3～9 范围内时，加电情况下碳纤维对氟的去除效果均好于不加电。加电情况下，pH 值从 3 升高 5，碳纤维的吸附量逐渐增大；pH 值为 5 左右时，吸附量达到峰值 2.6mg/g；随着 pH 值继续增加，碳纤维的吸附量急剧下降，这与氢氧根和氟离子形成竞争吸附有关，当 pH 值在 6～9 的范围内，碳纤维吸附量稳定在 1.9mg/g 左右。不加电时，碳纤维的吸附量在 pH 值为 4 左右时达到峰值，吸附量为 2.0mg/g 左右；同样，随着 pH 值的继续增加，碳纤维的吸附量急剧下降，当 pH 值在 5～9 的范围内，碳纤维吸附量稳定在 1.2mg/g 左右。

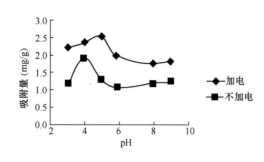

图 3-243 负载碳纤维对氟的吸附量
随溶液初始 pH 值的变化曲线

（3）再生方法

负载碳纤维在 50mL 浓度为 0.001mol/L 的 NaOH 溶液中浸泡 3h，进行再吸附，再吸附效果在 90% 以上。

3. 载铝碳纤维材料

将清洗之后的活性炭纤维毡浸泡在 20g/L 的 $Al(NO_3)_3 \cdot 9H_2O$ 负载液中，然后放入超声保温箱中 1h，以使负载液充分而均匀地浸入碳纤维毡。取出陈化 24h 之后，将碳纤维毡在 105℃ 下烘干 4h，再在氮气保护下的 400℃ 真空管式炉中灼烧 3h，从而得到负载氧化铝的碳纤维。再将其浸泡在一定浓度的硫酸铝溶液中 24h，活化已负载的氧化铝，用去离子水洗去碳纤维毡表面未参与活化的硫酸铝及残余杂质，最后在 105℃ 下烘干 4h 后备用。

采用 BET 法测得负载碳纤维的比表面积为 $1471.526m^2/g$，而原始碳纤维的比表面积为 $1213.282m^2/g$，比表面积增加了 21.3%；用 $v\text{-}t$ 法测得负载前后碳纤维的孔体积分别为 $0.483cm^3/g$，$0.581cm^3/g$，即负载后孔体积增大了 20.3%。随着负载后碳纤维比表面积和孔体积增大，其吸附除氟性能也将得到提高。负载前后平均孔径分别为 1.813nm 和 1.776nm。

用 BJH 法测得碳纤维的孔径分布情况。图 3-244 为碳纤维累积孔体积随孔径变化，可以看出，负载前后碳纤维均以微孔为主，大量的微孔表明了碳纤维良好的吸附能力。负载碳纤维的累计孔体积小于原始碳纤维，可能是由于负载活化后部分空隙被占据的原因。

1）电强化除氟效果

（1）吸附等温线

分别在外加电压和不外加电压条件下得到吸附量随平衡氟浓度的变化曲线，如图 3-245 所示。不同平衡浓度下，加电时碳纤维对氟的饱和吸附量要高于不加电时，即电场作用增大了碳纤维对氟的吸附量，强化了吸附除氟效果。

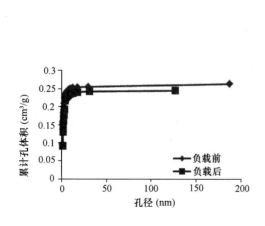

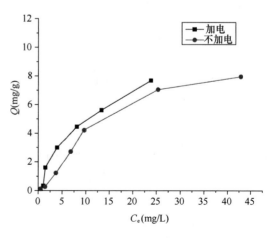

图 3-244 碳纤维累积孔体积随孔径变化　　　　图 3-245 吸附量随平衡浓度变化曲线

将数据按 Langmuir 和 Frendlich 模型拟合，所得参数见表 3-87 所列。加电时载铝碳纤维对氟的吸附过程更符合 Freundlich 模型，不加电时 2 种模型拟合效果接近。Langmuir 模型拟合参数 b 和 Freundlich 模型拟合参数 K 均反映吸附剂吸附能力的大小，采用 2 种模型拟合结果均表明，加电可提高碳纤维对氟的吸附能力。

<table>
<tr><td></td><td colspan="7" align="center">2 种吸附模型常数</td><td align="right">表 3-87</td></tr>
</table>

	Langmuir 模型			Freundlich 模型		
	Q_{max}（mg/g）	b	R^2	n	K	R^2
加电	15.848	0.049	0.825	0.381	0.298	0.931
不加电	10.989	0.066	0.926	0.407	0.266	0.929

按照 Langmuir 模型的拟合结果，加电时载铝碳纤维对氟的最大吸附量为 15.85mg/g；不加电时载铝碳纤维对氟溶液的最大吸附量为 10.99mg/g，均明显高于目前除氟工艺广泛使用的活性氧化铝的常规吸附容量（0.8～2.0mg/g）。

（2）pH 值对吸附除氟效果的影响

吸附量与原液 pH 的关系如图 3-246 所示。可见，pH 过低或过高均不利于吸附，适宜 pH 范围为 6.0～8.9。pH 过低可能导致碳纤维表面负载的活性氧化铝溶解流失，pH 过高，则氢氧根和氟离子的竞争吸附加剧。

（3）共存阴离子对除氟效果的影响

主要考察地下水中常见阴离子 Cl^-、SO_4^{2-}、NO_3^-、CO_3^{2-} 对吸附除氟效果的影响。总体看来，不论何种离子干扰，干扰离子的浓度如何，加电情况下载铝碳纤维的吸附量都高于不加电的情况。Cl^-、SO_4^{2-}、NO_3^- 对除氟效果影响不大，适量低浓度的 Cl^- 有促进吸附的作用。由于竞争吸附的原因，CO_3^{2-} 对除氟效果有明显的干扰作用。随着 CO_3^{2-} 浓度的增加，吸附量急剧下降。加电情况下，CO_3^{2-} 浓度由

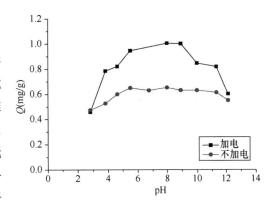

图 3-246 原液 pH 对载铝碳纤维除氟效果的影响

0mg/L 到 500mg/L 时，吸附量由 0.84mg/g 降至 0.43mg/g，降低了 49%。这可能是 CO_3^{2-} 及其水解产生的 HCO_3^-、OH^- 与氟离子竞争吸附的结果。因此，降低溶液碱度有利于吸附除氟过程。

3.8.3.2 电强化吸附除氟效果与影响因素

采用自制的电强化吸附除氟反应器，以载铝活性炭纤维毡作为阳极材料，开展电强化吸附除氟的试验研究，考察极板电压、极板间距、配电方式及原水碱度、流速等参数对除氟效果的影响，同时探讨了反应器反洗再生的条件。

1. 试验装置与流程

试验装置由进水箱、蠕动泵、电强化吸附反应器、直流稳压电源组成，如图 3-247 所示。含氟地下水以一定流速进入电强化反应器，反应器内部极板间的电压由直流稳压电源控制。电强化反应器的结构如图 3-248 所示，用分别开有进、出水口的 2 块有机玻璃板（28cm×10cm）作为端板，1mm 厚的钛板作为配电底板，载铝活性炭纤维毡（24cm×6cm）作为阳极，与配电底板紧密接触；阴极为钛板，两极板间加有一定厚度隔板，形成一定的板间距和水流通道。为防止两相邻电极发生短路，隔板具有绝缘性。按图 3-248 所示顺序用螺栓将各部件连接组合，形成具有一对电极的电吸附反应器。可以将多对电极组合装配，水以折流的方式通过极板间隙。

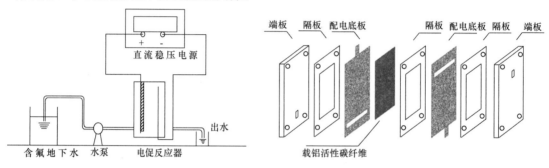

图 3-247　试验装置示意图　　　　　图 3-248　电强化吸附反应器结构示意图

电强化吸附试验：试验在室温下进行，采用北京市海淀区某处的地下水配制含氟量为 3~5mg/L 的氟化钠溶液模拟含氟原水。直流稳压电源在反应器两极板间施加一定电压，通过蠕动泵将含氟原水打入反应器，并控制进水流量。在反应器阴极区底部收集出水，测定出水氟离子浓度。当反应器被穿透即出水氟离子浓度大于 1mg/L 时，停止进水，结束电强化吸附。保持其他条件不变，分别改变极板间电压、极板间距、原水 pH 和流速等条件，研究各因素对电强化吸附除氟效果的影响。

2. 极板电压对除氟效果的影响

电压是影响电强化吸附除氟过程的重要因素，电压高低直接影响了电极表面双电层吸附容量的大小及氟离子的迁移过程。

图 3-249 为采用 2 对电极，进水流量为 1.7mL/min，进水氟离子浓度 5.0mg/L，极板两端分别施加 0V、1.6V、2.0V、3.0V、4.0V 电压的条件下，反应器出水氟离子浓度随水量的变化曲线。

从图中可以看出，在吸附初期，出水 F⁻ 浓度均能由进水的 5.0mg/L 降至 0.5mg/L 以下。表明含氟原水进入反应器后，水中的 F⁻ 在电极处发生了显著的吸

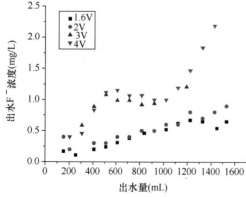

图 3-249　不同电压下出水 F⁻ 浓度随出水量变化

附作用。F⁻不仅被载铝活性炭纤维所吸附，在极板间加电时，还会由于静电引力的作用被阳极吸附，储存于该电极表面形成的双电层中。随着运行时间延长和处理水量的增加，反应器吸附容量不断接近饱和，出水 F⁻浓度逐渐上升。当出水 F⁻浓度大于 1.0mg/L 即超过生活饮用水卫生标准时，认为反应器已穿透需要再生。穿透前处理的水量为达标处理水量。

对比不同电压下除氟效果可知，外加电压 1.6V 和 2.0V 时除氟效果相近，单位面积碳毡处理达标水量分别为 56.7L/m²、55.6L/m²。外加电压 3.0V 和 4.0V 时，单位面积碳毡处理达标水量有所降低，分别为 41.3L/m²、17.7L/m²，且试验中发现阴极附近有小气泡产生，阴极板上有结垢现象发生。

电极间电压越高，双电层吸附容量越大，有利于吸附去除氟离子。但当外加电压超过水的实际分解电压后会有水解副反应发生，在阴极产生 H_2，阳极产生 O_2，不仅影响除氟效果，而且大幅度降低电流效率，增加电耗，并同时改变溶液 pH，使阴极发生结垢现象。同时，随着电压加大，吸附到阳极碳纤维表面与 F⁻发生竞争吸附的阴离子也会增多，从而不利于 F⁻的吸附。因此，当外加电压超过 2.0V 后，电压的增大没有增强除氟效果。

3. 极板间距对除氟效果的影响

在 1 对电极，电压为 1.6V，流量为 1.7mL/min，原水氟离子浓度为 3.0mg/L 左右的条件下，研究了极板间距分别为 2mm、4mm 和 6mm 时的反应器除氟情况，如图 3-250 所示。

由图可知，相同电压下，极板间距为 4mm 时出水氟浓度明显降低，反应器 23h 后穿透，单位面积碳毡处理达标水量为 81.5L/m²；6mm 时反应器 3h 即穿透，单位面积碳毡处理达标水量为 10.4L/m²；

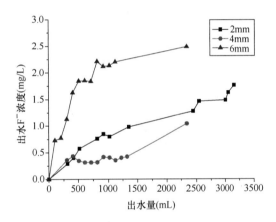

图 3-250 不同极板间距时出水 F⁻浓度随出水量变化

2mm 时，单位面积碳毡处理达标水量为 48.6L/m²。对试验结果进行分析，电极间距越大，在相同的电压下产生的双电层就越薄，吸附容量随之降低，因而 6mm 时除氟效果最差；随着电极间距的减小，双电层吸附容量增大，但由于水力停留时间减少，同时流速增大，对传质过程的扰动增强，不利于氟离子的吸附去除，于是 2mm 时除氟效果不如 4mm，间距为 4mm 时除氟效果最好，选择作为最佳间距。

4. 配电方式的影响

当电强化吸附模块采用多对极板吸附时，采用 2 种不同的加电方式，比较其对除氟效果的影响。

图 3-251 中，加电方式（A）为实验室中采用的一般模式，模块每对极板两端并联施加电压，一般在 1.6~2.0V 之间。加电方式（B）将电压直接加在整个模块两端，若每对电极板间距离相等，则相邻电极板间的电压为 $U/(n-1)$，其中 U 为模块两端电压，n 为

电极板数。因此，只要选用适当的电压加在模块的两端，在相邻板间就能获得所需电压。由图 3-252 可知，2 种加电方式的处理效果相近，采用加电方式（B）可以减少接线量，避免由于电路繁杂而带来的可能危险，且可降低设备费用。

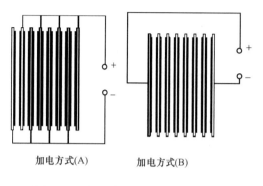

图 3-251　加电方式对除氟效果的影响

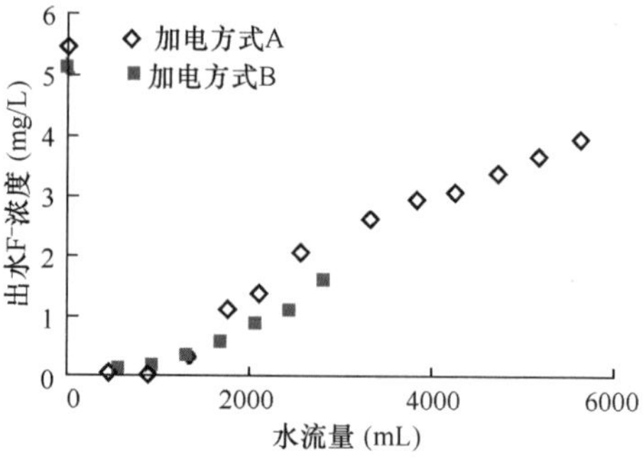

图 3-252　加电方式对除氟效果的影响

5. 地下水碱度对除氟效果的影响

地下水组成复杂，对水中氟离子的去除造成较大影响，尤其是碳酸根离子的存在会大幅度降低常规吸附剂的除氟效果。同时地下水的碱度不同，pH 也会发生相应的改变，将会影响氟离子在溶液中的存在形式和活性炭表面基团的电性特征。在 1 对极板，电压为 1.6V，流量为 1.7mL/min，地下水进水氟浓度为 3.0mg/L 左右，pH 为 7.8 的条件下，调节进水 pH 为 5.5 左右，此时溶液中的碳酸根和碳酸氢根离子全部转化为 CO_2。图 3-253 为调节 pH 前后 2 种进水条件下反应器除氟效果对比。

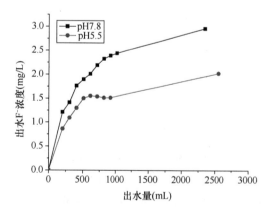

图 3-253　地下水初始 pH 对除氟效果的影响

由图 3-253 可以看出，进水 pH 调节为 5.5 后，吸附除氟的效果明显改善，单位面积碳纤维毡处理达标水量为 21.3L/m^2，较 pH 为 7.8 时的 14.2L/m^2 提高 50%。这种现象可以解释为在偏酸性条件下碳纤维表面电荷的改变有利于 F^- 的吸附。加酸调节 pH 后，水中与 F^- 在电极表面产生竞争吸附的碳酸根和碳酸氢根的浓度也会降低，从而提高了除氟效果。调节 pH 值前，可能由于氢氧根离子的存在，与氟离子发生竞争吸附降低 F^- 的去除效果。

6. 流速对除氟效果的影响

定义单位时间单位面积碳纤维毡所处理的达标水量为表面处理负荷。为了反映流速对反应器整体除氟效果的影响，在进水氟浓度约为 5.0mg/L 左右时，通过控制极板对数和停留时间，以表面处理负荷为指标，考察了不同流速下反应器的除氟效果。试验结果见表

3-88 所列。

不同极板对数和进水流量对除氟效果的影响　　　　表 3-88

进水氟浓度 (mg/L)	电极对数	流速 (m/h)	停留时间 (min)	表面处理负荷 [L/(m² · d)]
5.3	2	0.43	69	1278.7
5.2	2	1.25	23	1323.5
5.3	3	0.63	69	1050.8
5.2	3	1.88	23	2073.6
5.2	3	2.50	17	353.2

由上表可知，较小流速 0.43m/h 时的表面处理负荷为 1278.7L/(m² · d)，比流速 0.63m/h 时的 1050.8L/(m² · d) 要高。一般恒电压条件下，流速越小则出水 F^- 浓度越低，即处理效果越好，电极穿透时间也越长。因为在一定的条件下，传质过程控制着去除离子的效果。但在相同电极对数时，流速 1.25m/h 比 0.43m/h 时的表面处理负荷高，流速 1.88m/h 比 0.63m/h 时的表面处理负荷高。因为流速过小时，单位时间处理水量减少，降低了反应器的处理效率；适当加大流速可以提高处理能力，同时也加大了水的湍流程度，使水中的离子更易到达双电层。当流速为最大的 2.5m/h 时，表面处理负荷低至 353.2L/(m² · d)。这是因为流速过大会对双电层的扩散产生较强扰动，使扩散层变得松散，双电层厚度变薄，导致吸附容量降低；且流速过大时，水溶液中 F^- 与碳纤维接触时间减少，也降低了吸附去除的效果。因此，当处理要求相对较低时，可采用较大的流速，以达到缩短处理周期，提高设备处理能力的目的。上述试验结果表明，采用 3 对电极极板，碳纤维长度达到 72cm，流速为 1.88m/h 时，处理效率最高，表面处理负荷最大。

7. 电强化吸附反应器的反洗再生

载铝碳纤维吸附一段时间后会达到饱和，需要通过适宜的方法进行反洗再生，使反应器能够再吸附和连续运行。采用硫酸铝为再生剂，在阳极施加不同电压，通过静态摇床试验，对比了各种加电方式下反洗再生的效果。在 1.6V 电压下，采用 80mL 浓度 100mg/L 的 NaF 溶液，使载铝碳纤维毡在摇床中吸附 24h 后，吸附饱和，测定吸附量。然后加入 $Al_2(SO_4)_3$ 饱和溶液再生 24h，再生时阳极（碳纤维毡所在端，以吸附条件为基准）不加电，以及分别加电 ±1.5V、±2V、±2.5V。结束再生后用去离子水清洗碳纤维，在相同条件下进行再吸附，得到再吸附量。将再吸附量与初次吸附量比值的百分数定义为再生率，结果见表 3-89 所列。

通过 $Al_2(SO_4)_3$ 饱和溶液再生，基本可以将碳纤维的吸附量恢复到 75% 以上，在阳极施加负电压后，再生率明显提高，可以将碳纤维的吸附量恢复到接近 100%，因此反向加电有利于反洗再生。由于采用硫酸铝溶液进行再生（与之前的载铝碳纤维制备过程相似），再生后的碳纤维表面铝盐浓度存在一定幅度的变化，吸附位有可能较载铝碳纤维制备时有所增加，从而导致再吸附量大于初次吸附量，即存在再生率超过 100% 的情况。

在电吸附反应器进行动态除氟时，通过此种反洗方式进行再生。原水含氟 5.0mg/L，以 1.88m/h 流速连续进水，外加电压 1.6V。当出水 F⁻ 浓度超过 1.0mg/L 时，将配电板两端电压倒极，施加－2.0V 电压，采用 $Al_2(SO_4)_3$ 饱和溶液 300mL 循环冲洗 16h，用一定量的去离子水冲洗后，继续进入 5.0mg/L 的含氟地下水进行吸附试验，共进行 6 次吸附—再生循环，所得的连续电强化吸附曲线如图 3-247 所示。

不同加电方式下 $Al_2(SO_4)_3$ 饱和溶液再生效果 表 3-89

再生加电 （V）	初次吸附量 （mg/g）	再吸附量 （mg/g）	再生率 （%）
0	13.52	10.04	74
1.5	11.54	9.68	84
－1.5	13.94	13.94	100
2	11.55	7.87	68
－2	13.52	14.68	109
2.5	14.7	12.74	87
－2.5	14.25	14.63	103

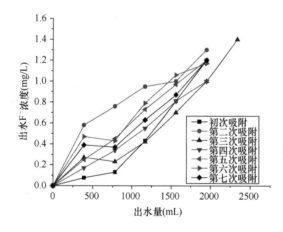

图 3-254 电吸附反应器除氟连续运行工作曲线

由图 3-254 可知，反应器连续反洗再生 6 次，每一次的运行效果均与首次吸附相当，且各次的吸附效果都比较接近，处理达标水量均可达到 2000mL 左右，单位面积碳纤维毡处理达标水量约为 45.1L/m²。试验发现，在电强化吸附除氟过程中，受电场力作用而在阴极板附近集结的 Ca^{2+}、Mg^{2+} 与继续通入的原水中的 CO_3^{2-}、SO_4^{2-} 等，会因过饱和而慢慢析出钙盐、镁盐的沉淀，倒换电极的加电方式不仅可以提高反洗再生的效果，同时可以除垢。

3.8.3.3 电强化吸附除氟中试系统

根据电强化吸附除氟系统参数的优化结果，建设了现场中试系统，如图 3-255 所示。主体吸附设备采用 300mm×120mm×1400mm 有机玻璃反应器，反应器底部设有多孔滤板，高氟水从底部均匀进入反应器，反应器内部激光打有 5mm 厚的卡槽，卡槽间距为 4mm。卡槽内置 30 块配电底板，配电底板选用电化学稳定、强度好、重量较轻的钛板材料，钛板尺寸为 1000mm×300mm。配电底板上配有电线接孔，每块极板上都连有电线，交替接有正、负电压。配有正电的钛电极板上两面附有载铝碳纤维毡，尺寸是 1000mm×300mm，每 2 个钛电极板构成一个反应室。反应器上部布置 2 个 169mm×108mm 的排水槽，收集出水。吸附饱和后采用硫酸-硫酸铝溶液反洗再生。

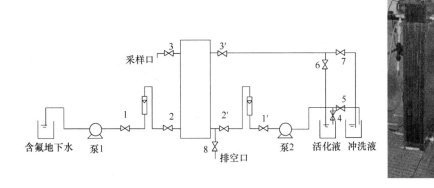

图 3-255　中试系统流程及反应器实物图

中试现场位于北京市昌平区东部，地下水氟离子浓度为 $2.8\sim3.2\mathrm{mg/L}$，pH 在 7.6 左右，电导率 Cond 为 $664\sim690\mu\mathrm{s/cm}$。在电压为 1.6V，流速为 25L/h，进水 pH 为 6.5 的较优进水条件下，反应器经过 2 级串联，出水氟浓度为 $0.6\sim0.8\mathrm{mg/L}$。一级反应器和二级反应器出水的平均氟浓度分别为 1.31mg/L 和 0.75mg/L，去除率分别为 56% 和 43%。2 级吸附的出水氟含量变化如图 3-256 所示。在实际除氟工程中，应通过加大载铝碳纤维毡长度或将多个反应装置串联等形式满足吸附停留时间的要求。

按照直流电源的直流电压、电流读数计算得到的耗电量，是电吸附装置本身的直流电流耗电量。考虑到交流电转换为直流电的整流效率，则生产 $1\mathrm{m}^3$ 氟浓度小于 1mg/L 水的交流电耗电量，可按式（3-32）计算：

$$W = \frac{U \times I}{Q \times \eta_{\text{变}} \times 10^2}(\mathrm{kW \cdot h/m^3})$$

$$(3-32)$$

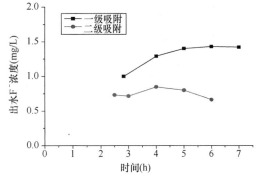

图 3-256　2 级吸附除氟效果

式中　U——电吸附的工作电压，V；

　　　I——电吸附的工作电流，A；

　　　$\eta_{\text{变}}$——交流电转换为直流电的整流率；

　　　Q——单位时间处理达标的水量。

平均功率 $U \cdot I = 0.16\mathrm{W}$，$Q = 450\mathrm{mL/h}$，$\eta_{\text{整}} = 0.95$，$W = 1.12\mathrm{kW \cdot h/m^2}$。

施加电场之后，一方面提高了吸附效率，另一方面延长了负载碳纤维的使用寿命，经初步估算，单位面积载铝碳纤维毡的处理水量提高了 243%。对于初始氟浓度为 5mg/L 的高氟水，电费为 $0.8\sim1.3$ 元/（$\mathrm{m}^3 \cdot \mathrm{d}$）。

第4章 村镇输配与管网管理技术

4.1 岛际海底输水管道突发渗漏监测与定位技术

4.1.1 海底输水管道突发漏损在线监测与定位技术现状

引起海底管线漏损的原因众多而复杂，并且具有很大的随机性和偶然性，其中很多因素至今没有被充分认识，从设计角度来避免海底管线失效是很困难的或者是很不经济的。因此需要对海底输水管道突发漏损进行在线监测，即在管线运行过程中，对管道是否渗漏进行判断，并确定渗漏量的大小和渗漏位置，进而采取维修行动。通常可以通过观测管道内流体由于泄漏造成的流量、压力波动而引起的异常状况，或者渗漏液体流出管道而引起周围环境变化进行管线检漏。如负压波检漏法、声信号检漏法是采集通过泄漏引起的压力波信号和振动信号进行检漏，分布式温度光纤监控系统则根据输送流体与环境的温差来推断管线是否有泄漏及泄漏量。

现有的海底管线检测方法如漏磁检测法、涡流检测法、超声波检测法，通过管内爬行机器人对管线内部进行检测对提高海底管线安全起到了非常重要作用。但是这些方法普遍无法对海底管线安全进行实时监控，只能用于海底管线的定时和定点检测，检测一次将花费很长时间，效率非常低，成本非常高，而且对于长距离海底管线，管内机器人现在还面临着很大的困难。国内外学者根据管线泄漏时所引发的一些物理参量变化，提出了许多检测方法。现对海底输水管道突发漏损在线监测的技术要求和检测技术进行如下分析。

4.1.1.1 海底输水管道突发漏损在线监测的技术要求

目前短距离、陆上、输送油气管线的安全监控技术已有发展，但利用这些方法对长距离、海底、输水管线进行监控，效率将会降低，而且常规监控方法根本无法适应海底长距离输水管线的监控要求。以下对长距离海底输水管线全面监控的技术要求进行比较分析。

1. 长距离全面监控与短距离全面监控相比较

管线距离越长管线的可靠性越低，发生事故的可能性远较短距离管线高；发生事故后，故障发生位置的判断也比短距离管线的难度更大，精度更低。

传输信号的衰减和环境噪声干扰增加将使得原信号失真，长距离管线的渗漏点定位精度比短距离管线渗漏定位精度要低，对小规模泄漏或者距传感器远点的监测效果不理想。

对于一些超长距离的管线，不得不采用分段信号增强设备而增强信号，从而成倍地增加监控费用。长距离信号传输对信号传输的介质提出了更高的要求。

2. 海底管线与陆上管线全面监控相比较

海洋环境远远比陆上环境复杂，既有波浪、洋流等水力荷载，又可能遇到海底滑坡和船锚、重物等的撞击，海水的腐蚀性也远较大气强；同时安装在海底管线的监控设备一旦损坏，维修也比陆上管线困难得多。因此对监控系统的耐腐蚀性、电绝缘性、长期可靠性提出了更高的要求。

海底管线有其独特的施工方案，而传感器一般需在陆上安装完成后随管道沉入海底，在施工过程中应确保不损坏监控系统，因此必须根据监控方案设计相应的施工方案，尽量减少对监控系统的影响。

不同于陆地管线，海底管线信号的采集和传输受到海洋环境条件的影响。在深海中建立信号中转站、信号分析站都是难点问题，因此所有监测到的管道状态信息需要直接传输到设在陆上的信号分析系统才能进行分析。

3. 输水管线与输送原油、天然气管线全面监控相比较

输水管线与输送原油、天然气管线相比，最大的不同在于原油、天然气管线一般通过加热输送，因此管线内输送介质的温度要高于周围环境，当管道破裂泄漏，输送介质流出管道，会导致周围环境温度改变，因此可以利用与管道同步埋设的能够探测温度变化的探测光纤确定泄漏位置和泄漏量。

然而对于输水管线，在输送过程中不需对饮用水源进行加热，从水源地取得的水体在海底经过一段短距离传输后，管内水温就会接近海底环境温度，因此当管道渗漏时，无法通过这种探测温度改变的方法进行渗漏检测。到目前为止，对于海底输水管线而言，仍然没有特别有效、全面的渗漏检测方法。

4.1.1.2 海底输水管道突发漏损检测技术

1. 声信号检漏法

声信号检漏法原理是当管道发生破裂泄漏时，将产生一个高频的振动噪声，振动噪声以应力波的形式沿管壁传播，在传播过程中该噪声强度随传播距离增加按指数规律衰减，利用安装在管道上的超声波传感器可以检测到产生的噪声，根据传播时间和声波速度就确定管道泄漏点位置。受应力波衰减影响和环境噪声干扰，这种方法对小规模泄漏或者距传感器较长距离的检测效果不理想，不适于长距离海底管线泄漏检测。

2. 压力梯度法

在稳定流动的条件下，管道泄漏将导致管道沿线压力梯度分布呈折线变化，根据折线就可以算出泄漏位置。压力梯度法不需要安装流量计，只需要在管道两端安装压力表，计算简单而且易于实现。实际管道中压力梯度呈非线性分布，加上工况条件的变化也会引起压力分布的变化，因此压力梯度法的定位精度较差，而且仪表的测量精度对定位结果有较大影响。

3. 模型分析法

模型分析法认为流体输送管道是一个复杂的水力与热力系统，根据瞬变流的水力模型和热力模型及沿程摩阻的达西公式建立起管道的实时模型，以测量的压力、流量等参数作为边界条件，由模型估计管道内的压力、流量等参数值，通过比较估计值与实测值，当偏差大于给定值时，即认为发生了泄漏。此类方法普遍的缺点是要求管道模型准确，运算量大，对仪表要求高。

4. 光纤敏感介质检漏法

这种方法是沿管道铺设外层包有对碳氢化合物敏感介质的光缆，当管道发生泄漏时，光缆外层介质跟油中碳氢化合物发生作用，使光缆传光性质发生变化，利用光信号监控设备通过对光缆光信号变化进行监测就可以判断管道是否发生泄漏及漏点位置。这种方法检测精度高，但造价相对较高，如果光缆出现断裂修复比较困难，另外这种方法不适合输水管线的检测。

5. 光纤温度敏感检漏法

这种方法与敏感介质检漏法类似，沿管道同沟埋设分布式光纤，当管道发生泄漏时，泄漏物质改变管道周围环境土体温度，使光缆传光性质发生变化，利用光信号监测设备通过对光缆光信号变化进行监测就可以判断管道是否发生泄漏及漏点位置。这种方法具有很好的检测精度和可靠性，检测光纤与被检测管道之间无需紧密接触，施工方便。但是利用这种方法进行检测的前提条件是管道内传输物质的温度要与环境温度之间要有一定的差异，要么低于环境温度，要么高于环境温度。

6. 国内检测机器人

通过把载有漏磁检测、涡流检测、超声波检测等检测设备的国内机器人送入管道内部，从入口端进入，开口端出来。管内机器人在管内运动过程中记录沿程管内信息，并通过分析系统对记录信息进行分析确定漏损点。爬行机器人一般会受到爬行距离的限制，且检测费用较高，无法进行实时检测。

7. 负压波检漏法

负压波检漏法是近年来国际上颇受重视的管线泄漏检测方法，它已被广泛用于各种口径和长度的管线泄漏检测中。它根据管线泄漏后产生的负压波向上下两端传递过程的时间差判断管线泄漏点的具体位置，能够实现实时在线监测，且不需要在海底管线中部布设相关传感器。

综上所述，声信号检漏法易受应力波衰减影响和环境噪声干扰，对小规模泄漏或者距传感器远点的检测效果不理想，不适于长距离海底管线；压力梯度法定位精度较差，只能初步对漏损位置进行估算；模型分析法要求有精确的模型和高效的反演方法，但实际上该方面到目前为止还没有成功地应用；敏感介质检漏法适用传输介质为碳氢化合物的管道，温度变化检漏法适用于传输介质温度与环境温度不一致的管道。而负压波法对于海底长距离输水管线而言，只需要在海底长距离管道的出海口和入海口布置压力和流量传感器，因此能够较为成功地应用于海底长距离管道突发漏损的实时监测。

4.1.2　基于负压波的海底输水管道突发漏损在线监测与定位技术

4.1.2.1　基于负压波的海底输水管道突发漏损检测原理

海底管道某点发生泄漏时，在泄漏位置就会引起流体的损失，引起压力瞬时下降，泄漏点两边的液体迅速填充了泄漏区，又引起了与泄漏区相邻区域的压力下降，这种现象依次向泄漏区上下游扩散，相当于在泄漏点处产生了以一定波速传播的负压力波。负压波可沿管道传播数几十公里距离，其传播的速度大致等于声波在管道内部流体内的传播速度。通过在管道两端设置动态压力传感器捕捉到这种负压力波。尤其是当管道突发泄漏，且泄漏量较大时，这种负压力波可很快被压力传感器捕捉到，并根据管道两端传感器捕捉到负压力波的时间差来负压力波的传播速度，即可计算泄漏位置。

数据采集系统拾取的压力波信号，经初步处理后可分成 2 类：压力正常数据和压力异常数据，并发送到中心控制站进行分析处理，根据压力波的幅值变化梯度的大小和上下游检测到的拐点时间差就可确定是否泄漏及泄漏位置。图 4-1 为其定位原理图。

假设压力波在管道中的传播速度为 a，管道上、下游压力传感器捕捉到负压波到达的时间差为 Δt，管道总长度为 L，泄漏点距上游压力传感器点距离为 x，根据两端测压点观测到负压波的时间差，可计算得到泄漏点距上游压力传感器点距离 x：

$$\Delta t = \frac{x}{a} - \frac{L-x}{a} \Rightarrow x = \frac{\Delta ta + L}{2} \qquad (4\text{-}1)$$

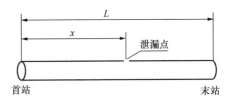

图 4-1　负压波检测法基本原理

负压波法不需要建立管线的水力数学模型，只是利用监测压力信号。其优点是具有很快的响应速度和较高的定位精度，可迅速检测出突发性的泄漏，自动化程度高，且定位原理简单，适用性较强。不足之处为对于比较小的泄漏或已经发生和缓慢发生的泄漏效果不太明显。

负压波法检测管道渗漏存在以下关键性的不足：

（1）渗漏报警模块不成熟。当管道出现渗漏时，理论上容易确定出渗漏事件，但实际应用时遇到困难。主要是当渗漏量较小时压力减小值与水泵波动值相当，这样就很难对小渗漏事件进行报警。当水泵启闭及上下游阀门启闭时均会引起压力和流量的波动，此类情况也会出现误报；当水泵出现小故障，在某时刻压力出现一定的波动时也会出现误报警。以上情况对负压波检测渗漏软件的运行效率产生了很大的影响。故减小误报率是负压波方法的前提条件。

（2）水泵波动对压力突降点的检测影响。通过现场压力信号的采集，我们观察到实际水泵的运行具有比实验室较大的波动，波动对压力突降点的捕捉产生了很大的影响。在负压波法的应用中，小波分析捕捉压力突降点是研究的热点，其对突降点计算的直观性是显而易见的。但是，由于水泵引起的压力波动的存在，相当于在稳态时段也具有一定幅度的"突降"，当渗漏较为缓慢时，渗漏的突降幅度与稳态时的压力波动相当或者还要小时，小波分析突降点的性能就大打折扣。故减小稳态时的压力波动，对压力值进行滤波能够极大地提高负压波法的应用范围。

（3）对负压波波形的判断不成熟。当检测到压力波动后，判断此类波动是否为渗漏引起的负压波需要一定的算法来区分。由于其他工况改变引起压力波动的存在，单靠渗漏报警是不够的。只有存在负压波波形，才能对突降点进行计算。故需要建立负压波波形的数据库，来对负压波形与其他波形进行区分。

（4）波速测量时的离散性。由于管道弹性模量及其他物理参数没有精确的数值，故一般负压波法检测时需要事先进行波速的测量。在实际管线的测量中往往会发现不同的测量次数下波速的大小具有一定的离散性，并且随着水温的不同而不同。前者是由于仪器的测量误差引起的；而后者是温度对负压波波速本身的影响引起的。波速测量的离散型使得直接采用负压定位公式带来了一定的定位误差。此误差使得对管道渗漏点的寻找产生了不便。

负压波渗漏检测是目前为止应用较多的一种渗漏检测方法，并已经在石油天然气渗漏检测中广泛应用。相比较油气输运管道，输水管线内压远较石油天然气管道低，管径大，且敷设于海底，跨度达到几十公里，因此负压波信号可能没有石油天然气管道明显，对于一些小的渗漏点，较难发现。

4.1.2.2　基于负压波的海底输水管道突发漏损检测模型试验

为验证负压波法对于渗漏监测的效果，设计室内试验管道模型如图 4-2 所示，图中只显示两压力计之间的管段，各渗漏点采用球阀模拟，其中 3、6 号球阀较其他大，口径实测为 46mm，其他阀门口径实测为 10mm。

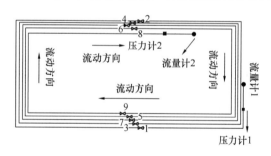

图 4-2　管道装置图

实验采用水泵供水。本实验管段采用钢尺分段量测，每段测 3 次取平均。管道内外径采用游标卡尺量测，内径为 55.8mm，外径为 63.8mm，读 3 次取平均。各渗漏点距首端压力计长度见表 4-1 所列，表中总长度指 2 台压力计间连接管道长度。本实验压力计采用 Rosemount 3051，误差为 0.4‰。

流量计采用安钧牌电磁流量计 AM7-50-101-4.0-0000-000，误差为 0.5%。实际检测中，流量计误差较大，达不到所标的精度要求。图 4-3 为试验管段实际照片，包括流量计、渗漏点、压力计、稳压罐和 PXI 数据采集设备。

各渗漏点距首端压力计长度表（单位：m）　　表 4-1

总长度	渗漏点 1	渗漏点 2	渗漏点 3	渗漏点 4
165.43	6.91	27.01	42.28	62.89
渗漏点 5	渗漏点 6	渗漏点 7	渗漏点 8	渗漏点 9
80.23	97.74	114.70	131.51	147.67

为研究渗漏位置、渗漏量大小和渗漏快慢与负压波曲线特性之间的规律。针对①～⑨号渗漏点分别采用快速全开、快速半开、快速小半开、缓慢全开 4 种操作方式进行测试。

快速全开是把球阀瞬间开到最大，快速半开是把球阀瞬间开到中间位置，快速小半开是把球阀瞬间开到大约 1/3 总流量位置，缓慢全开是以较缓慢的速度把球阀瞬间开到最大。典型的流量和压力波形如图 4-4 所示。

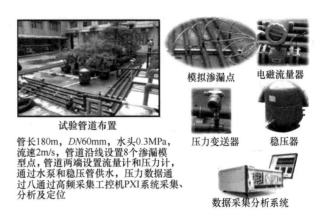

试验管道布置

管长180m，DN60mm，水头0.3MPa，流速2m/s，管道沿线设置8个渗漏模型点，管道两端设置流量计和压力计，通过水泵和稳压管供水，压力数据通过八通过高频采集工控机PXI系统采集、分析及定位

模拟渗漏点　电磁流量器

压力变送器　稳压器

数据采集分析系统

图 4-3　试验管段实物装置

同一渗漏点在快速全开、快速半开、快速小半开和缓慢全开 4 种关阀操作下，具有不同的负压波特征形态。快速全开（10％流量）、快速半开（5％流量）时，负压波波形下降有比较大的斜率，利用小波分析容易找到渗漏起始时刻。快速小半开时由于渗漏量较小（2％～3％流量），波形下降比快速半开时慢，但仍然可以捕捉到突降点。缓慢全开时波形下降比较平缓，最不容易捕捉到负压波突降点。对于缓慢渗漏造成的平缓波形特征，一般较难找到渗漏起始时刻

各渗漏点快速全开时由于③号、⑥号属于大渗漏点，因此其具有较大波降值。各渗漏点波降特征基本相同，随着渗漏位置不同，在渗漏量相同的情况下，离开压力计越近波降

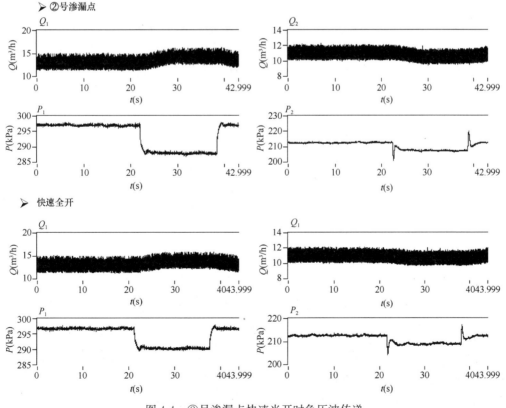

图 4-4　②号渗漏点快速半开时负压波传递

值越大，但总体上相差不大，说明渗漏位置对渗漏检测不敏感。

对小球阀模拟渗漏的快速全开、快速半开、快速小半开 3 种开阀操作，分别对应着渗漏量占总流量的 10%、5% 和 3%，考虑渗漏量和渗漏位置对检测精度的影响，如图 4-5 所示。对于快速全开和快速半开情况，定位误差在 3% 之内；快速小半开时，定位误差在 6% 之内。对于缓慢渗漏，定位误差较大，需要进一步改进算法。

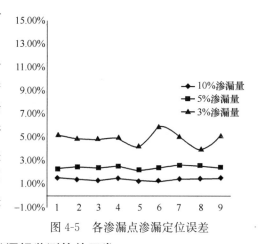

图 4-5　各渗漏点渗漏定位误差

4.1.2.3　基于负压波的海底输水管道突发漏损监测软件开发

负压波程序总共分为 3 个模块，分别为数据采集及压力数据异常判断模块、负压波判断模块和定位模块。程序根据数据采集硬件得到的压力数据和流量数据，进行实时统计分析，可区分正常压力、流量数据和异常压力、流量数据，并将异常的压力、流量数据保存并判断是否为泄漏引起的负压波。本程序采用小波分析计算压力突降点对突发泄漏进行定位，辅助以基于仿射变换的方法对缓慢泄漏进行定位。实验室运行结果表明，该程序能够判断较大的泄漏情况，对突发泄漏定位效果良好，可运用于舟山海底管道的泄漏定位。

数据采集及压力数据异常判断模块为压力数据的预处理模块，输入数据为采集硬件所得到的压力、流量数据。基于压力、流量数据时域中随机变化的特点，采用统计学上的假设检验方法对异常压力和流量数据进行判断。采用实时压力数据统计，得到压力数据的均值和标准差，对每次采样的数据进行基于正态分布的假设检验，当压力数据异常时，就可以判断并储存压力数据和相应的流量数据。压力数据产生后，停止压力数据的统计，等待一定时间，压力数据稳定后再进行统计。本模块处理数据简便高效，输出异常压力数据和流量数据，为负压波判断模块提供输入。

负压波判断模块对由非泄漏引起的压力异常波动进行排除。此模块输入数据为经数据采集及压力数据异常判断模块输出的异常压力数据和流量数据。通过预先设定的由各种原因引起的异常压力数据的特征表，对负压波数据进行筛选。同时，对流量数据也进行判断，进一步提高负压波判断的准确性。此模块判断标准简易可行，运行速度快并且可靠，输出的结果为负压波数据。

渗漏定位模块采用小波分析、人工神经网络等方法，对负压波数据的突降点进行捕捉。在压力稳定运行时，每隔一段时间进行小波分析的计算，得到统计意义下的小波阈值。当产生泄漏时，对负压波数据进行小波分析，得到各时刻的小波值，通过与统计得到的阈值进行比较，得到压力突降点的时刻。将两压力计数据的突降点时刻代入负压波定位公式即可得到泄漏定位值。同时，针对缓慢泄漏，采用仿射变换进行定位，得到的定位值误差较小。图 4-6 是管道漏损定位系统的软件界面。

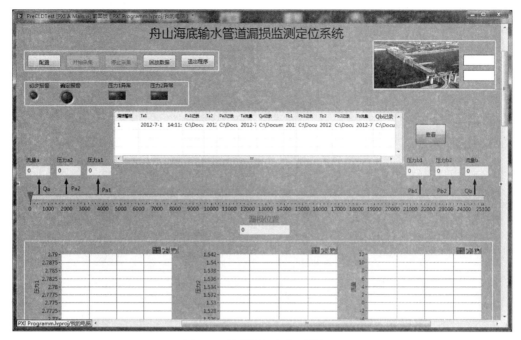

图 4-6 管道漏损定位系统界面

4.1.3 海底输水管线突发漏损在线监测系统应用案例

在舟山大陆饮水工程马目—岱山海底管线进行渗漏监测现场试验，该管段海底部分全长 20 多公里。必须在管段出海口和入海口安装相应的监测仪器，并设置口径 100mm 可用球阀关闭和开启的出水口，模拟漏损点。在管道出口端和入口端，分别安装 2 只压力变送器（各相距 100m）和 1 只电磁流量计。

在海底管线入海端和出海端泵房分别设置压力和流量的信号实时采集分析系统，并通过 GPS 天线授时保证时间上的同步性。流量计和压力传感器的信号通过实时采集分析系统通过把实时记录下来，进而由漏损分析程序对负压波进行捕捉，以及漏损量和漏损位置的估算（图 4-7）。

人工漏损点和采集测试仪器布置点分布如图 4-8 所示。

首先通过对 1 号、2 号、3 号漏损点各进行 20 次快速全开阀测试，估算每次的压波传播速度，并取平均作为计算负压波传播速度。然后对 1 号、2 号、3 号进行不同开合度的开阀测试（模拟不同漏损量和不同漏损位置），测试位置和漏损量对漏损位置定位的影响。漏损量控制在 5%、10%、30%、50% 等各种情况。

实际测试过程中，典型的测试结果如 2 号漏点如图 4-9 所示。

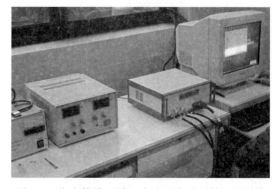

图 4-7 海底管线两端压力流量实时硬件监测系统

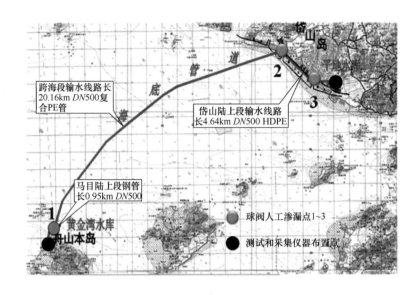

图 4-8　人工漏损点和采集测试仪器布置点分布示意图

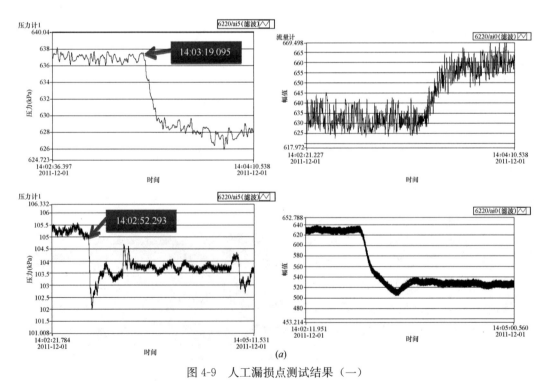

图 4-9　人工漏损点测试结果（一）

（a）2 号漏点，漏失率＝22.2％，突降点明显，定位误差 50m

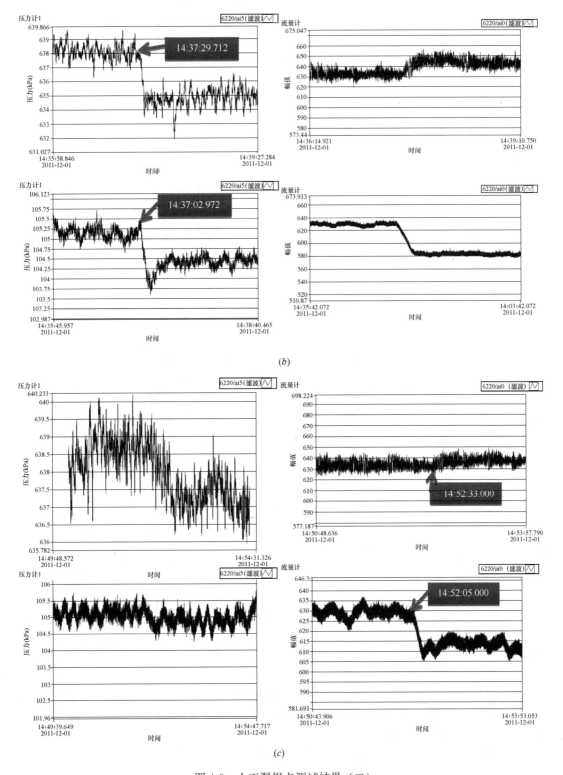

图 4-9　人工漏损点测试结果（二）

（b）2 号漏点，漏失率＝10.3％，突降点较明显，定位误差 100m

（c）2 号漏点，漏失率＝3.97％，突降点难捕捉，定位误差 500m

针对 3 号漏点进行不同漏损量的波形监测，出海端监测站能够监测到负压波突降点，但是离该渗漏点较远的入海端监测站，负压波突降点被背景噪声覆盖，无法判断，分析原因有二：①3 号漏点接近管道出口，压力水头不足 10m，压力较低，因此，在此处漏损而引起的负压波的变化就不明显；②该点离出海端监测站较远，负压波在传输过程中产生了衰减。

由于海底不便设置人工漏损点，试验通过出海口 2 号人工渗漏点进行测试。海底部分管内外压差比该点大，因此产生的负压波比该点显著，可见，海底部分管道一旦产生突发漏损，即可以被该监测系统监测到。

由实际测试结果分析可知，利用该漏损监测系统对海底部分管段的突发漏损监测精度为：漏点漏损率大于 10%，负压波突降明显，最坏情况，监测误差在 100m 以内；漏点漏损率大于 3%，负压波和流量突变仍能有效捕捉，突降点的确定具有不确定性，最坏情况，监测误差可在 500m 以内；出海端陆上部分，尤其是靠近管道出口段，由于管内压力较低，管道渗漏产生的负压波不明显，较难检测。

4.2　县镇联片供水管网管理技术

4.2.1　联片供水管网管理系统构建

目前国内外有很多供水管网相关软件，有些用于供水管网的设计和优化，有些用于管网的建模和模拟。能够进行管网建模，以及水力、水质分析的软件有很多，有少量软件是免费且源代码开放的，其他大多数软件均为公司开发的成熟商业软件。下面以英国 Wallingford 公司开发的 Info Works WS 为例，介绍我国北方某一县镇供水管网模型的建立过程。

4.2.1.1　水力模型的建立与校核

供水管网水力模型的建立与校核包括原始数据采集和预处理、模型建立和调试、模型校核 3 个步骤。

1. 原始数据收集和预处理

原始数据的可得性和精度是决定管网模型准确度最重要的因素之一。建立管网模型所需要的数据量大，数据种类多，需要系统性的方法进行收集和管理。供水管网中不同类型的数据有不同的收集方法，以下将详述各种类型数据的收集方法。

1）管网概况信息

这部分信息不会直接出现在模型数据库中，但是对于掌握管网的整体情况仍然是必要的。概况信息有：当地基础地理信息，管网服务人口和服务面积，管网建设（历史）过程，城市用水现状和发展规划。

2）水源

管网系统的水源有地表水源和水源井 2 类。

对于地表水源，管网模型的模拟范围一般从自来水厂的清水池开始，不考虑前端的水处理设备。水厂清水池处需要采集的信息为在线水位测量数据，时间精度要求为 15min。

对于水源井（无水处理设施），管网模型直接模拟水源井内水位变化。需要采集的信息为水源井动水位数据，时间精度为 1 周。

3）用水量

用水量是通过管网系统输送的全部水量的总和，包括使用水量和漏损水量，其中使用水量又包括计量水量和未计量使用水量。漏损水量和未计量使用水量的总和称为未计量水量。

用水量数据的精度是影响管网模型准确度最重要的因素之一。准动态管网模型对用水量数据的空间精度要求精确到每个用水户（水表），时间精度要求为 15min 至 1h（和准动态模型的时间步长相同），而且必须包括计量水量、未计量使用水量和漏损水量。

然而，供水部门可以提供的用水户用水数据时间精度为 1 个月，且仅包括计量水量，一般解决该矛盾的主要方法为：对各用水户进行用水情况分类调查，确定各类用水户用水的周变化和时变化曲线，提高用水数据的精度；通过午夜用水情况估计漏损水量。

具体的用水量数据需求和采集方法如下：

（1）整理用水户名称、编号和各月（历史）用水量信息，以水表为准。对于一表多户的情况，按照一户处理；对于一户多表的情况，按照各表水量将用水户水量拆开。用水户的开户和销户记录也需要整理。

（2）确定各用水户的用水类型：居民生活用水和寄宿式学校、商业机构、机关单位和非寄宿学校、集市，以及不同类型的工业企业用水。

（3）收集整理各水厂每日出厂水量信息。

（4）用水情况调查（现场实验）：根据月用水量信息，确定月用水量大于管网总供水量 3% 的用水大户列表，再从各用水户分类中选取具有典型性的用水户加入该列表。将列表中的各用水户按照季节和工作日/节假日采样进行 24h 用水量在线监测（利用便携式仪器），获取各重要用水户的时变化曲线。

（5）获取 SCADA 在线系统中的重要用水户的即时用水量信息。

4）管网地理信息数据

供水管网中和水力计算相关的组件为用水点、管道、清水池/水塔、泵/泵站和控制阀门。这些组件的空间位置数据和各管道的尺寸材质信息是管网模型运行所必需的。

供水部门提供管网工程（现状）总图（为 AutoCAD 的 dwg 格式），其中包括主要管线的位置、长度、尺寸、材质和使用年限信息，将该图应用到管网建模中有一些附加步骤：工程图不包括各节点/三通/用水点的高程信息和管线埋深信息，这些数据需要从当地地形图中另提取；工程图不包括所有用水户水表的位置信息和管径较小的支管信息，需要手动向上述第 3 点的水表统计表中输入水表位置信息，将地理信息和用水点用水量加以关联。

为了克服上述缺点，在管网建模前供水单位对全管网进行管线探测和普查，获得关于管网各组件（包括支线管道和水表）精确三维地理位置的数据。普查成果为 ArcGIS 的 shpfile 文件格式和 Excel 表。

5）管网关键组件信息

管网的关键组件是泵/泵站、清水池/水塔和控制用阀门，所有关键组件的型号和尺寸信息是管网建模所必需的。另外，供水部门有时会进行这些组件的更换和升级，这些组件的检修和更换记录也是必需的。

（1）泵及泵站

模拟水泵的关键数据是扬程—流量曲线，除此以外还需要水泵的吸水口和出水口直径以及额定转速数据。泵的扬程—流量曲线可以通过泵实验得到。

对于变频泵，还需要获取变频器的变频范围。

一次加压泵站和二次加压泵站在结构上略有不同（旁通阀），在建模时应加以考虑。

（2）清水池

模拟清水池/水塔的 4 项关键数据是池底高程、水深—容积曲线和最小及最大容许运行水位。由于 4 个水厂的清水池形状规则，故通过竣工图推算水深—容积曲线。

（3）控制阀门

控制阀门是在日常运行中起水量调度作用的阀门，不包括每条管线上的用于管道更新和检修的蝶阀。

建模时需要的阀门的数据是阀门的位置和类型（止回阀、节流阀、减压阀等）。

6）管网的日常控制和操作方法

供水管网的控制和操作一般由操作员按照经验完成。为了对管网进行时间精度为 15min 至 1h 的动态模拟，需要了解这些操作规则。

管网操作的规则可以总结成"条件—行动"的模式，条件为根据某些关键压力监测点和清水池水位读数上升到或下降到某预定值，行动为：①开启或关闭某水泵或一组水泵中的某一台或几台；②开启或关闭某些阀门；③设定变频泵的参考点压力设定值或设定节流阀/减压阀的相应流量—压力设定值。

7）SCADA 系统实时监测数据

供水管网的 SCADA 系统/工控系统的数据库中保存了时间精度很高的在线流量—压力—设备状态—液位监测数据。这些数据主要用于水力学建模的率定步骤。实时监控数据包括：①调蓄水池/水塔的液位数据；②泵/泵站开关记录、电机电参数、功耗；③控制阀门开关记录；水厂出厂水流量和压力监测数据；④管网中装有在线压力—流量监测点的在线监测数据。

实际操作中，经常可以遇到由于监测设备故障导致的错误数据。在数据预处理时需要识别并剔除不可靠数据（表 4-2）。总结了管网建模中使用到的各类原始数据的相关信息。

2. 模型建立和调试

模型建立和调试的主要内容有：将原始数据汇总，整理成模型计算程序可以读取的格式，设置计算引擎的各项运行参数、运行模型，获得初步计算结果。由于管网建模所涉及的数据类型众多，数据量较大，采用数据库的形式存储和维护相关数据，相关组件之间的关系如图 4-10 所示。建立管网模型时，首先通过数据加载工具或手动编辑将各原始数据集导入数据库；然后设定好模型运行参数，调用计算程序获得计算结果。管网数据、模型运行数据和计算结果数据都保存在数据库中。

管网建模的原始数据及其采集方法表　　　　　表 4-2

数据类别		数据描述	对象	时间精度要求	时间范围要求	数据来源	用途
管网概况信息							整体了解管网情况
水源	地表水源	清水池水位	水厂各清水池	不长于15min	从清水池开始使用至今	水厂内部监测数据	水力学模型模拟
	水源井	水源井动水位	各水源井	不长于1周	从水源井开始使用至今	水源井观测数据	水力学模型模拟
		水质指标	各水源	不长于1d	从水源开始使用至今	水源监测数据	水质模拟
用水量	月用水量	计量水量	各水表（用水户）	1或2个月	从该用水户开户至销户	水司用水量月报表	水力学模型模拟
	用水类型	用水户分类	各水表（用水户）		从该用水户开户至销户	询问抄表工人	水力学模型模拟
	时变化曲线	典型用户用水时变化曲线	用水调查列表中的用水户	15min至1h	典型日（选取考虑季节和工作/节假日对于用水行为的影响）	用水情况调查（现场实验）	水力学模型模拟
	用水量预测	待开发区域的规划用水类型和未来水量预测。	用水区域		（根据规划而定）	规划	管网扩建方案的评估
管网地理信息	管网工程图	位置、长度、尺寸、材质和使用年限	主要管线，各重要构筑物、水泵、阀门、水表			管网工程图	水力学模型模拟
	地形图	高程	节点、三通、水表			地形图	水力学模型模拟
	管网地理信息数据库	（上述两项的总和）	（上述两项的总和）			管线普查成果	水力学模型模拟
关键组件的型号和尺寸	泵/泵站	扬程—流量曲线、吸水口和出水口直径、额定转速、变频器的变频范围	各加压水泵（一次和二次）、水源井水泵		从投入使用到报废或更新	泵实验（没有条件进行时，可查阅说明书得到近似值）	水力学模型模拟
	清水池/水塔	池底高程、水深—容积曲线和最小及最大容许运行水位	各清水池、水箱和水塔		从投入使用到弃用	清水池竣工图	水力学模型模拟
	控制阀门	位置和类型	起调度作用的阀门		从投入使用到报废或更新	阀门说明书	水力学模型模拟

续表

数据类别	数据描述	对象	时间精度要求	时间范围要求	数据来源	用途
管网的日常控制和操作方法	操作规则				询问水厂操作员	水力学模型模拟
SCADA 实时数据	流量、压力、设备状态、水池液位	全部监测点	1～15min	从工控系统投入使用至今	工控系统数据库	水力学模型率定和验证

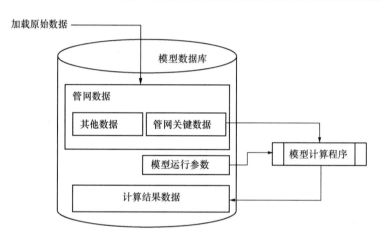

图 4-10　模型数据的存贮和模型运行

下面重点介绍以下内容：

1）模型数据的组织方法

管网数据分为管网关键数据和其他数据两部分。其中，管网关键数据指的是和管网水力学计算直接相关的数据（需要被计算程序读取），这些信息主要保存在网络、控制和需水量三大模块中；其他数据如地形图、辅助设备、说明文字等，也保存在数据库中，但不直接参加水力计算。

（1）网络

网络表示某一时刻管网内所有基础设施的总和。网络模块由成千上万个对象组成，根据对象类型不同，其信息记录在相应的数据表中。网络对象的类型有：管线（图 4-11）、节点（图 4-12）、水井、水库（图 4-13）、泵（图 4-14）、泵站和各种阀门类型。一般来讲，一个对象对应于一处设施或者一个管网的组件，但这种物理组件和网络对象一一对应的关系并不总是成立。例如，若干个平行、连通的清水池经常简化为一个水库对象。物理组件和网络对象之间的对应关系参见表 4-3。

借助于地理信息系统（GIS），网络模块中的数据可绘制在地图上（图 4-16）。

网络数据加载工具：

一般原始数据的数据量比较大，若手工将其输入模型网络的各个数据表中则过于耗费时间。故使用一些自动加载工具实现数据快速导入。其中最常用的是数据导入中心（图 4-17），数据导入中心支持以 Shape file、CSV 以及多种常见的数据库格式作为数据源。

常见物理组件和网络对象之间的对应关系 表 4-3

物理组件类型	网络对象类型	关键数据	备注
管井	无		在模型中可忽略
管线	管线	长度（自动计算）、管径、水力粗糙度	水力粗糙度可根据管线材质和已使用年限估计
电子流量计			校核时需要和实时流量数据连接
三通	节点	投影坐标系下的坐标（X，Y），高程（Z）	
预留接口、重要拐点、排气阀、排水阀、变径点、伸缩节			
蝶阀			蝶阀的开关功能利用管线的开关功能来实现，参见控制
水表、用水户接头			需要和需水量数据连接
压力传感器			校核时需要和实时压力数据连接
水源井	水井	坐标（X，Y）	水源井的水位信息保存在控制中
清水池、清水池组	水库	投影坐标系下的坐标（X，Y），底高程，最大最小运行水位，水深—库容曲线	若干个平行、连通的清水池一般简化为一个清水池 需要和水深实时数据连接
地表水厂在清水池前的处理工艺设施	无		在模型中可忽略
泵	泵	扬程—流量曲线、额定转速、额定扬程、额定流量	
泵站、泵组、变频器	泵站	转速可调范围、组成泵站的泵型号	泵启闭的规则和操作信息保存在控制中
止回阀、减压阀、节流阀	相应的阀门对象	阀门特性曲线	阀门启闭的规则和操作信息保存在控制中

在数据导入中心界面中，可设置数据源的各个字段和网络模型的数据表各个字段之间的映射关系。导入时，按照这个映射关系将原始数据逐个复制到网络模型中。还可设置默认值，用于填充数据缺失的字段（用默认值填充的数据不能是管网关键数据，否则会影响到模型的计算结果）。

数据导入中心还可以进行管网的信息修正和更新操作。在导入数据时，若遇到同一对象的数据已经存在的情况，可指定覆盖原数据，生成冗余对象，或者不导入新数据 3 种行为。

（2）控制

控制数据是管网正常运行时人为可控的部分，如水泵阀门的启闭方案和变频器控制设定。一组控制是某个网络所有可控部件的控制方法的总和。在管网模型中，网络和控制是分开维护的。对同一个网络（同一组管网基础设施），可设定若干组控制，每一组控制都可独立进行水力模拟计算。这样做方便了模型使用者评估多种管网操作方法，也减少了数据冗余。

节点1	节点2	连接后缀	长度 (m)	直径 (mm)	材质	区域	孤立区域	资产
J0059	J0057	P	39.33	600.0	塑料			
J0244	J0243	P	39.34	300.0	铸铁			
J0447	J0446	P	39.50	200.0	铸铁			
J0925	J0924	P	39.58	400.0	铸铁			
B098.1	SB097-1	P	39.68	500.0	铸铁			
J1052	J1051	P	39.74	300.0	铸铁			
S0698	S0693	P	39.79	200.0	铸铁			
J0554	J0553	P	39.82	200.0	铸铁			
B052	B051	P	40.30	500.0	铸铁			
B083	B082.2	P	40.37	200.0	塑料			
J1121	S1031	P	40.37	200.0	铸铁			
J1416	J1413	P	40.37	600.0	铸铁			
S0418	S0416	P	40.37	400.0	铸铁			
J0277	J0276	P	40.43	300.0	铸铁			
J1385	J1384	P	40.43	300.0	铸铁			
S0387	S0385	P	40.44	150.0	铸铁			
S0634.1	S0633	P	40.81	200.0	铸铁			
J0805	J0804	P	40.83	400.0	铸铁			
S0470	S0469	P	40.88	150.0	铸铁			
S0573	S0572	P	40.96	500.0	铸铁			
J0536	J0535	P	41.07	300.0	铸铁			
S0621	S0620	P	41.28	200.0	铸铁			
S1448	S1448.1	P	41.44	100.0	铸铁			
S0393	S0391	P	41.50	150.0	铸铁			
J0803	J0802	P	41.61	400.0	铸铁			
S1046	S1041	P	41.76	300.0	铸铁			
S0508.5	S0430-1	P	41.84	20.0	塑料			
J0069	J0068	P	42.03	150.0	铸铁			
S0612	S0616	P	42.14	300.0	铸铁			

图 4-11　管线数据表

节点号	X (m)	Y (m)	Z (m AD)	资产编号	用户备注1
B007.1	493031.46	329872.36	37.59		蝶阀
B007.2	493031.45	329872.66	37.59		伸缩节
B008	493030.95	329875.87	37.67		
B009	493010.74	329868.98	37.32		三通点
B009.1	493010.66	329869.21	37.32		蝶阀
B009.2	493010.59	329869.43	37.32		伸缩节
B009.3	493010.51	329868.92	37.32		变径点
B009.4	493010.28	329868.89	37.32	SH002-ZF2	蝶阀
B009.5	493010.05	329868.85	37.32		伸缩节
B010	493001.44	329867.31	37.14		三通点
B010.1	493001.69	329867.35	37.14	SH001-ZF1	蝶阀
B010.2	493001.92	329867.39	37.14		伸缩节
B010.3	493001.39	329867.56	37.14		蝶阀
B010.4	493001.34	329867.82	37.14		伸缩节
B011	493001.12	329869.39	37.21		
B012	493010.42	329870.53	37.45		
B013	493004.53	329862.23	36.97		
B014	493024.81	329871.78	37.70	SH003-DC1	电子流量计
B015	493004.81	329858.32	36.74		软阀
B016	493005.36	329857.49	37.00	YL55-SH2	水源
B016.1	493005.28	329857.78	37.00		减压阀
B016.2	493005.19	329858.07	37.00		水表
B016.3	493005.10	329858.35	37.00		三通点
B016.4	493005.02	329858.64	37.00		伸缩节
B016.5	493004.97	329858.94	38.00		软阀
B016.6	493004.89	329859.23	39.00		压力传感器
B017	493001.86	329862.02	37.06		三通点
B017.1	493001.40	329861.95	37.06		伸缩节
B017.2	493001.04	329861.87	37.06		软阀

图 4-12　节点数据表

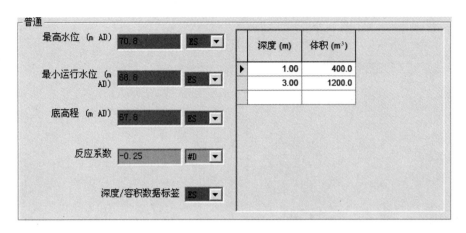

图 4-13 水库（清水池）数据

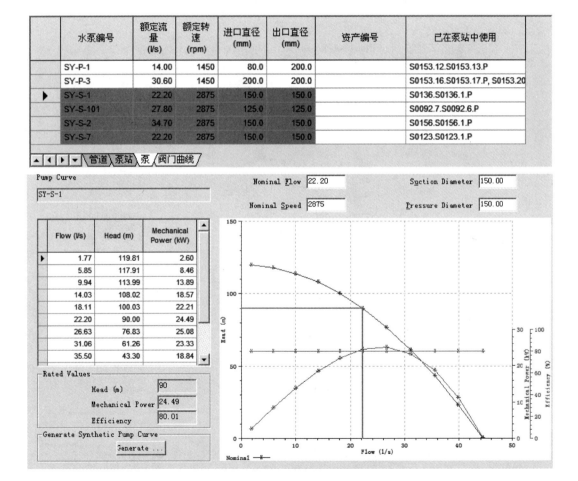

图 4-14 泵数据表及泵的扬程—流量曲线

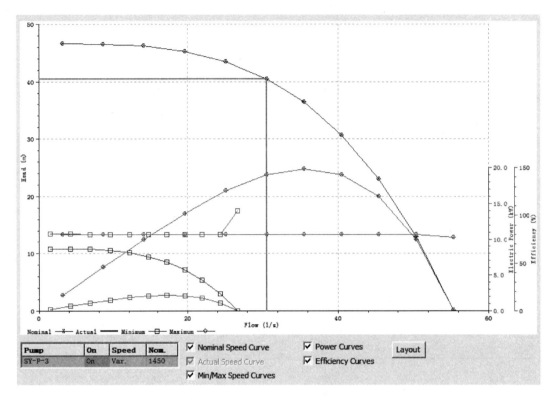

图 4-15 变频泵站的定义

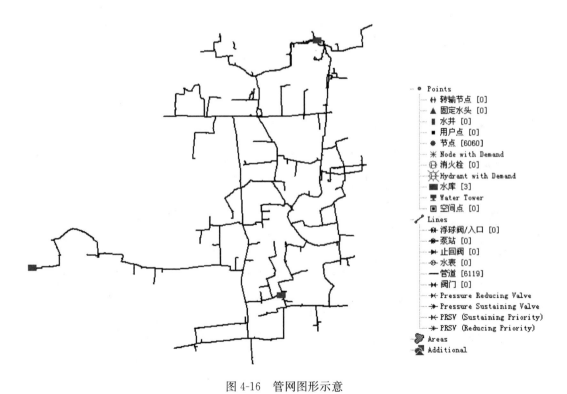

图 4-16 管网图形示意

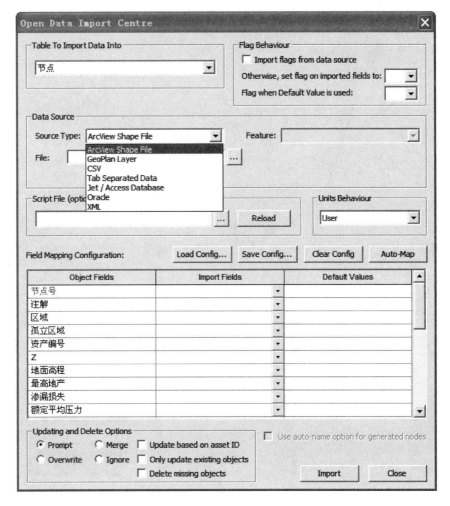

图 4-17 数据导入中心界面

控制难以保存为数据表的形式，一般以控制规则的方式进行储存和管理。因此，控制数据通常不使用数据导入中心导入，而是在分析原始数据后直接手动输入模型。下面列举了几种实际管网操作的模拟方法。

A. 根据前置清水池的水位调节水源井水泵的启闭：

对于以地下水为水源的水厂，采用"水源井—工频潜水泵—前置清水池—加压泵—管网"的结构，该结构的前三部分构成了一个操作单元（图 4-18）。整体操作为：若清水池水位低于某设定值，打开潜水泵，若清水池水位高于某设定值，关闭潜水泵（图 4-19）。

"水源井—工频潜水泵—前置清水池"型控制主要在潜水泵的控制属性页中设定。指定该水泵的控制模式为"自动"，受控节点为清水池 SY-T，当水池水位低于 1.3m 时开启，当水池水位高于 2.7m 时关闭（图 4-20）。

B. 根据管网中测压点自由水头控制变频泵转速：

工程上常用变频泵将水从水厂的清水池泵入管网，变频器根据管网中测压点的实时读数自动调节泵转速，以达到节约电能的目的（图 4-21）。

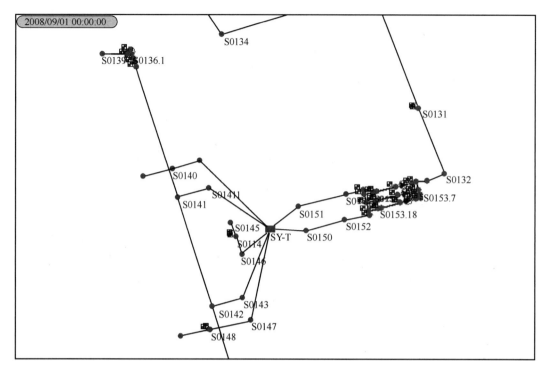

图 4-18　"水源井—工频潜水泵—前置清水池—加压泵—管网"的模拟

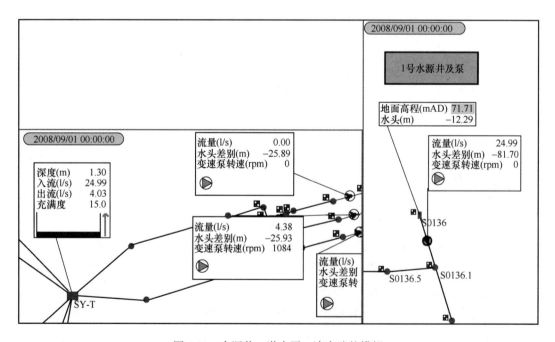

图 4-19　水源井、潜水泵、清水池的模拟

　　这种控制可在变频泵的控制属性页中设定。指定该水泵控制模式为"自动"，控制节点为 S0118（测压点），转速可变范围为 700～1450rpm，控制测压点水头为 20m。在运行时，计算程序会自动根据测压点压力调整变频泵转速，模拟运行工况。

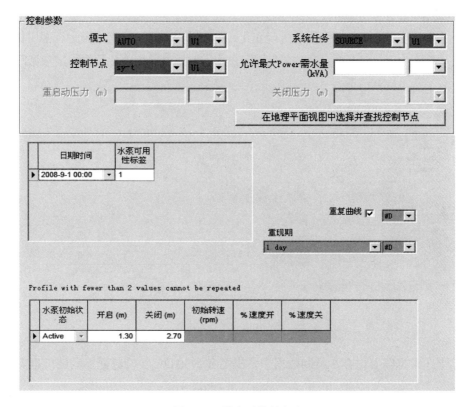

图 4-20 潜水泵控制方法

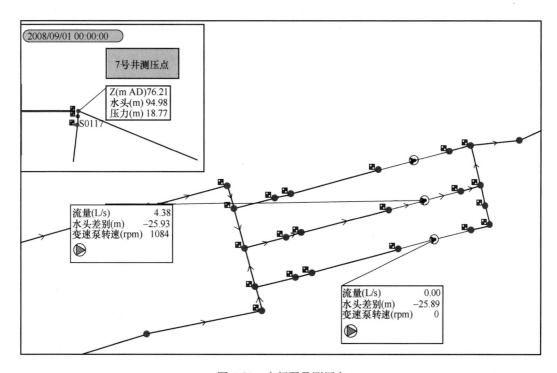

图 4-21 变频泵及测压点

C. 指定水源井的动水位：

地下水水位会以较长的时间周期进行变化。由于井内动水位和潜水泵运行密切相关，该数据需要从外部输入，保存在水源井的控制信息中。水源井水位变化数据设定参见图 4-22。

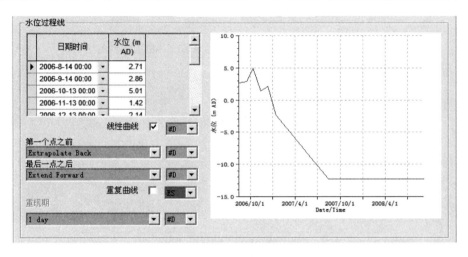

图 4-22　水源井水位过程线

除了上述数据需要保存在控制数据中，模型和 SCADA 实时数据点的链接也需要在控制中定义。

（3）需水量

模型运行需要的需水量数据为每个用水点每个时间步长（一般为 1h，精度较高的模型采用 15min）的用水量，这些数据在目前的市政供水管网中是难以获得的。因此，模型中使用"基线时用水量×用水时变化系数"的方法确定用水量。对于每个用水户，在模型中指定其基线用水量（由月用水抄表数据得出）和用水曲线。

对于用水时变化趋势类似的用水户（如所有的居民小区），将其时变化曲线归类整理为各种"用水量图表"。根据当地的用水量调查结果，整理出若干条时变化曲线，导入到模型中（图 4-23～图 4-25）。

Category	工厂		普通住宅区		集市		娱乐游乐		总需水量 (L/s)	总连接点
Profile Avg.	1.0000		1.0000		1.0000		1.0000			
节点号	平均需水量 (L/s)	总需水量 (L/s)	平均需水量 (L/s)	总需水量 (L/s)	平均需水量 (L/s)	总需水量 (L/s)	平均需水量 (L/s)	总需水量 (L/s)		
J0016.2	0.0500	0.0500							0.0500	
J0044.2	0.0000									
J0050.2	0.0000									
J0050.2	0.0300	0.0300							0.0300	
J0052.3	0.0000									
J0070.3			2.5000	2.5000					2.5000	
J0299.5			17.6600	17.6600					17.6600	
J0327					0.1700	0.1700			0.1700	
J0332			12.9600	12.9600					12.9600	
S0001.7			1.2400	1.2400					1.2400	
S0023.4			3.0200	3.0200					3.0200	
S0050.4	0.0300	0.0300							0.0300	
S0085.3	0.8300	0.8300							0.8300	
S0085.3	0.0000									
S0164							2.5200	2.5200	2.5200	
S0173.1	0.0000									
S0193-1							1.9200	1.9200	1.9200	
S0195	0.0200	0.0200							0.0200	
S0199	0.0600	0.0600							0.0600	
S0200	0.1700	0.1700							0.1700	
S0203	0.0000									
S0211	0.0000									
S0212	0.9500	0.9500							0.9500	
S0216			0.0700	0.0700					0.0700	
S0220	0.0300	0.0300							0.0300	
S0221	0.0700	0.0700							0.0700	

图 4-23　节点用水量表

在管网模型中，需水量数据和网络数据、控制数据是分开维护的。这种设计使得建模人员可不改动网络，快速进行各种需水量条件下管网情况的模拟和比较，增强了模型使用的灵活性。

| Category | Consumption | | Avg. (L/s) | Total (L/s) | Spec. Consumption | | | Avg. | | Adj. Total (L/s) | Land Use (L/s) | Category Total (L/s) |
	Avg. (L/p/day)	Total (L/s)			Override (L/p/day)	Scale	Adj. (L/s)	Scale	Adj. (L/s)			
工厂			2.24	2.24				1.000	2.24	2.24	0.00	2.24
普通住宅区			37.45	37.45				1.000	37.45	37.45	0.00	37.45
集市			0.17	0.17				1.000	0.17	0.17	0.00	0.17
餐饮娱乐			4.44	4.44				1.000	4.44	4.44	0.00	4.44
Column Totals		0.00	44.30	44.30			0.00		44.30	44.30		44.30
Tot. Demand Scaling										1.00		
Adj. Total Demand										44.30	0.00	44.30

图 4-24　节点用水量统计表

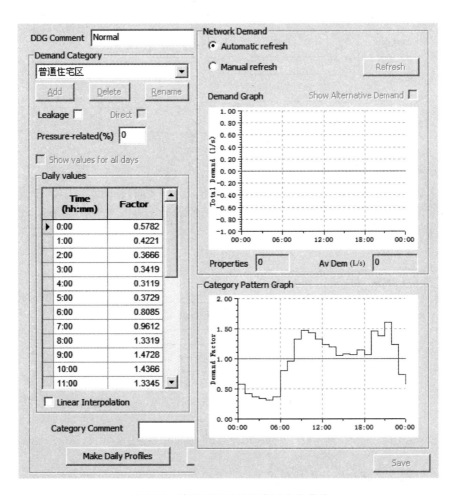

图 4-25　普通居民区的用水时变化曲线

2）模拟情景的设定

描述和预测是管网模型最关键的两项功能。因此，使用管网模型时，不仅需要对管网的正常运行进行模拟，也需要对一些虚拟情景下的管网水力学进行模拟。在管网模型中，网络、控制和需水量三大组件是分开进行管理的，这为灵活模拟各种情景提供了有利的条件。下面列举了一些常见的情景设定方法。

（1）水泵启闭操作比选

对水泵管理包括对水泵启闭时机的选择以及对变频泵参考点的选择等，是控制管网水力学最重要的手段之一。不同的操作方法会直接影响到管网能否达到服务水压，也决定了电能的消耗。利用模型软件，可对同一网络使用不同水泵操作并计算，从而预测各种情况下的服务质量和电耗（图 4-26）。

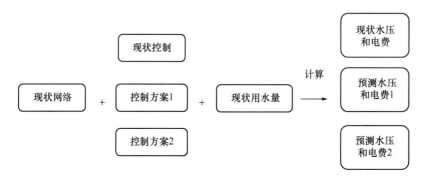

图 4-26　利用模型进行启闭操作比选的情景设定

（2）管网改扩建方案比选

在供水管网进行改建或扩建之前，常常需要预测竣工后的管网水力学，在达到设计要求的前提下尽可能减少工程投资。可按如图 4-27 所示模式建立不同情景以比较和选择不同的改扩建方案。

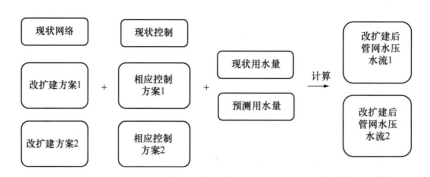

图 4-27　管网改扩建方案比选的情景设定

（3）突发用水高峰和爆管事故模拟

在突发用水高峰或爆管事故发生时，会出现用水量激增的情况，可以设定相应情景模拟这些情况并制定对策（图 4-28）。

除了上述典型情景外，还可根据实际需要设定其他情景进行模拟和预测。

3）计算程序及其参数设定

为了运行模型计算程序，还需要设定好模型运行参数。每一次运行针对一个管网情

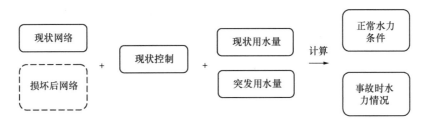

图 4-28 突发事故模拟情景设定

景。在参数设定界面上输入所使用的网络、控制和需水量数据集，模拟的起始和终止时间，以及计算程序的错误处理方法（图 4-29）。每个情景的运行参数和运行结果都存贮在数据库中，以备将来随时调用和查看。

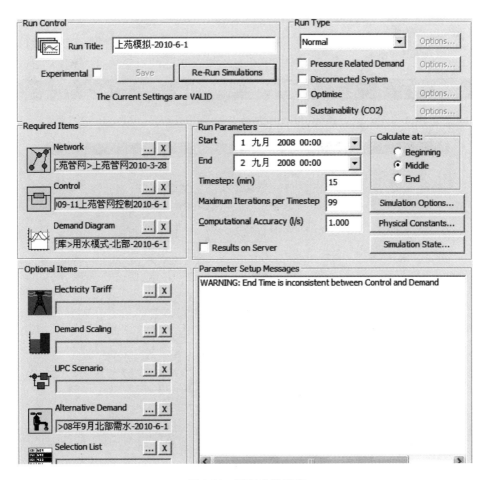

图 4-29 运行参数设定

参数设定完毕后调用计算程序进行计算。前已述及，计算程序的核心部分采用的是准动态管网计算方法。

4）模型调试

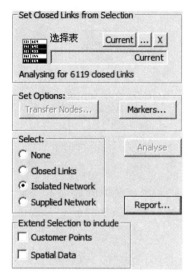

图 4-30　管网连接性
检查工具界面

在模型初始的几次运行中可能出现结果明显不符合实际的情况，如清水池水抽干或者溢出，水泵无法正常打开等等。这些情况一般是由于管网数据存在错误而造成的。管网数据错误的原因可能是原始数据的错误或者数据导入过程的失误（包括自动加载过程和手动输入数据过程）。这时，需要进行模型调试以确保模型可以顺利运行。

模型调试的手段包括管网连接性检查、工程合理性检查。

管网连接性检查工具的界面参见，使用该工具可以快速查找出管网中未正常连接入主管网的部分（图 4-30、图 4-31）。

工程合理性检查可以自动对各网络对象进行检查，若发现了明显不符合实际的对象属性（例如，管道长度

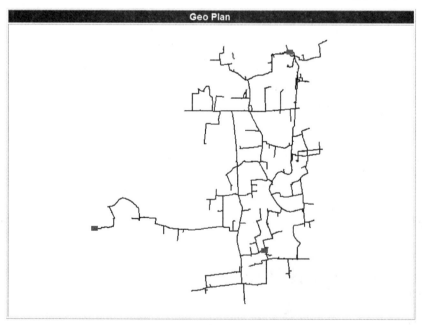

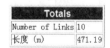

图 4-31　管网连接性检查结果

（注：红色表示发现的孤立管网，长度为 471.19m）

小于0.1m），可以提醒建模人员及时进行修改。常见的工程合理性规则参见图4-32。

规则编号	描述	Modified by User	Check Rule	Priority Level	最小	Units	最大值	Units
1001	管道长度超出预期范围	☒	☒	3	0.1	m	1000.0	m
1002	管道直径超出预期范围	☒	☒	3	10	mm	1500	mm
1003	管道HW粗糙系数超出预期范围	☐	☒	3	50		200	
1004	管道CW粗糙系数超出预期范围	☐	☒	3	0.01		50.00	
1005	管道DW粗糙系数超出预期范围	☐	☒	3	0.00		0.09	
1006	图形长度相对于属性长度超出预期范围	☐	☒	3	90		110	
1007	管道具有非预期的粗糙类型		☒	3				
1008	管道的上游节点和下游节点在不同区域		☒	3				
1009	管道用户定义的默认值导入自外部数据		☒	3	99		999	
1010	连接重叠	☒	☒	3			1	
2001	节点高程超出预期范围	☐	☒	3	0	m AD	1000	m AD
2002	需水量节点的需水量为0或缺失		☒	3				
2003	节点用户定义的默认值导入自外部数据		☒	3	99		999	
2013	节点靠近-在彼此之间最大值以内的节点		☐	3			1	m
2014	系统类型-节点与不同的系统类型连接		☒	3				
3001	水库/水池体积超出预期范围		☒	3	10	MI	10000	MI
3002	水库/水池深度与容积系数中最后输入的数值不等于最高水位-最低水		☒	3				
3003	水库地面高程高于底部水位超出预期范围		☒	3	-10	m	30	m
3004	水库高程高于底部水位超出预期范围		☒	3	0	m	5	m
4001	阀门直径超出相对预期范围		☒	3	60		100	
4002	PRV设定压力超出预期范围		☒	3	10	m	100	m
4003	阀门-未添加局部微小损失		☒	3				
4004	阀门-无阀门曲线类型		☒	3				
4005	阀门开度超出预期范围		☒	3	0		100	
5001	水表直径超出相对预期范围		☒	3	60		100	
6001	泵直径超出相对预期范围		☐	3	60		100	
7001	固定水头控制水头超出预期范围		☒	3	0	m AD	1000	m AD
8001	需水量图表逐日系数超出预期范围		☒	3	0.5		2.0	
8002	需水量图表逐月系数超出预期范围		☒	3	0.5		2.0	
8003	需水量图表逐时系数超出预期范围		☒	3	0.1		5.0	
8004	需水量图表曲线不符合规格		☒	3				
9001	上游管道-下游管道尺寸差超出相对预期范围	☒	☐	3	50		200	
9002	连接节点高度变化超出期预期范围	☒	☐	3			10.00	m

图4-32 常见的工程合理性规则

5）计算结果数据的组织

每一次正确的管网水力学计算后都会生成相应的结果数据集。计算结果数据具有时间和空间两个维度。计算结果数据表征了在给定情景下、给定模拟时间内任意时刻的参数：

（1）各节点水头（包括总水头和自由水头）；

（2）各管线流向流量；

（3）各清水池水位；

（4）各泵的扬程流量和转速。

对于某一确定时间，可以查看节点压力值列表和管线流量值列表（图4-33、图4-34）。

对于某一对象，可以查看某一水力参数随着时间的变化趋势，还可以使用动态图形显示模型计算结果（图4-35、图4-36）。

3. 模型校核

为了提高模型模拟的准确度，保证模型计算结果的可用性，在建立模型并运行成功后，必须进行供水管网模型的校核（图4-37）。校核模型时，要求按照一定的原理和步骤，合理调整模型中的各项数据，使得计算结果尽可能地符合真实管网的实测数据。

供水管网模型结构复杂、参数众多，准动态模型中还带有复杂的逻辑判断控制，很难应用普通的自动参数率定方法。近年来，有学者提出了基于遗传算法的参数率定、反向水

2008/09/01 05:00:00 节点号	需水量 (L/s)	水头 (m)	漏损 (l/s)	平均水压 (m)	最大水压 (m)	最低水压 (m)	压力 (m)	状况	类型
S0114	0.000	103.29	0.0000	14.65	23.45	0.00	22.61	0	1
S0115	0.000	103.29	0.0000	15.44	24.24	0.00	23.41	0	1
S0116	0.000	103.28	0.0000	13.61	22.39	0.00	21.56	0	1
S0117	0.000	103.28	0.0000	19.11	27.95	0.00	27.12	0	1
S0117.1	0.000	103.28	0.0000	19.07	27.91	0.00	27.07	0	1
S0118	0.000	103.28	0.0000	19.07	27.91	0.00	27.07	0	1
S0119	0.000	103.28	0.0000	20.87	29.72	0.00	28.89	0	1
S0119.1	0.000	103.28	0.0000	20.87	29.72	0.00	28.89	0	1
S0119.2	0.000	103.28	0.0000	20.87	29.72	0.00	28.89	0	1
S0123.1	0.000	103.28	0.0000	20.78	29.64	0.00	28.80	0	1
S0123.2	0.000	103.28	0.0000	20.78	29.64	0.00	28.80	0	1
S0125	0.000	103.28	0.0000	24.22	33.11	0.00	32.28	0	1
S0126	0.000	103.28	0.0000	24.23	33.12	0.00	32.28	0	1
S0128	0.000	103.28	0.0000	24.22	33.11	0.00	32.28	0	1
S0128.1	0.000	103.28	0.0000	24.22	33.11	0.00	32.28	0	1
S0129	0.000	103.28	0.0000	24.29	33.17	0.00	32.34	0	1
S0129.1	0.000	103.28	0.0000	24.29	33.17	0.00	32.34	0	1

节点 / 水库 / 水井

图 4-33 节点压力值列表

2008/09/01 05:00:00 DW摩阻系数	水头差别 (m)	水损 (m)	高压 (m)	低压 (m)	Max 每UD水头损失 (m/km)	Max 水损 (m)	最大高压 (m)	最大水压风险度	最小低压 (m)	水
0.045100	-0.00	0.00	43.84	43.84	0.47	0.00	44.67	0.00	0.00	
0.045100	-0.00	0.00	43.84	43.84	0.47	0.00	44.67	0.00	0.00	
0.045100	-0.00	0.00	43.84	43.84	0.47	0.00	44.67	0.00	0.00	
0.000000	0.00	0.00	43.84	43.84	0.00	0.00	44.67	0.00	0.00	
0.000000	0.00	0.00	43.84	43.84	0.00	0.00	44.67	0.00	0.00	
0.000000	0.00	0.00	43.84	43.84	0.00	0.00	44.67	0.00	0.00	
0.000000	0.00	0.00	43.84	43.84	0.00	0.00	44.67	0.00	0.00	
0.000000	0.00	0.00	43.84	43.84	0.00	0.00	44.67	0.00	0.00	
0.045100	-0.00	0.00	43.58	43.58	0.47	0.00	44.41	0.00	0.00	
0.048541	0.00	0.00	43.58	43.14	0.02	0.00	44.41	0.00	0.00	
0.044157	0.00	0.00	44.61	43.58	0.06	0.00	45.44	0.00	0.00	
0.044157	0.00	0.00	45.11	44.61	0.06	0.01	45.94	0.00	0.00	
0.044157	0.00	0.00	45.27	45.11	0.06	0.00	46.10	0.00	0.00	
0.044157	0.00	0.00	46.02	45.27	0.06	0.01	46.85	0.00	0.00	

管道 / 泵站

图 4-34 管线计算结果列表

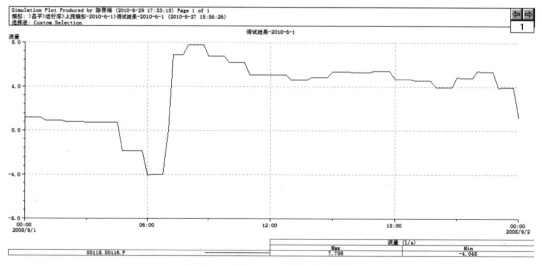

图 4-35 管线流向和流量全天变化

412

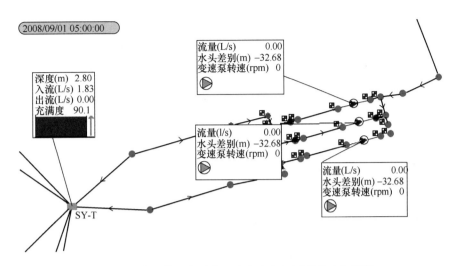

图 4-36　管网模型中对水厂清水池和加压泵的动态模拟

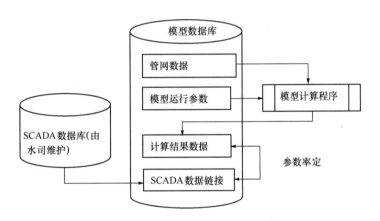

图 4-37　模型校核中各组件的关系

	Live Data Point ID	Data Source	Source File	Telemetry Point	Effective Channel Type
	S0092.6	TSD	中间数据\TSDroot2010518103701F	暴峪泉水源井压力	PRESSURE
	S0133	TSD	中间数据\TSDroot2010518103701F	上苑水厂压力	PRESSURE
	S0133.S0153.6.P	TSD	中间数据\TSDroot2010518103701F	上苑流量瞬时流量	FLOW
▶	SY-T	TSD	中间数据\TSDroot2010518103701F	上苑水厂水位	PRESSURE
	暴峪泉压力-Unknown	TSD	中间数据\TSDroot2010518103701F	暴峪泉压力	PRESSURE
	暴峪泉水源井水位	TSD	中间数据\TSDroot2010518103701F	暴峪泉水源井水位	PRESSURE

链接实时数据
数据采集点编号

SY-T　　　　　　　　　　　　　　　　　　　　　　　　　　▼　　U1　▼

图 4-38　实时数据点的链接

力计算等数学方法，但尚未发展成熟。实际工程中一般采用对照实测数据手动调参的方法。

供水管网模型的校核过程按照参数敏感性从高到低的顺序进行，分为下列步骤：

（1）导入实时数据（SCADA 数据）并和模型数据链接；

（2）依据泵开关实时数据校核管网控制规则；

（3）依据用户流量实时数据和水厂出厂流量实时数据校核用户用水量、用水曲线和漏损水量；

（4）依据出厂压力、流量实时数据和清水池液位实时数据校核泵曲线；

（5）依据现场实验数据校核管材水力粗糙度；

（6）模型验证。

下面详细介绍各校核步骤。

1）实时数据的导入和链接

实时数据包括泵开关、转速实时数据，用户流量实时数据，水厂出厂流量、压力数据和清水池液位数据。这些数据保存在供水部门的 SCADA 系统数据库中。模型校核前，建立到该数据库的链接，并将 SCADA 实时数据点和模型中的对象对应起来（图 4-38）。相应的设置在各对象的控制属性页中。

2）校核管网控制规则

不同的管网控制会对管网内的水力学状况造成非常大的影响，因此，一般情况下应首先按照各水泵出口的实时流量监测数据调整水泵的启闭控制，确保模型运行时泵的启闭动作与真实情况一致。

3）校核用户用水量

校核完水泵控制后，模型管网的各点水流变化趋势基本可以与真实管网相吻合。但流量和压力值仍会有较大的差距，这主要是由于各用户点的预测的时用水量和真实用水量存在较大差距而造成的。

校核用户用水量时，首先根据实时用户用水量数据修正各用水大户的需水量，然后根据管网的夜间出厂流量估算漏损水量，按照经验将漏损水量赋值到管网的节点上；最后，对于没有实时流量监测的用水点的用水曲线进行调整。

4）校核泵曲线

通过调整控制规则和管网用水量，可以大体上将管网内的水流流量和流向校核准确，但清水池水位变化及管网压力可能仍然和真实值有一些偏差。通过校核水源井中的潜水泵和清水池后段加压泵的泵曲线（如果条件允许的情况下进行泵实验），可以使得这模型的两组结果更加接近实测值。

5）校核管材水力粗糙度

不准确的管道水力粗糙度也会对水力学计算造成影响。为了校核管材的水力粗糙度，需要进行管道测流测压的现场实验。针对实际供水管网中管道敷设的年限和管材，可将全部管道分类，在供水管网模型中认为每一类管道的粗糙度相同。在每一类管道中分别选取典型的管段进行测压测流实验，计算它们的水力粗糙度。用计算结果修正管网模型中的粗糙度值（图 4-39）。

管道粗糙度现场实验数据记录表格

测量人 Operator:　　　　　　记录人 Recorder:　　　　　　测量日期 Date:

管段编号 Pipe·ID:　　　　　　管段名称 Pipe·name:

管径 Diameter:　　　　　　　管段材质 Material:　　　　　铺设日期 Date:of pavement:

测量点编号ID	测量点名称 Desc	距离一个点距离Distance	压力流量 P/Q	读数 Reading	时刻 Time	备注
1						
2						
3						

图 4-39　粗糙度实验数据记录表格

汇总上述各校核步骤的成果，即得到校核完毕的模型。使用该模型可模拟管网典型日全天的水力变化情况，模型运行截图参见图 4-40 和图 4-41。

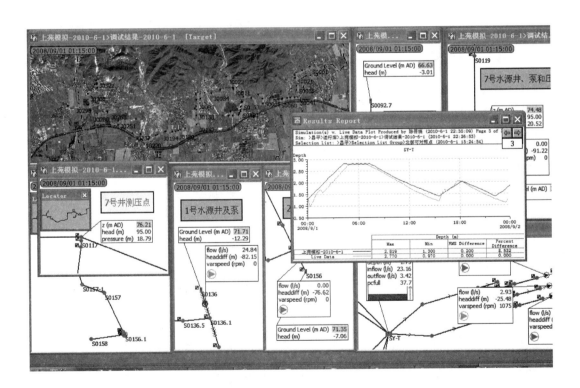

图 4-40　清水池水位变化图

将校核后的模型与在线监测点的实时数据对比，并计算相对误差，部分结果如图 4-42。所示。经统计所有监测点的平均相对误差在 10% 以内。

6）模型验证

管网的实测数据（SCADA 数据库）中具有很多天的管网实时流量、压力和水位数

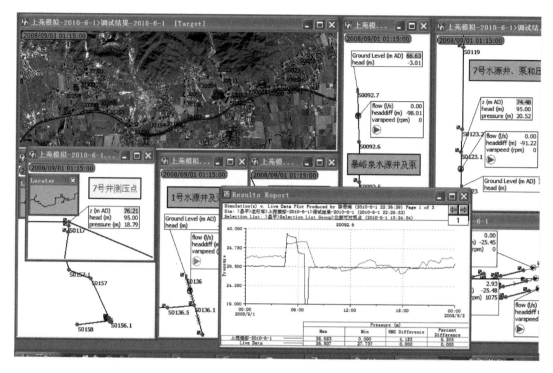

图 4-41　水源井井口压力变化图

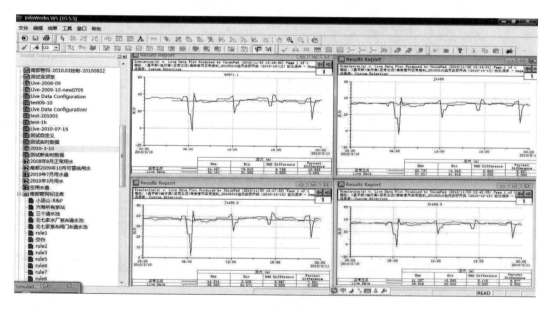

图 4-42　水力模型校核结果

据。除去用作上述模型校核和参数率定的数据，其余的数据均作为验证数据。将模型在验证数据集所用的控制规则下运行，对比模型运行结果和实测数据的误差，进一步核实模型的正确性和可用性。表 4-4 为管网关键点的模型验证结果。

管网关键点的模型验证结果   表 4-4

数据点	模拟最大值	实际最大值	模拟最小值	实际最小值	均方根(RMS)误差	相对误差
清水池水位	2.819m	2.770m	1.300m	0.970m	0.2m	8.5%
水泵出水口压力水头	38.623m	36.507m		27.737m	4.03m	5.5%
水泵出水口流量	14.450L/s	14.261L/s	0	0	2.8L/s	737m³（水量累计值）

经校核及验证后的水力模型可以较准确地显示管网各组件的水力参数（图 4-43）。

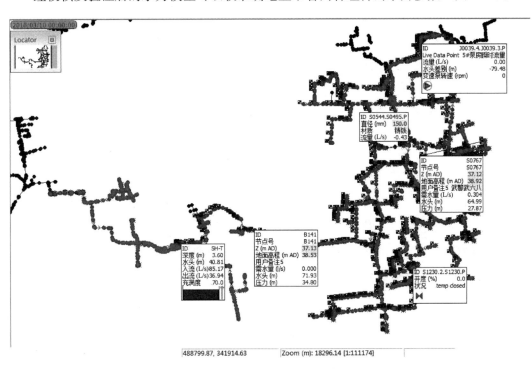

图 4-43 水管网模型

4.2.1.2 水质模型的建立

随着社会生活水平的提高，人们对饮用水的关注已从水量和水压的保证率转移到水质的安全性。安全的饮用水是指没有异味，病原微生物和消毒副产物均不超过国家标准的饮用水，其中病原微生物的问题最受关注。为了保证饮用水的生物安全性，水厂需采用有效的消毒剂。二氧化氯因其消毒效率高、投量准确、设备简单等优点被广泛应用。

在配水管网中保持一定浓度的消毒剂，不仅可以抑制水中细菌再繁殖，而且对于管网的二次污染也起着预警作用。因此维持管网消毒剂浓度是保证管网水质的一项重要措施，是各国饮用水的卫生指标。然而要使所有用户，包括管网末端用户的饮用水二氧化氯浓度都达到国家标准（即浓度不低于 0.02mg/L 且不超过 0.8mg/L）是不容易的。主要原因有：首先水厂净化后的水需经过庞大的供水管网才能抵达用户，水在管网中的滞留时间较长，如北京市的最长滞留时间可达 4d，所以虽然水厂出水达标，但管网末梢处却未必达标；此外，给水管道均具有不同程度的老化，管道内壁复杂，为管道内的物理、生物和化学反应提供有利的环境。

城市管网系统庞大、复杂，靠有限的水质监测点进行人工监测，达到实时全面地掌握、监控整个管网水质状况是很困难的。为了跟踪管网水质的变化，可运用计算机技术，建立管网水质模型。管网水质模型是在水力分析的基础上，利用计算机模拟水质参数或某种污染物质在管网中随时间和空间的分布。水质模型可以评估管网水质的状况，跟踪管网中消毒剂浓度的变化，预测水质下降的情况，合理投加消毒剂，优化消毒过程，评估运行方案。同时可对管网中 24h 的消毒剂浓度状况进行评估，当发现问题时系统将发出警报信号，还可确定水质风险域，为供水管网系统管理提供决策方案。

管网水质模拟系统的另一个重要应用是：对管网水质事故的"诊断"。根据管网的节点流量，管网水质加入"诊断"模块可以从下游水质推算出上游水质情况。可从已知的条件向后推出输出水的路径轨迹，辨识污染发生的位置和时间。用户也可选择多个污染的位置和时间，采用多路跟踪的方法，以增加"诊断"的可靠性，"诊断"结果可在计算机上显示。

按所模拟管网的水力工况划分，管网水质模型分为稳态水质模型和动态水质模型。稳态水质模型是在静态水力条件下利用质量守恒原则，确定溶解物（污染物或消毒剂）浓度的空间分布，跟踪管网中溶解物的传播、流经路径和水流经管道的传输时间，用一组线性代数方程来描述某种组分在管网节点处的质量平衡。管网稳态水质模型为管网的一般性研究和敏感性分析提供了有效的手段，稳态水质模型一般用在管网系统水质分析阶段。但目前广泛认识到，即使是管网运行状态接近恒定时，在用户水量变化之前，管网中的物质没有足够的时间传播和达到某种均衡分布，因此，稳态水质模型仅能够提供周期性的评估能力，对管网水质预测缺乏灵活性。

动态水质模型是在配水系统水力工况变化条件下，动态模拟管网中物质的移动和转变。变化因素包括水量变化、蓄水池的水位变化、阀门设置、蓄水池和水泵的开启和停止以及应急需水量的变化等。

水质模型的校核主要包括：消毒剂衰减动力学方程的确定、原始数据的收集与预处理、模型的建立和模型的校核。

1. 建立消毒剂衰减动力学方程

在管网中，二氧化氯以不同的速度衰减，衰减包括紊流水中的衰减，也包括"生长环"反应的衰减。衰减形式主要有 2 种：主体水耗氯和管壁水耗氯。主体水消耗二氧化氯是因为二氧化氯与管道水中有机物和无机物发生反应；管壁水消耗二氧化氯包括二氧化氯与管壁附着的生物膜发生反应，管壁与水流之间二氧化氯的质量传输，以及管壁腐蚀导致的二氧化氯消耗。

二氧化氯消毒剂在水管中的衰减可以表示为：

$$\frac{\mathrm{d}C}{\mathrm{d}t} = -K_{\mathrm{b}}C - W - \frac{K_{\mathrm{f}}}{r_{\mathrm{h}}}(C - C_{\mathrm{w}}) \qquad (4\text{-}2)$$

式中　K_b——管道水中消毒剂浓度减小的速率系数；

　　　K_f——传质系数；

　　　r_h——水力半径；

　　　C——在管道水中消毒剂的浓度；

　　　C_w——管壁上消毒剂的浓度；

　　　W——管壁腐蚀所造成的消毒剂消耗。

该式的右边第一项代表二氧化氯在管道水中的消耗，第二项代表因管壁腐蚀所导致的二氧化氯消耗，第三项代表二氧化氯在管壁上的消耗。

在水质模型中，常将主体水衰减和管壁衰减分开模拟，因此需要分别确定其动力学方程。为了确定动力学方程式，需首先确定主体水和管壁衰减的级数。

1) 主体水衰减级数

关于主体水衰减动力学有很多研究，模型包括一级模型、二级模型、n级模型（n在1~2之间）、限制一级模型、平行一级模型等。对供水管网中主要4个水厂的出厂水进行烧杯实验测量，并使用计算机对各动力学模型进行拟合，结果见表4-5。

主体水消毒剂衰减烧杯实验结果　　　　　　　　　　　　　　表4-5

拟合系数＼水厂　　动力学级数	水厂A	水厂B	水厂C	水厂D
零级	0.9843	0.8867	0.9566	0.9735
一级	0.9783	0.9323	0.9794	0.9727
平行一级	0.9485	0.9808	0.9904	0.9624
限制一级	0.9558	0.9655	0.9921	0.9656

从拟合结果可以看出，水厂A的出厂水最符合零级动力学，水厂B为平行一级，水厂C为限制性一级，水厂D为零级反应。由结果可知，4种动力学模型的拟合系数平均数分别为：0.9502、0.9656、0.9705和0.9697。虽然平行一级反应拟合结果最好，但由于多数水力水质模拟软件（如EPANET2.0）只能模拟主体水衰减方程简单的反应，故选择零级和一级中拟合结果更好的，即一级反应。且大量研究表明，一级衰减模型可以很好地预测消毒剂衰减情况，且简单便利，可以满足计算机模型计算的需要。因此，反应级数定为一级，4个水厂一级衰减动力学的系数分别为：－0.00534、－0.00210、－0.00402和－0.00113，最后全管网的衰减系数取4个水厂的平均值，即－0.00315。

2) 管壁衰减级数

近年来，管壁处消毒剂衰减的研究也有了长足的发展。1978年Johnson提出了一级反应动力学模型，1992年Thrussell将腐蚀引起的管壁需氧量引入一级模型中，对模型作了发展。1997年Vasconcelos等将消毒剂在管网中的反应分为主体水消耗、物质传输消耗和管壁消耗三部分，并发现普通铸铁管，当管壁反应速率大于物质传输速率时，消毒剂衰减为一级反应；当物质传输的速率大于管壁反应速率，且主体水反应速率系数远远小于管壁反应速率系数时，消毒剂衰减为零级反应。本案例管网 95% 以上的管段均为球墨铸铁管，使用年限在 6 年左右，且水源水质较好，管壁处的腐蚀和生物膜生长现象并不严重，故可认为管壁处消毒剂衰减为零级反应。

2. 原始数据收集与预处理

需要收集的原始数据主要有消毒剂主体水衰减系数、消毒剂管壁衰减系数和管网初始消毒剂浓度。其中主体水衰减系数需由实验测量，管壁衰减系数需结合若干监测点的消毒剂浓度记录值，使用该计算机进行逆向推算。获取全管网所有节点的初始氯浓度可行性不大，故可以通过收集所有水厂出水氯浓度值，以及管网各水质监测点的消毒剂浓度记录值代替。

1）主体水衰减系数

由于案例管网有 4 个水厂 34 个水源井，4 个水厂相距较远，故水源井的水质会稍有差别。因此对 4 个水厂的出厂水，即管网中的主体水，分别进行实验及参数拟合，取各自拟合结果的平均值（−0.00315）作为整个管网的主体水衰减系数。

2）管壁衰减系数

Munavalli 等人运用反演解析法计算了在动态工况下的管壁消毒剂衰减系数，建立了加权最小二乘法的参数估计模型，采用高斯—牛顿法进行了求解，但该方法最多可以估计一个稳定氯气注入点的 3 个管壁参数。Pasha 以管径、管道粗糙系数、节点需水量和管壁消毒剂衰减系数作为不确定因素，使用蒙特卡罗方法进行训练，模拟分析了这些参数对于水质模型预测分析有着较大影响的结论；在水力水质模型基础上，提出了管壁消毒剂衰减系数校正模型，并采用混合蛙跳算法（shuffled frog leaping algorithm，SFLA）结合国际上通用的软件 EPANET2 对模型进行了优化求解。王鸿翔建立了多工况下管壁消毒剂衰减系数校正模型，利用极大极小蚁群算法进行管壁衰减系数的求解。

本模型是基于拉格朗日时间驱动方法的动态一维消毒剂衰减水质模型，结合实验测量数据，使用传统的遗传算法反向推算管壁衰减系数。实验选取了管网主干线附近的 7 个用户数，测量其在 1d 内不同时刻的消毒剂浓度值。因为管壁反应系数与粗糙度系数的关系如式（4-3），故利用遗传算法只需要调整适应度系数 α，即可得到不同类型管段的衰减反应系数。

$$K_w = \alpha/C \tag{4-3}$$

式中　K_w——管壁消毒剂衰减系数；

　　　α——适应度系数；

　　　C——管段的粗糙度系数。

案例管网的管道多为 2004 年以后铺建的，且大多数为带有水泥衬里的球墨铸铁管，故管壁的粗糙度系数差别不大。在水力模型校核中，已将管壁粗糙度系数调整校核过，故为已知参数。在遗传算法中，将 α 作为变量，优化目标为水质模型反馈的节点消毒剂浓度的计算值与真实浓度的差值，通过不断调整 α 的值，使目标差值越小越好，如式（4-4）所示。

$$f = \min{(C_{cal} - C_m)^2} \tag{4-4}$$

式中 C_{cal}——水质模型计算值；

C_m——监测点的浓度监测值。

经过反复优化计算，得到案例管网的管壁消毒剂衰减系数为-0.12。

3）管网初始浓度

供水管网的各水厂每天会测量出厂水的二氧化氯浓度 4 次，并记录测量值。管网中有 21 个消毒剂的管网末梢测量点，监测频率为每月 1～4 次。

3. 水质模型的建立与校核

建立水质模型的主要工作内容为：将主体水和管壁衰减相关参数输入模型，设置计算引擎的各项运行参数、运行模型，获得初步计算结果。

1）输入水质参数

在图 4-44 所示的窗口中可设置管网主体水衰减级数（Bulk Equation Order）和管壁衰减级数（Wall Equation Order）。案例管网的水厂设有清水池，由于清水池均由水泥建造而成，池壁对主体水水质的影响很小，故假定清水池的主体水衰减级数（Reservoir Bulk Equation Order）也为 1。

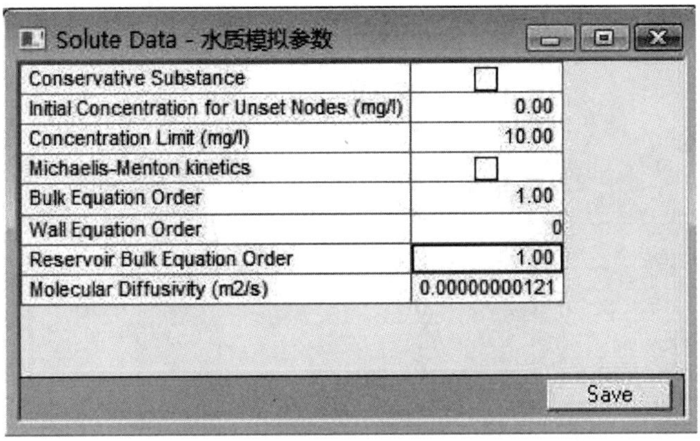

Solute Data - 水质模拟参数	
Conservative Substance	☐
Initial Concentration for Unset Nodes (mg/l)	0.00
Concentration Limit (mg/l)	10.00
Michaelis-Menton kinetics	☐
Bulk Equation Order	1.00
Wall Equation Order	0
Reservoir Bulk Equation Order	1.00
Molecular Diffusivity (m2/s)	0.00000000121

图 4-44 水质模拟参数设置

在管段的属性表中，设置管段的主体水衰减系数和管壁衰减系数，每条管段可以设置不同的衰减系数，但由于该管网的水质相差不大，且管材相近，故使用同样的主体水衰减系数值和管壁衰减系数值（图 4-45、图 4-46）。

2）设置运行参数

运行参数的设定同水力模型类似，也需要将相应的管网、控制、需水量变化曲线以及月用水量数据选中，并且设定运行的时间（图 4-47）。不同的是"运行类型"（Run type）一栏需要改成水质运行（Water quality）。

3）运行模型

水质模型成功运行后，模型可显示管网中消毒剂的浓度分布，图 4-48 中颜色的深浅代表消毒剂浓度的大小。

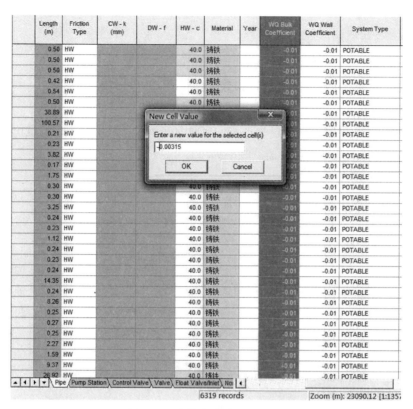

图 4-45　主体水衰减系数设置

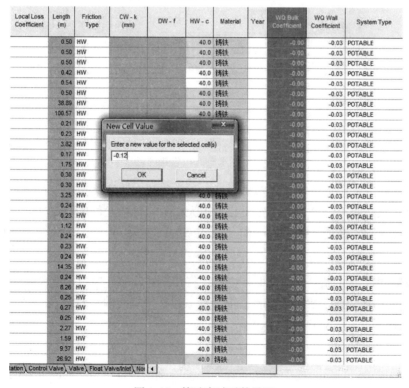

图 4-46　管壁衰减系数设置

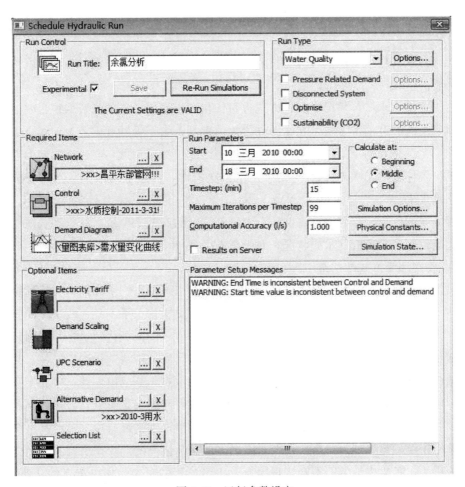

图 4-47　运行参数设定

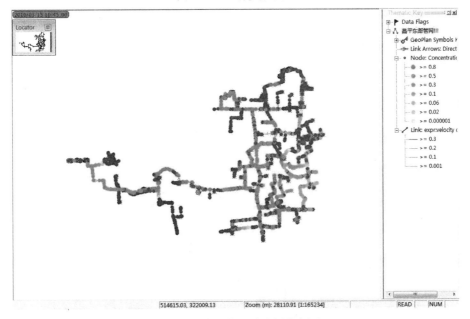

图 4-48　水质模型消毒剂分布图

4.2.2　联片供水管网水质保障技术

多点水源联片供水管网水质保障技术包括：消毒方式的优选、消毒方案的优化、水质监测点布置的优化。

为了保障供水水质，需要对消毒方式进行优化，以便用最小的投资取得最好的消毒效果。案例管网的原有消毒方式是在水源井投加消毒剂，由于管网规模较大，很难保障管网所有用户，尤其是管网末梢用户的饮用水消毒剂浓度。二次加氯，通过在管网中选择一系列特定的位置作为"二次加氯点"，对饮用水再次消毒，可满足用水节点水质安全所需的最低消毒剂水平。

消毒方案的优劣，需要通过管网节点消毒剂浓度的高低来评价。故合理选取水质监测点，使之能较好地代表管网水质状况，对消毒方案评价至关重要。

4.2.2.1　管网消毒方式的优选

与城市供水相比，小城镇供水中的消毒工艺存在以下特点：水与消毒介质的接触时间短；经济不如城市富裕，不宜使用昂贵设备；管理人员文化水平不高，较难接受操作复杂的设备，因此小城镇的消毒工艺必须实际、经济和有效。消毒工艺的选择是多因素、多目标的决策过程，涉及因素多且相互影响。有研究采用层次分析法选择消毒工艺，并将定性和定量指标分别处理，另有研究者运用模糊理论处理主观判断的模糊性，建立指标的隶属度向量，但将 2 种方法结合的文献十分少见。本案例管网的消毒方式优选综合运用上述 2 种方法，并且考虑到小城镇水厂工程师不一定对各种消毒工艺都有深入了解的事实，对知识与经验等作模型化处理，只需决策者对需要当地实际情况的选择作出判断，此外，还利用权重分析法，量化决策者因素和客观因素对决策过程的影响，如决策者的从业年数等，得到全面、合理、有效的决策结果。

针对小城镇消毒工艺的选择问题，首先，通过自上而下将目标层逐级分解发展，每一层级内的属性集合，可用上一层目标作为依据反复修正，确保其具备完整性、可解构性、可衡量性、不重复性和最少性，建立消毒工艺层次结构模型（图 4-49）。

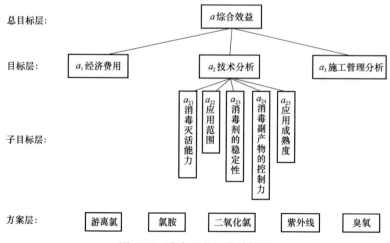

图 4-49　消毒工艺层次结构图

经济属性可用货币衡量，使用相互比价方法处理，不需模糊化；技术和施工管理分析为定性指标，各种消毒工艺的特征（如消毒灭活能力、应用范围、消毒剂的稳定性、消毒副产物的控制力和应用成熟度等）各不相同，但难以用刚性数据界限区分，因此，宜采用模糊化方式处理（表4-6）。

消毒工艺性质排序　　　　　　　　　　　　　　　　　　　　　表 4-6

	游离氯	氯胺	二氧化氯	紫外线	臭氧
消毒灭活能力	好	一般	很好	非常好	很好
应用范围	很广	较广	较广	较广	较广
消毒剂的稳定性	一般	很好	较好	很弱	较弱
消毒副产物的控制力	较弱	很好	较好	非常好	一般
应用成熟度	很好	较好	一般	一般	较弱
施工管理分析	很好	较好	一般	较好	一般
经济费用	很好	较好	较弱	一般	较弱

假设设定的消毒灭活能力的要求等级为 0.45，采用三角模糊数，确定隶属度。如图4-50 所示，$x=0.45$ 分别与游离氯和臭氧部分有交点，且纵坐标分别为 0.25 和 0.75，即隶属度向量为（0，0.25，0.75，0，0）。将该向量按照方案层中消毒工艺的顺序（即游离氯、氯胺、二氧化氯、紫外线和臭氧的顺序）重新排列，得到消毒效果属性的隶属向量（0.25，0，0，0，0.75）。

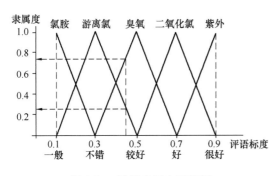

图 4-50　计算隶属向量范例

消毒方式的经济属性由文献调研和工程经验得出。费用投资与给水处理规模有关，小城镇给水规模一般在 0.5 万～3 万 t/d，故选择 4 种代表性规模——0.5 万 t/d、1 万 t/d、2 万 t/d 和 3 万 t/d。设 t 种方案投资额分别为 m_1、m_2、m_3、m_4、m_5，为了消除量纲效应，将结果归一化处理，得到向量（j_1，j_2，j_3，j_4，j_5）。

$$j_i = \frac{m_i}{\sum\limits_{i=1}^{5} m_i} \tag{4-5}$$

其中，j_i 为第 i 种消毒方式的投资费用占 5 种消毒工艺总费用的百分比，用小数表示。

按照层次分析法的步骤，将同一属性集内的属性成对比较，建立成对比较矩阵，求出权重向量和最大特征值，进行一致性检验，以保证传递性。

1）建立成对比较矩阵

您对消毒灭活能力的要求等级为：_____（例如：0.45）

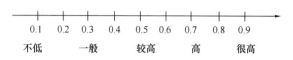

图 4-51　评语标度选择示范

决策者根据实际情况，对同一类属性内任意两者的轻重关系作出判断。相对重要水平分为 5 级：同等重要、稍重要、颇重要、极重要和绝对重要，分别用比率尺度 1、3、5、7、9 代表。将结果存入成对比较矩阵的右上三角部分，其中，C_{ij} 表示属性 i 相对于 j 的重要性。下三角部分的数值为上三角相对位置数值的倒数：

$$C = \begin{bmatrix} 1 & c_{12} & \cdots & \cdots & c_{1n} \\ 1/c_{12} & 1 & c_{23} & \cdots & c_{2n} \\ \cdots & 1/c_{23} & \cdots & \cdots & \cdots \\ \vdots & \vdots & \vdots & \vdots & \vdots \\ 1/c_{1n} & 1/c_{2n} & \cdots & \cdots & 1 \end{bmatrix} \tag{4-6}$$

2）计算特征值和特征向量并验证一致性

用特征值解法，求解最大特征值 $\lambda_{\max}$ 与最大特征向量 W（即权重向量）。

$$CW = \lambda_{\max} W \tag{4-7}$$

主观判断构成的成对比较矩阵有时不满足传递性，需要用一致性指标 $C.I.$ 检验。

$$C.I. = \frac{\lambda_{\max} - n}{n - 1} \begin{cases} = 0 & \text{表示前后判断具有完全一致性} \\ > 0.1 & \text{表示前后判断有偏差，不连贯} \\ \leqslant 0.1 & \text{表示前后虽不完全一致，但为可接受的偏误} \end{cases}$$

其中，$\lambda_{\max}$ 为最大特征值，n 为成对比较矩阵的阶数。

当成对比较增多时，矩阵的阶数也会增加，一致性不易维持。用随机指标 $R.I.$ 调整不同阶数产生的 $C.I.$ 值变化，得到一致性比率 $C.R.$（$C.R. = C.I./R.I.$），该值不大于 0.1 时一致性即符合要求。若一致性不符合要求，则需修改最初的评比矩阵。先求出权重比率（w_i/w_j），与矩阵每一列的判断值比较，找出 $|a_{ij} - w_i/w_j|$ 中最大的一组，将 a_{ij} 置换成 w_i/w_j，再进行一致性检验，如此重复，直到通过检验为止（表 4-7）。

								R.I. 值　　　　　　　　　表 4-7

阶数	1	2	3	4	5	6	7	8
R.I.	N/A	N/A	0.58	0.9	1.12	1.24	1.32	1.41
阶数	9	10	11	12	13	14	15	
R.I.	1.45	1.49	1.51	1.48	1.56	1.57	1.58	

从下到上逐层计算各节点的向量，得到最终向量（x_1，x_2，x_3，x_4，x_5）。当有 S 位决策者参与决策时，利用加权几何平均的方法得到最终的隶属度向量（r_1，r_2，r_3，r_4，r_5）。

$$r_i = \frac{\bar{r}_i}{\sum_{i=1}^{5} \bar{r}_i} \tag{4-8}$$

$$\bar{r}_i = (r_{i1})^{\lambda_1} \cdot (r_{i2})^{\lambda_2} \cdots (r_{is})^{\lambda_s} \tag{4-9}$$

式中 r_{is}——第 s 位决策者在属性 i 上的评判结果；

       $\bar{r}_i$——s 位决策者在属性 i 上的综合评判结果；

       λs——第 s 位决策者的权重系数。权重以决策者从业年数为依据，设第 i 位决策者从事该行业的时间为 Y_i 年，则其权重系数为

$$\lambda_i = \frac{Y_i}{\sum_{n=1}^{s} Y_i} \tag{4-10}$$

按照最大隶属度原理，数值越大则该向量对应的消毒方式越符合当地实际情况。该结果可作为实际判断决策的依据。

案例管网采用次氯酸钠和二氧化氯为消毒剂，为多位经验丰富的工程师共同决策。针对案例管网多点水源联片供水和以地下水为主要水源的特点、当地水质现状，以及当地经济发展现状，利用上述改进的层次分析法计算，消毒方式的优化结果为二氧化氯消毒（表4-8）。

管网水质评价   表 4-8

	消毒措施	管网水质
现状	1. 大部分水厂及水源井采用二氧化氯消毒； 2. 个别水厂采用次氯酸钠消毒； 3. 个别补压井采用紫外线消毒	大部分地区水质满足国家标准，东部部分地区因缺少补氯设备，饮用水余氯浓度不达标
评价	以上消毒方式仅以经验为基础，缺乏科学性，应结合当地实际情况，选择最优的单项或组合技术	东部地区需增加二次加氯设施，可用优化算法支持决策

4.2.2.2 管网二次加氯点的优选

国家饮用水标准规定，所有用户（包括管网末端用户）的饮用水消毒剂含量都达到国家标准（即二氧化氯浓度不低于 $0.02mg/L$ 且不超过 $0.8mg/L$）。该标准对传统饮用水消毒方式提出了挑战，主要原因有：首先水厂净化后的水需经过庞大的供水管网才能抵达用户，水在管网中的滞留时间较长，如北京市的最长滞留时间可达 4d，所以虽然水厂出水达标，但管网末梢处却未必达标；此外，给水管道均具有不同程度的老化，导致复杂的管道内壁，为管道内的物理、生物和化学反应提供有利的环境。因此，水厂中的投氯量需适中，若投加量不足，则管网末梢的消毒剂浓度很难达到标准；若投加量过大，则管网始端水的氯味较大，且过多的氯会反应产生超标的消毒副产物。实际中，在到达管网末梢之前，管道中的消毒剂便已衰减为零，故仅在水厂一次性加氯达不到预期效果。

二次加氯是解决上述问题的新途径。多点加氯可使管网中消毒剂的时空分布更均匀，且消毒剂的平均浓度随即降低，减缓了氯的衰减。减小的衰减速度和时间使氯的总投加量

降低。二次加氯在拥有诸多优点的同时，也给我们带来了新问题，即怎样设计二次加氯才能使效果最优。关于二次加氯主要有以下几方面的考虑：①减少氯消毒剂的总量；②降低消毒副产物的产生量；③减少二次加氯点的数量和运行费用；④增大氯浓度的时空分布均匀度。

单目标优化有很多成熟而有效的算法，如遗传算法。但在多目标条件下，很难找到一个令所有目标均最优的方案，此时需用多目标优化处理方法，即在可行域内找到尽可能最佳的解决方法。

工程中的决策多数是多准则或多目标的，而且这些目标往往是相悖的，故很难找到令所有目标都最优的方案。为了在可行域内找到尽可能最优的方案，可采用一些方法对原问题进行处理，如并行选择法、粒子群法、基于目标加权法的进化算法和非劣分层选择法。

基于目标加权法的进化算法给每个目标向量赋予一个权重系数，再将每个目标向量乘以权重系数加合后得到一个新的目标函数，之后使用单目标优化方法求解。

非劣分层选择法（NSGA）最先由 Deb 和 Srinivas 提出。此方法先对整个种群按照非劣解性排序，将所有非劣解个体提出来，并赋予相同的虚拟适应度值。剩余的个体再采用相同的方法继续排序分类，直到所有的个体都分类完毕。最后随机挑选个体，因为越前沿的个体具有越大的适应度，所以被挑选中并传递到下一代的可能性也越大。这种算法能搜索到非劣解区域，且使种群很快收敛到这一区域，无论在计算速度还是生成的 Pareto 非劣解前沿的质量都优于多目标遗传算法（MOGA）。

改进的非劣分层选择法（NSGA-Ⅱ）在 NSGA 的基础上加上了精英策略、密度值估计策略和快速非支配排序策略，很大程度上改善了 NSGA 的不足。

NSGA-Ⅱ算法主要有以下优点：

（1）提出基于分级的快速非支配排序策略，使计算复杂度由 $O(mN_3)$ 降低到 $O(mN_2)$，其中：m 为目标函数的个数，N 为种群中个体的数量；

（2）为了标定排序后同级中不同元素的适应度值，也为了使准 Pareto 域中元素扩展到整个 Pareto 域，并尽可能均匀分布，引入了拥挤距离的概念，可以代替复杂的适值共享方法；

（3）将选择后参与繁殖的个体产生的后代同其父代个体共同竞争产生下一代种群，可迅速提高种群的整体质量。

NSGA-Ⅱ算法的基本思想为：

（1）随机产生一代初始种群，进行非劣前沿分级，再通过遗传算法的选择、交叉和变异基本操作产生第一代子代种群；

（2）将父代种群与子代种群合并，进行快速非劣前沿分级，同时对每个前沿分级层中的个体进行小生境密度计算，再根据非劣前沿关系和个体的小生境密度选择合适的个体组成新的父代种群；

（3）通过遗传算法的基本操作产生新的子代种群；

（4）依此类推，直至满足程序结束的条件。

优选案例管网的二次加氯点需要设置 2 个目标函数，即二氧化氯的总投加量尽可能小和二氧化氯浓度分布尽可能均匀，下面分别介绍。

目标 1：二氧化氯的总投加量

设有 n_b 个二次加氯点，则第一个目标函数，即最小化二氧化氯的总投加质量，可用下面的数学形式描述：

$$\text{Minimize} \quad \sum_{i=1}^{n_b} M_i$$

其中，M_i 为每个加氯点的加氯量，这里假设每个加氯点的投加规律是不随时间变化的。

目标 2：氯浓度分布均匀度

分布均匀度用方差表示，方差越小，分布越均匀。

约束条件主要是对节点的消毒剂浓度作出限制，即按照《生活饮用水卫生标准》（GB 5749—2006）的规定，消毒剂浓度不低于 0.5mg/L，亦不得高于 4mg/L，可以表示为：

$$0.5\text{mg/L} \leqslant C_i \leqslant 4\text{mg/L}(1 \leqslant i \leqslant nb)$$

其中，C_i 为节点的消毒剂浓度。

若假定有 4 个加氯点，且管网中的任意节点都可被设为二次加氯点。加氯点为定浓度投加，投加规律保持不变。分别利用 NSGA－Ⅱ法和基于加权平均的多目标处理方法求解，并作对比。

方法 1：NSGA-Ⅱ法

设 8 个变量，分别对应 4 个加氯点的位置和加氯质量。编写目标函数，最后以二氧化氯浓度分布均匀度对氯的总投加量作图。

方法 2：基于加权平均的多目标处理方法

分别赋予分布均匀度和加氯量权重系数 0.4 和 0.6。利用静态罚函数法对不满足节点浓度约束条件的方案予以惩罚。经过上述处理，该多目标问题便转化为单目标问题，可用遗传算法求解。最终得到的结果如图 4-52 所示。

由图 4-52 可知，利用多目标优化算法会得到很多组解，它们之间不分优劣。最终的决策需要根据当地工程师的判断，选择最可行的一组解，并以这组解为依据，考虑实际施工安装条件，对二次加氯点位置作必要微调，得到最终的二次加氯消毒方案，4 个二次加氯点的位置见表 4-9。

二次加氯点位置优化方案　　　　　　　　　　　　　　　　　　表 4-9

编号	位置
1 号	11 号和 12 号水源井之间（水厂 A）
2 号	A 村水表西南侧 10m 处（水厂 A）
3 号	节点编号为 YL56-SH3
4 号	补压井 B

优化前的消毒剂浓度分布如图 4-53 所示，优化后的消毒剂浓度分布如图 4-54 所示，

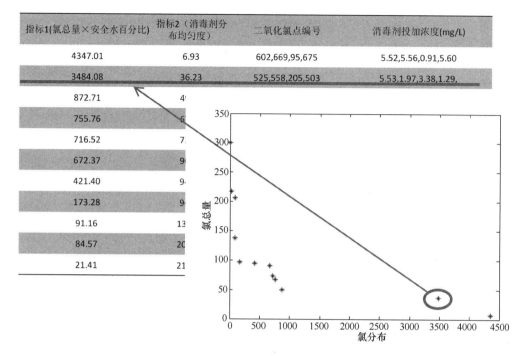

指标1(氯总量×安全水百分比)	指标2（消毒剂分布均匀度）	二氧化氯点编号	消毒剂投加浓度(mg/L)
4347.01	6.93	602,669,95,675	5.52,5.56,0.91,5.60
3484.08	36.23	525,558,205,503	5.53,1.97,3.38,1.29,
872.71	4		
755.76	6		
716.52	7		
672.37	9		
421.40	9		
173.28	9		
91.16	13		
84.57	20		
21.41	21		

图 4-52　二次加氯优化方案

二次加氯方案优化后，除了水源井附近的一些节点，其余管网节点绝大部分浓度满足国家标准要求。在浓度分布图中，节点消毒剂浓度从小到大颜色变化依次为：深蓝、浅蓝、绿、黄和红，其中蓝色节点浓度低于国家要求的最低标准 0.02mg/L。

　　由结果可知，案例管网的水厂 A 供水范围内新增两处二次加氯点。A 水厂共有 12 口水源井，8 号、3 号、4 号、5 号和 6 号水源井通过东主干线向东部地区供水，9 号、10 号、11 号、12 号、13 号、14 号和 15 号水源井通过西主干线向西部地区供水，其中 4 号、6 号、13 号和 14 号水源井配有加氯设备（黄色标注）（图 4-55）。原有水泵控制规则下，所有水泵每次只开 7h 左右，各泵交替开关，保证每次有 1 台配备加氯装置的泵开启。由各泵的位置分布可知，虽然有 1 台水源井被消毒处理，但其他水源井的水量较大，很容易将消毒的水稀释，使效果大打折扣。例如，若 11 号、12 号和 14 号水泵开启，则 14 号水源井的出水虽然满足消毒浓度要求，位于其南部的 11 号和 12 号水源井的出水却没有消毒处理且会先到达用户，故不能满足用户水质要求。按照最终优化的消毒方案，分别在 1 号、2 号处安装二次加氯点，能够强化水厂 A 的水源井群的消毒效果。

　　在案例管网西南部一条树状支管上有一处二次加氯点。该支管较长，用户点很少（红色标注），易产生"死水"，故很难保障水质安全（图 4-56）。目前用水户多为临时施工用水，但该地区正在开发，将来用水量会有更大需求，故需要在该支线上增设一处二次加氯点（3 号）。

　　4 号二次加氯点的补压井 B 已有紫外线消毒，由优化结果可知，此处的消毒方式宜改用二氧化氯。由管网水质模型可知，该管网东部地区消毒剂浓度偏低，并且经水质监测结

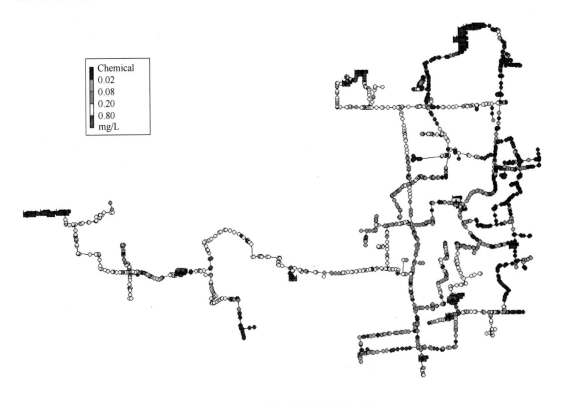

图 4-53　二次加氯优化前消毒剂浓度分布

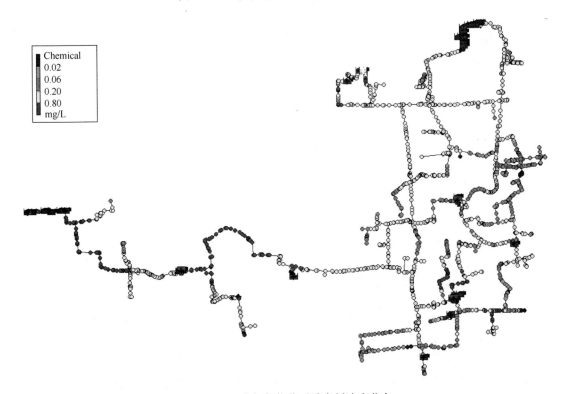

图 4-54　二次加氯优化后消毒剂浓度分布

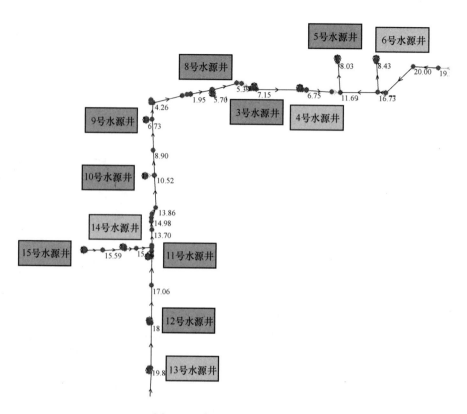

图 4-55　水厂 A 水源井分布图

果可知，补压井 B 附近地区消毒剂余量虽基本满足国家水质标准要求，但个别用水户的总大肠菌群有时会超标，这与水质模型的结果是一致的。由分析可知，主要是紫外线消毒方式无法使消毒后的管段（集中在管网东部地区）保持有消毒剂余量，管网东部只能通过其他水源井投加的消毒剂保持饮用水的水质，故为了加强管网东部的水质保障效果，补压井 B 宜采用持久性更强的二氧化氯消毒。

4.2.2.3　基于在线监测的管网二次加氯技术

图 4-57 为基于在线监测的二次加氯技术路线图。该装置的加氯设备为消毒剂投加处；在加氯设备前安装了在线流量监测仪，加氯设备可根据在线测得的流量自动调节加氯量，保证出水的消毒剂浓度恒定；由于出厂水消毒剂浓度过高或过

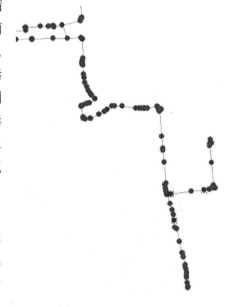

图 4-56　"死水"管图

低都会严重影响用户的饮用水生物安全性，故为了确定加氯设备是否正常运行，在加氯设备之后安装了消毒剂浓度监测仪，实时监测出水浓度是否正常。

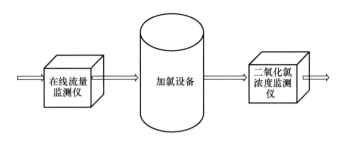

图 4-57 基于在线监测的二次加氯技术路线图

加氯设备符合国家标准《化学法复合二氧化氯发生器国家标准》（GB/T 20621—2006）、《水处理设备性能试验总则》（GB/T 13922—2011）和《水处理设备制造技术条件》（JB/T 2932—1999），投加浓度符合国家标准《生活饮用水卫生标准》（GB 5749—2006），加氯设备安装在管径 200mm 以上的管道上。

4.2.2.4 管网水质监测点布置

近年来，随着我国城市化和工业化进程的加快，集中式供水系统的水质安全问题日益凸显。饮用水污染事故影响范围广，涉及人口多，造成的经济损失大，一旦发生则后果十分严重。为了及早发现事故，减小损失，需要设计、建设管网污染预警系统。在线和离线水质监测系统是污染预警系统的重要组成部分。在水质监测系统的设计过程中，水质监测点的选取是一个关键的步骤。传统的选址方法主要依赖于经验，很难充分利用投资，获得最大的污染监测能力。供水管网模型能够模拟管网的水力学状况；在管网模拟的基础上，优化算法可借助计算机的计算能力和存贮能力对各种工程方案进行快速优选。如何利用这些工具进行监测点优化选址是近期研究的一个热点领域。

前面已介绍供水管网模型，下面着重介绍优化算法。目前，优化选址算法主要有 DC 法、RPM 法和 TIP 法，这些算法设计时的出发角度有所不同，计算结果也不尽相同。根据案例管网实际工程的需要选择 DC 法进行水质监测点优化选址。

当一组水质监测站点布置在管网中时，其目的是尽早尽快发现污染事故，减少损失。设一个监测点设计方案 S 为：

$$S = \{s_1, s_2, \cdots s_P\} \tag{4-11}$$

式中　S_i——第 i 个站点的位置；

　　　P——站点总数。

所有监测点选址方案的集合 D 为：

$$D = \{S_1, S_2, \cdots S_M\} \tag{4-12}$$

其中，M 为监测设计方案总数，也就是监测点优化问题搜索空间的大小。在有 n 个节点、最多可放置 p 个监测点的管网中，$M = (n+1)^p$。为了对监测点设计方案进行优选，首先需要确定选址方案的定量评价方法。即要构造数量值函数（即目标函数）$f(S) \in R$，为每种设计方案 S 计算出一个定量化的指数以区分其优劣。

若采用穷举方法对监测点进行优选，设研究的污染情景数为 N 个，则总共需要进行

MN 次情景计算和污染模拟。由于每次计算目标函数 $f(S)$ 都需要调用水力学计算部分代码，在监测点数 p 达到 10 甚至 20 的时候 MN 数值很大，难以在合理的时间内完成全部计算。DC 方法通过问题简化及算法设计有效减少了总体计算量。

在 DC 方法中，选址方案 S 的目标函数值 $f(S)$ 为"总覆盖水量"（Demand Coverage，DC）。此外，DC 方法没有对所有污染情景逐一进行污染损失计算，而是使用水量分数矩阵（WFM）描述了管网中节点的相互流动关系，这使得算法不需要对各种选址方案 S 情况下的污染事件进行重复计算。DC 方法的步骤分为：流动情况和 WFM 矩阵的计算、覆盖矩阵的计算和监测点位置优化计算。

1. 流动情况和 WFM 矩阵的计算

供水管网模型可提供各时刻下每条供水管道的流量和流向信息。在此基础上，DC 方法提出了水量分数（Water Fraction，WF）的概念。水量分数 $W(A, B)$ 表示在一个稳态情况下管网中某节点 A 所流出的水量中有多大的比例来自节点 B 的出，$W(A, B)$ 计算方法如下：

（1）若不存在流动路线 B→A，则 $W(A, B) = 0$；

（2）若存在流动路线 B→A，且 AB 之间有且仅有一条管线直接相连，则：

$$W(A, B) = \frac{q_{B \to A}}{\sum q_{A, in}} = \frac{q_{B \to A}}{\sum q_{A, out} + q_{A, d}} \quad (4-13)$$

其中，$q_{B \to A}$ 为从 B 流向 A 的流量，$q_{A, in}$ 为管网内各条流入节点 A 的流量，$q_{A, out}$ 为管网内各条流出节点 A 的流量，$q_{A, d}$ 为节点 A 处的用水量（流出管网）。

（3）若存在一条流动路线 B→A，但 AB 之间的路线为依靠多条管线相连，则可根据下式计算 $W(A, B)$。

$$W(A, B) = W(A, C_1) \cdot W(C_1, C_2) \cdots \cdot W(C_n, B) \quad (4-14)$$

（4）若存在多条流动路线 B→A，则 $W(A, B)$ 为各条路线得到的水量分数之和。

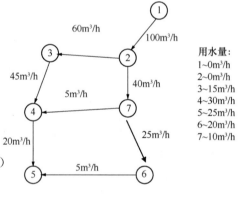

图 4-58　示例管网的流动情况

计算出管网中任两个节点之间的水量分数，列表即可得到水量分数矩阵 WFM。图 4-58 和表 4-10 显示了一个简单管网的流动情况及其 WFM。

简单管网的水量分数矩阵（WFM）　　　　　　　　　　　　　　表 4-10

	1	2	3	4	5	6	7
$W(1,)$	1.00	0.00	0.00	0.00	0.00	0.00	0.00
$W(2,)$	1.00	1.00	0.00	0.00	0.00	0.00	0.00
$W(3,)$	1.00	1.00	1.00	0.00	0.00	0.00	0.00
$W(4,)$	1.00	1.00	0.90	1.00	0.00	0.00	0.10

续表

	1	2	3	4	5	6	7
W (5,)	1.00	1.00	0.72	0.80	1.00	0.20	0.28
W (6,)	1.00	1.00	0.00	0.00	0.00	1.00	1.00
W (7,)	1.00	1.00	0.00	0.00	0.00	0.00	1.00

水量分数 W （A，B）越大，表示达到节点 A 的水量中，来自节点 B 的水量越多。如果 W（A，B）>0，在节点 A 处设置水质监测点，则认为监测结果可以在一定程度上反映节点 B 处的水质；若 B 处发生污染事故，则经过一定时间后可以被节点 A 处的水质监测点发现。W（A，B）越大，则节点 A 对节点 B 水质的代表性越强。通过这种水量分数的定义，DC 方法避免了逐个模拟污染事故，而将管网的流动情况以 WFM 的形式加以描述。

2. 覆盖矩阵的计算

为了保证一定的水质代表性，设定水量分数阈值 W_t=0.5，当 W（A，B）>W_t 时，认为"代表性强"。这时，认为节点 B 被节点 A "覆盖"，节点 B 处的用水量可以加入到节点 A 的"总覆盖水量"中。将 WFM 中每个元素与 W_t 比较，得到 $0-1$ 矩阵，该矩阵称为覆盖矩阵。表 4-11 为简单管网的覆盖矩阵（CM）。

简单管网的覆盖矩阵（CM）　　　　　　　　　　　　　　表 4-11

	1	2	3	4	5	6	7
W (1,)	1	0	0	0	0	0	0
W (2,)	1	1	0	0	0	0	0
W (3,)	1	1	1	0	0	0	0
W (4,)	1	1	1	1	0	0	0
W (5,)	1	1	1	1	1	0	0
W (6,)	1	1	0	0	0	1	1
W (7,)	1	1	0	0	0	0	1

3. 水质监测点优化选址计算

一个水质监测点选点方案 S 所覆盖的管网节点集合 C_S 是每个水质监测点所覆盖节点集合的交集：

$$C_S = \bigcup_{s_i \in S} C_{s_i} \tag{4-15}$$

式中，C_{s_i} 表示站点 S_i 所覆盖的节点集合，可以通过查询覆盖矩阵得到。

将 C_{s_i} 中的各节点用水量求和，即得到了水质监测点选点方案 S 的总覆盖水量（Demand Coverage，DC），总覆盖水量即是 DC 方法中的评价函数 f（S）。

$$f(S) = \sum_{i \in C_S} q_{d,i} \tag{4-16}$$

DC 方法中，覆盖矩阵 CM 可以预先计算出来。因此，其优化问题可以描述为：

$$\max f(S) = \sum_{i \in C_S} q_{\mathrm{d},i} \tag{4-17}$$

满足：

$$card(S) = NS$$

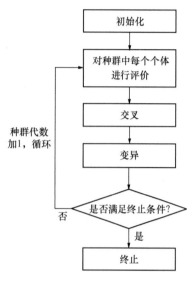

图 4-59　遗传算法流程图

式中，NS 为站点数量。在原文献中，该问题使用整数规划（IP）方法进行优化计算，也可以使用其他方法如遗传算法（GA）对该问题进行优化。

本案例管网的水质监测点优化选址计算采用遗传算法（GA）作为求解 DC 法优化问题的优化算法，通过计算机程序优化监测点选址，实现了上述 WFM 矩阵计算、覆盖矩阵计算和监测点位置优化计算 3 个过程。

遗传算法通常包括初始化、选择、重组、变异和终止 5 个步骤（图 4-59）。使用遗传算法进行 DC 方法选址优化的主要思路是：将 NS 个水质监测点所在的节点号编码为遗传算法的染色体，利用遗传算法的进化循环过程（选择-重组-变异）调整节点号，反复调用上述 CM 矩阵、式（2.4-5）和式（2.4-6）对方案总 DC 值进行计算，逐渐淘汰掉 DC 值低的水质监测点选址方案，优化一定代数后得到最终选址方案。

利用遗传算法进行优化算法设计包括 2 个步骤：设计染色体编码方法和定义目标函数。染色体编码将各决策变量转化为算法可以识别和调整的形式。编码后的一组决策变量被称一个染色体，可以进行重组和变异运算。目标函数是染色体优劣的评价标准，决定了遗传算法进化的方向。在优化选址问题中，目标函数的值越大，该染色体代表的选址方案水质代表性越好。

本案例监测点优化选址程序操作界面参见图 4-60。遗传算法参数的设置对优化计算的速度有一定影响，遗传算法参数取值参见表 4-12。

遗传算法参数选取

表 4-12

参数	代号	解释	取值
种群大小	Popsize	总种群中包含的个体数	100
重组率	Pcross	基因组发生重组操作的概率	0.9
变异率	Pmut	基因发生变异操作的概率	0.01
放缩方法	Scal	如何通过个体的评价函数计算个体的适应度	线性放缩
选择方法	Sele	遗传算法中的选择方法	竞赛选择法
重组方法	Cross	遗传算法中的重组方法	统一重组

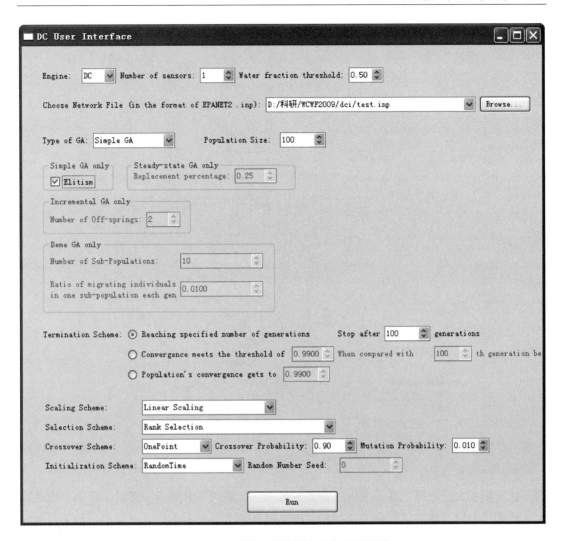

图 4-60　DC 法水质监测点优化程序界面

使用 DC 方法对案例管网进行监测点优化选址计算。计算结果参见表 4-13，水质监测点位置参见图 4-61。

DC 方法计算结果

表 4-13

		可覆盖水量 DC （m³）	全管网用水量 （m³）	可覆盖水量占比 （%）	计算耗时 （s）
CPE 管网	NS＝5	35977.3	54936.2	65.5	411
	NS＝20	51241.3		93.3	977

从表 4-13 中可以看出，在使用最佳布点方案，限制监测点数量为 5 时，管网的用水量覆盖率为 65.5%，监测点数量上升到 20 时覆盖水量的比例为 93.3%。该管网这种操作较为复杂，管线流量流向变化大，可以通过在少量关键位置设点即掌握全管网的大体水质状况。

结合用户用水量分布可以看出，DC 方法选择出的监测站点大多分布在管网末梢，且

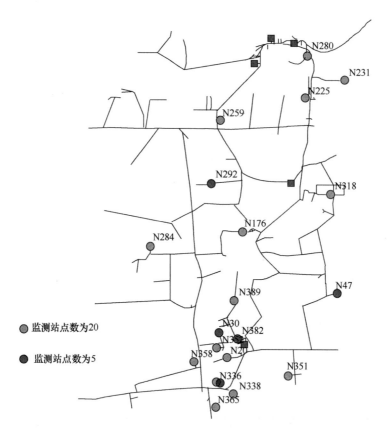

图 4-61　昌平东部管网水质监测点位置

大多位于用水大户附近。这是因为：覆盖水量的定义使得下游的点一般对上游的节点具有水量代表性，因而算法更倾向于选择在末梢布置监测点；用水大户的水量多，如果在此布点，则该部分水量直接被覆盖，增大了整体覆盖水量值；用水大户的水量大，有可能包含了多条路径的来水，因而可代表更多的用水节点。

　　计算性能方面，从表 4-13 可以看出，节点数越多的管网计算耗时越长，需要布置的监测点数量越多耗时越长。这是由于节点数和监测点数增加后，对管网进行水力计算的时间增长，以及 GA 算法所要搜索的解的空间增大所造成的。

第5章 示范工程案例

5.1 华北村镇地下饮用水安全保障技术示范

5.1.1 示范工程背景

针对目前华北优势产业的发展与地下水硝酸盐污染的矛盾，开展源头控制技术和末端治理技术 2 个层面的示范工作：①选择章丘宁家埠镇徐家村为核心示范区、章丘枣园镇与绣惠镇为大面积示范区，采取源头负荷削减技术，降低示范区土层硝酸盐的排放负荷，从而减少土壤中硝态氮向地下水的淋洗，降低硝酸盐对地下水的污染；②选择宁家埠镇徐家村分散式村镇供水模式下，通过应用与示范小型地下水软化脱氮的末端治理技术，使村镇集中供水水质达到饮用标准，有效地保障徐家村 1500 多人的饮水安全。

5.1.1.1 技术集成示范工程背景

章丘市是农业生产大市，农业生产过程中化肥存在严重的过量投入。据章丘市农业局土壤肥料工作站调查，大田化肥平均每季用量 N435kg/hm²，P_2O_5 304.5kg/hm²，K_2O52.5kg/hm²，N：P_2O_5：K_2O 为 1：0.7：0.12。蔬菜地化肥每季用量为 N 1165.5kg/hm²，$P_2O_5$888kg/hm²，K_2O 552kg/hm²，N：P_2O_5：K_2O 为 1：0.76：0.47。由此可见，化肥施用量偏高，且比例不合理，氮肥比例偏大，钾肥比例偏小，易造成地下水硝态氮污染。目前章丘市地下饮用水已受到不同程度的硝态氮污染。据山东省农业科学院农业资源与环境研究所自 2005～2011 年以来在章丘市地下饮用水（30m 内）硝态氮调查数据表明，所调查 20 个监测点中，硝态氮平均含量为 19.7mg/L，最高达到 48mg/L，表明目前章丘市地下饮用水硝态氮污染严重，对农民的饮水安全构成较大威胁。

西方国家在点源污染得以控制的背景下开始关注面源污染，研究工作从概念、理论、研究方法、管理手段乃至新经济技术应用等方面逐步展开，研究领域较为广泛。在加强了面源污染的基础研究后，许多国家都积极采取了污染源源头控制技术，通过区域性治理来实现。其中首要措施就是减少化肥和农药等农用品的投入。欧盟通过市场和农村发展两个方面控制肥料和农药的施用。日本在治理环琵琶湖周边的农业面源污染时，充分运用了源头控制技术，对农业污水，主要包括畜牧业、水产业、农业施肥方式及田间管理都制定了具体的措施。欧美发达国家从 20 世纪末开始加强基础研究，发展生态友好型农业技术，鼓励农民降低农用化学品投入量，收到了显著成效。英国通过评价在全国确定了硝酸盐脆弱区，在这些脆弱区设置了禁止施肥的封闭期。日本、美国和欧洲一些国家在这方面取得了重要突破，其氮肥利用率可达 60%，高出我国 25～30 个百分点。美国加利福尼亚州和亚利桑那州从立法高度保护地下水，规范氮肥和杀虫剂的使用，特别对杀虫剂等有机污染物的使用规定极为严格。

与欧美相比，尽管我国在"十五"期间在农村面源污染、水体污染控制方面取得一些成果，但在农业面源污染源头控制技术及地下水污染防控技术等方面仍与西方国家存在较大差距，不仅体现在时间的滞后，更主要的是方法技术的落后，这与我国当前严峻的地下水污染形势是不匹配的，因此迫切需要广泛开展我国典型（优势）农作物种植区域地下水硝酸盐污染的源头防控技术以及末端治理设备的研究与示范。目前我国在化肥的施用及地下水硝酸盐污染防控等方面开展了一系列研究工作，但很多技术都是以降低化肥用量与作物产量为代价。本课题示范所应用的不同生态位植物种植模式下 $NO_3^- $-N 的吸收与利用技术，利用生态位原理，结合栽培技术的优化，在保证作物产量的前提下，实现农产品产地地下水污染的源头预防，为农民迫切需要的科技支撑技术。

5.1.1.2 小型脱氮设备示范工程背景

地下水是我国华北地区重要的饮用水水源，特别是华北农村生活饮用水几乎全部来自地下水。然而，由于不合理的使用化肥、污水灌溉及污水渗漏等原因，华北地区的地下水受到了不同程度的硝酸盐污染，部分地区地下水中硝酸盐浓度甚至超过《生活饮用水卫生标准》限值的数倍。例如，山东省章丘市宁家埠镇徐家村农牧业生产和村民生活用水全部为浅层地下水，该村村民所饮用的地下水中 $NO_3^- $-N 浓度高达 58mg/L。

饮用硝酸盐含量超标的地下水，会导致高铁血红蛋白症，3 个月以下的婴儿受此危害最大；此外，长期饮用受硝酸盐污染的地下水还有致癌的风险。因此，从研究开发适合华北地区村镇分散式供水特点的地下水脱硝酸盐技术与设备，对于保障广大农民群众身体健康和生命安全，改善农村人居环境，提高农民生活质量，加快实现全面建设小康社会目标具有重要意义，也是贯彻落实科学发展观，推进社会主义新农村建设和构建社会主义和谐社会的客观要求。

为了探索适合华北农村地下水水质特点和分散式供水特点的饮用水硝酸盐处理技术与设备，"十一五"水体污染控制与治理科技重大专项"典型村镇饮用水安全保障适用技术研究与示范"项目、"华北村镇地下饮用水安全保障技术研究与示范"课题拟在山东省章丘市宁家埠镇徐家村建设一套地下水脱硝酸盐的示范装置，一方面解决该村村民的饮用水安全问题，另一方面通过示范运行积累数据和管理经验，为在具有类似地下水水质特点的华北农村推广应用相应的技术与设备奠定基础。

脱除地下水中硝酸盐的方法有很多，其中最常用的方法有离子交换、反渗透和生物反硝化。离子交换法具有设备简单，投资小，运行管理方便等优点，但该法会产生含盐量很高的再生废液。章丘市宁家埠镇徐家村附近既无城镇污水处理厂，也无河流可以接纳离子交换树脂的再生废液，因此，在该村建设示范工程不宜选用离子交换法作为地下水脱硝酸盐工艺；生物反硝化虽然具有脱氮彻底、运行成本低等特点，但生物反硝化脱氮的效果易受环境因素影响，运行管理人员必须掌握一定的生物技术。此外，若运行管理不当，还有可能产生危害性更大的亚硝酸盐。根据课题实施方案，试验结束后整套示范装置将移交章丘市宁家埠镇徐家村，作为该村的安全饮用水供水设施，但该村的村民都不具备生物反硝化设施运行管理的能力。因此，生化反硝化脱氮技术也不宜在农村饮用水处理工程中应用；反渗透技术具有处理效果好，效率高，工艺简单，并且可以实现自动化，运行管理方便等优点，比较适合在农村小型水厂使用。当然，反渗透装置在运行过程中也不可避免地会产生大量浓水，但只要合理地控制反渗透装置的产水率，反渗透装置排出的浓水可以作为农田灌溉或者养殖用水。因此，反渗透技术是比较符合当地实际情况的地下水脱硝酸盐技术。为此，根据课题实施方案在实验室研究的基础上，设计了一套日处理能力为100t的地下水反渗透脱硝酸盐装置。

另外，由于章丘市宁家埠镇徐家村地下水的硬度非常高，且有部分硬度属于非碳酸盐硬度。为了延缓反渗透膜表面的结垢现象，延长反渗透膜的清洗周期和使用寿命，示范工程中设计了 $Na_2CO_3/NaOH$ 软化单元，用作反渗透系统进水的预处理。

5.1.2 示范技术集成与示范效果评价

在前期试验结果优化基础上，选定大葱专用肥应用技术、长效肥（新型肥料）应用技术及肥料精准（技术规程）施用3项关键技术，在章丘市建立了核心示范区，进行4种关键技术的推广与示范；在章丘市枣园镇与绣惠镇建立大面积示范区，进行基于肥料精准化施用技术规程的示范，并通过示范区定位监测土壤剖面硝酸盐的变化来评价技术应用效果。结果如下：

大葱季设置农民习惯施肥、大葱专用肥、100％缓释肥、80％缓释肥及肥料精准（技术规程）5个大区，每区面积667m^2。各处理都基施有机肥3000kg/hm^2。小麦季设置农民习惯施肥和优化施肥处理。

大葱季试验设计：农民习惯，N-P_2O_5-K_2O＝420－300－150kg/hm^2，肥料精准（技术规程），在2250kg/hm^2小麦秸秆还田条件下，施用 N-P_2O_5-K_2O＝280－120－225kg/hm^2，100％长效肥（N-P_2O_5-K_2O＝16－8－18％）、80％长效肥（N-P_2O_5-K_2O＝2.8－6.4－14.4％）、大葱专用肥（施肥总量为N-P_2O_5-K_2O＝280－120－225），其中基肥（15－15－15％）56.25－56.25－56.25kg/hm^2，追肥（13－7－10％）223.75－63.75－168.75 kg/hm^2。

小麦季：农民习惯，化肥使用总量为N-P_2O_5-K_2O＝180－150－105；其中基肥施用34.1％的氮肥、100％的磷、50％钾肥（磷酸二铵341kg/hm^2、氯化钾87.5kg/hm^2）；第二年小麦拔节时追施（沟施）2/3的氮肥、1/2的钾肥（即尿素257.9 kg/hm^2、氯化钾87.5 kg/hm^2）。肥料精准（技术规程）：化肥使用总量为N-P_2O_5-K_2O＝150－90－90；其中基肥施用1/3的氮肥、100％的磷、50％钾肥（尿素28.7 kg/hm^2、磷酸二铵204.5kg/hm^2、氯化钾75 kg/hm^2）；第二年小麦拔节时追施（沟施）2/3的氮肥、1/2的钾肥（即尿素217.4 kg/hm^2、氯化钾75 kg/hm^2）。

2009 年农民习惯处理大葱产量最低，为39.69t/ hm^2，等养分长效肥产量最高，为

48.83t/ hm²。与农民习惯相比，4 个示范技术均使大葱产量显著提高，其中大葱专用肥、100％长效肥、80％长效肥、技术规程应用处理分别使大葱增产 20.9％、23.0％、12.1％、10.0％。2009～2010 年小麦产量结果如下：农民习惯处理产量最低，为 4659.19kg/ hm²，技术规程产量最高，为 5617.19kg/hm²（图 5-1）。与农民习惯相比，4 个示范技术均使小麦产量显著提高，其中专用肥、100％长效肥、80％长效肥、技术规程应用处理分别使小麦增产 11.3％、8.49％、8.21％、20.56％。

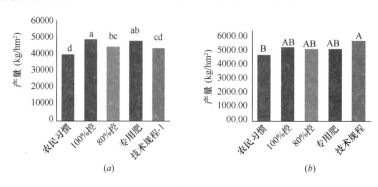

(a)　　　　　　　　　　　(b)

图 5-1　不同处理对大葱、小麦产量的影响

（a）大葱产量；（b）小麦产量

从图 5-2 可以看出，大葱收获后（左图）30～120cm 土层农民习惯处理下硝态氮含量最高，技术规程处理随土层增加硝态氮呈现降低趋势，其余 3 个处理硝态氮含量与土层的变化没有规律性。小麦收获后（右图），农民习惯与 100％控释肥处理氮肥投入量相同，但除 0～30cm 土层农民习惯处理硝态氮含量低于 100％长效肥处理外，其余 6 层硝态氮含量最高，说明控释肥的使用有利于降低土壤中的硝酸盐含量；2 个控释肥处理的硝态氮含量比较说明：降低控释肥的用量，同样可以降低各土层的硝酸盐含量；专用肥与技术规程投入的氮量相等，各土层硝态氮含量变化没有明显差异。

硝态氮含量（mg/kg）

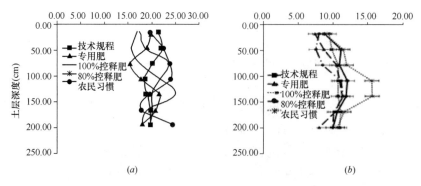

(a)　　　　　　　　　　　(b)

图 5-2　不同处理对各土层大葱、小麦收获后硝态氮含量的影响

（a）大葱；（b）小麦

从图 5-3 可以看出，大葱收获后 5 个处理中，农民习惯处理下 0～210cm 土层硝态氮累积量最高，达到 592.22kg/hm²，但不同处理间差异不显著。技术规程、100％长效肥、

80%长效肥、大葱专用肥分别较农民习惯减少土壤硝态氮累积量 3.12%、6.68%、8.85%、12.65%。小麦收获后，5 个处理中，农民习惯处理下 0～210cm 土层硝态氮累积量最高，达到 324.90kg/hm²，但不同处理间差异不显著。技术规程、100%长效肥、80%长效肥、专用肥分别较农民习惯减少土壤硝态氮累积量 18.24%、14.93%、22.46%、21.89%。

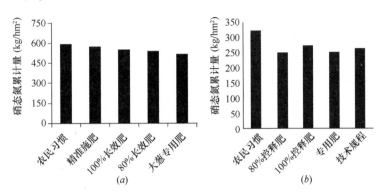

图 5-3 不同处理对大葱、小麦 0～210cm 土层硝态氮累积量的影响

(a) 大葱；(b) 小麦

通过分析大葱—小麦轮作系统的氮素平衡（表 5-1）表明：农民习惯（FP）处理 0～2.10m 土壤中积累了 324.91kg/hm² 纯氮，对地下水硝酸盐污染可能造成威胁，同时，在作物—土壤系统的氮是盈余的；其余处理在 0～2.10m 土壤中积累量远远低于农民习惯处理；氮肥表观利用率分别比农民习惯提高了 16.63%、19.77%、20.42%和 20.26%。

不同处理对土体中氮平衡的影响   表 5-1

处理	氮投入（以 N 计）（kg/hm²）	2.1m 土层残留（以 N 计）(kg/hm²)	作物吸收量（以 N 计）(kg/hm²)	氮盈亏（以 N 计）(kg/hm²)	氮肥表观利用率（%）
农民习惯	660	324.91	252.47	82.63	38.25
100%控释肥	546	276.39	294.17	−24.56	53.88
80%控释肥	479	251.95	277.91	−50.85	58.02
专用肥	490	253.77	287.50	−51.28	58.67
技术规程	500	265.65	292.56	−58.21	58.51

注：土壤容重按 1.3g/cm³ 计算。

通过对大葱—小麦轮作的肥料投入量（表 5-2）分析表明：农民习惯、100%控释肥、80%控释肥和专用肥处理的肥料纯养分投入量分别为：1440kg/hm²、1347kg/hm²、1170kg/hm²、1090kg/hm²、1130kg/hm²。

不同处理的肥料投入量   表 5-2

处理	大葱季（kg/hm²）		小麦季（kg/hm²）	合计
	有机肥 N-P₂O₅-K₂O	化肥 N-P₂O₅-K₂O	N-P₂O₅-K₂O	N-P₂O₅-K₂O
农民习惯	60-45-30	420-300-150	180-150-105	660-495-285
100%控释肥	60-45-30	336-168-378	150-90-90	546-303-498

处理	大葱季（kg/hm²）		小麦季（kg/hm²）	合计
	有机肥 N-P₂O₅-K₂O	化肥 N-P₂O₅-K₂O	N-P₂O₅-K₂O	N-P₂O₅-K₂O
80%控释肥	60-45-30	209-134-302	150-90-90	479-269-422
专用肥	60-45-30	360-120-300	150-90-90	490-255-345
技术规程	70-55-50	360-120-300	150-90-90	500-265-365

不同处理对农户收益的影响见表 5-3，在不计农户劳动力投入的条件下，100％控释肥、80％控释肥和专用肥处理的收益比农民习惯增加 25.58％、16.10％，25.49％和 16.56％，效益显著。

不同处理对经济效益的影响 表 5-3

处理	大葱产量（t/hm²）	小麦产量（kg/hm²）	肥料投入（元/hm²）	大葱收益（元/hm²）	小麦收益（元/hm²）	收益（元/hm²）
农民习惯	39.6875	4659.19	8559	59531.25	10250.22	61222.47
100%控释肥	48.826	5185.597	7761	73239	11408.31	76886.31
80%控释肥	44.471	5054.813	6748.8	66706.5	11120.59	71078.29
专用肥	48.002	5041.737	6269	72003	11091.82	76825.82
技术规程	43.673	5617.187	6505	65509.5	12357.81	71362.31

注：大葱、小麦价格分别为 1.5 元/kg、2.20 元/kg；肥料价格 N5 元/kg，P₂O₅ 7.4 元/kg，K₂O 5.60 元/kg。

5.1.3　小型脱氮设备示范及效果评价

2010 年在章丘宁家埠镇徐家村建立小型脱氮设备应用示范基地，于 2010 年 10 月在示范装置附近打了 35m 深的专用水井，示范装置进水全部由深井泵从该口井中抽出。经检测，从专用水井中抽出的地下水 NO_3^--N 和硬度含量分别约为 80mg/L 和 850mg（以 $CaCO_3$ 计）/L。

5.1.3.1　示范装置的工艺流程

首先，用深井泵把地下水提升至搅拌反应器，同时用计量泵分别把 Na_2CO_3 和 NaOH 溶液从药剂桶中输送到搅拌反应器。搅拌反应器设有 pH 自动控制，用于控制 NaOH 的加入量。地下水中的 Ca^{2+}、Mg^{2+} 与 Na_2CO_3、NaOH 反应，生成 $CaCO_3$ 和 Mg（OH）₂，反应液靠液位差溢流至竖流式沉淀池进行固液分离。竖流式沉淀池上清液（软化水）从上部溢出，经管道泵增压后通过多介质过滤器进入中和槽；沉淀池下部的 $CaCO_3$ 和 Mg（OH）₂一部分用泵回流至搅拌反应器，其余经离心脱水后排出。

其次，用计量泵把稀硫酸泵入中和槽，调节软化水的 pH 值（中和槽设有 pH 自动控制，用于控制硫酸的加入量），同时用计量泵向中和槽中加入阻垢剂。

然后，用管道泵把中和槽中的水输送至保安过滤器，再用高压泵把保安过滤器出水打入 RO 膜组件，透过 RO 膜的纯水进入纯水箱，同时将少量软化水（软化水流量由纯水箱中的 pH 自动控制仪控制）和适量的地下原水引入纯水箱，调节纯水的 pH 和矿物质含量，得到安全健康的饮用水；反渗透浓缩水排入附近的水塘，供农田灌溉用。

5.1.3.2 运行成本

地点：山东省章丘市宁家埠镇徐家村。

服务人口：约 1500 人。

纯水产量：$2.7m^3/h$，每天产水 $65m^3/d$，人均 43 L。

中试示范装置运行成本核算：①药剂费：4.14 元$/m^3$；②电费：2.48 元$/m^3$，合计：6.62 元m^3；③反渗透膜使用寿命约 3 年，更换一次 RO 膜约需 12000 元，每天 11 元；④人工：每天 100 元。按照每天产水量 $65m^3$ 来算，成本 8.32 元$/m^3$，18.9L 桶装水成本 0.16 元。

5.1.3.3 运行质量

章丘宁家埠镇徐家村地下饮用水脱氮设备自 2010 年 11 月运行以来，运转正常，于不同时间取样到山东省分析测试中心和山东省植物营养与肥料重点实验室进行检测，结果见表 5-4。经脱氮设备处理，示范点水质得到了明显改善，总硬度去除率达 96.42%，NO_3^--N 的去除率达 92.88%，水中硝酸盐、硬度等指标均符合国家《生活饮用水卫生标准》，有效地保障了示范区的饮水安全，脱氮效果达到设计能力。据村民反映，饮用水口感明显优于从前。

徐家村饮用水水质检测指标

表 5-4

取样时间	原水（mg/L）		处理水（mg/L）	
	NO_3^--N	总硬度（mg/L）	NO_3^--N	总硬度（mg/L）
2010-12-14	80.00	850.00	9.00	45.00
2010-12-20	79.60	843.00	7.50	35.00
2010-12-30	78.60	835.00	7.90	38.00
2011-1-10	78.70	830.00	7.70	42.00
2011-1-20	77.90	829.00	6.80	46.00
2011-1-29	78.20	830.00	7.80	43.00
2011-2-14	78.50	841.00	8.10	53.00
2011-2-20	77.26	846.00	7.00	50.00
2011-2-26	79.20	840.00	8.00	53.00
2011-3-10	78.70	840.00	13.50	106.00
2011-3-20	78.08	849.00	5.17	29.90
2011-4-20	75.76	843.00	5.28	28.70
2011-5-20	75.15	790.00	5.86	30.20
2011-6-20	77.12	798.00	5.25	30.10
2011-7-20	79.43	781.00	5.12	30.90
2011-8-20	76.05	753.00	6.00	31.60
2011-9-20	79.33	758.00	5.48	9.50
2011-10-20	82.60	760.00	5.77	20.00
2011-11-20	80.00	850.00	9.00	45.00

5.2　华南村镇塘坝地表饮用水安全保障适用技术示范

5.2.1　惠州池塘型小型集中供水安全保障技术示范工程

针对广东农村地区立体养殖对水源地和饮用水的污染，水源地和饮用水不达标的问题，该示范工程集成了立体养殖污染控制技术、水源地氮磷拦截与生态净化技术和小型集中供水过滤消毒一体化技术，通过技术的集成示范水源地达到了地表 III 类水的水质标准，饮用水达到了《生活饮用水卫生标准》（GB 5749—2006）的要求。

我国华南地区广大农村主要以塘坝地表水或浅层地下水等自然水体作为饮用水的水源，养殖污水的任意排放造成了严重的农村水环境和水源地污染，使农村饮用水安全问题日益凸显。

针对华南农村地区畜禽水产养殖引起的塘坝地表饮用水 COD、NH_4^+-N、微生物等有机毒害污染问题，在惠州市潼侨镇、惠东县梁化镇典型村落塘坝水源地 $3\sim5km^2$ 区域，通过养殖废水的微生物发酵、生态鱼塘净化和植物微生物氧化沟修复相结合的源头控制与水质生态净化，塘坝地表水的生态修复，以及小型分散安全供水净化技术和设备的应用示范，建立池塘型小型集中供水的水源地污染控制与水质安全保障适用技术示范基地。

5.2.1.1　工程简介

惠州潼侨示范点位于广东省惠州市仲恺高新技术开发区潼侨镇，距市中心 16km，交通便利。全镇面积 $31km^2$，常住人口 3 万多人。其前身为潼湖华侨农场，2003 年撤场设镇，因此，潼侨镇向来是惠州农业种养殖密集区，全镇有鱼塘 3200 亩，稻田 5090 亩，山地果园 3080 亩。

工程示范点位于潼侨镇新华大队第四分队，坐标 $23°2'8.69''N$，$114°16'53.50''E$，该点养殖业发达，养猪场、鱼塘遍布全队，且禽畜粪便和养殖废水未经过任何处理，直接排放到自然水体中，已对本地水域环境造成了较大的污染。该大队辖下 7 个生产队，除 1 个生产队已接自来水供水管道外，其他 6 个生产队均采用机井式集中供水和分散式塘坝取水（即鱼塘边打手摇井，直接取水），约 2000 多人的饮用水安全状况堪忧。

惠州梁化示范点位于惠东县梁化镇，坐标 $23°6'47.09''N$，$114°40'18.3''E$，该镇基本没有工业，主要是种植业，有 300 万亩的蔬菜种植基地，为惠州市梅菜主产区，受农田养分流失、农药污染和盐分（腌制梅菜用）影响，该地区的地表水域目前基本无法饮用，大部分村镇和农户主要依靠浅层地下水为饮用水源，但浅层井水中的微生物和氯化物等含量已严重超标，已经威胁到村民的饮水安全。

5.2.1.2　工程关键技术

示范工程技术路线分为 2 个部分：第一部分是示范区养殖污染面源控制技术，从农村饮用水污染源头控制污染，以保障农村饮水安全；第二部分是农村供水水质保障技术，通过水源地保护，饮用水工程配套等技术手段，实际解决示范地区农村饮用水安全保障问题，使饮用水源地水质达到地表Ⅲ类水标准，饮用水达到了《生活饮用水卫生标准》（GB 5749—2006）的要求。

1. 示范区养殖污染源控制技术

示范区养殖污染面源控制技术主要通过 2 个技术环节实现：①养殖池塘鱼菜共生技术，该项技术可部分削减由畜禽水产养殖带来的富营养化污染，并且具有较好经济效益，适合在华南地区广泛推广；②植物修复沟渠过滤降解技术，运用部分人工湿地的技术手段，改造养殖废水排放沟渠，使养殖终端排放废水经过沟渠植物处理后，能够完全达到国家养殖用水排放标准，不对环境造成污染。

1）鱼菜共生养殖技术

鱼菜共生养殖技术通过水面浮床种植蔬菜，由蔬菜通过固氮、固磷作用，将氮磷结合到有机化合物中，从而以植物的同化吸收将封闭养殖的氮磷代谢始末点连接起来，形成鱼菜共生的氮磷循环，产生了营养物质再循环的生态效应，在确保不影响养殖效益，或略有增加收益的基础上，实现养殖水体有机营养物质的部分削减、降解。既节省水净化成本，又可收获无污染的鱼菜绿色产品。

通过在惠州市潼侨镇示范基地开展鱼菜共生养殖体系，推广养殖污染控制与生态净化技术，部分削减了养殖池塘的营养盐物质（N、P），使水源地附近的 COD、NH_4^+-N、TN 等养殖污染物污染负荷削减 15％以上。表 5-5、图 5-4 为鱼菜共生养殖技术试验总结。

鱼菜共生养殖技术试验数据（单位：mg/L） 表 5-5

时间 项目	施肥时 原始浓度	施肥后 第 3 天	施肥后 第 7 天	施肥后 第 15 天	施肥后 第 30 天
COD	100.8	88.49	56.81	35.49	24.99
NH_4^+-N	3.69	2.54	1.58	0.72	0.28
TN	8.44	7.97	6.59	4.60	2.32
TP	3.80	2.70	1.66	1.45	0.94
PO_4^{3-}	0.69	0.60	0.47	0.36	0.22

注：数据以月份为单位选取。

整个项目实施期间，每隔 1 个月使用有机肥（鸡粪）肥水，目的是为了有效降低饲料成本投入。由于鸡粪、残饵及鱼类的粪便等不断地排入到鱼塘中，水体极易发生富营养化，水体中 COD、NH_4^+-N、NO_2^--N 等污染因子的升高。

从试验水质检测情况分析，由畜禽水产养殖给水体带来的富营养化污染经过系统吸收降解后，能够有效削减 15％以上，各项指标基本符合鱼类生长需要。蔬菜栽培对养鱼水有净化作用，且随循环次数的增多和积累，达到总体净水效果。随饲料的不断供应及鱼排泄物、残饵不断分解，蔬菜所需的各种营养物质也会逐渐增加，趋于平衡。

2）植物修复沟渠降解技术体系

植物修复沟渠降解技术是通过植物-动物-微生物联合净化，利用沟渠水体的微生物、水生植物对污水的净化能力，建立沟渠周边的生物缓冲区，减少养殖和农村生活废水给水

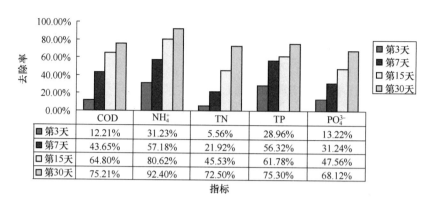

图 5-4　鱼菜共生试验池塘各项指标去除率比较

指标	COD	NH₄⁺	TN	TP	PO₄³⁻
第3天	12.21%	31.23%	5.56%	28.96%	13.22%
第7天	43.65%	57.18%	21.92%	56.32%	31.24%
第15天	64.80%	80.62%	45.53%	61.78%	47.56%
第30天	75.21%	92.40%	72.50%	75.30%	68.12%

源地带来的污染。

在惠州市潼侨镇养殖示范基地的生态氧化沟渠里，岸边种植水生植物，水下种植沉水植物，结合水面浮筏的立体种植，以达到一定的水生植物生物量，提高沟渠生态环境吸污纳垢的能力。养殖池塘废水经植物修复沟渠净化后，水体中的剩余营养物质（主要是 N、P）再次降低，从而使 COD、NH_4^+-N、TN 等养殖污染物负荷再削减 15% 左右。表 5-6 为植物修复沟渠降解试验。

植物修复沟渠降解试验数据　　　　　　　　　　　　　表 5-6

指示 时间	NH_4^+-N (mg/L)	TP (mg/L)	TN (mg/L)	COD (mg/L)	pH 值
3 月	1.8	1.228	3.5276	38.87	6.91
6 月	1.3	0.8603	3.9137	31.7	6.12
9 月	2.86	0.6711	5.3855	31.88	6.15
12 月	1.89	0.3929	3.2571	9.01	5.71

注：3 月为试验前没有栽种植物前的指标，在栽种水生植物后，每个月对沟渠各项指标进行跟踪检测，表中数据以季度为单位选取各月平均值。

从图 5-5 中可以看出，COD 从 3 月到 12 月下降明显，高达 76%；pH 值变化不大，一直处于比较稳定的状态；各项指标总体上处于下降趋势，在 9 月，略显回升状态，但不影响整体趋势，主要是因为 9 月前后降雨量增加，影响水质指标发生变化。

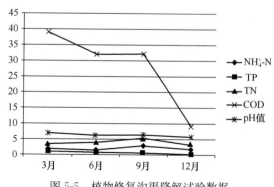

图 5-5　植物修复沟渠降解试验数据

2. 农村供水水质保障技术

农村供水水质保障技术主要通过 3 个技术环节实现：①水源地植物池塘隔离净化，通过人工湿地保护取水点供水水质；②饮用水管道工程改造，通过工程改造，确保饮用水输送过程不受到二次污染；③饮用水终端净水设备处理，应用净水设备进行饮用水消毒，确保饮用水达到国家标准。

1）植物修复净化池塘

新华四队集中式供水井取水点位于其村口的面积约为2亩池塘边上。在池塘种植香根草、泽泻、再力花、鸢尾、美人蕉等根系发达、吸污能力强的水生植物，净化效果明显，进一步隔离了农业污染。水源地主要污染物负荷削减20％以上，水源地水质达到国家地表Ⅲ类水标准，极大地改善了村民饮用水水源地的生态环境。植物修复净化池塘的试验结果见表5-7。

村口池塘水质指标数据 表 5-7

时间 \ 指示	3 月	6 月	9 月	12 月
COD_{Cr}（mg/L）	32.00	26.93	30.85	18.29
TP（mg/L）	0.703	0.393	0.553	0.2858
TN（mg/L）	1.553	1.491	1.665	1.3626
pH	6.65	6.2	7.13	6.58
NH_4^+-N（mg/L）	1.44	0.43	0.52	0.49

注：3月为试验前没有栽种植物前的指标，在栽种植物以后，每个月对沟渠各项指标进行跟踪检测，表中数据以季度为单位选取各月平均值。

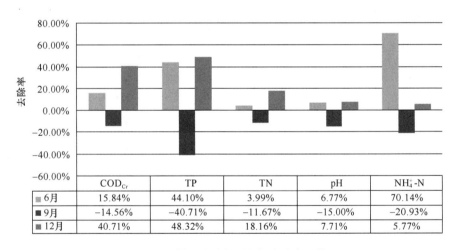

	COD_{Cr}	TP	TN	pH	NH_4^+-N
6月	15.84%	44.10%	3.99%	6.77%	70.14%
9月	−14.56%	−40.71%	−11.67%	−15.00%	−20.93%
12月	40.71%	48.32%	18.16%	7.71%	5.77%

图 5-6 村口池塘各项指标去除率比较

从图5-6中可以看出，12月 NH_4^+-N 的去除率最高，各项指标总体上处于下降趋势，在9月，去除率处于负数状态，但不影响整体趋势，主要是因为9月前后降雨量增加，影响水质指标发生变化。12月去除率又有所增加，试验指标远远低于栽种植物以前，对水质改善有明显作用。

2）供水管道工程改造

针对新华四队供水水井及供水管网设备使用年限已久，造成供水质量不保证，微生物超标及管道二次污染等问题，我们按现有的集中式供水标准，进行工程改造。打造新的取水井，供水管道重新铺设，清淤，使示范区供水充足，水质全部达到国标规定。经过惠州市疾病预防控制中心的检验，证实该饮用水水质各项指标达标，彻底解决示范点村民饮水安全问题。

3）饮用水终端净水设备处理

应用北京开创阳光公司提供的饮用水终端净水设备，辅以氯试剂的使用，处理供水水体中的微生物，使得供水水质达到国家标准。表5-8为饮用水水源、设备过滤水、村民用水的前后对比。

新、老井水菌落总数对比   表5-8

指标	老井井水7月31日	新井井水11月5日	新井井水11月23日	新井井水12月6日
菌落总数（个）	180	120	105	86

注：7月为老井井水菌落总数检测结果，11月以后为新井井水菌落总数检测结果。

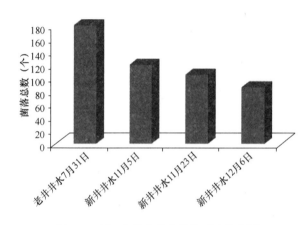

图5-7 新、老井水菌落总数对比柱状图

从图5-7中可以明显地看出，菌落总数一直处于稳定削减状态，自更换新井以来，指标有明显改善，达到国家用水标准。

从表5-9、图5-8中可以看出自老井更换新井以后，过滤水各项指标明显得到好转，一直处于稳定下降状态，指标有明显改善，达到国家饮用水标准。

从表5-10、图5-9中可以看出总硬度、耗氧量、氯化物3个指标一直处于递减状态，pH值一直比较稳定，处于中性。

新、老井过滤水水质指标比较   表5-9

	老井过滤水 7月31日	新井过滤水 11月5日	新井过滤水 11月23日	新井过滤水 12月6日
pH	6.82	6.88	6.62	6.86
总硬度（以$CaCO_3$计）（mg/L）	3.1	2.2	1.93	2.2
耗氧量（COD_{Mn}法，以O_2计）（mg/L）	13.51	3.4591	0	0
氯化物（mg/L）	9.8	8.5	8.3	6.9

注：7月为老井井水菌落总数检测结果，11月以后为新井井水菌落总数检测结果。

村民用水前后数据变化对比   表5-10

指标	村民用水11月5日	村民用水11月23日	村民用水12月6日
pH	6.92	6.88	6.97
总硬度（以$CaCO_3$计）（mg/L）	2.8	2.11	1.8
耗氧量（COD_{Mn}法，以O_2计）（mg/L）	0.9434	0.926	0
氯化物（mg/L）	8.5	8.1	7.8

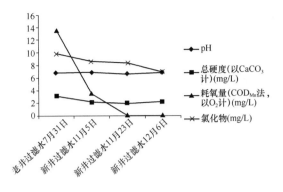

图 5-8 新、老井过滤水有变化明显指标曲线图

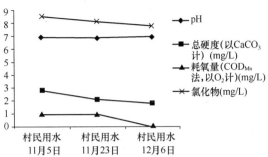

图 5-9 村民用水水质指标变化曲线图

过滤水和村民用水菌落总数变化（单位：个） 表 5-11

	9 月	10 月	11 月	12 月
过滤水	120	58	0	0
村民用水	28	12	0	0

从表 5-11、图 5-10 中可以看出过滤水和村民用水自 9 月份以来一直处于递减趋势，直到 11 月菌落总数为 0，并保持不变。

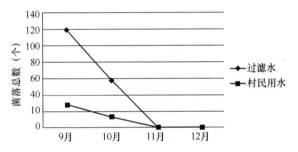

图 5-10 过滤水和村民用水菌落总数变化曲线图

示范点的关键技术突破是"鱼菜共生生态循环养殖技术"。鱼菜共生是一种涉及鱼类和植物的营养生理、环境、理化等学科的生态型可持续发展农业新技术，是集高密度养殖和蔬菜无土栽培为一体的新型养殖方式，主要体现如下：

（1）系统的理论基础

鱼菜共生生态系统内，主要是利用物质循环、互惠互利。鱼菜共生统计以养殖鱼类的排泄物肥育蔬菜，又以水载蔬菜吸收水分，同时净化鱼池水质为机理，从而形成小环境生态系良性循环，最大限度地提高了水产品和蔬菜产量，又能把水质污染程度降至最低限度。试验结果表明，在池塘养殖体系内，增加植物体系，依靠植物根系稳定、有效的吸收作用，可以使养殖水体内的氮和磷维持在一个健康的水平上（达到国家养殖用水Ⅲ类标准），有效防止了由于富营养化程度过高导致的泛塘现象（类似赤潮现象），不仅保障了养殖效益，而且有效削减了养殖废弃物对环境的影响。

（2）系统内营养物质迁移规律

从养殖系统的氮代谢过程分析。氮随饲料等有机物质进入养殖系统，主要沿着 2 条途径转化：①残饵碎屑经细菌分解，在氧化过程中转变为氨基酸，然后通过安华作用生成酮酸；②饲料经鱼类吞食、吸收并在氨基酸的脱氨作用下放出氨，NH_4^+-N 对鱼类毒性很大，浓度超过 1mg/L 时被认为会对鱼类造成危害。但 NH_4^+-N 可被需氧微生物（亚硝化单胞菌等）氧化而生成亚硝酸盐（NO_2^--N），此时的亚硝酸盐对鱼类具有相当毒性（通常不得大于 0.1mg/L）。在另外一种好氧微生物（如硝化杆菌）的作用下，亚硝酸盐被进一步氧化生成硝酸盐（NO_3^--N），这些微生物均利用物质转化流动中释放的能量维持自身的生存，硝酸盐是含氧水系中氮代谢的最后产物，对毒性最微，承受浓度有时可达 200mg/L 以上，但随氮代谢的不断持续和氮总量的积累，浓度太高也会影响鱼类生长并呈现毒性，原因是某些硅藻和藻类（如小球藻）会将硝酸盐转化成烟硝酸盐。因此，一般封闭式养鱼系统采用每天部分排水的办法减缓硝酸盐的积累。

另一路径是进行厌氧条件下的反硝化菌处理，将硝酸盐和亚硝酸盐还原为 N_2O，并以氮气（N_2）形式向大气释放，问题是在有氧养殖水体中营造厌氧环境的困难和经济性差。硝酸盐恰是植物可利用的无机氮形式，鱼菜共生技术正是在这个节点上形成，由水栽植物通过固氮作用，将氮结合到有机化合物中，从而以植物的同化吸收将封闭养殖的氮代谢始末点连接起来，形成鱼菜共生的氮循环，产生了营养物质再循环的生态效应，既节省水净化成本，又可收获无污染的鱼菜绿色产品。

（3）系统价效性

国内外有多种工厂化循环养殖技术手段，一样能够实现养殖过程的高效和无污染，但是由于工厂化循环水养殖前期投入大，一般投入均在 100 万元以上，远不是普通农户所能接受的，技术要求高，一般要求对农户进行专业培训才能掌握技术要点，经营风险高，由于生产过程成本较高，存在市场不可控风险，我国绝大部分农户经济基础还较差，无法承担工厂化养殖风险。因此，众多工厂化、健康养殖技术在我国均无法获得大面积推广，大部分农民还是采用高污低效的立体养殖模式，不但效益低，对饮用水水源地也造成了严重污染。鱼菜共生养殖技术不但在技术指标上，完全实现养殖高效无污染，而且前期投入较低，仅需在池塘表面添加无土栽培浮排，通过水培蔬菜的经营，一年就能全部收回设施投入，而且对养殖效益有明显的促进作用，系统价效性明显高于目前国内外同类技术，适合我国国情，能够在华南地区广大农村获得迅速推广应用，经济效益、社会效益和生态效益显著。

5.2.1.3　工程运行效果

1. 社会效益

本示范工程在惠州市共建立技术中试基地 1 个，示范基地 3 个，为研究、集成、示范水源地养殖污染控制、水质净化处理和安全供水等关键技术提供必要平台，同时，切实解决示范区 3～5km² 区域内 310 户农户饮用水安全问题。

基础设施作为村镇经济发展的硬件支撑系统，在很大程度上决定了村镇发展的负荷与空间，基础设施水平直接反映了城镇化和现代化的水平，也直接关系到当地的经济、社会发展及人民生活水平的提高。同时这些重大工程实施过程中需要强大的技术支撑，通过本课题的科技攻关，研制出适合于华南地区村镇的高效低成本饮用水处理新工艺及成套技术，处理后的饮用水达到国家最新的水质指标要求，满足不同地域村镇居民饮水的要求。

研究成果推广应用后，核心示范总面积将达到 1000hm²，形成的养殖污染村镇塘坝地表饮用水源地控制技术和供水安全保障技术体系将进一步推广与辐射，在保证农民村镇生活饮水安全基础上，每年仅通过废弃物循环利用和农业清洁生产，便可增加直接经济效益近 1000 万元，农民人均年收入增加 100 元以上。同时有效改善了现有村镇饮用水水质，强化村镇饮用水政策管理，有力推进了社会主义新农村和城镇化建设，并可直接应用于国家县镇和农村改水工程，获得直接的经济效益。

2. 经济效益

水质的提高一方面可以使农民摆脱的水污染困扰，保障人民的身体健康，提高村镇居民的生活质量，另一方面还可以改善投资环境，吸引投资，加速县镇经济的发展，对保障农村社会的稳定安居，实现在"十一五"期间农村不安全饮水问题的解决，具有十分重要的意义，为今后农村面源污染控制与治理提供一条可行之路。

3. 环境效益

课题在畜禽水产立体养殖污染防治和循环利用技术方面取得突破，总结"鱼菜共生生态循环养殖技术"一套，实现畜禽水产养殖生态循环养殖，削减养殖水体主要污染物质 TN 可达到 50％以上，削减 TP 达到 16％以上。同时，建立示范户 55 户，总示范面积 11200 亩，示范户畜禽水产养殖废水排放达到国家地表水Ⅲ类标准，有效地削减了示范区来自养殖的饮用水水源污染物质，保障了村镇饮用水安全，全面提高饮用水水质，为广大农民提供优质的饮用水。同时，降低农业生产成本，提高农产品质量，达到节本增效的目的。因此本课题有效地促进了村镇地区经济的可持续健康发展，提高居民生存质量，具有明显的环境效益。

5.2.2 宁德溪涧型小型集中供水安全保障技术示范工程

针对福建农村地区水源地养殖业对水源地和饮用水的污染，水源地和饮用水不达标的问题，该示范工程集成了微生物发酵床养猪零排放技术和小型集中供水过滤消毒一体化技术，通过技术的集成示范水源地达到了地表Ⅲ类水的水质标准，饮用水达到了《生活饮用水卫生标准》（GB 5749—2006）的要求。

5.2.2.1 示范工程简介

九都镇位于宁德市蕉城区西北部（图 5-11），镇区包括扶摇、九都、洋岸坂 3 个行政村，镇区人口 5000 人，饮用水源来自于大坑底溪，由于化工企业、集约化养殖和农村生产生活引起的氮磷和有机毒害污染物影响了地表饮用水安全。对九都镇扶摇养殖场监测表明：养殖场排污口废水 TP、COD、BOD_5、NH_4^+-N、粪大肠菌群数等指标均超过《畜禽养殖业污染物排放标准》（GB 19596—2001），养殖场南面小溪总磷、COD、BOD_5、NH_4^+-N、粪大肠菌群数等指标均超过《地表水环境质量标准》（GB 3838—2002）Ⅲ类标准。总饮用水源不仅受常规的污染物污染，而且还受新型的有毒物质污染，同时饮用水的深度处理、输配送技术相对落后，已经威胁到农村农民的饮用水安全。

针对饮用水污染现状，在九都镇典型村落水源地 3.3km² 区域，通过对养猪场污染物发酵床技术改造，改造猪舍面积 400m²，开展微生物发酵床养猪技术示范，通过发酵床对猪排泄粪污的原位发酵床，无需冲洗猪舍，实现养猪场污水向水源地的零排放。同时结合小型分散安全供水净化技术和设备的应用，净化水质，建立塘坝式集中供水的水源地污染控制与水质安全保障适用技术示范基地。饮用供水水质基本达到国标规定。

图 5-11　九都镇地理位置图

5.2.2.2　示范工程关键技术

针对水源地和饮用水 COD、NH_4^+-N 和微生物严重超标的问题，集成示范了以发酵床养殖污染控制技术为核心的村镇饮用水源水质保护技术、溪涧地表水饮用水净化工艺与技术。

示范工程属于自建工程，建设规模为 3.3km²。通过养殖排放废水污染控制和饮用水净化工艺与技术的集成，改建了存栏 300 头猪的零排放养猪场，以及供水人口 2000 人的溪涧型小型集中供水饮用水工程。通过示范工程的连续运行检测，养殖排放废水主要污染物减少 20％以上，饮用水水质常规指标达到《生活饮用水卫生标准》（GB 5749—2006）中小型集中供水的标准。

1. 水源地养殖污染源头控制——微生物发酵床养猪技术

微生物发酵床养猪技术是利用微生物原位降解猪粪污，实现了猪粪尿的零排放，减少环境污染，是一种环保养殖模式。核心技术包括：① 高效粪污降解微生物发酵制剂技术的研究与应用，包括粪污降解环境微生物的筛选、培养技术，降解微生物菌剂的生产技术，菌剂的使用技术，生物垫料的制作及管理技术等，实现粪尿原位分解，解决污染；②益生菌微生物 LPF-2 制剂技术的研究与应用，包括饲用益生菌的筛选、培养技术，益生菌剂的生产技术，益生菌剂的安全性评价技术等，提高猪只健康，减少用药；③微生物发酵猪舍的结构设计与应用，改善猪只生长环境，促进猪只健康，提高效益；④发酵床垫料发酵远程监控技术研究与应用，实现技术实时指导，便于规模管理；⑤微生物发酵舍基质垫层原料替代及其配方研究与应用，因地取材，降低技术使用成本；⑥使用后的废弃的资源化利用技术，包括养殖垫料使用标准评价指标，生物有机肥生产技术、功能有机肥发酵技术、食用菌筛选栽培技术等。促进资源循环利用，实现可持续发展。

工艺流程如图 5-12 所示。

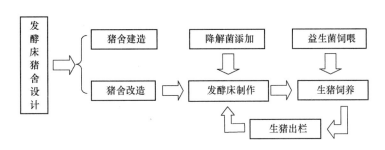

图 5-12 发酵工艺流程图

2. 饮用水水质净化技术与工艺

小型集中供水工艺与模式：溪涧水引入集水池，经过净水设备处理后通过管网供给用户。净水设备正常运行时，水由进水管道进入设备通过净水设备将原水处理成符合饮用水标准的出水，然后通过加压泵接入出水管，供给到农户家。当设备出现故障进行维护或检修时，净水设备的进水阀门和出水阀门关闭，连接 2 个三通阀的阀门打开，可以保证用户的正常取水要求。

技术流程如图 5-13 所示。

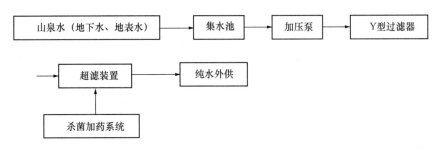

图 5-13 小型集中供水工艺

工艺流程如图 5-14 所示。

工程建设图纸如图 5-15、图 5-16 所示。

5.2.2.3 示范工程运行效果

2010 年 7 月示范工程建成后进行了水质的连续监测，示范点水源地水、设备出水口和用户端的水质稳定连续达标。

1. 水源地养殖污染源头控制——微生物发酵床养猪技术

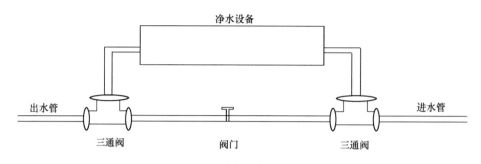

图 5-14　水质净化建设工艺流程

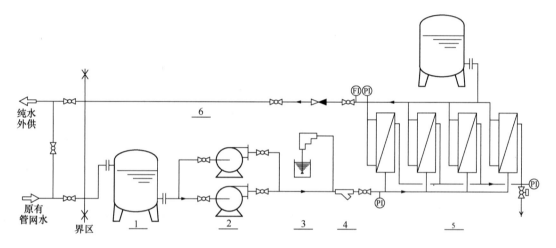

图 5-15　平面图

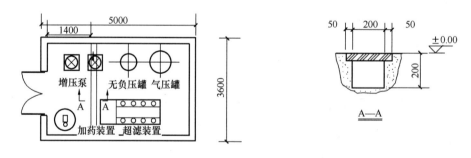

图 5-16　工程建设图

工程名称：微生物发酵床养猪场改造。

建设地点：宁德市九都镇扶摇村。

工程规模：改建微生物发酵床猪舍 1 座，年出栏生猪 1000 头左右。

示范技术：无害化养猪微生物发酵床工程技术。

应用效果：研制零排放微生物菌剂 1 套，进行微生物发酵床养猪应用，消除养猪对示范地水源的污染。将猪饲养在发酵床上，其排出的粪尿在垫料中经过微生物及时分解、消纳，无粪尿污水向外排放，形成无污染、无排放、无臭气的清洁生产，从源头上控制养猪造成的环境污染，改善猪舍环境，达到环保养猪的目的。编制形成技术标准。研究成果获得福建省科技进步二等奖。

实施效果见图5 -17～图5-21。

粪污排放　　　　　　　　　冲洗的污水　　　　　　　　　排入水源

图5-17　养猪场改造前

养殖垫料发酵剂　　　　　　　　　　　　养猪饲用益生菌剂

图5-18　微生物发酵床猪舍

图5-19　微生物发酵床猪舍无污水排出

2. 饮用水水质净化技术与工艺

小型集中供水工艺与模式：溪涧水引入集水池，经过净水设备处理后通过管网供给用户。

工程名称：安全供水设备工程。

图 5-20 养猪场改造后

图 5-21 专家实地考察

建设地点：宁德市九都镇。

工程规模：供水能力 $15m^3/h$，供水人口 2000 人。

示范技术：集消毒、过滤一体化的小型净水设备应用技术。

应用效果：设备正常供水运行，饮用水水质常规指标达到《生活饮用水卫生标准》（GB 5749—2006）中小型集中供水的标准。

实施效果见图 5-22。

图 5-22 安全供水技术示范

3. 第三方检测结果

2012 年 3 月，委托国家城市供水水质监测网厦门监测站对示范工程地表水及水龙头出水水质进行检测，检测结果地表水所检项目均符合《地表水环境质量标准》 （GB 3838—2002）Ⅲ类标准限值，水龙头出水水质符合《生活饮用水卫生标准》（GB 5749—2006）。

5.3 西南村镇库泊地表饮用水安全保障适用技术示范

5.3.1 巴南小型水库饮用水安全保障适用技术示范

5.3.1.1 示范点背景

水专项西南村镇饮用水课题（2009ZX07425-003）巴南示范点位于重庆市巴南区界石镇。示范地区域 3km²，主要包括成功桥水库以及集雨区，涉及金鹅村和钟湾村的部分农户，1000 余人。

金鹅村位于界石镇南部，全村辖区面积 12km²，辖 51 个社，总户数 1879 户，总人口 5479 人，耕地面积 6906 亩，辖区内有村级公路 5 条。该村有山坪塘 20 口，石河堰 1 条，电力提灌站 3 站 3 台 38kW；有水库 3 座，其中：成功桥水库蓄水量 31.10 万 m³，属小（二）型水库，1973 年 12 月竣工，占地面积 110 亩，有效灌溉面积 1092 亩，自流 1060 亩，灌溉区域覆盖 2 个村 15 个合作社，该水库下游已建 1 处村级水厂，初步解决 1623 人的饮水困难及 6 个企业生产用水。

成功桥水库位于长江水系花溪河支流上游，如图 5-23 所示。水库污染情况是，该水库上游有 2 个村 6 个社 1000 余人的人畜生活污染，有 5 户规模养鸭 1000 只以上的畜禽污染，周边有 2000 亩耕地及林地 500 余亩的氮磷流入该库，水库上游有一条约 10km 的南彭大堰，沿途有 4000 亩农田水流入该库，致使该库水质在夏天发臭，有较大的泥腥味，饮水村民反应十分强烈，要求整治该水库水源质量，将水

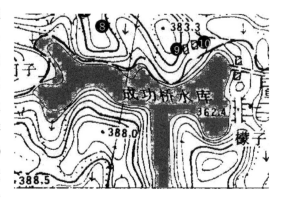

图 5-23 巴南区成功桥水库地形图

质尽快改良，达到饮用水源标准。在 2008 年的多次水源地水质分析表明，粪大肠菌群、DO、COD、TP、TN 等指标均超过 IV 类水域水质标准。

5.3.1.2 示范工程实施内容和完成情况

1. 示范工程建设实施方案

根据子课题合同目标，在对示范区进行调查的基础上，课题编制了"水专项巴南综合示范工程建设实施方案"及相关工程设计报告（见《示范工程建设相关资料汇编》），提出以下规划方案，如图 5-24 所示。

实施方案要点主要体现在以下几个方面：

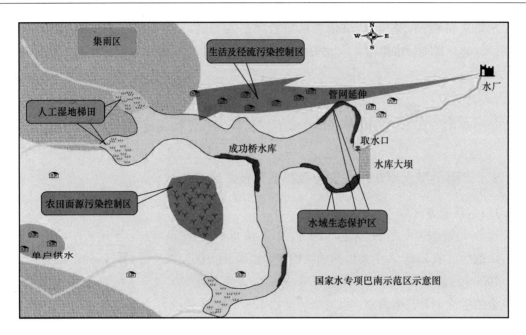

图 5-24　巴南区成功桥水库示范工程规划示意图

（1）从源头到龙头，技术成果全面集成示范；

（2）主要针对水库地表饮用水类型；

（3）本阶段侧重控制生活污水污染、注重全面农村环境治理；

（4）侧重提升村镇水厂供水模式和技术；

（5）依托巴南区作为全国农村饮水安全工程示范县的特点强化示范效果。

2. 主要示范工程及完成情况

"水专项"巴南示范点示范工程总投入国拨经费 132 万元，地方配套经费 300 万元，涉及 6 项工程子合同，建设任务主要包括水源污染源头治理、修复和村镇分散式安全供水模式与技术示范。

示范任务完成情况：

主要示范工程在 2011 年 6 月底已经完成，少数补充工程建设项目在 2011 年 11 月前完成。

（1）新建 14 处、覆盖 52 户的生活污水净化沼气池—湿地联合处理技术示范工程；新建设户用沼气池 14 口，同时对 80 户农户进行了"一池三改"（改厨、改厕、改圈），解决了农户污水治理，农户污水治理覆盖面超过 50％以上。

（2）通过新建库边村级道路 3km，修建垃圾坑和控制钓鱼等措施基本解决了径流污染问题；对一座规模养鸭场环境污染进行综合整治与修复，包括建设 15m³ 沼气池、绿化带、湿地氧化塘、径流池、梯级人工湿地等。

（3）对界石金鹅水厂升级改造，共在示范点项目区建成输水管道 3.5km，机井 5 处，新解决 80 户 215 人的饮水不安全问题。

对界石金鹅水厂升级改造，主要包括以下内容：

（1）修建化验室，地面贴砖，修建实验台，安装防盗门等；

（2）添置色度、浊度、pH 值、二氧化氯等便携监测设备；

（3）建筑物围墙加高，修整，贴瓷砖；

（4）斜坡混凝土堡坎，抽水房混凝土地坪、墙面贴瓷砖；

（5）提水泵及控制器更换，管道除锈上漆；

（6）絮凝净化和消毒设备改造。

5.3.1.3 运行数据和检测报告

1. 监测方案

1）示范水源地和水厂的水质监测

（1）监测执行单位：巴南区疾控中心。

（2）监测起始时间：2010 年 9 月。

（3）监测地点：巴南界石镇示范地成功桥水库和示范水厂。

（4）监测断面：示范点成功桥水库 4 个监测断面（点位），其中 1 个断面为水厂水源取水口（成功桥水库大坝），另外 3 个为水源地主要污染特征监测断面；水厂出水水质监测为示范金鹅村水厂出水点。

（5）监测项目：

水厂水源水监测项目：参照《地表水环境质量标准》（GB 3838—2002），主要监测氰化物、高锰酸钾指数、挥发酚类（以苯酚计）等 21 项常规指标。

水厂出水监测项目：以《生活饮用水卫生标准》（GB 5749—2006）中 pH、氰化物、高锰酸钾指数、挥发酚类（以苯酚计）等 31 项常规指标。

水源地主要污染特征监测项目：pH、COD_{Mn}、NH_4^+-N、DO、化学耗氧量、TN、TP 和耐热大肠菌群数。

（6）监测时段频率：

水厂水源取水口断面和水厂出口水连续监测至少 12 个月，每月中上旬 1 次，每次 2d，从 2010 年 9 月开始。

水源地主要污染特征监测断面从 2010 年 9 月开始，每 2 个月至少抽样监测 1 次，总计不少于 12 次。

（7）监测成果：每次监测结果的正式监测报告文件 1 式 5 份盖章后及时报给巴南区水利局课题组。

（8）技术要求：采样时做好现场天气状况记录（气温、水温、晴阴雨风等信息）；采样与测试方法按有关环境监测技术规范实施，保证监测质量。

（9）其他：2008 年以来界石镇金鹅水厂供水站取水水源地水质监测成果和巴南区各乡镇地表水饮用水源水质监测成果，采样时拍摄的现场环境及工作照片。

2）示范点集中式供水和分散式供水水质的监测

（1）监测执行单位：重庆市环境卫生监测站。

（2）监测起始时间：2011 年 7 月至 12 月。

（3）监测地点：示范地管网延伸集中式供水村民的末梢水、分散式净水和分散式水井水。末梢水监测，分别在金鹅水厂延伸的钟湾村和金鹅村确定 2 户村民取样，分散式净水在示范点确定 5 户村民取样，分散式水井在示范点确定改造的 3 口水井取样。

（4）监测项目：示范地管网延伸集中式供水村民的末梢水、分散式净水和分散式水井水的监测项目均为参照《生活饮用水卫生标准》（GB 5749—2006）中的 pH、浊度、色度、阴离子合成洗涤剂、臭和味、肉眼可见物、挥发酚类、总硬度、汞、铝、铁、锰、铜、锌、铅、砷、氟化物、氯化物、硝酸盐、硫酸盐、耗氧量、TDS、菌落总数、耐热大肠菌群、总大肠菌群等 25 项指标。

（5）监测频率：示范地管网延伸集中式供水村民的末梢水、分散式净水从 2011 年 7 月至 12 月，每月 1 次；分散式水井水监测 2 次，2011 年 7 月和 9 月。

3）示范点污染源控制工程运行监测（生活污水净化和养殖污染综合控制）

（1）监测执行单位：重庆市环境卫生监测站。

（2）监测起始时间：2011 年 7 月至 12 月。

（3）监测地点：生活污水净化池运行效果监测，包括生活污水净化沼气池模式和生活污水净化沼气池—人工湿地联合处理模式，2 种模式分别在示范点确定 2 类装置取样，每处分别在污水进口和净化池出口取样；养殖污染综合控制工程每次取样至少包括：湿地氧化塘污水进口处、湿地氧化塘出口处和人工湿地出口处。

（4）监测项目：生活污水净化池工程运行效果的监测参照《城镇污水处理厂污染物排放标准》（GB 18918－2002），监测项目为 pH、色度、阴离子合成洗涤剂、COD、BOD_5、SS、NH_4^+-N、TP、粪大肠菌群数、动植物油、石油类、TN 等 12 项指标；养殖污染综合控制工程运行效果的监测参照《畜禽养殖业污染物排放标准》（GB 18596—2001），监测项目为：COD、BOD_5、SS、NH_4^+-N、TP、粪大肠菌数。

（5）监测频率：生活污水净化工程和养殖污染综合控制工程均从 2011 年 7 月至 12 月，每月 1 次。

2. 污染控制工程水质监测结果分析与讨论

1）生活污水控制工程水质监测结果分析与讨论

重庆市环境卫生监测站自 2011 年 6 月起，对重庆市巴南区示范点生活污染控制工程（兼氧型和湿地型 2 种生活污水净化池）2 种生活污水净化池进水和出水进行了连续 6 个月的监测，监测指标参照 GB 18918－2002 基本控制项目最高允许排放浓度（日均值）确定为以下 12 项：COD、BOD_5、SS、动植物油、石油类、阴离子表面活性剂、TN、NH_4^+-N、TP、色度、pH、粪大肠菌群数。

分析如下：

（1）进出水水质。延续分析监测 7 个月，6 次分析数据的平均情况是，生活污水净化池出水水质所分析的 6 个主要检测指标中，除 COD 满足 GB 18918－2002 二级标准，BOD_5 满足 GB 18918－2002 一级 B 标准之外，SS、TN、NH_4^+-N、TP 等指标都能够达到 GB 18918－2002 一级 A 标准要求。

（2）去除率范围。分析显示，生活污水净化沼气池的平均情况是，COD 为 49.09%，BOD$_5$ 为 45.75%，SS 为 64.21%，TN 为 39.93%，NH$_4^+$-N 为 39.91%，TP 为 41.86%。说明生活污水净化沼气池对污水中有机物和悬浮物的去除最为明显，同时对氮和磷的去除也有明显效果。

A 型生活污水净化池（有人工湿地）和 B 型生活污水净化池比较见表 5-12。

A 型和 B 型生活污水净化池处理效果比较（巴南）　　　　表 5-12

检测项目		A 型池	B 型池	综合平均值
COD	出水平值（mg/L）	56.10	88.26	72.18
	去除率平均值（%）	62.71	35.47	49.09
BOD$_5$	出水平值（mg/L）	15.17	22.10	18.65
	去除率平均值（%）	54.84	36.66	45.75
SS	出水平值（mg/L）	6.67	12.67	9.67
	去除率平均值（%）	72.53	55.88	64.21
NH$_4^+$-N	出水平值（mg/L）	2.04	4.07	3.05
	去除率平均值（%）	65.75	13.66	39.71
TN	出水平值（mg/L）	4.83	6.05	5.47
	去除率平均值（%）	50.23	29.65	39.93
TP	出水平值（mg/L）	0.76	0.85	0.81
	去除率平均值（%）	57.22	26.51	41.86

根据表 5-12 分析结果，无论是出水指标还是去除率，湿地型生活污水净化池（A 型池）都要明显优于兼氧型生活污水净化池（B 型池）。分析其原因之一为湿地型净化池由于种植了水生植物，利用植物对氮磷等营养元素的吸收和植物根系对悬浮物、动植物油等的吸附和过滤，取得了较好的净化效果。

2）养殖污染治理工程水质监测结果分析

根据课题组要求，重庆市环境卫生监测站于 2011 年 6 月～12 月对巴南区示范点养殖污染控制工程进行了水质监测，监测断面湿地氧化塘入口、湿地氧化塘出口、农田生态湿地入口（莲藕田）、农田生态湿地出口（莲藕田）、农田生态湿地出口（水稻田）梯级人工湿地出口、成功桥水库水源入口（沟口）监测指标参照《畜禽养殖业污染物排放标准》（GB 18596—2001）集约化畜禽养殖业水污染物最高允许日均排放浓度，确定以下 6 项：COD、BOD$_5$、SS、NH$_4^+$-N、TP、粪大肠菌群数。

从监测结果表 5-13 来看，大多数时间段，4 级生态处理和修复的效果非常明显，COD、BOD$_5$、NH$_4^+$-N、TP 和粪大肠菌群数的去除率达到 97% 上，COD 浓度从数千毫克/升下降到数十毫克/升。流入水库的水质满足 GB 18918—2002 一级 A 标准要求。

7 月水库水源入口 BOD_5 数值相比农田生态湿地和梯级人工湿地略有增大的现象，这与事实常理不符，并且其他监测指标在 7 月～9 月期间，也部分存在这种出水水质反复的现象，分析其原因是湿地工程刚建成且投入使用时间不长，加上降雨径流对湿地原来沉降的污泥产生冲刷作用，故导致了 BOD_5 数值反复现象，SS、NH_4^+-N、TP、粪大肠菌数等指标在 7～9 月也存在同样的问题，而到了监测时段后期，10 月～12 月，各项指标监测结果均正常，养殖污染控制工程对养殖废水的净化作用开始显现，取得了较好的效果（表5-13）。

养殖污染治理工程水质监测　　　　　　　　　表 5-13

7 月	COD (mg/L)	BOD_5 (mg/L)	SS(mg/L)	NH_4^+-N (mg/L)	TP(mg/L)	粪大肠菌数 (mg/L)
湿地氧化塘入口（1）	3230	1370	807	64.1	71.8	2400
湿地氧化塘出口	288	151	60	21.8	13.9	330
农田生态湿地入口（莲藕田）（2）	214	144	30	18	10.6	50
农田生态湿地出口（莲藕田）	98.5	31.4	35	0.786	4.01	50
农田生态湿地出口（水稻田）（3）	73.9	24.8	35	0.504	1.93	<20
梯级人工湿地出口（4）	49.2	21.6	4	1.74	1.05	20
成功桥水库水源入口（沟口）	32.8	31.8	7	0.983	0.946	50
8 月						
湿地氧化塘入口	1900	784	148	47.5	14.4	1100
湿地氧化塘出口	66.7	17.1	40	0.151	3.08	790
农田生态湿地入口（莲藕田）	63.6	16.4	60	0.089	1.83	790
农田生态湿地出口（莲藕田）	51.5	18.2	54	0.103	0.787	130
农田生态湿地出口（水稻田）	45.5	15.6	8	0.124	1.15	130
梯级人工湿地出口	43.9	17.7	24	0.672	0.132	230
成功桥水库水源入口（沟口）	50	15.1	6	0.575	0.105	130
9 月						
湿地氧化塘入口	1780	637	330	127	23.2	5400
湿地氧化塘出口	90.5	20	16	6.14	5.46	5400
农田生态湿地入口（莲藕田）	58.2	17.8	18	5.54	4.85	1700
农田生态湿地出口（莲藕田）	38.8	7.64	15	0.142	0.095	230
农田生态湿地出口（水稻田）	46.9	7.92	10	0.191	0.088	230
梯级人工湿地	32.3	8.51	18	0.129	0.084	230

续表

7月	COD (mg/L)	BOD$_5$ (mg/L)	SS(mg/L)	NH$_4^+$-N (mg/L)	TP(mg/L)	粪大肠菌数 (mg/L)
成功桥水库水源入口(沟口)	24.2	5.18	10	0.099	0.093	330
10月						
湿地氧化塘入口	5250	926	2430	113	30.7	>16000
湿地氧化塘出口	36.3	11.4	16	4.39	1.45	240
成功桥水库水源入口(沟口)	12.3	5.25	4	0.162	0.161	20
11月						
湿地氧化塘入口	4270	1040	1514	98	35.3	16000
湿地氧化塘出口	47.1	16.4	22	6.39	2.54	790
成功桥水库水源入口(沟口)	18.2	6.25	6	0.212	0.188	110
12月						
湿地氧化塘入口	4430	1010	1870	102	34.3	14000
湿地氧化塘出口	50.8	17.5	36	7.54	3.11	700
成功桥水库水源入口(沟口)	22.3	6.11	10	0.252	0.218	110

3)示范水库水源水质监测结果分析

根据 2010 年 9 月开始的 12 次监测结果(表 5-14),并参照《地表水环境质量标准》(GB 3838—2002)的Ⅲ类标准,前期监测结果中 8 项指标除 pH、NH$_4^+$-N 和耐热大肠菌外,3 个断面,其他 5 项指标全部超标。随着项目实施效果的体现,从 2011 年 7 月以来水库水质明显改善,8 项指标基本全部达标(除了 2011 年 11 月石河子断面 COD 22.5mg/L 略高于 20mg/L 外)。2010 年 9 月(首次)和 2011 年 12 月(最后一次)污染监测结果主要指标比较(以 3 个断面平均值),COD 降低 59.0%,TN 降低 55.2%,微生物耐热大肠菌未检出。

重庆市巴南区疾病预防控制中心也对成功桥水库大坝取水处原水水质进行了连续 16 个月的监测,参照《地表水环境质量标准》(GB 3838—2002)和《生活饮用水卫生标准》(GB 5749—2006)确定了 pH、氰化物、高锰酸钾指数、挥发酚类、铁、锰、锌、镉、铅、砷、阴离子合成洗涤剂、硫酸盐、氯化物、NH$_4^+$-N、氟化物、硝酸盐、耐热大肠菌群、DO、COD、TN、TP 共计 21 项指标。

监测结果表明,以满足《地表水环境质量标准》(GB 3838—2002)Ⅲ类水标准作为达标要求,主要超标的指标有高锰酸钾指数、DO、COD、TN 和 TP。其中,2009 年 9 月至 2011 年 7 月的水质监测仅在 2 月份出现 1 次高锰酸钾指数超标,2010 年 11~12 月 NH$_4^+$-N 出现 2 次超标,2011 年 4~7 月,TN、TP、DO、COD 和微生物耐热大肠菌群有超标反复。2011 年 7 月份示范工程竣工运行后对水库大坝水源水的监测再未出现超标现象。

示范成功桥水库主要污染监测结果表　　　　表 5-14

检验项目	标准值 GB 3838—2002	水库抽样点	2010.09	2010.11	2011.03	2011.04	2011.05	2011.06	2011.07	2011.08	2011.09	2011.10	2011.11	2011.12
pH	6.0～9.0	水库沟口	6.79	6.38	6.88	6.82	7.65	7.69	7.4	6.82	6.8	7.03	6.46	7.74
		水库下高坎	6.58	6.4	6.89	6.79	7.67	7.69	7.52	6.75	7.09	6.9	6.46	7.7
		水库石河子	6.82	6.37	6.78	6.77	7.61	7.7	7.46	6.77	6.59	7.28	6.53	7.72
COD_{Cr} (mg/L/)	≤6	水库沟口	9.98	3.8	6.9	6.6	6.9	6.2	6.7	2.05	2.9	2.5	3	2.7
		水库下高坎	12.9	4.5	6.7	6.3	6.7	5.6	7.7	2.63	2.5	3.1	3	2.8
		水库石河子	8.02	3.7	6.2	6.8	6.9	6.9	7.2	2.92	3.1	2.7	2.9	2.8
NH_4^+-N (mg/L/)	≤1.0	水库沟口	0.16	1.3	0.44	0.11	0.13	0.38	0.23	0.24	0.044	0.19	0.3	0.24
		水库下高坎	0.42	1.1	0.32	0.072	0.23	0.29	0.25	0.21	0.034	0.27	0.26	0.25
		水库石河子	0.18	1.3	0.46	0.041	0.23	0.54	0.23	0.2	0.038	0.28	0.18	0.26
DO (mg/L/)	≥5	水库沟口	5.1	3	6.4	6	2.4	2.8	2.9	5.8	5.2	6.3	8	7
		水库下高坎	3	5.7	8.1	5.4	2.6	2.7	4.3	5.39	5.8	6.5	8.3	7.2
		水库石河子	4.9	5.5	6.1	6.7	3.3	2.9	2.9	5.4	5.1	6.2	7	6.5
COD (mg/L/)	≤20	水库沟口	38.3	86	27.2	31.1	20.4	18.6	16.1	13.6	17..7	18	15	16.6
		水库下高坎	36.7	24.2	24.6	26.9	19.6	16.9	20.1	23.7	30.5	16.2	13.1	15.1
		水库石河子	37.7	78.9	34	34.6	22.1	20.1	21.5	18.3	21.8	17.5	22.5	14.6
TN (mg/L/)	≤1.0	水库沟口	0.77	1.8	0.59	1.6	0.93	0.059	0.98	0.8	2.1	0.4	0.48	0.43
		水库下高坎	1.54	1.7	0.55	1.6	1.1	0.049	0.78	0.75	0.056	0.43	0.43	0.48
		水库石河子	0.85	1.6	0.55	1.7	0.9	0.069	0.98	0.76	1.9	0.36	0.37	0.49
TP (mg/L/)	≤0.2 (湖、库 0.1)	水库沟口	0.11	0.31	0.072	0.077	0.048	0.95	< 0.04	< 0.04	0.062	0.048	0.044	0.048
		水库下高坎	0.12	0.27	0.08	0.048	< 0.04	0.98	0.1	0.56	1.7	< 0.04	< 0.04	0.044
		水库石河子	0.14	0.31	0.084	0.071	0.44	0.92	< 0.04	0.052	0.054	0.048	0.44	0.48
耐热大肠菌群 (个/L/)	≤10000	水库沟口	2200	2300	200	800	500	400	未检出	未检出	500	200	未检出	未检出
		水库下高坎	1700	1300	500	未检出	500	500	未检出	200	未检出	200	未检出	未检出
		水库石河子	4900	未检出	500	800	未检出	1700	未检出	未检出	未检出	500	未检出	未检出

4)示范水厂安全供水监测结果

重庆市巴南区疾病预防控制中心对金鹅水厂出厂水水质进行了连续 16 个月的监测,参照《生活饮用水卫生标准》(GB 5749—2006)确定了:菌落总数、铝、pH、氰化物、色度、浊度、臭和味、肉眼可见物、三氯甲烷、四氯化碳、挥发酚类、总硬度、铁、锰、锌、镉、铅、砷、阴离子合成洗涤剂、硫酸盐、氯化物、耗氧量、TDS、氟化物、硝酸盐、总大肠菌群、耐热大肠菌群、二氧化氯余量、汞、铜、铬共计 31 项指标。从表 5-15 监测结果来看,2010 年 9 月细菌菌落总数高达 8500,2010 年 9 月至 2011 年 7 月分别有总大肠菌群和耐热大肠菌群 2 个指标监测结果超标,2011 年 8 月在臭和味及肉眼可见物检出有三级异味和少量细小颗粒,除此之外,其他月份其他指标的监测结果均符合《生活饮用水卫生标准》(GB 5749—2006),从 2011 年 8 月以后的每月监测结果都达到了《生活饮用水卫生标准》(GB 5749—2006)。

金鹅水厂出厂水水质监测

表5-15

检验项目	标准值	2010.09	2010.10	2010.11	2010.12	2011.01	2011.02	2011.03	2011.4	2011.5	2011.6	2011.7	2011.8	2011.9	2011.10	2011.11	2011.12
菌落总数（CFU/mL）	≤500	8500	110	27	53	8	40	40	未检出	未检出	140	1500	未检出	1	未检出	未检出	2
铝（mg/L）	≤0.2	<0.01	<0.01	<0.01	<0.01	0.01	<0.01	<0.01	<0.01	<0.01	<0.01	<0.02	<0.008	0.018	<0.01	<0.026	<0.008
pH	6.5~9.5	6.84	7.04	6.6	6.61	6.21	7.06	6.62	6.71	7.67	7.12	7.39	6.59	7.61	6.83	6.54	7.73
氰化物（mg/L）	≤0.05	<0.002	<0.002	<0.002	<0.002	<0.002	<0.002	<0.002	<0.002	<0.002	<0.002	<0.002	<0.002	<0.002	<0.002	<0.002	<0.002
色度（铂钴色度单位）	≤20	<5	<5	6	15	<5		10	15	<5	<5	15	<5	6	<5	<5	<5
浊度（NTU）	≤3	1.24	0.57	0.89	3	1.08	0.88	1.02	2.41	2.53	1.26	1.48	0.5	1.31	0.35	0.58	0.29
臭和味	无异臭、异味	无异臭、异味	无异臭、异味	无异臭、异味	无异臭、异味	无异臭、异味	无异臭、异味	无异臭、异味	无异臭、异味	无异臭、异味	无异臭、异味	无异臭、异味	有异味、3级	无异臭、异味	无异臭、异味	无异臭、异味	无异臭、异味
肉眼可见物	无	无	无	无	无	无	无	无	无	无	无	无	少量细小颗粒	无	无	无	无
三氯甲烷（mg/L）	≤0.06	<0.001	<0.001	<0.001	<0.001	<0.001	<0.001	<0.001	<0.001	<0.001	<0.001	<0.001	<0.001	<0.001	<0.001	<0.001	<0.001
四氯化碳（mg/L）	≤0.002	<0.001	<0.001	<0.001	<0.001	<0.001	<0.001	<0.001	<0.001	<0.001	<0.001	<0.001	<0.001	<0.001	<0.001	<0.001	<0.001
挥发酚类（以苯酚计）（mg/L）	≤0.002	<0.002	<0.002	<0.002	<0.002	<0.002	<0.002	<0.002	<0.002	<0.002	<0.002	<0.002	<0.002	<0.002	<0.002	<0.002	<0.002
总硬度（mg/L）	≤550	96.6	96	119	212	116	100	136	169	147	122	122	126	150	75.8	108	96.3
铁（mg/L）	≤0.5	0.05	0.05	0.05	0.05	0.05	0.05	0.05	0.05	<0.05	0.30	<0.010	0.010	0.054	0.054	0.054	0.054
锰（mg/L）	≤0.3	0.12	0.011	0.017	0.078	0.015	0.011	0.015	0.015	0.14	0.015	<0.010	0.060	0.036	0.036	0.036	0.036
锌（mg/L）	≤1.0	0.012	0.010	0.010	0.010	0.010	0.010	0.010	0.012	0.012	<0.10	<0.10	0.025	0.62	0.025	0.44	0.4
镉（mg/L）	≤0.005	<0.001	<0.001	<0.001	<0.001	<0.001	<0.001	<0.001	<0.001	<0.001	<0.001	<0.001	<0.001	<0.001	<0.001	<0.001	<0.001

续表

检验项目	标准值	2010.09	2010.10	2010.11	2010.12	2011.01	2011.02	2011.03	2011.4	2011.5	2011.6	2011.7	2011.8	2011.9	2011.10	2011.11	2011.12
铝 (mg/L)	≤0.01	<0.01	<0.01	<0.01	<0.01	<0.01	<0.01	<0.01	<0.01	<0.01	<0.01	<0.01	<0.01	<0.01	<0.01	<0.01	<0.01
砷 (mg/L)	≤0.05	<0.01	<0.01	<0.01	<0.01	<0.01	<0.01	<0.01	<0.01	<0.01	<0.01	<0.01	<0.01	<0.01	<0.01	<0.01	<0.01
阴离子合成洗涤剂 (mg/L)	≤0.3	0.14	<0.10	0.095	<0.10	<0.10	<0.10	<0.10	<0.10	<0.10	<0.10	<0.10	<0.10	<0.10	<0.10	<0.10	<0.10
硫酸盐 (mg/L)	≤300	31	29.6	50	64	60	56	41.2	50.2	97	82	32	19	40.8	5.6	15	12
氯化物 (mg/L)	≤300	13.7	11.4	12	6.7	10	10.3	8	17.9	23.7	11.4	9.1	22.1	34.9	11.8	8.7	13.9
耗氧量 (mg/L)	≤5	3.48	2.4	2.1	4.1	1.8	2.2	3.8	1.2	2.9	3.1	4.2	0.95	1.1	1.7	1.3	0.73
TDS (mg/L)	≤1500	164	162	214	201	197	182	222	268	287	233	238	215	302	149	210	136
氟化物 (mg/L)	≤1.2	<0.10	0.14	0.24	0.24	0.18	0.1	0.22	0.2	0.36	0.3	0.32	0.12	0.3	<0.10	<0.10	<0.10
硝酸盐 (以 N 计) (mg/L)	≤20	<0.50	0.57	1.4	<0.50	1.1	<0.50	<0.5	<0.5	<0.5	0.64	<0.5	1.3	0.6	<0.5	1.4	0.69
总大肠菌群 (MPN/100mL)	不得检出	13	不得检出	5	79	不得检出	不得检出	5	未检出	未检出	未检出	>1600	未检出	未检出	未检出	未检出	未检出
耐热大肠菌群 (MPN/100mL)	不得检出	未检出	不得检出	5	79	不得检出	不得检出	5	未检出	未检出	未检出	350	未检出	未检出	未检出	未检出	未检出
二氧化氯余量 (现场检测)	0.1~0.8	0.1	0.1	0.15	0.15	0.1	0.12	0.12	0.2	0.15	0.17		0.27	0.22	0.25	0.2	0.5
汞 (mg/L)	≤0.001												<0.002	<0.0002	<0.0002	<0.0002	<0.0002
铜 (mg/L)			<0.029	<0.029										<0.0087	<0.0087	<0.0087	<0.0087
铬 (六价) (mg/L)		0.0056	≤0.005	≤0.005											<0.004	<0.005	<0.005

同时还对巴南区示范点水厂末梢水进行了分析检测，在对金鹅村级水厂供水的钟湾村31号和金鹅村2号2处末梢水检测过程中，可以发现：7月～9月2用户末梢水均存在耐热大肠菌群、总大肠菌群超标现象，10月之后再未检出；9月监测结果为菌落总数超标，之后的监测结果达标；钟湾村31号7月监测存在锰超标现象，其他指标均合格。

5）村民分散式供水（水井）水质监测结果

重庆市巴南区疾病预防控制中心对巴南区成功桥水库沟水井原水，佘仁平、熊贵明净化水，钟湾村水井原水，夏维平、夏维平净化水，岩子湾水井原水，张福兴净化水，金鹅水厂供水钟湾村31号末梢水、金鹅村2号末梢水，进行连续监测，监测指标：pH、色度、浊度、臭和味、肉眼可见物、挥发酚类、总硬度、汞、铝、铁、锰、铜、锌、铅、砷、氟化物、氯化物、硝酸盐、硫酸盐、耗氧量、TDS、菌落总数、耐热大肠菌群、总大肠菌群、阴离子合成洗涤剂，共计25项。

分析结果表明，水库沟水井、钟湾村水井和岩子湾水井3处在7月和9月原水监测中均存在菌落总数、耐热大肠菌群、总大肠菌群超标现象，佘仁平、熊贵明户用水来自水库沟水井，夏维平、蒋福禄户用水来自钟湾村水井，张福兴户用水来自岩子湾水井，以上几户用水监测表明：9月和10月2次监测存在菌落总数、耐热大肠菌群、总大肠菌群超标现象，但之后11月和12月监测均达标。

5.3.1.4　小结

（1）生活污水净化沼气池有效削减了水库周边和集雨区居民生活给水库带来的污染负荷，延续6次分析监测数据表明，在生活污水净化池出水水质所分析的6个主要检测指标中，除COD满足GB 18918—2002二级标准，BOD_5满足GB 18918—2002一级B标准之外，SS、TN、NH_4^+-N、TP等指标都能够达到GB 18918—2002一级A标准要求。比较而言，无论是出水指标还是去除率，湿地型生活污水净化池（A型池）都要明显优于兼氧型生活污水净化池（B型池）。

（2）养殖场污染控制修复工程很好地削减了氮磷、有机物和微生物污染，参照《畜禽养殖业污染物排放标准》（GB 18596—2001）集约化畜禽养殖业水污染物最高允许日均排放浓度标准，达标排放；通过项目各项工程的实施，示范水库污染状况明显改善，尤其是TN、COD、耐热大肠菌群和TP等以往的主要污染物得到不同程度的削减，项目实施前后示范水库COD降低59.0%，TN降低55.2%，微生物耐热大肠菌达标（大坝取水口800远低于监测初期的35000，3个水库断面未检出）。水质逐步提高，示范水厂在示范水源地成功桥水库取水口水质监测在后期监测结果每月均达到地表Ⅲ类水（GB 3838—2006）标准。

（3）通过示范水厂的升级改造和原水水质的改善，水厂出厂水质连续6个月水质监测合格，符合《生活饮用水卫生标准》（GB 5749—2006）要求。

（4）示范点附近的集中式供水示范户，居民饮水水质连续多月监测结果达到《生活饮用水卫生标准》（GB 5749—2006）。分散式供水示范户，居民饮水水质连续多月监测结果达到农村小型集中式供水和分散式供水水质指标。

5.3.2　乐至石河堰饮用水安全保障适用技术示范

5.3.2.1　示范点背景

水专项乐至示范点位于四川省乐至县龙溪乡。乐至位于四川盆地浅丘区，沱、涪两江分水岭上，东与遂宁市安居区、大英县接壤，南邻安岳县、雁江区，西接简阳市，北靠中江县、金堂县；全县辖区面积 1424 km²，辖 25 个乡镇，606 个行政村；总人口 87.49 万，其中农业人口 73.34 万，城镇化率 27.52%。

乐至交通发达，距成都 124 km，重庆 220 km；国道 318 线、319 线，省道 106 线穿境而过，随着成安渝、遂资眉 2 条高速公路的建成，将进一步优化乐至县的交通环境，拉近与周边城市的距离，将融入成都 1h 经济圈。

龙溪乡位于乐至县东南部，东接安岳县鸳大镇，南壤乐至县双河场乡，西邻回澜镇马锣办事处，北界回澜镇，国道 319 穿乡而过，距乐至县城 30 km，距安岳县城 18 km。全乡面积 37.25 km²，辖 11 个村，140 个农业生产合作组，1 个居民小组，全乡总人口 15423 人，其中农业人口 14278 人。

乐至是典型的川中丘陵农业大县，农业发达、农副产品资源丰富。蚕桑和畜牧业是县内重要的支柱产业，养蚕综合实力居全省前列，"乐至黑山羊"品牌享誉全川。近年来，以纺织、食品、医药、建材、机电、造车 6 大产业为主导的工业得到迅猛发展，培育造就了一些省内乃至全国都知名的品牌，如"天池藕粉"、"梅花牌蚕丝"、"超迪电器"等。

龙溪乡种植业以水稻、玉米、红苕、小麦、油菜、花生、海椒为主，养殖业以蚕桑、生猪、山羊、小家禽为主，建立了 3000 亩核桃基地和龙王庙黑山羊高床圈养示范基地，花生、生猪、蚕桑、山羊发展已初具规模，成为全乡的骨干经济。乡内基本没有什么工厂，全乡经济以简单农业为主，农业项目多种多样。

乐至是川中有名的老旱区，境内无大江大河，水资源非常贫乏。由于所处特殊地理位置，全县多年平均降雨量仅 890.2mm，且时空分配不均，年际差异较大；多年平均径流 212 mm，较全省低 347 mm，属径流低值区；截至 2010 年年底，全县已建成各类水利设施 8739 处，其中水库 104 座［（中型 3 座，小（一）型 27 座，小（二）型 74 座］，山坪塘 7857 口，石河堰 778 处，蓄引提水能力 2.07 亿 m³，其中有效水量 1.84 亿 m³，有效灌溉面积 33.65 万亩。

2005～2010 年期间，全县通过各种筹资渠道累计投入资金 13857.06 万元，兴建各类饮水安全工程 27346 处，解决了高氟水、苦咸水和水量不足、用水极不方便、季节性缺水等突出问题，受益人口 32.29 万人，所建工程项目涉及全县 25 个乡镇，累计建设集中供水工程 221 处，解决了 22.43 万人的饮水不安全问题；累计建设分散供水工程 27125 处，解决了 9.85 万人的饮水不安全问题；各类型工程建设中中央累计投资 10737.78 万元，占工程总投资的 77%，地方和群众累计投资 3119.28 万元，占工程总投资的 23%。

据调查统计，截至 2010 年年底，全县尚有 23.66 万农村人口存在饮水不安全问题，占全县农村人口的 31.28%。其中饮水水质不达标人数为 5.44 万人，占饮水不安全人数的 23%；水量、用水方便程度、水源保证率不达标的人数为 18.22 万人，占饮水不安全人数的 77%。这部分农村饮水不安全人全部为新增饮水不安全人口，其主要原因为近年旱洪、冰雪灾害频繁，水资源紧缺问题突出，水质污染严重等因素所造成。

5.3.2.2 示范工程实施内容和完成情况

1. 示范工程建设实施方案

根据子课题合同目标，在对示范区石河堰水源周边进行调查的基础上，课题编制了"水专项乐至综合示范工程建设实施方案"，提出以下规划方案，如图 5-25、图 5-26 所示。

图 5-25　乐至县龙溪乡石河堰

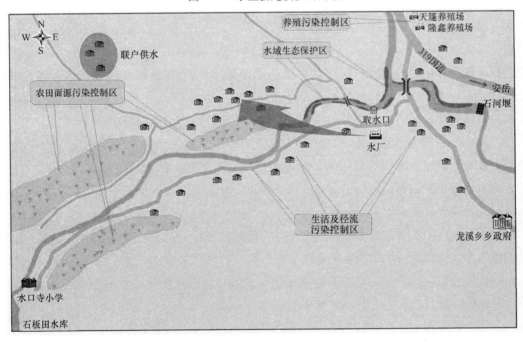

图 5-26　国家水专项乐至示范点实施规划图

针对乐至示范点的特点，集成生活污水沼气-湿地处理技术、生物拦截控制技术、水体污染修复以及供水净化工艺和设备，结合农村清洁工程建设以及对于养殖污水的有效处理，建立以石河堰为水源的西南村镇饮水安全保障示范基地，安全供水水量大于等于 $50m^3/d$。研究水源水质保障技术及管理措施，探索联片集中供水与分散供水的建设及管理模式。

乐至示范点的规划：

1）污染源头控制

包括对于河道两岸居民的生活污水采取生活污水净化沼气池与人工湿地综合技术进行控制；同时修建垃圾收集装置收纳转运处置垃圾，对路面进行硬化，控制径流污染。

养殖污染控制方面，主要包括对河道支流上游的天蓬养殖场和隆鑫养殖场进行污染控制和对河道两岸散户养殖采用沼气工程的措施进行污染控制。

对于河道周边农田采用生态种植，使用沼液等有机肥，减少化肥使用等措施进行污染控制。

对河道浅水区采用水生植物进行原位生态修复，进行污染物削减。

2）安全供水

主要包括水厂升级改造，水厂管网延伸，联户供水和单户供水。

2. 主要示范工程及完成情况

"水专项"乐至示范点示范工程总投入国拨经费 132 万元（由乐至县水利工程管理总站承担），地方配套经费 300 万元，涉及 7 项工程子合同，建设任务主要包括水源污染源头治理、修复和村镇分散式安全供水模式与技术示范。

示范任务完成情况：

主要示范工程在 2011 年 6 月底已经完成，少数补充工程建设项目在 2011 年 11 月前完成。

（1）新建 14 处覆盖 50 户以上的生活污水净化沼气池-湿地联合处理技术示范工程；新建户用沼气池 12 口，同时对 68 户农户进行了"一池三改"（改厨、改厕、改圈），解决了农户污水治理；并对天蓬猪场的沼气工程进行改造，新增沼气用户 10 户以上。

（2）项目示范地修建了长 5000m 的混凝土道路（其中使用国拨经费建设 320m），并在项目实施地修建了垃圾收集装置，收集农户日常产生的生活垃圾，运送到县里统一处理；对水口寺小学的厕所进行了重建，并建设了 $20m^3$ 污水净化池及人工湿地对厕所的粪污进行处理。

（3）对龙溪乡五墩桥石河堰拦河坝进行了整治，修复了损坏的坝体，并对其进行了加固，有效地保障了拦河坝的坝体安全；

（4）对乐至县龙溪乡五墩桥集中供水站升级改造，共在示范点项目区扩展其供水管网，并建设分散供水工程 5 处，共解决 70 户 236 人的饮水不安全问题。

对乐至县龙溪乡五墩桥集中供水站升级改造，主要包括以下内容：

● 建筑物围墙加高，修整，贴瓷砖；

- 提水泵及控制器的更换，管道除锈上漆；
- 絮凝净化和消毒设备改造；
- 沉淀池斜管、过滤池滤料的更换；
- 管理房壁面及净水构筑物墙面的防漏处理。

5.3.2.3 运行数据和检测报告

1. 监测方案

1）示范地水源水和水厂出厂水质监测

（1）监测执行单位：乐至县环境监测站和乐至县疾病控制中心。

（2）监测起始时间：2010 年 8 月。

（3）监测地点：乐至县龙溪乡五墩桥水厂。

（4）监测断面：水厂取水点与水厂内出水口。

（5）监测项目：

地表水源监测项目：pH、DO、COO_{Mn}、COD、NH_4^+-N、TN、TP、粪大肠菌群等 8 个指标。

水厂出水监测项目：以《生活饮用水卫生标准》（GB 5749—2006）中色度、浊度、铁、锰、砷等常规指标。

（6）监测时段频率：水厂水源取水口断面和水厂出口水连续监测，每月中上旬 1 次，从 2010 年 8 月开始。

（7）监测成果：每次监测结果的正式监测报告文件盖章后及时报给课题组。

（8）技术要求：采样时做好现场天气状况记录（气温、水温、晴阴雨风等信息）；采样与测试方法按有关环境监测技术规范实施，保证监测质量。

2）生活污水净化工程

（1）监测执行单位：乐至县疾病预防控制中心。

（2）监测起始时间：2011 年 8 月至 12 月。

（3）监测地点：生活污水净化池运行效果监测，包括生活污水净化沼气池模式、生活污水净化沼气池-人工湿地联合处理模式及生活污水净化罐模式 3 种模式，每次监测 3 种模式各取 1 个样，每处分别在污水进口和净化池出口取样。

（4）监测项目：生活污水净化池工程运行效果的监测项目为 TN、NH_4^+-N、TP、COD_{Cr}。

（5）监测频率：生活污水净化工程从 2011 年 8 月每月 1 次。

2. 水源水监测结果分析

从表 5-16 的课题组委托乐至县环境检测站和乐至县疾病控制中心从 2010 年 8 月到 2011 年 12 月的示范点乐至县龙溪乡五墩桥水厂水源地取水口的水质进行了监测，监测指标包括 pH 值、DO、NH_4^+-N、COD_{Mn}、COD_{Cr}、TN、TP 和粪大肠菌群。

从 17 个月的监测结果来看，主要超过《地表水环境质量标准》（GB 3838—2002）Ⅲ类水质标准的指标有 COD_{Cr}、TN 、TP 和粪大肠杆菌群，从一年的周期来看，水质超过

Ⅲ类水质标准的时间主要集中早夏季的 7、8、9 月，主要与当地的气候有关，示范地处于川中丘陵地区，是夏伏旱频发地区，降水减少导致水位降低，水质变坏。

2010 年 8～12 月乐至示范点水源水监测数据　　　　　　　　表 5-16

项目	环境监测站监测项目					疾控中心监测项目		
	pH（无纲量）	DO	NH₃⁺-N	COD_{Mn}	COD	TN	TP	粪大肠菌群（个/L）
Ⅲ类水标准值	6～9	≥5	≤1	≤6	≤20	≤1	≤0.2	≤10000
2010 年 8 月	7.49	7.33	0.31	5.62	25.4	2.1	0.46	未检出
2010 年 9 月	7.47	7.3	0.76	5.86	22.4	0.63	0.37	9200
2010 年 10 月	7.45	7.43	0.56	5.82	21	0.45	0.3	16000
2010 年 11 月	7.58	7.29	0.31	5.03	22.8	0.47	0.23	1300
2010 年 12 月	7.49	7.31	0.75	5.73	22.6			
2011 年 1 月	7.94	6.1	0.58	4.78	22	1.78	0.15	70
2011 年 2 月	7.88	5.4	0.58	5.2	22.6	0.44	0.08	330
2011 年 3 月	8	5.91	0.66	4.58	17.6	1.11	0.01	490
2011 年 4 月	8.21	6.75	0.66	5.66	19.4	0.4	0.11	790
2011 年 5 月	7.99	6.61	0.61	4.55	19	0.97	0.15	7900
2011 年 6 月	8.04	6.97	0.67	5.88	20	0.19	0.1	2200
2011 年 7 月	8.1	5.28	0.68	5.76	21.2	0.97	0.07	11000
2011 年 8 月	6.18	5.12	0.94	4.61	19.2	0.22	0.22	9200
2011 年 9 月	7.92	5.28	0.54	5.51	21.8	0.2	0.25	35000
2011 年 10 月	7.5	5.5	0.53	5.86	19	0.71	0.05	6300
2011 年 11 月	8.13	5.39	0.98	4.62	19.4	0.88	0.06	3100
2011 年 12 月	8.04	5.53	0.56	5.13	19.2	0.06	0.01	1300

从工程运行效果看，超标现象主要集中在 2011 年 3 月份示范地实施综合整治之前，2011 年 6 月份示范工程竣工运行后超标次数和超标程度都明显减小，仅在 2011 年 7～9 月出现 COD_{Cr}、TP 和粪大肠杆菌群超标，主要由于乐至地区出现干旱，水位下降，导致水质变差，但是与项目运行前的同期相比，超标程度明显降低，同期 COD_{Cr} 最高削减 24%。TP 指标在工程运行前的 2010 年 8 月份最高超过Ⅲ类水质标准 130%，工程运行后明显降低，同期最高削减 83%。

从同时期的污染物削减情况看同期月份 COD_{Cr} 最高削减 24%，平均为 13%；同期月份 TP 最高削减 83%，平均为 60%。

工程运行后 pH、DO、NH₃⁺-N、COD_{Mn} 维持在Ⅲ类水质标准之内，TN 指标由最高超标 110% 削减控制在Ⅲ类标准之内。

3. 出厂水监测

从表 5-17 可以看出从 2010 年 8 月到 2011 年 12 月所监测的 15 项指标中，仅有菌落总数指标存在超过《生活饮用水卫生标准》（GB 5749—2006）现象。从超标时间来看，超标月份主要存在于 6 月份工程完成之前，工程完成之后五墩桥水厂水质全部符合《生活饮用水卫生标准》（GB 5749—2006）。从总体来看，色度、浊度、菌落总数等指标均表现出递减趋势，其他指标在标准范围出现一定的浮动，但是整体上处于稳定状态。

2010 年 8 月～2011 年 12 月乐至示范点水厂出厂水监测数据　表 5-17

项目	pH	色度	浊度	铁	锰	砷	氯化物	硫酸盐	总硬度	氟化物	$NO_3^- $-N	TDS	耗氧量	菌落总数
GB 5749—2006	6.5～9.5	20	3	0.5	0.3	0.05	300	300	550	1.2	20	1500	5	500
2010 年 8 月	7.94	10	0.23	0.05	0.08	0.01	17	52.5	212	0.35	0.1	358	2.92	30
2010 年 9 月	7.94	5	0.24	0.05	0.05	0.01	18	31.9	226	0.38	1.18	368	2.75	100
2010 年 10 月	7.89	5	0.41	0.05	0.02	0.01	20	57.7	260	0.25	0.35	564	3.6	92
2010 年 11 月	8.21	5	1.02	0.05	0.02	0.01	21	50.1	274	0.36	0.1	436	2.93	8400
2010 年 12 月	8.11	5	1.22	0.05	0.02	0.01	23	52	288	0.35	0.45	522	2.33	450
2011 年 1 月	8.12	15	2.51	0.05	0.11	0.01	25	67.3	354	0.37	0.53	528	3.1	470
2011 年 2 月	7.89	10	1.5	0.05	0.35	0.01	30.5	59	308.28	0.28	0.47	552	0.46	410
2011 年 3 月	8.35	15	0.93	0.05	0.06	0.01	33.1	49	274	0.03	0.12	501	3	20
2011 年 4 月	8.04	5	0.47	0.05	0.04	0.01	25.6	46	257	0.47	0.67	498	3.4	60
2011 年 5 月	8.12	20	1.2	0.05	0.05	0.01	24	15.8	210	0.41	0.67	880	1.88	1400
2011 年 6 月	7.79	5	0.33	0.05	0.1	0.01	18	67.4	224.8	0.7	1.71	260	3.84	3000
2011 年 7 月	8.06	20	0.87	0.46	0.02	0.01	21	69.5	197.7	0.35	0.2	334	4.24	60
2011 年 8 月	7.83	5	0.57	0.06	0.01	0.01	19	32.3	206	0.35	0.73	649	3.25	140
2011 年 9 月	7.92	10	0.88	0.14	0.02	0.01	16.5	93	262	0.53	0.2	445	3.12	70
2011 年 10 月	8.03	5	1.36	0.09	0.15	0.01	44.5	287	440	0.4	0.9	478	2.26	390
2011 年 11 月	7.99	5	2.07	0.06	0.03	0.01	31	156.1	446	0.36	0.36	408	2.8	30
2011 年 12 月	8.01	5	1.14	0.13	0.02	0.01	29	42.3	392	0.4	0.24	480	3.67	2

4. 生活污水控制工程水质监测结果分析

乐至县疾病控制中心自 2011 年 8 月起，对乐至县龙溪乡生活污染控制工程 2 种生活污水净化池进水、厌氧反应池出水和出水进行了连续 6 个月的监测，监测指标为 TN、NH_4^+-N、TP、COD_{Cr}。检测结果见表 5-18。

生活污水控制工程检测结果　表 5-18

项目		2011 年 8 月	2011 年 9 月	2011 年 10 月	2011 年 11 月	2011 年 12 月
净化罐进水	TN		41.41	2.33	1.8	23
	TP		8.56	14.71	2.93	0.65
	NH_4^+-N		0.97	1.79	0.36	3.95
	COD_{Cr}		67.28	480.1	81.68	41.0
净化罐出水	TN		2.59	0.20	1.63	0.42
	TP		0.50	0.22	0.18	0.06
	NH_4^+-N		0.02	0.04	0.35	0.18
	COD_{Cr}		16.08	11.28	4.08	5.14
A 型池进水	TN	1.48	8.13	1.87	1.46	32.3
	TP	1.08	4.93	14.92	2.86	1.09
	NH_4^+-N	0.60	0.03	0.85	0.82	14.9
	COD_{Cr}	16.5	83.28	352.1	86.48	81.8

续表

项目		2011年8月	2011年9月	2011年10月	2011年11月	2011年12月
A型池出水	TN	1.15	1.44	14.93	1.57	13.4
	TP	0.35	0.10	0.87	0.12	0.71
	NH_4^+-N	0.06	0.02	0.84	0.71	1.24
	COD_{Cr}	28.7	17.68	7.28	6.48	3.50
B型池进水	TN	1.74	7.06	2.25	0.81	29.2
	TP	3.09	3.86	14.44	2.82	0.88
	NH_4^+-N	0.40	0.02	1.46	0.10	8.23
	COD_{Cr}	154.3	88.08	432.1	78.48	32.9
B型池出水	TN	0.94	0.57	0.43	19.18	8.23
	TP	0.22	0.12	0.19	0.99	0.20
	NH_4^+-N	0.02	<0.02	0.16	18.72	3.80
	COD_{Cr}	8.66	8.08	8.98	8.88	1.87

由表5-18中可见,生活污水进水水质COD_{Cr}为32.9～480.1mg/L,TN为0.81～41.41mg/L,TP为0.65～14.92mg/L,NH_4^+-N为0.02～14.9mg/L,出水水质波动范围为COD_{Cr}为1.87～49.6mg/L,TN为0.42～13.4mg/L,TP为0.06～0.99mg/L,NH_4^+-N为0.02～18.72mg/L,各月的去除率波动范围为COD_{Cr} 76.1%～97.9%,TN 9.4%～98.1%,TP 34.9%～98.7%,NH_4^+N 13.4%～97.9%。出水达标情况较好,如表中所示,在检测的15个水样中,所有指标均达到GB 18918—2002一级B标准。

从以上统计数据可看出,由于农村生活规律不固定,外出打工人口数量变化较大等原因,致使进水水质波动较大。生活污水净化池的处理效果较为稳定,无论A型还是B型生活污水净化装置出水水质均能达到GB 18918—2002的一级B标准。在监测的各项指标中,COD去除效果明显,对氮(包括NH_4^+-N和TN)的去除效果略低。

比较而言,生活污水净化罐处理效果较好,出水水质均达到国家标准。

5. 用户末梢水水质监测

从2011年10月对龙溪乡长生村9组吕世发家水龙头出水水质监测结果来看(表5-19),监测各项指标全部达到《生活饮用水卫生标准》(GB 5749—2006)。

水厂供水末梢水检测结果 表5-19

检测项目	pH值	色度(度)	浊度(NTU)	臭和味	肉眼可见物	铁(mg/L)	锰(mg/L)	铜(mg/L)	锌(mg/L)
指标限制	6.5～9.5	≤20	≤3	无异臭、异味	无	≤0.5	≤0.3	≤1.0	≤1.0
长生村9组吕世发	8.12	5	2.51	无异臭、异味	无	0.09	0.16	<0.02	<0.05

检测项目	镉 (mg/L)	铬（六价）(mg/L)	铅 (mg/L)	砷 (mg/L)	汞 (mg/L)	氯化物 (mg/L)	硫酸盐 (mg/L)	总硬度 (mg/L)	氟化物 (mg/L)
指标限制	≤0.005	≤0.05	≤0.01	≤0.01	≤0.001	≤300	≤300	≤550	≤1.2
长生村9组吕世发	<0.005	0.007	<0.01	<0.01	<0.001	20.5	89	284	0.29

检测项目	硝酸盐 (mg/L)	耗氧量 (mg/L)	TDS (mg/L)	阴离子合成洗涤剂 (mg/L)	菌落总数 (CFU/mL)	总大肠菌群 (MPT/100mL)	耐热大肠菌群 (MPT/100mL)
指标限制	≤20	≤3	≤1000	≤0.3	≤500	不得检出	不得检出
长生村9组吕世发	0.94	2.42	316	<0.05	200	未检出	未检出

5.3.2.4 小结

（1）生活污水净化装置是非常有效的控制水源周边生活污水分散排放的有效措施，处理效果较为稳定，无论 A 型还是 B 型生活污水净化装置出水水质均能达到 GB 18918—2002 的一级 B 标准。在监测的各项指标中，COD 去除效果明显，对氮（包括 NH_4^+-N 和 TN）的去除效果略低。

（2）通过示范工程的综合实施，龙溪五墩桥水厂取水水源周边污染状况明显改善，有效控制了来自生活污染、养殖污染、农业污染和径流污染，COD、TN 和 TP 等主要污染物得到明显削减。水源水质逐步提高，连续 6 个月监测结果均达到地表Ⅲ类水（GB 3838—2006）标准。

（3）通过示范水厂的升级改造和原水水质的改善，水厂出厂水连续多月水质监测合格，符合《生活饮用水卫生标准》（GB 5749—2006）要求。

（4）示范点附近的集中式供水示范户，居民饮水水质连续多月监测结果达到《生活饮用水卫生标准》（GB 5749—2006）。分散式供水示范户，居民饮水水质连续多月监测结果达到农村小型集中式供水和分散式供水水质指标。

5.4 东北村镇地下饮用水安全保障技术示范

5.4.1 傍河井饮用水源地污染综合防控与安全保障技术示范

5.4.1.1 傍河井饮用水源地污染综合防控与安全保障技术示范工程基本概况

示范工程地处清原满族自治县北三家乡，位于东经 $124°20'6''\sim125°28'58''$，北纬

$41°47'52''\sim42°28'25''$，海拔 $136.2\sim1100.1m$，示范面积 $4.9 km^2$。示范区域位置见图 5-27。

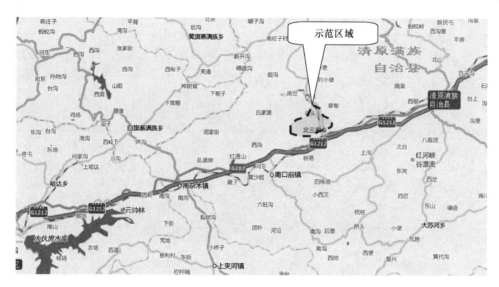

图 5-27 示范区域位置图

北三家村作为北三家乡中心村，拥有居民 4500 余人，日需水量约 380 m^3，其饮用水源在村东北部的山沟——押虎沟，是一口总容量 600m^3 的傍河取水井，当地称为大口井，实际是一个位于山间小溪边上的地下蓄水池，依靠山区的自然落差向村民供水。由于当地地处东北山区，每年冬季山间都覆盖大量积雪，次年春天，大约 3 月初到 4 月中下旬，大量积雪融水从傍河取水井北侧的小溪流下，形成春汛，对大口井水产生很大的影响，造成浊度和微生物学指标超标严重；每年夏季，当地降雨量较大，大约会在 7 月中下旬到 9 月初形成夏汛，同样会造成浊度和微生物学指标超标。为解决每年春汛和夏汛期间饮用水的浊度和微生物学指标的超标问题，在清原县水务局的配合下，课题组在大口井下游建造了以分级过滤技术和臭氧消毒净化技术为主体的饮用水净化工程。示范工程总投资 40 万，2009 年 2 月经辽宁省清原满族自治县水务局批复，工程设计由清原满族自治县水利勘测设计室（丙级资质）完成，工程建设由辽宁省清原满族自治县水务局组织实施，示范工程于 2010 年 7 月 15 日建设完成，实际工程与设计文件相符，示范工程建设规范。

5.4.1.2 集成技术及工艺流程

1. 示范工程内容

示范工程依托辽宁省清原县北三家乡傍河取水井工程，针对傍河水源取水类型，水质中 NO_3^--N、有机物及汛期浊度超标等问题，通过污染负荷削减养分管理技术、污染负荷削减主栽作物品种、作物优化结构模式调整，再经臭氧消毒和组合滤料处理，处理后的达标水进入净水蓄水池，经输水管网输水到用水户，以解决该类型低山丘陵区饮水水源地氮、汛期浊度、有机物超标问题。

建设地点：辽宁省清原县北三家乡傍河取水井。

建成时间：2010 年 7 月。

工程规模：供水规模为 400m³/d，示范面积 4.9km²。

2. 技术参数及经济指标

本示范工程工艺流程见图 5-28。示范内容主要包括：

1）地下饮用水源地污染负荷源头阻控技术

主要通过污染负荷削减养分管理技术、污染负荷削减主栽作物品种及作物优化结构模式，形成一套水源地污染负荷源头阻控技术模式，达到对地下饮用水源地氮污染负荷的去除目的。

2）分级过滤技术、竖式匀水布水技术、"气升水淋"反冲洗技术及臭氧消毒净化技术

其技术原理是：大口井水自流进入高位布水池及竖式匀水布水器，进行分级过滤；滤料为石英砂和活性炭，粒径逐级变细，主要针对水体中的细小泥砂和极细微的泥浆进行过滤和吸附。石英砂每年在汛期过后的 5 月和 10 月采用反冲洗技术（反冲洗设施已在工程中配备）分别进行一次反冲洗，以排除滤料中的泥砂，待下一个汛期使用；活性炭要根据水质实际情况，1～4 年更换 1 次。在滤池末端出水口将臭氧发生器产生的臭氧混合气体通入水体，溶解了臭氧的水进入蓄水池，进入臭氧接触消毒阶段，排除安全问题，其次是为供水提供缓冲量。达标后的饮用水利用当地的地势高程差自流进入农户。该组合技术主要是针对汛期（春汛、主汛期）饮用水源浊度、有机物及微生物超标等问题，利用分级过滤技术，结合臭氧消毒技术，去除饮用水源中浊度、微量有机物及微生物。

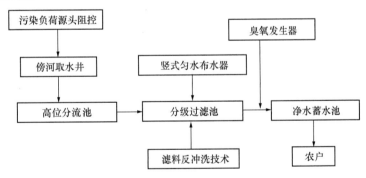

图 5-28　傍河饮用水污染综合防控与安全保障技术工艺流程图

（1）傍河水源地污染负荷源头阻控技术

基于取水水源地氮削减养分管理技术、污染负荷削减作物品种及作物优化种植结构模式，结合供水水源地作物种植模式及地形地貌，最后形成了以供水水源地氮污染负荷削减为核心的污染负荷源头阻控技术模式。该技术模式设计参数见表 5-20。

（2）分级过滤净化技术

分级过滤系统由分流池、组合滤料过滤池、"气升水淋"反冲洗系统及净水蓄水池组成。主要设施参数详见表 5-21。

傍河水源地污染负荷源头阻控技术模式设计工艺参数　　表 5-20

项目 作物	氮削减养分管理技术			作物品种	作物种植模式
	底肥（kg/hm²）	追肥（kg/hm²）	追肥（kg/hm²）		
玉米	N45P₂O₅45K₂O45	N87①	N60②	密植型新春 18	新春 18：
水稻	N63P₂O₅75K₂O90	N63③	N84④	通育 239	木榑：水蜡 =4：1：1

① 玉米拔节期追施肥肥量；② 玉米抽穗期追施氮肥量；③ 水稻插秧后 5～7d 追施氮肥量；④ 水稻分蘖期追施氮肥量。

主要设施参数一览表　　表 5-21

序号	名称	规格	单位	数量	备注
1	自吸泵	3m³/h	台	2	1用1备
2	分流池	3.2m×1m×5m	个	1	钢混
3	过滤池	3.2m×4m×5m	个	2	钢混
4	净水蓄水池	3.2m×2m×5m	个	1	钢混
5	空气压缩机	8m³/h	台	1	反冲洗用

主要设计参数：

A. 滤池及滤料：分级过滤池分 2 列，每列 4 级滤池，每列第 1～3 级滤池为石英砂，粒径分别 2～4mm，1.2～2mm、0.6～1.2mm，每级滤料厚度为沿水流方向 1m，宽度 1.6m；滤料垂直深度 4m；最后 1 级滤池滤料为柱状活性炭，长度 1～5mm，直径 1.2mm 滤料厚度为沿水流方向 1m，宽度 1.6m；滤料垂直深度 4m。

图 5-29 为滤池、滤料及水流分布示意图。

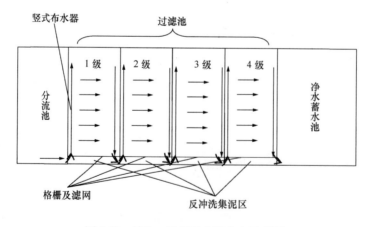

图 5-29　滤池、滤料及水流分布示意图

B. 停留时间 1h，日处理能力 400m³/d。

（3）臭氧消毒净化技术

臭氧发生器购于广州市环伟环保科技有限公司，机型尺寸：360mm×360mm×900mm，型号：HW-YD-30G，输入电源：220V/50Hz，功率：450W，冷却方式：风冷，臭氧量：30g/h。

5.4.1.3　示范工程建设

示范工程建设内容主要有：傍河井毗邻河道综合整治（水源井毗邻1500m河道综合整治工程，供水水源地铺设道路2500m，修建桥涵等附属设施）、傍河井水源保护工程建设（水源井周边生态防护工程、污染负荷源头削减与阻控工程等）、傍河井分级过滤系统（分级过滤池工程、竖式匀水布水器工程等）及消毒设备安装等（图5-30～图5-38）。

图 5-30　傍河井毗邻河道综合整治

图 5-31　示范区道路、桥涵综合整治

图 5-32　傍河水源地生态防护工程建设

图 5-33 傍河水源地污染负荷源头阻控示范工程建设

图 5-34 傍河水源地分级过滤池施工现场 1

图 5-35 傍河水源地分级过滤池施工现场 2

图 5-36 傍河水源地竖式匀水布水器施工现场

图 5-37　傍河水源地阀门井及水源地护栏施工现场

图 5-38　建成后傍河水源地综合防控技术示范工程

5.4.1.4　示范工程运行管理

运行管理单位：北三家乡水利站。

运行管理模式："政府＋用水户"管理模式。即北三家乡水利站负有工程运行管理及维护的责任，水利站指派专人管理，并通过向用水单位和村民收取一定水费的形式维持工程长效运行。

5.4.1.5　示范工程投资及运行费用

1. 示范工程建设费用

土建工程主要包括分流池、过滤池和蓄水池、河道综合整治、道路整治、桥涵以及工程现场整地。土建工程预算具体见表 5-22。

土建工程概算表　　　　　　　　　　　　　　　　　表 5-22

序号	名称	结构	单位	数量	单价（元）	费用（万元）	备注
1	分流池	钢混	m³	12.8	700	0.90	加盖
2	过滤池	钢混	m³	32.0	700	2.34	加盖
3	蓄水池	钢混	m³	25.6	700	1.79	加盖
4	整地（挖掘及平整）	—	—	全部	9000	0.90	

序号	名称	结构	单位	数量	单价（元）	费用（万元）	备注
5	河道整治	—	m	400	3000	12.00	
6	道路整治	—	m	1000	70	7.00	砂料
7	桥涵	—	座	2	—	5.50	
8	水源地护栏	水泥	m	300	—	4.30	
9	水源地保护	—	—	—	—	13.00	
10	水源井导渗沟	水泥	—	—	—	5.40	
11	合计	—	—	—	—	53.13	

本工程涉及使用设备主要为自吸泵、自吸式泥浆泵。材料主要包括各种管材及管件、控制阀和滤料。具体预算见表 5-23。

设备及材料购置费用一览表　　　　　　　　　　表 5-23

编号	设备及材料名称	数量	单位	单价（元）	小计（万元）	备用
1	自吸泵	1	台	2000	0.20	
2	自吸式泥浆泵	1	台	2000	0.20	
3	管材及管件	1	套	4000	0.40	包安装
4	阀门	1	套	2000	0.20	包安装
5	滤料	25	m^3	400	1.00	含运费
6	电线	400	m^3	2.50	0.10	反冲洗用电
7	砂子（石子）	30	m^3	100	0.30	防冻胀
8	滤网及其支撑物	1	套		1.60 万元（玻璃钢格栅 16 个，附不锈钢滤网，含工料及运费）	
9	射流器	2	个		0.20 万元	
10	过滤池布水器及收水器	1	套		16 件，每件 600 元，0.96 万元含工料及运费	
11	防水膜（补项）	50	m^2		0.50	
12	臭氧发生器	1	套		0.45	
13	水表	1	个		0.60	
14	水尺	1	套		0.20	
合计	—		—	—	6.91	

2. 示范工程运行费用

傍河井水处理设备主要为臭氧发生器、自吸泵、水表、水尺。成本核算只计算设备费、电费及工程运行维护费。

1) 臭氧发生器成本核算

臭氧发生器购于广州市环伟环保科技有限公司，机型尺寸：360mm×360mm×900mm，型号：HW-YD-30G，输入电源：220V/50Hz，功率：450W，冷却方式：风冷，臭氧量：30g/h。使用寿命5年。电费0.6元/kW·h。示范工程供水能力400m³/d。

设备折旧费＝4500元/5年＝2.46元/d

单位时间示范工程供水能力＝400m³/d/24＝16.67m³/h

设备单方水的折旧费＝(2.46元/d)/(400m³/d)＝0.006元/m³

电费＝0.60元/kW·h×(450W×400m³)/(600m³)/1000＝0.18元/m³

设备运行费＝设备折旧费＋电费＝0.186元/m³

2) 自吸泵成本核算

自吸泵2000元/台，使用寿命5年，电费0.6元/kW·h。

设备折旧费＝2000元/5年＝1.09元/d

单位时间示范工程供水能力＝400m³/d

设备单方水的折旧费＝(1.09元/d)/(400m³/d)＝0.003元/m³

电费＝0.60元/kW·h×3kW/(10m³/d)×＝0.18元/m³

设备运行费＝设备折旧费＋电费＝0.183元/m³

3) 水表及水尺成本核算

水表6000元/台，使用寿命20年。水尺2000元/套，使用寿命5年。

设备折旧费＝6000元/20年＋2000元/5年＝1.92元/d

单位时间示范工程供水能力＝400m³/d

设备单方水的折旧费＝(1.92元/d)/(400m³/d)＝0.005元/m³

设备运行费＝设备折旧费＋电费＝0.005元/m³

4) 运行管理费用核算

运行管理模式采用"政府＋用水户"管理模式，即北三家乡水利站负有工程运行管理及维护的责任，水利站指派专人管理。管理人员部分支出由用水户分担，按照当地标准600～1200元/月。

运行管理费＝600～1200元/月＝0.83～1.67元/d

单位时间示范工程供水能力＝400m³/d

单方水运行管理费用＝(0.83～1.67元/d)/(400m³/d)＝0.002～0.004元/m³

5) 运行成本

单方水运行成本＝设备运行维护费＋运行管理费＝0.186元/m³＋0.183元/m³＋0.005元/m³＋0.002～0.004元/m³＝0.376～0.381元/m³。

5.4.1.6 示范工程运行效果

1. 氮污染负荷源头阻控技术削减效果

2010年，源头阻控技术模式在示范区推广应用后，水源地氮污染负荷与2009年同期削减了21.0%～35.3%（表5-24、表5-25）。

2. 分级过滤技术去除效果

连续运行监测结果表明，分级过滤技术对浊度去除率 64%～94%（表 5-24、表 5-25）。

3. 臭氧消毒技术去除效果

连续运行监测结果表明，对菌落总数去除率 35%～60%，净水蓄水池臭氧浓度介于 0.38～0.45mg/L 之间，水龙头出水臭氧含量为 0.08～0.26mg/L（表 5-26）。

北三家水源水质监测结果 表 5-24

监测日期	监测项目					
	pH	色度	浊度	NO_3^--N	NO_4^--N	COM_{Mn}	菌落总数
		（度）	（NTU）	（mg/L）	（mg/L）	（mg/L）	（CFU/mL）
2009-8-30			25				
2009-9-7			23.68				
2009-9-14			22.5				
2009-9-20			19.29				
2009-10-20			19.57				
2009-11-20			19.83				
2010-7-8			9.9				
2010-7-15			9.1				
2010-9-12	7.3	15	18.45	7.62	0.32	5.67	439
2010-10-15	7.3	10	7.72	6.46	0.38	5.62	420
2010-11-20	7.5	15	5.53	7.28	0.41	7.62	529
2010-12-16	7.1	10	4.19	10.12	0.46	5.13	389
2011-1-22	7.6	5	2.62	8.59	0.18	5.91	620
2011-2-26	7.6	5	1.98	7.58	0.39	4.52	473
2011-3-20	7.2	15	7.78	6.21	0.45	5.12	739
2011-4-25	7.2	10	9.23	9.63	0.43	6.29	417
2011-5-23	7.4	10	8.26	7.44	0.35	5.36	529
2011-6-19	7.5	15	7.58	8.23	0.37	5.94	476
2011-7-25	7.3	15	9.12	7.62	0.42	6.18	461
2011-8-21	7.4	20	6.51	9.15	0.38	7.03	503
2011-9-24	7.6	15	7.49	6.81	0.41	6.85	558
2011-10-23	7.5	10	5.26	7.03	0.37	6.47	439
2011-11-21	7.1	15	5.03	8.53	0.39	5.11	604
GB 5749—2006	6.5～9.5	20	5	20	0.5	5	500

北三家水龙头出水水质监测结果 表 5-25

监测日期	监测项目						
	pH	色度	浊度	NO_3^--N	NO_4^+-N	COD_{Mn}	菌落总数
		(度)	(NTU)	(mg/L)	(mg/L)	(mg/L)	(CFU/mL)
2010-9-12	7.5	<5	1.12	5.24	0.31	3.42	269
2010-10-15	7.2	<5	1.2	4.25	0.26	3.06	228
2010-11-20	7.5	<5	0.87	3.69	0.12	2.88	207
2010-12-16	7.2	<5	1.05	5.64	0.37	2.86	230
2011-1-22	7.3	<5	0.78	4.83	0.24	3.44	297
2011-2-26	7.4	<5	0.71	5.12	0.27	3.7	256
2011-3-20	7.5	<5	0.77	6.89	0.29	3.94	385
2011-4-25	7.1	<5	0.94	7.28	0.38	2.56	207
2011-5-23	7.3	<5	0.98	6.94	0.32	2.78	267
2011-6-19	7.4	<5	0.85	6.52	0.28	3.08	307
2011-7-25	7.3	<5	1.06	6.83	0.31	3.32	170
2011-8-21	7.1	<5	0.94	7.09	0.34	2.94	227
2011-9-24	7.3	<5	0.73	6.12	0.29	2.82	228
2011-10-23	7.2	<5	0.81	6.34	0.45	3.1	236
2011-11-21	7.1	<5	0.96	5.56	0.33	3.36	253
GB 5749—2006	6.5～9.5	20	5	20	0.5	5	500

净水蓄水池及水龙头出水臭氧浓度监测结果 表 5-26

监测日期	净水蓄水池水体臭氧含量 (mg/L)	水龙头出水臭氧含量 (mg/L)
2012-6-14	0.39	0.12
2012-6-15	0.38	0.18
2012-6-16	0.41	0.08
2012-7-5	0.43	0.23
2012-7-6	0.45	0.26
2012-7-7	0.45	0.22

4. 示范工程原水水质及出水水质第三方检测报告

示范技术对 NO_3^--N 削减均达到 20%～30%，有机物、汛期浊度、色度去除率达到 60%以上。第三方检测报告共检测铅、砷、汞、色度、浊度、肉眼可见物、臭和味、铬（六价）、氟化物、氯化物、硫酸盐、TDS、铜、氰化物、锰、锌、铁、铝、镉、硒、总硬度（以 $CaCO_3$ 计）、pH、总大肠菌群、菌落总数、耐热大肠菌群、耗氧量（以 O_2 计）、挥发酚类（以苯酚计）、阴离子合成洗涤剂、硝酸盐（以 N 计）29 项指标，2012 年 4 月北三家示范工程观测井水水质检测硝酸盐及浊度不达标，北三家示范工程水龙头出水水质检测结果 29 项指标都达标。第三方检测报告结果表明，示范工程建成运行，示范基地供水农户水龙头出水水质常规水质指标达到《生活饮用水卫生标准》（GB 5749—2006）规定。

5.4.1.7　示范工程适用对象及推广前景

适用对象：该技术模式适用东北低山丘陵地区（供水水源地与供水农户自然落差较大可显著降低工程运行成本），供水水源地地表水地下水交换频繁，取水类型为傍河取水，供水模式为村镇小型集中式供水模式，供水水源易受农业面源等污染，原水中 NO_3^--N、微生物、汛期浊度等超标村镇供水系统；

推广前景：该技术先进，示范运行效果好，运行成本及运行费用低，操作简单，技术推广前景广阔。

5.4.2　潜水井饮用水源地污染防控与安全保障技术示范

5.4.2.1　示范工程基本概况

示范工程地处清原满族自治县草市镇，位于 $E124°20'6''\sim125°28'58''$，$N41°47'52''\sim42°28'25''$，海拔 $136.2\sim1100.1m$，示范面积 $0.5km^2$。示范区域位置见图 5-39。

图 5-39　示范区域位置图

示范工程总投资 60 万元，2009 年 2 月经辽宁省清原满族自治县水务局批复，工程设计由清原满族自治县水利勘测设计室（丙级资质）完成，工程建设由辽宁省清原满族自治县水务局组织实施，示范工程于 2010 年 8 月 20 日建设完成，实际工程与设计文件相符，示范工程建设规范。

5.4.2.2　示范工程集成技术及工艺流程

1. 示范工程内容

示范工程依托辽宁省清原县北三家乡傍河取水井工程，针对潜水水源井取水类型，水质中铁、锰、微生物和有机物超标、寒冷气候供水保障率低等问题，通过曝气-氧化-沉淀-过滤等除铁锰技术去除铁锰、有机物，经提升泵进入高位蓄水池，然后通过融合防低温管道施工新工艺配水管网到用水户，在主管道末端采用管道式紫外灯消毒技术进行消毒处理。

建设地点：辽宁省清原县草市镇潜水井。

建成时间：2010年8月。

工程规模：供水规模为50m³/d，示范面积0.5km²。

2. 示范工程工艺流程与设计

本示范工程工艺流程见图5-40，示范内容主要包括：

（1）曝气-氧化-沉淀过滤组合净化技术，主要是针对地下水中铁、锰、微生物和有机物超标问题，通过提升泵余压射流曝气技术等，达到对地下饮用水中铁、锰、有机物及部分微生物的去除目的。

（2）紫外消毒技术，主要针对地下水微生物超标问题，利用紫外线杀菌灯的C波紫外线，达到对地下饮用水中微生物去除的目的。

（3）防低温管道施工新工艺，主要针对东北村镇冬季寒冷，用水户输水管网冬季冻胀问题突出，通过管材、保温材料及防低温工艺，确保供水系统输配水安全。

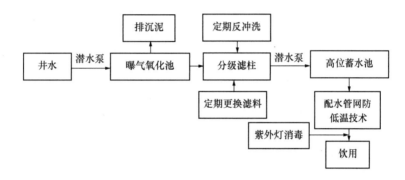

图5-40 潜水井饮用水安全保障与控制技术工艺流程图

1）曝气氧化-沉淀-过滤净化技术

利用提升泵余压（不增加额外动力）在曝气池中对地下水进行射流曝气，铁锰被氧化成胶体或沉淀，部分在沉淀池中沉淀并通过定期排泥去除，其余经过多种组合滤料（主要是石英砂、锰砂、麦饭石、活性炭等）分级过滤去除，然后通过反冲洗管道利用无油空气压缩机和潜水泵进行"气升水淋"式反冲洗（配套技术），再将滤料吸附截流的铁锰通过自吸泵排出处理系统。该技术模式设计参数见表5-27。

曝气氧化-沉淀-过滤净化技术模式设计工艺参数　　　　表5-27

序号	名称	规格	单位	数量	备注
1	自吸泵	3m³/h	台	2	1用1备
2	分流池	3.2m×1m×5m	个	1	钢混
3	过滤池	3.2m×4m×5m	个	2	钢混
4	净水蓄水池	3.2m×2m×5m	个	1	钢混

主要设计参数：

（1）组合滤料：石英砂、锰砂、麦饭石和柱状活性炭。

（2）组合滤料填料填充方式：滤池分为2列，每列分4级；第一级滤池填料为石英砂，分上下 2 层，每层底部都有玻璃钢格栅和不锈钢滤网，下层石英砂粒径 2～4mm，层厚 2m，上层石英砂粒径为 1.2～2mm，层厚 1m；第二级填料为锰砂，分上下 2 层，每层底部都有玻璃钢格栅和不锈钢滤网，下层锰砂粒径 2～4mm，层厚 1m，上层石英砂粒径为 1.2～2mm，层厚 1.8m；第三级滤料为麦饭石，分上、下 2 层，每层底部都有玻璃钢格栅和不锈钢滤网，下层石英砂粒径 2～4mm，层厚 0.8m，上层石英砂粒径为 1.2～2mm，层厚 1.8m；第四级滤池滤料为柱状活性炭和石英砂，分上下 2 层，每层底部都有玻璃钢格栅和不锈钢滤网，下层滤料为活性炭，直径 1.2mm，长度 1～5mm 不等，层厚 1.8m，上层石滤料为石英砂，粒径 0.6～1.2mm，层厚 0.6m。

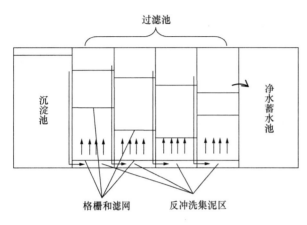

图 5-41 滤池、滤料和水流方向示意图

图 5-41 是滤池、滤料和水流方向示意图。

（3）停留时间 6～8h，日处理能力 50m³/d。

2）紫外消毒技术

示范工程中使用的紫外消毒箱购于北京赛博伟业水处理设备厂，型号为 SBSJ-32，流量 6m³/h，总功率 80W，灯管使用寿命 9000h。主要技术参数详见表 5-28。

紫外消毒箱主要参数一览表　　　　　表 5-28

赛博规格	流量	总功率	进出水口径	灯管使用寿命	紫外灯故障报警系统	设备承压	反应器尺寸	电箱
	t/h	W	mm	h		MPa	mm	
SBSJ-32	6	80	32	9000	有	0.6	1000×300×Φ108	下置电箱

3）防低温管道施工新工艺

基于典型土壤防冻阈值、土层深度与临界最低温度相关关系，结合室内不同管材、管径冻胀试验，不同保温材料组合冻胀试验以及工程示范，最后形成了适合东北村镇防低温管道施工新工艺。该工艺设计参数见表 5-29。

潜水井防低温管道施工新工艺设计参数　　　　　表 5-29

序号	管道出地入户保温技术				管道沿程保温技术
	支管	POPASP-D 工艺	PEPASP-D 工艺	干管	PEPPCO-P 工艺
1	PE 管，Φ25	5cm 聚苯乙烯泡沫塑料	3cm 的 PEF 板	PE 管，Φ50	μ cm 聚苯乙烯泡沫塑料

续表

序号	管道出地入户保温技术				管道沿程保温技术
	支管	POPASP-D 工艺	PEPASP-D 工艺	干管	PEPPCO-P 工艺
2	PE 管，$\Phi25$	沥青布层	5 cm 聚苯乙烯泡沫塑料	PE 管，$\Phi50$	聚氯乙烯膜层
3	PE 管，$\Phi25$	玻璃丝布	沥青布层	PE 管，$\Phi50$	2-3 cm 混凝土支撑外壳层
4	PE 管，$\Phi25$	油漆保护层	玻璃丝布	PE 管，$\Phi50$	$\mu = 3.54\left(\dfrac{d}{10D}\right)^2 - 11.33\left(\dfrac{d}{10D}\right) + 8.69$
5	PE 管，$\Phi25$		油漆保护层	PE 管，$\Phi50$	d 为开挖深度（cm）；D 为管径（cm）

5.4.2.3 示范工程建设

示范工程建设内容主要有：水源工程道路综合整治、深水井工程（供水水源井、水泵、输水管道等）、供水工程（水塔、供水干管铺设、入户水表水龙头安装等）、曝气沉淀池、过滤池、蓄水池、水源井防护工程（水源井防护栅栏、水源地生态防护工程等）及消毒设备安装等（图 5-42～图 5-52）。

图 5-42　深水井施工建设现场 1

图 5-43　深水井施工建设现场 2

图 5-44　曝气沉淀池、过滤池及蓄水池地基开挖

图 5-45　曝气沉淀池、过滤池及蓄水池施工现场

图 5-46　提升泵自动控制器及高位水塔建设

图 5-47　供水工程施工现场

图 5-48 傍河水源地分级过滤池施工现场

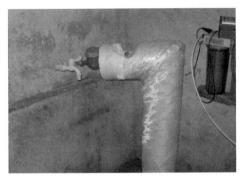

图 5-49 防低温管道工程建设现场

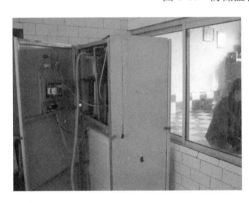

图 5-50 小型饮用水净化设备安装调试现场

图 5-51 供水工程入户安装调试现场

图 5-52 建成后潜水井饮用水安全保障示范工程

5.4.2.4 示范工程运行管理

运行管理单位：长兴村村委。

运行管理模式："村民自管"模式。即工程运行管理及维护费用来自于用水村民缴纳的水费，运行管理人员为村民兼职，由村民推选或村委指任，并从收缴的水费中支付工资或补贴（图 5-53）。

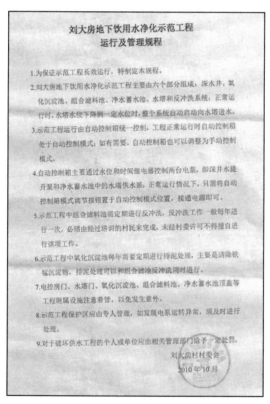

图 5-53 示范工程操作管理规程

5.4.2.5 示范工程投资及运行费用

1. 示范工程建设费用

土建工程主要包括曝气沉淀池、过滤池、蓄水池和水塔，以及工程现场整地及通电。

土建工程预算具体见表 5-30。

土建工程概算表 表 5-30

序号	名称	结构	数量	单价（元）	费用（万元）	备注
1	曝气沉淀池	钢混	25.6m³	800	2.05	加盖
2	过滤池	钢混	32.0m³	800	2.53	加盖
3	蓄水池	钢混	25.6m³	800	2.05	加盖
4	水塔	钢混	35m³	800	2.80	加盖
5	整地	—	全部	10000	1.00	
6	供水工程	—			6.40	
7	深水井				5.81	
8	办电				1.73	
9	道路综合整治		600m	50	3.00	砂料、碎石
10	合计	—	—	—	27.37	

本污水处理工程涉及使用设备主要自吸泵、自吸式泥浆泵。材料主要包括各种管材及管件、控制阀和滤料。具体预算见表 5-31。

设备及材料购置费用一览表 表 5-31

编号	设备及材料名称	数量	单位	单价（元）	小计（万元）	备用
1	深井泵	1	台	2000	0.36	
2	自吸式泥浆泵	1	台	2000	0.20	
3	管材及管件	1	套	4000	0.40	包安装
4	阀门	1	套	2000	0.20	包安装
5	滤料	12	m³	500	0.60	含运费
6	滤料	12	m³	1200	1.44	含运费
7	砂子（石子）	40	m³	100	0.40	防冻胀
8	玻璃钢盖板等				1.28	
9	滤网及其支撑物	1	套		1.60	
10	射流器	2	个		0.2	
11	过滤池布水器及收水器	1	套		0.96	
12	防水膜	60	m²		0.60	
13	自控系统	1	套		0.40	
14	紫外消毒箱	2	套		0.24	
合计	—	—	—	—	8.88	

2. 示范工程运行费用

潜水井水处理设备主要为自吸泵、自吸式泥浆泵、紫外消毒箱。成本核算只计算设备费、电费及工程运行维护费。

1）深井泵、自吸泥浆泵成本核算

深井泵 3600 元/台，额定功率 5.5kW，扬程 20m，使用寿命 5 年。自吸泵 2000 元/台，额定功率 3kW，扬程 80~110m，使用寿命 5 年。电费 0.6 元/kW·h。

设备折旧费＝3600 元/5 年＋2000 元/5 年＝3.07 元/d

单位时间示范工程供水能力＝50m³/d

设备单方水的折旧费＝(3.07 元/d)/(50m³/d)＝0.06 元/m³

深井泵电费＝0.60 元/kW·h×5.5kW/(20m³/h)＝0.165 元/m³

自吸泵泵电费＝0.60 元/kW·h×3kW/(10m³/h)＝0.18 元/m³

设备运行费＝设备折旧费＋电费＝0.305 元/m³

2）紫外消毒箱成本核算

紫外消毒箱购于北京赛博伟业水处理设备厂，型号为 SBSJ-32，流量 6m³/h，总功率 80W，灯管使用寿命 9000h，设备承压 0.6MPa，单价 1200 元/套。示范工程供水能力 50m³/d。

设备折旧费＝1200 元/2 年＝1.64 元/d

示范工程供水能力＝50m³/d

设备单方水的折旧费＝(1.64 元/d)/(50m³/d)＝0.03 元/m³

电费＝0.60 元/kW·h×80×9000h/2/365/24/1000＝0.25 元/m³

设备运行费＝设备折旧费＋电费＝0.28 元/m³

3）供水工程运行维护费用核算

水塔、供水管网、水表等输配水工程运行维护，运行周期 10 年，投资成本 9.20 万元。

每年供水工程运行维护成本＝9.20 万元/20 年＝12.60 元/d

单方水供水工程运行维护成本＝12.60 元/d/(50m³/d)＝0.25 元/m³

4）运行管理费用核算

运行管理模式为"村民自管"模式，即工程运行管理及维护费用来自于用水村民缴纳的水费，运行管理人员为村民兼职，由村民推选或村委指任。管理人员部分支出由用水户分担，按照当地标准 300~600 元/月。

运行管理费＝600~1200 元/月＝0.83~1.67 元/d

示范工程供水能力＝50m³/d

单方水运行管理费用＝(0.83~1.67 元/d)/(50m³/h)＝0.02~0.03 元/m³

5）运行成本

单方水运行成本＝设备运行维护费＋运行管理费＝0.30 元/m³＋0.28 元/m³＋0.25 元/m³＋0.02~0.03 元/m³＝0.85~0.86 元/m³。

5.4.2.6 示范工程运行效果

1. 曝气-氧化-沉淀-过滤净化技术削减效果

2010 年，曝气-氧化-沉淀-过滤净化技术模式在示范区应用后，地下饮用水源地铁锰去除率分别达到 96%~98%、74%~86%，COD_{Mn} 削减达到 24%~58%（表 5-32、表 5-

33)。

2. 紫外消毒技术对微生物去除效果

紫外消毒技术应用后，地下饮用水源地微生物去除率达到 18%～52%。

刘大房地下饮用水源地水质监测结果　　　　　　　　　　　　　　表 5-32

监测日期	监测项目								
	pH	色度 (度)	浊度 (NTU)	$NO_3^- $-N (mg/L)	$NH_4^+ $-N (mg/L)	铁 (mg/L)	锰 (mg/L)	COD_{Mn} (mg/L)	菌落总数 (CFU/mL)
2010-9-12	6.8	65	51.3	12.37	0.48	9.82	1.24	6.52	509
2010-10-15	7.1	60	48.6	9.27	0.36	12.69	0.94	7.21	461
2010-11-20	6.9	65	46.9	11.47	0.52	11.65	0.84	6.32	450
2010-12-16	6.9	65	37.8	11.52	0.49	11.18	0.95	7.87	587
2011-1-22	6.8	60	52.6	10.29	0.59	10.23	0.98	5.23	482
2011-2-26	7	80	51.2	12.67	0.43	13.25	1.14	4.68	752
2011-3-20	6.9	75	42.7	12.18	0.41	12.27	0.99	6.78	489
2011-4-25	6.8	50	44.5	11.63	0.39	10.54	1.15	7.53	524
2011-5-23	6.8	60	42.8	11.48	0.46	11.62	1.02	6.85	536
2011-6-19	6.9	60	43.5	11.85	0.49	11.85	1.07	6.59	579
2011-7-25	6.8	65	47.1	12.03	0.43	12.06	0.98	7.01	603
2011-8-21	7.1	60	46.8	11.95	0.45	12.31	1.13	6.32	596
2011-9-24	6.9	70	49.2	12.15	0.51	11.94	1.14	7.25	651
2011-10-23	7	65	48.7	11.21	0.47	11.8	0.99	7.16	542
2011-11-21	7.1	70	49.6	11.53	0.41	12.26	1.06	6.68	515
GB 5749—2006	6.5～9.5	20	5	20	0.5	0.5	0.3	5	500

刘大房地下饮用水源地出水水质监测结果　　　　　　　　　　　　表 5-33

监测日期	监测项目								
	pH	色度 (度)	浊度 (NTU)	$NO_3^- $-N (mg/L)	$NH_4^+ $-N (mg/L)	铁 (mg/L)	锰 (mg/L)	COD_{Mn} (mg/L)	菌落总数 (CFU/mL)
2010-9-12	7.2	<5	0.98	10.23	0.32	0.30	0.22	3.56	375
2010-10-15	7.6	<5	1.23	8.15	0.25	0.26	0.14	4.78	315
2010-11-20	7.3	<5	1.06	10.05	0.09	0.18	0.22	4.28	270
2010-12-16	7.4	<5	0.89	9.48	0.18	0.42	0.16	3.70	380
2011-1-22	7.1	<5	0.96	8.63	0.16	0.18	0.24	3.52	395
2011-2-26	7.2	<5	1.37	9.54	0.07	0.4	0.24	3.58	440

续表

监测日期	监测项目								
	pH	色度 (度)	浊度 (NTU)	NO_3^--N (mg/L)	NH_4^+-N (mg/L)	铁 (mg/L)	锰 (mg/L)	COD_{Mn} (mg/L)	菌落总数 (CFU/mL)
2011-3-20	7.1	<5	1.48	9.92	0.16	0.34	0.18	3.92	400
2011-4-25	7.5	<5	0.95	9.15	0.08	0.22	0.22	3.40	305
2011-5-23	7.3	<5	0.89	8.57	0.13	0.38	0.16	3.46	285
2011-6-19	7.2	<5	1.07	9.45	0.17	0.24	0.28	3.72	310
2011-7-25	7.5	<5	1.14	9.21	0.21	0.28	0.24	4.30	405
2011-8-21	7.1	<5	1.09	8.94	0.19	0.22	0.18	2.94	285
2011-9-24	7.3	<5	1.35	10.01	0.11	0.46	0.22	3.48	360
2011-10-23	7.1	<5	0.94	9.82	0.16	0.38	0.22	3.04	345
2011-11-21	7.4	<5	1.21	8.57	0.08	0.24	0.16	3.38	315
GB 5749—2006	6.5~9.5	20	5	20	0.5	0.5	0.3	5	500

3. 示范工程原水水质及出水水质第三方检测报告

示范技术对铁锰去除率均达到 90％以上，有机物、微生物去除率达到 90％以上。处理后水质基本满足《生活饮用水卫生标准》（GB 5749—2006）。第三方检测报告共检测铅、砷、汞、色度、浊度、肉眼可见物、臭和味、铬（六价）、氟化物、氯化物、硫酸盐、TDS、铜、氰化物、锰、锌、铁、铝、镉、硒、总硬度（以 $CaCO_3$ 计）、pH、总大肠菌群、菌落总数、耐热大肠菌群、耗氧量（以 O_2 计）、挥发酚类（以苯酚计）、阴离子合成洗涤剂、硝酸盐（以 N 计）等 29 项指标，2012 年 4 月刘大房示范工程地下水水质检测浊度、锰、铅、铁、铝、镉、色度不达标，水龙头出水水质检测浊度、锰等指标都达标。第三方检测报告结果表明，示范工程建成运行，示范基地水龙头出水水质常规水质指标达到《生活饮用水卫生标准》（GB 5749—2006）。

5.4.2.7 示范工程适用对象及推广前景

1. 适用对象

该技术模式适用东北地区村镇分散供水模式，取水类型为浅井取水，供水系统需作特殊保温处理（输水干管沿程保温及配水管网出地入户保温等）、供水规模小于 $50m^3/d$，供水水源污染负荷主要为内源污染，受地质构造影响，原水中铁、锰、COD 及微生物等超标村镇供水系统。

2. 推广前景

该技术操作简单，管理方便。2 年多的示范运行效果表明，运行效果好，运行成本及运行费用较低，推广前景广阔。

5.5 西北村镇集雨饮用水安全保障技术示范

利用集雨水作为饮用水的饮水安全保障系统包括：雨水收集系统、径流输送系统、集雨水储存系统、饮用水处理系统和处理水输送系统5部分，如图5-54。

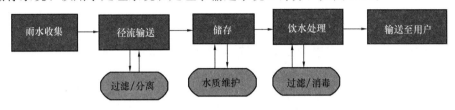

图5-54 集雨水饮水系统流程图

针对以上5个部分进行了技术集成和工程示范，课题集成了2种集雨饮水安全保障模式：集中式集雨饮水安全保障模式和分散式集雨饮水安全保障模式，并对2种模式进行了技术示范。示范区选择在甘肃省庆阳市西峰区和白银市会宁县（图5-55）。

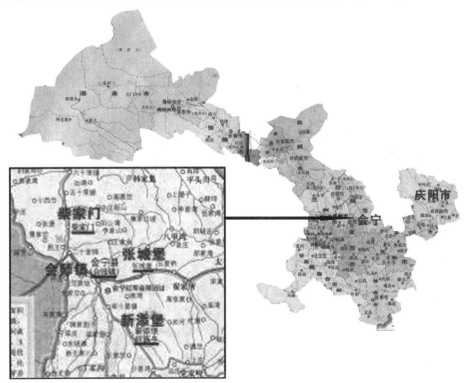

图5-55 示范工程所在地位置示意图

（1）甘肃省庆阳市西峰区温什水厂示范了小型集中式集雨饮水安全保障供水工程。

（2）甘肃省白银市会宁县主要示范了分散式集雨饮水安全保障供水工程。

在上述2个示范地主要示范内容包括：

雨水收集系统：用水户场院的硬化和集雨水窖的构建。

集雨水前处理系统：重点示范了高浓度多级配除砂装置（适用于庭院地面雨水前处理）、初期雨水自动弃流-立式旋流除砂器（适用于屋面雨水前处理）、迷宫式沉淀池、箱式沉淀过滤装置、两级滤网过滤装置、人工生态沟共6种前处理装置。

集雨水处理系统：重点示范了家用自动生物慢滤水处理设备、自动粗滤-精滤水处理设备、絮凝-精滤水处理设备、水力自动微絮凝-生物过滤净水设备、超滤集成净水设备共6种水处理设备。

5.5.1 甘肃省庆阳市小型集中式集雨饮水安全保障示范工程

5.5.1.1 示范工程总体布局

本示范工程所采用的饮水安全保障工艺流程见图5-56，示范工程平面布置见图5-57。

图 5-56 集中式集雨饮水安全保障技术示范工艺流程图

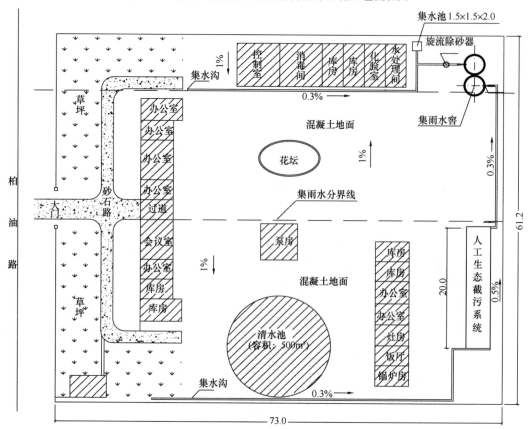

图 5-57 甘肃庆阳温泉乡集雨水示范区总平面布置图

本示范工程的示范内容主要包括：

（1）集雨水源地构建：集雨面硬化（采用混凝土硬化地面），屋顶集雨面铺设（SBS防水卷材），集雨水窖建设（蓄水容积 $30m^3 \times 2 = 60m^3$）。

（2）集雨水源保护：雨水进入水窖前分别采用2种前处理方式：第一种是雨水通过汇流进入人工生态廊道系统，通过生物拦截，达到对雨水中大颗粒悬浮物的去除目的；第二种是雨水通过汇流进入旋流除砂器，利用旋流原理对水体中的大颗粒悬浮物进行固液分离。

（3）集雨饮水处理：窖水经过粗滤＋生物慢滤处理后进入清水池，作为温什水厂的补充水源。

5.5.1.2 示范工程运行情况

本示范工程重点示范了一套粗滤＋生物慢滤水处理工艺（适用于集中式供水方式），单台处理规模 $2.4m^3/d$，综合制水成本 $0.2 \sim 0.8$ 元/m^3。流程见图 5-58。

经过委托第三方监测单位庆阳市环境监测站对示范工程进出水进行了现场监测，监测结果表明，经过粗滤-慢滤设备处理后出水满足《生活饮用水卫生标准》（GB 5749—2006）要求。

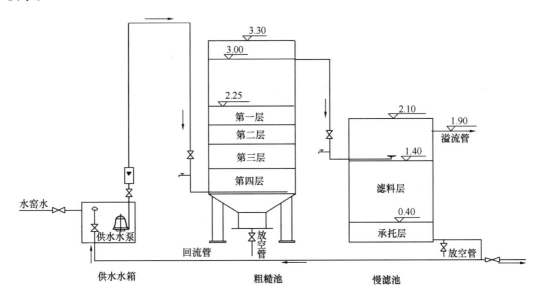

图 5-58　粗滤＋生物慢滤水处理工艺流程图

5.5.2　甘肃省会宁县分散式集雨饮水安全保障示范工程

5.5.2.1　示范工程总体布局

对本项目所研发的关键技术集成后建成了4个乡镇示范点，建设内容包括雨水集流面建设、集雨水前处理设施（构筑物）建设、水窖修建、集雨水处理设备安装及其配套管道水泵建设安装五部分。

1. 示范区1：柴家门乡柴家门村

柴家门乡柴家门村位于会宁县西北，距县城 20km，共有 580 户 2698 人，人均年收入 3100 元。该区为典型集雨雨水利用区，农户有传统的集蓄雨水的经验，农户住宅面积大、集流场大、修建水窖多，水源条件好。此外每户可以利用门前公路渠道的雨水。

课题在柴家门村示范集雨水处理工艺 4 种：①坡面集雨水处理工艺 1 种；②屋面集雨水处理工艺 1 种；③庭院集雨水处理工艺 2 种。

示范内容主要包括：①补建凝土集流场 60m²；②新建水窖 1 眼；③安装 3 种前处理系统：多浓度多级配旋流除砂器、屋面初期雨水自动弃流-立式旋流除砂一体化设备、生态沟；④安装 3 种水处理设备：超滤集成净水设备、水力自动微絮凝—生物过滤水处理设备、絮凝-精滤水处理设备。

2. 示范区 2：翟家所乡张城堡村

翟家所乡张城堡村位于会宁县东部，距县城约 20km，共有 253 户 1097 人，人均年收入 1680 元。该示范区是新农村建设示范点，饮水方式为屋面和庭院的集雨水，新农村建设补助资金集中用于宅基地建设，集流面面积和集雨水窖的数量均未达到安全饮水标准。

课题在张城堡村示范屋面庭院雨水处理工艺 1 种。示范内容主要包括：①补建凝土集流场 60m²；②新建水窖 1 眼 30m³；③配套集雨塑料棚膜 60m²；④安装筒式沉淀池 1 种前处理系统；⑤安装 1 种絮凝-精滤水处理设备。

3. 示范区 3：会师镇南十村

会师镇南十村位于会宁县东南，距县城 15km，共有 520 户 3196 人，人均年收入 1850 元。该区为典型集雨雨水利用区，当地农户有传统的集蓄雨水的经验，农户住宅面积大，集流场大，修建水窖多，水源条件好。

课题在南十村示范屋顶庭院雨水处理工艺 2 种。示范内容主要包括：①安装箱式沉淀池 1 种前处理系统；②安装 2 种集雨水处理设备：家用自动生物慢滤水处理设备、絮凝-精滤水处理设备。

4. 示范区 4：新添堡乡道口村

新添堡乡道口村位于会宁县东南，距县城 20km，共有 304 户 1868 人，南摆社共有 30 户 123 人，人均年收入 3060 元。该示范区是新农村建设示范点，回民居住区，饮水方式为屋面集雨水。

课题在道口村示范屋面雨水处理工艺 2 种。家用自动生物慢滤水处理设备、絮凝-精滤水处理设备。

5.5.2.2　示范工程集雨模式

课题示范工程总体方案为以屋面集雨、屋面＋庭院集雨、路面集雨和坡面集雨 4 种集雨模式为出发点和重点研究目标，以前期研究确定的西北村镇集雨饮水处理技术工艺为核心，通过对示范区集雨面和水窖的扩建，配置管道（渠）、水泵等设施，新建集雨水前处理设备（构筑物），安装集雨水处理设备，最终建成完善的集雨饮水处理成套工艺流程，从而实现对项目研究整体工艺及其核心处理设备的工程示范，并经过实际运行观测与维护，达到工程实际应用与工程示范效果，并通过现场示范，改进和完善研究成果，积累运行维护经验，以便下一步研究成果的产品转化与市场推广。

示范工程集雨饮水处理模式及其工艺组合　　　　表 5-34

集雨模式	集流面	工艺流程简称	集雨水前处理设备	集雨水处理设备	示范区
屋面模式	屋面	屋面-生物慢滤	箱式沉淀过滤装置，两级滤网过滤装置	家用自动生物慢滤水处理设备，自动粗滤-精滤水处理系统	新添堡回族乡
屋面+庭院集雨模式	屋面+庭院	屋面+庭院-初期弃雨-生物慢滤	初期弃雨装置	家用自动生物慢滤水处理设备	会师镇南十村
	屋面+庭院	屋面+庭院-沉淀池-过滤	网式沉淀池	自动粗滤-精滤水处理系统	会师镇南十村
	屋面+庭院	屋面+庭院-迷宫式沉淀池-微絮凝-生物过滤工艺	斜墙迷宫式沉淀池	水力自动微絮凝-生物过滤净水设备	柴家门乡
	屋面+庭院	屋面+庭院-沉淀池-絮凝-二级过滤工艺	网式沉淀池	絮凝+滤网-陶瓷滤芯过滤设备	柴家门乡、翟家所乡
	屋面+庭院	屋面+庭院-旋流除砂-超滤工艺	旋流除砂器	超滤集成净水设备	柴家门乡
	屋面+庭院	屋面+庭院-旋流除砂-慢滤工艺	旋流除砂器	粗滤+生物慢滤系统	西峰区
坡面集雨模式	山坡面+土路	山坡面-人工生态系统-超滤工艺	人工生态系统	超滤集成净水设备	柴家门乡
	山坡面+土路+打麦场	山坡面-迷宫沉淀池-超滤工艺	斜墙迷宫式沉淀池	超滤集成净水设备	柴家门乡

示范区涉及 2 市（县）6 乡（镇），3 种集雨模式，6 种集雨水前处理设施和 6 种集雨水处理核心技术的 9 套集雨饮水处理组合工艺流程的综合示范工程。示范内容见表 5-34。

1. 山坡面集雨模式

山坡面集雨模式以小岔社北面天然山坡面为主要集雨面。天然山坡面汇流面积约 2000m²，雨水由山坡面汇流后引流至山脚下一呈"V"形天然植被凹沟，凹沟约面积约 560m²，内有植被：野菊花、冰草、地壳子、柠条、蒿子草、草胡、骆驼蓬草、槐树、榆树等。该凹沟纵坡小于 10°，地势平坦，水流速度降低，有利于颗粒物沉淀，且经天然植被对树叶、杂草等悬浮物的拦截后，雨水汇入土路边沟，与土路雨水顺地形引流至住户 2。

针对性设置人工生系统以及斜墙迷宫式沉淀池 2 种不同集雨水前处理设施，将大部分浊度及悬浮颗粒物等去除，提高入窖水水质，将其作为饮用水源使用，加以充分利用，以作为常规屋面、庭院集雨饮用水源的重要补充，解决饮用水源水量不足的矛盾。山坡面集雨模式系统工作原理图见图 5-59。

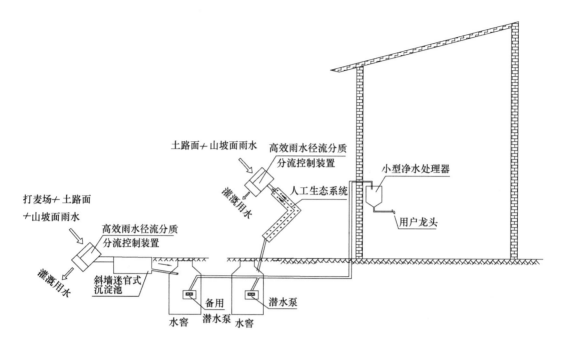

图 5-59　山坡面集雨模式系统工作原理图

2. 屋面＋庭院集雨模式

屋面＋庭院集雨模式为西北村镇最主要集雨模式。该模式以家庭瓦屋面和水泥硬化庭院为集流面，雨水接触面主要为青瓦和水泥硬化面，避免了与泥土和砂石等的接触，雨水水质较好，为目前家庭饮用水水窖存水的主要来源。

屋面与庭院作为集雨面收集的雨水水质稍差于屋面集雨，因此在集雨水进水窖前设置了箱式格栅滤网沉淀池或 2 级滤网过滤，拦截雨水径流中的颗粒物，通过这种拦截措施，能去除绝大部分树叶和粗颗粒物质，有效地削减了进窖污染物，对维护窖水水质起到了一定作用。这种拦截措施具有维护方便，占地面积小，处理效率高，无需动力等特点。进入水窖的水经过自然沉淀后，取水窖的上层水，经过生物慢滤或粗滤-精滤处理达到生活饮用水标准供居民饮用，屋面与庭院集雨饮水安全保障技术模式见图 5-60。

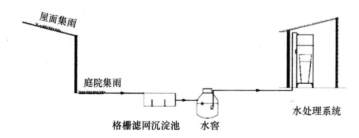

图 5-60　屋面＋庭院集雨模式系统工作原理图

3. 屋面集雨模式

屋面收集的雨水水质较优，因此没有采取任何污染物拦截措施，集雨水在水窖中自然沉淀后，取水窖的上层水，经过水处理设备处理后达到生活饮用水标准供居民饮用。屋面集雨饮水安全保障模式见图 5-61。

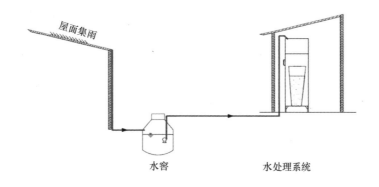

图 5-61 屋面集雨饮水安全保障技术集成

5.6 华北县镇地下水联片供水与除氟适用技术示范

5.6.1 县镇多点水源联片供水系统安全保障工程示范

5.6.1.1 示范工程简介

示范技术：县镇联片管网安全供水技术（多点水源联片供水管网管理系统和多点水源联片供水管网水质保障方案）（图 5-62、图 5-63）

示范地点：北京市昌平区东部供水区域。

建成时间：2010 年 12 月。

开始运行时间：2010 年 12 月。

主要完成单位：清华大学。

主要用户：北京燕龙供水有限公司。

示范规模：供水规模 3.8 万 m^3/d，覆盖水源点 34 个。

图 5-62 多点水源联片供水管网管理系统平台

图 5-63　多点水源联片供水管网水质保障示范点

5.6.1.2　示范工程关键技术

1. 多点水源联片供水管网管理系统

供水管网管理系统的界面主要分为工具菜单栏、模型组和视图窗口 3 部分。其中模型组包括管网、控制、实时数据、可替代需水量等组成要素，可以根据不同的应用功能将上述要素的不同数据任意组合。

此外，在模型组中，还具有选择库、标签库和主题库等显示功能，可以更加直观地将要表达的内容显示出来（图 5-64）。

1）管网供水预案的制定

2012 年 2 月 18～22 日，第七届世界草莓大会在昌平举办，来自 60 多个国家（地区）的 1000 余名草莓专家参会交流草莓种植技术。随着"一园"、"两中心"等场地的建设和主要交通干道的施工，大会的用水保障也需要周密预案。

管网管理系统可以模拟草莓大会用水量增加的工况。由于用水量的增加，管网用户的用水压力会受到不同程度的影响，如图 5-65 所示。灰色线区域为受影响范围，颜色越深，影响程度越大。为了减小草莓大会对管网用户正常用水的影响，供水部门提出了 2 种解决方案。

（1）解决方案一

从主干管引 1 条管线到用户点，即增加 1 条供水管线。模型对增加管线后的管网重新进行水力计算，并与正常工况比对，发现大部分管网压力仍有明显降低，该方案的改善效果不明显（图 5-66）。

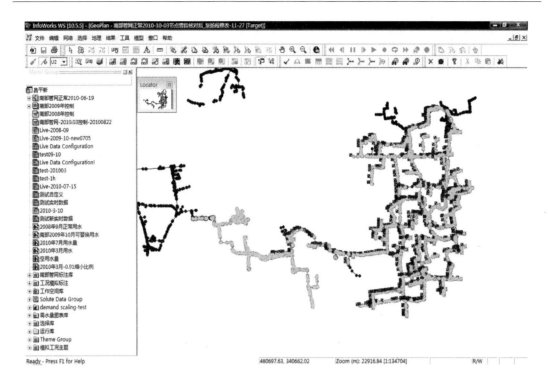

图 5-64 供水管网管理系统界面

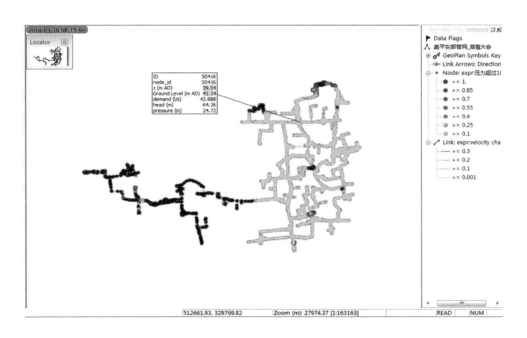

图 5-65 管网压力受影响区域

（2）解决方案二

调度管网中若干水泵，即延长附近水泵的运行时间。建立了新的水泵运行控制方案，经重新水力计算并与正常工况比对发现，该解决方案可明显改善压力不足的状况（图 5-67）。

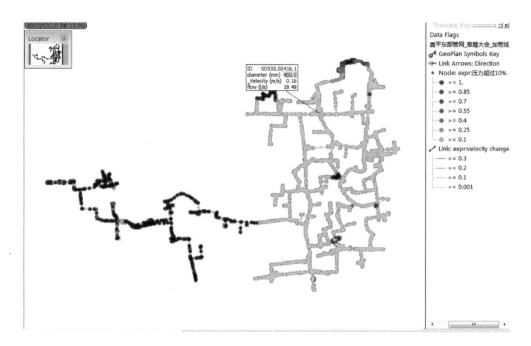

图 5-66　增加管线后压力受影响区域

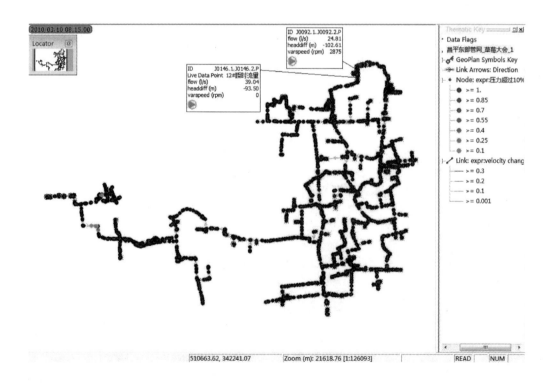

图 5-67　水泵调度后压力受影响区域

由上述管网的预案及校核可知，增加连接管线的方案不仅不能缓解大会用水量增大对管网的压力影响，且新加管线共284.32m，投资成本会很高；若调度附近水泵运行，不仅可有效解决管网压力低的问题，且简单易行，为优选的方案。

2）管网爆管影响的预演

在建立爆管工况时，首先需要设置爆管点位置和爆管流量，系统会自动评估出爆管后用户用水压力受到影响的区域，以及受影响的程度大小。之后系统会提供相应的爆管关阀报告，报告包括关闭的阀门和关闭的管线。当阀门和管线关闭后，系统再分析关阀后压力较正常工况下受影响的区域，以及流向发生变化的管线，以最快地应对水压不够或流向变化可能造成的浑水影响（图5-68～图5-73）。

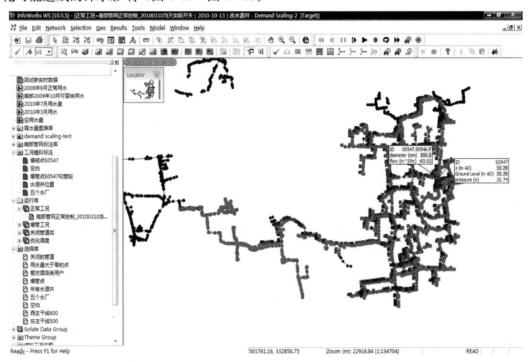

图5-68　爆管点位置

2. 多点水源联片供水管网水质保障方案

多点水源联片供水管网水质保障技术以管线探测和管网GIS和SCADA系统为基础，建立管网在线管理系统，以管网补压点为依托，优化设置消毒点，以流量和消毒剂浓度在线监测为基础，优化确定消毒剂投加；二次加氯点位置的选择，在充分分析管网消毒剂分布的前提下，进行水力学和水质分析，择优确定。二次加氯点需设置在用户点2km以外的位置。二次加氯设备须安装在DN600和DN500的管线上，在二次加氯设备前安装在线流量监测仪，二次加氯设备可根据在线测得的流量自动调节加氯量，保证出水的二氧化氯浓度恒定；由于出厂水消毒剂浓度过高或过低都会严重影响用户的饮用水生物安全性，故为了确定加氯设备是否正常运行，在二次加氯设备后安装二氧化氯浓度监测仪，实时监测出水浓度是否正常（图5-74）。

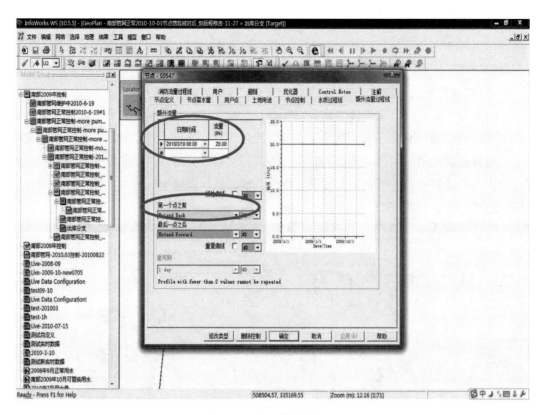

图 5-69　设置爆管点流量

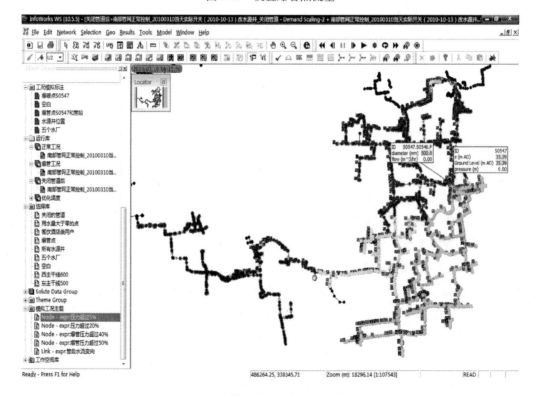

图 5-70　爆管关闭阀门后压力变化

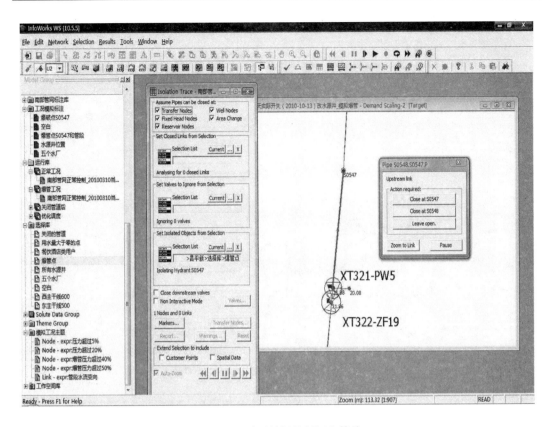

图 5-71　需要关闭的阀门和管线

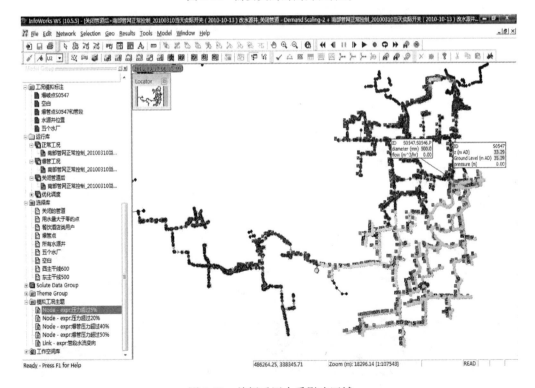

图 5-72　关阀后压力受影响区域

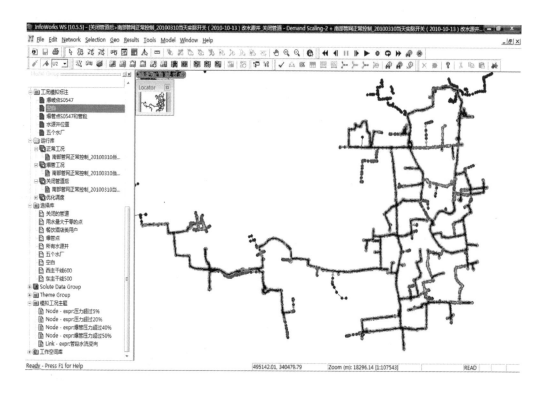

图 5-73　关阀后流向变化的管线

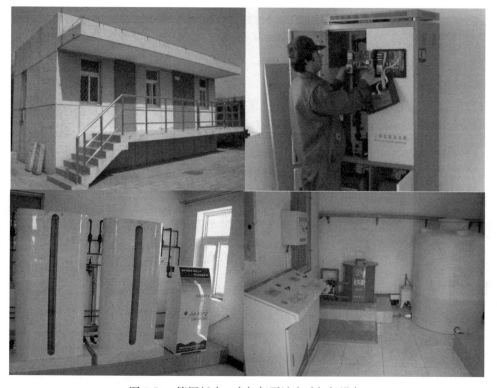

图 5-74　管网新建二次加氯泵站自动加氯设备

5.6.1.3 示范工程运行

1. 运行情况

示范工程供水规模为 3.8 万 m^3/d，覆盖水源点 34 个，运行情况良好，管网末梢余氯浓度以及亚氯酸盐和氯酸盐浓度符合《生活饮用水卫生标准》（GB 5749—2006）。

2. 第三方检测

2011 年 10 月，委托北京清华城市规划设计研究院对管网管理平台进行管网水压和水量状况评价，证明管网运行压力和水量正常，可以满足用户的用水需求。

委托北京市昌平区疾病预防控制中心和谱尼测试公司（PONY）对管网末梢水常规指标、氯酸盐和亚氯酸盐浓度等 106 项指标进行检测，管网末梢水符合《生活饮用水卫生标准》（GB 5749—2006）。

3. 第三方评估

北京市水务局于 2012 年 5 月 17 日，组织了评估专家组对"县镇多点水源联片供水系统安全保障示范工程"进行了评估，形成专家意见如下：

该示范工程位于北京市昌平区，规模为 3.8 万 m^3/d，覆盖水源点 34 个，DN200 以上管线长度 225km，服务范围约 120km^2。工程可研报告和批复文件齐全，工程建设地点、规模及工程内容均符合合同要求。

该示范工程建设规范，资料齐备，完整，符合要求，稳定运行 6 个月以上，管网余氯浓度符合《生活饮用水卫生标准》（GB 5749—2006），示范工程运行效果达到合同要求。示范工程管理规范，连续运行记录资料齐备，与现场查验相符，由谱尼、昌平区疾控中心出具的第三方检测报告表明，管网末梢水达到标准要求。

该示范工程采用的多点水源联片供水安全保障管理系统，能够有效提升县镇供水的管理水平和供水安全保障能力，提高运行效率，在条件相似区域具有一定的推广应用价值。

专家组的总体评估意见为：该示范工程完成了合同规定的内容，达到合同要求。

5.6.1.4 推广应用

以北京昌平区为示范基地，开展多点水源联片供水条件下水质保障关键技术研究，开发了一套供水管网管理系统，并研究出以应对新水质标准为导向的新型县镇供水管网水质保障成套技术，并最终在昌平东部地区建立供水规模达到 3.8 万 m^3/d，覆盖水源点 34 个，管网末梢消毒剂浓度符合国家标准要求的示范工程，为国内其他村镇饮用水安全保障提供了思路，具有一定的示范、推广和借鉴的意义。该成果对于全面促进城乡供水一体化建设，构建从水源到水龙头供水系统全过程饮用水安全保障技术集成体系，促进社会经济的可持续发展及和谐新农村建设，具有重要意义。

5.6.2 县镇地下水除氟技术示范

5.6.2.1 工程概况

小汤山地处北京市正北方的平原与山地交会地带，该地区地下水氟浓度普遍较高，因此当地居民饮用水长期依靠远途调水。而当地地下水源丰富，如果含氟水能够得到有效处理，则可将当地地下水作为部分补充水源。目前该地区的地下水除氟浓度超标较严重外，其他指标均符合饮用水卫生标准，因此结合国家科技课题，建立除氟示范工程。该工程占地面积 300m²，设计处理规模 1000m³/d，进水主要相关水质指标见表 5-35。通过技术经济比较，选择改性活性氧化铝吸附作为示范工程除氟技术，采用三级串联吸附工艺。

主要进水水质指标及出水设计标准　　　　　　　　　　表 5-35

项目	氟化物 （mg/L）	pH	铝 （mg/L）	铁 （mg/L）	硫酸盐 （mg/L）	氯化物 （mg/L）	TDS （mg/L）	总硬度 （mg/L）
进水	2.96	7.79	未检出	未检出	23.9	18.8	516	238
出水标准	≤1.0	6.5~8.5	≤0.2	≤0.3	≤250	≤250	≤1000	≤450

5.6.2.2　工艺流程及主要设备

工艺流程如图 5-75 所示，原水由深水井泵提升至地面后进入进水管道，与经计量泵加入的 HCl 溶液混合，调节进水 pH 至 6.7~7.0，然后进入 3 级串联吸附装置进行除氟，出水经消毒、加压后进入供水管网。吸附饱和的吸附罐切换到解吸操作，使用 NaOH 溶液解吸、聚合硫酸铁（PFS）溶液活化。解吸废液通过中和、沉淀过程，实现排放无害化。

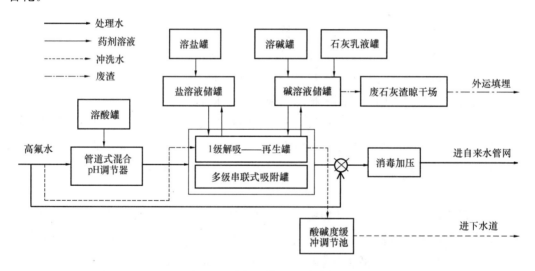

图 5-75　除氟示范工程原则流程图

1. 串联式吸附操作方式

操作方式如图 5-76(a) 所示，进水顺次通过改性活性氧化铝吸附罐 A、B、C，当 C 罐出水氟浓度达到饮用水标准上限 1mg/L 时，将 A 罐切换为解吸-再生模式；进水切换到 B 罐，并将 C 罐出水切换到新解吸再生的吸附罐 D，以上 A、B、C、D 罐交替经过吸附饱和-解吸再生循环，再生后的吸附罐作为新吸附罐使用。

工艺实现如图 5-76(b) 所示，1、2、3 号罐串联吸附时，开启 1 号进水阀，1、2 号联络阀和 3 号出水阀，其余阀门均关闭。当 3 号罐出水的氟浓度大于 1mg/L 时，关闭 1 号进水阀与联络阀，开启 2 号进水阀，2、3 号联络阀和 4 号出水阀，实现 2、3、4 号吸附

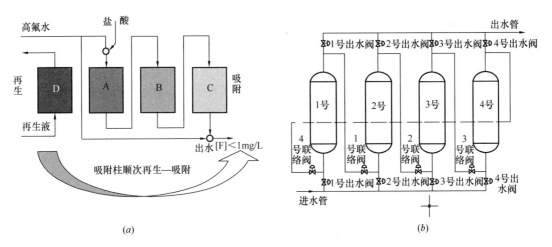

图 5-76 三级串联吸附工艺示意图

(*a*) 操作方式；(*b*) 工艺实现

罐串联。依此操作可实现，3、4、1 号串联及 4、1、2 号串联操作。

解吸再生操作在吸附罐原位进行，包括 NaOH 解吸、水洗中和、铁盐活化、最终清洗等步骤。解吸液为 1% 的 NaOH 溶液，通过泵加压回流，实现 NaOH 溶液在饱和吸附罐和碱液罐间循环，解吸时间 0.5h；采用原水过滤清洗 1～2h，一方面使解吸的氟被洗出，另一方面使得吸附剂表面 pH 降低，以便进行后续活化；活化液为 3% PFS 的溶液，泵送循环 0.5h 后，即可进行最终清洗；最终清洗仍采用原水过滤清洗，清洗到出水 pH ≥6.5 即可。

2. 主要工艺设备简介

吸附罐 4 个，采用玻璃钢材质铸造罐，尺寸为 $\Phi 2.0m \times 3.0m$，容积为 $8m^3$。每罐填加粒径为 2～3mm 的颗粒活性氧化铝 3 t，滤料体积约 $4m^3$。NaOH、PFS 溶液储罐各 1 个，材质、尺寸与容积参数与吸附罐相同。HCl 稀溶液储罐 1 个，加厚 PVC 材质，尺寸为 $\Phi 1.0m \times 1.5m$，容积 $1m^3$。溶药罐 3 个，包括 NaOH、PFS 溶解罐，HCl 稀释罐各 1 个，加厚 PVC 材质，尺寸为 $\Phi 1.0m \times 1.5m$，容积 $1m^3$。

溶液泵 4 台，包括 NaOH 溶液送液泵与回液泵、PFS 溶液送液泵与回液泵各 1 台，型号均为 S65×50-32，功率 5.5kW。

消毒设备 1 套，采用现场工作二氧化氯发生器，用于对出水加氯消毒。管网叠压供水设备 1 套，用于将处理水加压泵入自来水管网。电动阀及电控系统 1 套。

5.6.2.3 系统运行效果

示范工程于 2011 年 9 月建成，10 月底装置调试完成，自 11 月起正式运行。截至 2012 年 5 月，累计运行 121d，解吸再生 12 次，出水水质一直正常，共向自来水管网供水 11.5 万 t。运行中每日主要对进出水的氟离子浓度、pH 值，出水的铝、铁离子浓度进行检测。采用氟离子选择电极法检测进、出水氟离子浓度，采用 pH 在线监测仪对进、出水的 pH 值进行在线监测，采用等离子发射光谱法（ICP）检测出水的铝、铁离子浓度。

　　每日进出水氟浓度变化见图 5-77。可见，进水氟浓度在 3.0mg/L 上下浮动，出水氟浓度多数时间小于 1.0mg/L，且平均值低于饮用水限值，显示工程的除氟效果符合设计要求。

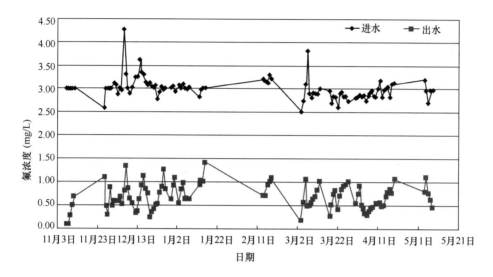

图 5-77　进、出水氟浓度检测结果

　　进、出水的 pH 值日变化见图 5-78。可见进水 pH 值在 7.5～8.0 范围浮动。通过进水盐酸调节及吸附除氟过程，出水的 pH 值有所下降。除启动运行第 1 天外，所有出水的 pH 值均符合饮用水卫生标准。

　　出水的铝、铁离子浓度远低于饮用水卫生标准，而且多数时间未检出。

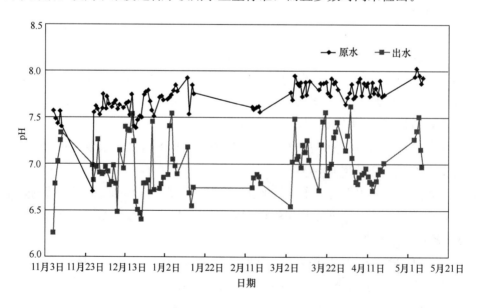

图 5-78　进、出水 pH 值检测结果

　　于 2011 年 12 月 7 日对出水进行新国标全部水质指标测试，测试结果显示，所有指标

均符合新国标卫生标准。重要检测结果见表 5-36，与原水水质指标相比，出水氯化物、硫酸根浓度有所上升，则可能是进水调节 pH 值以及吸附剂为 PFS 改性所致，但均未对出水达标饮用构成威胁。

重要水质指标检测结果 表 5-36

项目	氟化物 （mg/L）	pH	铝 （mg/L）	铁 （mg/L）	硫酸盐 （mg/L）	氯化物 （mg/L）	TDS （mg/L）	总硬度 （mg/L）
出水	0.75	7.45	未检出	未检出	27.7	80.2	521	249
标准	≤1.0	6.5～8.5	≤0.2	≤0.3	≤250	≤250	≤1000	≤450

5.6.2.4　运行费用估算

运行费用主要包括药剂费、电费及人工费。药剂消耗量采用进库量登记，扣减剩余药剂量，并以期间产水量进行药剂单耗计算；药剂单价采用市场价格。通过表 5-37 的药剂单耗及单价计算得到药剂费用 0.44 元/m³。

药剂单耗及费用估算 表 5-37

项目	单耗（kg/m³）	单价（元/t）	费用（元/m³）
盐酸	0.20	1500	0.30
硫酸	0.01	1000	0.01
NaOH	0.02	4000	0.08
PFS	0.02	2000	0.04
石灰	0.01	500	0.01
合计			0.44

采用独立电度表量电耗，包括泵、电控系统及照明用电，平均用电 0.10kW·h/m³，按电价 0.75 元/kW·h 计算，电费 0.075 元/m³。日常维护工人 1 名，月工资 2400 元，折合人工费 0.08 元/m³。3 项合计，除氟工艺的制水成本为 0.59 元/m³。

采用铁改性颗粒活性氧化铝吸附剂、三级串联吸附工艺对小汤山高氟地下水进行除氟示范运行，出水水质达标，运行效果良好，运行成本较低。该示范工程的工艺设计及运行数据可为同类工程提供参考。

5.7　华东县镇河网饮用水安全保障技术示范

5.7.1　示范工程背景及其工程简介

5.7.1.1　示范工程简介

根据上虞市近远期城市的供水要求，规划确定：中心城区不再新建净水厂，中远期对第二水厂和第三水厂进行扩建，本课题以第二水厂（现更名为上源闸水厂）的改扩建工程为依托示范工程。上源闸水厂原设计规模 15 万 t/d，以汤浦水库为水源，水源水质良好，经常规处理工艺处理后可以满足饮用水卫生标准。但目前汤浦水库水量已经不足以应对水量增长的需求，需要启用微污染的总干渠水作为该水厂的水源，本课题的示范的任务是将原水厂的一组工艺（3 万 t/d）进行改造，使其在使用微污染水源水时能满足《生活饮用水卫生标准》（GB 5749—2006）。

根据上虞市第二水厂的现状，在全厂 15 万 m³/d 的总能力中，将一条 3 万 m³/d 生产线的沉淀池和滤池部分改造为能在引现状总干渠原水的条件下，生产出水符合《生活饮用水卫生标准》（GB 5749—2006）的处理池。系统采用混凝、沉淀、生物粉末活性炭接触氧化和超滤工艺。改造范围在原第二水厂一期工程的平流沉淀池和滤池范围内，380V 电源由临近配电间引出，混凝剂投加沿用原系统。改造工程尽量利用原有水池和可利用设备，尽可能减少池外用地，在改造过程中尽可能减少对水厂运行的影响（图 5-79）。

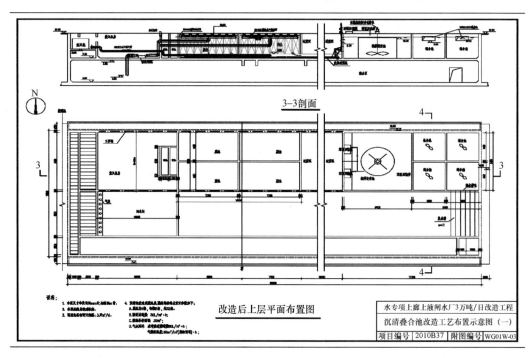

图 5-79　示范工程平面图

示范工程中的组合工艺可以发挥活性炭吸附-生物氧化和膜分离的作用，对微污染水源水中的 NH_4^+-N、COD_{Mn} 等特征污染物有较好的去除效果。经检测，示范工程的出水水质均能满足《生活饮用水卫生标准》（GB 5749—2006）。

5.7.1.2　示范工程的关键技术

从相关文献来看，国内外对粉末活性炭-超滤膜联用工艺的研究主要集中在该工艺对有机物、浊度等的去除和缓解膜污染方面，主要考察内容是 PAC-UF 工艺对微污染水源水中有机物、浊度、藻毒素等的去除，并考察粉末活性炭对缓解膜污染，提高膜通量的积极作用，且组合工艺中简单的水力反冲洗即可较大程度地恢复膜通量。有部分文献通过建立数学模型模拟 PAC－UF 工艺中的膜通量情形及其控制参数，还有部分文献通过 PAC-MBR 工艺（即 PAC 与超滤膜联用工艺，膜表面存在生物膜）不仅考察了对有机物、浊度的去除，还考察了该工艺中得以去除 NH_4^+-N 的生物作用。

本示范工程以现场中试成果为基础，结合第二水厂的实际情况设计，项目建成后，不仅为上虞市增加新的可用水源，而且对类似水源水厂的升级改造具有很好的示范作用。与常规处理工艺比较，本示范工程的制水成本仅提高约 0.16 元/m^3，适宜在华东地区广泛推广。

本课题所研究的关键技术主要是针对华东河网中愈来愈多的微污染水源，水体中存在溶解性有机物和 NH_4^+-N 超标等问题。传统的城市自来水厂绝大部分仍采用混凝-沉淀-过滤-消毒工艺，这一工艺对原水中的溶解性有机物和 NH_4^+-N 的处理效果很差，使出水水质不能满足《生活饮用水卫生标准》（GB 5749—2006）。针对此问题，本课题创新性地将混凝、沉淀、吸附、生物氧化和膜分离组合在一起，形成集反应-短时间沉淀-吸附、生物氧化和膜分离工艺于一体的组合工艺。经过查阅国内外文献，仅发现针对 PAC-UF 或 PAC-MBR 工艺的试验研究，并未有实际应用，且这 2 种工艺均没有考虑与混凝、沉淀工艺的有效结合。

5.7.2　示范工程对微污染原水处理效果

示范工程中的组合工艺可以发挥活性炭吸附-生物氧化和膜分离的作用，对微污染水源水中的 NH_4^+-N、COD_{Mn} 等特征污染物有较好的去除效果。经检测，示范工程的出水水质均能满足《生活饮用水卫生标准》（GB 5749—2006）。示范工程开始运行后，膜组件的跨膜压差维持在 20～30kPa，通过控制系统的 MLSS 和 EPS，可以维持稳定的跨膜压差。主要检测指标及结果分析如下：

5.7.2.1　浊度

超滤膜孔径在 0.01～0.1μm 范围内，故示范工程正常运行时，膜组件可截留大部分颗粒物保证出水浊度在 0.02NTU 以下。在实际运行时，膜出水浊度在 0.19～0.24NTU 之间变化，符合预期效果。浊度（NTU）的检测采用哈希便携式 2100P 浊度仪测定。

改造工程运行后，不仅池内各处浊度有所不同，而且不同时期同一处水质也有所差异。切换至总干渠水后运行过程中池内各处浊度的比较如图 5-80 所示。

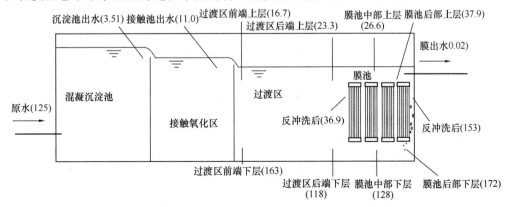

图 5-80　示范工程运行中各单元的浊度

5.7.2.2 NH_4^+-N

水体中的有机氮在氨化菌的作用下，转化为 NH_4^+-N，水体中的 NH_4^+-N 在好氧的条件下通过亚硝化菌和硝化菌转化为 NO_3^--N，然后在缺氧的条件下，通过反硝化菌转化为 N_2。由于氨化和同化反应速度很快，在一般水处理设施中均能完成，故饮用水处理中生物脱氮的关键在于亚硝化和硝化作用。硝化和亚硝化作用是否发生，首先要看 NH_4^+-N 的去除效果。

水中 NH_4^+-N 是影响感官水质指标因素之一。NH_4^+-N 的浓度与有机物的含量、DO 的大小有着相关性，标志着水污染的程度，是水质富营养化的重要因素。在供水系统中 NH_4^+-N 的存在会降低消毒效果，造成过滤除锰失败，引起臭和味的问题。考虑水厂运行和水质感官等因素，《生活饮用水卫生标准》（GB 5749—2006）中规定 NH_4^+-N 限值为 0.5mg/L。NH_4^+-N 用纳氏试剂分光光度法测定。

运行初期 NH_4^+-N 去除效果不佳，5 月 6 日（第 7 天）后气温升高，NH_4^+-N 去除效果转好，从 5 月 8 日（第 9 天）开始，出水降低到 0.5mg/L 以下，达到饮用水水质标准（图 5-81）。

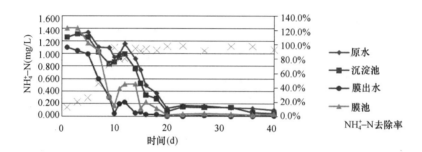

图 5-81 示范工程运行中 NH_4^+-N 去除效果

已有理论研究证明单纯的膜分离和活性炭吸附不能有效去除 NH_4^+-N，可见 NH_4^+-N 的去除主要靠生物作用。工艺运行前期生物未培养成熟，导致 NH_4^+-N 去除率只有 12%～25%，当生物培养一周后，工艺就可完成 NH_4^+-N 的大幅去除，去除率平均高达 92.5%。

温度也是改善出水水质的至关重要的因素：①5 月出现的高温天气，使接触池、过渡区、膜池内生物的生长加速，小试研究证明，水温 15℃以下，生物培养成熟需要 2 周时间，25℃以上培养一周，生物作用即可非常活跃。② 气温的升高同时降低原水 NH_4^+-N，减轻工艺处理的负担，使去除率有进一步的提升。这一点在小试试验中也有所体现，在相同温度下，原水的 NH_4^+-N 值与去除率成反比的关系。

5.7.2.3 NO_2^--N

水中的氮主要以 NH_4^+-N、NO_3^--N、NO_2^--N 和有机氮几种形式存在。有机氮通过氧化和微生物活动可转化为 NH_4^+-N，NH_4^+-N 在好氧情况下又可被硝化细菌氧化成 NO_2^--N 和 NO_3^--N。NO_2^--N 是氨硝化过程的中间产物，水中亚硝酸盐含量高，说明有机物的无机化过程尚未完成，污染危害仍然存在。NO_3^--N 是含氮有机物氧化分解的最终产物。水中硝酸盐除了来自地层外，主要来源有生活污水和工业废水、施肥后的径流和渗透、大气中的硝酸盐沉降、土壤中有机物的生物降解等。由于存在氨的硝化过程，自来水中含高浓度的 NH_4^+-N 可能产生大量亚硝酸盐，危害人体健康。

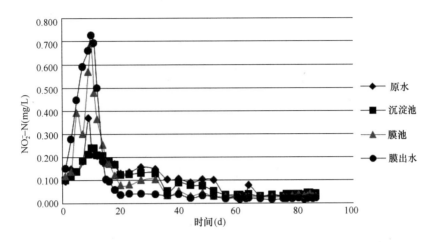

图 5-82　示范工程运行中 NO_2^--N 浓度变化

生物法去除 NH_4^+-N 主要依靠亚硝化单胞菌属和硝化杆菌属。亚硝化单胞菌通过比较复杂的途径将 NH_4^+-N 氧化为 NO_2^--N，硝化杆菌在单一阶段将 NO_2^--N 氧化为 NO_3^--N。NH_4^+-N 去除后转化为何种形式的氮，需要靠 NO_2^--N 和 NO_3^+-N 的指标来确定。《生活饮用水卫生标准》（GB 5749—2006）中规定亚硝酸盐限值为 1mg/L。NO_2^--N 用 N-(1-萘基)-乙二胺分光光度法测定。

工艺运行前期 NO_2^--N 有很明显的上升趋势，NH_4^+-N 大部分转化成为 NO_2^--N，说明亚硝化菌在生物反应中比较活跃，而硝化杆菌还未培养成熟。工艺运行 2 周后，出水 NO_2^--N 低于进水，说明硝化杆菌培养成熟，可有效将水中 NO_2^--N 转化为 NO_3^+-N（图 5-82）。这一点与小试、中试研究结果相符，在以往的实验研究中也发现，NO_2^--N 有先升后降的变化趋势，主要是由于硝化杆菌的生长条件苛刻，需要较长时间的培养，才能发挥其作用。

5.7.2.4　NO_3^--N

NO_3^--N 是含氮有机物氧化分解的最终产物。饮用水中若含有过量的硝酸盐将引起血液中变性血红蛋白增加而中毒，我国的《生活饮用水卫生标准》（GB 5749－2006）中规定 NO_3^--N 含量不得大于 10mg /L，当地下水源限制时不得大于 20mg/L。NO_3^--N 用紫外分光光度法测定。

运行前 10d 硝酸盐指标沉淀池出水略低于原水，而膜出水和原水基本持平，主要原因是混凝沉淀去除一部分亚硝酸盐，而膜池中的硝化反应又提高了水中硝酸盐的含量，使进出水 NO_3^--N 含量基本不变。运行前 10d 正是亚硝酸盐大幅度升高的时间段，说明在此期间硝化杆菌也是存在的，但总数比较少，反应不活跃（图 5-83）。

运行 10～20d 期间，出水 NO_3^--N 高于进水，究其原因，主要是硝化杆菌的生长将水

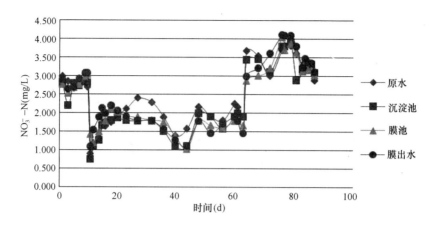

图 5-83　示范工程运行中 NO_3^--N 浓度变化

中富集的 NO_2^--N 转化，故对应时期的 NO_2^--N 降低，NO_3^--N 升高。

20d 后，进入稳定去除阶段，NO_3^--N 的平均去除率为 7.1%。

5.7.2.5　COD_{Mn}

COD_{Mn} 值不仅有效地反映了有机物的综合内容，而且也间接反映了饮用水臭味问题。《生活饮用水卫生标准》（GB 5749－2006）中要求的水源水的 COD_{Mn} 值不超过 6mg/L。COD_{Mn} 采用酸性高锰酸钾滴定法测定。由于原水的浊度较高，会干扰最终显色，通常将浊度大于 100NTU 的原水水样通过稀释后进行滴定。

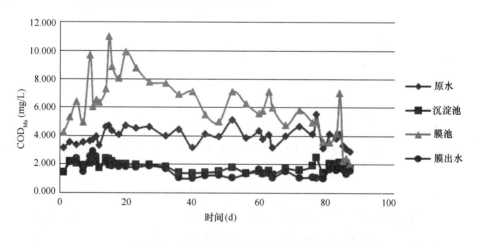

图 5-84　示范工程运行中 COD_{Mn} 浓度变化

进水平均 COD_{Mn} 为 3.97mg/L，出水为 1.62mg/L，去除率为 58.3%。由于前期已经运行过一段时间，膜池中 COD_{Mn} 有少量富集。前几天膜出水 COD_{Mn} 和沉淀池出水 COD_{Mn} 基本一致，运行 1 周后膜池水 COD_{Mn} 有明显升高的现象，导致出现膜出水 COD_{Mn} 高于沉淀池的现象，第 10 天膜出水达到最高值 2.93mg/L，即将达到水质标准 3mg/L 的上限。达到最高点后，出水 COD_{Mn} 值有回落趋势。20d 后，膜池 COD_{Mn} 值也有所下降，膜池出水趋于稳定，在 1.03～1.81mg/L 范围内浮动（图 5-84）。

5.7.3 膜的化学清洗及其效果

膜的清洗分为物理清洗，化学清洗和生物清洗3种方法。物理清洗是利用高流速的水或空气和水的混合流体冲洗膜表面，这种方法具有不引入新污染物，清洗步骤简单等特点，但该法仅对污染初期的膜有效，清洗效果不能持久；化学清洗是在水流中加入某种合适的化学药剂，连续循环清洗，该法能清除复合污垢，迅速恢复膜通量；生物清洗是借助微生物、酶等生物活性剂的生物活动去除膜表面及膜内部的污染物。化学清洗和生物清洗都存在向系统引入新的污染物的可能性，另外运行与清洗之间的转换步骤较多。

超滤过程中滤饼层形成、吸附污染或孔堵塞等原因造成的膜污染均能从渗透通量随时间变化的特定曲线中反映出来。通过超滤试验可得出不同阶段的通量值：清洁膜通量 J_1、化学清洗后膜通量值 J_2、水力清洗后膜通量值 J_3 和污染膜通量值 J_4。

5.7.3.1 物理清洗

常见的物理清洗方法通常有低压高流速清洗和反压清洗及这两者的联用。低压高流速即在较低的操作压力下尽可能地加大膜面流速，该法一方面使得溶质分子在膜面停留的概率降低，另一方面减轻了料液与膜面之间的浓差极化。反压清洗即通过在膜的透过液一侧施加压力，使透过液反向透过膜．该法一方面可以冲掉堵塞在膜孔内的污染物，另一方面对料液侧膜表面的附着层也有着一定的冲洗作用。

膜的负压清洗是在膜的功能面造成负压，即低于大气压的压力下使膜面和膜内部的污染物脱落。该法的一般清洗特点是：在清洗时，使膜组件接在泵的吸程上，造成膜的功能面压力低于大气压（即为负压），而膜的另一面为大气压，从而使透过液逆流透过膜来清洗膜面和膜孔内的污染物，这与反压清洗既有相同之处又有不同之处。两法的相同之处在于都是利用膜反面的压力高于膜功能面压力而使透过液逆流反向通过膜功能面；不同之处在于，实行反压清洗时，膜正反面与大气压的关系为：大气压≤膜正面压力＜膜反面压力，而负压清洗时，三者的关系为：膜正面压力＜大气压力＝膜反面压力。膜的负压清洗更利于膜压实的恢复，且因膜正反面的压差最大为1个大气压，故不会因操作失误而被损坏。

在中试实验过程中，实验记录了对不同阶段下不同膜压力进行物理反压，清洗30min后跨膜压的恢复情况，如图5-85所示，反映出物理清洗的作用。

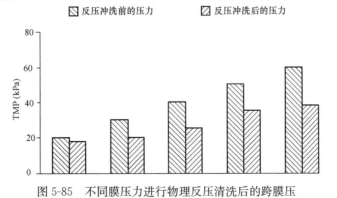

图 5-85　不同膜压力进行物理反压清洗后的跨膜压

从图 5-85 可以看到，在膜污染较轻即跨膜压较低时，物理清洗的作用并不明显，分析认为此时膜污染初期的构成以不可逆污染为主，初期膜表面滤饼层并未成为跨膜压升高的主要的推动因素，而随着跨膜压的升高，反压冲洗后装置短时间内的压力比较低，这主要是因为膜装置运行后期膜表面附着物累积过厚。

5.7.3.2　化学清洗

在实际运行中，对于污染严重的膜，仅靠物理清洗很难使膜通量完全恢复，必须借助于化学清洗。化学清洗剂的选择应根据膜污染物的类型和污染程度，以及膜的物理化学特性来进行，清洗剂可单独使用，也可复合使用。清洗剂中无机酸主要用来清除无机垢，使污染物中一部分不溶性物质转变为可溶性物质；强碱主要是清除油脂、蛋白、藻类等的生物污染、胶体污染及大多数的有机污染物；螯合剂主要是与污染物中的无机离子络合生成溶解度大的物质，从而减少膜表面及孔内沉积的盐和吸附的无机污染物。针对不同的料液也可将几种清洗剂适当复配作为专用清洗剂，或采取酸和碱交替清洗的方法。

膜厂家推荐的清洗液为次氯酸钠（碱洗）和柠檬酸（酸洗）。针对试验用原水水质情况，对只碱洗（碱浓度为 300～400mg/L）、先碱洗（碱浓度为 300～400mg/L）再酸洗（酸浓度为 300～400mg/L）这 2 种清洗方式进行了研究。结果表明，先碱洗再酸洗的清洗方式要优于只碱洗的方式。

5.7.3.3　生物清洗

这类方法又可分为 2 类：一类类似于化学清洗方法，使用清洗剂清洗，所不同的是此类清洗剂具有生物活性；另一类则是将生物剂通过特殊的方法固定在膜上，使膜具有抗污染的能力。对含蛋白体系的混合物膜分离过程，酶制剂清洗是一种非常有效的方法。采用酶制剂清洗可以切断蛋白链，而表面活性剂可与特定的蛋白链发生作用，另外还可快速溶解小的松散的蛋白片段。因此，先采用酶制剂清洗，后采用表面活性剂清洗的方法对 BSA 和乳清污染的聚砜超滤膜清洗非常有效。另外，也可将 2 种清洗剂复配成 1 种，但必须考虑优化，即清洗剂之间不能发生相互作用。

对上虞市上源闸水厂的改造工程膜组件进行化学清洗，清洗分加碱和加酸 2 个步骤，化学清洗前单独准备好 0.5％浓度的 NaOH、1000ppm 的 NaClO 和 2％浓度的柠檬酸 3 种化学溶液。

1. 加碱

加碱过程分 4 个阶段：

（1）将事先准备好的 NaOH 和 NaClO 倒入单独准备好的清洗池中，清洗池中 NaOH 的浓度为 0.5％，NaClO 为 1000ppm，将膜组件浸泡于清洗池中 3h，同时每 1h 通过设于清洗池底部的管道曝气 2min。

（2）循环 1h，并同时每半个小时曝气 2min。

（3）继续浸泡 3h，同时每 1h 通过设于清洗池底部的管道曝气 2min；

（4）将清洗池内的溶液排到水厂的废液池中，然后向清洗池注入清水，漂洗 2h。

2. 加柠檬酸

（1）事先准备好柠檬酸清洗池中，清洗池中柠檬酸的浓度为 2%，将膜组件浸泡于清洗池中 3h，同时每 1h 通过设于清洗池底部的管道曝气 2min；

（2）循环 1h，并同时每半个小时曝气 2min；

（3）继续浸泡 3h，同时每 1h 通过设于清洗池底部的管道曝气 2min；

（4）将清洗池内的溶液排到水厂的废液池中，然后向清洗池注入清水，漂洗 2h。

清洗前后膜组件的照片如图 5-86 所示。

化学清洗前后的跨膜压力情况如图 5-87 所示。

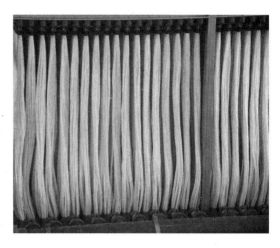

图 5-86　化学清洗后的膜组件照片

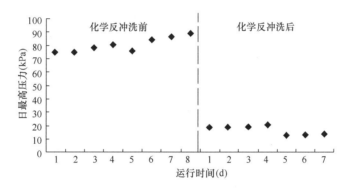

图 5-87　化学反冲洗前后跨膜压的变化

5.7.4　系统中微生物组成分析

5.7.4.1　不同阶段生物量分布

由图 5-88 可知，NH_4^+-N 去除效果与接触池内生物量的大小有较强的关联性。微生物

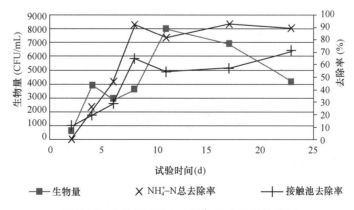

图 5-88　生物量变化与 NH_4^+-N 去除率的关系

量的大幅增长是 NH_4^+-N 去除效果加强的主要原因之一。另外，在运行早期，NH_4^+-N 没有达到较高的去除率，但微生物量已经达到一个较高水平，3000～4000CFU/mL，运行后期也检测出生物量为 4129 CFU/mL，而 NH_4^+-N 去除率有大幅上升，说明在生物量达到一定范围后，NH_4^+-N 去除效果的好坏与生物种类的驯化联系密切。经过长期的高 NH_4^+-N、低有机物原水的培养，系统内微生物从分解有机物为主的异养菌转化为去除氮类物质较有优势的自养型微生物，故后期微生物量未有大幅度增加，但还能保持有效去除 NH_4^+-N 的理想效果。

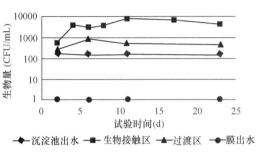

图 5-89　生物量的空间分布

由图 5-89 可知，过渡区末端也有一定量的微生物存在，所以在过渡区和膜池内可以持续降解氮类物质。但过渡区的微生物量并没有随运行时间的延长而增加，反而有降低的趋势。其主要原因是反应器内生物活性炭的培养成熟有助于活性炭颗粒的聚集和沉降，过渡区末端漂浮的活性炭减少，测得的微生物量也随之减小。

混合液内的生物量要高于过渡区末端 10～15 倍，因为活性炭作为一种多孔物质，比表面积大，是微生物生长的良好载体。菌体表面的蛋白质是两性化合物，可通过化学键引力与活性炭表面存在的氧化物进行结合。同时，炭表面通常有各种高低不同的凸起，为微生物提供适宜的附着点，较大凸起可在一定程度上避免微生物受水流剪切力的破坏。污泥的回流使载有微生物的活性炭在接触池内富集，故 NH_4^+-N 去除的主要部位集中在系统前端。

5.7.4.2　污泥的微生物组成分析

污泥中微生物种类丰富，其中 β 变形菌类群最多，为 24 个克隆子，其次为 γ 变形菌

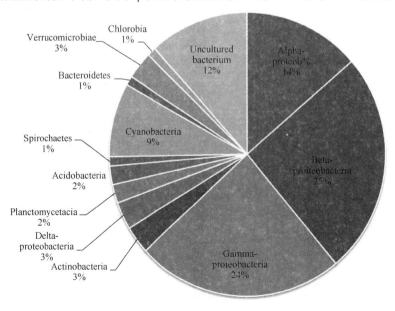

图 5-90　各类微生物群在文库中所占比例

类群和 α 变形菌类群，为 23 个克隆子和 13 个克隆子。并且包含铜绿假单胞菌，假性单胞菌属，甲基球菌属，慢生根瘤科，鞘氨醇单胞菌属等。虽然本次实验中微生物生存环境为贫营养水体，但测得的细菌种类极为丰富，基本都是生物处理污水或饮用水工艺中常见的细菌。β 变形菌是除氮工艺中常见菌种；甲基球菌科能在好氧的环境下去除有机物，其已知的碳源主要为甲烷、甲醇和甲醛；鞘氨醇单胞菌属微生物是目前已知著名的降解菌，已有大量鞘氨醇单胞菌降解 PCBs、五氯酚、除草剂、六六六、多环芳烃等有毒污染物的报道。它们共同构成 PAC-UF 反应器中稳定的生态系统，对吸附降解污染物、保证出水安全性起到至关重要的作用。还有 11.58% 的序列所对应的最相近种为未培养的微生物，是未知的微生物资源。

5.7.5 经济效益分析

针对上源闸水厂的常规处理和示范工程改造后的工艺运行情况，对 2 种工艺单位水量的运行成本进行了估算，表 5-38 统计了上源闸水厂 3~6 月份的千吨水成本，3~4 月份为上源闸水厂使用普通制水工艺的生产成本，5 月份膜组开始试运行，故从 5 月份开始，上源闸水厂成本升高。

上源闸水厂制水成本　　　　　　　　　　　　　　表 5-38

	单位	3 月	4 月	5 月	6 月
总供水量	m³	2031480	2277476	2268275	2343926
供水电量	kW·h	302068	331532	386962	370102
电费	元	243587.64	262672.8	303571.69	291566.36
矾量	kg	21973	25581	36162	44261
矾费	元	17358.67	20208.99	28567.98	34523.58
氯量	kg	1983	2548	2373	3075
氯费	元	6246.45	8026.2	7474.95	9686.25
石灰	kg	10225	13532	15144	18014
石灰费	元	10531.75	13937.96	15598.32	18554.42
单耗	元/kt	136.71	133.85	156.60	151.17

上源闸改造综合示范工程较其他常规处理工艺来说，增加设置了膜处理工艺。

所增加膜组合处理工艺生产成本统计见表 5-39 所列。

膜组合处理工艺生产成本　　　　　　　　　　　表 5-39

	进水量 （m³）	电费（元）	矾费（元）	高锰酸钾费 （元）	单耗 （元/kt）
6 月	8538	1050.33	241.8	68.4	159.35
7 月	399375	34525.04	7017.73	5492.52	117.77
8 月	164319	19865.81	2912.39	2792.4	155.62
9 月	138266	27186.64	1954.55	2066.4	225.71

与常规处理工艺比较，本示范工程的制水成本仅提高约 0.16 元/m³，具有很好的示范作用，适宜在华东地区广泛推广。

5.8   海岛村镇饮用水安全保障适用技术示范

5.8.1   海岛屋顶接水供水系统示范

5.8.1.1   示范地东极镇概况

浙江省舟山市东极镇（图 5-91）中心地处 N 30°11′，E 122°40′，距离沈家门约 45km，被认为是祖国最东边的陆地，故名东极。东极镇东至两兄弟岛屿接东海（20 海里外为公海），南至黄大洋接洋鞍渔场，西至岱巨洋，北至嵊山渔场。距沈家门约 45.5km（27 海里），陆域面积 11.7km²，共有 28 个大小岛屿，108 块礁庙子湖、青浜、黄兴、东福山为 4 个常驻人口岛。全镇共有庙子湖、青浜、黄兴、大峧 4 个行政村，13 个自然村，镇政府驻庙子湖岛南峧。截至 2008 年底，全镇共有在册人口 6287 人，在册户数 2553 户（原全镇人口最多时达 11724 人）。实际居住人口约 2500 人。人口集中在庙子湖岛，其中，青浜、黄兴、东福山居住人口随着生产季节变化而变动较大。渔业劳力约 2069 人（包括驻沈渔业劳动力）。

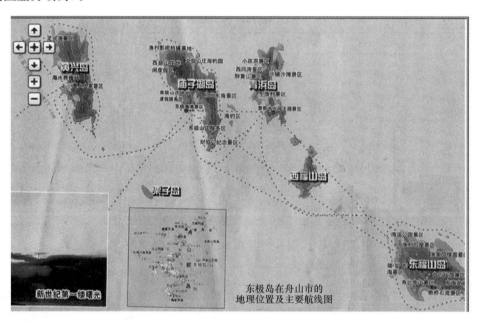

图 5-91   东极镇地理位置示意图

东极镇是唯一一个没有与大陆联网的乡镇，用电全部由柴油机发电供应，居民用电 1.8 元/kW·h，企业用电 2.3 元/kW·h，庙子湖、青浜两岛居民用电由东极电厂供电，东福山居民用电由驻岛海军观通站供给，黄兴居民用电由村里的 2 台 8 kW 发电机自行发电，镇政府每年给予一定补助解决。2009 年 10 月，在镇政府的努力下，东极电厂纳入舟山电力公司管理，组建了舟山电力公司东极电厂，完成了新厂房的建设和技术升级，实现了与大陆电力同价。目前，东极电厂发电容量 1160kW，每月平均发电 6～8 万 kW·h。

青浜岛有海上布达拉宫的美誉，位于庙子湖岛东 1km 处，略呈长形，南北走向，长 2.54km，宽 0.8km，面积 1.45km²。青浜岛截至 2008 年在册户数 867 户，人口数 2129 人，目前常住户数约 500 户，常住人口约 1300 人，居住人口随着生产季节变化而变动较大。青浜岛与庙子湖岛北岸海峡口有一灯塔礁石，架设有与庙子湖连线高压电杆，是青浜岛唯一的电力来源。

东极镇拥有丰富的旅游资源，旅游业逐渐发展成为东极第三产业的支柱，2006 年东极庙子湖村被评为"浙江省农家乐特色示范村"，2007 年东极镇被评为"浙江省休闲渔业基地"。然而，随着旅游业的发展，旅游人数的攀升，海岛淡水供应面临严峻的考验，为此，镇政府所在地庙子湖岛修建了海水淡化厂作为应急水源，但夏季旅游高峰期，由于供水压力大加上用电紧张，海水淡化厂很难发挥作用，面临着"水电两缺"的窘境，成为旅游事业乃至东极发展的一大障碍。因此，作为国家水体污染控制与治理重大科技专项中唯一一个针对海岛村镇地区饮用水安全保障的课题，选择舟山市普陀区东极镇作为海岛淡水研究示范地，不但极具典型，同时还切合了当地的社会发展需求，具有极强的示范作用和社会效益。

5.8.1.2 示范区淡水资源调研

与散列海岛典型的分散供水水源相对应，典型的散列海岛分散供水模式有以下 3 种：

1. 小型集中供水方式——水源为小山塘水

海岛小山塘是海岛的主要淡水水源，也是海岛水资源开发的常规而又主要的方式。例如，东极镇目前作为淡水水源的小山塘主要分布在庙子湖岛，分别为仰天坪和小天地山塘，总蓄水量 7.0 万 m³，其中小天地水库总库容为 4.5 万 m³，仰天坪水库总库容为 2.5 万 m³（图 5-92）。2007 年东极镇以庙子湖岛这 2 座小山塘为水源，建成东极自来水厂

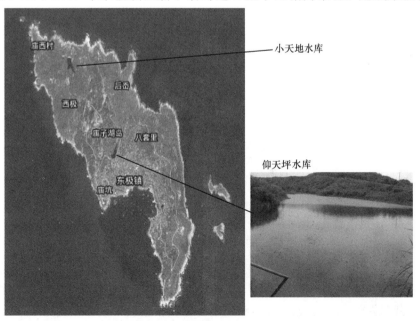

图 5-92　庙子湖岛仰天坪和小天地山塘

（规模 200m³/d）并投入使用，2009 年东极镇投入 212 万元，完成庙子湖岛农村饮用水管网改造工程，负责庙子湖岛的渔农民的供水。

2. 小型集中供水方式——水源为坑道井水

坑道井建设适合海岛地形和地质条件，适用性强，既起到集水作用，又起到储存作用，且水质相对较好，是海岛理想的淡水水源。坑道井单口容积约为 400～2000m³，出水比较均匀，一般适合以村为单位建设管理。坑道井的水源主要为基岩裂隙水，为保证水量，可采取地表径流引入水井的方法，将雨季地表径流通过沟渠汇入坑道井内，以提高坑道井的蓄水容积。坑道井工程如图 5-93 所示。

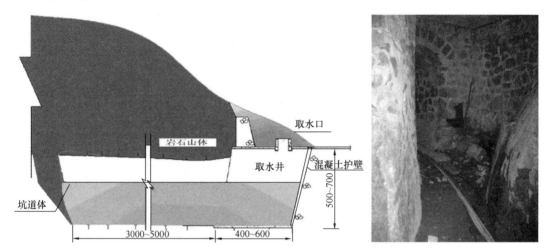

图 5-93　坑道井工程示意图与东福山岛坑道井内部

坑道井水水质正常情况下较好，同时由于条件限制，没有任何净化、消毒措施，为管道直供水。例如，青浜岛、黄兴岛、东福山岛三岛居民生活用水以及庙子湖岛与东福山岛的驻军用水均依靠坑道井水，没有净化消毒装置，为管道直供坑道井水。

3. 海岛屋顶接水供水系统

对于海岛来说，雨水是极其宝贵的淡水资源，雨水的收集利用是解决海岛淡水短缺的最经济实用的途径。目前，海岛屋面雨水的利用也受到了海岛群众的欢迎和领导的重视，海岛村民已养成了建房先挖窖的习俗，几乎户户有水窖，家家有自备井，用于存储雨季的降雨径流进行利用。图 5-94 和图 5-95 为典型的屋顶接水系统及其水窖和水缸。

5.8.1.3　散列海岛供水存在的问题

1. 坑道井供水系统存在的问题

1）水源

村级散列海岛淡水水源主要以坑道井为主，因此课题组对青浜岛 1 号坑道井进行了为期一年（2009 年）的水质跟踪，其水质检测结果见表 5-40。

由表 5-40 可知，坑道井水符合地下水水源水质要求。但是，坑道井一般分布在村边荒郊野外，井口裸露（图 5-96），日常清洁维护存在较大困难，基本上坑道井几年内部清理一次。因此，散列海岛坑道井水源存在以下问题：

图 5-94 海岛典型的屋顶接水系统与地下水窖

图 5-95 海岛民居典型的屋前水窖与水缸

青浜岛 1 号坑道井水水质（2009 年）

表 5-40

序号	项目	单位	结果	序号	项目	单位	结果
1	砷（As）	mg/L	<0.005	12	铜（Cu）	mg/L	0.003～0.008
2	镉（Cd）	mg/L	<0.001	13	锌（Zn）	mg/L	<0.05
3	铬（六价）	mg/L	<0.004	14	氯化物（Cl⁻）	mg/L	42～54
4	铅（Pb）	mg/L	<0.005	15	硫酸盐（SO_4^{2-}）	mg/L	17～21
5	汞（Hg）	mg/L	<0.0001	16	总硬度（以 $CaCO_3$ 计）	mg/L	44～63

续表

序号	项目	单位	结果	序号	项目	单位	结果
6	硒(Se)	mg/L	<0.005	17	耗氧量(以 O_2 计)	mg/L	1.12～3.64
7	氰化物(CN^-)	mg/L	<0.01	18	NH_4^+-N(以 N 计)	mg/L	0.02～0.06
8	氟化物(F^-)	mg/L	0.16～0.32	19	亚硝酸盐(以 N 计)	mg/L	0.002～0.005
9	硝酸盐(N 计)	mg/L	0.3～1.2	20	电导率	$\mu s/cm$	90.4～326
10	铁(Fe)	mg/L	0.08～0.1	21	浊度	NTU	1.88～11.4
11	锰(Mn)	mg/L	0.05～0.07	22	DO	mg/L	9.02～9.86

图 5-96　青浜岛 1 号坑道井口与庙子湖岛海防营坑道井口

（1）坑道井散布野外、井水易受污染。由于没有任何保护措施，坑道井成为了蚊蝇滋生场所，也成为鼠虫的饮水之处，这对坑道井饮用水安全产生了较大威胁。

（2）水质季节性变化大。雨季降雨径流汇入，随降雨径流带入其他地表污染物，造成坑道井水周期性水质恶化，这从浊度指标就有所反映，正常时浊度为 1.88NTU，而雨季降雨径流汇入后，水质浊度达到了 11.4NTU。而在部分卫生器具较完善的家庭或单位中，由于水泵直接抽水至高位水箱时，大量泥砂及细小的枯腐残叶被带入高位水箱，在高位水箱沉淀、腐烂，甚至随水流汇入用水点，严重影响饮用水卫生。图 5-97 是庙子湖岛海防营盥洗池水龙头内过滤片上的泥砂腐叶残留。

因此可见，坑道井水并不是都像大家所认为的那样始终具有较好的水质，反而极易受到各方面外界因素的影响，形成阶段性污染，在未经处理即直接饮用的情况下，对长期饮用者有着较大的安全隐患。

2）输配水系统

散列海岛由于地质条件差，居民依山而居，相对分散，没有敷设完善的配水系统，加之坑道井分散，山路崎岖，给居民打水造成了较大的困难，也成为海岛村民饮水的一个

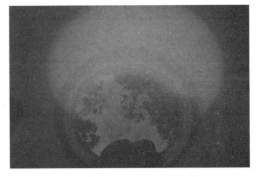

图 5-97 海防营招待所盥洗盘龙头内的泥砂腐叶残留与高位水箱水

难题。

目前，海岛村民的配水系统主要是非饮用水用的 PVC 软管，通过虹吸方式由标高较高处的坑道井虹吸水，引入储水窖或水缸储存后使用（图 5-98）。

图 5-98 海岛渔农民的取水 PVC 管与储水缸

这种供水模式存在着如下问题：

（1）非饮用水用的 PVC 软管引水存在较大风险，在常年的海岛日光暴晒下，容易导致 PVC 软管中的有害痕量物质的析出，污染饮用水，给村民的身体健康带来很大的威胁。

（2）通过引水后，储存于自家蓄水设施中，由于没有相应的消毒药剂与措施，加之蓄水设施缺乏必要的消毒、防护措施，势必造成水质的二次污染，加大了饮水风险。

（3）由于无法统一管理，部分居民引水后未及时塞住管道，导致淡水资源大量流失，造成了巨大的浪费。

而对于庙子湖岛海防营，高位小水箱与供水管道中二次污染严重。海防营将分散坑道井水源通过水泵提升至高位水箱，再通过高位水箱向营区内供水，这种供水模式极易引起二次污染。高位水箱由于管理等原因，易成为蚊蝇滋生繁殖场所，水箱内部成为主要的污染源（图 5-99）。从实际调研可知，高位水箱壁面存在厚厚的苔藓，检查口常开，污染物极易进入。

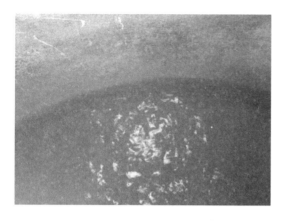

图 5-99　主高位水箱内部污染情况

另一方面，由于主高位水箱无法满足全营供水所需压力，为了提高部分区域的局部水压，海防营建设了多只高位小水箱（图 5-100）进行局部水泵再加压提升，而这些小水箱中的存水形成死水后，极易遭受污染，发生变质，图 5-100 显示了小水箱内部的污染情况。当管网水压减小时，小水箱内存水回流入管网，导致整个管网系统的二次污染，二次污染成为战士饮水的最大威胁。

3）水处理

目前，村级散列海岛直接通过自备引水管道引水至家中（图 5-101），直接饮用，没有任何处理措施和手段；或者通过村级供水站，集中以泵打水，加药消毒供给用户，如舟山湖泥社区（图 5-101），或者直接供给用户，如庙子湖岛海防营。

图 5-100　高位小水箱和内部的污染情况

图 5-101　湖泥岛后岙山塘供水泵房和加药装置

2. 屋顶接水供水系统存在的问题

雨水（屋顶接水）利用是散列海岛的另一项主要淡水水源。雨水资源的利用一直以来受到了水利工作者的高度重视，老一代水利工作者在舟山市普陀区葫芦岛就开展了屋顶接水系统的应用和示范，取得了一定成效，但当地村民将屋面雨水径流汇入自家水窖作为日常生活用水水源，由于缺乏必要的处理设施以及蓄水环境的恶劣，日常用水水质很难得到保障。

由于雨水径流长期储存于水窖中，卫生条件无法得到有效保证，又没有消毒药剂的保护，水质的生物稳定性和化学稳定性较差，极易滋生两虫、水蚤、红虫、藻类、细菌甚至病毒等微生物。缺乏有效管理的水窖甚至成了蚊蝇繁殖场所，造成水质进一步恶化。几次水样抽查统计发现，细菌总数和总大肠菌超标率分别达 52.63％和 84.21％。而海岛村镇住户往往不经处理直接将其作为饮用水源，严重威胁着饮用者的身体健康。

表 5-41 显示了 2009 年抽样调查的 10 户青浜岛村民家中的雨水水窖水质。

青浜岛屋顶接水储水窖水质（2009 年） 表 5-41

序号	项目	单位	结果	序号	项目	单位	结果
1	耗氧量（O_2 计）	mg/L	1.82～3.91	13	铬（六价）	mg/L	<0.004
2	COD（O_2 计）	mg/L	6～10	14	铅（Pb）	mg/L	<0.005
3	NH_4^+-N（以 N 计）	mg/L	0.05～0.18	15	氰化物（CN^-）	mg/L	<0.01
4	TP（以 P 计）	mg/L	0.04～0.05	16	挥发酚类（C_6H_5OH）	mg/L	<0.002
5	TN（湖、库，以 N 计）	mg/L	0.67～2.98	17	阴离子合成洗涤剂	mg/L	<0.1
6	铜（Cu）	mg/L	0.004～0.007	18	硫酸盐（SO_4^{2-}）	mg/L	19～36
7	锌（Zn）	mg/L	<0.05	19	氯化物（Cl^-）	mg/L	25～40
8	氟化物（F^-）	mg/L	0.13～0.31	20	硝酸盐（N 计）	mg/L	0.14～1.79
9	硒（Se）	mg/L	<0.005	21	铁（Fe）	mg/L	0.08～0.23
10	砷（As）	mg/L	<0.005	22	锰（Mn）	mg/L	<0.05
11	汞（Hg）	mg/L	<0.0001	23	浊度	NTU	2.15～7.16
12	镉（Cd）	mg/L	<0.001	24	DO	mg/L	9.02～9.86

由调查结果可知，在调查期间，青浜岛被调查村民的家用雨水自备井水均达到了水源水质的标准，其中 60％的家庭雨水自备井水质达到了 I 类水源水质标准，其他雨水井水质也达到了 II 类水源水质标准。但是，东极各岛的村民一般均为季节性入住，由于雨水长期的储存，为死水，有的雨水井中曾经出现红虫。同时，渔农民没有任何水处理措施，一般为烧开后直接饮用，仍存在较大的饮水安全风险。

整体而言，屋顶接水供水系统存在以下问题：

（1）雨水接水系统主体滤池结构（图 5-102）不合理：立体滤池排污和清洗滤料难度较大，特别是滤层采用棕片，因长期处在一定温度和湿度中，容易霉变，且适宜于昆虫和细菌繁殖。这是造成水质变差的结构设施原因。

（2）取水方式不合理：用户直接用吊桶自储水窖中提水，每天上下十几次，容易将细菌和污物带入水池，造成二次污染

（3）投药消毒不合理：因蓄水池中水的增减幅度较大，新雨水和蓄水池中的水频繁混合，加之水温、时间、水量大小的差异，致使投药量难以控制，灭菌效果不够理想。

图 5-102　海岛村民家中雨水过滤装置

5.8.2　海岛屋顶接水净水技术示范

该示范工程位于舟山东极镇庙子湖岛与青浜岛,常规家用净水器示范投入使用时间 2010 年 6 月,太阳能动力屋顶接水供水系统投入使用时间 2011 年 1 月。

5.8.2.1　常规屋顶接水系统工程示范

课题组在庙子湖岛与青浜岛选择了 3 户典型农户家庭,进行了屋顶接水系统的工程示范,安装效果如图 5-103 所示。

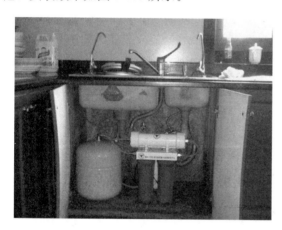

图 5-103　家用雨水净化装置的安装效果

屋顶接水系统的净化设备功率 60W,出水水量 0.15L/s,工作压力 0.1MPa,出水水质:满足生活饮用水卫生标准;微生物、有机物去除率>99%。该设备采用熔喷滤芯与超滤膜 2 级处理,安装方便,易拆卸,便于滤芯的更换和清洗;维持装置一定压力范围,避免频繁用水造成的水泵频繁启闭,提高了水泵使用寿命;实现了中空纤维膜的正洗和反冲等维护功能,出水用于杂用水,充分利用了淡水资源;采用压力传感的控制方式,自动实现水泵启闭,节能节水,避免了水箱造成的二次污染。

示范户雨水井原水水质见表 5-42 所列。

东极示范点雨水蓄水井水质（2010 年 5 月）　　　表 5-42

指标	雨水井水质	指标	雨水井水质
浊度(NTU)	7.16	镉(Cd)（mg/L）	<0.001
耗氧量(以 O_2 计)(mg/L)	3.64	铬(六价)（mg/L）	<0.004

续表

指标	雨水井水质	指标	雨水井水质
COD(以 O_2 计，mg/L)	10	铅(Pb) (mg/L)	<0.005
NH_4^+-N(以 N 计)，(mg/L)	0.09	氰化物(CN⁻) (mg/L)	<0.01
TP(以 P 计，mg/L)	0.11	挥发酚类(C_6H_5OH) (mg/L)	<0.002
TN(mg/L)	2.62	阴离子合成洗涤剂(mg/L)	<0.1
铜(Cu)(mg/L)	0.005	硫化物(mg/L)	<0.02
锌(Zn) (mg/L)	<0.05	硫酸盐(SO_4^{2-}) (mg/L)	36
氟化物(F⁻)(mg/L)	0.31	氯化物(Cl⁻) (mg/L)	79
硒(Se) (mg/L)	<0.005	硝酸盐(N 计) (mg/L)	2.4
砷(As) (mg/L)	<0.005	铁(Fe) (mg/L)	0.23
汞(Hg) (mg/L)	<0.0001	锰(Mn) (mg/L)	<0.05

5.8.2.2 太阳能屋顶接水系统工程示范

根据海岛村镇的用水现状和供电特征，课题组研发了太阳能智能化供电系统的屋顶接水系统，并于 2010 年年底在青浜岛与庙子湖岛 2 户渔农户家里进行了智能型太阳能屋顶接水供水系统的安装（图 5-104），进行工程示范。太阳能屋顶接水供水系统的投入使用将大大缓解海岛旱季、旅游旺季用水高峰时的淡水供应压力，综合利用海岛淡水资源，增大淡水供应保证率，彻底解决了海岛夏季水电两缺的问题。

图 5-104 太阳能屋顶接水系统安装现场

5.8.2.3 检测结果

屋顶接水系统的净水设备示范中，课题组从 2011 年 3 月份开始直至 11 月，依据《生活饮用水卫生标准》（GB 5749—2006）中关于"农村小型集中式供水和分散式供水部分水质指标及限值"的指标要求，对设备的运行数据进行了连续检测，其检测结果见表 5-43、表 5-44 所列。

由检测结果可知，屋顶接水示范工程的出水水质均符合《生活饮用水卫生标准》（GB 5749—2006）中关于"农村小型集中式供水和分散式供水部分水质指标及限值"的要求，满足了考核指标。

庙子湖岛招待所家用净水装置水质检测结果（2011 年）

表 5-43

序号	项目	单位	小型集中式供水和分散式供水部分水质指标及限值	4月 原水	4月 出水	6月 原水	6月 出水	7月 原水	7月 出水	8月 原水	8月 出水	9月 原水	9月 出水	10月 原水	10月 出水	11月 原水	11月 出水
1	菌落总数	CFU/mL		—		—		—		—		5800	1	—		800	1
2	色度	度	20	9	<5	11	<5	11	<5	15	<5	5	<5	10	<5	20	<5
3	浊度	NTU	3、水源与净水技术条件限制时为5	1.2	0.15	0.61	0.11	1.21	0.06	6.6	0.16	0.41	0.08	8.9	0.48	11	0.09
4	铁	mg/L	0.5	<0.05	<0.05	0.65	<0.05	0.23	<0.05	<0.05	<0.05	0.11	<0.05	0.19	<0.05	0.17	<0.05
5	锰	mg/L	0.3	<0.05	<0.05	<0.05	<0.05	<0.05	<0.05	<0.05	<0.05	<0.05	<0.05	<0.05	<0.05	<0.05	<0.05
6	砷	mg/L	0.05	<0.005	<0.005	<0.005	<0.005	<0.005	<0.005	<0.005	<0.005	<0.005	<0.005	<0.005	<0.005	<0.005	<0.005
7	氟化物	mg/L	1.2	0.33	0.31	0.33	0.24	0.32	0.26	0.33	0.31	0.11	0.12	2.2	0.99	0.18	0.11
8	硝酸盐（N计）	mg/L	20	2.2	1.85	1.8	1.96	1.81	1.66	1.22	1.21	2.15	3.90	1.11	0.82	0.20	0.61
9	硫酸盐	mg/L	300	21	15	22	19	19	21	22	23	10	11	22	23	18	14
10	氯化物	mg/L	300	42	31	28	23	31	32	36	33	13	21	39	16	48	35
11	总硬度	mg/L	550	56	53	36	28	46	49	42	36	81	76	51	26	32	24
12	耗氧量	mg/L	5	1.69	1.06	2.22	1.31	1.23	1.36	1.11	0.95	0.99	1.07	1.50	1.08	2.20	1.48
13	TDS	mg/L	1500	151	136	151	142	161	155	151	144	280	133	155	98	151	125

青浜岛渔农户家的家用净水装置水质检测结果（2011 年）

表5-44

序号	项目	单位	小型集中式供水和分散式供水部分水质指标及限值	4月		6月		7月		8月		9月		10月		11月	
				原水	出水	原水	出水	原水	出水	原水	出水	原水	出水	原水	出水	原水	出水
1	菌落总数	CFU/mL		—		—		—		—		5800	1	—	1	800	1
2	色度	度	20	12	5	5	5	5	5	3.8		7	<5	6.3	<5	7	<5
3	浊度	NTU	3、水源与净水技术条件限制时为5	5.6	0.15	1.33	0.09	6.6	0.06	0.26	0.31	0.77	0.09	0.61	0.09	0.61	0.20
4	铁	mg/L	0.5	0.66	<0.05	0.44	<0.05	0.33	<0.05	<0.05	<0.05	0.14	<0.05	<0.05	<0.05	<0.05	<0.05
5	锰	mg/L	0.3	<0.05	0.06	<0.05	0.06	<0.05	0.05	<0.05	<0.05	<0.05	<0.05	<0.05	<0.05	<0.05	<0.05
6	砷	mg/L	0.05	<0.005	<0.005	<0.005	<0.005	<0.005	<0.005	<0.005	<0.005	<0.005	<0.005	<0.005	<0.005	<0.005	<0.005
7	氟化物	mg/L	1.2	0.13	0.06	0.06	0.01	0.12	0.06	0.31	0.33	0.28	0.13	0.33	0.26	0.26	0.10
8	硝酸盐（N计）	mg/L	20	1.45	1.99	2.1	2.2	1.26	1.11	2.2	2.31	1.76	1.82	1.42	1.01	0.76	0.27
9	硫酸盐	mg/L	300	19	24	31	30	33	29	19	22	15	13	22	13.3	15	5.7
10	氯化盐	mg/L	300	45	42	45	35	42	36	46	44	29	26	16	12	28	11
11	总硬度	mg/L	550	43	36	36	41	36	29	51	44	68	63	50	49	65	22
12	耗氧量	mg/L	5	2.6	1.85	1.23	1.11	1.22	1.05	1.31	1.05	1.50	0.99	1.21	1.00	1.44	1.08
13	TDS	mg/L	1500	220	203	125	116	121	118	151	112	149	150	138	119	154	68

5.8.3　海岛坑道井水净水技术示范

5.8.3.1　青浜岛坑道井水净化技术示范（ZJU-UF-10）

该示范工程位于舟山东极镇青浜岛，规模 10m³/h（ZJU-UF-10）（图 5-105），2009年 11 月建成。示范技术：海岛分散式膜处理净水装置的膜丝断裂检测技术，设备出水水

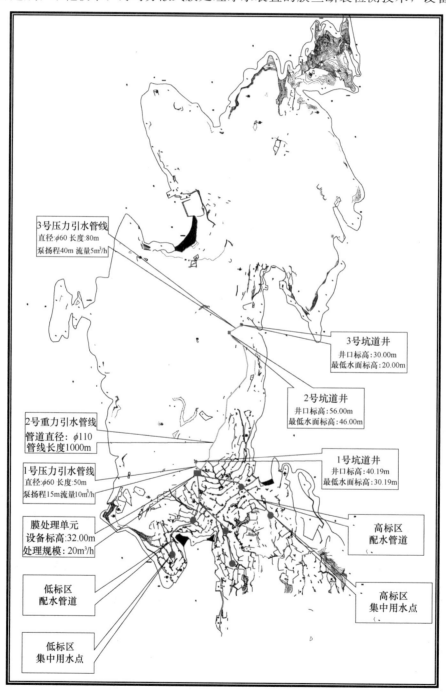

3 号压力引水管线
直径:ϕ60 长度:80m
泵扬程40m 流量5m³/h

3 号坑道井
井口标高:30.00m
最低水面标高:20.00m

2 号坑道井
井口标高:56.00m
最低水面标高:46.00m

1 号坑道井
井口标高:40.19m
最低水面标高:30.19m

2 号重力引水管线
管道直径：ϕ110
管线长度1000m

1 号压力引水管线
直径:ϕ60 长度:50m
泵扬程15m流量10m³/h

膜处理单元
设备标高:32.00m
处理规模：20m³/h

高标区
配水管道

低标区
配水管道

高标区
集中用水点

低标区
集中用水点

图 5-105　青浜岛供配水示意图

质检验符合要求。

1. 方案总体安排

青浜岛水源有 3 个坑道井组成,分别为 1 号、2 号和 3 号,如图 5-105 所示。1 号坑道井位于供水区附近,井口标高 40.19m,井内最不利水位标高为 30.19m。2 号与 3 号坑道井距离供水区较远,2 号坑道井井口标高 56.00m,井内最不利水位标高 46.00m,3 号坑道井井口标高 30.00m,井内最不利水位标高为 20.00m。由于 2 号坑道井和 3 号坑道井相距较近,且 2 号井储水量较大,因此,为了充分利用 2 号井标高,增加重力供水比重以减少运行费用,坑道井引水方案如下:

(1)由于大多数居民区位于标高 25.0~20.0m 处,因此将膜处理装置安装于标高 32.0m 处,保证大部分重力供水的实现。标高 25.0m 以下的用户利用重力供水,25.0m 以上的用户则利用供水泵和压力罐供水。

(2)2 号坑道井和 3 号坑道井为主要供水水源,即 3 号井井水经潜水泵提升至 2 号井,利用 2 号井的标高通过虹吸作用引水至膜处理装置。

(3)1 号坑道井作为备用水源,当 2 号与 3 号坑道井水量无法满足供水需求时,则启动 1 号井内的潜水泵进行供水。

2. 引水自控方案

为了减少 3 个坑道井引水调度的劳动强度,坑道井之间引水调度拟实现自动控制,具体方案如下:

(1)在 2 号和 3 号坑道井内设置浮子开关以控制 3 号井内潜水泵的启闭。启闭方案见表 5-45 所示。

2 号、3 号井潜水泵启闭方案 表 5-45

坑道井水位		潜水泵状态
2 号坑道井	3 号坑道井	
高水位	高水位	关闭
高水位	低水位	关闭
低水位	高水位	开启
低水位	低水位	关闭

(2)在 2 号井至处理装置的重力虹吸管线中设置常开电磁阀和止回阀,以防止虹吸破坏。当 2 号井水位降至超低水位时,电磁阀关闭。

(3)1 号坑道井内的潜水泵由 1 号坑道井的自身水位和 2 号坑道井水位控制。当 2 号坑道井水位降至超低水位时,潜水泵启动;当 1 号井水位降至最低水位时,潜水泵关闭。

3. 配水方案

同时,根据海岛现状和条件,课题组确定了以重力供水为主、泵压供水为辅的分区节能供水方式。在用水点规划上，根据青浜村的实际条件和人口分布情况，课题组在人口居住集中处设置了 6 处集中供水点，如图 5-105 所示，6 个取水点基本覆盖了青浜村主要人口聚集点，使村民取水半径在 20m 左右，保证村民取水的方便和快捷。

4. 设备安装与运行维护

课题组在对青浜岛坑道井位置、标高的勘测、水质调查的基础上，在完成了坑道井引水工程的设计、供水规模的确定、处理站位置的选择、配水管网的布置等工作后，试制出 ZJU-UF-10 坑道井水处理设备（规模 10m³/h）作为该供水工程的水处理设备。

课题组克服海岛运输不便，安装困难等诸多难题，在 2009 年 11 月份完成安装，投入示范使用（图 5-106）。

图 5-106　设备在岛上的二次人工搬运与安装

设备投入运行后，课题组定期对设备出水进行化验，同时对设备性能进行定期检测，对出水常规水质指标进行定期监测，确保设备的正常运行和安全运行，同时也对设备的示范效果及稳定性进行评估。

设备自 2009 年 11 月建成投入试运行示范阶段，出水水质达标率达到 90% 以上〔《生活饮用水卫生标准》（GB 5749—2006）中关于"农村小型集中式供水和分散式供水部分水质指标及限值"的要求〕，表 5-46 是青浜岛坑道井水净化装置进出水测试结果。

青浜岛坑道井供水示范工程充分利用坑道井协同效应，保证旱季供水，大大缓解岛上村民取水难的问题。ZJU-UF-10 处理装置的投入使用，节约了工程成本，降低了运行费用，让村民喝上经济实惠的放心水、安全水，获得了海岛村民一致好评。

5.8.3.2　庙子湖岛坑道井水净化技术示范（ZJU-UF-30）

该示范工程位于舟山东极镇庙子湖岛海防营，规模 30m³/h（ZJU-UF-30），2010 年 5 月建成。

针对海防营的供水水源位置、供水设施现状、供水方式方法、用水点分布、用水规律、水源水质等特点，深入考察和分析了海防营的供水系统问题和症结，海防营的最不利用水点的分布和位置，用水水压需求及其用水水量和分布规律等，因地制宜地确定了设备的安装位置。

菁浜岛坑道井水净化装置水质检测结果（2011年）

表5-46

序号	项目	单位	小型集中式供水和分散式供水部分水质指标及限值	4月原水	4月出水	6月原水	6月出水	7月原水	7月出水	8月原水	8月出水	9月原水	9月出水	10月原水	10月出水	11月原水	11月出水
1	菌落总数	CFU/mL	20	—		—		—		—		1500	未检出	—		7500	未检出
2	色度	度		18	5	16	<5	12	5	11	5	15	5	10	<5	<5	<5
3	浊度	NTU	3、水源与净水技术条件限制时为5	8	0.15	7.2	0.22	8.3	0.16	4.4	0.12	6.7	0.12	0.44	0.06	0.35	0.11
4	铁	mg/L	0.5	0.55	<0.05	0.61	<0.05	0.42	<0.05	0.51	<0.05	0.43	<0.05	0.13	<0.05	0.22	<0.05
5	锰	mg/L	0.3	0.12	<0.05	0.09	<0.05	0.07	<0.05	0.08	<0.05	0.07	<0.05	<0.05	<0.05	<0.05	<0.05
6	砷	mg/L	0.05	<0.005	<0.005	<0.005	<0.005	<0.005	<0.005	<0.005	<0.005	<0.005	<0.005	<0.005	<0.005	<0.005	<0.005
7	氟化物	mg/L	1.2	0.19	0.16	0.33	0.22	0.16	0.16	0.33	0.31	0.20	0.17	0.21	0.17	0.22	0.17
8	硝酸盐（N计）	mg/L	20	0.11	0.16	0.12	0.16	0.18	0.19	1.33	1.06	0.08	0.17	1.49	0.66	1.27	0.98
9	硫酸盐	mg/L	300	18	13	16	14	18	15	12	11	17	15	4.8	4.3	6.4	5.1
10	氯化物	mg/L	300	44	39	35	29	35	33	44	42	46	39	9.1	5.2	11	9.1
11	总硬度（CaCO₃计）	mg/L	550	35	29	28	26	44	38	51	35	32	26	39	31	66	48
12	耗氧量	mg/L	5	2.42	1.67	1.99	1.61	2.2	1.31	1.12	1.09	2.34	1.50	0.99	0.72	1.04	1.0
13	TDS	mg/L	1500	142	121	121	108	109	112	151	131	139	110	151	110	120	89

根据海防营坑道井水质的分析和供水管线、供水设施实地查勘，课题组对饮用水处理设备的性能和要求进行了定位，对青浜岛坑道井水净化设备 ZJU-UF 系列成熟设备进行了针对性的改进，在节能、节水、控制等方面取得了新的突破，完成了东海第一哨庙子湖岛东海前哨模范营 ZJU-UF-30 坑道井饮用水超滤膜处理设备的研发。

淡水资源缺乏、电力成本高昂是海岛的主要问题。用水时间集中，水量冲击负荷大则是部队用水的特点，同时庙子湖岛海防营饮水未经处理、二次污染严重、供水保证率低。课题组基于上述这些特点，经过充分考虑和论证，对原有 ZJU-UF 系列进行了优化和改进，确定了如图 5-107 所示的庙子湖岛坑道井水处理工艺流程，并对 ZJU-UF 设备进行了优化，研制出 ZJU-UF-30 坑道井水超滤膜水处理装置。

设备于 2010 年 5 月初步完成组装和调试后，在东极镇镇政府的大力协助下，于 2010 年 5 月 4 日运抵庙子湖岛。海防营战士当天便完成了安装场地的平整，设备的搬运。在战士们的积极配合下，于 5 月 7 日完成了设备的安装（图 5-108）。

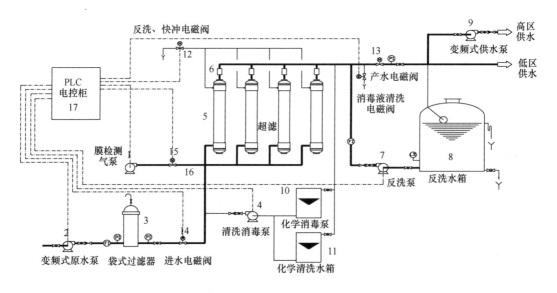

图 5-107 集成膜丝检测的超滤膜净化设备示意图

图 5-108 设备安装现场

在净水设备的安装和试运行过程中，由于海防营区内部供水设施和配水系统缺乏统一规划和管理，供水管线管径、管路走向均不明。在数天的实地勘探、调试与试运行过程中，课题组根据实际情况，对营区内的供水管线进行了摸底与分析诊断，并针对性地进行了局部改造，同时向部队领导提出了管理意见。主要存在的问题和改造方案如下：

（1）高位水箱出水管管径过小，造成进水瓶颈。现状主高位水箱出水管线为镀锌管，管径仅为 DN50，在长期的运行过程中，管壁的腐蚀、管垢的生长，造成了实际过水断面的减小，成为部队供水水量不足的主要瓶颈。同时，这一管径根本无法满足 ZJU-UF-30 设备在用水高峰时进水量的需求。为此，课题组在不破坏原有管线的前提下，重新敷设了 DN100 的 PE 管，以虹吸的方式出水，并采用旁通管将其与原有出水管线连通，方便了虹吸的产生，同时也解决了设备进水水量严重不足的问题。

（2）供水设施内部以及高位小水箱等二次污染源的排除。设备调试运行过程中，课题组发现配水系统压力很难保持，导致设备原水泵的频繁开启。在战士们的帮助下，课题组通过分析排查，确定了问题所在：在设备启动供水时，营区配水管路内压力提高，导致清水逆向沿原有高位小水箱的出水管路进入这些小水箱，造成了配水管路保压能力差；另一方面，当设备停止运行时，营区配水管路内压力逐渐降低，当降低到一定程度时，已经充满水的高位小水箱沿出水管路回流进入配水管线，导致高位小水箱中的二次污染源（其中含有未处理的原水和长期存放形成的死水）进入配水管线，造成整个系统的污染。课题组在找到原因后，在高位小水箱出口管段加装了阀门以防止高位小水箱中未处理的水进入配水管路，并向部队提出了管理方法和意见。

设备正常运行后，ZJU-UF-30 设备的出水水质主要指标检测结果见表 5-47。

设备自安装调试结束后，一直在正常运行，大大改善了驻岛战士们的日常生活。海防营致浙江大学的感谢信中指出：部队上岛驻守 50 多年来，饮用水问题一直没有得到过根本解决，这次在浙江大学的帮助下，战士们第一次喝上了放心的自来水。在设备安装完的当天，副营长的家属恰巧在岛上探亲，副营长给我们讲述了一个细节，他爱人上岛以来一直喝不惯未经处理的自来水，每次都需去镇上买矿泉水，这次浙江大学的支持下，终于解决了这个问题，以后的战士和家属都能喝上干净放心的自来水了。

战士们的肯定也让课题组成员感到无比欣慰，在设备投入运行后，课题组定期做好设备维护，确保战士们的饮水安全。

庙子湖海岛防营坑道井水净化装置水质检测结果（2011 年）

表 5-47

序号	项目	单位	小型集中式供水和分散式供水部分水质指标及限值	4月		6月		7月		8月		9月		10月		11月	
				原水	出水	原水	出水	原水	出水	原水	出水	原水	出水	原水	出水	原水	出水
1	菌落总数	CFU/mL	20	—		—		—		—	5	11000	未检出	—	未检出	20000	未检出
2	色度	度	20	16	5	11	<5	13	5	13	5	18	10	<5	<5	<5	<5
3	浊度	NTU	3、水源与净水技术条件限制时为5	13	0.13	8.2	0.31	16	0.15	5.5	0.19	9.0	0.21	0.53	0.02	0.15	0.07
4	铁	mg/L	0.5	0.6	<0.05	0.16	<0.05	0.33	<0.05	0.22	<0.05	0.59	0.05	<0.05	<0.05	<0.05	<0.05
5	锰	mg/L	0.3	<0.05	<0.05	0.11	<0.05	<0.05	<0.05	<0.05	<0.05	<0.05	<0.05	<0.05	<0.05	<0.05	<0.05
6	砷	mg/L	0.05	<0.005	<0.005	<0.005	<0.005	<0.005	<0.005	<0.005	<0.005	<0.005	<0.005	<0.005	<0.005	<0.005	<0.005
7	氟化物	mg/L	1.2	0.18	0.19	0.19	0.15	0.19	0.21	0.33	0.31	0.25	0.27	0.22	0.03	0.17	0.07
8	硝酸盐（N计）	mg/L	20	0.5	0.65	0.42	0.55	1.21	1.33	0.67	0.75	0.33	0.82	0.61	0.25	0.43	0.27
9	硫酸盐	mg/L	300	17	15	12	11	23	26	19	18	17	16	13	6.3	16	7.0
10	氯化物	mg/L	300	41	40	36	33	39	41	33	32	42	40	32	12	40	17
11	总硬度（CaCO₃计）	mg/L	550	42	34	35	33	42	38	42	38	40	32	43	31	55	27
12	耗氧量	mg/L	5	2.40	1.52	2.8	1.62	1.61	1.32	2.26	1.11	3.40	1.42	1.22	1.13	1.32	1.00
13	TDS	mg/L	1500	145	133	121	109	121	122	121	88	160	133	126	77	157	75

第6章 结论与展望

6.1 "十一五"典型村镇饮用水安全保障适用技术总结

6.1.1 取得的重要成果

6.1.1.1 突破的关键技术

（1）村镇分散水源地特征污染物识别与风险评价技术。包括分散水源地特征基因微生物快速溯源技术、稳定同位素识别技术、山东省地下水硝酸盐污染风险评价技术体系。

（2）水源地特征污染物控制与水源水预处理技术。包括塘坝水源污染物控制与生态去除技术，傍河水源氮、浊度控制技术，地下水硝酸盐污染控制技术，库泊水源污染物生物去除技术，集雨水源污染物生物慢滤去除技术。

（3）分散水源水质净化技术、工艺与装备。包括地下水硝酸盐异位反渗透净水工艺与设备，塘坝水过滤-超滤-消毒一体化设备，地下饮用水氟去除工艺与设备，地下饮用水铁锰微电解氧化-沉淀-过滤组合净化工艺，集雨水生物慢滤技术与设备，地表水生物粉末活性炭-超滤膜组合净水工艺，海岛村镇典型水源水净化工艺与设备。

（4）县镇安全供水技术。包括海底输水管道突发渗漏监测与定位技术、管网水源调度与余氯控制技术。

6.1.1.2 形成的示范工程

1. 山东章丘宁家埠镇示范工程

已在山东省章丘市宁家埠镇徐家村建成示范基地，示范的关键技术主要是平衡施肥技术、土壤碳氮比调控技术、新型肥料应用技术与硝化抑制剂应用技术；目前分别在章丘市枣园镇和绣惠镇布置大葱平衡施肥技术结合土壤碳氮比调控示范推广面积 1000 亩，含有硝化抑制剂的大葱专用新型肥料示范推广面积 1000 亩，选定了小型脱氮消毒设备的推广基地，并进行了周边辅助设施的建设，进行中试设备的安装与调试。

2. 北京顺义木林镇示范工程

课题组在北京顺义区木林镇建立了示范基地，示范关键技术包括水肥一体化、氮肥削减集成技术、新型高效缓释肥料。在顺义区木林镇贾山村建设 600 亩设施蔬菜水肥一体化技术示范区，通过应用水肥一体化技术，示范区土壤硝酸盐含量可降低 25% 左右；氮肥削减集成技术在夏玉米上实施 1800 亩，减少示范区氮肥投入 15%；在木林镇夏玉米应用新型缓释肥（N：P：K＝20：10：10）500 亩，全生育期可较少氮肥用量 17%，从而减小对地下水污染。

3. 广东惠州浅层地表水污染控制与水质净化示范工程

该基地集成了猪鱼立体养殖污染控制、生态养殖等水源地保护技术、水源地植物净化技术以及集中供水净化技术。在广东惠州潼侨镇新华大队建立 400 亩水产养殖和存栏 1500 头的生猪养殖污染控制示范基地，并通过对池塘水源植物净化保障了供水水井的水质达标，进行了 2 台套 10t/h 的小型自动化一体化净水设备示范，解决 2000 多人的安全供水问题。

4. 福建宁德饮用水源养猪污染微生物发酵床控制和直饮水净化示范工程

该基地集成了微生物发酵床控制养猪污染技术、饮用水设备净化技术，在福建宁德九都镇扶摇村改建了对溪涧饮用水源有很大污染的存栏 1500 头的养猪场，使养猪污染零排放，溪流水从劣 V 类降到 II 类水；通过 2 台套 15t/h 的小型自动化一体化净水设备示范工程，解决 3500 多人的安全供水问题。

5. 重庆巴南小型水库饮用水安全保障适用技术示范工程

该基地集成了生活污水净化沼气池-湿地联合处理技术，新建设户用沼气池 14 口，同时对 80 户农户进行了"一池三改"（改厨、改厕、改圈），解决了农户污水治理，农户污水治理覆盖面超过 50% 以上；通过新建库边村级道路 3km，修建垃圾坑和控制钓鱼等措施基本解决了径流污染问题；对界石金鹅水厂升级改造，在示范点项目区建成输水管道 3.5km，机井 5 处，新解决 80 户 215 人的饮水不安全问题。

6. 四川乐至石河堰饮用水安全保障适用技术示范工程

该基地集成生活污水沼气-湿地处理技术、生物拦截控制技术、水体污染修复以及供水净化工艺和设备，结合农村清洁工程建设以及对于养殖污水的有效处理，建立以石河堰为水源的西南村镇饮水安全保障示范基地，安全供水水量大于等于 50m³/d。

7. 辽宁清原傍河水水质处理示范工程

针对寒冷地区地下饮用水源分散，水源水井傍河现象普遍，铁锰超标严重，建立了铁锰曝气过滤、微电解过滤及防低温管道施工新工艺与技术组合的地下水饮用水安全保障技术模式。铁锰去除率均达到 95% 以上，有机物、微生物去除率分别达到 90%、95%。处理后水质均优于《生活饮用水卫生标准》（GB 5749—2006）规定的要求，初步解决了 500 户村镇居民安全饮水问题。

8. 甘肃省庆阳市西峰区集中式集雨水处理示范工程

本课题依托温什水厂机井工程修建了生物慢滤水处理系统，作为机井工程的补充水源和辅助工程，日处理供水规模为 2m³/d。主要建设内容包括旋流除砂器、沉淀池、生物廊道、两个蓄水容积为 30m³ 的水窖、调节蓄水箱、粗滤装置、生物慢滤装置，以及相应的管道铺设等。

该示范工程的处理水质主要为温什水厂内的屋顶集雨水和地面集雨水，通过示范工程的前处理系统进行有效的物理拦截和生物拦截，对集雨水中的浊度去除效率在 30% 以上，集雨水蓄积在水窖内，通过粗滤和生物慢滤装置处理后，出水水质满足生活饮用水卫生标准，运行成本低，出水水质稳定，较好地解决了西部黄土高原区降雨时空分布不均匀，雨水浊度大等技术难题。

9. 甘肃省会宁县分散式集雨水处理示范工程

通过地面集雨水旋流除砂器、地面集雨水生态防控、地面集雨水折板沉淀池、地面集雨水卵石过滤槽、地面集雨水箱式过滤、地面集雨水桶式过滤、屋顶集雨水旋流除砂器前处理、屋顶集雨水弃流装置、屋顶集雨水弃流过滤装置等前处理技术和生物慢滤技术、强化微絮凝过滤集成技术、纳米 TiO_2 光催化深度处理技术。分别在 2 个乡示范了 15 个和 30 个分散户饮用水。做到了集雨水浊度降低约 15%～30%，出水水质满足生活饮用水卫生标准，与同类水处理装置相比，加工成本节约 50%，基本不需要运行维护费。

10. 北京市昌平区多点水源联片供水系统安全保障示范工程

该示范工程采用的多点水源联片供水安全保障管理系统，能够有效提升供水的管理水平和供水安全保障能力，提高运行效率，在条件相似区域具有一定的推广应用价值。示范工程供水规模为 3.8 万 m^3/d，覆盖水源点 34 个，运行情况良好，管网末梢余氯浓度以及亚氯酸盐和氯酸盐浓度符合《生活饮用水卫生标准》（GB 5749—2006）。

11. 华东河网地区示范基地与中试线建设

该示范工程创新性地将混凝、沉淀、吸附、生物氧化和膜分离组合在一起，形成集反应-短时间沉淀-吸附、生物氧化和膜分离工艺于一体的组合工艺。在中试示范工程中的组合工艺可以发挥活性炭吸附-生物氧化和膜分离的作用，对微污染水源水中的 NH_4^+-N、COD_{Mn} 等特征污染物有较好的去除效果。经检测，示范工程规模达到 3 万 m^3/d，其出水水质均能满足《生活饮用水卫生标准》（GB 5749—2006）。

12. 坑道井供水净水技术示范工程

舟山东极镇青浜岛与庙子湖岛，依托工程坑道井供水工程已经建设完成，研制出的净水设备 ZJU-UF-10 已经投入使用，水量、水质检验符合要求；ZJU-UF-30 设备已经赠予庙子湖岛海防营，水量、水质检验符合要求。

13. 规范化的屋顶接水供水系统示范工程

舟山东极镇青浜岛与庙子湖岛，已在东极庙子湖岛完成一套示范工程的建设。

6.1.1.3 标志性成果

研发了系列农村饮用水水源地保护技术，开发了一批适用于农村饮用水水质净化的一体化小型设备和工艺，建立了 10 个不同类型的示范工程，初步形成了典型村镇饮用水安全保障适用技术体系，保障了 30 多万农村居民的饮用水安全。

6.1.2 成果应用的效果

"十一五"期间，在我国重点地区（华北、东北、西北、西南、华南、华东、沿海岛屿等）选择 10 个代表性村县镇，开展了农村饮用水水源水质监测和调研工作，摸清我国农村地区饮用水供水模式及饮用水水源水质存在的问题。调研发现，我国广大的农村地区的饮用水除了污染的问题，缺乏或具有不完善的饮用水质净化工艺与设施和管理制度也致使农村地区的饮用水安全得不到保障。中国村镇采取小型集中供水和分散取水 2 种模式，主要有溪河水、库泊水、坑塘集雨水、井水、泉水、塘坝水 6 种类型饮用水源；其中地面水超标率为 40.44％，地下水超标率为 45.94％〔参照《生活饮用水卫生标准》（GB 5749—2006）〕；农村饮用水源受农民生活和生产所引起的污染影响严重，同时高氟、苦咸、硝酸盐等劣质水问题突出，严重影响了农民的身体健康和生活质量，解决农村饮水安全问题迫在眉睫。

针对我国农村饮用水源受到农村生产和生活所引起的污染，苦咸水、COD、NH_4^+-N、硝酸盐、氟、微生物等特征污染物超标，在全国选择华北、东北、西北、西南、华南、华东、岛屿等 8 个典型地区基于农村的经济基础，研发和集成了不同饮用水源地污染源头控制技术，适用于不同农村经济条件的村镇不同水质特点的农村饮用水水源保护技术模式，农村分散式供水模式下的饮用水水质净化和处理工艺、设备和产品，突破了水源地保护技术和饮用水污染特征污染物去除与净化等关键技术，通过技术集成与示范，实现了示范区水质达标，并建立了高效的政产研学结合的团队，取得良好的经济和社会效益。

通过应用研发的饮用水净化设备和农村水源水质保护与净化工艺，解决了我国农村近 3 万人分散式居民和县镇集中式 30 万人的饮用水困难，增加经济效益直接产值约达 1.4 亿元人民币，净利润额约 314 万元。促进了产业结构升级，推进了循环农业的发展，带动了环保产业的发展，改善民生，取得了较大的经济和社会效益。

项目研发了适用于在我国集约化农业种植区和畜禽养殖区的农村饮用水水源保护的工艺和流程，减少了污染物对水源的污染。在集约化的种植区，形成的基于不同作物轮作和搭配种植体系下施肥规程和水肥一体化膜下灌溉综合阻控硝酸盐削减技术体系，实现了硝酸盐入渗地下水降低 15％的目标，减少对地下水的污染，同时提高了农产品的内在品质和农民经济收入；在集约化的畜禽养殖地区，通过应用研发的包含微生物溯源操作规程、微生物发酵床养猪技术、猪鱼立体养殖污染控制技术方案，实现资源循环利用，大幅度降低了养殖废弃物对农村饮用水源地的污染，保障了农村人口的饮用水安全，也推进了循环农业的发展。

针对农村水质的特点研制的水质净化与处理设备材料，如脱除地下水 NO_3^--N 的中试设备、地下水铁锰净化过滤设备、生化集成微污染水处理、浸没式膜装置、生物慢滤设备、海岛坑道井水净化设备、活性炭纤维材料等在示范区进行中试与应用，结合恰当的商业运作，对农村饮用水进行净化的同时，也为我国农村水环境优化创造技术与产业相结合的可持续发展之路起到推动作用。

6.2　"十一五"项目实施后存在的问题

"十一五"期间项目的工作重点是探明我国农村饮用水水源污染物和水质状况，针对水源的污染源进行了源头阻断和末端去除，开发了适用的技术和设备工艺或装置，使示范区的水质达到了饮用水国家标准。但通过"十一五"的研究发现，农村的饮用水安全保障方面还存在以下问题：

（1）农村饮用水源受面源污染问题仍严重，不仅有水质问题，且还存在水量问题；

（2）农村水厂消毒措施少，净水工艺技术和设施不完善，供水达标率低，水质检测手段薄弱；

（3）规模化供水管网的建设与管理问题较多；

（4）"十一五"示范工程交付地方后如何保证工程的长效运行问题；

（5）"十一五"已经取得的成果如何大规模地、有效地推广问题；

（6）随着农村城镇化的速度加快，如何将农村饮用水的安全保障适用技术推广与其他国家和地方项目或工程的有效结合问题。

6.3 典型村镇饮用水安全保障方面的建议

（1）应加强农村饮用水水站的微生物污染控制和二次污染防控技术和工艺的研究；

（2）农村饮用水安全供水的长效机制可以通过结合公司化管理、业务化运行等来保证农村饮用水站或水厂的持续运行；

（3）结合重点流域的污染控制，以县域为单元开展地表水、地下水的农村水源保护研究和水站供水安全保障适用成套技术研究与推广；

（4）农村饮用水安全保障工作是项长期、任重道远的工作。"十二五"期间应结合重点流域设置 3 个以上的村镇饮用水安全保障的课题。

参 考 文 献

1. 汪秀丽. 农村饮用水水质处理方法介绍[J]. 水利电力科技, 2009, 35(1)：40-48

2. 陈波. 农村饮水中常用水处理技术分析[J]. 饮水安全, 2011, (3)：53-54

3. 张荣, 田向红. 农村饮用水的水质与改善[J]. 中国卫生工程学, 2004, (3)：59-61

4. 米仲琴, 楚英豪, 谢嘉, 尹华强. 反渗透技术在农村苦咸水淡化中的应用研究[J]. 安全与环境工程, 2008, 15(4)：47-50

5. 栾韶华, 孙国瑞, 王奇. 苦咸水淡化技术综述[J]. 四川环境, 2010, 29(1)：97-99

6. 张素芳, 蒋白懿, 村镇高氟水处理技术及其应用[J]. 水资源与水工程学报, 2010, 21(6)：143-145

7. 左乾海. 饮用水的电凝聚气浮法除氟田[D]. 浙江大学, 2006

8. Pitter P. Forms of occurrence of fluoride in drinking water[J]. Water Research, 1985, 19(3)：281-284.

9. 任庆凯, 蒋维卿, 边德军, 潘艳秋, 孙建勋. 农村分散式供水除氟技术探讨[J]. 环境科学与技术, 2010, 33(12F)：330-331

10. 孙立成. 电凝聚法饮用水除氟研究[J]. 水处理技术, 1984, 10(2)：13

11. 薛英文, 杨开, 靳文浩. 我国农村含氟饮用水现状与处理技术建议[J]. 中国农村水利水电, 2010, 7：52-55

12. 陈蒙亮, 王鹤立. 地下水除铁除锰技术研究进展[J]. 西南给排水, 2012, 34(1)：40-45

13. 杜秀兰, 刘罡, 张晓雨. 基于农村饮用水接触氧化除铁除锰技术[J]. 黑龙江水利科技, 2009, 37(6)：49

14. 马恩, 王刚. 地下水除铁除锰技术的研究进展[J]. 环境保护与循环经济, 2008, 28(7)：36-39

15. 罗龙海, 曾山珊. 微污染水源水的控制技术[J]. 广州化工, 2012, 40(3)：28-31

16. 马文宗. 民乐县农村应用水源保护的问题及对策[J]. 陕西水利 2012, 1：121-122

17. 周少林. 农村饮用水水源保护工作探讨[J]. 湖南水利水电, 2010, 4：67-68

18. 李娴, 蔡勋江, 黎晓微. 东莞市典型农村饮用水水源地风险评估[J]. 环境卫生工程, 2012, 20(1)：34-36, 39

19. 白璐, 李丽, 许秋瑾, 郑丙辉. 我国农村饮用水源现状及防护对策[J]. 安徽农业科学, 2012, 40(3)：1694-1695

20. 王慧珍. 关于农村饮用水供给问题的思考[J]. 科技与生活, 2010, 21：184

21. 陈奇, 冯马飞. 解决农村饮水安全问题的几点思考[J]. 水利发展研究, 2009, 1：29-30

22. 邱璐, 高晓东. 解决农村饮用水安全的建议[J]. 河南水利与南水北调, 2011, 13：43

23. 李琪光. 论农村饮用水存在的问题及对策[J]. 北方环境, 2011, 23(9)：2

24. 王建慧. 农村饮用水安全与卫生状况调查分析[J]. 中外医学研究, 2011, 14(9)：161-162

25. 柯金法, 朱孔远. 乐清市农村饮用水安全工程长效管理机制探索[J]. 绿色科技, 2012, 2：160-161

26. 郭孔文. 关于村镇供水安全若干问题的探讨[J]. 中国水利, 2006.9：45-46, 44

27. 陈铁柱, 王辉, 樊绯. 影响村镇官网水质安全的因素及解决方法[J]. 石家庄铁路职业技术学院学报, 2010, 9(3)：37-39

28. Angle J S, Gross C M, Hill R L, et al. Soil nitrate concentrations under corn as affected by tillage, manure and fertilizer applications. Environmental Quality, 1993, 22：141-147.

29. Gustafson A, Fleischer S, Joelsson A. A catchment-oriented and cost effective policy for water protec-

tion. Ecological Engingeering，2000，14(4)：419-427.

30. Jackson L E，Stivers L J，Warden B T，et al. Crop nitrogen utilization and soil nitrate loss in a lettuce field. Fertilizer Research，1994，37：93-105.

31. Jose'Miguel de Paz，Carlos Ramos. Linkage of a geographical information system with the gleams model to assess nitrate leaching in agricultural areas. Environ Pollut，2002，118(2)：249-258.

32. Mayer J，Buegger F，Jensen E S，et al. Estimating N rhizodeposition of grain legumes using a 15N in situ st em labeling method. Soil Biol. Biochem.，2003，35：21-28.

33. Meisinger J J，Hargeove W L，Mikkelsen R L，et al. Effect of cover crops on groundwater quality ［G］//Hargrove W L. ed. Cover Crops for Clean Water. Los Angeles，USA：Soil and Water Conservation Society，1991：57-68.

34. Peoples M B，Herridge D F，Ladha J K. Biological N fixation：An efficient source of N for sustainable agricultural production. Plant Soil，1995，174：3-28.

35. Prunty L，Montgomery B R. Lysimeter study of nitrogen fertilizer irrigation rates on quality of recharge water and maize yield. Environmental Quality，1991，20：373-380.

36. Rodrigues M A，Coutinho J，Martins F. Efficacy and limitations of triticale as a nitrogen catch crop in a mediterranean environment. European Journal of Agronomy，2002，17：155-160.

37. Roth L W，Fox R H. Soil nitrogen accumulation following nitrogen fertilizer maize in Pennsylvania. Environmental Quality，1990，19：243-248.

38. Stanford G. Assessment of soil nitrogen availability. Agron Monger，1982，22：651-658.

39. Stuelpnagel R. Intercropping of faba beans (Viciafaba L) with oats or spring wheat［C］//Proceedings of international crop Science Congress. 14-44. July，1992. Ames. Iowa. Iowa State University，1993.

40. Thorup-Kristensen，K，Magid J，and Jensen L S. Catch crops and green manures as biological tools in nitrogen management in temperate zones. Advances in Agronomy，2003，79：227-302.

41. Timnons D R，Dylla A S. Nitrogen leaching as influenced by nitrogen management and supplemental irrigation level. Environment al Quality，1981，10：421-426.

42. Whitmore A P，Schroder J J. Intercropping reduces nitrate leaching from under field crops without loss of yield：a modeling study. European Journal of Agronomy，2007，27：81-88.

43. Zhou X L，Madram oot oo C A，Mackenzie A F，et al. Corn yield and fertilizer N recovery in water-table-controlled corn-rye-grassy stems. European Journal of Agronomy，2000，12：83-92.

44. 李文学. 小麦/玉米/蚕豆间作系统中氮、磷吸收利用及其环境效应. 北京：中国农业大学，2001：1-87.

45. 李玉英，孙建好，余常兵，等. 施氮量和蚕豆/玉米间作对土壤无机氮时空分布的影响. 植物营养与肥料学报，2009，5(4)：815-823.

46. 李元，司力珊，张雪艳，等. 填闲作物对日光温室土壤环境作物效果比较研究. 农业工程学报，2008，24(1)：224-229.

47. 马忠明，孙景玲，杨蕊菊，杨君林. 不同施氮情况下小麦玉米间作土壤硝态氮的动态变化. 核农学报，2010，24(5)：1056-1061.

48. 孟艳玲，刘子英，李季. 菜粮轮作对温室土壤盐分和硝态氮含量的影响. 河南农业科学，2006，10：81-87.

49. 屈兴红，何文寿，何进智，等. 填闲作物防治保护地土壤硝酸盐淋溶损失的研究进展. 农业科学研究，2007，28(2)：72-75.

50. 王晓丽，李隆，江荣风，等. 玉米/空心菜间作降低土壤及蔬菜中硝酸盐含量的研究. 环境科学学报，2003，23(4)：463-467.

51. 王晓丽，李隆，江荣风，张福锁. 玉米/空心菜间作降低土壤及蔬菜中硝酸盐含量的研究. 环境科学学报，2003，23(4)：463-467.

52. 吴琼，杜连凤，赵同科，等. 蔬菜间作对土壤和蔬菜硝酸盐累积的影响. 农业环境科学学报，2009，28(8)：1623-1629.

53. 肖焱波，断宗颜，金航，等. 小麦/蚕豆间作体系中的氮节约效应及产量优势. 植物营养与肥料学报，2007，13(2)：267-271.

54. 肖焱波，李隆，张福锁. 根瘤菌菌株 NM353 对小麦/蚕豆间作体系中作物生长及养分吸收的影响. 植物营养与肥料学报，2006，12(1)：89-96.

55. 叶优良，李隆，孙建好. 3 种豆科作物与玉米间作对土壤硝态氮累积和分布的影响. 中国生态农业学报，2008，16(4)：818-823.

56. 叶优良，李隆，索东让. 小麦/玉米和蚕豆/玉米间作对土壤硝态氮累积和氮素利用效率的影响. 生态环境，2008，17(1)：377-383.

57. 尹飞，李佩艳，李友军，付国占. 枣粮间作生态系统土壤氮素水平分布特性研究. 华北农学报，2009，24(4)：129-133.

58. 于彬. 美国有关轮作制对硝态氮输移影响的研究. 水土保持科技情报，2002(4)：1-3.

59. 于红梅，曾燕舞. 填闲作物的种植对下茬蔬菜产量及土壤硝态氮含量的影响. 安徽农业科学，2007，35(8)：2336-2337，2339.

60. 张继宗，刘培财，左强，等. 北方设施菜地夏季不同填闲作物的吸氮效果比较研究. 农业环境科学学报，2009，28(12)：2663-2667.

61. 张丽娟. 农田生态系统中残留硝态氮的行为及植物利用. 北京：中国农业大学，2004：1-118.

62. 智健飞，刘忠宽，曹卫东，等. 棉花-绿豆合理间作模式与效益研究. 河北农业科学，2010，14(9)：12-13，16.

63. 朱建华. 蔬菜保护地氮素去向及其利用研究. 北京：中国农业大学植物营养系. 2002.

64. Almasri M H, Kaluarachchi J J. Implication of on ground nitrogen loading and soil transformations on ground water quality management[J]. Journal of the American Water Resources Association，2004，40(1)：165-185.

65. Babiber I S, Mohamed A A, Terao H. Assessment of groundwater contamination by nitrate leaching from intensive vegetable cultivation using geographical information system[J]. Environment International，2004，29：1009-1017.

66. Dich J, Jrvinen R, Knekt P, et al. Dietary intakes of nitrate, nitrite and NDMA in the finish mobile clinic health examination survey[J]. Food Additives and Contaminants，1996，13(5)：541-552.

67. Gabriel G, Monika C, James R C. An ecologic study of nitrate in municipal drinking water and cancer incidence in Trnava District, Slovakia[J]. Environmental Research Section A，2002，88：182-187.

68. George M, Wiklund L, Asstrup M, et al. Incidence and geographical distribution of sudden infant death syndrome in relation to content of nitrate in drinking water and groundwater levels[J]. European Journal of Clinical Investigation，2001，31：1083-1094.

69. Nolan B T, Ruddy B C, Hitt K J, et al. Risk of nitrate in groundwater of the United States-a national perspective[J]. Environmental Science and Technology，1997，31(8)：2229-2236.

70. Rass D J, Rithie J T, Peterson W R. Nitrogen management impacts on yield and nitrate leaching in inbred maize systems[J]. Journal of Environmental Quality，1999，28：1365-1371.

71. Townsend M A, Young D P. Assessment of nitrate-nitrogen distribution in Kansas groundwater, 1990-1998[J]. Natural Resources Research，2000，9(2)：125-134.

72. 陈同斌，陈世庆，徐鸿涛，等. 我国农用化肥氮磷钾需求比例的研究[J]. 地理学报，1998，53(1)：

32-41.

73. 陈同斌，曾希柏，胡清秀. 中国化肥利用率的区域分异[J]. 地理学报，2002，57(5)：531-538.

74. 董佑福，侯方安. 山东省农作物秸秆综合利用产业化发展研究[J]. 农业工程学报，2003，19(S)：192-195.

75. 董章杭，李季，孙丽梅. 集约化蔬菜种植区化肥施用对地下水硝酸盐污染影响的研究：以"中国蔬菜之乡"山东省寿光市为例[J]. 农业环境科学学报，2005，24(6)：1139-1144.

76. 高旺盛，黄进勇，吴大付，等. 黄淮海平原典型集约农区地下水硝酸盐污染初探[J]. 生态农业研究，1999，7(4)：41-43.

77. 刘光栋，吴文良，刘仲兰，等. 华北农业高产粮区地下水面源污染特征及环境影响研究：以山东省桓台县为例[J]. 中国生态农业学报，2005，13(2)：125-129.

78. 刘光栋，吴文良. 高产农田土壤硝态氮淋失与地下水污染动态研究[J]. 中国生态农业学报，2003，11(1)：91-93.

79. 吴雨华. 欧美国家地下水硝酸盐污染防治研究进展[J]. 中国农学通报，2011，27(8)：284-290.

80. 叶飞，卞新民. 江苏省水环境农业非点源污染等标污染指数的评价分析[J]. 农业环境科学学报，2005，24(S)：137-140.

81. 袁丽金，巨晓棠，张丽娟，等. 设施蔬菜土壤剖面氮磷钾积累及对地下水的影响[J]. 中国生态农业学报，2010，18(1)：14-19.

82. 张洪，王五一，李海蓉，等. 地下水硝酸盐污染的研究进展[J]. 水资源保护，2008，24(6)：7-11.

83. 张维理，田哲旭，张宁，等. 我国北方农用氮肥造成地下水硝酸盐污染的调查[J]. 植物营养与肥料学报，1995，1(2)：80-87.

84. 赵同科，张成军，杜连凤，等. 环渤海七省(市)地下水硝酸盐含量调查[J]. 农业环境科学学报，2007，26(2)：779-783.

85. 朱丹丹. 大庆地区农业非点源污染负荷研究与综合评价[D]. 哈尔滨：东北农业大学，2007：19-43.

86. 马德娣. 室内模拟降雨地表径流污染物输移规律[D]. 兰州：兰州交通大学，2010.

87. 雨水利用优化水资源配置[N]. 中国水利报，2004-5-15.

88. 陈春帆. 榆中县缺水地区雨水资源利用状况调研报告[J]. 甘肃农业，2007，5：18-20.

89. 胡良明，高丹盈. 雨水综合利用理论与实践[M]. 郑州：黄河水利出版社，2009.

90. Akpofure E. Taigbenu, Jean R. Boroto. Domestic rainwater harvesting to improve water supply in rural South Africa[J]. Physics and Chemistry of the Earth，2007，32：1050-1057.

91. A. Schriewer, H. Horn, B. Helmreich. Time focused measurements of roof runoff quality[J].

92. Corrosion Science，2008，50：384-391.

93. M. Mansoor Ahammed and V. Meera. Iron hydroxide-coated sand filter for household drinking water from roof-harvested rainwater [J]. Journal of Water Supply：Research and Technology-AQUA，2006，55 (7-8)：493-498.

94. Service Opare. Rainwater harvesting：an option for sustainable rural water supply in Ghana [J]. Geo Journal，2012，77：695-705.

95. Heather Kinkade-Levario. Design for water：Rainwater harvesting, stormwater catchment, and alternate water reuse [M]. Canada：New Society Publishers，2009.

96. 龚孟建. 浅谈西部地区的雨水集蓄利用 [J]. 山西水土保持科技，2001，1：2-4.

97. 龚孟建. 从西部大开发战略中谈对雨水集蓄利用的几点认识 [J]. 中国农村水利水电，2001，1：14-17.

98. Barretta, KerryA. Kinneya, MaryJoKirisitsa. The effect of roof in material on the quality of harvested rainwater [J]. Water Research，2011，45：2049-2059.

99. 金彦兆，李元红，张新民，周录文，吴婕，唐小娟. 基于安全饮水的农村生活单户雨水利用模式 [J]，节水灌溉，2007，8：73-75.

100. Geiger，W. Flushing effects in combined sewer systems [A]. Procdeding of the 4th Int. Cont. on Urban Drainage [C]. Lausanne，Switzerland，1987，40-46.

101. Vorreiter，L.，and Hickey，C. Incidence of the first-flush phenomenon in catchments of the Sydney region [A]. National Conference Publication-Institute of Engineers [C]. Australia，3，359-364.

102. Agnees Saget，Ghassan Chebbo，Jean-Luc Bertrand-Krajewski. The first flush in sewer systems [J]. Water Science and Technology，1996，33 (9)，101-108.

103. 丁昆仑，谢薇，孙文海. 屋面集雨径流水质及初期弃流雨量研究 [J]. 中国农村水利水电，2011，1：85-88.

104. 建筑与小区雨水利用工程技术规范（GB 50400—2006）[S]. 北京：中国建筑工业出版社，2006.

105. 陈刚，马赋. 谈小区雨水收集利用系统的初期雨水弃流 [J]. 给水排水，2013，39 (3)：84-86.

106. 杨潇，张建丰，李涛，吴继强. 翻板式初雨分离器的设计 [J]. 水资源与水工程学报，2010，21 (6)：121-124.

107. 黄勇强，吴涛，厉晶晶，杨飚. 初期弃流/旋流分离/生态浮床工艺处理径流雨水 [J]. 中国给水排水，2010，26 (11)：1-4.

108. 刘玲花，周怀东，金昢. 农村安全供水手册 [M]. 北京：化学工业出版社，2005.

109. George M，Wiklund L，Aastrup M，et al. Incidence and geographical distribution of sudden infant death syndrome in relation to content of nitrate in drinking water and groundwater levels [J] European Journal of Clinical Investigation，2001，31：1083-1094.

110. Tessendorff H. Nitrates in groundwater：A European problem of growing concern [J]. Aqual，1985，4：192-193.

111. Overgaard K. Trends in nitrate pollution of groundwater in Denmark [J]. Nordic Hydrology，1989，15（4/5）：177-184.

112. 张维理，田哲旭，张宁等. 我国北方农用氮肥造成地下水硝酸盐污染的调查 [J]. 植物营养与肥料学报，1995，1 (2)：80-87.

113. 吕殿青，同延安，孙本华. 氮肥施用对环境污染影响的研究 [J]. 植物营养与肥料学报，1998，4 (1)：8-15.

114. 江丽华，刘兆辉，张文君，等. 氮素对大葱产量影响和氮素供应目标值的研究 [J]. 植物营养与肥料学报，2007，13 (5)：890-896.

115. 江丽华，刘兆辉，张文君，等. 高产条件下大葱干物质积累和养分吸收规律的研究 [J]. 山东农业科学，2007，1：69-71.

116. 张相松，隋方功，刘兆辉，等. 不同供氮水平对大葱土壤硝态氮运移及品质影响的研究 [J]. 土壤通报，2010，41 (1)：170-174.

117. 林海涛，江丽华，宋效宗，郑福丽，谭德水，高新昊，刘兆辉. 山东省地下水硝酸盐含量状况及影响因素研究 [J]. 农业环境科学学报，2011，30 (02)：353-357.

118. Watt B E. Malcolm R L. Chemistry and Poteneial mutagenicity of humic substances in water from different watersheds in Britain and Ireland [J]. Wat Res，1996，Vol. 30 (6)：1502-1516

119. 杨亚红. 组合填料生物滤池预处理微污染水源水的研究 [硕士学位论文]. 甘肃：兰州理工大学，2006

120. 郑俊，吴浩汀，程寒飞. 曝气生物滤池污水处理新技术及工程实例. 北京：化学工业出版社，2002：26-45

121. 杜尔登. 曝气生物滤池在城市污水回用深度处理中的试验研究 [硕士学位论文]. 北京：清华大学

环境系，2005

122. I. Takasaki et al. The submerged Biofilm Process as A Pre-treatment for olluted Raw Water for Tap Water upply. Wat. Sci. Tech［J］. 1990，Vol22（12）：137-148

123. Kyeong-HoLim,et al. Operating Characteristics of Aerated Submerged Biofilm Reactors for Drinking Water Treatment［J］. Wat. Sci. Tech. 1997，Vol. 36（12）：101-109

124. 梁娟，普红平，邹成鸿，等. 曝气生物滤池在微污染原水处理中的研究进展［J］. 西南给排水，2009，Vol. 31（6）：13-16

125. 中国科学院大连物理研究所分子筛组. 沸石分子筛［M］，超星电子图书，1978 第一版

126. 张铨昌，杨会蕊等. 天然沸石的离子交换性能及其应用［M］，超星电子图书，1986 第一版

127. 胡宏杰，金梅. 沸石的结构和性能及应用展望［J］. 矿物保护与利用，1996，（6）：25-29

128. 崔丹. 沸石在水处理中的应用与展望［J］. 市政技术，2008，Vol. 26（1）：36-38

129. 程国斌，马伟等. 沸石分子筛在微污染水源水净化中的应用研究现状. 2004 全国水处理技术研讨会论文集，2004.10：68-72

130. 徐丽花，周琪. 天然沸石去除氨氮研究［J］. 上海环境科学，2002，Vol. 21（8）：506-508

131. 付婉霞，聂正武. 沸石去除地下水源水中氨氮的试验研究［J］. 给水排水，2007，Vol. 33 增刊：106-109

132. Won-Seok Chang, et al. Effect of zeolite media for the treatment of textile wastewater in a biological aerated filter［J］. Process Biochemistry，2002，Vol. 37（7）：693-698

133. Hiroshi Tsuno et al. Development of a combined BAC and bz reactor ofr removal of nitrogen in wastewater from sludge drying process［J］. Water Science&Technology，1996，Vol. 34（1）：145-151

134. Won-Seok Chang, et al. Ammonium nitrogen removal characteristics of zeolite media in Biological Aerated Filter（BAF）for the treatment of textile wastewater［J］. Journal of Industrial and Engineering Chemistry，2009，Vol. 15（4）：524-528

135. 汪胜. 生物沸石滤池在处理微污染水源水中的应用研究［硕士学位论文］. 上海：同济大学，2006

136. 东刘成，陈洪斌. 微污染源水生物处理的研究和应用［J］. 净水技术，2009，Vol. 28（2）：6-10

137. 李德生. 生物沸石反应器在微污染水源水处理中的应用［J］. 环境科学，2000，9：71-73

138. 黄友谊，吴志超，陈和谦等. 沸石生物联合吸附再生工艺及铵沸石再生［J］. 环境化学，2006，25（5）：615-618

139. 苑鑫. 饱和吸附沸石再生方法研究状况及分析［J］. 太原科技，2008，No. 1：72-74

140. 郑南，等. 天然沸石生物再生途径机理研究［J］. 中国环境科学，2009，Vol. 29（5）：506-511

141. 温东辉等. 天然沸石对铵吸附能力的生物再生试验研究［J］. 北京大学学报，2003，Vol. 39（4）：494-480

142. He, G. Xue and H. Kong. The performance of BAF using natural zeolite as filter media under conditions of low temperature and ammonium shock load［J］，Journal of Hazardous Materials，2007，Vol. 143：291-295.

143. Liping Qiu, et al. Performances and nitrification properties of biological aerated filters with zeolite, ceramic particle and carbonate media［J］. Bioresource Technology，2010，Vol. 101（19）：7245-7251

144. 刘金香，娄金生，陈春宁. 沸石曝气生物滤池预处理微污染水源水［J］. 中国给水排水，2005，21（6）：38-40

145. 张硕，等. 生物沸石溶气滤罐处理低温微污染原水的中试［J］. 中国给排水，2006，22（23）：47-50

146. 张硕. 微污染水源水处理集成技术研究［博士学位论文］. 上海：同济大学大学，2007

147. 李冰. 天然沸石填料曝气生物滤池脱氮性能和生物再生研究［硕士学位论文］. 安徽：合肥工业大学，2007

148. 张兵，崔福义，左金龙，等. 斜发沸石对氨氮的去除效果及其再生试验研究［J］. 中国给水排水，2008，24（23）：85-88.

149. 李小琴，汪永辉，周建冬. 沸石滤料曝气生物滤池的挂膜启动研究［J］. 环境科学与管理，2008，33（9）：91-93.

150. Jae-Woo Choi, et al. Adsorption of zinc and toluene by alginate complex impregnated with zeolite and activated carbon ［J］. Current Applied Physics，2009，9（3）：694-697.

151. 邓慧萍等，沸石和活性炭除氨氮有机物的互补作用［J］，中国给水排水，2004，20（5）：50-52

152. 严子春，王萍，刘斐文，胡锋平. 沸石-活性炭组合工艺处理微污染原水的研究［J］，给水排水，2002，128（11）：36-38

153. 马东祝. 沸石-活性炭处理微污染饮用水源水的试验研究［硕士学位论文］. 南京理工大学，2005

154. 施锦岳，张玉先. O₃-生物沸石-GAC处理宁波姚江微污染水源水试验研究［J］. 污染防治技术，2007，20（6）：32-35

155. 陆少鸣，方平，杜敬等. 曝气生物滤池挂膜的中试实验［J］. 水处理技术，2006，32（8）：67-69.

156. 肖文浚. 改性微孔沸石的制备及其去除微污染水源中氨氮的研究［硕士学位论文］. 武汉：武汉理工大学，2003

157. 瞿艳芝，刘操，廖日红，等. G-BAF和CAS处理微污染河水的对比研究［J］. 中国给水排水，2010，26（1）：60-62

158. 杨艳玲，等. 生物滤池处理微污染水效能的试验研究［J］. 工业水处理. 2007，27（4）：17-20.

159. 张婷，李望良，唐煌，等. 生物再生-吸附剂再生新方法［J］. 化工学报，2009，60（9）：1-4.

160. 田家宇. 浸没式膜生物反应器组合工艺净化受污染水源水的研究［D］. 哈尔滨：哈尔滨工业大学，2009.

161. 于鑫，张晓健，王占生. 水源水及饮用水中的有机物对人体健康的影响［J］. 中国公共卫生. 2003，19（4）：481-482.

162. 陈卫文，顾平，刘锦霞. MBR对不同质量有机物的去除规律. 中国给水排水，2003，19（2）：43-45.

163. 郝爱玲. 膜生物反应器处理微污染地表水的试验研究［D］. 天津：天津大学，2006.

164. 陈国伟，浙江省海岛地区供水配置探讨. 水利规划与设计，2006，（1）：19-22.

165. 张恩勇. 海底管道分布式光纤传感技术的基础研究［M］. 浙江大学博士学位论文. 2004.

166. 崔谦. 油气管道泄漏检测方法的研究及应用［M］. 天津大学博士学位论文. 2005.

167. 别沁，郑云萍，付敏等. 国内外油气输送管道泄漏检测技术及发展趋势［J］. 石油工程建设，2007，33（3）：19-22.

168. 马欢. 管道泄漏检测与定位技术国内外研究现状［J］. 科教文汇，2007.2.

169. 袁朝庆，刘燕，才英俊等. 利用光纤温度传感系统检测天然气管道泄漏［J］. 天然气工业，2006，26（8）：117-119.

170. 杨杰，王桂增. 输气管道泄漏诊断技术综述［J］. 化工自动化及仪表，2004，31（3）：1-5.

171. 王占山，张化光，冯健等. 长距离流体输送管道泄漏检测与定位技术的现状与展望［J］. 化工自动化及仪表，2003，30（5）：5-10.

172. 夏海波，张来斌，王朝辉. 国内外油气管道泄漏检测技术的发展现状［J］. 油气储运，2001，20（1）：1-5.

173. 唐秀家，颜大椿. 基于神经网络的管道泄漏检测方法及仪器［J］. 北京大学学报（自然科学版），

1997，33（3）：319-327.

174. 丁辉，王立，张贝克，等. 现代管道泄漏检测技术［J］. 现代科学与仪器，2005（6）：11-15.

175. 李光海，王勇，刘时风. 基于声发射技术的管道泄漏检测系统［J］. 自动化仪表，2002，23（5）：20-23.

176. 黄山田，王朝晖，张来斌等. 基于微波技术的输气管道泄漏检测方法［J］. 石油机械，2006，34（1）：67-70.

177. 夏海波，张来斌，王朝晖. 基于 GPS 时间标签的管道泄漏定位方法［J］. 计算机测量与控制，2003，11（3）：161-162.

178. 王占山，等. 长输管道泄漏检测和定位技术［J］. 沈阳工业学院学报，2003，22（2）：32-36.

179. 姜德生等. 光纤光栅传感器的应用概况［J］. 光电子·激光，2002，13（4）：420-430.

180. 胡晓东，等. 分布式光纤传感技术的特点与研究现状［J］. 航空精密制造技术，1999，35（1）：28-31.

181. 耿军平，许家栋，郭陈江等. 全分布光纤温度传感器研究的进展及趋势［J］. 传感器技术，2001，20（2）：4-8.